山 地 遥 感

李爱农 等 著

科 学 出 版 社

北 京

内 容 简 介

山地遥感是研究在山地这一特定环境中的遥感基本原理、方法及其应用的科学技术，是遥感科学的重要组成部分，关注其山地特殊性。本书从山地遥感的基础理论入手，综合介绍了近年来山地遥感研究的主要成果、最新进展和应用实例。主要内容包括：山地遥感基本内涵、研究内容、面临的问题、机遇和挑战；遥感基础知识；山地光学遥感影像的自动预处理方法；山地光学遥感影像地形辐射校正；山地土地利用/覆被遥感监测；山地植被生物物理参数遥感反演；山地地表能量平衡遥感估算；山地陆表参量多源数据同化；山地遥感产品地面验证；山地灾害遥感应急调查；无人机遥感及其山地应用；数字山地大数据框架。

本书不仅可作为从事山地遥感研究工作者的参考书，也可作为高等院校地理信息科学与遥感相关专业的本科生和研究生教材。

图书在版编目(CIP) 数据

山地遥感 / 李爱农等著. —北京：科学出版社，2016.12
ISBN 978-7-03-049446-7

Ⅰ. ①山… Ⅱ. ①李… Ⅲ. ①山地–生态环境–环境遥感 Ⅳ. ①X87

中国版本图书馆 CIP 数据核字（2016）第 170948 号

责任编辑：张井飞 韩 鹏 / 责任校对：何艳萍 张小霞
责任印制：肖 兴 / 封面设计：南希 耕者设计工作室

科学出版社 出版
北京东黄城根北街 16 号
邮政编码：100717
http://www.sciencep.com
中国科学院印刷厂 印刷
科学出版社发行 各地新华书店经销

*

2016 年 12 月第 一 版 开本：787×1092 1/16
2016 年 12 月第一次印刷 印张：37 3/4
字数：895 000
定价：298.00 元
（如有印装质量问题，我社负责调换）

顾问　陈　昱　周万村

本书主要作者

李爱农　边金虎　靳华安

赵　伟　张正健　南　希

尹高飞　雷光斌

序　一

　　山地是地球系统的重要组成部分之一，陆地表层有高耸入云的喜马拉雅山等高山峻岭，大洋深渊有绵延起伏的亚速尔群岛等洋中脊与海岭。山地不仅有千姿百态的地形地貌特征和宜人多变的气候，而且是生物多样性的聚宝盆和人类社会发展的重要生态安全屏障，也是自然灾害频发重发的地区和全球变化响应的敏感区。因此，山地是科学研究的重要对象，地球科学研究的天然试验场。

　　作为一门跨学科的交叉研究，山地研究需要现代科学与技术的支撑。遥感自诞生以来，就成为山地研究的重要技术手段。同时，遥感科学研究也面临着山地带来的各类难题，如复杂多变的地形导致成像的几何畸变，变化万千的气象极大地影响光学遥感的成像质量等。在国际上，山地遥感研究的广泛开展大致始于20世纪70年代；我国的山地遥感研究起步于20世纪60年代中，特别是1965年陈述彭先生指导建立了地图室西南分室（中国科学院水利部成都山地灾害与环境研究所数字山地与遥感应用中心前身），推动了我国山地遥感研究，在二滩水库建设、西南大铁道选址等我国西南地区的建设中发挥了重要作用。近六十年来，面向山地生态、山地灾害和山区发展中的空间信息需求，经过几代人的努力，我国的山地遥感研究取得了丰硕的成果，在国民经济建设和社会发展中发挥了巨大作用，在减灾防灾领域更是不可缺少。

　　作为山地遥感研究的最新进展，《山地遥感》这部学术专著介绍了李爱农博士及其团队近年来在山地多源遥感数据自动处理方法、山地地表信息遥感反演与同化理论、山地遥感试验与遥感产品验证方法、山地遥感应用等方面的系统性研究工作和独特的创新。作为一本学术专著，该书不仅系统地介绍了团队的研究进展与成果，也对国内外山地遥感新理论、技术与方法进行了较为详细的总结，丰富了全书的内容，成为一本系统性的山地遥感杰作，填补了领域的空白。该书不仅可作为从事山地遥感研究工作者的参考书，也可作为高等院校地理信息科学与遥感相关专业的本科生和研究生的教材，是一部十分难得的参考资料。

　　衷心祝贺此专著的出版。我相信，随着研究工作的持续深入，山地遥感必将能够在广袤秀美的山地上谱写出更加华美的篇章。

中国科学院院士

2016 年 9 月

序　二

　　山地是地球陆面最为壮观和多样的单元，蕴藏了丰富的能源与自然资源，是宏大的天然生态屏障，构成人类社会可持续发展的地理基础。但山地同时也有"脆弱"的一面，其环境演替显著、灾害多发、对气候和人类活动响应敏感，是全球变化的"晴雨表"。纵观全球，地球观测系统（EOS）计划、国际地圈-生物圈计划（IGBP）、世界气候研究计划（WCRP）、未来地球（Future Earth）等国际科学计划以及我国全球变化等重大专项计划，利用遥感数据结合地面观测等多源数据生成长时间序列数据集，并且对关键地表过程进行有效监测是全球变化研究的重要内容。然而，地形起伏和地表覆被复杂系统显著影响了观测数据、模型模拟、参数反演乃至产品验证等卫星遥感数据集生产环节，也可能会影响对山地关键过程监测和变化趋势诊断的精度和可靠性。遗憾的是，目前全球卫星陆表数据产品基本都没有很好地校正地形的影响。

　　面对占全球陆地面积 1/4、占我国陆地国土 2/3 的山地，如何进行精确可靠的系统观测、开展时空连续的动态研究、推动在密集型数据驱动下机理分析与决策支持，是该领域当前面临的若干具体疑难。李爱农博士及其科研团队，及时推出了《山地遥感》新著。本书对发展山地遥感面临的机遇与挑战作了很好的描述，紧扣山地特殊性，有步骤地阐述了数据处理、遥感解译、定量反演、灾害监测、山地大数据等方法、原理，结合应用实例，形成了切实的知识增量。中国科学院水利部成都山地灾害与环境研究所 50 年的遥感工作为本书提供了大量积累，近年来多项重点科研项目的支撑，增加了本书的科学含金量。

　　本书付梓，对山地遥感领域的探索做了一次阶段性总结，也标志着遥感定量方法和一些新技术手段在山地覆被、生态参量、山地灾害及地表过程等研究中得到应用，并初成体系。作为一部基础性和技术性兼并的著作，为后续研究新立了里程碑。如今，在遥感科学和对地观测技术的推动下，定量遥感的内涵不断拓展，山地遥感的基本科学技术问题与新的应用需求必将不断涌现，希望这个团队继续深化研究，持续为遥感事业的繁荣发展贡献力量。

国家"千人计划"特聘专家

美国马里兰大学地理系教授　梁顺林

2016 年 9 月

前　　言

　　山地约占地球陆表空间的 24%，中国山地面积更是占陆地国土面积约 65%，是地球表层系统的重要组成部分，是地表系统中结构复杂、生态功能较齐全、生物多样性丰富、环境变化强烈的地区，对维系人类生存与发展以及改善生存环境起着重要的作用，是社会发展的资源基地和重要的生态屏障。遥感为山地资源、环境、生态及自然灾害调查和动态监测提供了一种重要的空间技术手段。然而，山地复杂地形及覆被特征显著影响了山地遥感成像过程及其地表信息反演精度，影像几何与光谱畸变严重，"病态"反演过程在山地变得更加复杂，各类产品时间步长、空间尺度、产品精度等在山区的适用性及对其进行系统验证的理论和方法都面临严峻挑战。

　　山地遥感是研究在山地这一特定环境中的遥感基本原理、方法及其应用的科学技术，是遥感科学的重要组成部分，关注其山地特殊性。我国山地遥感研究起步很早，1965 年陈述彭先生亲自指导建立了地图室西南分室（中国科学院水利部成都山地灾害与环境研究所数字山地与遥感应用中心前身），推动了我国山地遥感研究，在二滩水库建设、西南大铁道选址等我国西南地区的建设中发挥了重要作用。该团队扎根祖国大西南，面向国家在山地环境、山地灾害、山区发展中不同发展阶段的空间信息需求，经过几代人的努力，从山地制图一直发展到如今的山地遥感与数字山地学科，始终活跃在研究第一线，取得了丰硕成果。

　　作者于 1997 年进入山地所工作至今，有幸伴随了新世纪山地遥感的快速发展历程。2010 年从美国马里兰大学地理系完成博士后回国，凝聚了一支以青年为主、老中青结合的创新研究团队，在中国科学院"百人计划"择优支持项目"山地地表覆被定量遥感关键技术研究"、国家自然科学基金重点项目"山地典型生态参量遥感反演建模及其时空表征能力研究"、面上项目"若尔盖高原湿地草地区域碳收支多时空尺度观测与模拟"、"放牧强度遥感表征及其对区域草地 NPP 遥感估算精度的贡献研究"、"复杂地形区多尺度叶面积指数遥感估算方法研究"、青年项目"山地森林时间序列叶面积指数遥感反演与地形效应分析"、"基于多源多尺度遥感信息同化的若尔盖高原地表水热通量反演方法研究"、"坡地森林冠层反射率模型构建及其在 LAI 反演中的适用性研究"、中国科学院水利部成都山地灾害与环境研究所"青年百人"团队支持基金"山地地表水热通量遥感反演与多源数据同化"等项目的支持下，持续开展山地定量遥感及其综合应用研究，在山地遥感的科学与技术问题和解决途径方面积累了一些新的认知。

　　目前，国内外山地遥感相关研究大多非常具体且多针对某些特定的应用目的，尚缺乏论著对山地遥感进行系统性地总结和介绍。本书编著过程，历时 3 年有余，能顺利付梓，实现了几代山地遥感人夙愿，是对该领域多年研究成果的阶段性总结。本书首次明确提出了山地遥感基本内涵和数字山地大数据框架，尝试对山地遥感的相关研究内容及国内外最新研究进展集结成书，填补了空白。有别于从山地"崎岖地表（rugged areas）"的几何形态出发，本书还从地理视角，结合山地地表实际研究对象特殊的时空格局和过程，来阐述山地遥感理论、方法及其应用技术，还包含了山地灾害遥感应急调查、无人机遥感技术及其山地应用等内容，具有鲜明的特色。本书不仅可作为从事山地遥感研究工作者的参考书，也可作为高等院校地理信息科学与遥感相关专业本科生和研究生的教材。

本书共分 12 章。第 1 章明确提出山地遥感基本内涵，归纳了主要研究内容、面临的科学问题及解决途径，探讨了山地遥感在当前阶段的重要发展机遇和挑战。第 2 章介绍了遥感的一些基础知识。读者通过该章节学习，可初步掌握遥感平台、常用传感器、遥感辐射传输原理、信息提取一般流程等基础知识，为深入学习后续章节做知识铺垫。第 3 章、第 4 章系统介绍了山地光学遥感影像的自动处理方法与技术，包括几何校正、大气校正模型、山区云及其地面阴影检测方法、地形辐射校正模型等。第 5 章从国内外常用土地利用/覆被分类系统、常用数据源以及国家和全球尺度遥感产品，引出山地土地利用/覆被遥感监测的特殊性，介绍了山地遥感制图方法和变化检测方法，并结合应用实例说明监测方法、适用技术及疑难。第 6 章、第 7 章分别从山地植被生物物理参数遥感反演和山地地表能量收支参量遥感估算的一般原理出发，综述了近年来山地遥感反演模型、反演策略及方法方面的进展，讨论了山地遥感反演的特殊性，并以 LAI、FAPAR、地上生物量、NPP、地表温度、地表辐射收支参量、水热通量等为例，结合丰富的山地研究实例逐一详解。第 8 章介绍了数据同化的相关理论、同化算法、经典模型和典型数据同化系统，讨论了山地陆表参量多源数据同化反演研究的特殊性，并结合土壤水分和 LAI 同化反演实例详解。第 9 章介绍了遥感产品地面验证的研究现状、检验方法、山区遥感产品验证面临的问题与解决途径，重点阐述了遥感产品验证过程中的关键环节——空间尺度效应及尺度转换方法，并结合实例分析。第 10 章从山地灾害遥感应急调查入手，介绍了我国主要山地灾害类型、危害及其空间分布，以及山地灾害遥感调查的一般流程，分节重点介绍崩塌滑坡、泥石流、堰塞湖等典型山地灾害的影像特征、遥感调查方法及应用实例。第 11 章介绍了无人机遥感系统的组成、常见无人机平台，以及影像处理技术流程，并阐述了无人机遥感在山地灾害和生态环境研究中的应用实例。第 12 章讨论了数字山地的基本概念、数据层次和平台框架，以及数字山地大数据的一些特点，并以数据共享平台和山地流域可持续管理系统为例，介绍了数字山地大数据研究的初步应用。

本书由陈昱、周万村两位先生指导，李爱农、边金虎、靳华安等撰写，边金虎、张正健统稿，李爱农最终审定。南希负责对主要图件的制图和审定。各章分工如下，第 1 章：李爱农、边金虎、南希；第 2 章：李爱农、靳华安；第 3 章、第 4 章：边金虎、李爱农；第 5 章：雷光斌、张正健、李爱农；第 6 章：尹高飞、靳华安、李爱农；第 7 章：赵伟、李爱农；第 8 章：靳华安、尹高飞、赵伟、李爱农；第 9 章：李爱农、赵伟、靳华安、边金虎、张正健、雷光斌、尹高飞；第 10 章：南希、张正健、李爱农；第 11 章：张正健、李爱农；第 12 章：李爱农、南希、边金虎、何兵。本书包含了已毕业或在读博士和硕士研究生部分研究成果，感谢臧文乾、蒋锦刚、李晓玲、马利群、王继燕、卢学辉、王少楠、张伟（大）、赵志强、郭文静、张伟（小）、宁凯、姜琳、李刚、谭剑波、王庆芳、严冬、谢瀚、张帅旗、夏浩铭、曹小敏、杨勇帅、孙明江、苟剑宇等。本书还引用了1000余篇国内外文献，致谢文献作者的重要学术贡献！

　　本书能顺利完成，离不开遥感界各位前辈的指导与鼓励，在他们的关怀和帮助下，山地遥感科学内涵得以丰富和发展。特别致谢曾给予山地遥感指导和支持的各位领导、老师和朋友们！并谨以此书向中国科学院水利部成都山地灾害与环境研究所50周年（1966～2016年）庆典献礼！

　　由于山地遥感研究内涵十分广泛，受篇幅和作者知识面的限制，本书对山地遥感的丰富研究成果及其所涉及的许多重要领域难以详尽囊括，疏漏或不当之处在所难免，恳切希望同行和读者朋友们谅解，并谨请批评指正。

2016 年 10 月

目　　录

第 1 章 绪 论

1962 年，第一届国际环境遥感大会（International Symposium on Remote Sensing of Environment，ISRSE）在美国密歇根州召开，会议上"遥感"一词首次被国际科技界正式使用，标志着现代遥感的诞生（郭华东等，2013）。遥感自诞生之日起，就面临着山地带来的复杂问题。"山地遥感"一词最早由我国科学家在 20 世纪 80 年代中期提出（周万村，1985；陈昱等，1986）。但若以航空摄影测量遥感进行大比例尺山地地形测绘为起点，山地遥感的发展距今已有百年历史。随着遥感科学的不断进步，山地遥感的内涵也得到不断深化。遥感在山地的实际应用过程中积累了诸多独特的理论、方法与技术，并派生出许多亟待解决的新的科学问题。本章在初探山地基本概念的基础上，引出山地遥感的基本内涵，简要回顾了山地遥感的起源和研究进展，并展望了山地遥感当前面临的发展机遇和挑战。

1.1 山地与山地研究

1.1.1 山地典型特征

《地貌学辞典》定义山地是山集合体的统称，是一种具有一定坡度，相对高差大于 200m，又互相连绵突出于平原或台地之上的正地貌形态，常由山岭和山谷组成（周成虎，2006）。地理学上，山是在构造运动、侵蚀、堆积等内外动力作用下形成的，具有一定海拔高度和坡度的陆地表面单元，同时具有垂向的突出性和水平的延伸性（邓伟等，2008）。根据 UNEP-WCMC（联合国环境规划署-世界保护监测中心）界定山地的标准，全球 24%的陆地面积为山地（Kapos，2000）。山地是地球更是我国陆地表面的重要组成部分。最近出版的《中国数字山地图》指出（附图 I），山地约占我国陆地国土总面积（小于 100km^{2}岛屿除外）的 65%（邓伟等，2015）。

山地系统还是地球表层变化过程的主体，控制和影响着生态格局与环境演变，表现为垂直分异、自然-人文要素多样、生态环境脆弱、自然灾害多发和社会经济发展滞后等典型特征。

1. 垂直分异

山地地形起伏导致山地生态系统具有垂直分异特征，是山地丰富生物多样性形成的基础。山地生物气候垂直带谱的突出表现，是能够在数千米高的热带山地（如珠峰南坡）垂直带上看到跨越整个北半球从南到北植被水平分布的景观（郑度和陈伟烈，1981）。山地的垂直地带性导致山地地表空间异质性极高，而山地海拔越高，相对高差越大，其带谱结构越复杂。另一方面，山地对生态过程物质和能量的分配具有明显方向性和流动性，体现了山地垂直分异的有序性，随着植被分布的带谱特征，形成沿高程变化的多维地球生物化学循环规律（王根绪等，2011）。

2. 自然–人文要素多样

山地还表现出自然和人文要素多样性的特征（丁锡祉和郑远昌，1996）。首先，山地类型的分类指标是多样的。例如，按照海拔，山地可分为极高山、高山、中山、低山、丘陵等；按基质构成分，有土质山地和石质山地等；按地质构造，有褶皱山和单斜山等；按水分条件，有湿润性山地、半干旱山地、干旱山地等。在气候和土壤多样性方面，随着海拔的增高，山地水热条件有变化，山地气候类型多样。生物–气候条件有了垂直分异，山地土壤类型就多样，呈现山地土壤垂直带各带成土条件的不同，土壤的性质和剖面特征也有差别。山区的生物多样性也十分突出的。山地植被类型众多，形成多样的植被垂直带，生境极其复杂，植被种类十分丰富；山区也是生物基因库，如横断山区第一高山贡嘎山有高等植物约 2500 余种，占全区的 14%。此外，山地也表现出人文和经济的多样性。山区人口密度虽然较小，但聚居在山区的民族众多，如横断山区就居住着 25 个民族，聚居在山区的民族随海拔不同而异。

3. 山地生态环境脆弱

山地环境脆弱性，是指组成山地环境的物质与能量基础在外力作用下具有易发生变化的特性，亦即组成山地环境的物质和能量基础处于极易失衡的状态（钟祥浩，2006）。山地环境脆弱性，突出地表现在山地坡面物质的不稳定性和对外力作用的敏感性。影响坡面物质稳定性的关键自然因素是相对高度和坡度，其次为地质构造、岩性、降水、土壤和植被等。在山地垂直系列或垂直带谱中，若某一层次或带发生变化，如高山带的森林植被遭破坏，不仅难以恢复，而且影响到整个山地环境的稳定性。如，川西岷江上游流域面积为 23037 km^2，1950 年森林面积为 7400 km^2，森林覆盖率约 32%；后由于大量砍伐，1980 年森林面积只有 4670 km^2，森林覆盖率下降至 20%，致使松潘县镇江关到汶川县绵虒段岷江、黑水县西尔以下黑水河谷、理县甘堡以下杂谷脑河谷都变成了干旱河谷，并正在向高处扩展。河谷环境呈现灌丛–稀疏草坡–半荒漠的景观，高山灌丛草甸下移，当地山地环境变得越来越脆弱。

4. 山地自然灾害多发

泥石流、滑坡、崩塌、雪崩、山洪、土壤侵蚀等自然灾害在山区高度发育。这些山地灾害，通过冲击、冲刷和淤积过程，摧毁城镇和乡村居民点、破坏道路、桥梁和工程设施，淤塞河道和水库，掩埋农田和森林，造成巨大的人员伤亡、财产损失和生态破坏，严重威胁山区人民生命财产和工程设施安全，并制约山区资源开发与经济发展（崔鹏，2014）。山地灾害影响使得资源富集的山地成为"中国地形上的隆起区和经济上的低谷区"（陈国阶，2004）。我国山区有上万条类型不同、大小各异的泥石流沟，分布于 26 个省市区，频发成灾。崩塌、滑坡等山地灾害分布极广，最密集的是云、贵、川、藏东、陇南以及黄土高原等区域。水土流失是一种慢性山地灾害，在长江中上游流域、珠江中上游流域、黄土高原最为严重。

5. 山区社会经济发展滞后

据 2015 年《中国统计年鉴》及《中国县域统计年鉴》，我国山区（含丘陵地区）人口约 6.19 亿，其中丘陵地区人口约 2.98 亿；拥有 7 亿多亩①耕地，16 亿多亩森林，23 亿多亩草场；水能资源蕴藏量 6.94 亿千瓦，总量居世界第一位。此外，山区的风能资源、矿产资源、旅游资源等都十分丰富，是支撑 13 亿人口生存和持续发展的重要资源与环境基础（邓伟等，2008）。目前，山区经济发展总体仍明显滞后于全国平均水平，据 2015 年统计，山区 GDP 仅为全国的 32% 左右，且面临日益突显的生态环境问题。

1.1.2　山地分布

1. 全球山地

世界山地主要分布在环太平洋构造带和阿尔卑斯–喜马拉雅构造带之上。环太平洋构造山系从南美安第斯山脉起，经北美洲太平洋海岸延伸至阿留申群岛，通过堪察加半岛、日本、中国台湾、菲律宾、巴布亚新几内亚、新西兰直至南极洲的北岸地带；另一条大的造山带，阿尔卑斯–喜马拉雅带从印尼和东南亚起，经过喜马拉雅山，向西直到阿尔卑斯山和非洲西北部的阿特拉斯山。图 1.1 显示了全球山地的分布情况。

亚洲山地面积比例最大，超过 60%。特别是青藏高原及周边，山地广布，横亘有天山、昆仑山、兴都库什–喜马拉雅山、横断山等多条大型山系，构成亚洲山地的主要骨架。山地通过复杂的地–气相互作用，深刻影响亚洲自然地理条件，如中亚和南亚显著的水热差异。这些大型山系塑造了区域气候、资源与生态的宏观空间格局。

美洲山地占比约 43%，与亚洲山地的复杂分布相比，美洲山地集中在大陆东西两侧，西侧科迪勒拉山系是世界最长的褶皱山系，北美段为落基山–阿拉斯加山脉，南美段为安第斯山脉，该山系分布有从寒带到热带多种气候–生物带，堪称世界上最完整的垂直带谱。

---

① 1 亩 ≈ 666.67m²。

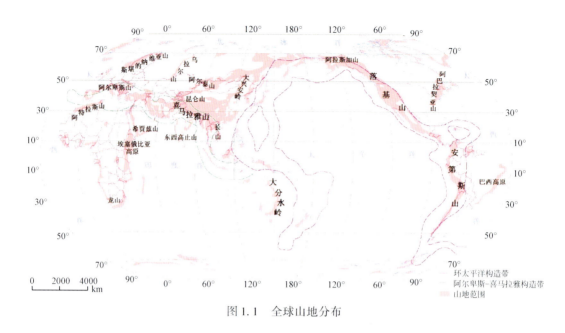

图 1.1　全球山地分布

其他大洲山地面积比例低于 20%。欧洲最大山脉为南部的阿尔卑斯山，其面积约占欧洲总面积的 11%，是该地区最大水源涵养地，承担全区 90% 以上的水源供给。非洲山地集中分布在高原向海岸过渡的地带，著名山脉有西北部阿特拉斯山、东南部的龙山。大洋洲近 15% 的地表为山地，主要包括澳大利亚东部大分水岭与新西兰境内山地。

人类生存发展依赖山地。纵观全球，超过 1/8 的人口居住地在山区，有一半的人口依靠山地提供水源（邓伟等，2013），同时，山地还是世界自然资源的蕴藏与涵养地、生物多样性和人文多样性中心、全球变化的指示剂。

2. 中国山地

中国作为山地大国，山地的资源环境类型基本完整，既有气候严寒、植被稀少且人迹罕至的极高山，也有水热适宜、人类大力改造的低山浅丘。参考中国综合自然区划（黄秉维，1959）、中国山地分类研究（钟祥浩和刘淑珍，2014）、中国数字山地图（附图 1），从地貌类型、气候特征、土地覆被等的分布格局着手，可以将我国山地初步划分为六个自相似的大区域（图 1.2）。其中，东北与山东山地大区（Ⅰ）以温带半湿润中山-低山为主，植被状况良好，东北山地多针叶林分布，水力侵蚀较显著；东南山地大区（Ⅱ）以亚热带-热带湿润低山丘陵为主，人类开发利用程度高，水力侵蚀显著；中北山地大区（Ⅲ）以温带半湿润中山为主，大部分为厚层黄土覆盖，是全球水土流失最严重和生态环境最脆弱的地区之一；第 Ⅳ 山地大区位于青藏高原以东、第二阶梯之上，以亚热带湿润中山和高山为主，地貌复杂，河流深切，是中国陆地生态多样性的中心；西北山地大区（Ⅴ）以高寒干旱半干旱高山为主，是全球离海洋最远、最干旱的山地；青藏山地（Ⅵ）被喻为"世界屋脊"，以高寒高山和极高山为主，同时也是"亚洲水塔"，孕育了黄河、长江、恒河、湄公河、印度河等 7 条重要河流。

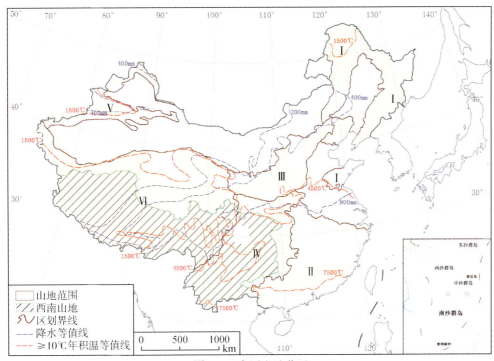

图 1.2 中国山地分区

我国西南山地是国际地学研究的热点地区，该区域横跨中国一、二级地貌阶梯，有从北热带到高原寒带的气候分布，降水地带性和生物垂直带谱完整，形成我国绝大部分山地的缩影，是山地研究的天然大样带。

山地系统的水热条件与覆被类型呈经向、纬向和垂向的复合变化，为复杂地表遥感机理探讨提供良好的实验场，同时也给遥感产品地面验证和具体应用增加了难度。

1.1.3 山地研究范畴

我国著名地理学家丁锡祉（丁锡祉和郑远昌，1986）曾明确提出：山地学是一个以山地为研究对象的学科群和复杂学科体系。钟祥浩（2006）也对山地环境学的研究对象和内容做了比较系统的阐述。随着山地科学在研究方面有着更加丰富的内容，除了要在自然科学领域的不断探索和新知识的发现外，也要在人文科学以及社会可持续发展研究方面不断深入、交叉和综合。邓伟等（2008）进一步指出，山地研究是基于地质学、地理学、气候学、灾害学、水文学、土壤学、环境学、资源科学和人文科学与信息科学等，针对山地的特殊性而发展的相关理论与方法，并归纳了山地研究领域的重点方向。

1. 山地类型、格局与地理环境

研究山地形成的动力过程，建立山地系统分类指标体系，阐明山地定义、山区概念与空间界定，揭示山系格局与地理分异机理和特征。

2. 山地表层结构、过程与环境功能

研究山地的地带性与生态差异、山地多界面系统物质输移、山地环境与河流、山地生态系统结构与环境功能评估，揭示山地健康生态系统维持与生物多样性保育及调控机制，阐明气候变化与山地响应及生态适应时空耦合关系。

3. 山地灾害与环境管理

通过山地灾害形成动力学机理与减灾技术研究，进行山地灾害预测预警及风险管理，认识环境变化下山地灾害频发性与时空规律，分析山地灾害对山地表层系统过程的影响，建立灾害环境治理与修复技术体系，指导山区环境安全建设与管理。

4. 山区发展模式与综合管理

研究山地自然资源形成与分布规律和潜力及可持续机制，包括山地自然遗产的功能与潜力，规划山区城镇化建设体系与产业布局，发展环境友好的山地高效农业，开发山地特色资源与生态旅游、研究和建立山区资源输出与生态环境保护的补偿机制，指导山区的建设与管理。

5. 数字山地与山地遥感监测

基于多源遥感信息的山地科学数据库建设，提高山地信息获取与应用能力，通过定量遥感与虚拟现实技术的支持，适时对典型/重点山地环境变化进行遥感监测，包括对滑坡、泥石流、水土流失监测与预警，为山地综合研究提供方法创新和技术支撑平台。

1.1.4　国际山地研究

1973 年，联合国教科文组织（UNESCO）的"人与生物圈计划"将"人类活动对山地生态系统的影响"列为重大课题，这是山地研究首次在国际层面的研究计划中得到关注。2002 年联合国开展了"国际山地年"活动，并决定从 2003 年起将每年的 12 月 11 日定为"国际山区日"，每年一个活动主题（表 1.1）。

表 1.1 2004~2015 年联合国"国际山区日"主题

时间	主题
2015	Promoting Mountain Products for Better Livelihoods 推广山地产品，强化生计手段
2014	Mountain Family Farmers: Feeding People, Nurturing the Planet 山区农民家庭：供养人类，关爱地球
2013	Mountains: Key to a Sustainable Future 山区：未来可持续发展的关键
2012	Celebrating Mountain Life 赞美山区生活
2011	Mountain Forests: Root to Our Future 山地森林：我们未来的根基
2010	Mountain Minorities and Indigenous Peoples 山区少数民族和土著人民
2009	Disaster Risk Management in Mountains 山区灾害风险管理
2008	Food Security in Mountains 山区粮食安全
2007	Facing Change: Climate Change in Mountain Areas 应对山区气候变化挑战
2006	Managing Mountain Biodiversity for Better Lives 为了更好的生活：经营管理好山区生物多样性
2005	Mountain Tourism: Making it Work for the Poor 旅游：减缓山区贫困
2004	Peace: Key to Sustainable Mountain Development 和平：山区可持续发展的关键

主题活动不仅促进人们对山地的认识，并且使世界山地研究进入一个国际合作的新阶段。一方面，国际性山地研究网络建立并发展，如，国际山地综合发展中心（International Centre for Integrated Mountain Development，ICIMOD）、国际山地学会（International Mountain Society）、世界山地人口联合会（World Mountain People Association），又如，山地研究中心（Centre for Mountain Studies）1997 年发起的"全球山地计划"（Global Mountain Program）、1999 年发起的"高山环境全球观测研究计划"（GLORIA），2000 年联合国大学提出的"全球山地伙伴计划"（Global Mountain Partnership Program），以及全球生物多样性评估计划（GMBA）等。

这些开展山地研究的机构与项目，大多不同程度设计了山地遥感相关的研究内容。

如，国际山地综合发展中心（ICIMOD）、山地伙伴计划（Mountain Partnership）等。表
1.2 列举了国际上与山地相关的一些主要研究机构与组织，读者可从链接的网站参阅相关
内容。

表 1.2　国际山地相关研究机构

机构名称	网站地址	所在国家
International Centre for Integrated Mountain Development （国际山地综合发展中心）	http：//www. icimod. org	尼泊尔
Mountain Research Initiative （山地研究组织）	http：//mri. scnatweb. ch/en	瑞士
Mountain Research Station，University of Colorado （科罗拉多大学山地研究站）	http：//www. colorado. edu/mrs/	美国
Institute of Applied Remote Sensing，EURAC （欧洲波森/博尔扎诺研究院应用遥感研究所）	http：//www. eurac. edu/en/research/ mountains/remsen/Pages/default. aspx	意大利
Mountain Studies Institute，San Juan Mountains （圣胡安山山地研究所）	http：//www. mountainstudies. org/	美国
Mountain Invasion Research Network （山地侵害研究网络）	http：//www. mountaininvasions. org/	瑞士
Mountain Partnership （山地伙伴计划）	http：//www. mountainpartnership. org	意大利
Mountain Societies Research Centre，University of Central Asia （中亚大学山区社会研究中心）	http：//msri. ucentralasia. org/	吉尔吉斯斯坦
Mountain Social Ecological Observing Network （山地社会生态观测网络）	http：//webpages. uidaho. edu/mtnseon	美国
Global Mountain Biodiversity Assessment （国际山地生物多样性评估）	http：//www. gmba. unibe. ch/	瑞士

1.2　山地遥感概述

1.2.1　遥感的起源与发展

"Remote Sensing"一词最早由美国海军研究院（U. S. Office of Naval Research）的艾弗
林·普鲁伊特（Evelyn L Pruitt）于 1960 年首次使用。1962 年，在美国国家科学院
（National Academy of Sciences）和国家研究理事会（Nation Research Council）的资助下，
第一届国际环境遥感大会在美国密歇根州召开。会议上"遥感"一词首次被国际科技界正
式使用，标志着现代遥感的诞生，也揭开了人类利用遥感技术从空间观测地球的序幕。此
后，在世界范围内，遥感作为一门新兴的综合性学科获得了飞速的发展。

　　人类尝试对地观测的历史最早可以追溯到 19 世纪。1839 年，法国人 Louis Daguerre（1787~1851）发表了他拍摄的第一张照片，人类首次成功把拍摄到的事物形象地记录到照片上。1858 年，法国摄影家 Gaspard-Félix Tournachon 乘坐热气球，第一次获得了航空照片。1909 年，随着飞机的发明，人类首次实现了航空对地摄影。随着摄影技术快速发展，以气球、飞艇和飞机为载体的摄影测量技术也得到了极大的促进和发展。1960 年，人类第一颗气象卫星 TIROS-1 成功进入轨道，标志着卫星遥感时代的到来。根据国际卫星对地观测委员会（Committee on Earth Observation Satellites，CEOS）的全球卫星任务统计数据，截至 2012 年，全球共发射了 200 多颗对地观测卫星，涵盖对陆地、海洋、大气等地球系统的全面观测（CEOS，2012）。人类目前已经能够利用空间对地观测技术获取大量陆地、海洋和大气的高精度、高时空分辨率观测数据，可重复观测频率从月到分钟，空间分辨率从千米到厘米，观测波段从可见光到微波，模式从被动到主动，观测角度从单一角度到多角度。空间对地观测技术的发展使人类具有了获取全球尺度地球表层数据的能力，而丰富的全球数据积累为今后有效应对全球发展中出现的资源、环境、生态与人口、社会、经济等问题奠定了坚实的基础（郭华东等，2013）。表 1.3 列出了遥感发展历史中的里程碑事件。

表 1.3　遥感发展历史里程碑事件（修改自 Campbell and Wynne，2011）

时间	重要事件
1800	William Herschel 发现红外波段
1839	摄影的开始
1847	A. H. L. Fizeau 和 J. B. L. Foucault 显示红外波谱
1850~1860	从气球开始摄影
1873	Maxwell 发现电磁能量理论
1909	从飞机对地摄影
1914~1918	第一次世界大战：航空侦察
1920~1930	航空摄影测量的发展和初步应用
1929~1939	经济萧条导致环境危机，引发政府应用航空摄影关注环境问题
1930~1940	德国、美国和英国成功发展雷达技术
1939~1945	第二次世界大战：电磁波谱不可见波段的应用 训练用于获取和解译航空照片的专业人员
1950~1960	军事研究和发展
1956	Colwell 研究采用近红外照片探测植物疾病
1957	世界第一颗人造地球卫星升空

时间	重要事件
1960～1970	第一次采用 "Remote Sensing" 成功发射 TIROS 气象卫星 Skylab 从太空向地球的遥感观测
1972	首颗陆地卫星 Landsat 1 成功发射
1972	辐射传输模型的提出
1970～1980	数字影像处理的快速发展
1980～1990	Landsat 4：新一代的 Landsat TM 传感器
1986	SPOT 法国地球观测卫星发射
1980s	高光谱传感器的发展
1988	几何光学模型的提出
1990s	全球遥感卫星系统；激光雷达
1999	中巴地球资源卫星 CBERS-01 发射
1999	世界首颗分辨率达到 1m 的商业遥感卫星 IKONOS 发射
1999	地球观测系统（EOS）计划首颗卫星 TERRA 发射
2008	中国环境与灾害监测预报小卫星星座 HJ-1 A/B 星发射
2012	中国首颗高分辨率立体测绘卫星 ZY3 发射
2013	新一代 Landsat 系列卫星 Landsat 8 发射
2013～2020	中国高分辨率对地观测系统重大专项实施

1.2.2　山地遥感基本内涵

1. 山地遥感定义

目前，被广泛接受的遥感的定义为"遥感即遥远的感知，指在远距离不接触目标物体的情况下获得其信息"。表 1.4 给出了不同时期学者对遥感的定义，这些定义的表述虽有所差异，但核心思想一致，即远距离获得信息。随着研究的推进，遥感的定义及其内涵在不断地深化和发展。

表 1.4　遥感的不同定义

遥感一词其最广泛的含义指远距离侦察（Colwell，1966）

遥感一词是许多科学家在研究很远距离物体（地球、月球、地表及大气、恒星、银河等）时使用的词汇。广义上，遥感描述了现代传感器、数据处理设备、信息论和处理方法、通信理论和设备、空间和航空设备以及大型系统理论和实践以达到对地航空或航天测量的组合效果（Sciences，1970）

遥感具有不同的定义，但基本上，它是不接触物体而告知其信息的艺术或科学（Fischer et al.，1976）

遥感尽管没有被精确地定义，但其是包含远距离获得地球表面照片或其他形式的电子记录的所有方法以及数据的处理方法。在最大范围上，遥感与所探测和记录传感器观测的目标区域电磁辐射有关。这种辐射可能直接源于目标物体不同组分的辐射，它可能是目标物体反射的太阳能量，或传感器自身发射的被物体反射的能量（White，1977）

遥感是远距离测量物体信息的科学，也就是与物体不发生接触。目前遥感系统获取频率最高的量是感兴趣物体发射出来的能量，尽管也会有其他的可能（如地震波、音波以及重力作用等）。我们的关注集中在能够测量电磁能量的系统上（Davis et al.，1978）

遥感乃是对非接触传感器系统获得的影像及其数字表达进行记录、量测和解译，从而获得可靠的自然物体和环境信息的一门工艺、科学和技术（国际摄影测量与遥感学会，1988）

遥感即遥远的感知。广义泛指各种远距离的、非接触的探测技术；狭义上主要指从远距离、高空、以至外层空间的平台上，利用可见光、红外、微波等探测仪器，通过摄影或扫描、信息感应、传输和处理，从而识别地面物质的性质和运动状态的现代化技术系统（陈述彭，1990）

遥感是通过非接触成像或其他传感器系统，来记录、测量、分析和再现有关地球及其环境、非地球目标和过程的工艺、科学和技术（国际摄影测量与遥感学会，1997）

遥感指对目标、现象的非接触式探测技术，通常特指使用电磁波获取地表信息的技术手段（Eastman，2001）

遥感指对地物目标和过程的非接触式观测，通常使用星载或机载方式获得目标的光学或雷达信号。随着技术的发展，其内涵不断丰富，任何影像、空间数据的获取方法都可以认为是遥感技术（Toth and Jozkow，2016）

　　根据观测对象和应用领域，遥感可以划分为陆地遥感、海洋遥感和大气遥感等。山地遥感可以看作是陆地遥感的分支，是研究在山地这一特定的环境中，遥感基本原理、方法及其应用的科学技术，是遥感科学的重要组成部分。

　　可见，山地遥感需要继承已有遥感科学的方法论。本书认为，广义上，与山地表层信息获取及山地研究应用有关的遥感理论、方法与技术均属于山地遥感的范畴，相关研究的实质是从对地观测电磁波信号中更好地提取和应用复杂地表信息与参量。山地遥感研究主要有两层含义：首先，是适用于山区复杂地表的遥感方法论的统称，包括数据预处理方法、参量反演方法、产品验证方法等；其次，是与山地研究紧密结合的应用技术总称，如山地灾害遥感、山地生态环境遥感、山区城镇遥感调查等。

　　山地遥感具有以下两个鲜明的特色。

1）物理机理的特殊性

由于几何形态复杂、重力势能明显，山地的辐射传输过程和水热循环过程中各分量间的耦合更加紧密，并且系统的整体特征也明显异于平地，表现为能量和物质的输出大于输入的"净耗散系统"。

2）研究对象的复杂性

山地物理过程和系统功能的特殊性引起了结构和规律的特殊性，使山地具有高度的时空异质特征。空间上，山地的气象因子（辐射、温度、水等）具有浓缩的环境梯度，由此带来了高度的空间异质性。时间上，受重力影响，山地的水、土等物质迁移速度更快，使山地系统的外在形态可能在短时间内发生较大的变化。高度时空异质性，使山地遥感面临更多理论和技术上的难题。另一方面，相比于平地物理过程的随机性，重力势能的存在使山地陆表过程表现出一定的有序性和方向性，从而使山地陆表过程模拟和参数反演更加有序可循，有理可依，因此山地遥感也面临更多的机遇。

当前，山地遥感研究在国际与国内均得到空前重视。山地遥感的理论、方法及其综合应用，各部分相辅相成，相互促进，随着遥感科学相关领域研究的发展而不断深化。

2. 山地遥感面临的若干前沿科学问题

美国已故地理遥感学之父 David Simonett 指出，遥感不单是一门应用技术，还是一门科学，有其自身的科学问题（李小文，2006）。遥感技术飞速发展的背后面临诸多科学问题和挑战（徐冠华，1996；陈述彭，1997；周成虎和鲁学军，1998；龚健雅和李德仁，2008），针对复杂环境的山地遥感更是如此。遥感实现从定性到定量的过渡，需要开展多学科交叉，加强学科自身基础研究。下文初步列举了山地遥感当前面临的五个方面的挑战或前沿科学问题（李爱农等，2016）。

1）电磁波与山地地表环境相互作用机理及遥感建模理论

电磁波与地表环境的辐射传输机理是遥感研究的基础理论。自诺贝尔奖获得者Chandrasekhar（1960）于 20 世纪 50 年代创立辐射传输学派以来，遥感机理研究先后从大气拓展到植被、土壤、冰雪等多个研究领域。针对辐射传输理论的局限性，李小文与Strahler 发展的几何光学学派将遥感基础理论研究推向了一个新的发展方向（Li and Strahler，1985）。相比于平坦地表，山地环境特有的地形复杂性以及由此引起的生态系统的复杂性，致使山地陆表的辐射传输过程各分量间的耦合更为紧密，模型对自然现象和过程的刻画更加复杂。

山地地形要素包括海拔、坡度、坡向、起伏度等。它们通过改变光线传播路径，影响了地表的水热分布以及遥感成像过程（阎广建等，2000；李净和李新，2007；Li et al.，2015）。海拔差异改变光线传播长度，影响大气成分和降水因子，进而改变不同海拔处地表接收到的辐射能量。理论上，海拔越高的区域由于大气的消光作用减弱因而太阳直接辐射越强（Jin et al.，2013）。坡向改变太阳辐射在地面的分配过程，其中阳坡接收到的太阳直接辐射多，导致坡面温度高、水分蒸发强烈（方精云等，2004）。坡度进一步影响了太阳-地表-传感器三者之间的角度关系；同时，坡度的存在还使地表像元受邻近地表反射的影响（Li et al.，2015）。地形的起伏程度对像元的能量构成具有较大影响，地形起伏越剧烈的地区其遥感影像成像过程愈加复杂。山地地形要素影响了辐射信号的传播过程，在光学影像上表现为相同地表覆被类型的光谱差异。

此外，山地环境中由于地形起伏影响，当太阳直射光部分或全部被遮挡而无法到达观测目标时，在遥感影像中将形成阴影区域（Giles，2001；Zhou et al.，2014）。阴影包括投影（高大目标投射到地表的阴影）和本影（目标未被太阳直射到的区域）两种类型（Salvador et al.，2001）。阴影的存在一定程度上增强了影像的三维效果，也可有助于目标高度及形状的测量（Dare，2005）。然而，阴影给山区土地覆被制图以及生态参量反演等多种实际应用带来困难。

在山区，如何准确揭示地物光谱信号与复杂地表的相互作用，定量描述电磁波与山地环境相互作用机理是山地遥感面临的重要基础科学问题。

2）山地遥感影像归一化处理技术与方法

海量遥感数据的综合高效应用，首先要解决遥感影像的归一化处理问题。山地遥感影像的几何与辐射畸变是山地遥感研究较早关注的问题之一（Hoffer，1975）。尽管近半个世纪以来国内外学者发展了众多用于山地遥感影像几何与辐射畸变的校正方法，但随着对地观测卫星数据的不断增多，多源、多时相、多角度、异构的山地遥感影像归一化处理仍是制约山地遥感综合高效应用的重要因素之一。新的时代背景下，如何开展海量山地遥感影像高精度的几何、光谱归一化，并在此基础上开展山地多源遥感影像的协同应用，是当前山地遥感面临的前沿科学技术难题之一。

3）山地地表生态参量遥感反演理论与方法

遥感的反演问题是在给定前向模型的基础上，寻找一组输入参数，使其能够最佳地解释当前遥感观测的过程。

相于平坦地表，山地环境特有的地形起伏以及由此引起的生态系统的复杂性和气候环境的多变性，致使山地陆表参量遥感建模与反演面临更多理论和技术上的难题（李爱农等，2016）。首先，山地陆表的辐射传输过程和水热循环过程中各分量间的耦合更为紧密。因此，需要在遥感数据处理模型和前向机理模型中协同考虑大气-地形-冠层等的交互作用，增加了模型的复杂性。其次，山地的高时-空异质性，要求遥感观测和生态参量遥感产品对山地生态系统具有更加精细的时空表征能力。同时，由于山地生态系统的复杂性，进行山地生态参量反演时需要更多的地形相关参数，遥感"病态"反演在山地更为严重。在山地开展定量遥感反演与平坦区域最大的差异在于：地形的复杂性与随机性增加了反演模型解算的难度，降低了遥感反演的精度。现有的遥感反演模型在山地适用性差，缺少可靠的精度评估。

常规的生态参量遥感机理模型在山地适用性如何？如何在遥感机理模型中结合多源遥感信息与山地地表参数先验知识，充分考虑并削弱地形带来的不确定性？这些问题是构建山地生态参量遥感反演理论与方法的核心科学问题。

4）山地遥感研究中的尺度效应

尺度效应是遥感科学的关键理论问题之一。与传统地学研究中的地学现象和规律表现的尺度效应不同，遥感研究中的尺度效应一般更重视不同分辨率图像之间的关系和尺度转换问题（李小文和王祎婷，2013）。山地遥感研究的尺度差异受地形影响更为显著，山地陆表生态参量的尺度效应及其尺度转换机理是关系到能否将多源、多尺度信息通过模型同化于遥感反演过程的基础，同时也是揭示不同尺度遥感产品不确定性关系的桥梁。

遥感常用的尺度转换模型与方法在山地是否仍然适用？如何将多源、多尺度的遥感产品与地面观测资料相结合，应用于水文、生态及流域集成模型？还需要在实验和理论上进一步研究。

5）山地遥感研究中的多学科交叉方法

遥感是一门综合性的科学，需要借助物理学、数学、计算机、地理学、地图学、生态学等学科的原理、方法和分析手段，解决对地遥感的科学理论与实际应用问题。在山地遥感研究中，如何将山地科学以及相关学科中的基础理论、方法及成果吸收进来，加深遥感在山地研究中的应用是山地遥感实现突破的重要方面。

1.2.3 山地遥感的发展历程

纵观遥感发展历史，摄影测量与遥感发展的初期人们就已经采用该技术研究山地地形、地貌并进行山地资源调查和环境监测。"摄影测量"与"遥感"这两个不同的名称指的是存在于不同的历史时期的同一个学科（李德仁，2000）。自 20 世纪 20 年代现代航空摄影测量技术诞生以来，人们认识到，与传统采用仪器进行地形测绘相比，采用航空摄影测量进行大比例尺地形图制作是一个极大的进步（Whitmore et al.，1959）。山地遥感的诞生可以认为是与现代航空摄影测量技术同步的，因为航空摄影测量技术最早研究被测物体的几何属性，而几何属性是山地的最基本特征。20 世纪 20 年代采用航空摄影测量技术制作山区地形地貌图可以认为是山地遥感的起源。

1960 年，美国国家航空航天局（NASA）和美国海洋大气管理局（NOAA）成功发射了首颗气象卫星，标志着遥感从航空遥感进入航天遥感时代。1972 年，美国发射了第一颗陆地资源卫星 ERTS（后改名 Landsat 1），成功获取地球 80m 空间分辨率的多光谱影像，标志着地球资源环境调查方法的根本转变。在卫星遥感发展日趋蓬勃的同时，人们普遍认识到，卫星遥感信息在山地的各种畸变均较为严重，且信息应用的精度较低（Hoffer et al.，1979；Holben and Justice，1979）。此后，卫星遥感研究的各个领域均有与山地相关的科研人员的身影。总体而言，卫星遥感对山地的关注从最初关注影像的几何特征，逐渐关注山地地形对影像光谱特征及各种遥感应用精度的影响，并发展出了多种山地相关的遥感机理模型。山地遥感的发展历程根据不同研究对象，可以从山地遥感影像几何属性、光谱属性和遥感应用三个方面进行回顾。

在山地遥感影像几何属性方面，人们较早认识到山区地形起伏对航空影像成像特征的影响，美国地质调查局早在 20 世纪 20 年代就开始利用这种地形特性进行山地大比例尺地形图制图（Fleming，1978）。随着卫星遥感的发展，卫星影像几何校正方法的发展一直关注山地地形引起的几何畸变。Van Vie 和 Stein（1977）在利用地形图对 Landsat MSS 影像进行地形校正中，分析了地形对影像几何校正精度的影响。Triendl（1979）在《陆地卫星影像处理》一书中专门介绍了山地影像几何校正方法。我国科学家周万村（1985）也较早分析了山地遥感图像的基本几何特征。在 Landsat 影像处理手册（Storey et al.，2006）中，就详细介绍了 Landsat TM/ETM+影像的几何校正与地形校正方法。类似的中高空间分辨率影像，如 SPOT、HJ-1A/B 等的影像处理技术中也有专门针对山地地形几何校正和正射校正的方法（Passot，2000；Bian et al.，2013）。研究发现，在考虑山地地形畸变后山地遥感影像的几何校正精度将显著提高。目前，人们已经发展了许多针对不同遥感影像成像特征的几何校正自动化处理算法和系统（Singh，1985；Chander et al.，2008；边金虎等，2014）。随着新型传感器的不断涌现，针对山地遥感影像的几何校正方法将得到进一步发展。

20 世纪 70 年代中后期，美国 Landsat 陆地卫星 MSS 影像已经被广泛应用于地球资源环境调查。然而，研究发现由于地形起伏，山地影像中相同地表覆被类型的光谱差异较大，采用卫星遥感数据直接进行山地土地覆盖分类精度较低，需要考虑山区地形光谱畸变对土地覆盖分类的影响（Hoffer，1975；黄雪樵，1986；汪煜浩和华瑞林，1987）。此后，很多研究开始关注山区卫星影像光谱辐射畸变的校正与影像光谱的归一化处理（Holben et al.，1979；Holben and Justice，1980；Holben and Justice，1981；Justice et al.，1981；Civco，1989；Colby，1991）。Holben 和 Justice（1981）最早提出了采用不同影像不同波段进行比值以降低山地地形效应的方法。随后，各种经验、半经验以及物理的地形辐射校正模型得到了快速发展（Teillet et al.，1982；Proy et al.，1989；Gu and Alan，1998；Soenen et al.，2005；Li et al.，2015）。目前，人们普遍认识到，在应用多源、多时相影像进行山地相关研究时，需要进行光谱的归一化处理（Roy et al.，2016）。Holben 和 Justice 最早定义了遥感中的地形效应的概念，其定义为倾斜地表辐射亮度与水平地表相比而发生的辐射亮度变化，它是地表相对于光源和传感器的函数（Holben and Justice，1980）。可以看出，早期的研究者更愿意从"定量"的角度，将遥感的地形效应定义为地形起伏引起的辐射畸变，并努力对其进行物理和数学描述。直到今天，山区地形辐射的归一化与校正仍然是山地遥感研究的难点和热点领域（王少楠和李爱农，2012）。

以山地的资源环境调查为例，国内外科学家们较早就关注到山区地形起伏对遥感影像专题信息提取的影响。如 Fleming 等（1975）研究了不同分类算法对山区土地分类精度的影响，Strahler 等（1978）、Hoffer 等（1979）、黄雪樵（1986）、汪煜浩和华瑞林（1987）等分别研究了地形信息的引入对提高山地土地覆盖分类精度的潜力。我国科学家陈昱等（1986）较早探讨了遥感在山地研究中的有关应用问题，分析了山地遥感信息与环境因素的内在联系。近年来，为了提高山区专题信息提取精度，各种新的面向山区的土地覆盖分类方法得到进一步发展（Li et al.，2012a；张正健等，2014；Lei et al.，2016；雷光斌等，2016）。

总体而言，山地遥感是遥感界较早开始关注的领域。利用山地遥感影像从定性描述到定量计算，从目视判读到自动分类，从土地利用/覆盖制图到山地生态参量遥感反演与多源数据同化，山地遥感经历了迅速发展的几十年。尤其是近年来，各种性能优越的新型传感器不断投入使用，以及与之对应的各种山地遥感研究计划的实施，促使山地遥感研究上了一个新的台阶。

1.3　国内外研究进展

1.3.1　山地遥感国内外相关研究计划

目前，在以地球观测系统（EOS）计划为代表的国际重大遥感科学计划中，山地相关的研究占有重要位置。在国际地圈–生物圈计划（IGBP）、世界气候研究计划（WCRP）、地球观测系统（EOS）等计划中均把通过对遥感信息的定量反演提取山地地表生态参量作为研究的重要内容（Chen et al.，2003）。热点山地区域遥感研究的国际合作已经成为新的发展趋势。2015 年，中国科学院和美国国家航空航天局就喜马拉雅山区全球变化空间观测问题开展研讨，一致认为喜马拉雅作为全球气候变化最敏感的典型地区，亟需通过空间观测手段，全面认识其冰川、降雨、地形、气溶胶、地表辐射、灾害脆弱性、下游植被生态系统等关键地球科学系统要素的变化规律。同年，中、法、意、德、美、巴西等国家的科研资助机构在贝尔蒙特论坛的合作框架下，一致同意共同资助各国科学家在"山地–全球变化的前哨"领域开展合作研究。其中，山地遥感信息的获取是该论坛下各个研究主题的重要内容。当前，该项行动计划已经陆续启动，必将进一步促进山地遥感领域的研究进展。在国内，中国科学院、国家自然科学基金委员会、科技部等部门也相继启动了"山地地表覆被空间信息定量遥感关键技术"、"复杂地形区地表短波辐射估算及时空扩展研究"、"山地典型生态参量遥感反演建模及其时空表征能力研究"、"复杂地表遥感信息动态分析与建模"等一批重要科研项目，围绕山地地表遥感辐射传输建模、地表参数遥感定量反演以及山地遥感综合应用，开展了持续性研究。山地遥感研究在国际与国内均得到空前重视，取得了长足进展。

1.3.2　山地遥感基础理论与方法研究进展

1. 山地遥感辐射传输机理研究进展

遥感辐射传输理论是遥感研究的基础与前沿领域。近半个世纪以来，国内外学者在遥感辐射传输建模领域作出了重要贡献，先后发展了如辐射传输模型（Verhoef，1984）、几何光学模型（Li and Strahler，1992）、混合模型（Li et al.，1995）和计算机模拟模型（Goel et al.，1991）等，并已广泛应用于生态参量反演等领域，极大促进了定量遥感的发展。

山地特殊地形显著影响光学遥感的成像过程，使遥感传感器接收到的地表信号发生畸变（Li et al.，2015）。早期山地遥感影像可见光/近红外波段辐射机理研究中，大多通过坐标旋转将平地模型拓展到坡地情况下，如 Schaaf 等（1994）发展的坡地 GOMS 模型。但是坐标转换后的模型暗含了植被垂直于坡地生长的假设，与实际情况下植被的向地生长特性不符。因此有学者提出直接修改模型的参数化方案来发展山地模型，如 Combal 等（2000）通过对叶倾角分布函数的调整，将 Ross 模型扩展到了坡地情况下；Fan 等（2014）通过三维空间的投影算法将 4 尺度模型扩展到坡地，发展了坡地几何光学模型 GOST。山地遥感成像过程除了受目标像元自身地形特征（局地地形效应）影响外，还受邻近地形的影响，即非局地地形效应。Mousivand 等（2015）通过耦合已有山地下行短波辐射模型和平地冠层反射率，综合考虑了辐射在冠层内和邻近坡地间的传输过程。然而，该研究忽略了植被的向地生长特性，用于结构参数反演时仍存在较大不确定性。

山地遥感辐射传输机理研究逐渐成为当前遥感科学研究的热点领域，学者们已经取得了许多研究成果。但是山地遥感信号成像过程中的很多关键环节尚未完全厘清，尚缺乏一些关键物理变量在山地的等效定义，还需要进一步加强山地遥感信号成像过程的机理研究。

2. 山地遥感数据归一化处理技术研究进展

1）几何校正

山地遥感影像的几何畸变是数据处理关注的重要内容，以及山地遥感较早关注的问题之一（Van Wie and stein，1977）。其校正的主要思路是结合数字高程模型（DEM），利用多项式或有理函数模型建立像点与真实三维地理坐标之间的函数关系，根据待校正影像成像规律去除由地形引起的非系统误差（李德仁等，2012）。

几何校正模型可以分为严格几何校正模型和一般数学函数模型。严格几何校正模型的基本原理基于摄影测量中的共线条件方程，理论严密，几何处理精度高。国内外学者如张祖勋和周月琴（1988）、李德仁等（1988）、黄玉琪（1998）、王任享（2001）、Toutin（2004）在遥感影像的外方位元素定向参数解算和误差平差设计方面提出了多种严格几何校正模型。然而，严格几何校正模型形式复杂，对使用人员的理论背景要求较高且卫星参数不易获取。一般数学函数模型无需影像的内外方位元素信息，形式简单且便于计算。但一般数学函数模型忽略了几何校正过程中由山地地形起伏引起的影像变形。学者们通过研究光学影像的三维几何模型，结合 DEM 将成像过程中的高程变形规律加以表示，提高了山地遥感影像的几何校正精度（Gao et al.，2009；李爱农等，2012；Bian et al.，2013）。

自动化的几何校正算法是海量遥感图像处理的需求和主要发展方向。目前国内外学者发展了如 AROP（Gao et al.，2009）、SIFT（Fan et al.，2007）等多种自动几何配准算法。相关算法的关键是在几何校正模型基础上，利用特征点自动匹配与筛选方法自动选择地面控制点。影像的局地灰度特征（Kennedy and Cohen，2003）、矢量特征（Ali and Clausi，2002）及二者的综合（Dare and Dowman，2001）是控制点自动筛选方法的重要信息源。然而，由于不同传感器的设计原理有很大差异，多源卫星影像山地畸变规律有很大不同，目前还难以发展一种普适的山地几何校正模型。自动化、高精度、准实时的山地多源卫星影像自动几何校正算法是今后重要的研究内容。

2）地形辐射校正

山地光学遥感影像中，地形起伏导致不同方位向的坡面接收的太阳辐射不同，致使相同地物在向阳面与阴面存在较大的光谱差异（Meyer et al.，1993）。20 世纪 70 年代中后期，研究发现由于地形起伏，山地影像中相同地表覆被类型的光谱差异较大，直接进行土地覆盖分类的精度较低（Hoffer，1975）。此后，众多研究开始关注山地卫星影像辐射畸变的校正与归一化处理问题（Holben and Justice，1979；Civco，1989）。

最初的地形辐射校正方法以经验模型（如 C 校正、SCS+C 校正）为主，一般仅考虑太阳直射辐射在不同坡向的分布，校正结果与地表真实情况有较大差别，且在局地入射角较大时会出现过校正现象（Meyer et al.，1993）。随着人们对遥感机理认知的不断深入，国内外学者开始尝试从机理角度对太阳辐射的不同分量进行校正（Proy et al.，1989；Sandmeier and Itten，1997），取得了较好的校正效果。然而，这些模型大多假设地表是各向同性的，不符合地表真实情况。以 Minnaert 模型（Cavayas，1987）、ACTOR 3 模型（Richter，2010）等为代表的非朗伯体模型逐渐发展起来（闻建光等，2008），但此类模型中有关地表非朗伯特性的参数主要以经验参数为主。近年来，国内外学者将大气校正、地形辐射校正及 BRDF 校正视为一个耦合的过程开展了协同校正研究，并取得了较好的效果（Li et al.，2012a；Li et al.，2015）。然而，如何获取对应尺度的 BRDF 校正参数是制约该模型广泛应用的关键问题（Flood，2013），也是今后山地影像地形辐射校正模型研究的一个重要方向。

3）时空信息融合

山地地表的高时空异质性和快速变化特征对遥感影像时空分辨率提出更高要求。需要应用时空融合技术，发挥多源、多时相遥感影像的优势，通过影像间的互补信息，提高影像时空连续性和时空分辨率。

按照不同应用目的，现有影像时空融合技术可分为以提升时空连续性的多时相融合（Roy et al.，2010；Bian et al.，2015）、以提升空间分辨率的空–谱融合（Pohl and van Genderen，1998）和以提升时间分辨率的时空融合（Gao et al.，2006；Zhang et al.，2013）三类。以提升时空连续性为目标的多时相影像融合技术以单源或多源卫星的多次对地观测为基础，在某一特定的时间窗口内通过设定不同规则，选择最佳像元代表该时间窗口内的地表特征（Maxwell et al.，2007；Roy et al.，2010；Griffiths et al.，2013；Zeng et al.，2013）。针对不同的应用目标，目前国内外学者已提出了多种不同的时相合成准则，如最大 NDVI 法（Holben，1986）、最小蓝波段反射率法（Vermote and Vermeulen，1999）、最大红波段差异法（Luo et al.，2008），以及多规则组合法（Carreiras and Pereira，2005）等。以提升空间分辨率为目标的多源数据融合技术充分利用高空间分辨率影像的空间细节信息和多光谱影像的光谱信息进行以提高多光谱影像空间分辨率为目标的融合。这类融合算法包括基于变量替换技术的融合算法（彩色变换、主成分替换、小波分解）、基于调制融合方法以及基于多尺度分析的融合方法等（Pohl and van Genderen，1998）。在多源多时相影像融合方面，多源影像时空融合法能够利用低空间分辨率影像的时相信息和高空间分辨率影像的纹理信息，获得具有高时空分辨率的预测影像（Gao et al.，2006；Roy et al.，2008；Zhu et al.，2010；Shen et al.，2013）。以时空自适应滤波算法为代表的多源影像时空融合算法得到了遥感界广泛的关注和应用（Gao et al.，2015）。

已有影像时空融合技术大多未考虑山地地形特征，基本假设是用于时空融合的多源或多时相影像间具有较好的时空谱一致性。然而，山地地形起伏导致多源或多时相影像光谱辐射差异更加剧烈。有学者研究对比了地形辐射校正对合成影像应用效果的影响。如 Vanonckelen 等（2015）采用地形辐射校正后的合成影像进行区域森林分类研究表明，地形辐射校正后的合成影像显著提高了分类精度；Chance 等（2016）发现地形辐射校正后的合成影像也能够提高森林变化监测精度。目前，尚缺乏专门针对山地影像的时空融合技术。此外，多源遥感数据时空融合获得的数据及其时空分辨率能否满足山地监测需求还有待进一步验证。

3. 山地地表信息遥感提取技术与方法研究进展

地表信息涵盖面广，包括了生态参量、土地覆被、水热通量等多个方面。遥感技术的发展为提取山地地表信息提供了重要的技术手段，其所要解决的主要问题之一就是如何建立遥感数据与山地地表信息之间的关系模型，以达到准确提取地表信息的目的。

1）山地地表生态参量遥感反演

使用遥感手段提取山地地表生态参量的方法主要有经验模型法和物理模型法。经验模型法主要建立遥感观测信号与地表参数之间的回归经验模型，其原理简单且运算效率高。为有效提高山地遥感估算精度，国内外学者主要从以下两种方式构建经验模型：一是地形校正后的遥感数据参与经验模型构建（鲍晨光等，2009；Yang et al.，2013），二是地形数据（如海拔、坡度、坡向）直接参与经验模型构建（Blackard et al.，2008；靳华安等，2016）。不过经验模型方法时空外延性不强，其适用性经常受到时间和空间的限制。地表具有复杂的三维结构，电磁辐射与山地地表之间的相互作用是非常复杂的过程。目前，基于物理模型反演山地地表信息主要有以下策略（李爱农等，2016）：一是在考虑局地地形对成像几何影响的基础上，利用适用于平坦地表的物理模型提取地表信息（Gonsamo and Chen，2014）；二是在考虑山地空间异质性的基础上，适当调整已有平地物理模型驱动数据的取值范围，使之更符合山地实际情况（Pasolli et al.，2015）；三是发展专门针对山地的物理模型（Soenen et al.，2010）。其中第三种策略建模思路较为复杂，但也将是山地生态参量反演建模可能取得重大突破的方向。

上述山地地表信息遥感提取方法主要基于瞬间的遥感观测数据，其估算结果在时间上不连续，不能有效反映地表信息的动态变化，也限制了其在陆面过程、气候模拟以及全球变化等具有明显时间连续性特点研究中的应用。基于过程模型的陆表参量反演能够获得时间序列连续的反演产品（Wang et al.，2016）。就复杂山地而言，由于目前大部分过程模拟模型往往是在平坦立地条件下构建的，并未表征水热能量等因素受地形影响而在地表进行再次分配的过程。因此，将此类模型直接应用到复杂地形区时，可能会引入一定的偏差，同时降低了模拟结果的精度。针对这些问题，采用过程模型开展山地时间序列生态/陆表过程参量反演需从以下几个方面进行改进与突破：一是在地表过程模型中引入合适的地形因子，如 Chen 等（2007）在进行山区景观尺度地形对 BEPS 模型模拟 NPP 的影响，结果表明不考虑地形效应时，模拟结果会产生 5% 的高估现象；二是通过模型耦合方法解决环境因子的地形问题，如 Govind 等（2009）将 TerrainLab 模型耦合进入 BEPS 模型，成功模拟了地形对土壤水分迁移的影响，提高了 BEPS 模型的模拟能力；三是将遥感反演的地表动态信息利用数据同化方法耦合到陆表过程模型中去。同化中需要设计多种同化策略，以选择最佳的适合山区陆表参量的同化策略。

2）土地利用/覆被信息遥感自动制图

山区土地利用/覆被类型异常破碎，地形起伏、阴影、云雪常见，"同物异谱，异物同谱"现象突出，植被具有显著的地带性空间分布特征，野外实地空间采样困难，土地覆被遥感自动制图的所有难题在山区都体现得非常充分。山地土地利用/覆被信息遥感提取，既需要尽可能多的多源、多时相遥感信息和已有知识的参与，又需要发展科学的方法，有效融合异构信息，消除冗余，准确提取目标物土地利用/覆被信息。

针对山地土地利用/覆被制图的难点和特殊性，目前已发展了多种融合多源信息的方法，可归纳为三个方面。一是，引入当前较为成熟的人工智能算法或数学方法，如物元模型（Li et al.，2012b）、高斯混合模型（Chen et al.，2013）、决策树模型（Zhu et al.，2014）、马尔科夫链模型（Aurdal et al.，2005）等，发展适用于山地的土地利用/覆被分类算法并应用于山地土地利用/覆被制图。二是，发展分类算法，有效协同多源、多时相遥感数据（Campos et al.，2010；雷光斌等，2014；Reese et al.，2015）。当前，协同光学、微波和 LiDAR 等多源异构数据开展大面积山地土地利用/覆被制图仍需克服数据归一化、地形起伏干扰等技术难题。三是，引入各类专题信息和相关地学知识，参与到多源、异构信息的山地土地利用/覆被制图研究中（Li et al.，2012a；Osman et al.，2013）。专题信息包括地形信息（海拔、坡度、坡向）、专题数据（植被图、土地利用图、土壤图）等，参与分类的知识包括各类地学规律（如垂直地带性规律、邻近相似规律等）、野外样点信息等。如何将各类专题数据和知识定量化引入到山地土地利用/覆被分类工作中发展适用算法和知识挖掘器，是今后的重要研究内容。

4. 山地遥感产品验证与尺度转换

为实现遥感数据与产品的有效验证，指导产品反演建模算法的改进并最终提高反演结果的应用化水平，目前国内外已进行了大量的遥感产品验证工作。例如，美国国家航空航天局（NASA）特别成立了 MODIS 陆地产品（MODLAND）验证小组，对基于 MODIS 开发的各种全球陆地数据产品进行系统性的验证。欧洲太空局（ESA）也启动了欧洲陆地遥感仪器验证计划（VALERI），对 MODIS、VEGETATION、AVHRR、POLDER、MERIS 等传感器数据反演的多种陆地遥感数据产品进行全球验证。在这些机构的推动下，遥感产品的验证理论、方法与技术取得了一定的进展（Wan，2002；Wan，2008；Coll et al.，2009；Hulley et al.，2009）。我国遥感界也开展了很多关于遥感产品验证方面的研究和试验工作。如国产卫星（如气象 FY 系列，中巴资源 CBERS、海洋 HY 卫星和环境卫星 HJ-1A/B 等）数据的场外定标试验和验证（胡秀清等，2002；陈清莲等，2003；张勇等，2005；巩慧等，2010；韩启金等，2013）。此外，我国还设计并开展了一系列野外观测实验，如早期的"黑河地区地气相互作用野外观测实验研究"、国家 973 项目支持下的北京顺义遥感实验，以及近期开展的黑河综合遥感联合试验等，在获取大量地面观测数据集的基础上也为当前遥感产品验证与遥感产品估算方法发展和改进奠定了坚实的基础（李新等，2008；马明国等，2009；李新等，2012；Li et al.，2013）。为了满足定量遥感和陆地表层系统科学研究等需求，我国建设了如怀来综合遥感试验站、黑河遥感试验研究站、长春净月潭遥感试验站等多个综合遥感野外台站，初步形成了遥感试验与地面观测网络。

由于地面观测站点与遥感产品空间尺度的不一致性，目前许多验证工作主要选择地表相对平坦均一的区域进行，这种评估结果在山区可能严重偏离实际情况。当前山地遥感产品的精度验证仍然存在一些问题，主要体现在：检验场不足、遥感像元尺度数据获取不确定性大、地面观测零散且可持续性差、地面观测自动化水平相对较低等。山地遥感试验可期从以下三个方面取得提高：①发展可以兼顾样点代表性和可达性的山地空间采样方法；②发展尺度嵌套的"永久样点"布设方案；③改进已有观测方法，设计针对山地生态参量的测量仪器（李爱农等，2016）。

用于遥感产品验证的观测数据（地面、航空）是在不同时空尺度上对地表过程的抽样过程。观测数据在空间尺度上包含植被的叶片、冠层、遥感像元尺度，在时间尺度上又包括连续观测（如涡动、气象观测等）和离散观测（如地面采样观测）。因此，研究遥感产品的精度水平及其表征能力，需要开展地面观测向遥感像元的时空尺度扩展。尺度扩展包括空间尺度扩展和时间扩展两个积分过程（Leuning et al.，1995）。以植被冠层空间尺度扩展为例，主要是将冠层内观测的所有叶片的相关生态参量（LAI、CO_2通量等）积分到整个冠层，从而上推到群落、遥感像元和区域尺度。然而，山地的地形及生态系统的复杂性导致山地遥感尺度转换机理更为复杂。目前，学者们提出了多种异质地表尺度转换方法，但仍大多针对平坦地表，面向山地复杂地形条件下的尺度转换方法还处于起步阶段，其关键难点之一在于是如何选择恰当的参数化方案表达复杂地形特征（Helbig and Lowe，2012）。

1.3.3 山地遥感综合应用研究进展

遥感科学研究的最终目的是为了应用。国际上，为了系统了解山地生态系统的各个要素及其相互作用，国际科学界相继提出了一系列山地研究计划。在以"全球山地计划（GMP）"、"全球高山生态环境观测研究计划（GLORIA）"、"全球山地生物多样性评估计划（GMBA）"等为代表的多个重大国际山地研究计划中，无不以遥感信息科学作为不可或缺的科学和技术基础。国内方面，我国约65%陆地国土为山地范畴，为山地遥感应用提供了大有可为的地表空间。山地遥感在我国山地环境、生物多样性、地质灾害乃至流域可持续发展管理等领域已开展了大量综合性应用研究，在我国的生态功能区划、生态安全屏障建设、山地国土空间安全等领域均发挥着不可替代的作用。山地遥感综合应用范围非常广泛，难以全面综述所有进展。本文仅以少数案例来说明山地遥感综合应用研究大体上表现出以下几个特点。

1. 山地遥感综合应用广度不断扩大

早期受遥感观测条件和信息提取能力的限制，国内外山地遥感应用以直接基于山地地物的光谱特征进行地形制图、山区资源环境调查、地质灾害点判别为主。信息提取方法主要采用目视解译结合专家经验的方式（颉耀文等，2002）。近年来，随着定量遥感技术、新型传感器技术以及信息自动提取技术的发展，山地遥感综合应用广度不断扩大。例如，在山地生态环境质量综合评估方面，在现有定量遥感模型或社会经济模型的支持下，遥感技术既可直接获取山地生态环境评估的相关参量，如植物多样性、初级生产力、水资源、土地资源现状及变化情况等（刘彦随和倪绍祥，1997；廖克，2005；Li et al.，2006），也可间接模拟如动物多样性、人类社会经济数据等（Zhao and Liang，2009）。又如，在山地生物多样性调查方面，人们可利用山地遥感数据直接提取生物物种及其分布信息，表征区域生物多样性水平（胡海德等，2012），也可间接通过遥感获取生物的生境类型、生产力、光谱异质性以及环境要素，结合实地采样结果，构建相关模型来预测物种分布和多样性的格局（Nagendra，2001；Leyequien et al.，2007）。再如，以无人机、无线传感器网络、地基激光雷达等为代表的新型遥感对地观测技术的出现，为山地生物多样性调查提供亚米级的观测数据（Gonçalves et al.，2016），也为山地灾害的快速应急响应提供支持（李爱农等，2013）。山地遥感在山区城镇化建设、山区精准农业发展、山地水土流失调查、山地河流健康评估等诸多领域应用越来越广泛。

2. 山地遥感传统应用领域深度不断深化

除新的山地遥感应用领域不断得到拓展外，传统山地遥感应用综合性及其深度也在不断深化。以山地灾害遥感调查为例，国内外学者针对山地灾害遥感影像特征及提取技术研究做出了大量工作。如苏凤环等（2008）、范建容等（2008）、赵福军（2010）、葛永刚（2014）、Youssef等（2015）对典型山地灾害如崩塌、滑坡、泥石流在遥感影像中的光谱、形状和纹理特征进行了总结。随后，学者们针对山地遥感影像提取的灾害特征与社会经济、生态环境等的损失程度建立了相关关系，发展了各种山地灾害造成社会经济与生态系统损失的遥感评估方法（Metternicht et al.，2005；花利忠等，2008）。近年来，基于遥感技术的山地灾害危险性评估对于认识区域灾害发生规律以及防灾、减灾、救灾具有重要作用。山地灾害危险性评估包括重点区域的危险性分区、次生山地灾害的发生概率等。基于遥感技术的危险性分区的常规方法是将植被、地形、土壤、岩性、降水等关键因子栅格化，利用层次分析法、空间多尺度评价法、线性加权组合法等对山地灾害的危险性进行评估与分级（Shahabi and Hashim，2015；南希等，2015）。同时，学者们对山地灾害的遥感预警研究也处于不断深化的发展阶段。以滑坡预警为例，主要是在高危险区域布设多种地面监测设备，对滑坡体深部位移、地表位移、应力应变、地下水、地声、降水等激发因子进行实时监测，根据激发因子的活跃程度、临界条件等对山地灾害的发生进行预警。遥感技术的作用主要为山地灾害提供直观的影像监测，以及提供地形、植被等辅助参数（王玉和陈晓清，2009）。近年来，有学者号召将物联网技术引入山地灾害预警研究，提高人类感知山地灾害的"智慧"程度（陈宁生和丁海涛，2014）。可见，山地遥感综合应用研究随着相关领域技术与方法的发展而不断深入。

3. 山地遥感综合应用多学科融合日趋紧密

近年来，山地遥感的综合应用研究体现出多学科融合日趋紧密的趋势。以山地社会经济可持续发展管理为例，服务山地社会经济可持续发展是山地遥感综合应用的重要目标。由于山区人口众多，人地矛盾突出，山地灾害频发，决定了山区可持续发展研究是一项世界性的课题（邓伟等，2013）。山地社会经济可持续发展管理需要从山地自然与人文的众多联系出发，分析和决策过程中需考虑众多目标，体现生态、文化、社会和经济目标的综合和集成。

早期，人们主要通过分析遥感获取的土地利用现状及其变化信息，为可持续发展评估提供数据支撑（Chen，2002；刘彦随和陈百明，2002；Foody，2003）。近年来，遥感与GIS技术的结合为可持续发展研究提供了重要技术手段和平台，在各种可持续发展评估方法与评价模型的支持下，国内外学者开展了山地土地资源、林地资源、山地城市发展形态等可持续发展的评估与模拟（Cassells et al.，2009；严冬等，2016）。山地遥感数据是各种可持续发展评价指标的重要数据源，通过遥感提取的自然因子与社会经济发展因子进行有机融合，能够有效支撑社会可持续发展的管理。在山地遥感与其他学科的综合应用中，需要解决多学科数据之间的时空尺度匹配问题、度量统一问题、误差累计问题等。此外，不同学科模型（如辐射传输模型、水文模型、陆面过程模型、社会经济模型等）之间耦合方法也是山地遥感在可持续发展综合应用方面面临的重要难题。山地遥感在可持续管理研究中还需进一步打破不同应用领域隔离的现状，推进山地人口、资源、环境和发展之间的协调研究。

1.3.4 山地遥感发展新机遇

1. "高分"等对地观测新技术的不断涌现

近年来，对地观测技术迅速发展，逐渐形成了地-空-天一体化协同观测体系（Li et al.，2013）。在近地遥感方面，各种自动观测设备和观测网络不断出现，以地基激光雷达技术、涡动相关技术、无线传感网技术为代表的新型遥感技术在植被状态、土壤水分等的监测中取得了广泛的应用（宫鹏，2010；于贵瑞等，2014），使空间分布式的长期定点观测成为可能；在空基遥感方面，无人机技术逐渐兴起，各种适用于无人机的新型载荷如机载激光雷达、高光谱、多光谱相机不断涌现，无人机在防灾减灾、资源环境调查、精细农业等领域正发挥重要作用（Verger et al.，2014）；在天基遥感方面，国内外遥感卫星数量不断增加，特别是高分辨率、高光谱、高频、多角度对地观测传感器的发展，具备了立体、多维、高中低分辨率结合的综合观测能力，逐渐形成"一星多用、多星组网、多网协同"的联动机制。这些新型对地观测技术的出现为山地遥感基础理论的验证和山地地学现象的认知提供了新的契机，对交通不便、时空异质性强烈的山地进行多维、立体和连续观测成为可能。

2. 山地遥感基础理论与方法研究的系统发展

国内外学者在山地遥感基础理论与方法的研究成果为山地遥感带来了广阔的发展空间。在传统遥感科学研究理论发展的促进下，目前山地遥感理论体系也不断取得新的进展（李爱农等，2016a）。首先，在山地遥感数据处理方面，已发展涵盖遥感数据的几何纠正、云雪自动检测、大气校正、地形辐射校正等山地针对性处理方法和技术，为进一步技术集成和实现山地遥感归一化处理系统奠定了基础；其次，在基于山地遥感数据开展的山地地表关键参量遥感反演研究方面，已出现很多开拓性探索工作，在山地遥感辐射建模、山地遥感参量反演模型建立等方面取得了一系列研究成果；最后，已开展面向山地的遥感数据与产品验证研究工作，如山地地面参量采样策略、采样结果验证等，逐步认识到山地地面数据采集及空间尺度差异对山地遥感验证的重要影响。由此可见，当前山地遥感的相关理论和方法研究，为山地遥感的进一步发展奠定了很好的基础，也势必更进一步促进山地遥感科学与技术的总体进步与发展。

3. 空间地球大数据的驱动作用

目前，随着大数据时代的来临，科学范式已经从模型驱动向数据驱动发生了转变（郭华东等，2014）。遥感数据具有大数据的鲜明特点，正在融入大数据研究的主流，为地球系统科学研究带来了新的机遇。当前大数据的技术与方法主要集中在互联网大数据和商业大数据的应用。而事实上以遥感数据为代表的科学大数据的深入研究将有助于推动地球科学和相关科学基础理论与研究方法的跨越发展。在当前大数据、稀疏表达、深度学习等最新信息科学技术的带动下（张良培，2014），遥感研究的方式与方法正变得多样化，为驱动面向山地的遥感技术应用与推广开辟了新局面。

4. 山地遥感巨大的应用需求

在气候变化和人类作用不断增强的背景下，山地的响应与适应及其对全球经济、社会、环境可持续性的影响，已经引起国内外科学界的高度关注。国际上先后多项国际研究计划，遥感技术都成为这些计划具体实施的重要组成部分（邓伟等，2013），这些举措为山地遥感的发展创造了良机。此外，近年来，"一带一路"、长江经济带等已经成为我国新时期重要发展战略。我国西南山区是"一带一路"、长江经济带规划的重要交汇点，尤其是面向南亚和东南亚的"一带一路"战略实施，中巴经济走廊、孟中印缅经济走廊、中尼印经济走廊建设与我国西南地区的发展密切相关。"一带一路"沿线地域辽阔，亟需通过遥感的技术优势获取这些地区资源环境数据，特别是重要交通走廊山地灾害遥感调查与风险评估、跨境河流水资源开发利用及水灾害防治、山地生态环境演变及生计安全等方面，相关研究将进一步丰富山地遥感应用模型，并为机理探索与数据处理中关键问题的解决提供实践之道。

1.3.5　山地遥感研究面临的挑战

1. 山地遥感基础理论与方法有待进一步突破

山区电磁波与地表的相互作用较平原地区更为复杂（Chen et al.，2007），信号失真严重，现有大部分遥感物理模型还难以准确诠释与表达山地遥感辐射特征。地形效应增加了山地遥感反演的难度，致使定量遥感技术在山区的发展受到限制（李爱农等，2016）。此外，遥感像元本身具有一定的空间尺度，由于像元内部异质性可能造成不同分辨率数据得到的结果不匹配（李小文和王祎婷，2013）。同时，由于遥感观测数据和遥感物理模型本身的不确定性及尺度依赖性，以及精度验证等环节的不确定性，给山地地表信息遥感提取及应用也带来了不确定性。在当前山地光学遥感数据处理及相关模型应用水平情况下，模型的适用尺度、适用边界需要科学界定，新的理论和模型需要不断推陈出新，山地遥感理论与方法研究有待进一步取得根本性突破。

2. 山地多源遥感数据协同亟需加强

随着对地观测技术的发展，各种新型传感器不断涌现，为山地多源遥感数据协同应用创造了条件。单一遥感数据源在山地遥感研究中存在复杂的地形和尺度敏感性特征，基于单一遥感数据源的山地遥感研究效果仍不理想。多源遥感数据协同能够综合各种遥感观测手段的优势，弥补单一传感器的不足，是山地遥感研究可期取得突破的重要方向之一。多源遥感数据协同可分为三个层次：具有类似光谱和空间分辨率的多源遥感数据协同（如HJ-1A/B 与 Landsat-8）；具有相同观测原理但不同特征的多源遥感数据协同（如 Landsat TM 与 MODIS）；不同观测原理遥感数据间的协同（如光学与微波、光学与激光雷达）（Wulder et al.，2015）。多源异构（波段设置、辐射性能、光谱响应、文件存储模式、不同的产品生产流程与算法差异等）遥感数据的归一化处理问题、多源遥感协同信息深层次挖掘问题、山地多尺度长时间序列遥感数据集构建问题仍是未来山地遥感多源数据协同研究面临的严峻挑战。

3. 山地遥感综合应用还有待进一步深入和"综合"

山地遥感可以看作是遥感科学和山地生态、山地资源、山地灾害、山区发展等山地科学的交叉融合。除了要解决遥感自身理论和方法在山区的适用性问题外，山地遥感还需与其他应用领域紧密结合，在服务山地科学相关研究的同时进一步完善山地遥感理论。由于山地地表过程的复杂性以及山地遥感理论的不完善，目前山地遥感综合应用还存在很多不足，主要体现在应用领域和应用深度还有很大拓展和提升的空间。山地生态、水热参量遥感定量反演、数字山地模型构建及应用、生物多样性调查等领域还处于不断发展阶段，山地遥感应用还应更加"综合"，有待进一步深入。

1.4 小　　结

　　遥感的诞生和发展已经有百年历史。尽管当前遥感技术和遥感产品已经得到广泛的发展和应用，国内外学者也关注到山地地形效应对遥感的影响，但总体而言，山地遥感仍处于探索阶段。早期的许多遥感模型、算法和产品并未考虑地形效应的影响。近年来，山地遥感研究已经逐渐成为遥感学科的难点、热点和焦点领域。在遥感数据处理、基础理论、定量反演以及应用领域山地遥感均取得显著进展。本书认为，广义上，与山地表层信息获取及山地研究应用有关的遥感方法与技术均属于山地遥感的范畴，相关研究的实质是从对地观测电磁波信号中更好地提取和更综合地应用复杂山地地表信息与参量。物理机理的特殊性和研究对象的复杂性是山地遥感的两个鲜明特色。山地遥感的基本内涵在不断深化，其发展需要继承已有遥感科学的方法论，更需要以系统论的观点，整体和全面地统合山地生态和水文、物质和能量等各个子系统，借助物理学、地理学、数学和计算机科学等各个领域最新的研究成果不断促进学科发展。

参 考 文 献

鲍晨光，范文义，李明泽，姜欢欢．2009．地形校正对森林生物量遥感估测的影响．应用生态学报，20（11）：2750～2756．

边金虎，李爱农，雷光斌，张正健，吴炳方．2014．环境减灾卫星多光谱 CCD 影像自动几何精纠正与正射校正系统．生态学报，34（24）：7181～7191．

边金虎，李爱农，宋孟强，马利群，蒋锦刚．2010．MODIS 植被指数时间序列 Savitzky-Golay 滤波算法重构．遥感学报，14（4）：725～741．

陈国阶．2004．中国山区发展报告．北京：商务印书馆．

陈宁生，丁海涛．2014．物联网技术在山地灾害监测预警中的应用—需求、现状、问题与突破展望．自然杂志，36（5）：352～355．

陈清莲，李铜基，任洪启．2003．HY-1 卫星水色扫描仪的辐射定标与真实性检验．海洋技术，22（1）：1～9．

陈述彭．1990．遥感大词典．北京：科学出版社．

陈述彭．1997．遥感地学分析的时空维．遥感学报，1（3）：161～171．

陈昱，程地玖，宋玉康．1986．山地遥感与地理制图的发展．山地研究，4（1）：92～95．

崔鹏．2014．中国山地灾害研究进展与未来应关注的科学问题．地理科学进展，33（2）：145～152．

邓伟，程根伟，文安邦．2008．中国山地科学发展构想．中国科学院院刊，23（2）：156～161．

邓伟，李爱农，南希．2015．中国数字山地图．北京：中国地图出版社．

邓伟，熊永兰，赵纪东，邱敦莲，张志强，文安邦．2013．国际山地研究计划的启示．山地学报，31（3）：377～384．

丁锡祉，郑远昌．1986．初论山地学．山地研究，4（3）：179～186．

丁锡祉，郑远昌．1996．再论山地学．山地研究，14（2）：83～88．

范建容，张建强，田兵伟，严冬，陶和平．2008．汶川地震次生灾害毁坏耕地的遥感快速评估方法—以北川县唐家山地区为例．遥感学报，12（6）：917～924．

方精云，沈泽昊，崔海亭．2004．试论山地的生态特征及山地生态学的研究内容．生物多样性，12（1）：10～19．

葛永刚，崔鹏，林勇明，庄建琦，贾松伟．2014．综合137 Cs，RS 和 GIS 的土壤侵蚀评估和预测—以云南小江流域为例．遥感学报，18（4）：887～901．

宫鹏．2010．无线传感器网络技术环境应用进展．遥感学报，14（2）：152～153．

龚健雅，李德仁．2008．论地球空间信息服务技术的发展．测绘通报，5（5）：5～10．

巩慧，田国良，余涛，顾行发，高海亮，李小英．2010．CBERS 02B 卫星 CCD 相机在轨辐射定标与真实性检验．遥感学报，14（1）：1～12．

郭华东，陈方，邱玉宝．2013．全球空间对地观测五十年及中国的发展．中国科学院院刊，28（增刊）：7～16．

郭华东，王力哲，陈方，梁栋．2014．科学大数据与数字地球．科学通报，59（12）：1047～1054．

韩启金，傅俏燕，潘志强，王爱春，张学文．2013．资源三号卫星靶标法绝对辐射定标与验证分析．红外与激光工程，42（S1）：167～173．

胡海德，李小玉，杜宇飞，郑海峰，都本绪，何兴元．2012．生物多样性遥感监测方法研究进展．生态学杂志，31（6）：1591～1596．

胡秀清，戎志国，邱康睦，张玉香，张广顺，黄意玢．2002．利用青海湖水面辐射校正场对 FY-1C 气象卫星热红外传感器进行绝对辐射定标．遥感学报，6（5）：328～333+401．

花利忠，崔胜辉，李新虎，尹锴，邱全毅．2008．汶川大地震滑坡体遥感识别及生态服务价值损失评估．生态学报，28（12）：5909～5916．

黄秉维．1959．中国综合自然区划草案．科学通报，4（18）：594～602．

黄雪樵．1986．应用数字地形模型提高山地遥感数据自动分类精度．山地学报，4（1）：96～103．

黄玉琪．1998．基于岭估计的 SPOT 影像外方位元素的解算方法．解放军测绘学院学报，15（1）：25～27．

颉耀文，陈怀录，徐克斌．2002．数字遥感影像判读法在土壤侵蚀调查中的应用．兰州大学学报（自然科学版），38（2）：157～162．

靳华安，李爱农，边金虎，赵伟，张正健，南希．2016．西南地区不同山地环境梯度叶面积指数遥感反演．遥感技术与应用，33（1）：42～50．

雷光斌，李爱农，边金虎，张正健，张伟，吴炳方．2014．基于阈值法的山区森林常绿、落叶特征遥感自动识别方法—以贡嘎山地区为例．生态学报，34（24）：7210～7221．

雷光斌，李爱农，谭剑波，张正健，边金虎，靳华安．2016．基于多源多时相遥感影像的山地森林分类决策树模型研究．遥感技术与应用，33（1）：31～41．

李爱农，边金虎，张正健，赵伟，尹高飞．2016a．山地遥感主要研究进展、发展机遇与挑战．遥感学报，20（5）：1199～1215．

李爱农，将锦刚，边金虎，雷光斌，黄成全．2012．基于 AROP 程序包的类 Landsat 遥感影像配准与正射纠正试验和精度分析．遥感技术与应用，27（1）：23～32．

李爱农，尹高飞，靳华安，边金虎，赵伟．2016b．山地地表生态参量遥感反演的理论、方法与问题．遥感技术与应用，33（1）：1～11．

李爱农，张正健，雷光斌，南希，刘倩楠，赵伟．2013．四川芦山“4·20”强烈地震核心区灾损遥感快速调查与评估．自然灾害学报，22（6）：8～18．

李德仁．2000．摄影测量与遥感的现状及发展趋势．武汉测绘科技大学学报，25（1）：1～5．

李德仁，程家瑜，许妙忠，王树根．1988．SPOT 影像的解析摄影测量处理．武汉测绘科技大学学报，

13（4）：28～36.

李德仁，童庆禧，李荣兴，龚健雅，张良培．2012．高分辨率对地观测的若干前沿科学问题．中国科学（地球科学），42（6）：805～813.

李净，李新．2007．基于 DEM 的坡地太阳总辐射估算．太阳能学报，28（8）：905～911.

李小文．2006．定量遥感的发展与创新．河南大学学报（自然科学版），35（4）：49～56.

李小文，王祎婷．2013．定量遥感尺度效应刍议．地理学报，68（9）：1163～1169.

李新，李小文，李增元，王建，马明国，刘强．2012．黑河综合遥感联合试验研究进展：概述．遥感技术与应用，27（5）：637～649.

李新，马明国，王建，刘强，车涛，肖青，柳钦火，苏培玺，楚荣忠，晋锐，王维真，冉有华，胡泽勇．2008．黑河流域遥感—地面观测同步试验：科学目标与试验方案．地球科学进展，23（9）：897～914.

廖克．2005．生态环境遥感综合系列制图方法．地理学报，60（3）：479～486.

刘彦随，陈百明．2002．中国可持续发展问题与土地利用/覆被变化研究．地理研究，21（3）：324～330.

刘彦随，倪绍祥．1997．陕南山地生态环境质量综合评价．山地研究，15（3）：178～182.

马明国，刘强，阎广建，陈尔学，肖青，苏培玺，胡泽勇，李新，牛铮，王维真，钱金波，宋怡，丁松爽，辛晓洲，任华忠，黄春林，晋锐，车涛，楚荣忠．2009．黑河流域遥感—地面观测同步试验：森林水文和中游干旱区水文试验．地球科学进展，24（7）：681～695.

南希，严冬，李爱农，雷光斌，曹小敏．2015．岷江上游流域山地灾害危险性分区．灾害学，30（4）：113～120.

苏凤环，刘洪江，韩用顺．2008．汶川地震山地灾害遥感快速提取及其分布特点分析．遥感学报，12（6）：956～963.

汪煜浩，华瑞林．1987．山地卫星图像分类制图方法研究．遥感信息，2（4）：12～14.

王根绪，邓伟，杨燕，程根伟．2011．山地生态学的研究进展、重点领域与趋势．山地学报，29（2）：129～140.

王任享．2002．卫星摄影三线阵 CCD 影像的 EFP 法空中三角测量（一）．测绘科学，26（1）：1～5.

王少楠，李爱农．2012．地形辐射校正模型研究进展．国土资源遥感，24（2）：1～6.

王玉，陈晓清．2009．汶川地震区次生山地灾害监测预警体系初步构想．四川大学学报（工程科学版），41（S1）：37～44.

闻建光，柳钦火，肖青，刘强，李小文．2008．复杂山区光学遥感反射率计算模型．中国科学（地球科学），38（11）：1419～1427.

徐冠华．1996．遥感信息科学的进展和展望．地理学报，51（5）：385～397.

闫广建，王锦地．2000．基于模型的山地遥感图像辐射订正方法．中国图象图形学报，5（1）：11～15.

严冬，李爱农，南希，雷光斌，曹小敏．2016．基于 Dyna-CLUE 改进模型和 SD 模型耦合的山区城镇用地情景模拟研究—以岷江上游地区为例．地球信息科学学报，18（4）：514～525.

于贵瑞，张雷明，孙晓敏．2014．中国陆地生态系统通量观测研究网络（ChinaFLUX）的主要进展及发展展望．地理科学进展，33（7）：903～917.

张良培．2014．高光谱目标探测的进展与前沿问题．武汉大学学报（信息科学版），39（12）：1387～1394+1400.

张勇，顾行发，余涛，张玉香，陈良富，李小英，李小文，何立明．2005．CBERS-02 卫星 IRMSS 传感器热红外通道综合辐射定标．中国科学（信息科学），35（S1）：70～88.

张正健，李爱农，雷光斌，边金虎，吴炳方．2014．基于多尺度分割和决策树算法的山区遥感影像变化检测方法—以四川攀西地区为例．生态学报，34（24）：7222～7232.

张祖勋，周月琴．1988．SPOT 卫星图像外方位元素的解求．武测科技，（2）：29～35+43.

赵福军. 2010. 遥感影像震害信息提取技术研究. 中国地震局工程力学研究所博士学位论文.

郑度, 陈伟烈. 1981. 东喜马拉雅植被垂直带的初步研究. 植物学报, 23 (3): 228~234.

钟祥浩. 2006. 山地环境研究发展趋势与前沿领域. 山地学报, 24 (5): 525~530.

钟祥浩, 刘淑珍. 2014. 中国山地分类研究. 山地学报, 32 (2): 129~140.

周成虎. 2006. 地貌学辞典. 北京: 中国水利水电出版社.

周成虎, 鲁学军. 1998. 对地球信息科学的思考. 地理学报, 53 (4): 372~380.

周万村. 1985. 遥感数字图像处理在山地研究中的应用. 山地学报, 3 (3): 189~192.

Ali M A, Clausi D A. 2002. Automatic registration of SAR and visible band remote sensing images. IEEE International Geoscience and Remote Sensing Symposium, Toronto, Canada, 1331~1333.

Aurdal L, Huseby R B, Eikvil L, Solberg R, Vikhamar D, Solberg A. 2005. Use of hidden Markov models and phenology for multitemporal satellite image classification: applications to mountain vegetation classification. Analysis of Multi-Temporal Remote Sensing Images, 2005 International Workshop on the IEEE, 220~224.

Bian J H, Li A N, Jin H A, Lei G B, Huang C Q, Li M X. 2013. Auto-registration and orthorecification algorithm for the time series HJ-1A/B CCD images. Journal of Mountain Science, 10 (5): 754~767.

Bian J H, Li A N, Wang Q F, Huang C Q. 2015. Development of dense time series 30-m image products from the Chinese HJ-1A/B constellation: a case study in Zoige plateau, China. Remote Sensing, 7 (12): 16647~16671.

Blackard J A, Finco M V, Helmer E H, Holden G R, Hoppus M L, Jacobs D M. 2008. Mapping US forest biomass using nationwide forest inventory data and moderate resolution information. Remote Sensing of Environment, 112 (4): 1658~1677.

Campos N, Lawrence R, Mcglynn B, Gardner K. 2010. Effects of LiDAR-Quickbird fusion on object-oriented classification of mountain resort development. Journal of Applied Remote Sensing, 4 (1): 2816~2832.

Carreiras J M B, Pereira J M C. 2005. SPOT-4 VEGETATION multi-temporal compositing for land cover change studies over tropical regions. International Journal of Remote Sensing, 26 (7): 1323~1346.

Cassells G F, Woodhouse I H, Mitchard E T A, Tembo M D. 2009. The use of ALOS PALSAR for supporting sustainable forest use in southern Africa: a case study in Malawi. IEEE International Geoscience and Remote Sensing Symposium, Cape Town, South Africa, 206~209.

Cavayas F. 1987. Modelling and correction of topographic effect using multi-temporal satellite images. Canadian Journal of Remote Sensing, 13 (2): 49~67.

Chance C M, Hermosilla T, Coops N C, Wulder M A, White J C. 2016. Effect of topographic correction on forest change detection using spectral trend analysis of Landsat pixel-based composites. International Journal of Applied Earth Observation and Geoinformation, 44: 186~194.

Chandrasekhar S. 1960. Radiative Transfer. New York Dover, 17 (9): 237~266.

Chen C X, Tang P, Wu H G. 2013. Improving classification of woodland types using modified prior probabilities and Gaussian mixed model in mountainous landscapes. International Journal of Remote Sensing, 34 (23): 8518~8533.

Chen J M, Liu J, Leblanc S G, Lacaze R, Roujean J L. 2003. Multi-angular optical remote sensing for assessing vegetation structure and carbon absorption. Remote Sensing of Environment, 84 (4): 516~525.

Chen X F, Chen J M, An S Q, Ju W M. 2007. Effects of topography on simulated net primary productivity at landscape scale. Journal of Environmental Management, 85 (3): 585~596.

Chen X W. 2002. Using remote sensing and GIS to analyse land cover change and its impacts on regional sustainable development. International Journal of Remote Sensing, 23 (1): 107~124.

Civco D. 1989. Topographic normalization of Landsat Thematic Mapper digital imagery. Photogrammetric Engineering and Remote Sensing, 55 (9): 1303~1309.

Colby J D. 1991. Topographic normalization in rugged terrain. Photogrammetric Engineering and Remote Sensing, 57 (5): 531~537.

Coll C, Wan Z M, Galve J M. 2009. Temperature-based and radiance-based validations of the V5 MODIS land surface temperature product. Journal of Geophysical Research: Atmospheres, 114 (D20): 311.

Colwell R N. 1966. Uses and limitations of multispectral remote sensing. In Proceedings of the Fourth Symposium on Remote Sensing of Environment. Ann Arbor: Institute of Science and Technology, University of Michigan.

Combal B, Isaka H, Trotter C. 2000. Extending a turbid medium BRDF model to allow sloping terrain with a vertical plant stand. IEEE Transactions on Geoscience and Remote Sensing, 38 (2): 798~810.

Dare P M. 2005. Shadow analysis in high-resolution satellite imagery of urban areas. Photogrammetric Engineering and Remote Sensing, 71 (2): 169~177.

Dare P, Dowman I. 2001. An improved model for automatic feature-based registration of SAR and SPOT images. ISPRS Journal of Photogrammetry and Remote Sensing, 56 (1): 13~28.

Fan W L, Chen J M, Ju W M, Nesbitt N. 2014. Hybrid geometric optical-radiative transfer model suitable for forests on slopes. IEEE Transactions on Geoscience and Remote Sensing, 52 (9): 5579~5586.

Fan Y Z, Ding M Y, Liu Z F, Wang D Y. 2007. Novel remote sensing image registration method based on an improved SIFT descriptor. International Symposium on Multispectral Image Processing and Pattern Recognition, International Society for Optics and Photonics.

Fischer W A, Hemphill W, Kover A. 1976. Progress in remote sensing (1972-1976). Photogrammetria, 32 (2): 33~72.

Fleming E A. 1978. Photomapping in review: progress in geometry, reproduction and enhancement. The American Cartographer, 5 (2): 141~148.

Fleming M, Berkebile J, Hoffer R. 1975. Computer-aided analysis of Landsat-1 MSS data: a comparison of three approaches, including a "modified clustering" approach. Lars Technical Reports, 96.

Flood N. 2013. Testing the local applicability of MODIS BRDF parameters for correcting Landsat TM imagery. Remote Sensing Letters, 4 (8): 793~802.

Foody G. 2003. Remote sensing of tropical forest environments: towards the monitoring of environmental resources for sustainable development. International Journal of Remote Sensing, 24 (20): 4035~4046.

Gao F, Hilker T, Zhu X L, Anderson M, Masek J G, Wang P J. 2015. Fusing Landsat and MODIS data for vegetation monitoring. IEEE Geoscience and Remote Sensing Magazine, 3 (3): 47~60.

Gao F, Masek J G, Schwaller M, Hall F. 2006. On the blending of the Landsat and MODIS surface reflectance: predicting daily Landsat surface reflectance. IEEE Transactions on Geoscience and Remote Sensing, 44 (8): 2207~2218.

Gao F, Masek J G, Wolfe R E. 2009. Automated registration and orthorectification package for Landsat and Landsat-like data processing. Journal of Applied Remote Sensing, 3 (1): 691~701.

Giles P T. 2001. Remote sensing and cast shadows in mountainous terrain. Photogrammetric Engineering and Remote Sensing, 67 (7): 833~839.

Goel N S, Rozehnal I, Thompson R L. 1991. A computer graphics based model for scattering from objects of arbitrary shapes in the optical region. Remote Sensing of Environment, 36 (2): 73~104.

Gonsamo A, Chen J M. 2014. Improved LAI algorithm implementation to MODIS data by incorporating background, topography, and foliage clumping information. IEEE Transactions on Geoscience and Remote Sensing, 52 (2): 1076~1088.

Gonçalves J, Henriques R, Alves P, Sousa-Silva R, Monteiro A T, Lomba Â, Marcos B, Honrado J. 2016. Evaluating an unmanned aerial vehicle-based approach for assessing habitat extent and condition in fine-scale early successional mountain mosaics. Applied Vegetation Science, 19 (1): 132~146.

Govind A, Chen J M, Margolis H. 2009. A spatially explicit hydro-ecological modeling framework (BEPS-TerrainLab V2.0): model description and test in a boreal ecosystem in Eastern North America. Journal of Hydrology, 367 (3): 200~216.

Gower J F R. 1978. Remote sensing: the quantitative approach. Swain P H and Davis S M (Editors). McGraw-Hill, Germany.

Griffiths P, Linden S V D, Kuemmerle T, Hostert P. 2013. Pixel-based Landsat compositing algorithm for large area land cover mapping. IEEE Journal of Selected Topics in Applied Earth Observations and Remote Sensing, 6 (5): 2088~2101.

Gu D G, Gillespie A. 1998. Topographic normalization of Landsat TM images of forest based on subpixel Sun-Canopy-Sensor geometry. Remote Sensing of Environment, 64 (2): 166~175.

Gyanesh Chander, Haque M O, Micijevic E, Barsi J A. 2008. L5 TM radiometric recalibration procedure using the internal calibration trends from the nlaps trending database. Proceedings of SPIE - The International Society for Optical Engineering, 7081.

Helbig N, Lowe H. 2012. Shortwave radiation parameterization scheme for subgrid topography. Journal of Geophysical Research Atmospheres, 117 (D3): 812~819.

Hoffer R M. 1975. Natural resource mapping in mountainous terrain by computer analysis of ERTS-1 satellite data: an interdisciplinary analysis of Colorado Rocky Mountain environments using ADP techniques. Agricultural Experiment Station Research Bulletin, 919.

Hoffer R M, Fleming M D, Bartolucci L A. 1979. Digital processing of LANDSAT MSS and topographic data to improve capabilities for computerized mapping of forest cover types. San Juan Mountains, Colorado.

Holben B N. 1986. Characteristics of maximum-value composite images from temporal AVHRR data. International Journal of Remote Sensing, 7 (11): 1417~1434.

Holben B N, Justice C O. 1979. Evaluation and modeling of the topographic effect on the spectral response from NADIR pointing sensors. NASA Tech. Mem. 80305. Goddard Space Flight Center, Greenbelt, Md.

Holben B N, Justice C O. 1980. The topographic effect on spectral response from nadir-pointing sensors. Photogrammetric Engineering and Remote Sensing, 46 (9): 1191~1200.

Holben B N, Justice C. 1981. An examination of spectral band ratioing to reduce the topographic effect on remotely sensed data. International Journal of Remote Sensing, 2 (2): 115~133.

Hulley G C, Hook S J, Manning E, Lee S Y, Fetzer E. 2009. Validation of the atmospheric infrared sounder (AIRS) version 5 land surface emissivity product over the Namib and Kalahari deserts. Journal of Geophysical Research: Atmospheres, 114 (D19): 5577~5594.

Jin H A, Li A N, Bian J H, Zhang Z J, Huang C Q, Li M X. 2013. Validation of global land surface satellite (GLASS) downward shortwave radiation product in the rugged surface. Journal of Mountain Science, 10 (5): 812~823.

Justice C O, Wharton S W, Holben B. 1981. Application of digital terrain data to quantify and reduce the topographic effect on Landsat data. International Journal of Remote Sensing, 2 (3): 213~230.

Kapos V. 2000. UNEP-WCMC web site: mountains and mountain forests. Mountain Research and Development, 20 (4): 378.

Kennedy R E, Cohen W B. 2003. Automated designation of tie-points for image-to-image coregistration.

International Journal of Remote Sensing, 24 (17): 3467~3490.

Lei G B, Li A N, Bian J H, Zhang Z J, Jin H A, Nan X, Zhao W, Wang J Y, Cao X M, Tan J B, Liu Q N, Yu H, Yang G B, Feng W L. 2016. Land cover mapping in Southwestern China using the HC-MMK approach. Remote Sensing, 8 (4): 305.

Leuning R, Kelliher F M, Pury D G G, Schulze E. 1995. Leaf nitrogen, photosynthesis, conductance and transpiration: scaling from leaves to canopies. Plant, Cell & Environment, 18 (10): 1183~1200.

Leyequien E, Verrelst J, Slot M, Schaepmanstrub G, Heitkönig I M A, Skidmore A. 2007. Capturing the fugitive: applying remote sensing to terrestrial animal distribution and diversity. International Journal of Applied Earth Observation and Geoinformation, 9 (1): 1~20.

Li A N, Jiang J G, Bian J H, Deng W. 2012. Combining the matter element model with the associated function of probability transformation for multi-source remote sensing data classification in mountainous regions. ISPRS Journal of Photogrammetry and Remote Sensing, 67 (1): 80~92.

Li A N, Wang A S, Liang S L, Zhou W C. 2006. Eco-environmental vulnerability evaluation in mountainous region using remote sensing and GIS: a case study in the upper reaches of Minjiang River, China. Ecological Modelling, 192 (1): 175~187.

Li A N, Wang Q F, Bian J H, Lei G B. 2015. An improved physics-based model for topographic correction of Landsat TM images. Remote sensing, 7 (5): 6296~6319.

Li F Q, Jupp D L B, Thankappan M, Lymburner L, Mueller N, Lewis A, Held A. 2012. A physics-based atmospheric and BRDF correction for Landsat data over mountainous terrain. Remote Sensing of Environment, 124 (6): 756~770.

Li X W, Strahler A H. 1985. Geometric-optical modeling of a conifer forest canopy. IEEE Transactions on Geoscience and Remote Sensing, 23 (5): 705~721.

Li X W, Strahler A H. 1992. Geometric-optical bidirectional reflectance modeling of the discrete crown vegetation canopy: effect of crown shape and mutual shadowing. IEEE Transactions on Geoscience and Remote Sensing, 30 (2): 276~292.

Li X W, Strahler A H, Woodcock C E. 1995. A hybrid geometric optical-radiative transfer approach for modeling albedo and directional reflectance of discontinuous canopies. IEEE Transactions on Geoscience and Remote Sensing, 33 (2): 466~480.

Li X, Cheng G D, Liu S M. 2013. Heihe watershed allied telemetry experimental research (HiWATER): scientific objectives and experimental design. Bulletin of the American Meteorological Society, 94 (8): 1145~1160.

Luo Y, Trishchenko A P, Khlopenkov K V. 2008. Developing clear-sky, cloud and cloud shadow mask for producing clear-sky composites at 250-meter spatial resolution for the seven MODIS land bands over Canada and North America. Remote Sensing of Environment, 112 (12): 4167~4185.

Maxwell S K, Schmidt G L, Storey J C. 2007. A multi-scale segmentation approach to filling gaps in Landsat ETM + SLC-off images. International Journal of Remote Sensing, 28 (23): 5339~5356.

Metternicht G, Hurni L, Gogu R. 2005. Remote sensing of landslides: an analysis of the potential contribution to geo-spatial systems for hazard assessment in mountainous environments. Remote Sensing of Environment, 98 (2): 284~303.

Meyer P, Itten K I, Kellenberger T, Sandmeier S, Sandmeier R. 1993. Radiometric corrections of topographically induced effects on Landsat TM data in an alpine environment. ISPRS Journal of Photogrammetry and Remote Sensing, 48 (4): 17~28.

Mousivand A, Verhoef W, Menenti M. 2015. Modeling top of atmosphere radiance over heterogeneous nonlambertian rugged terrain. Remote Sensing, 7（6）: 8019～8044.

Nagendra H. 2001. Using remote sensing to assess biodiversity. International Journal of Remote Sensing, 22（12）: 2377～2400.

Nagendra H. 2002. Opposite trends in response for the Shannon and Simpson indices of landscape diversity. Applied Geography, 22（2）: 175～186.

NAOS, USA. 1970. Remote sensing with special reference to agriculture and forestry. Forest Science, 16（3）: 367.

Osman J, Inglada J, Dejoux J F, Hagolle O. 2013. Crop mapping by supervised classification of high resolution optical image time series using prior knowledge about crop rotation and topography. IEEE International Geoscience & Remote Sensing Symposium, Melbourne, Victoria, Australia, 2832～2835.

Pasolli L, Asam S, Castelli M. 2015. Retrieval of leaf area index in mountain grasslands in the Alps from MODIS satellite imagery. Remote Sensing of Environment, 165（8）: 159～174.

Passot X. 2000. VEGETATION image processing methods in the CTIV. Proceedings of VEGETATION, 2: 3～6.

Pohl C, van Genderen J L. 1989. Multisensor image fusion in remote sensing: concepts, methods and applications. International Journal of Remote Sensing, 19（5）: 823～854.

Proy C, Tanre D, Deschamps P Y. 1989. Evaluation of topographic effects in remotely sensed data. Remote Sensing of Environment, 30（1）: 21～32.

Reese H, Nordkvist K, Nyström M, Bohlin J, Olsson H. 2015. Combining point clouds from image matching with SPOT 5 multispectral data for mountain vegetation classification. International Journal of Remote Sensing, 36（2）: 403～416.

Richter R. 2010. ACTOR-2/3 User Guide Version 7. 1: DLR-German Aerospace Center. Remote Sensing Data Center.

Roy D P, Ju J, Kline K, Scaramuzza P L, Kovalskyy V, Hansen M. 2010. Web-enabled Landsat Data （WELD）: Landsat ETM plus composited mosaics of the conterminous United States. Remote Sensing of Environment, 114（1）: 35～49.

Roy D P, Ju J, Lewis P, Schaaf C, Gao F, Hansen M. 2008. Multi-temporal MODIS-Landsat data fusion for relative radiometric normalization, gap filling, and prediction of Landsat data. Remote Sensing of Environment, 112（6）: 3112～3130.

Roy D P, Zhang H K, Ju J. 2016. A general method to normalize Landsat reflectance data to nadir BRDF adjusted reflectance. Remote Sensing of Environment, 176: 255～271.

Salvador E, Cavallaro A, Ebrahimi T. 2001. Shadow identification and classification using invariant color models. IEEE International Conference on Acoustics, Speech, and Signal Processing.

Sandmeier S, Itten K I. 1997. A physically-based model to correct atmospheric and illumination effects in optical satellite data of rugged terrain. IEEE Transactions on Geoscience and Remote Sensing, 35（3）: 708～717.

Schaaf C B, Li X W, Strahler A H. 1994. Topographic effects on bidirectional and hemispherical reflectances calculated with a geometric-optical canopy model. IEEE Transactions on Geoscience and Remote Sensing, 32（6）: 1186～1193.

Shahabi H, Hashim M. 2015. Landslide susceptibility mapping using GIS-based statistical models and Remote sensing data in tropical environment. Scientific Reports, 5（3）: 1～15.

Shen H F, Li X, Cheng Q, Zeng C. 2015. Missing information reconstruction of remote sensing data: a technical review. IEEE Geoscience and Remote Sensing Magazine, 3（3）: 61～85.

Shen H F, Wu P H, Liu Y L. 2013. A spatial and temporal reflectance fusion model considering sensor observation differences. International Journal of Remote Sensing, 34 (12): 4367~4383.

Singh A. 1985. Postlaunch corrections for Thematic Mapper 5 (TM-5) radiometry in the Thematic Mapper image-processing system (Tips). Photogrammetric Engineering and Remote Sensing, 51 (9): 1385~1390.

Soenen S A, Peddle D R, Coburn C A. 2005. SCS+C: a modified sun-canopy-sensor topographic correction in forested terrain. IEEE Transactions on Geoscience and Remote Sensing, 43 (9): 2148~2159.

Soenen S A, Peddle D R, Hall R J. 2010. Estimating aboveground forest biomass from canopy reflectance model inversion in mountainous terrain. Remote Sensing of Environment, 114 (7): 1325~1337.

Storey J, Strande D, Hayes R. 2006. Landsat-7 (L7) image assessment system (IAS) geometric algorithm theoretical basis document. US Geological Survey Report.

Strahler A H, Logan T L, Bryant N A. 1978. Improving forest cover classification accuracy from Landsat by incorporating topographic information. Information, Proc Int Symp Remote Sensing Environment.

Teillet P, Guindon B, Goodenough D. 1982. On the slope-aspect correction of multispectral scanner data. Canadian Journal of Remote Sensing, 8 (2): 84~106.

Toth C, Józków G. 2015. Remote sensing platforms and sensors: a survey. ISPRS Journal of Photogrammetry & Remote Sensing, 115: 22~36.

Toutin T. 2004. Review article: geometric processing of remote sensing images: models, algorithms and methods. International Journal of Remote Sensing, 25 (10): 1893~1924.

Triendl E E. 1979. Landsat Image Processing. Advances in Digital Image Processing, Springer US: 165~175.

Van Wie P, Stein M. 1977. A landsat digital image rectification system. IEEE Transactions on Geoscience Electronics, 15 (3): 130~137.

Vanonckelen S, Lhermitte S, Van Rompaey A. 2015. The effect of atmospheric and topographic correction on pixel-based image composites: improved forest cover detection in mountain environments. International Journal of Applied Earth Observation and Geoinformation, 35: 320~328.

Verger A, Vigneau N, Chéron C, Gilliot J M, Comar A, Baret F. 2014. Green area index from an unmanned aerial system over wheat and rapeseed crops. Remote Sensing of Environment, 152: 654~664.

Verhoef W. 1984. Light scattering by leaf layers with application to canopy reflectance modeling: the SAIL model. Remote Sensing of Environment, 16 (2): 125~141.

Vermote E F, Vermeulen A. 1999. Atmospheric correction algorithm: spectral reflectances (MOD09). ATBD version, 4.

Wan Z. 2002. Estimate of noise and systematic error in early thermal infrared data of the Moderate Resolution Imaging Spectroradiometer (MODIS). Remote Sensing of Environment, 80 (1): 47~54.

Wan Z. 2008. New refinements and validation of the MODIS Land-Surface Temperature/Emissivity products. Remote Sensing of Environment, 112 (1): 59~74.

Wang J Y, Li A N, Bian J H. 2016. Simulation of the grazing effects on grassland aboveground net primary production using DNDC model combined with time-series remote sensing data—a case study in Zoige plateau, China. Remote Sensing, 8 (3): 168.

Ward S, Agency E S. 2012. The earth observation handbook: special edition for Rio+20. ESA Communications.

Ward S, Bond P. 2008. The Earth Observation Handbook. Esa Sp, 1315.

White L P. 1977. Aerial photography and remote sensing for soil survey, Soil Science, 126 (1): 60.

Whitmore G D, Thompson M M, Speert J L. 1959. Modern instruments for surveying and mapping new surveying systems utilizing photogrammetry and electronics speed production of topographic maps. Science, 130 (3382): 1059~1066.

Wulder M A, Hilker T, White J C, Coops N C, Masek J G, Pflugmacher D. 2015. Virtual constellations for global terrestrial monitoring. Remote Sensing of Environment, 170: 62 ~ 76.

Yang G J, Pu R L, Zhang J X, Zhao C J, Feng H K, Wang J H. 2013. Remote sensing of seasonal variability of fractional vegetation cover and its object-based spatial pattern analysis over mountain areas. ISPRS Journal of Photogrammetry and Remote Sensing, 77 (3): 79 ~ 93.

Youssef A M, Pradhan B, Al-Kathery M, Bathrellos G D, Skilodimou H D. 2015. Assessment of rockfall hazard at Al-Noor Mountain, Makkah city (Saudi Arabia) using spatio-temporal remote sensing data and field investigation. Journal of African Earth Sciences, 101: 309 ~ 321.

Zeng C, Shen H F, Zhang L P. 2013. Recovering missing pixels for Landsat ETM plus SLC-off imagery using multi-temporal regression analysis and a regularization method. Remote Sensing of Environment, 131: 182 ~ 194.

Zhang W, Li A N, Jin H A, Bian J H, Zhang Z J, Lei G B. 2013. An enhanced spatial and temporal data fusion model for fusing Landsat and MODIS surface reflectance to generate high temporal Landsat-like data. Remote sensing, 5 (10): 5346 ~ 5368.

Zhao R, Liang D S. 2009. Research on expression method of GDP data based on GRID. International Congress on Image and Signal Processing, 1 ~ 4.

Zhou Y, Chen J, Guo Q, Cao R, Zhu X. 2014. Restoration of information obscured by mountainous shadows through Landsat TM/ETM plus images without the use of DEM data: a new method. IEEE Transactions on Geoscience and Remote Sensing, 52 (1): 313 ~ 328.

Zhu L J, Xiao P F, Feng X Z, Zhang X L, Wang Z, Jiang L Y. 2014. Support vector machine-based decision tree for snow cover extraction in mountain areas using high spatial resolution remote sensing image. Journal of Applied Remote Sensing, 8 (1): 396 ~ 403.

Zhu X L, Chen J, Gao F, Chen X H, Masek J G. 2010. An enhanced spatial and temporal adaptive reflectance fusion model for complex heterogeneous regions. Remote Sensing of Environment, 114 (11): 2610 ~ 2623.

第 2 章 遥感基础知识

本章主要介绍遥感的一些基础知识，首先介绍了遥感平台与传感器，其中重点介绍了国际上常用的具有中、高分辨率特性的陆地卫星系列及传感器，还对我国自主发射的具有中高分辨率的陆地卫星及传感器作了简要介绍。接着介绍了遥感基本原理、遥感影像处理、遥感信息提取过程等业务化应用的一些基本概念。通过对遥感基础知识的学习，能够为系统、深入了解山地遥感数据处理方法、山地陆表参量遥感反演方法以及遥感在山区的实际应用等方面奠定良好的基础，便于对本书后续章节的理解。

2.1 遥感平台与传感器

遥感，字面意思可以理解为遥远的感知，既可以广义地理解为一切非接触的远距离探测，比如力场、电磁场以及机械波等的探测，也可以狭义地理解为一种远离目标物，应用某种平台上装载的传感器，不与探测目标相接触，从远处获取目标物的电磁波谱特征，通过信息提取、判读、加工处理及应用，揭示目标地物的本质特征及其变化的综合性探测技术。本书所指的遥感即为狭义的理解。

遥感技术系统涵盖了从信息收集、存储、处理、分析和应用等一系列的技术体系，能够实现对区域或全球范围多尺度立体观测，是监测地球资源环境变化的重要科技手段。传感器是获取地面目标反射或发射电磁波信息的重要装置，是遥感技术系统中数据获取的关键设备。搭载这些传感器的载体称为遥感平台（Remote Platform）。

2.1.1 遥感平台

遥感平台按其飞行高度的不同可分为近地平台（地面平台）、航空平台、航天平台和航宇平台。

近地平台：传感器安装在地面平台上，如手提、固定或活动高架平台、船载、车载等，高度约在 0~50m 的范围内。比如遥感观测塔能够用来测量位置固定的地物目标以及对其进行动态监测；遥感车、船等可以用于测量地物波谱特性，并获取地面图像；遥感船还可以对水下动态进行监测。

航空平台：传感器搭载在航空器上，主要是飞机、气球等。飞机按高度又可以分为低、中、高空平台；气球又可分为低空和高空气球，其中高空气球能够上升至低轨卫星降不到且高空飞机飞不到的区域，能够有效填补这部分区域无空中平台的空白。

航天平台：传感器搭载在环地球的航天器上，如人造地球卫星、航天飞机、空间站、火箭等。人造地球卫星的高度通常在 150km 以上，其中最高的是同步静止卫星，位于赤道上空约 36000 km 高度；其次是高度 700～900km 左右的 Landsat、SPOT 等地球极轨观测卫星。根据国际卫星对地观测委员会（Committee on Earth Observation Satellites，CEOS）的全球卫星任务数据 2012 年统计，全球已发射对地观测卫星 200 余颗（CEOS，2012），正在计划和规划至 2030 年的对地观测卫星也有 200 余颗（郭华东等，2014）。表 2.1 对近地轨道卫星（LEO）、中轨卫星（MEO）、地球静止轨道卫星（GEO）、高轨卫星（HEO）、拉格朗日点卫星（L1）及月基对地观测（MOONBASED）几种对地观测平台的特征进行了分析比较。

表 2.1　几种对地观测平台的特征比较（郭华东等，2014）

	LEO	MEO	GEO	HEO	L1	MOONBASED
空间分辨率	高	高	高	低	低	低
重复获取频率	一般较低	一般较低	高	一般较低	高	高
覆盖范围	小	小	小	小	大	大
生命周期	最短	较短	短	短	长	长
费用	少	多	多	多	高	高
定标	差	差	差	差	差	优
稳定性	低	中	中	中	高	高
可维护性	难	难	难	难	难	易

航宇平台：传感器安装在星际飞船上，主要是指对地月系统以外目标（如太阳、火星等）的探测。

以上几种遥感平台有其各自不同的特点和用途，用户根据自己的需要可以单独使用单一平台，也可多平台配合使用，组成多视角、多层次以及多尺度的立体观测系统。遥感平台和传感器是获取遥感信息的重要保障，它们具有各自不同的成像特点和适用范围，在实际应用中需要根据解决问题的性质和要求选择合适的遥感平台和传感器，比如近地遥感虽视场小，但获取的图像清晰，具有机动灵活、费用低等优点，适合小范围的对地观测。

2.1.2　传感器

遥感是 20 世纪 60 年代发展起来的对地观测技术，经过了五十多年的发展，特别是航天遥感技术出现以后，传感器的种类越来越多，其性能也有了很大提升和改善，为广泛应用遥感技术服务国民经济和社会发展奠定了坚实基础。

1. 传感器的组成

传感器是获取遥感信息的关键设备，它通过探测和收集地物目标反射/发射的电磁波信息并将其记录在胶片、磁带等存储介质上，然后对其进行初步处理，得到初级遥感图像以供用户使用。任何类型的传感器一般均由收集器、探测器、处理器和输出器等 4 个基本部件组成 (彭望璟等, 2002), 如表 2.2 所示。

表 2.2　传感器的组成

基本部件	功能	具体元件/仪器
收集器	收集地面目标辐射的电磁波能量	透镜组、反射镜组、天线、干涉元件、滤光片等
探测器	将收集到的电磁辐射能转变为化学能或电能	光敏探测元件 (感光胶片、光电管、光电倍增管、光电二极管、光电晶体管) 以及热敏探测元件 (锑化铟、热敏电阻等)
处理器	对转换后的信号进行各种处理, 如信号放大、变换、校正编码、显影、定影等	电子处理装置、摄影处理装置等
输出器	输出信息	阴极射线管、磁带记录仪、扫描晒像仪、电视显像管、XY 彩色喷笔记录仪等

2. 传感器的分类

不同的地物目标在不同电磁波波段表现出特有的发射和反射特性, 并且电磁波随波长的变化其性质也有所差异, 由此导致用于接收地物电磁辐射信号的传感器多种多样。现有传感器大致可以分为以下几种类型。

(1) 按传感器探测的波段可分为可见光 (0.38 ~ 0.76μm)、红外 (0.76 ~ 1000μm)、微波 (1mm ~ 10m) 传感器等。其中, 0.38 ~ 1000μm 光学波段的传感器又称作光学传感器 (如 Landsat TM/ETM+、SPOT HRVIR), 而用于探测微波波段的传感器又称为微波传感器。

(2) 按工作方式可分为主动式传感器和被动式传感器。主动式传感器能向地物目标发射一定能量的电磁波, 并接收目标的后向散射信号, 主要指各种形式的雷达 (如激光雷达和合成孔径雷达), 其中激光雷达的探测波段集中在可见光和红外区域。被动式传感器不向地物目标发射电磁波, 仅接收目标物自身的热辐射或反射太阳辐射, 如各种摄像机、扫描仪、辐射计等。

(3) 按数据记录方式可分为成像式传感器和非成像式传感器两大类。其中, 非成像传感器只能记录地物的一些物理参数, 并不能将目标的电磁辐射信号转换为图像; 成像传感器能够将接收的地物电磁波信号转换为模拟或数字图像, 按成像原理又可分为摄影成像、扫描成像等类型。

成像式传感器是目前最常见的传感器类型, 参照彭望璟等 (2002) 对成像传感器的分类方式, 其分类如图 2.1 所示。

3. 传感器的性能

分辨率不仅是衡量遥感数据质量特征的一个重要指标, 也是体现传感器性能最具实用意义的重要指标, 其包括空间分辨率、光谱分辨率、时间分辨率和辐射分辨率。表 2.3 列

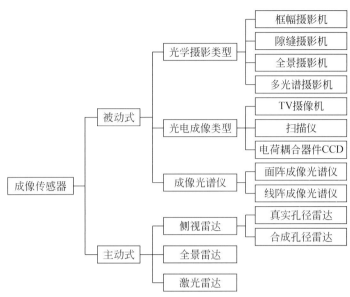

图 2.1　成像传感器类型

出了常用传感器获取数据的空间、时间及辐射分辨率。

表 2.3　国际上常用传感器获取数据的空间、时间及辐射分辨率（梁顺林等，2013）

项目	卫星传感器	光谱波段	空间分辨率/m	辐射分辨率/bits	时间分辨率/天	时间范围
粗分辨率（>1000m）	POLDER	B1～B9	6000×7000	12	4	POLDER1：1996 年 10 月至 1997 年 12 月；POLDER2：2003 年 4 月至 2003 年 10 月
中等分辨率（100～1000m）	MODIS	B1～B2	250	12	1	1999 年至今
		B3～B7	500			
		B8～B36	1000			
	AVHRR	B1～B5	1100（星下点）	10	1	1978 年至今
高分辨率（5～100m）	ASTER/Terra	B1	15	8	—	1999 年至今
		B2～B9	30			
		B10～B14	90	12		
	ETM+/Landsat7	Pan	15	8	16	1999 年至今
		B1～B5，B7	30			
		B6	60			
	HRV/SPOT5	Pan	2.5/5	8	26/2.4	2002 年至今
		B1～B3	10			
		SWIR	20			

续表

项目	卫星传感器	光谱波段	空间分辨率/m	辐射分辨率/bits	时间分辨率/天	时间范围
甚高分辨率（<5m）	IKONOS	Pan	0.82（星下点）	11	（南北纬40°）3	1999 年至今
		B1 ~ B4	3.2（星下点）			
	QuickBird	Pan	0.61	11	1 ~ 3.5	2001 年至今
		B1 ~ B4	2.44			
	World View	Pan	0.5（星下点）	11	1.7 ~ 5.9	2007 年至今
	Geoeye-1	Pan	0.41（星下点）	11	（南北纬40°）2.1 ~ 8.3	2008 年至今
		B1 ~ B4	1.65（星下点）			

1）空间分辨率

空间分辨率，又称地面分辨率，是指遥感图像上能够详细区分的最小单元尺寸或大小，或指遥感传感器可以识别的最小地面距离或最小地物目标大小，主要用于表征遥感影像分辨地物目标细节的能力。通常用像元大小、像解率（线对数）或视场角（瞬时视场）来表示。

像元（Pixel），指的是将地球表面信息离散化而形成的网格单元，单位为米或千米，其大小用于表征单个像元所对应的地面面积大小。像元大小与遥感影像空间分辨率高低密切相关，空间分辨率越高像元越小。比如，Landsat7 ETM+传感器在可见光近红外波段的空间分辨率为30m，1 个像元大小相当于地面面积 30m×30m。像解率（线对数），主要针对摄影系统而言，常用单位距离（如1mm）内能分辨的线宽或间隔相等的平行细线的条数来表达，单位为线/毫米或线对/毫米。视场角（瞬时视场），是指传感器单个探测元件的受光角度或观测视野，又称为传感器的角分辨率，单位为毫弧度。

不同的应用目的对遥感影像空间分辨率的要求也不尽相同，用户可以根据各自不同的需求来选择合适空间分辨率的遥感影像。

2）光谱分辨率

光谱分辨率，是指传感器所能记录的电磁波谱段的数量多少、各波段的波长范围值以及波长间隔的大小。一般而言，传感器的波段数越多，波段宽度越窄，光谱分辨率越高，地面目标物的信息越容易区分和识别。比如，成像光谱仪能提供丰富的光谱信息，波段数可达几十甚至几百个波段，能够用来识别那些具有诊断性光谱特征的地面目标物。

对于特定的地面目标，往往要根据目标物的光谱特征来选择合适的遥感传感器，并非光谱分辨率越高其效果就越好。在某些情况下，光谱分辨率高容易导致波段数较多，接收到的信息量太大，不仅会形成海量数据，也会造成波段之间的信息冗余，反而不利于地物的识别和监测。图 2.2 列出了三种传感器（Sentinel-2 MSI、Landsat8 OLI 和 SPOT6/7 NOMI）光谱和空间分辨率之间的对比。

3）时间分辨率

时间分辨率，指的是对同一目标进行重复遥感探测的时间间隔，其不仅受限于遥感平台（如卫星）的运行规律和回归周期，还与遥感传感器的设计等因素有关。比如，SPOT卫星的回归周期为26 天，不过由于 SPOT 卫星搭载的传感器（如 HRV）具有侧视观察能

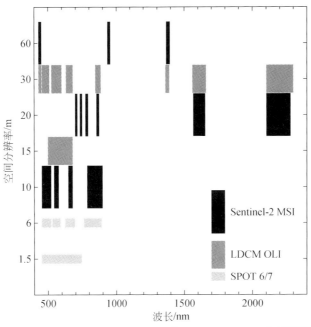

图 2.2　Sentinel-2 MSI、Landsat8 OLI 和 SPOT6/7 NOMI 传感器光谱和
空间分辨率的对比（Drusch et al.，2012）

力，可以从不同的轨道和角度对同一地点进行观测，其重复观测的时间间隔比其回归周期
将大大缩短至 1 ~ 4 天。

　　根据遥感传感器探测周期的长短，时间分辨率可分为三种类型：①超短（短）周期时
间分辨率，主要指气象卫星系列，以小时为单位，可以观测一天之内的变化；②中周期时
间分辨率，主要指对地观测的资源环境卫星系列，以天为单位，可以观测到一年内月、
旬、年的变化；③长周期时间分辨率，主要指较长时间间隔的各类遥感信息，用于反映以
年为单位的变化。

　　利用传感器时间分辨率的特性可以进行地物目标的动态监测和预报。例如，可以进行
植被动态监测、物候监测、作物估产、土地利用动态监测，还可以通过预测发现大气和地
表的运动规律，总结出相关的模型或公式为实践服务。

　　4）辐射分辨率

　　辐射分辨率，即探测器的灵敏度，是指遥感器对光谱信号强弱的敏感程度和区分能
力，具体指遥感器探测元件在接收光谱信号时能分辨的最小辐射度差，或指对两个不同辐
射源的辐射量的分辨能力，在遥感图像上通常表现为每一像元的辐射量化级，一般用灰度
的分级数来表示。灰度分级数越多，其所代表的辐射分辨率就越高，如 Landsat7 ETM+传
感器的数据记录以 8bits（取值范围 0 ~ 255）来表示。

2.1.3　当前主要陆地卫星

　　地球观测卫星是航天遥感平台类型中的一种，主要用于开展地球资源与环境的遥感监

测。航天遥感平台根据其服务内容可以分为海洋卫星系列、气象卫星系列和陆地卫星系列。研究人员可以根据各自不同的应用领域，选择不同的卫星系列所获得的遥感信息，也可以根据不同遥感卫星数据的特点，选择不同来源的卫星资料数据来解决相关问题。目前研究人员所应用的航天遥感资料，主要是由搭载在遥感卫星上的传感器获取。

考虑到准确表达高度空间异质性的山区地表，需要更高分辨率的遥感数据，本节将主要介绍几种国际上常用的具有中、高分辨率特性的陆地卫星系列及传感器。此外，还对我国自主发射的具有中高分辨率的几种陆地卫星及传感器作了简要介绍。

1. Landsat 系列

美国国家航空航天局（NASA）在 1967 年制订了 ERTS 计划（即地球资源技术卫星计划），并于 1972 年 7 月成功发射了第一颗地球资源技术卫星 ERTS-A。1975 年，NASA 在发射 ERTS-B 之前，将 ERTS 计划更名为 Landsat 计划（即陆地卫星计划），并将 ERTS-A 改名为 Landsat-1，此后陆续成功发射了 Landsat-2（原被称作 ERTS-B）、Landsat-3（也被称作 Landsat-C）、Landsat-4（也被称作 Landsat-D）、Landsat-5 等 4 颗卫星（Lauer et al.，1997）。1993 年 Landsat-6 卫星的发射由于卫星上天后发生故障而损坏，导致 Landsat-6 没有发射成功（Goward et al.，2006）。Landsat-7 在 1999 年成功发射，并一直运行到现在（Arvidson et al.，2001；Goward et al.，2001）。美国地质调查局（USGS）在 2011 年 11 月 18 日发布消息称考虑到 Landsat-5 卫星上的放大器迅速老化，已停止接收 Landsat-5 卫星遥感影像，至此 Landsat-5 卫星成功在轨运行了 27 年，是目前光学遥感卫星中在轨运行时间最长的一颗。2013 年 2 月 11 日，Landsat-8 成功发射，为拥有 40 年辉煌历史的 Landsat 系列计划注入了新鲜血液（Roy et al.，2014）。

Landsat 轨道为与太阳同步的近极地圆形轨道，有利于保证北半球中纬度地区能够获取具有中等太阳高度角的影像，且卫星通过某一地面的地方时相同。Landsat 卫星的重复覆盖周期为 16 ~ 18 天，一景 Landsat 影像的大小为 185×185 km² （Landsat-7 为 185×170 km²）（Loveland and Dwyer，2012）。表 2.4 列出了 Landsat 系列卫星的简况。

表 2.4　Landsat 系列卫星简况

卫星名称	发射时间	退役时间	周期/轨道	传感器	分辨率/m
Landsat-1	1972 年 7 月 23 日	1978 年 1 月 6 日	18 天/918km	RBV、MSS	80
Landsat-2	1975 年 1 月 22 日	1982 年 2 月 25 日	18 天/918km	RBV、MSS	80
Landsat-3	1978 年 3 月 5 日	1983 年 9 月 7 日	18 天/918km	RBV、MSS	80
Landsat-4	1982 年 7 月 16 日	2001 年 6 月 15 日	16 天/705km	MSS、TM	30、120
Landsat-5	1984 年 3 月 1 日	2011 年 11 月 18 日	16 天/705km	MSS、TM	30、120
Landsat-6	1993 年 10 月 5 日	发射失败	16 天/705km	MSS、ETM	–
Landsat-7	1999 年 4 月 15 日	至今	16 天/705km	ETM+	15、30、60
Landsat-8	2013 年 2 月 11 日	至今	16 天/705km	OLI、TIRS	15、30、100

　　Landsat-1、2、3 卫星上搭载有反束光导摄像机（RBV）和多光谱扫描仪（Multispectral Scanner，MSS）；Landsat-4 和 5 搭载了专题制图仪（Thematic Mapper，TM）和 MSS；Landsat-7 上装载有增强型专题成像传感器 ETM+（Enhanced Thematic Mapper Plus）（Loveland and Dwyer，2012）；Landsat-8 卫星上携带两个传感器，分别是 OLI 陆地成像仪（Operational Land Imager）和 TIRS 热红外传感器（Thermal Infrared Sensor），其中 OLI 由科罗拉多州的鲍尔航天技术公司研制，TIRS 由 NASA 的戈达德太空飞行中心研制。Landsat-8 卫星在光谱特性、空间分辨率等方面与 Landsat-1～7 保持了基本一致，该卫星共有 11 个波段，其中 OLI 陆地成像仪有 9 个波段，波段 1～7、9 的空间分辨率为 30m，波段 8 为全色波段（15m 分辨率）。

　　与 Landsat 以往的传感器相比，Landsat-8 携带的传感器做了以下调整（Roy et al.，2014）：①OLI 拥有更多的波段，波段划分更加精细，增加了两个波段 1 和 9，其中波段 1 为蓝色波段，范围 0.433～0.453μm，主要用于海岸带观测；波段 9 为短波红外波段，范围 1.360～1.390μm，主要应用于云检测；波段 5 为避免 0.825μm 处水汽吸收的影响，将其范围调整为 0.845～0.885μm；全色波段 8 范围变窄，可以更好地区分植被和非植被区域；②成像方式变成了推扫式，代替了原来的扫描镜式；③卫星数据的下行速率提高至 441Mbps，而非原来的 150Mbps，数据总量也增加至以往数据量的 3 倍；④TIRS 主要用于监测地球两个热区地带的热量流失，主要目标是了解所观测地带的水分消耗，尤其在美国西部干旱区。

　　需要提及的是，Landsat-7 ETM+机载扫描行校正器（Scan-Line Corrector，SLC）于 2003 年 5 月 31 日发生故障（Loveland and Dwyer，2012），致使该日期以后获取的影像呈现出数据条带丢失现象，对 Landsat-7 ETM+遥感影像的质量及其使用造成了严重影响。Landsat-7 ETM+ SLC-off 指的是 SLC 发生故障以后的数据产品，而 Landsat-7 ETM+ SLC-on 则是 2003 年 5 月 31 日 SLC 发生故障之前的数据产品。

　　Landsat 系列卫星的传感器和数据参数见表 2.5。

表 2.5　Landsat 系列卫星传感器和数据参数

卫星名称	传感器	通道号	波长范围/μm	空间分辨率/m
Landsat-1，2	RBV	1	0.475～0.575	80
		2	0.580～0.680	80
		3	0.690～0.830	
	MSS	4	0.500～0.600	
		5	0.600～0.700	
		6	0.700～0.800	
		7	0.800～1.100	
Landsat-3	RBV	全色	0.505～0.750	38
	MSS	4、5、6、7	同 Landsat-1，2	80
		8	10.400～12.600	240

续表

卫星名称	传感器	通道号	波长范围/μm	空间分辨率/m
Landsat-4，5	MSS	1，2，3，4	同 Landsat-1，2	80
	TM	1	0.450~0.520	30
		2	0.520~0.600	
		3	0.630~0.690	
		4	0.760~0.900	
		5	1.550~1.750	
		6	10.400~12.500	120
		7	2.080~2.350	30
Landsat-7	ETM+	1	0.450~0.515	30
		2	0.525~0.605	
		3	0.630~0.690	
		4	0.775~0.900	
		5	1.550~1.750	
		6	10.400~12.500	60
		7	2.090~2.350	30
		8	0.520~0.900	15
Landsat-8	OLI	1	0.433~0.453	30
		2	0.450~0.515	
		3	0.525~0.600	
		4	0.630~0.680	
		5	0.845~0.885	
		6	1.560~1.660	
		7	2.100~2.300	
		8	0.500~0.680	15
		9	1.360~1.390	30
	TIRS	10	10.600~11.190	100
		11	11.500~12.510	100

图 2.3 为四川省成都市及周边区域 Landsat-8 OLI 遥感影像。

2. SPOT 系列

法国 SPOT 地球观测卫星系统由法国国家空间研究中心（CNES）设计制造，欧盟、意大利、比利时、瑞典等多国参与，目前已发射了 7 颗卫星。SPOT 卫星首次采用了推扫式扫描技术和线性阵列传感器，有两种观测模式，即垂直和倾斜观测，且拥有旋转式平面镜，能够获取倾斜图像，具备倾斜观测和立体成像能力，可以在卫星运行的不同轨道，从

图 2.3　Landsat-8 OLI 标准假彩色合成影像（成都市区及周边，2013 年 4 月 20 日）

不同的观测角度记录地球表面同一位置的图像，组成一个或多个立体像对进行立体观测，并获得三维空间数据，为构建数字地形模型提供了可能。正因为 SPOT 卫星具备倾斜观测的能力，使其大大缩短了重复观测的周期，十分有利于监测变化频率较高的地表现象。SPOT 卫星采用与太阳同步的近极地圆形轨道，卫星回归周期为 26 天（表 2.6）。

表 2.6　SPOT 系列卫星简况

卫星	发射时间	退役时间	周期/轨道	传感器	分辨率/m
SPOT1	1986 年 3 月 22 日	2003 年 11 月 17 日	26 天/832km	HRV	10，20
SPOT2	1990 年 1 月 21 日	2009 年 7 月 30 日	26 天/832km	HRV	10，20
SPOT3	1993 年 9 月 25 日	1996 年 11 月 14 日	26 天/832km	HRV	10，20
SPOT4	1998 年 3 月 24 日	2013 年 1 月 11 日	26 天/832km	HRVIR，VGT	10，20，1150
SPOT5	2002 年 5 月 3 日	至今	26 天/832km	HRG，HRS，VGT	2.5，5，10，20，1000
SPOT6	2012 年 9 月 9 日	至今	26 天/694km	NAOMI	1.5，6
SPOT7	2014 年 6 月 30 日	至今	26 天/694km	NAOMI	1.5，6

注：SPOT5 的商业运营结束时间为 2015 年 3 月 27 日。

SPOT1～3 搭载两台高分辨率可见光扫描仪 HRV（High Resolution Visible Sensor），其有两种工作方式，即全色单波段模式和多光谱模式。SPOT4 搭载了两台高分辨率可见光-红外扫描仪 HRVIR（High Resolution Visible InfraRed）。与以前的 HRV 传感器相比，HRVIR 增加了一个短波红外波段（1.58～1.75μm）；全色波段的范围由 0.51～0.73μm 变为 0.61 ~ 0.68μm（同 B2 波段），该波段范围能够同时获取到 10m 黑白图像和 20m 的多光谱数据。此外，SPOT4 卫星还搭载 1 台宽视域植被探测仪 Vegetation（VGT）（Baudoin，1999）。SPOT5 星上载有两台高分辨率几何成像传感器 HRG（High Resolution Geometric）、1 台高分辨率立体成像装置 HRS（High Resolution Stereoscopic）和 1 台宽视域植被探测仪 Vegetation 2（VGT 2），其中 HRG 传感器能够生成四种空间分辨率的数据；HRS 传感器能够几乎同时获取立体像对，有利于构建高质量的 DEM 数据；Vegetation 2 传感器的性能与搭载在 SPOT4 上的 Vegetation 一致，确保了全球数据获取和分发的持续性（Fontannaz and Begni，2002）。

　　SPOT6 和 SPOT7 分别装载 2 台 NAOMI（New AstroSat Optical Modular Instrument）传感器，与 SPOT HRVIR 和 HRG 传感器相比，NAOMI 全色波段的分辨率可达到 1.5m，多光谱波段分辨率达 6m，且增加了一个蓝光波段，去掉了短波红外波段（Mattar et al.，2014）。由于 SPOT6 和 SPOT7 进行了卫星组网，均处于同一轨道高度，彼此相隔 180°，可确保同一地区具备每日重访的能力，且这两颗卫星的设计寿命为 10 年，能够确保数据获取至 2023 年。SPOT 7 的成功发射，标志着由 SPOT 6、SPOT7、Pleiades 1A 和 Pleiades 1B 四颗卫星组成的星座计划得以完成，并且这四颗卫星同处一个轨道平面，彼此相隔 90°，这将使得地球表面任一位置拥有每日两次的重访能力，其中由 SPOT 卫星提供高分辨率（1.5m）影像，Pleiades 提供极高分辨率（0.5m）影像。此外，这个光学卫星星座还将与 TanDEM-X 和 TerraSAR-X 组成的雷达卫星编队形成互补，能够进一步提升遥感数据获取及服务能力（表 2.7）。

表 2.7　SPOT 系列卫星传感器和数据参数

卫星名称	传感器	波段	波长范围/μm	分辨率/m	幅宽/km
SPOT 1 ~ 3	HRV	PAN	0.51 ~ 0.73	10	60
		XS1	0.50 ~ 0.59	20	
		XS2	0.61 ~ 0.68		
		XS3	0.79 ~ 0.89		
SPOT 4	HRVIR	PAN	0.61 ~ 0.68	10	60
		B1	0.50 ~ 0.59	20	
		B2	0.61 ~ 0.68		
		B3	0.79 ~ 0.89		
		SWIR	1.58 ~ 1.75		
	VEGETATION（VGT）	B0	0.43 ~ 0.47	1165	2250
		B2	0.61 ~ 0.68		
		B3	0.79 ~ 0.89		
		SWIR	1.58 ~ 1.75		

续表

卫星名称	传感器	波段	波长范围/μm	分辨率/m	幅宽/km
SPOT 5	HRG	PAN	0.48 ~ 0.71	2.5 或 5	60
		B1	0.50 ~ 0.59	10	
		B2	0.61 ~ 0.68		
		B3	0.78 ~ 0.89		
		SWIR	1.58 ~ 1.75	20	
	HRS	PAN	0.49 ~ 0.69	10	120
	VEGETATION 2 （VGT）	B0	0.43 ~ 0.47	1000	2250
		B2	0.61 ~ 0.68		
		B3	0.78 ~ 0.89		
		SWIR	1.58 ~ 1.75		
SPOT 6	NAOMI	PAN	0.455 ~ 0.745	1.5	60
		B1	0.455 ~ 0.525	6	
		B2	0.530 ~ 0.590		
		B3	0.625 ~ 0.695		
		B4	0.760 ~ 0.890		
SPOT 7	NAOMI	PAN	0.455 ~ 0.745	1.5	60
		B1	0.455 ~ 0.525	6	
		B2	0.530 ~ 0.590		
		B3	0.625 ~ 0.695		
		B4	0.760 ~ 0.890		

图 2.4 为 SPOT4 HRVIR 传感器获取的遥感影像。

图 2.4　SPOT4 HRVIR 标准假彩色合成影像（贡嘎山地区，2011 年 8 月 27 日）

3. TERRA、AQUA 卫星概况

1999 年 2 月 18 日，NASA 成功发射了地球观测系统（EOS）计划中第一颗先进的极地轨道遥感卫星 TERRA，同时也标志着人类对地观测新里程碑的开启。TERRA 卫星由美国（国家航空航天局）、日本（国际贸易与工业厅）和加拿大（空间局、多伦多大学）共同合作研制，共搭载 5 个对地观测传感器，分别为云与地球辐射能量系统测量仪-CERES（Clouds and the Earth′s Radiant Energy System）、中分辨率成像光谱仪-MODIS（MODerate-resolution Imaging Spectroradiometer）、多角度成像光谱仪-MISR（Multi-angle Imaging Spec-troRadiometer）、先进星载热辐射与反射测量仪-ASTER（Advanced Spaceborn Thermal Emission and reflection Radiometer）和对流层污染测量仪-MOPITT（Measurements Of Pollution In The Troposphere）。由于 TERRA 卫星在每日地方时上午 10：30 过境，因此该卫星也被称为地球观测第一颗上午星（EOS-AM1）（Kaufman et al.，1998）。2002 年发射成功的 AQUA 卫星在每日地方时下午 1：30 过境，也被称为地球观测第一颗下午星（EOS-PM1），在数据采集时间上能够与 TERRA 卫星互为补充。目前这两颗卫星均处于正常运转中。AQUA 卫星共搭载 6 个传感器（Parkinson，2003），其中保留了 TERRA 卫星上已经有的 CERES 和 MODIS 传感器，其余 4 个传感器分别为大气红外探测器-AIRS（Atmospheric Infrared Sounder）、先进微波探测器-AMSU-A（Advanced Microwave Sounding Unit-A）、巴西湿度探测器-HSB（Humidity Sounder for Brazil）、地球观测系统先进微波扫描辐射计-AMSR-E（Advanced Microwave Scanning Radiometer-EOS）（表 2.8）。设计这些传感器的主要目标是为了实现对陆地、海洋、大气及太阳辐射等的综合观测，并获取有关陆地、海洋、冰雪、太阳动力系统等的数据和信息，开展自然灾害监测、土地利用/覆被分类、植被物候季节和年际变化、大气成分变化等研究，进而达到对地球和大气环境变化的长期观测及相关研究的总体战略目标。

表 2.8　TERRA、AQUA 卫星技术指标

指标	TERRA	AQUA
发射时间	1999 年 12 月 18 日	2002 年 5 月 4 日
轨道高度	太阳同步，705km	太阳同步，705km
过境时间	上午 10：30	下午 1：30
星载传感器数量	5 个	6 个
星载传感器名称	MODIS、MISR、CERES、MOPITT、ASTER	AIRS、AMSU-A、CERES、MODIS、HSB、AMSR-E
遥测	S 波段	S 波段
数据下行	X 波段（8212.5MHz）	X 波段（8160MHz）
卫星设计寿命	6 年	6 年

搭载在 TERRA 和 AQUA 两颗卫星上的 MODIS 传感器是美国地球观测系统（EOS）计划中用于观测全球尺度生物和物理过程的重要仪器，也受到了世界各国研究人员的普遍关注（Barnes et al.，2002）。MODIS 传感器的波段范围广，包括了 36 个波段，其影像的空

间分辨率有 250m、500m 和 1000m 3 个分辨率级别（表 2.9），能够获取陆地表面覆盖、初级生产力、森林和草原火灾、陆地和海洋温度、云、水汽和气溶胶等目标的图像，对地球科学的综合研究和对海洋、大气和陆地进行专门研究均具有很高的实用价值（Salomonson et al.，2002）。

MODIS 数据的主要特点如下：①数据实行全球免费接收，且数据接收相对比较简单，其数据下行主要通过 X 波段，并在发送数据时增加了纠错功能，能够确保用户用较小的天线（3m）就可获取优质信号；②具有较高的辐射分辨率，其量化等级为 2048（12bit 记录）；③传感器的视域较宽，扫描宽度为 2330km，扫描角可达±55°，太阳和观测天顶角的变化大，考虑到地球曲率的影响，MODIS 在轨道边缘的地面实际视角约±（60°~65°），太阳天顶角也会有较大的变化，且该变化与季节、纬度等有关；④数据的更新频率高，每天可以获取最少两次白天和两次黑夜的观测数据，对实时监测地表变化和应急处理等具有较大的实用价值；⑤传感器获取的多波段数据，已发展了多种 MODIS 产品（如 MODIS NDVI、LAI/FPAR、NPP、albedo 等），并且这些数据产品在全球和区域尺度得到了广泛应用（Savtchenko et al.，2004）。

表 2.9　MODIS 的波段特征与应用领域

波段	光谱范围	地面分辨率/m	光谱灵敏度	信噪比	主要应用领域
1	620~670 nm	250	21.8	128 snr	陆地/云/气溶胶界限
2	841~876 nm	250	24.7	201 snr	
3	459~479 nm	500	35.3	243 snr	陆地/云/气溶胶特性
4	545~565 nm	500	29.0	228 snr	
5	1230~1250 nm	500	5.4	74 snr	
6	1628~1652 nm	500	7.3	275 snr	
7	2105~2135 nm	500	1.0	110 snr	
8	405~420 nm	1000	44.9	880 snr	海洋水色/浮游生物/生物地球化学
9	438~448 nm	1000	41.9	8380 snr	
10	483~493 nm	1000	32.1	802 snr	
11	526~536 nm	1000	27.9	754 snr	
12	546~556 nm	1000	21.0	750 snr	
13	662~672 nm	1000	9.5	910 snr	
14	673~683 nm	1000	8.7	1087 snr	
15	743~753 nm	1000	10.2	586 snr	
16	862~877 nm	1000	6.2	516 snr	
17	890~920 nm	1000	10.0	167 snr	大气水汽
18	931~941 nm	1000	3.6	57 snr	
19	915~965 nm	1000	15.0	250 snr	

波段	光谱范围	地面分辨率/m	光谱灵敏度	信噪比	主要应用领域
20	3.660 ~ 3.840 μm	1000	0.45（300K）	0.05NEΔT	陆地表面/云温度
21	3.929 ~ 3.989 μm	1000	2.38（335K）	2.00 NEΔT	
22	3.929 ~ 3.989μm	1000	0.67（300K）	0.07 NEΔT	
23	4.020 ~ 4.080μm	1000	0.79（300K）	0.07 NEΔT	
24	4.433 ~ 4.498μm	1000	0.17（250K）	0.25 NEΔT	大气温度
25	4.482 ~ 4.549μm	1000	0.59（275K）	0.25 NEΔT	
26	1.360 ~ 1.390μm	1000	6.00	150snr	卷云/水汽
27	6.535 ~ 6.895μm	1000	1.16（240K）	0.25 NEΔT	
28	7.175 ~ 7.475μm	1000	2.18（250K）	0.25 NEΔT	
29	8.400 ~ 8.700μm	1000	9.58（300K）	0.05 NEΔT	云特性
30	9.580 ~ 9.880μm	1000	3.69（250K）	0.25 NEΔT	臭氧
31	10.780 ~ 11.280μm	1000	9.55（300K）	0.05 NEΔT	陆地表面/云温度
32	11.770 ~ 12.270μm	1000	8.94（300K）	0.05 NEΔT	
33	13.185 ~ 13.485μm	1000	4.52（260K）	0.25 NEΔT	云顶高度
34	13.485 ~ 13.785μm	1000	3.76（250K）	0.25 NEΔT	
35	13.785 ~ 14.085μm	1000	3.11（240K）	0.25 NEΔT	
36	14.085 ~ 14.385μm	1000	2.08（220K）	0.25 NEΔT	

注：snr：signal-to-noise ratio；NEΔT：noise-equivalent temperature difference。

图 2.5 为 TERRA 卫星 MODIS 传感器获取的遥感影像。

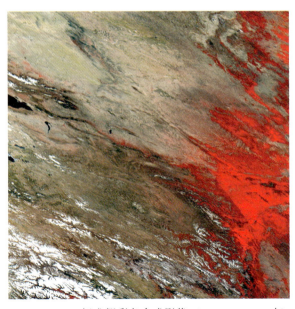

图 2.5　TERRA MODIS 标准假彩色合成影像（h26v05，2015 年 5 月 9 日）

4. 常用国产卫星

我国已发射了一系列业务卫星，其中包括环境卫星、海洋卫星、资源卫星、气象卫星等。这些卫星组成了全天候、连续、立体的观测网络，对地表资源、海洋和大气环境能够实现稳定可靠的观测，极大增强了对地探测的综合能力（郭华东等，2014；何国金等，2015；李德仁等，2014）。现将我国发射的具有中高空间分辨率的卫星及传感器作如下介绍。

1）环境与灾害监测预报小卫星星座

为了满足环境与灾害监测预报的需求，国家航天局批准研制"环境与灾害监测预报小卫星星座"。其实施共分为两步：一是，发射两颗光学小卫星（HJ-1A/B）和一颗合成孔径雷达小卫星（HJ-1C）（即"2+1"方案），初步形成对我国环境与灾害开展监测的能力；二是，实现"4+4"方案（即由 4 颗光学卫星和 4 颗雷达卫星组成），组成一个比较完备的对我国及周边区域环境与灾害动态监测的遥感卫星系列（徐京，2002）。目前，第一部分的实施已完成，A、B 星（HJ-1A/B）于 2008 年 9 月 6 日成功发射，C 星于 2012 年 11 月 19 日发射成功。

HJ-1A 星和 B 星运行轨道完全相同（表 2.10），相位相差 180°。HJ-1A 星搭载了两台 CCD 相机，这两台相机以星下点对称放置，平分视场且可以并行观测，能够联合完成扫描宽度为 700km、像元分辨率为 30m 的 4 个多光谱波段的推扫成像。此外，HJ-1A 星还装载了 1 台超光谱成像仪（HSI），具备侧视能力（±30°）和星上定标功能，能够完成扫描宽度为 50km，像元分辨率为 100m 的 110~128 个高光谱波段的推扫成像。HJ-1B 星除装载有与 HJ-1A 星完全相同的两台 CCD 相机外，还装载有 1 台红外相机（IRS），能够完成扫描宽度为 720km，像元分辨率为 150/300m 的 4 个光谱波段的成像（表 2.11）。由于 HJ-1A 和 HJ-1B 卫星进行了组网，其 CCD 相机组网后重访周期可缩短为两天。

HJ-1C 卫星搭载有 S 波段合成孔径雷达（SAR），具有两种工作模式（即扫描和条带），幅宽分别为 100km 和 40km，且 SAR 单视模式空间分辨率为 5m，距离向四视分辨率为 20m（表 2.11）。

表 2.10　HJ-1A/B/C 卫星轨道参数

项目	参数
轨道类型	准太阳同步圆形轨道
轨道高度/km	649.093 km（A/B 星）；499.26 km（C 星）
轨道倾角/（°）	97.9486°（A/B 星）；97.3671°（C 星）
回归（重复）周期/天	31
降交点地方时	10：30 AM ± 30min（A/B 星）；6：00 AM（C 星）

注：http://www.cresda.com。

表 2.11　HJ-1A/B/C 卫星主要载荷参数

平台	有效载荷	通道	波段/μm	分辨率/m	幅宽/km	侧摆	重访时间/天
HJ-1A	CCD 相机	1	0.43 ~ 0.52	30	360（单台） 700（二台）	—	4
		2	0.52 ~ 0.60				
		3	0.63 ~ 0.69				
		4	0.76 ~ 0.90				
	高光谱成像仪（HSI）	—	0.45 ~ 0.95 （110 ~ 128 个谱段）	100	50	±30°	4
HJ-1B	CCD 相机	1	0.43 ~ 0.52	30	360（单台） 700（二台）	—	4
		2	0.52 ~ 0.60				
		3	0.63 ~ 0.69				
		4	0.76 ~ 0.90				
	红外多光谱相机（IRS）	5	0.75 ~ 1.10	150（近红外）	720	—	4
		6	1.55 ~ 1.75				
		7	3.50 ~ 3.90				
		8	10.5 ~ 12.5	300（10.5 ~ 12.5μm）			
HJ-1C	合成孔径雷达（SAR）	—	—	5（单视）；20（4 视）	40（条带）；100（扫描）	—	4

注：http://www.cresda.com。

图 2.6 列出了 HJ-1A CCD1 相机获取的遥感影像图。

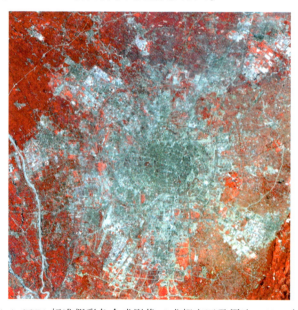

图 2.6　HJ-1 A CCD1 标准假彩色合成影像（成都市区及周边，2013 年 6 月 11 日）

2）中巴地球资源卫星（CBERS）

中巴地球资源卫星（CBERS）是中国和巴西两国政府在 1988 年联合议定批准，由中、巴两国共同投资，联合研制的数据传输型遥感卫星（张庆君和马世俊，2008）。1999 年 10 月 14 日，中巴地球资源卫星 01 星（CBERS-01）成功发射；02 星（CBERS-02）于 2003 年 10 月 21 日发射升空；02B 星（CBERS-02B）于 2007 年 9 月 19 日发射成功；03 星（CBERS-03）由于运载火箭在飞行过程中发生故障，导致该星未能进入预定轨道，卫星发射失败；04 星（CBERS-04）于 2014 年 12 月 7 日成功发射。CBERS 卫星采用与太阳同步轨道，轨道高度为 778km（刘昊杰等，2015）。

CBERS-01 和 02 星搭载有电荷耦合器件摄像机 CCD、红外多光谱扫描仪 IRMSS、宽视场相机 WFI（表 2.12）。其中，CCD 相机星下点的空间分辨率为 19.5m，扫描幅宽为 113km，有 4 个多光谱波段和 1 个全色波段，具备侧视功能（±32°）且相机带有内定标系统；IRMSS 有两个短波红外波段（空间分辨率为 78m）、1 个热红外波段（空间分辨率为 156m）和 1 个全色波段（空间分辨率为 78m），扫描幅宽为 119.5km，且该传感器带有内定标系统和太阳定标系统；WFI 有 1 个可见光波段和 1 个近红外波段，星下点分辨率为 258m，星上定标系统包括 1 个漫反射窗口，可进行相对辐射定标，具有较宽的扫描能力（幅宽为 890km），能够在很短的时间内获得高频次的地面覆盖。

表 2.12 CBERS-01/02/02B 传感器基本参数

卫星	CBERS-01/02/02B	CBERS-01/02	CBERS-01/02/02B	CBERS-02B
传感器名称	CCD 相机	红外多光谱扫描仪（IRMSS）	宽视场成像仪（WFI）	HR 相机
传感器类型	推扫式	振荡扫描式（前向和反向）	推扫式（分立相机）	推扫式
可见/近红外波段/μm	1：0.45～0.52 2：0.52～0.59 3：0.63～0.69 4：0.77～0.89 5：0.51～0.73	6：0.50～0.90	10 7'：0.63～0.69 11 8'：0.77～0.89	6'：0.50～0.80
短波红外波段/μm	无	7：1.55～1.75 8：2.08～2.35	无	无
热红外波段/μm	无	9：10.40～12.50	无	无
辐射量化/bit	8	8	8	8
扫描带宽/km	113	119.5	890	27
空间分辨率/m	19.5	波段 6、7、8：78 波段 9：156	258	2.36
具有侧视功能	有（-32°～+32°）	无	无	无
重访周期/天	26	26	3～5	104

注：http://www.cresda.com，表中上标'为 CBERS-02B 星的波段号。

CBERS-02B 星除搭载有 CCD 和 WFI 传感器外，还装载了 1 台空间分辨率为 2.36m 的高分辨率相机 HR（表2.12），该传感器改变了国外高分卫星数据长期垄断国内市场的局面，在城市规划、减灾防灾、林业、农业、国土资源、环境监测、水利等众多领域均发挥了重要作用。2007 年 5 月，中国政府以资源系列（CBERS）卫星加入国际空间及重大灾害宪章机制，承担为全球重大灾害提供监测服务的义务。目前，CBERS-01/02/02B 星均已退役。

CBERS-04 卫星搭载了四种传感器，分别为全色多光谱相机（PAN）、红外多光谱扫描仪（IRS）、多光谱相机（MUX）以及宽视场成像仪（WFI），其技术指标见表2.13。其中 PAN 和 IRS 由中方研制，MUX 和 WFI 由巴方研制。

表 2.13　CBERS-04 卫星有效载荷技术指标

传感器	光谱范围/μm	空间分辨率/m	幅宽/km	侧摆角/（°）	重访时间/天
全色多光谱相机（PAN）	0.51 ~ 0.85	5	60	±32	3
	0.52 ~ 0.59	10			
	0.63 ~ 0.69				
	0.77 ~ 0.89				
多光谱相机（MUX）	0.45 ~ 0.52	20	120	–	26
	0.52 ~ 0.59				
	0.63 ~ 0.69				
	0.77 ~ 0.89				
红外多光谱相机（IRS）	0.50 ~ 0.90	40	120	–	26
	1.55 ~ 1.75				
	2.08 ~ 2.35				
	10.40 ~ 12.50	80			
宽视场成像仪（WFI）	0.45 ~ 0.52	73	866	–	3
	0.52 ~ 0.59				
	0.63 ~ 0.69				
	0.77 ~ 0.89				

图 2.7 为 CBERS-04 多光谱相机获取的尼泊尔加德满都地区遥感影像。

3）资源一号 02C 卫星

国土资源部于 2009 年 7 月发布《国土资源卫星应用发展规划（2009 ~ 2020 年）》，提出了优先发展高分辨率卫星（空间分辨率<2.5m）等业务卫星系列的计划。考虑到国土资源监测业务的迫切需求以及 CBERS-02B 星后继星建设与业务卫星系列的衔接，将资源一号 02C 卫星（简称 ZY-1 02C）作为首发星纳入该业务卫星系列计划（赵凡，2012）。

ZY-1 02C 于 2011 年 12 月 22 日成功发射，其搭载有 1 台全色/多光谱（P/MS）相机和两台全色高分辨率 HR 相机。ZY-1 02C 的主要任务是获取全色和多光谱图像数据，可广泛应用于防灾减灾、生态环境、农林水利、国家重大工程、国土资源调查与监测等领域。ZY-1 02C 星上的多光谱相机可以获取 10m 分辨率的多光谱影像，该相机也是当时我国民

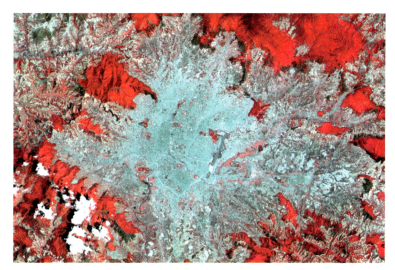

图 2.7　CBERS-04 CCD 标准假彩色合成影像（尼泊尔首都加德满都及周边地区，2015 年 5 月 3 日）

用遥感卫星中具有最高空间分辨率的多光谱相机。此外，与 CBERS-02B 星相比，ZY-1 02C 星由于搭载了两台 HR 相机，使得扫描宽度可以达到54km，不仅使得数据的覆盖能力大大提高，还有效缩短了卫星的重访周期（表 2.14）。

表 2.14　ZY-1 02C 卫星主要载荷指标

参数	P/MS 相机		HR 相机
光谱范围/μm	全色	B1：0.51~0.85	0.50~0.80
	多光谱	B2：0.52~0.59	
		B3：0.63~0.69	
		B4：0.77~0.89	
空间分辨率/m	全色	5	2.36
	多光谱	10	
幅宽/km	60		单台：27；两台：54
侧摆能力/（°）	±32		±25
重访周期/天	3~5		3~5
回归周期/天	55		55

注：http://www.cresda.com。

图 2.8 为 ZY-1 02C 多光谱相机获取的遥感影像图。

4）资源三号卫星

作为我国第一颗民用高分辨率光学立体测绘卫星，资源三号卫星（ZY3）于 2012 年 1 月 9 日成功发射。ZY3 卫星搭载了 4 台光学相机，其中包括 1 台分辨率 5.8m 的正视多光谱相机、两台分辨率 3.6m 的前视和后视全色 TDI（Time Delay Integration）CCD 相机和 1 台分辨率 2.1m 的正视全色 TDI CCD 相机（表 2.15）。前、后和正视相机能够获取同一地区 3 个不同观测角度的立体像对，提供丰富的三维几何信息，可以用于地形图制图、高程

图 2.8　ZY-1 02C 标准假彩色合成影像（西藏那曲县城及周边地区，2012 年 7 月 24 日）

建模以及资源调查等（李德仁，2012）。ZY3 卫星的设计寿命为 5 年，能够稳定、连续、长期地获取地表多光谱影像、立体全色影像以及辅助数据，能够对地球 84°N 和 84°S 之间的地区实现无缝数据覆盖。

ZY3 卫星具备如下特点：①具备资源调查和立体测绘两种观测模式，其中资源调查模式主要利用 ZY3 卫星搭载的多光谱和正视全色相机，推扫成像形成平面影像；立体测绘模式主要借助 ZY3 卫星搭载的前、正、后视全色相机，推扫成像形成三线阵立体像对；②定位精度高，影像的控制定位精度优于 1 个像元，正视影像分辨率 2.1m，可满足 1：25000 比例尺地形图的更新需求；前、后视立体像对幅宽 52km，基线高度比 0.85～0.95，能够满足 1：50000 比例尺立体测图的需求；③影像信息量丰富，ZY3 卫星提供的影像数据量化值为 10bit，增加了影像的信息量，更有利于影像的目视判读、自动分类以及影像匹配精度的提高。

表 2.15　资源三号有效载荷技术指标

有效载荷	波段号	光谱范围/μm	空间分辨率/m	幅宽/km	侧摆能力/（°）	重访周/天
前视相机	–	0.50～0.80	3.5	52	±32°	3～5
后视相机	–	0.50～0.80	3.5	52	±32°	3～5
正视相机	–	0.50～0.80	2.1	51	±32°	3～5
多光谱相机	1	0.45～0.52	5.8	51	±32°	5
	2	0.52～0.59				
	3	0.63～0.69				
	4	0.77～0.89				

注：http://www.cresda.com。

图 2.9 为迪拜棕榈群岛 ZY3 全色（2.1m）和多光谱（5.8m）融合后的遥感影像。

图 2.9　ZY3 全色多光谱融合影像（迪拜棕榈群岛，2.1m，www.cresda.com）

5）高分系列卫星

高分辨率对地观测系统重大专项（简称高分专项）是我国 2006 年出台的《国家中长期科学和技术发展规划纲要（2006—2020 年）》中明确提出实施的 16 个重大科技专项之一。高分专项重点构建基于飞机、平流层飞艇和卫星的高分辨率对地观测系统；与地面资源相整合，建立数据应用中心；与其他观测手段相结合，形成全球覆盖、全天时和全天候的对地观测能力；到 2020 年，构建我国自主的面向海洋、大气以及陆地的先进对地观测系统，为资源环境、防灾减灾、公共安全、农林业等相关领域提供数据服务与决策参考（刘斐，2013）。高分专项于 2010 年 5 月 12 日进入了全面启动实施阶段，计划发射多颗光学和雷达卫星。

高分一号（GF-1）卫星于 2013 年 4 月 26 日发射成功，作为高分专项的第一颗卫星，GF-1 卫星突破了高精度高稳定度姿态控制技术，多载荷图像拼接融合技术，高时间分辨率、高空间分辨率与多光谱结合的光学遥感技术，5～8 年寿命高可靠卫星技术，高分辨率数据处理与应用等关键技术，对于推动提升我国卫星工程水平，提高我国高分辨率数据自给率，具有重大战略意义。GF-1 卫星搭载了两台 2m 分辨率全色/8m 分辨率多光谱相机，4 台 16m 分辨率多光谱相机，其有效载荷技术指标如表 2.16。

表 2.16　GF-1 卫星有效载荷技术指标

参数		2m 分辨率全色/8m 分辨率多光谱相机	16m 分辨率多光谱相机
光谱范围/μm	全色	0.45 ~ 0.90	
	多光谱	0.45 ~ 0.52	0.45 ~ 0.52
		0.52 ~ 0.59	0.52 ~ 0.59
		0.63 ~ 0.69	0.63 ~ 0.69
		0.77 ~ 0.89	0.77 ~ 0.89
空间分辨率/m	全色	2	16
	多光谱	8	
幅宽/km		60（两台相机组合）	800（4 台相机组合）
重访周期（侧摆时）/天		4	
覆盖周期（不侧摆）/天		41	4

注：http://www.cresda.com。

　　高分二号（GF-2）卫星于 2014 年 8 月 19 日发射成功，是我国自主研制的首颗空间分辨率优于 1m 的民用光学遥感卫星，具有亚米级空间分辨率（星下点可达 0.8m）、高定位精度和快速姿态机动能力等特点，有效提升了卫星综合观测能力，达到了国际先进水平，标志着我国遥感卫星进入了亚米级"高分时代"。GF-2 卫星搭载了两台 1m 分辨率全色和 4m 分辨率多光谱相机，其有效载荷技术指标如表 2.17。

表 2.17　GF-2 卫星有效载荷技术指标

参数		1m 分辨率全色/4m 分辨率多光谱相机
光谱范围/μm	全色	0.45 ~ 0.90
	多光谱	0.45 ~ 0.52
		0.52 ~ 0.59
		0.63 ~ 0.69
		0.77 ~ 0.89
空间分辨率/m	全色	1
	多光谱	4
幅宽/km		45（两台相机组合）
重访周期（侧摆时）/天		5
覆盖周期（不侧摆）/天		69

　　图 2.10 为成都市世纪城附近的 GF-1 全色（2m）和多光谱（8m）融合后的遥感影像。

　　2015 年高分卫星家族又增添了新成员，其中高分八号卫星于 2015 年 6 月 26 日在我国太原卫星发射中心成功发射升空；高分九号卫星于 2015 年 9 月 14 日在酒泉卫星发射中心发射成功；高分四号卫星于 2015 年 12 月 2 日在西昌卫星发射中心发射成功；高分三号卫星于 2016 年 8 月 10 日在太原卫星发射中心发射升空，极大丰富了我国对地观测技术和手段。

图 2.10　GF-1 全色多光谱融合影像（成都市世纪城，2m，数据来源于高分辨率
对地观测系统四川数据与应用中心）

2.2　遥感基本原理

2.2.1　遥感电磁辐射原理

1. 电磁辐射

　　遥感，是通过传感器以被动或主动的方式接收地面目标物发射或反射的电磁波信号，并利用该信号来探测和识别目标地物。在近代物理学中，电磁波也被称作电磁辐射。每一个电磁辐射源的周围都会存在交变的电场，其又会激发起交变的磁场，这种交变的磁场和

电场相互激发交替产生，使电磁振荡在空间传播，形成电磁波。它是一种随磁场和电场变化的横波，其传播方向与磁场、电场振幅变化的方向三者相互垂直。电磁波在传播过程中碰到固体介质、液体或气体时会发生反射（如镜面反射、漫反射等）、吸收、透射、折射等现象；若遇到小颗粒（如水珠、尘埃等），还会引起散射现象，其强度随波长不同而有所变化。

电磁波具有与光波相同的性质，光波是电磁波中的一个特例，既具有波动性，又具有粒子性。式中波动性主要体现在偏振、衍射和干涉等现象中，而在黑体辐射、光电效应中则表现出粒子性。电磁波在真空中传播时的速度即为光速 c，电磁波的能量与其传播的频率呈正比关系：

$$c = f \cdot \lambda \tag{2.1}$$

$$E = h \cdot f \tag{2.2}$$

式中，c 为光速，约 3×10^8 m/s；f 为频率；λ 为波长；E 为能量；h 为普朗克常数，即 6.6261×10^{-34} J·s。

根据电磁波在真空中传播的频率或波长进行递减或递增排序，可以形成电磁波谱，如图 2.11 所示。电磁波谱以频率从低到高依次排列，可分为无线电波、红外线、可见光、紫外线、X 射线、γ 射线等。需要注意的是，谱段的划分并没有很明确的界限，常常相互交错。此外，可见光、红外和微波波段在遥感技术中较为常用。

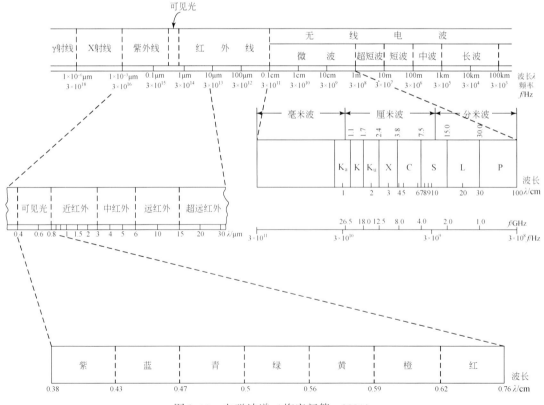

图 2.11　电磁波谱（梅安新等，2001）

2. 电磁辐射的度量

每一个物体均是辐射源，并以电磁波的形式向外辐射能量，其既有可能自身发射能量，又有可能接收其他物体的辐射而向外反射能量。此外，有些物体还能发出微波辐射、紫外辐射等，只是辐射的强度和波长会有所差异。利用遥感手段探测目标地物，实际上是对其辐射能量的测定。为了更好地描述电磁辐射，需要了解一些辐射测量的基本概念与学术术语的物理意义。

辐射能量（Q）：以电磁波形式向外辐射能量，单位为焦（J）。

辐射通量（Φ）：即辐射功率，指单位时间内通过某一截面的辐射能量，单位为瓦（W，即 J/s），定义为

$$\Phi = \mathrm{d}Q/\mathrm{d}t \tag{2.3}$$

辐射出射度（M）：指物体在单位面积（A）上发出的辐射通量，单位为瓦/平方米（W/m^2），定义为

$$M = \mathrm{d}\Phi/\mathrm{d}A \tag{2.4}$$

辐射照度（E）：即辐照度，指物体在单位面积上接收的辐射通量，单位为瓦/平方米（W/m^2），定义为

$$E = \mathrm{d}\Phi/\mathrm{d}A \tag{2.5}$$

M 和 E 均可以用来描述辐射通量的密度，只是 M 关注的是物体发射辐射，而 E 关注的是物体接收的辐射。

辐射强度（I）：指点辐射源在单位立体角（ω）内发出的辐射通量，单位为瓦/球面度［W/sr］，定义为

$$I = \mathrm{d}\Phi/\mathrm{d}\omega \tag{2.6}$$

辐射亮度（L）：即辐亮度，指面辐射源在单位投影面积、单位立体角内的辐射通量，单位为瓦/（平方米·球面度）［W/（m^2·sr）］，定义为

$$L = \mathrm{d}\Phi/（\mathrm{d}\omega \cdot \mathrm{d}A\cos\theta） \tag{2.7}$$

式中，θ 为辐射源面元法线方向与给定方向之间的夹角。若某辐射源的辐射亮度 L 与 θ 无关，则称该辐射源为朗伯源，其辐射具有各向同性。严格来讲，只有绝对黑体才是朗伯源，下面将讲述黑体的概念及其辐射定律。

值得注意的是，上述各辐射量均是波长（λ）的函数。

3. 电磁辐射原理

若一个物体能够全部吸收任何波长的电磁辐射，则这个物体称为绝对黑体。黑体是个假设的理想辐射体，其既能完全吸收，又能完全辐射。黑体的电磁波辐射遵守以下 4 个规律。

1）普朗克（Planck）辐射定律
普朗克辐射定律也称为普朗克黑体辐射定律、普朗克函数。对于黑体辐射源，普朗克

引入量子理论，将辐射当作不连续的量子发射，成功地从理论上给出了与试验相符的黑体辐射出射度 M 随波长（λ）及黑体温度（T）的分布函数：

$$M(\lambda, T) = \frac{2\pi hc^2}{\lambda^5 \cdot [e^{ch/k\lambda T} - 1]} \qquad (2.8)$$

式中，M（λ，T）的单位是 W/（$m^2 \cdot \mu m$）；c 是光速，取值 3×10^8 m/s；h 是普朗克常数，$h = 6.6261 \times 10^{-34}$ J·s；k 是玻耳兹曼常数，$k = 1.3806 \times 10^{-23}$ J/K；波长 λ 的单位是 μm；温度 T 的单位是 K。

绝对黑体都服从朗伯定律，因此其分光辐射亮度 L（λ，T）为：

$$L(\lambda, T) = \frac{M(\lambda, T)}{\pi} (W \cdot m^{-2} \cdot \mu m^{-1} \cdot sr^{-1}) \qquad (2.9)$$

利用普朗克定律可以推导出斯特潘–玻尔兹曼定律和维恩位移定律。

2）斯特潘–玻尔兹曼（Stefan-Boltzmann）定律

1879 年斯特潘由实验发现，绝对黑体的积分辐射与其温度的四次方成正比。1884 年，玻尔兹曼由热力学理论得出了这个公式，即通过对普朗克方程在全波段内积分，可以得到黑体的总辐射强度 B（T）：

$$B(T) = \int_0^\infty M(\lambda, T) d\lambda = \int_0^\infty \frac{2\pi hc^2 \lambda^{-5}}{e^{hc/k\lambda T} - 1} d\lambda = \frac{2\pi^4 k^4}{15 h^3 c^2} T^4 = bT^4 \qquad (2.10)$$

由于黑体辐射各向同性，因此，黑体的总辐射出射度 M（T）为：

$$M(T) = \pi B(T) = \sigma \cdot T^4 \qquad (2.11)$$

式中，σ 为斯特潘–玻耳兹曼常数，取值 5.6696×10^{-8} W/（$m^2 \cdot K^4$）。

斯特潘–玻尔兹曼定律表明黑体发射的总能量与黑体绝对温度的四次方成正比，随着黑体辐射温度的增高，发射的总辐射能量将迅速增大。当黑体温度增加 1 倍，总辐射出射度将变为原来的 16 倍。

3）维恩（Wien）位移定律

1893 年维恩从热力学理论导出黑体辐射极大值对应的波长 λ_{max} 和黑体绝对温度 T 具有如下关系：

$$\lambda_{max} = \frac{b}{T} \qquad (2.12)$$

式中，λ_{max} 为光谱辐射亮度最大的波长位置，单位为 μm；$b = 2897.8 \mu m \cdot K$。

维恩位移定律表明随着黑体温度的升高，黑体辐射的能量峰值将向短波方向移动。黑体最大辐射强度所对应的波长与黑体的绝对温度成反比。温度越高，λ_{max} 越小，见图 2.12。300K（地球表面温度在该值附近）黑体的辐射峰值波长约为 $9.66\mu m$，6000K（太阳表面温度在该值附近）黑体的辐射峰值波长则约为 $0.48\mu m$。

4）基尔霍夫（Kirchhoff）定律

普朗克辐射定律、斯特潘–玻尔兹曼定律和维恩位移定律描述了黑体的辐射特性，然而在自然界，由于大部分地物并非绝对黑体，其辐射能量通常小于基于其热力学温度估算的辐射能量大小，基尔霍夫定律描述了实际物体与黑体辐射特性之间的关系。

基尔霍夫于 1860 年发现，热平衡状态下，在一定温度下任何物体的辐射出射度

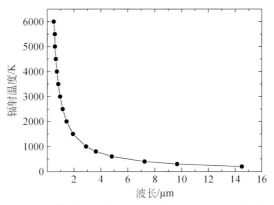

图 2.12　黑体绝对温度与最大辐射强度所对应波长关系

M（λ，T）与其吸收率 α（λ，T）的比值是一个普适函数 E（λ，T）：

$$\frac{M(\lambda，T)}{\alpha(\lambda，T)} = E(\lambda，T) \tag{2.13}$$

基尔霍夫定律表明任何物体的辐射出射度与其吸收率之比都等于同一温度下的黑体的辐射出射度 E（λ，T）。物体的吸收率越大，其发射能力就越强。通常定义物体的辐射出射度与同温度黑体的辐射出射度之比为物体的比辐射率（Emissivity），或者发射率，它可以表征物体的发射能力：

$$\varepsilon(\lambda，T) = \frac{M(\lambda，T)}{E(\lambda，T)} \tag{2.14}$$

可见，ε（λ，T）= α（λ，T），即物体的比辐射率等于物体的吸收率。虽然绝对的热平衡状态并不存在，但局地热平衡状态却是普遍存在的。经验证明，基尔霍夫定律对大多数地表条件都能适用。

2.2.2　电磁辐射的传输与相互作用

对于光学遥感而言，太阳是最主要的辐射源。太阳辐射通过大气到达地表，经地物反射后，再经过大气到达传感器。电磁辐射在传输过程中，需要经历反射、散射、吸收、再辐射等一系列过程，其能量的变化主要取决于它与大气、地表等介质所发生的相互作用。了解这种相互作用的机理和过程，对解读地物的光谱特性及其在遥感图像中的表现是非常重要的。

1. 能源—太阳辐射与地球辐射

1）太阳辐射

太阳作为一个主要的电磁辐射源，其辐射波谱从 X 射线一直延伸到微波波段，是个综合波谱。从表 2.18 可见，太阳辐射能量在各个波段所占比例不同，近紫外、可见光、近红外和中外红波段区间太阳能量最集中（约占全部能量的 97.62%）且相对来说最稳定，太阳强度变化很小。其中，可见光波段占 43.5% 、近红外波段占 36.8% 。在 X 射线、γ 射线、远紫外及微波波段，其能量不足太阳总辐射的 1% ，不过一旦太阳活动剧烈，黑子和耀斑爆发，受其影响，这些波段处的辐射强度变化很大，会影响地球磁场，干扰或中断无线电通信。为了使太阳活动对遥感的影响降至最小，光学遥感主要利用可见光及红外波段处的太阳辐射。

表 2.18　太阳辐射能各谱段的百分比 （吕斯骅，1981）

λ	波段	百分比/%
<10Å	X 射线、γ 射线	0.02
10~2000Å	远紫外	
0.20~0.31μm	中紫外	1.95
0.31~0.38μm	近紫外	5.32
0.38~0.72μm	可见光	43.50
0.72~1.5μm	近红外	36.80
1.5~5.6μm	中红外	12.00
5.6~1000μm	远红外	0.41
>1000μm	微波	

　　地球上空大气层外太阳光谱辐照度曲线呈平滑且连续的趋势，太阳辐射特性与绝对黑体辐射特性基本一致，它近似于 6000K 的黑体辐射曲线。到达地球大气层顶的太阳辐射，仅有 31% 作为太阳直射辐射到达地球表面，而其他比例的太阳辐射或者被云层和其他大气成分反射返回太空（约占 30%），或者被地球大气吸收（约占 17%），或者被大气成分散射并转化为漫射辐射到达地球表面（约占 22%）。由于大气中水分、臭氧、二氧化碳、氧气等成分对太阳辐射的吸收作用，导致地球表面与大气层外处的太阳辐照度曲线呈现明显的差异（图 2.13），图中那些太阳辐照度衰减最大的区间就是大气成分吸收太阳辐射最强的波段。此外，大气的吸收和散射作用也使达到地表的太阳辐射产生很大的衰减。

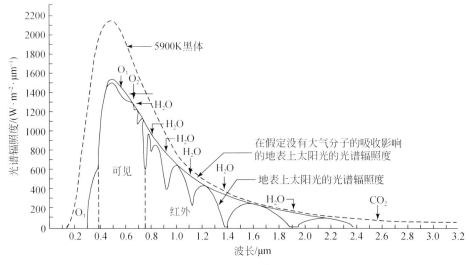

图 2.13　地球表面的太阳辐照度曲线 （吕斯骅，1981）

　　地球表面接收的太阳辐照度 E 与太阳天顶角 θ 有关。在不考虑大气影响的情况下，可表达为

$$E = \frac{E_0}{D^2}\cos\theta \tag{2.15}$$

式中，E_0 为太阳常数，其数值为 $1.36\times10^3\,\mathrm{W}\cdot\mathrm{m}^{-2}$，指的是在日地平均距离处单位时间内垂直于太阳射线的单位面积上所接收到的太阳辐射能量；D 为日地之间的距离；θ 是太阳天顶角。对于地球表面某一地点而言，太阳天顶角在当地正午时分达到最小，此时地表接收的太阳辐照度 E 达到最大，记为 E_{max}。

　　受地球公转与自转影响，一天内地球任一点接收的太阳总辐射随时间呈近似正弦形式的变化，即

$$E_i = E_{max}\sin(\pi t/N) \tag{2.16}$$

式中，t 为日出到 E_i 时刻的时间间隔；N 为理论日照时数。

　　太阳天顶角随纬度、季节、时间等因素而变化，可通过下式计算：

$$\cos\theta = \sin\varphi\sin\delta + \cos\varphi\cos\delta\cos t \tag{2.17}$$

式中，φ 为地理纬度；δ 为太阳赤纬，指太阳直射光线与地球赤道平面的夹角，春分、秋分时，太阳直射赤道，$\delta=0$；夏至时太阳直射北回归线，$\delta=23°27'$；冬至时太阳直射南回归线，$\delta=-23°27'$。t 为太阳时角，定义为地方时正午时分的时角为 0，6 点时时角为 $-\frac{\pi}{2}$，18 点时时角为 $\frac{\pi}{2}$。

　　公式中第一项 $\sin\varphi\sin\delta$ 表示季节变化对天顶角的影响，第二项则表示一天内天顶角随时间 t 的变化。

2）地球辐射

　　对于被动遥感而言，除了太阳以外，其辐射源还来自地球。本小节仅简要介绍地球作为辐射源的辐射特性，而有关地球的其他特性（如反射、透射）将在后面阐述。上文提到大气层外太阳辐射特性近似于温度为 6000K 的黑体辐射，被地球表面吸收的太阳辐射能，又重新被地表辐射，地球辐射接近于温度为 300K 的黑体辐射。从维恩位移定律可知，由于地表温度要比太阳低得多，地球将辐射更长波段的辐射。最大太阳辐射对应的波长约为 $0.48\mu m$，而最大地球辐射对应的波长约为 $9.66\mu m$，两者相差较大。地球辐射可分为短波（$0.3\sim2.5\mu m$）与长波辐射（$6\mu m$ 以上），其中在紫外、可见光到近红外区段（即 $0.3\sim2.5\mu m$），地球的辐射主要是反射太阳辐射，其辐射亮度与太阳辐照度及地表反射率有关；在 $6\mu m$ 以上的热红外区段，地球的辐射主要是地表物体自身的热辐射，在该区段内太阳辐照的影响极小；在 $2.5\sim6\mu m$ 这一中红外波段，太阳辐射和地球自身的热辐射均不能忽略。

　　对于地球的长波辐射而言，其辐射出射度 M 与地物的比辐射率 ε、地物的温度 T 及波长 λ 有关，可用下式表示：

$$M(\lambda, T) = \varepsilon(\lambda, T)\cdot M_b(\lambda, T) \tag{2.18}$$

式中，M_b 为黑体的辐射出射度。

　　地球上的能量来自太阳辐射，包括太阳直射与天空漫散射的能量。到达地表的太阳短

波辐射能量（$R_s\downarrow$），其中一部分被地面反射（$R_s\uparrow$），因此地表实际吸收的太阳短波辐射能量可表示为

$$R_s\downarrow - R_s\uparrow = (1-\alpha)R_s\downarrow \tag{2.19}$$

式中，α 为地表全波段的反射率（即反照率）。

地表在吸收太阳短波辐射能量的同时，也向外发射长波辐射能量 $R_L\uparrow$，而大气的长波辐射 $R_L\downarrow$ 对地表也有贡献。因此地表层净辐射收入 R_n 可表示为地表短波净辐射和长波净辐射之和：

$$R_n = (1-\alpha)R_s\downarrow + R_L\downarrow - R_L\uparrow \tag{2.20}$$

有关地表辐射能量收支平衡方面的内容将在第七章专门阐述，在此不做展开讨论。

2. 电磁波与大气层的相互作用

1）大气概况
（1）大气的组成

地球上的大气，有氮、氧、氩等常定的气体成分，有二氧化碳、一氧化二氮等含量大体上比较固定的气体成分，也有水汽、一氧化碳、二氧化硫和臭氧等变化很大的气体成分。其中还常悬浮有尘埃、烟粒、盐粒、水滴、冰晶、花粉、孢子、细菌等固体和液体的气溶胶粒子。干洁大气具体成分的体积百分比含量见表 2.19。

表 2.19　地球干洁大气组成

名称	化学式	浓度/%	滞留时间
氮	N_2	78.084	1.6×10^7年
氧	O_3	20.946	$3\times10^3 \sim 10^4$年
氩	Ar	0.934	
水汽*	H_2O	0~4	10 天
二氧化碳	CO_2	3.94×10^{-2}	20~150 年
氖	Ne	1.818×10^{-3}	
氦	He	5.24×10^{-4}	10^7年
甲烷	CH_4	1.79×10^{-4}	10 年
氪	Kr	1.14×10^{-4}	
氢	H_2	5.3×10^{-5}	2 年
氧化亚氮	N_2O	3.25×10^{-5}	150 年
一氧化碳	CO	$5\sim25\times10^{-6}$	0.2~0.5 年
氙	Xe	8.7×10^{-6}	
臭氧	O_3	$1\sim5\times10^{-6}$	数周~数月
二氧化氮	NO_2	$0.1\sim5\times10^{-7}$	8~10 天
氨	NH_3	$0.1\sim1\times10^{-7}$	约 5 天
二氧化硫	SO_2	$0.003\sim3\times10^{-7}$	约 2 天
硫化氢	H_2S	$0.01\sim6\times10^{-8}$	约 0.5 天

注：*干燥空气中不包含水汽浓度。深灰色表示恒量气体，浅灰色表示可变气体，白色表示高度可变气体。

大气气溶胶是大气的重要组成部分，是指悬浮于地球大气之中具有一定稳定性、沉降速度小、粒径在 $10^{-3} \sim 10 \mu m$ 的液体及固体粒子。自然界中火山喷发、地面尘埃、沙暴、林火烟灰和各种酸性粒子，以及人类工业、交通、建筑、农业等生产生活是气溶胶的主要来源。将气溶胶按粒径大小：粒径 $5.0 \times 10^{-3} \sim 0.2 \mu m$ 的称为爱根核（Aitken Nuclei），粒径 $0.2 \sim 1 \mu m$ 的称之为大粒子，粒径大于 $1 \mu m$ 的称之为巨粒子。在对流层内，气溶胶浓度随高度上升呈指数衰减；在平流层中，气溶胶浓度较为稳定。

（2）大气的垂直结构特征

表述大气物理状况的物理量有气压、大气温度与大气湿度，它们在垂直方向上的变化远大于水平方向上的梯度，所以在大气校正中大多假设大气具有水平均一、垂直分层结构。在静力平衡条件下，根据气体状态方程，海拔高度在 z 处的气压 p（z）可表示为（徐希孺 2005）：

$$p(z) = p(0) e^{-\int_0^z \frac{Mg}{RT} dz} \tag{2.21}$$

式中，M 为空气分子量，R 为通用气体常数，g 为重力加速度，T 为大气温度，p（0）为海平面处的大气压。由此可见，气压是随高度以负指数形式递减的。

按照温度随高度变化的特点，大气可以分为如下几个层次。从下往上推算，首先是贴近地面的对流层，其上边界往往随季节、纬度等因素的变化而变化，赤道上空约 $16 \sim 19 km$，极地上空仅 $7 \sim 8 km$。对流层的特点是温度随高度递减，平均递减率为每 $1 km$ 下降 $6 \, ℃$，在这一层内大气垂直效应强烈，故多形成云雨等复杂的天气现象。从对流层顶至 $50 km$ 处为平流层，其中包括温度随高度保持不变的同温层（延至 $20 km$）以及温度逐渐随高度上升而增加的"暖层"。这是由于 $20 \sim 25 km$ 处有一个臭氧的峰值层，所以强烈吸收太阳短波辐射能量而增温，增温的直接效果使得大气垂直运动不可能，该层内除季节性的风外，几乎没有什么天气现象。中间层，又称"冷层"，范围在 $50 \sim 80 km$，其温度随高度的增加而下降，大约在 $80 km$ 处降到温度最低点，约 $-95 \, ℃$，这也是整个大气温度的最低点。大气的最外层为电离层，又称增温层，范围在 $80 \sim 1000 km$，层内空气稀薄，温度很高，这里中性分子几乎不存在，因太阳辐射作用而发生电离现象，在无线电通信上起着重要作用。

2）大气效应

辐射传输方程是描述电磁辐射在吸收、散射介质中传输的基本方程。电磁辐射能量在大气辐射传输过程中产生的正、负效应可以表示为：

$$\frac{dI}{ds} = \eta^2 B(T) + \omega_0 \frac{k}{4\pi} \eta^2 \int_0^{4\pi} P(\Omega, \Omega') \cdot I(\Omega') \cdot d\Omega' - \eta \cdot k \cdot I \tag{2.22}$$

式中，I 为入射亮度；dI 为亮度的变化部分；ds 为光路长；η 为吸收/散射物质的密度；k 为消光系数，即衰减系数；B 为普朗克函数；T 为大气的热力学温度；ω_0 为单次散射反照率；P 为散射相函数；Ω 为入射方向立体角；Ω' 为散射方向立体角。

式（2.22）是一个微积分方程，可以这样简单的解释它：方程左边是辐亮度的变化速度，右边第一项代表大气的热辐射作用，使能量增加；第二项则代表大气散射作用，使非目标物的能量被传感器接收，导致能量增加，也即大气程辐射效应；第三项为大气的衰减作用，主要体现在吸收和散射方面，导致能量减少。大气性质决定了辐射传输过程（式

2.22）中的关键参数，如衰减系数，单次散射反照率及散射相函数。电磁波与大气的相互作用，主要体现在大气的吸收和散射效应。

（1）吸收效应

太阳辐射是影响大气活动和大气环境的直接能量来源。地球上接受到的太阳辐射来自太阳光球层约相当于6000K的黑体辐射，而地球自身的平均温度只有250K左右。因此，在能量的转换过程中，大气成分对太阳辐射和地球长波辐射的吸收则是极为重要。

对太阳直接辐射来说，O_2、O_3、N_2、CO_2、H_2O以及原子氧和氮是对电磁辐射有吸收作用最主要的大气分子。其中O_3、CO_2和H_2O对太阳辐射能的吸收最有效。分子的吸收是把辐射能转换为分子的激励震荡能量从而将能量从入射方向带走；臭氧分子、原子氧和氮的电子跃迁吸收则主要出现在太阳辐射的紫外区域；H_2O、O_3以及CO_2等的振动转动跳跃跃迁的吸收带则出现在红外区域，几乎覆盖了整个红外辐射波段。在太阳光谱的可见区域只有非常少量的吸收。

对地球长波辐射来说，H_2O的吸收是最重要的，其次就是CO_2以及O_3、CH_4、N_2O、CFCS等大气痕量气体。但由于H_2O主要集中在大气下层，因而它的吸收作用主要在对流层，特别是对流层下层。O_3在平流层有一浓度较大的区域，即所谓的臭氧层，因而它的吸收作用主要在平流层。而CO_2的混合比在大气中几乎是均匀的，所以，在水汽含量极少的平流层中，大气的吸收作用主要来自CO_2。

图2.14表明了大气吸收作用引起的透射率与波长之间的关系。受大气分子吸收作用的影响，大气的透射率下降。但在某些波段处大气的吸收作用相对较弱，透射率较高。我们将能够使电磁辐射能量较易透过的波段称作大气窗口。其所在的波段位置、范围及有效性取决于大气中主要吸收成分的光谱特征。光学遥感常用的大气窗口主要分布在$0.3 \sim 1.3\mu m$、$1.5 \sim 1.8\mu m$、$2.0 \sim 2.6\mu m$、$3.0 \sim 4.2\mu m$、$4.3 \sim 5.0\mu m$、$8 \sim 14\mu m$范围。

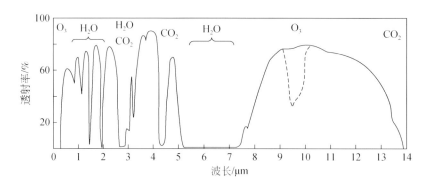

图2.14 大气吸收与大气窗口

（2）大气散射效应

电磁辐射能受到大气中微粒（如大气分子或气溶胶等）的影响，而改变传播方向的现象，称为大气散射。其强度依赖于微粒大小、微粒含量、波长以及辐射能量传播穿过大气的厚度。大气散射将入射方向的能量偏离原来的传播方向，产生天空散射光，其中一部分上行被空中遥感器接收，一部分下行到达地表。大气对电磁波散射主要分为选择性散射和无选择性散射两大类。选择性散射又根据散射粒子直径和入射电磁波波长的相对关系分为瑞利（Rayleigh）散射和米（Mie）散射。

对于球形微粒来说，他们的散射行为取决于折射系数 χ 和尺寸参数：

$$\chi = \frac{2\pi r}{\lambda} \tag{2.23}$$

式中，r 是球体直径，λ 是波长。

① 瑞利散射

瑞利散射出现在当散射的大气粒子直径远小于入射电磁波波长时（χ 小于 0.01）。大气中的氧气、氮气等气体分子对可见光的散射主要属于此类。瑞利散射强度与波长的 4 次方成反比，即波长越长，散射越弱，反之亦然，且前向与后向散射的强度相同。瑞利散射多在 9~10km 的晴朗高空发生。"蓝天"正是瑞利散射的一种表现。当太阳光穿过大气时，由于可见光的蓝光波段波长较短，其散射强度通常高于可见光其他波段，因而天空呈现蓝色。然而当日出或日落时，太阳高度角较低，太阳光线穿过大气层的路径变长，蓝光被充分散射，因而天空呈现橙红色。

瑞利散射微粒的相函数可表示为（梁顺林，2009）：

$$P(\mu) = \frac{3}{16\pi} \frac{2}{2+\delta} \left[(1+\delta) + (1-\delta)(1+\mu^2) \right] \tag{2.24}$$

式中，δ 为去极化因子，用来纠正各向异性分子散射的去极化效应；μ 为散射相位角的余弦值。

② 米散射

当微粒大小与电磁波的波长很接近（$0.1 < \chi < 50$）时，大气中的气溶胶颗粒、云滴、雨滴等的散射行为服从米散射特征。米散射的前向散射通常大于后向散射。米散射与大气中微粒的结构、数量有关，其强度受气候影响较大。在大气低层 0~5km 处，大气中微粒更大，数量更多，米散射最强。

③ 无选择性散射

无选择性散射通常在大气粒子的直径远大于入射波长（$d \gg \lambda$）时发生，其散射强度与波长无关。大气中云、雾等易造成无选择性散射。云、雾等大气粒子的直径一般在 5~100μm，并大约同等的散射所有可见光及近红外波段，因而，我们观察到的云、雾多呈现白色、灰白色。

无论哪种形式的大气散射，一方面均会改变太阳辐射的方向，降低了太阳直射光的强度，削弱了到达地表或地表向外的热辐射；另一方面，大气散射产生了漫反射的天空散射光，增强了地面的辐照和大气层本身的"亮度"。受大气散射的影响，暗色物体表现得比它自身要亮，而亮色物体表现得比它自身要暗。因此，大气散射能够降低遥感图像的质量以及图像上的空间信息表达能力。

3）大气衰减与大气校正

（1）大气衰减

受大气的吸收和散射作用影响，电磁波在大气中传播时其强度会被大气衰减。在可见光波段，大气窗口内的电磁波辐射衰减主要由大气散射主导，大气吸收的作用较小，仅占衰减能量的3%；在更长的波段范围，辐射衰减主要由大气的吸收作用引起，而非散射；在热红外波段，大气自身的发射也是不容忽视的。

　　太阳辐射通过大气到达地表，经地表反射后，再经过大气到达遥感传感器（图2.15）。大气对传感器获取的地面目标物"辐射亮度"的影响主要体现在以下两方面：一是大气散射和吸收作用使得到达地表的太阳辐射发生衰减，同时也会削弱地面目标物反射的能量；二是大气本身作为一个散射体，被大气散射的太阳光一部分达到地表，另有一部分能量会直接进入到传感器而使探测的辐射能量增加（即大气程辐射），但这部分能量与地面目标物无关。

　　遥感传感器所探测的地面目标的总辐亮度 L 可表达为：

$$L = \frac{\rho}{\pi}(E_s + E_d)\tau + L_p \tag{2.25}$$

式中，ρ 为地面目标的反射率；E_s 为太阳直射光；E_d 为天空散射光；τ 为大气透过率；L_p 为大气程辐射。

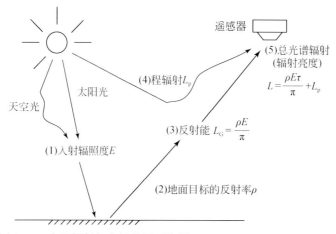

图2.15　太阳辐射与大气的相互作用（Lillesand and Kiefer，1994）

（2）大气校正

　　对于光学遥感而言，其所利用的太阳辐射要与大气发生相互作用，考虑到大气本身的散射和吸收效应，会使太阳辐射发生衰减，并使其光谱分布发生变化。大气在不同波段的衰减作用会有所差异，因此大气对不同波段的遥感影像的影响也会有所不同。此外，大气对遥感影像中地物辐射亮度的影响程度还受到太阳光线穿过的大气路径长度、影像获取时间等因素的制约。消除这些大气影响的处理，称为大气校正。大气校正是遥感影像辐射校正的主要内容之一，也是获得地表真实反射率必不可少的一步，对定量遥感尤为重要。

　　大气校正主要由两部分组成：大气参数的估计和地表反射率的反演。假设地表为朗伯体，只要所有的大气参数已知，根据大气辐射传输模型，对遥感影像进行计算可直接反演出地表反射率。具体的大气校正方法将在第三章展开阐述。

3. 电磁波与地表的相互作用

电磁波与地表的相互作用，主要体现在地表对电磁波的反射、吸收和透射。基于能量守恒原理，三者关系可以描述如下：

$$E(\lambda) = R(\lambda) + A(\lambda) + T(\lambda) \tag{2.26}$$

式中，E 为到达地表的入射能量，R 为地表的反射能量，A 为被地表吸收的能量，T 为透射的能量。公式（2.26）左右各分量均是波长的函数，且 R、A 和 T 三者比例的变化不仅依赖于波长，还取决于地表特征的性质与状态，如地物的几何特征、物质组成、光照角度等。

在反射、吸收和透射物理性质中，使用最普遍最常用的是地物的反射性质。对于光学遥感而言，地物的反射特性是揭示地物本质特征的最有用信息。接下来主要对地物的反射特性加以介绍，而对其吸收和透射特性，则不作重点讨论。

1）反射

反射率通常用来表征地物对电磁波辐射的反射能力，可以用地物反射的能量占入射总能量的百分比来表示，即

$$\rho(\lambda) = \frac{R(\lambda)}{E(\lambda)} \tag{2.27}$$

式中，ρ 为地物反射率，是波长的函数。

影响地物反射率的因素众多，除波长外，还包括地物类别、组成、结构、太阳及观测角度、物体的电学性质（如电导、介电、磁学性质）及其表面特征（如粗糙度）等。地物对电磁波的反射可以表现为镜面反射、漫反射和方向反射 3 种形式。

①镜面反射（Specular Reflection）

镜面反射通常发生在光滑的物体表面，其满足反射定律，入射与反射辐射在同一平面内，且入射与反射的角度相等。在可见光波段，非常平静的水面以及光滑的金属表面等均可发生镜面反射。

②漫反射（Diffuse Reflection）

漫反射指的是当入射辐射在所有方向均匀反射，即入射辐射以入射点为中心，在整个半球空间内向四周各向同性反射的现象。漫反射又称作朗伯反射，或各向同性反射。一个完全的漫射体称为朗伯体，从任何角度观察朗伯表面，其反射的能量均相同。朗伯体实际上是一个理想化的表面，其假定介质是均匀的、各向同性的。

③方向反射（Directional Reflection）

自然界多数地表既不完全是光滑的镜面，也不完全是粗糙的朗伯表面，其反射介于镜面反射和漫反射之间，具有各向异性，即方向反射。镜面反射可以认为是方向反射的一个特例。对于方向反射而言，在入射辐照度相同的情况下，反射辐射亮度的大小不仅与入射方向有关，还与反射方向有关。入射和反射方向的确定方法分别有任意立体角、微小立体角以及半球全方向等 3 种。当入射与反射方向均为微小立体角时称为二向性反射，其大小不仅与入射方向的方位角和天顶角有关，还与反射方向的方位角与天顶角有关。此外，二

向性反射还会随着物体空间结构要素的变化而变化。

为了描述这种现象，二向性反射率分布函数 BRDF（Bidirectional Reflectance Distribution Function）可以表示为

$$\text{BRDF} = f_r(\theta_i, \phi_i, \theta_r, \phi_r; \lambda) = \frac{dL_r(\theta_i, \phi_i, \theta_r, \phi_r; \lambda)}{dE_i(\theta_i, \phi_i, \theta_r, \phi_r; \lambda)} \tag{2.28}$$

式中，θ_i、ϕ_i、θ_r 和 ϕ_r 分别为入射天顶角、入射方位角、观测天顶角和观测方位角；$dE_i(\theta_i, \phi_i, \theta_r, \phi_r; \lambda)$ 为在一个微分面积元 dA 上，入射光方向的微分立体角（Ω_i）内的光谱辐照度的增量；$dL_r(\theta_i, \phi_i, \theta_r, \phi_r; \lambda)$ 则是由于入射光增量引起反射光方向的微分立体角（Ω_r）内的光谱辐射量度的增量。

图 2.16 显示了二向性反射现象的图解（李小文和王锦地，1995）。

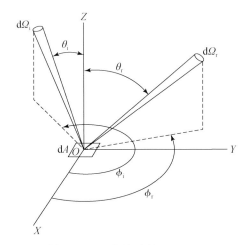

图 2.16　二向性反射（BRDF）

地物反射率随波长变化的曲线称为地物的光谱反射率曲线，其形状反映了地物的波谱反射特征。一般而言，地物的光谱反射率曲线随波长的变化有规律可循，从而为光学遥感影像的信息分类与地物特征提取提供依据。

2）透射

透射指的是当电磁波入射到达两种介质的分界面时，部分入射能穿透分界面的现象。其中，部分透射的能量往往被介质吸收并转换成热能再发射。介质透射电磁波的能力，可以用透射率表达，其定义为透过地物的电磁波能量占入射能量的比例。对同一物体，透射率是波长的函数。自然界中水体的透射能力可以被观察到，这是因为可见光谱段辐射能的透射现象可以被人眼探测。对于可见光以外的透射，虽人眼看不到，但它是客观存在的，如植物叶子对可见光辐射是不透明的，但它能透射一定量的辐射能量。

2.3　遥感信息应用基本流程

遥感信息应用基本流程主要包括数据获取系统（如遥感平台和传感器）、地面接收站、

遥感数据预处理（如几何校正、大气校正、影像增强、多源数据融合）、特征提取（如地表类型分类、地表参量遥感定量反演）、地面验证以及遥感应用等环节（图 2.17）。由于遥感平台和传感器已在 2.1 节有所介绍，接下来主要针对其他几个环节进行简要的介绍。

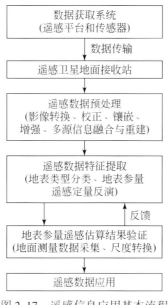

图 2.17　遥感信息应用基本流程

1. 地面接收站

遥感卫星地面接收站可以分为两种类型，即固定型和移动型。大多数卫星地面接收站属于固定型；少数为移动型，用于填补固定站的不足，也可用于为偏远地区的特殊需要而进行长期或大量的图像数据接收（梁顺林等，2013）。

我国遥感卫星地面站建有密云、喀什、三亚、昆明 4 个卫星接收站，具有覆盖我国全部领土和亚洲 70% 陆地区域的卫星数据实时接收能力。密云卫星接收站 1986 年开始运行，拥有 7 座大口径接收天线及数据接收、记录和数据传输设施，接收范围覆盖我国中部、东北地区及相邻境外地区。喀什卫星接收站 2008 年投入运行，拥有 5 套 12 米数据接收天线系统，接收范围覆盖我国西部以及中亚邻国等区域。三亚卫星接收站 2010 年投入运行，拥有 5 套 12 米数据接收天线系统，接收范围覆盖我国南海以及东南亚邻国等区域。昆明卫星接收站 2016 年部署完成，目前拥有 1 套 7.3 米数据接收天线系统，接收范围覆盖我国西南以及周边地区。

经过多年的不断努力和发展，地面站已形成了完整的卫星数据接收、传输、存档、处理和分发体系，即以北京总部的运行管理与数据处理中心、密云站、喀什站、三亚站、昆明站为数据接收网的运行格局。数据接收系统、数据传输系统、数据处理系统、数据管理系统、数据检索与技术服务系统协同运行，成为我国对地观测领域的核心基础设施之一。

2. 遥感数据预处理

遥感影像处理是指对遥感影像进行一系列的操作，以求达到预期目的的技术（汤国安，2004）。随着计算机技术的迅速发展，到目前为止，根据遥感影像处理的目的不同，遥感影像处理的内容大致包括影像转换、数字影像校正、图像镶嵌、数字影像增强、多源信息融合与重建等。

（1）影像转换。影像转换一般包括两层含义，一种含义是光学影像与数字影像之间的相互转换，这种相互转换方法又被称为模/数转换（A/D）或数/模转换（D/A）。影像转换的另一层含义是为影像处理问题简化或有利于影像特征提取等目的而实施的影像变换工作，侧重于变换和主要的特征信息提取，如傅里叶变换、小波变换等。

（2）遥感影像校正。遥感影像校正包括几何校正和辐射校正两部分内容。其中，几何校正是指当遥感数字影像在几何位置上发生了变化，产生了诸如像元与地面对应不准确、地物形状不规则变化、行列不均匀等几何畸变时，利用一定数量的地面控制点，将多源、多时相的卫星传感器获得的同一地域或物体的两幅或多幅影像精确叠加起来，从而获得被摄物体精确空间位置信息的技术。它的主要目的是消除或减少参考影像和待配准影像之间由于成像条件不同所引起的几何畸变，从而获得具有几何一致性的两幅或多幅影像（Toutin，2004）。几何校正又包括几何粗校正和几何精校正。几何粗校正是针对如传感器抖动、俯仰、地球自转等因素引起的畸变进行的校正。几何精校正是利用地面控制点进行的几何校正过程。它采用一定的数学模型来近似描述遥感影像的几何畸变，并利用标准影像和畸变的遥感影像之间的一些对应点（地面控制点）确定几何畸变模型参数，然后利用此模型进行几何畸变校正。遥感影像的辐射校正是指校正因传感器本身和大气影响而产生的辐射畸变。完整的辐射校正包括遥感器校正、大气校正，以及太阳高度和地形校正等。

（3）遥感影像镶嵌。当研究区超出单景遥感影像覆盖的范围时，需要将两幅或多幅影像进行拼接，形成一幅覆盖整个研究区的遥感影像，这就叫影像镶嵌。需要镶嵌的影像需要保证相邻图幅间有一定的重叠区。鉴于不同影像获取时间不同，遥感器本身的不稳定，或者太阳光强及大气状态的变化，导致重叠区域在不同影像上的对比度及亮度值会有差异，因此有必要对各镶嵌影像在整个研究区或重复覆盖区上进行匹配，以便均衡化镶嵌后输出影像的对比度和亮度值。常用的匹配方法有直方图匹配和彩色亮度匹配。

（4）遥感影像增强。遥感影像增强是指采用一系列技术改善影像的视觉效果，提高影像的清晰度、对比度，突出所需信息的工作。信息增强处理不是以影像保真度为原则，而是设法有选择地突出便于人或机器分析某些感兴趣的信息，抑制一些无用信息，以提高影像的使用价值。

（5）多源信息融合与重建。从广义的遥感影像处理角度来看，多源信息融合与重建也可列入影像处理的范畴。多源遥感信息融合与重建是指将多种遥感平台、多时相遥感数据之间，以及遥感数据与非遥感数据之间的信息融合的技术。融合后的遥感影像数据将能够弥补因传感器故障、云干扰等造成的卫星影像时空不连续问题，将更有利于综合分析，提高了遥感数据的可利用性。

3. 遥感数据特征提取

遥感反映的是地球表面及地下一定深度环境信息的综合特征，是地表景观的缩影。遥感技术的发展为提取地表信息提供了重要的技术手段。随着对地多源观测时代的到来，各种传感器获取的观测数据量急剧增加，光谱维、空间维信息不断丰富，各种遥感数据产品相继发布，这为地表参量遥感提取提供了更多的数据源。研究人员通常比较关注两种类型的地表变量，即类别数据和定量数据。

类别数据代表地物目标的类型，通常指的是土地覆被分类。土地覆被信息主要用来描述陆表各类覆盖物的空间分布及其相互间的关系，是陆表其他参量遥感反演和陆表过程模拟的重要输入参数（Ahl et al.，2005；Fang et al.，2013；Ghilain and Gellens- Meulenberghs，2014）。在遥感技术发展的早期阶段，目视解译是提取土地覆被类型的常用技术。随着遥感分析处理技术，特别是分类策略和分类算法的发展，土地覆被遥感提取方法也在不断革新，从早期的目视判读到计算机半自动、自动分类，从基于统计的最大似然法（Chen et al.，2013）、ISODATA 到基于人工智能的神经网络、SVM（Mountrakis et al.，2011；Xu et al.，2012）、决策树（Chasmer et al.，2014；Punia et al.，2011）等算法，从基于像元到面向对象（Costa et al.，2014），每一种新的分类策略或算法均会为土地覆被遥感提取研究带来新的活力。

定量数据通常指的是采用定量遥感反演手段估算得到的地表参量（如生态参量、陆表过程参量）信息。早期的研究中统计分析方法更多用于定量估计地表信息。在植被遥感领域，提出了多种植被指数，研究植被指数与生态参量（如叶面积指数、覆盖度、生物量等）之间的统计关系，以提高植被遥感反演的精度。近年来，多角度、多光谱、多极化的传感器不断涌现（Drusch et al.，2012；Fontannaz and Begni，2002；Roy et al.，2014），影像处理技术也持续发展，为定量遥感反演研究提供了更多高质量的数据源。此外，随着定量遥感研究的逐步深入，冠层反射率模型（Fan et al.，2014；Kuusk et al.，2010；Li et al.，1995）和陆面过程模型（Diepen et al.，1989；Kiniry et al.，1995；Lo et al.，2011）对于物理过程的描述更趋于真实化和精细化，反演方法也有了较大的发展，尤其是在抑制反演过程病态性的各种正则化方法（Combal et al.，2003；Wang et al.，2007），以及耦合辐射传输模型、陆面过程模型和各种先验知识的数据同化算法方面（李新，2013；李新等，2007），各种新思路、新范式不断涌现，为构建新型的地表参量遥感反演模型、提高地表参量遥感提取精度提供了良好的理论和技术支撑。

4. 地表参量遥感估算结果验证

基于遥感数据的地表信息提取技术与方法探索取得了巨大进步。无论是遥感反演方法，还是陆面数据同化技术，为了实现对其地表参量估算结果的客观评价，均需要地面验证工作的支持，一方面可以评价遥感反演结果的精度，另一方面也可以为遥感反演提供反馈信息，指导遥感反演建模方法的改进并最终提高反演精度，最大程度提升应用化水平。

因此，地面验证也是地表参量遥感提取过程中很重要的一个环节。

为了验证地表参量遥感反演精度，需要地面测量数据作为验证数据基础。针对不同的地表参量，其具体的地面实测方法也会有所不同。近年来，为了验证全球尺度遥感数据产品以及对大气、地表的系统性研究，国际上在全球主要大洲开展了多个针对主要植被类型的大型观测项目，逐渐形成了较完善的地面采样框架与全球尺度不同植被类型的地面验证数据集。需要指出的是，遥感的空间分辨率往往决定了反演结果的尺度，如 MODIS 数据的遥感估算结果反映了 250~1000m 像元大小的地表信息，而地面测量数据往往是在米级或更小的尺度上获取的，这样容易造成地面实测数据和遥感像元之间尺度不匹配的问题。如何将小尺度范围的地面实测信息转换为不同像元尺度的"真值"，以解决尺度不匹配问题，是遥感验证工作的难点和重点研究领域之一。通常的做法是发展尺度转换模型，建立小尺度实测信息与像元尺度遥感反演值之间的逐级转换关系。

5. 遥感数据应用

遥感应用是推动遥感科学与技术发展的原动力，随着遥感应用的不断深入，不同遥感应用的分支学科相继出现。按应用领域可进一步将遥感分为海洋遥感、农业遥感、林业遥感、灾害遥感、地表能量平衡与土壤水分遥感、地质遥感、气象遥感、土地遥感、城市遥感、水利遥感、军事遥感等（图 2.18）。有些大的遥感应用领域，还可进一步划分出更为细化的遥感应用分支，如水质遥感、大气遥感。

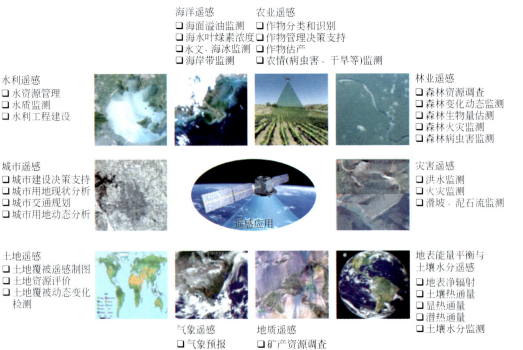

图 2.18　遥感应用领域

　　遥感在生态环境、自然资源以及自然灾害管理等不同方面发挥了越来越重要的作用，并能够产生明显的社会效益。全球综合地球观测系统（Global Earth Observation System of Systems，GEOSS）指出了社会受益的 9 个方面，即减少自然灾害和人为灾害对生命和财产的损失；了解影响人类健康和幸福的环境因素；改善能源资源的管理；认识、评估、预测、减轻和适应气候变异和变化；进一步理解水循环，改善水资源管理；改善气象信息、预报和预警；改善对陆地、海岸带和海洋生态系统的管理和保护；支持农业可持续发展和防治荒漠化；认识、监测和保护生物多样性（梁顺林等，2013）。

2.4　小　　结

　　作为遥感基础部分，本章首先以遥感平台和传感器为切入点，介绍了遥感平台的分类、传感器的组成、分类及性能。为满足山区高度时空异质性地表遥感监测的需求，重点介绍了国内外具有高空间分辨率、高时间分辨率的陆地卫星系列及传感器。读者可以根据不同的应用需求（如山地环境监测、灾害评估等），选择合适的遥感数据源来解决相应的问题。另外，本章回顾了遥感的一些基本原理，如电磁辐射原理、电磁波与大气、地表的相互作用等。概述了遥感应用基本流程，介绍了光学遥感影像处理的基本内容，总领后续山地光学数据预处理相关内容（第 3 章和第 4 章）。结合遥感数据特征提取、地表参量结果验证及遥感应用领域等方面概述了遥感信息提取与应用的基本内容，为后续章节（第 5 章至第 11 章）作铺垫。

参 考 文 献

郭华东，傅文学，李新武，陈培，刘广，李震，王成，董庆，雷莉萍，白林燕，刘庆杰 . 2014. 全球变化科学卫星概念研究 . 中国科学（地球科学），44（1）：49～60.

何国金，王力哲，马艳，张兆明，王桂周，彭燕，龙腾飞，张晓美 . 2015. 对地观测大数据处理：挑战与思考 . 科学通报，60（5～6）：470～478.

李德仁 . 2012. 我国第一颗民用三线阵立体测图卫星——资源三号测绘卫星 . 测绘学报，41（3）：317～322.

李德仁，沈欣，马洪超，张过 . 2014. 我国高分辨率对地观测系统的商业化运营势在必行 . 武汉大学学报（信息科学版），39（4）：386～389+434.

李新 . 2013. 陆地表层系统模拟和观测的不确定性及其控制 . 中国科学（地球科学），43（11）：1735～1742.

李新，黄春林，车涛，晋锐，王书功，王介民，高峰，张述文，邱崇践，王澄海 . 2007. 中国陆面数据同化系统研究的进展与前瞻 . 自然科学进展，17（2）：163～173.

李小文，王锦地 . 1995. 植被光学遥感模型与植被结构参数化 . 北京：科学出版社 .

梁顺林 . 2009. 定量遥感 . 北京：科学出版社 .

梁顺林，李小文，王锦地 . 2013. 定量遥感理念与算法 . 北京：科学出版社 .

刘斐 . 2013. 高分专项知多少——高分辨率对地观测系统重大专项全解析 . 太空探索，7.

刘昊杰，潘晨，门昱，紫晓 . 2015. 资源卫星造福社会 国际合作树立典范（上）——写在中巴地球资源卫星 04 星发射成功之际 . 中国航天，2：3～8.

吕斯骅 . 1981. 遥感物理基础 . 北京：商务印书馆 .

梅安新，彭望琭，秦其明，刘慧平 . 2001. 遥感导论 . 北京：高等教育出版社 .

彭望琭，白振平，刘湘南，曹彤 . 2002. 遥感概论 . 北京：高等教育出版社 .

汤国安 . 2004. 遥感数字图像处理 . 北京：科学出版社 .

徐京 . 2002. 我国环境与灾害监测预报小卫星系统概况 . 中国航天，7：11 ~ 16.

徐希孺 . 2005. 遥感物理 . 北京：北京大学出版社 .

张庆君，马世俊 . 2008. 中巴地球资源卫星技术特点及技术进步 . 中国航天，4：13 ~ 18.

赵凡 . 2012. 上天之梦——"资源一号" 02C 卫星诞生记 . 华北国土资源，1：4 ~ 8.

Ahl D E, Gower S T, Mackay D S, Burrows S N, Norman J M, Diak G R. 2005. The effects of aggregated land cover data on estimating NPP in northern Wisconsin. Remote Sensing of Environment, 97 (1): 1 ~ 14.

Arvidson T, Gasch J, Goward S N. 2001. Landsat 7's long-term acquisition plan—an innovative approach to building a global imagery archive. Remote Sensing of Environment, 78 (1): 13 ~ 26.

Barnes W L, Xiong X J, Salomonson V V. 2002. Status of terra MODIS and aqua modis. IEEE International Geoscience and Remote Sensing Symposium (IGARSS'02), 970 ~ 972.

Baudoin A. 1999. The current and future SPOT program. Workshop of ISPRS Working Groups I/1, I/3 and IV/4: Sensors and Mapping from Space-Hanover.

CEOS (Committee on Earth Observation Satellites) . 2012. The Earth Observation Handbook. UK: Symbios Spazio Ltd.

Chasmer L, Hopkinson C, Veness T, Quinton W, Baltzer J. 2014. A decision-tree classification for low-lying complex land cover types within the zone of discontinuous permafrost. Remote Sensing of Environment, 143 (10): 73 ~ 84.

Chen C X, Tang P, Wu H G. 2013. Improving classification of woodland types using modified prior probabilities and Gaussian mixed model in mountainous landscapes. International Journal of Remote Sensing, 34 (23): 8518 ~ 8533.

Combal B, Baret F, Weiss M, Trubuil A, Mace D, Pragnere A, Myneni R, Knyazikhin Y, Wang, L. 2003. Retrieval of canopy biophysical variables from bidirectional reflectance: using prior information to solve the ill-posed inverse problem. Remote Sensing of Environment, 84 (1): 1 ~ 15.

Costa H, Carrao H, Bacao F, Caetano M. 2014. Combining per-pixel and object-based classifications for mapping land cover over large areas. International Journal of Remote Sensing, 35 (2): 738 ~ 753.

Diepen C V, Wolf J, Keulen H V, Rappoldt C. 1989. WOFOST: a simulation model of crop production. Soil Use and Management, 5 (1): 16 ~ 24

Drusch M, Del Bello U, Carlier S, Colin O, Fernandez V, Gascon F, Hoersch B, Isola C, Laberinti P, Martimort P. 2012. Sentinel-2: ESA's optical high-resolution mission for GMES operational services. Remote Sensing of Environment, 120: 25 ~ 36.

Fan W, Chen J M, Ju W, Zhu G. 2014. GOST: A geometric-optical model for sloping terrains. IEEE Transactions on Geoscience and Remote Sensing, 52 (9): 5469 ~ 5482.

Fang H L, Li W J, Myneni R B. 2013. The impact of potential land cover misclassification on MODIS Leaf Area Index (LAI) estimation: a statistical perspective. Remote Sensing, 5 (2): 830 ~ 844.

Fontannaz D, Begni G. 2002. A new generation satellite, Spot 5 in Orbit. International Society of Photogrammetry and Remote Sensing, 7 (3): 30 ~ 32.

Ghilain N, Gellens-Meulenberghs F. 2014. Assessing the impact of land cover map resolution and geolocation accuracy on evapotranspiration simulations by a land surface model. Remote Sensing Letters, 5 (5): 491 ~ 499.

Goward S N，Masek J G，Williams D L，Irons J R，Thompson R. 2001. The Landsat 7 mission：terrestrial research and applications for the 21st century. Remote Sensing of Environment，78（1）：3～12.

Goward S，Arvidson T，Williams D，Faundeen J，Irons J，Franks S. 2006. Historical record of landsat global coverage. Photogrammetric Engineering & Remote Sensing，72（10）：1155～1169.

Kaufman Y J，Herring D D，Ranson K J，Collatz G J. 1998. Earth Observing System AM1 mission to earth. IEEE Transactions on Geoscience and Remote Sensing，36（4）：1045～1055.

Kiniry J R，Major D J，Izaurralde R C，Williams J R，Gassman P W，Morrison M，Bergentine R，Zentner R P. 1995. Epic model parameters for cereal，oilseed，and forage crops in the Northern Great-Plains Region. Canadian Journal of Plant Science，75（3）：679～688.

Kuusk A，Nilson T，Kuusk J，Lang M. 2010. Reflectance spectra of RAMI forest stands in Estonia：simulations and measurements. Remote Sensing of Environment，114（2）：2962～2969.

Lauer D T，Morain S A，Salomonson V V. 1997. The Landsat program：its origins，evolution，and impacts. Photogrammetric Engineering and Remote Sensing，63（7）：831～838.

Li X，Strahler A H，Woodcock C E. 1995. A hybrid geometric optical-radiative transfer approach for modeling albedo and directional reflectance of discontinuous canopies. IEEE Transactions on Geoscience and Remote Sensing，33（2）：466～480.

Lillesand T M，Kiefer R W. 1994. Remote Sensing and Image Interpretation（3rd Edition）. New Jersey，USA. John Wiley & Sons，Inc.

Lo Y H，Blanco J A，Kimmins J，Seely B，Welham C. 2011. Linking climate change and forest ecophysiology to project future trends in tree growth：a review of forest models. Climate Change-Research and Technology for Adaptation and Mitigation（ed. J. Blanco）. pp. 64-86. Intech，Rijeka，Croatia.

Loveland T R，Dwyer J L. 2012. Landsat：building a strong future. Remote Sensing of Environment，122：22～29.

Mattar C，Hernández J，Santamaría-Artigas A，Durán-Alarcón C，Olivera-Guerra L，Inzunza M，Tapia D，Escobar-lavín E. 2014. A first in-flight absolute calibration of the Chilean Earth Observation Satellite. ISPRS Journal of Photogrammetry and Remote Sensing，92（6）：16～25.

Mountrakis G，Im J，Ogole C. 2011. Support vector machines in remote sensing：a review. ISPRS Journal of Photogrammetry and Remote Sensing，66（3）：247～259.

Parkinson C L. 2003. Aqua：an earth-observing satellite mission to examine water and other climate variables. IEEE Transactions on Geoscience and Remote Sensing，41（2）：173～183.

Punia M，Joshi P K，Porwal M C. 2011. Decision tree classification of land use land cover for Delhi，India using IRS-P6 AWiFS data. Expert Systems with Applications，38（5）：5577～5583.

Roy D，Wulder M，Loveland T，CE W，Allen R，Anderson M，Helder D，Irons J，Johnson D，Kennedy R. 2014. Landsat-8：science and product vision for terrestrial global change research. Remote Sensing of Environment，145（145）：154～172.

Salomonson V V，Barnes W，Xiong J，Kempler S，Masuoka E. 2002. An overview of the Earth Observing System MODIS instrument and associated data systems performance. IEEE International Geoscience and Remote Sensing Symposium（IGARSS'02），1174～1176.

Savtchenko A，Ouzounov D，Ahmad S，Acker J，Leptoukh G，Koziana J，Nickless D. 2004. Terra and Aqua MODIS products available from NASA GES DAAC. Advances in Space Research，34（4）：710～714.

Toutin T. 2004. Geometric processing of remote sensing images: models, algorithms and methods. International Journal of Remote Sensing, 25 (10): 1893 ~ 1924.

Wang Y, Li X, Nashed Z, Zhao F, Yang H, Guan Y, Zhang H. 2007. Regularized kernel-based BRDF model inversion method for ill-posed land surface parameter retrieval. Remote Sensing of Environment, 111: 36 ~ 50.

Xu E Q, Zhang H Q, Li M X. 2012. Object-based mapping of karst rocky desertification using a support vector machine. Land Degradation & Development, 26 (2): 158 ~ 167.

第 3 章　山地光学遥感影像预处理方法

3.1　概　　述

随着新型遥感传感器不断出现，不同空间分辨率的遥感数据源急剧增加。当前，遥感技术已经进入了多平台、多传感器、多角度全方位立体观测的发展阶段，多空间尺度、多时间尺度以及多光谱尺度的海量卫星遥感获取技术已经形成。遥感观测技术的迅猛发展对遥感数据的预处理方法提出了更高的要求。

山地光学遥感影像预处理方法是开展山地遥感信息定量提取及应用的重要基础（李爱农等，2016a，2016b）。海量遥感数据在山地的综合应用，必然需要优先解决遥感影像的预处理技术。山地遥感影像的几何和光谱畸变问题是山地遥感影像预处理主要关注的内容。尽管近半个世纪以来学者们发展了许多用于山地遥感影像几何和光谱归一化处理的方法，不同遥感影像产品间仍然存在几何定位精度不一致，辐射度量一致性差，光谱响应不一致以及大气效应在不同影像获取时间带来的光谱差异。这些几何和光谱的不一致性给山地多源遥感数据协同使用带来了巨大的困难。多源、多时相、多角度、异构的山地遥感影像预处理方法仍然是制约山地遥感发展的重要因素。如何开展山地遥感影像高精度的几何、光谱归一化处理以支撑多源遥感影像的协同应用，是当前山地遥感面临的前沿问题。

本章分别介绍了光学遥感影像的几何校正、大气校正和云及其阴影检测等预处理的相关基础理论和方法。在这些处理过程中，山地光学遥感影像的预处理既有其相同点，又有其不同之处。本章 3.2 节介绍山地光学遥感数据几何校正方法和应用实例；3.3 节介绍遥感影像大气校正及山地的特殊性；3.4 节介绍遥感影像云及其阴影的检测方法及其在山地检测的特殊性；3.5 节对本章内容进行小结。山地影像的地形辐射校正方法将在本书第 4 章进行重点介绍。

3.2　光学遥感影像几何校正

3.2.1　光学影像几何校正基本概念

遥感影像的几何校正是利用一定数量的地面控制点，将卫星传感器获得的同一地域或物体的两幅或多幅影像精确叠加起来，从而获得被摄物体精确空间位置信息的技术。它的主要目的是消除或减少参考影像和待配准影像之间由于成像条件不同所引起的几何畸变，从而获得具有几何一致性的两幅或多幅影像（Toutin，2004）。遥感影像几何校正是实现同场景多幅遥感影像分析和比较的前提和基础，已经被广泛应用于影像拼接、影像合成信息提取、变化检测、信息融合、环境监测以及地图更新等遥感影像分析任务（Li et al.，2012；Zhang et al.，2013；Jin et al.，2013；雷光斌等，2014；Bian et al.，2015；Lei et al.，2016）。

传感器成像时，由于各种因素影响，遥感影像存在一定的几何畸变。几何校正一般包括几何粗校正和几何精校正。几何粗校正指由卫星地面站进行的，利用卫星等提供的轨道和姿态等参数，以及地面系统的有关处理参数对原始数据针对如传感器硬件误差、平台抖动和俯仰、地球自转等因素引起的畸变进行的系统级的几何校正。几何精校正是在系统校正的基础上，利用地面控制点（也称为参考点或关联点）进行的几何校正过程。它采用一定的数学模型来近似描述遥感影像的几何畸变，并利用标准影像和畸变影像之间的一些对应点（地面控制点）确定几何畸变模型参数，然后利用此模型进行几何畸变的精确校正。使用者从卫星地面站获取的影像一般主要是经过几何粗校正的影像产品。本章重点关注影像几何精校正的主要内容，并将在 3.2.2 节详细介绍光学遥感影像的主要几何误差源。

影像几何校正一般过程包括四个步骤（图 3.1）：控制点的选择、几何校正数学模型确定、校正模型求解和影像亮度值重采样（孙家炳，2003）。几何校正一般包括手工校正和自动校正两种方式。手工校正中，人们一般采用目视分析的方法，利用交互式软件进行地面控制点的确定、几何校正模型选择和校正结果的输出。与之相反，自动几何校正则采用自动算法完成上述所有任务。自动几何校正一般包括影像特征的提取、特征搜索与匹配、基于变换函数的影像转换与重采样，是目前海量遥感数据几何校正处理的主要方法。不同自动校正方法在几何校正流程中的各个处理环节上有很大不同。3.2.3 节将详细介绍当前影像自动配准方法和特征匹配策略。

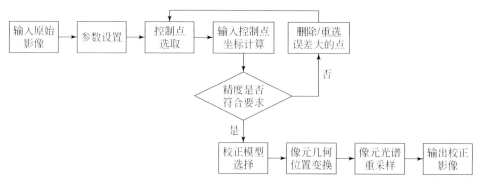

图 3.1　光学遥感影像几何校正一般流程

影像几何校正的核心是确定合适的校正模型。为了解决影像几何校正问题，人们根据传感器具体参数设定及轨道变化规律的不同假设，提出了多种几何校正模型。从几何校正模型原理来分，这些模型可以分为严格几何校正模型和一般数学函数模型。严格几何校正模型的基本原理基于摄影测量中的共线条件方程，理论严密，几何处理精度高。国内外学者如张祖勋和周月琴（1988）、李德仁等（1988）、黄玉琪（1998）、王任享（2001）、Toutin（2004）、曹金山等（2014）在遥感影像的外方位元素定向参数解算和误差平差设计方面提出了多种严格几何校正模型。然而，严格几何校正模型形式复杂，对使用人员的理论背景要求较高，且一般卫星影像的技术参数出于保密原因很难获取。一般数学函数模型无需影像的内外方位元素信息，形式简单且便于计算（Gao et al.，2009；李爱农等，2012），目前被许多遥感卫星影像处理所采用。此外，现有的商业处理软件如 ENVI、ERDAS 等也均集成有几何校正的一般数学函数模型。本节 3.2.4 节将详细介绍卫星影像几何校正的相关数学模型。

遥感图像的几何变形还包括图像上像元坐标与地图坐标系统中相应坐标之间投影方式不同带来的变形。传感器的成像方式一般包括中心投影、全景投影、斜距投影、平行投影等多种方式。多数光学卫星传感器采用推扫式线阵相机进行对地观测，其影像为多中心投影，即在某条固定的扫描线上成像规律符合中心投影。地形平坦地区的中心投影和垂直投影之间没有几何形变，但山地遥感影像中，不同投影方式由地形起伏引起的几何畸变需要进行正射校正。第 3.2.5 节将详细介绍卫星影像的正射校正方法并在第 3.2.6 节给出具体应用实例。

3.2.2　光学遥感影像几何误差源

理想状态下，卫星影像成像是指垂直投影时获得的正射影像。而在实际投影过程中，受多种因素影响，影像像元会产生像点位移。引起像点位移的因素有很多，主要包括传感器外方位元素、地形起伏、地球曲率、大气折射等（表 3.1）。这些几何误差源一般可以分为两类，一类是源于影像获取系统的误差（遥感平台、传感器、成像系统中的测量装置等）；另一类源于被观测物体的误差（大气、地形等）（Toutin，2004）。一般而言，影像获取系统的误差可以通过一般数学函数模型（如多项式模型）去除，而被观测物体带来的几何误差，由于地表起伏具有随机性，其消除往往是山区几何校正中的难点。

表 3.1　卫星遥感影像主要几何误差源（Toutin，2004）

分类	子类	误差源
影像获取系统引起的误差	平台	卫星平台飞行速度变化；平台高度变化
	传感器	传感器扫描速率变化；扫描侧视角度变化
	测量设备	GPS 偏心、GPS 观测误差、时间同步误差
观测目标引起的误差	大气	大气折射
	地球	地表曲率、地球自转、山地地表起伏等
	地图投影	地球椭球体、椭球体到地图投影转换

1. 传感器外方位元素产生的几何畸变

传感器的外方位元素是指在传感器成像时，卫星平台的姿态角和所处的空间位置，如

图 3.2 所示。外方位元素可表示为决定遥感平台姿态的 6 个自由度：三轴方向（X_s，Y_s，Z_s）和姿态角（φ，ω，κ）。

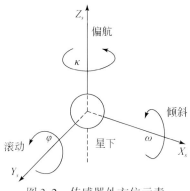

图 3.2　传感器外方位元素

6 个自由度中任何一个发生变化，都会给遥感影像带来不同变形。推扫式传感器的像点位移公式经推导可表示为式（3.1）（张祖勋和周月琴，1988）：

$$\begin{cases} dx = -(f/H)dX_s - fd\varphi + yd\kappa \\ dy = -(f/H)dY_s - (y/H)dZ_s - f(1 + y^2/f^2)d\omega \end{cases} \tag{3.1}$$

式中，dx，dy 为像点位移；f 为相机焦距；H 为航高。

外方位元素的变化将产生很复杂的动态变形。如图 3.3 所示，整个影像的变形将是所有瞬间局部变形的综合结果。

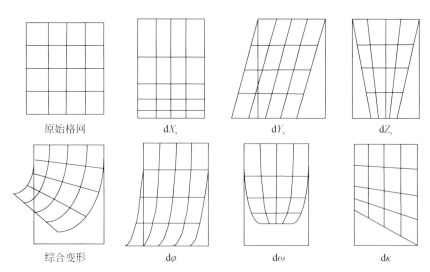

图 3.3　传感器外方位元素产生的几何畸变

2. 地形曲率引起的几何畸变

地球表面是一个曲面，而遥感影像几何处理的基准面是与地表面相切的水平面。因此，地球曲率引起的像点位移类似地形起伏引起的像点位移。地球曲率引起影像上像点位移 dr 的最基本方式是，把地表上的地物点 P 到地球切平面的垂直投影点 P_0 之间的距离 Δh 看作系统性地形起伏。如图 3.4 所示，设地面点到传感器垂线的投影距离为 D，地球的半径为 R_0，传感器的航高为 H，焦距为 f，根据圆直径与弦线交割线段间的固定数学关系可得：

$$D^2 = (2R_0 - \Delta h) \cdot \Delta h \tag{3.2}$$

按照图 3.4 中所示的几何关系，可推导出像点位移 dr 为：

$$dr = \frac{H}{2f^2 R_0} \cdot r^3 \tag{3.3}$$

式中，r 是当卫星星下点作为极点时的向量径，可由 $r = \sqrt{x'^2 + y'^2}$ 计算获得。x' 和 y' 是影像的图像坐标。

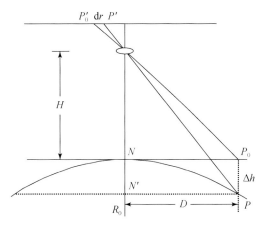

图 3.4　地球曲率引起的像点位移

3. 地球自转引起的几何畸变

地球自转对常规框幅式摄像机成像不会引起影像变形，而对推扫式线阵卫星遥感成像会造成影像的平行错动。特别是卫星由北向南降轨飞行时，地球表面也在自西向东转动。由于线阵推扫卫星影像每条扫描线的瞬间成像时间不同，因而造成扫描线在地面上的投影依次向西平移，最终使得影像发生扭曲（图 3.5）。

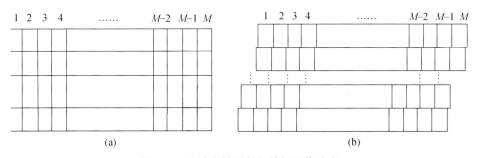

图 3.5　地球自转引起的帧间影像畸变

（a）为无地球自转影响的影像；（b）为受地球自转影响的影像帧间错位畸变

图 3.6 显示了地球自转造成的影像平行错动情况。由于地球自转的影响，产生了影像底边的错动量为 Δy_e，可表示为：

$$\Delta y_e = t_e v_\varphi \tag{3.4}$$

式中，t_e 为获取整幅影像的时间，可从卫星星历文件中获得；v_φ 为地球在该纬度处的自转线速度，且 $v_\varphi = \dfrac{4000 \times cosB}{24}$，式中 B 代表影像覆盖地面区域中心处的纬度。

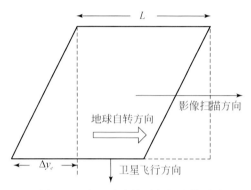

图 3.6　由地球自转引起的影像畸变

4. 大气折射引起的几何畸变

大气是非均匀介质，其密度随距离地面的高度增加而递减。因此，电磁波在大气层的传输过程中，折射率随高度不同而发生变化。这种变化导致电磁波传播途径是一条曲线，破坏了成像瞬时的摄影中心 f、地面点 A 和像点的共线关系，进而致使像点产生几何偏移 Δr。如图 3.7 所示。

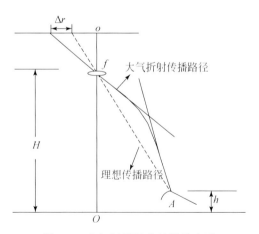

图 3.7　大气折射导致的影像变形

需要指出的是，大气折射对像点位移的影响在量级上要比地球曲率引起的影响小得多。李德仁等（2012）指出，对于卫星传感器平台，由于摄影高度 H 通常都在几百千米以上，由大气折射光产生的偏移量 Δr 只有几微米。因此，卫星影像几何校正一般暂且不考虑此项误差。

5. 地形起伏引起的像点位移

地球表面的高低变化，使得影像像点产生位移。在中心投影影像上，地形起伏引起的像点位移指偏离像主点方向的距离。比如，在高差为正值的情况下，地形起伏在中心投影影像上造成的像点位移是远离星下点向外移动的。如图 3.8 所示，对于地面点 P，其星下点 P_0 在影像上的像点位置 P_0' 相对实际像点位置 P' 距像幅中心的距离移动了 $\mathrm{d}S'$。设 P_0 距卫星星下的距离为 S，则 S 可表示为：

$$S = pixel\_size \times off\_nadir\_pixel \tag{3.5}$$

式中，$pixel\_size$ 为指定波段的像元空间分辨率大小（m）。off_nadir_pixel 为距离星下点的像元个数。与此相关的地心角度 s 可表示为：

$$s = S/Re \tag{3.6}$$

式中，Re 代表地球参考椭球体在影像中心位置的地球半径。

相对于星下的视线矢量长度 LOS 及其与星下的夹角 d 可表示为：

$$LOS = \sqrt{Re^2 + (Re + Alt)^2 - 2 \times Re(Re + Alt) \times \cos(s)} \tag{3.7}$$

$$d = a\sin(Re \times \sin(s)/LOS) \tag{3.8}$$

式中，Alt 为卫星的椭球体上空高度。

从图 3.6 可以看出，根据传感器成像的前向模型，位于距离星下 S 处的高程 h 导致山顶点 P 投影到了点 $S+\mathrm{d}S$ 处。而地形校正需要完成的是确定偏移量 $\mathrm{d}S$，进而可以将山顶点的投影校正回至位置 S 处。此时首先需要确定 LOS 与 LOS' 之间的夹角 dd：

$$dd = a\tan\{(Re + Alt) \times \sin(d) \times (1 - (Re + h)/Re)/[(Re + h) \times \sqrt{1 - (Re + Alt)^2 \times \sin^2(d)}} \\ /Re^2 - (Re + Alt) \times \cos(d)]\} \tag{3.9}$$

则像点位移的像元数 $terrain\_offset$ 可表示为：

$$z'' = a\sin[(Re + Alt) \times \sin(d + dd)/Re] \tag{3.10}$$

$$\mathrm{d}s = z'' - s - (d + dd) \tag{3.11}$$

$$\mathrm{d}S = Re \times \mathrm{d}s \tag{3.12}$$

$$terrain\_offset = \mathrm{d}S/pixel\_size \tag{3.13}$$

3.2.3　地面控制点的获取方法

地面控制点的获取是遥感影像几何校正的首要步骤。通过选择地面控制点坐标及对应遥感影像中的图像坐标，能够求解几何校正模型中的各个参数。当确定几何校正模型参数后就可以根据此模型对整幅影像进行几何精校正。几何校正精度直接受到控制点质量的影响。控制点的精度以及选择的难易程度与影像的清晰度、地物特征以及空间分辨率密切相关。在山区卫星影像地面控制点选择时，还需考虑控制点坐标中包含的由地形起伏引起的坐标误差。

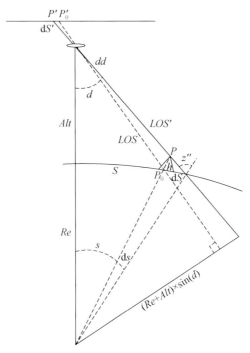

图 3.8　地形引起的像点位移（据 Storey et al.，2006 修改）

1. 控制点选取原则

地面控制点的选取一般应当遵循以下原则：

（1）地面控制点应为明显地物点。即在影像上有明显的、清晰的定位识别标志，如房屋角点、道路交叉点、农田界线、固定的点状地物等。需要指出的是，由于河流、湖泊等受季节影响变化较大，在选择控制点时应考虑由于水体的丰、枯水季带来的误差。

（2）在没有做过地形纠正的影像上选控制点时，应在同一地形高度上进行，以避免由于地形起伏造成控制点之间的几何偏差。

（3）控制点的数量取决于校正模型的要求，采用不同的几何校正模型对地面控制点的数量要求就不同。例如，当使用共线方程模型时，所需要的控制点数量就比采用多项式模型需要的数量少；当采用 1 阶 3 维有理函数时需要 1 到 10 个控制点就足够；当使用多项式模型时可以采用公式 $(n+1)(n+2)/2$ 来确定模型所需最少控制点个数，其中 n 表示多项式的阶数。例如，当使用 1 阶多项式时最少需选择 3 个控制点，当使用 2 阶多项式时则至少需要选择 6 个控制点；如果在条件允许的情况下尽可能选择最少控制点数目的 3 倍或者 6 倍更多的控制点。

（4）控制点要尽量分布均匀，尽量覆盖整个影像区域。假设影像区域为矩形，首先在影像的四个角内部设置一些点，在矩形中心设置若干点，其余点位可以均匀分布整个影像区域。

2. 控制点选择方法

从影像控制点来源来分，控制点的选择方法可包括野外 GPS 测量获取、地形图控制点选取及参考影像控制点获取三类。GPS 测量控制点获取是指利用高精度 GPS 设备，在野外通过对卫星影像上的明显地物点进行坐标测量，以获取其准确的地理坐标。地形图控制点获取通过在地形图上选择与卫星影像上对应的明显地物点，如道路交叉点、房屋拐点等，以获取对应的投影坐标或地理坐标。参考影像控制点获取是指通过影像对影像（image to image）的方法，在已经经过几何精纠正的基准参考卫星影像上，寻找与待纠正影像相匹配的同名地物控制点。

从地面控制点的选择方式来分，控制点选择方法可分为人工目视采集和影像自动匹配两类。人工目视采集是指由专业人员通过利用 GPS、地形图、基准影像等获取明显地物点准确地理坐标后，在待纠正的卫星影像上选取对应的同名地物点。影像自动匹配是指在基准影像和待校正影像之间建立一定的数学关系，通过控制点自动搜索算法，自动在基准影像和待校正影像之间进行匹配选择控制点的一种方法。影像自动匹配法由于具有无需人工干预、自动化程度高的特点，在当前全球海量遥感卫星数据预处理时具有显著优势（唐娉等，2014；龚健雅和钟燕飞，2016）。

常用的控制点自动搜索算法包括区域匹配法（Kennedy and Cohen，2003；Wong and Clausi，2007）、特征匹配法（Li et al.，1995；Dai and Khorram，1999；Ali and Clausi，2002；Eugenio et al.，2002；Fan et al.，2007）、综合法（Dare and Dowman，2001；Bentoutou et al.，2005）等。下面重点介绍这几种常用的影像自动匹配控制点搜索方法。

1）区域匹配法

（1）灰度特征匹配

基于灰度特征匹配的控制点选取方法利用影像局部窗口的灰度值统计量来度量参考基准影像和待校正影像之间的相似性，然后利用局部窗口滑动搜索的方式寻找出两幅影像间的同名控制点。如图 3.9 所示，设在参考基准影像和待纠正影像上的两个滑动窗口分别称为核窗口（cs）和移动窗口（ms），其中 ms 大于 cs，cs 中心像元坐标为（bx，by）。灰度特征匹配的过程是在待纠正影像的移动窗口（ms）内设置与核窗口 A 同样大小且中心像元坐标为（m，n）的搜索窗口 B，将搜索窗口 B 在 ms 中进行滑动匹配搜索，当 A 和 B 两

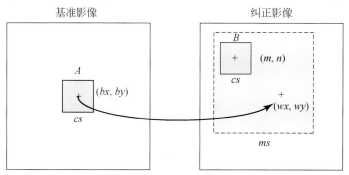

图 3.9   核窗口和移动搜索窗口关系（李爱农等，2012）

个局部窗口相似性测度达到最大且超过设定的相似性阈值时，该窗口的中心像元 (wx, wy) 即为基准影像核窗口 cs 中像元 (bx, by) 的备选关联点。常见的相似性测度算法有相关系数法 (Gao et al.，2009)、最大互信息法 (Viola and Well，1995)、相位相关法 (Wong and Clausi，2007) 等。

　　相关系数是灰度匹配中最常用的相似性测度。它是标准化的协方差函数，是灰度的线性不变量，因此不受辐射整体变化的影响。在离散数字影像中移动窗口 A 和 B 的相关系数 R_{mn} 可表示为式 (3.14)：

$$R_{mn} = \frac{\sum_{i=m-cs/2}^{m+cs/2} \sum_{j=n-cs/2}^{n+cs/2} (A_{ij} - \overline{A})(B_{ij} - \overline{B})}{\sqrt{(\sum_{i=m-cs/2}^{m+cs/2} \sum_{j=n-cs/2}^{n+cs/2} (A_{ij} - \overline{A})^2)(\sum_{i=m-cs/2}^{m+cs/2} \sum_{j=n-cs/2}^{n+cs/2} (B_{ij} - \overline{B})^2)}} \tag{3.14}$$

式中，A_{ij} 代表位于基准影像核窗口 A 内位置为 (i, j) 的像元值；B_{ij} 代表移动窗口 ms 内搜索窗口 B 中位置为 (i, j) 的像元值；$\overline{A}$ 和 $\overline{B}$ 分别代表窗口 A 和 B 内像元的光谱均值，(m, n) 代表窗口 A 和 B 内中心像元的图像坐标，cs 代表核窗口大小。

　　以 6 景 TM 影像作为基准影像，两景中国环境减灾卫星 (HJ-1A/B) 的 CCD 多光谱影像为待校正影像，图 3.10 给出了以相关系数为相似性测度的区域匹配算法获取的控制点搜索结果。这两景 HJ-1A/B 影像覆盖同一区域，区域内平均海拔约 3200m，地貌类型主要

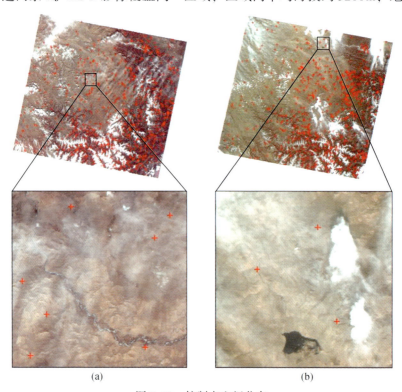

(a)　　　　　　　　　　　　　　(b)

图 3.10　控制点空间分布

(a) HJ1A-CCD1-20100311；(b) HJ1B-CCD2-20100417

以高山峡谷和高原为主，影像部分区域包含云和冰雪信息。可以看出，当云层厚度不足以影响到地表的纹理信息时，基于相关系数的自动控制点搜索算法仍然能够有效获得大量的高精度且分布均匀的地面控制点。

　　然而，需要指出的是，当移动窗口以内的光谱较为均一时（如草地、大面积水体、冰雪厚云等），灰度匹配算法将在同一窗口内搜索获得出现较多符合相似性测度阈值条件控制点的情况［图 3.11（a）］。此时搜索获取的控制点代表性较差。Gao 等（2009）在其发展的 Landsat TM 影像自动几何精纠正与正射校正算法（AROP）中，加入了对移动窗口内搜索控制点代表性的判别方法，剔除可能由于地表几何特征较为均一导致的匹配误差。当同一移动窗口（ms）内满足阈值条件的关联点个数大于阈值（如 5 个，用户可通过程序运行配置文件自由设定）时，将不采用该搜索窗口内的控制点进行影像几何校正。

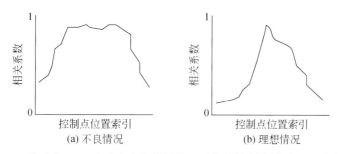

图 3.11　移动窗口 ms 内地表几何特征均一引起的控制点错误匹配剔除方法
（a）移动窗口内光谱均一区域出现较多满足相似性要求的控制点相关系数曲线；（b）移动窗口内有明显地表特征点区域的相关系数曲线（Gao et al. , 2009）

（2）最大互信息匹配

20 世纪 90 年代中期，出现了一种新的解决影像配准问题的相似性测度，即互信息（Mutual Information，MI）（Frederik et al. , 1997）。互信息是信息论中的一个基本概念，是两个随机变量统计相关性的测度。在卫星影像中，影像灰度可以视为随机变量，当两幅影像对应的像素点一致时，对应的灰度互信息为最大，即影像达到最佳配准位置。1995 年，Viola 和 Well（1995）首次将互信息引入到影像配准领域中，目的是解决多模态医学影像配准问题。

　　最大互信息匹配的基本思想是，对两个离散的随机变量 A 和 B，$H(A)$、$H(B)$ 分别为它们的熵，$H(A, B)$ 为联合熵，$H(A|B)$、$H(B|A)$ 是条件熵，则 A 和 B 之间的互信息 $MI(A, B)$ 可表示为：

$$MI(A, B) = H(A) + H(B) - H(A, B) = H(A) - H(A|B) = H(B) - H(B|A)$$
$$(3.15)$$

式中，

$$H(A) = -\sum_a p_A \log p_A(a) \qquad (3.16)$$

$$H(A, B) = -\sum_{a, b} p_{AB}(a, b) \log p_{AB}(a, b) \qquad (3.17)$$

$$H(A \mid B) = -\sum_{a,\ b} p_{AB}(a,\ b) \log p_{AB}(a \mid b) \qquad (3.18)$$

$p_A(a)$、$p_{AB}(a,\ b)$、$p_{AB}(a \mid b)$ 分别是随机变量 A 的概率密度、A 和 B 的联合概率密度以及 A 在 B 条件下的概率密度。$H(B)$、$H(B \mid A)$ 可以通过以上公式计算获得。

对于两幅待配准影像 $f_1(x,\ y)$、$f_2(x,\ y)$，其中 $f_1(x,\ y)$ 为参考影像，则基于互信息的配准方法可表示为式 (3.19)：

$$\hat{T} = \arg \max_{T} MI(f_1(x,\ y),\ f_2(T(x,\ y))) \qquad (3.19)$$

式 (3.19) 通过不断调整几何变换 T 寻找最佳空间变换 $\hat{T}$，使得待配准影像 $f_2(x,\ y)$ 经过变换后的每个像元点都有唯一点与参考影像 $f_1(x,\ y)$ 对应，此时互信息达到最大。

2）特征匹配法

基于特征匹配的方法是影像配准方法中的一大类。这类方法的主要共同之处是首先对影像中关键特征信息进行提取，再利用提取的特征完成两幅影像特征之间的匹配，通过特征的匹配关系建立影像间的几何变换模型以完成影像的配准。这些特征可以是不变向量（Dai and Khorram，1999）、形态特征（Ali and Clausi，2002）、等值线（Li et al.，1995；Eugenio et al.，2002）或强度梯度（Fan et al.，2007）等。基于特征匹配算法的优点在于：①通过对影像中关键信息的提取，可以大大减少匹配过程的计算量；②通过特征提取过程可以减少噪声的影响，对影像的灰度变化、影像变形以及遮挡都有较好的适应能力。由于影像中有多种可以利用的特征，因而产生了多种基于特征的方法。常用到的特征有：特征点（包括角点、高曲率点等）、直线段、边缘、轮廓、闭合区域、特征结构以及统计特征等。基于特征匹配的影像配准算法具有计算量小、稳健性强、适应性广等特点。一般而言，基于特征的影像配准方法包括以下几个步骤（Zitova and Flusser，2003）。

（1）特征选择

它的主要任务是根据参考影像和待配准影像的灰度特性，从两幅影像中选择和提取合适的共同特征作为配准基元。点、线和面特征是基于特征的影像配准方法中三类最常用的配准基元，它们通常对应着遥感影像中的居民点、海岸线、道路、湖泊、突出的人造或自然结构等。由于点特征的坐标可以直接用于求解参考影像和待配准影像之间的变换模型参数，因此它是一种理想的配准基元，在基于特征的方法中被广泛使用。然而当待配准的两幅影像的分辨率相差很大时，点特征不易精确定位。在一般情况下，可以采用易提取性、分布广泛性和一致性的原则，将点、线、面三种类型特征综合考虑。

（2）特征提取

针对各个特征，国内外学者提出了多种特征提取方法。点特征一般指影像中的边缘点、线的交叉点、角点以及区域的重心等，提取算法主要有小波变换方法以及各种角点检测算法。如，Forstner 和 Gulch（1986）、Kitchen 和 Rosenfeld（1982）分别采用一阶微分和二阶微分的方法成功进行了影像角点特征的提取。Liu 等（2012）提出了一种考虑局部结构和全局信息的限定空间顺序约束的点特征匹配算法（图 3.12）。线特征通常包括影像中一般的线特征、目标的轮廓线、海岸线以及道路等。线特征的提取算法主要有各种边缘提取算法和直线提取算法。常用的边缘检测算子主要有 Sobel 算子、LOG 算子、Canny 算子等。面特征经常出现在卫星影像和航空影像中，如大片的水域、森林、湖泊、建筑物等。

一般采用各种分割算法进行面特征提取，常用的影像分割算法主要包括形态学分割算法、动态阈值技术、区域增长技术以及基于 Mean-Shift 的分割算法等（Pal and Pal，1993）。

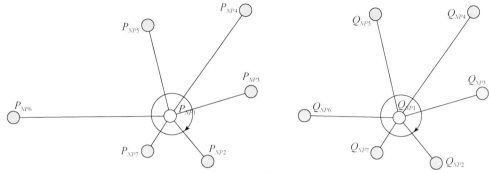

图3.12　由角度空间顺序构建的点特征向量（Liu et al.，2012）

（3）特征匹配

特征匹配的目的是建立参考影像和待配准影像中提取的配准基元之间的一一对应关系。完成特征匹配后，就可以从匹配特征对中得到变换模型所需要的控制点集，如点特征本身、区域的中心等。

3）区域与特征综合方法

基于区域的自动配准技术依赖于影像的灰度统计特性，对于具有角度和尺度偏差影像之间的配准无法实现快速高效地精确定位。而基于特征的自动匹配算法对于几何变形、辐射差异等因素的鲁棒性强，但是配准的精度和效率依赖于特征提取的精度和计算量。近年来，一些研究者发展了区域与特征方法相结合的综合方法。这类方法主要分为两大类（王瑞瑞等，2011）：①首先提取点特征，然后基于点特征周围的邻域提取相似性测度进行匹配；②首先提取边缘或者区域特征，根据形状参数选取一组参数对特征进行描述，然后拟合一个基于参数的相似性测度进行匹配。例如，Dare 和 Dowman（2001）首先基于特征匹配的方法提取出了面特征，并利用形状参数和空间分布对面特征进行描述，然后将空间特征和相似性测度结合起来进行了粗配准，最后采用基于微分算子的边缘提取算法提取边缘特征进行精配准。Bentoutou 等（2005）首先根据边缘信息提取控制点，然后根据相似性测度进行模板匹配。

3. 伪 控 制 点 的 剔 除

控制点的选取精度直接影响几何纠正的效果。在控制点选取完成后，还需要对一些误差较大的控制点或错误匹配的控制点进行剔除。控制点的剔除一般根据所有控制点拟合获取的多项式均方根误差（RMSE）及每个控制点根据多项式的预测残差进行。Huang 等（2009）采用以下步骤进行错误控制点的剔除：

（1）利用全部控制点计算待校正影像和基准影像之间的平均偏移量；

（2）假设待校正影像会根据计算获得的平均偏移量进行偏移；

（3）找到具有最大残差的控制点，若该控制点误差大于设定的误差范围（如半个像元），删除该控制点并重复步骤 1 至 3；否则错误控制点剔除过程结束。

4. 山区控制点选择与剔除

在平原地区，基于光谱匹配搜索获取的控制点进行几何纠正能够纠正由于卫星翻转、平移、抖动等带来的系统误差从而获得较高的几何定位精度。然而，山区影像的几何畸变除了以上系统误差外，还包括由于偏离星下观测起伏地形引起的像元位移。采用参考基准影像校正山区影像将面临以下两个方面的问题：第一，经过光谱匹配获取的参考影像上的控制点已经去除了地形畸变，而待校正影像上的同名地物点由于其偏离星下观测，在系统畸变的同时还叠加了地形畸变，因此直接采用匹配获取的控制点无法拟合具有高精度的几何变换模型；第二，自动匹配过程中，由于山体阴影降低了地物光谱的差异性，光谱匹配过程将搜索到较多的错误同名控制点。因此，在山区进行控制点的选择与伪控制点剔除时，需要综合考虑参考影像与待校正影像之间的系统与非系统误差，在自动搜索获取控制点后通过设置系列规则剔除错误控制点。

山区几何校正的主要思路是：结合影像覆盖地区的数字高程模型（DEM），利用多项式或有理函数模型建立像点与真实三维地理坐标之间的函数关系。山区错误控制点的剔除首先需要根据待校正影像成像规律，将基准影像上的控制点根据具体待校正影像的成像条件，结合数字高程模型恢复成与待校正影像一致的观测条件下的坐标位置，去除由地形引起的非系统误差。在此基础上引入上文所述的控制点筛选策略，最终实现山区高精度控制点的自动筛选。

3.2.4 卫星影像几何校正数学模型

卫星影像几何校正数学模型代表了地面三维空间坐标与影像二维空间坐标间的定量转换关系。由于不同卫星传感器的设计原理各不相同，因此卫星影像的几何校正数学模型也有很大差异。本节主要介绍卫星影像的几何校正方法和常用的几何校正数学模型。

1. 卫星影像几何校正方法

影像几何校正是从具有几何畸变的影像中消除各种几何畸变的过程。几何校正方法一般包括直接法几何校正和间接法几何校正。

1）直接法几何校正

从原始畸变影像的像点坐标 (x', y') 出发，利用坐标变换公式（式 3.20）求出待校正影像的像点坐标 (x, y)：

$$\begin{cases} x = F_x(x', y') \\ y = F_y(x', y') \end{cases} \tag{3.20}$$

然后将原始畸变影像上 (x', y') 的灰度赋给校正影像上 (x, y) 处的像素点，这样生成一幅校正图像。由于该图像像素分布是不规则的，会出现像素挤压、疏密不均等现象，不能满足要求。因此最后还需对不规则图像进行灰度内插生成规则的栅格图像。

2）间接法几何校正

设校正影像的像元 (x, y) 在坐标系统中为等距网格的交叉点，从网格交叉点的坐标出发，根据式 (3.21) 推算出各网格点在已知畸变图像上的坐标 (x', y')：

$$\begin{cases} x' = G_x(x, y) \\ y' = G_y(x, y) \end{cases} \tag{3.21}$$

由于坐标 (x', y') 一般不为整数，不会位于畸变影像像元中心，因而不能直接确定该点的灰度值。一般采用该像点在畸变图像的周围像素灰度值内插求出。

2. 影像几何校正中的数学变换模型

由影像几何校正的定义可知，参考影像和待校正影像之间的变换模型是影像校正中需要考虑的一个重要因素。实际中，参考影像和待校正影像之间的几何变化关系往往非常复杂，不仅包括成像过程中引起的几何变化，还可能包括本章在 3.2.1 节所述的由于偏离星下观测起伏地形而导致的几何畸变。因此，在选择数学变换模型时，必须综合考虑卫星传感器、成像平台、成像条件、地形条件等各方面的因素，使选择的变换模型应尽可能真实地反映参考影像和待校正影像之间的几何变换关系。目前，影像校正采用的数学变换模型主要有两大类：一般数学函数模型和严格几何校正模型。下面简要阐述这几种变换模型。

1）一般数学函数模型

（1）相似变换

相似变换是平移、旋转和缩放的组合，适用于配准具有相同视角、不同拍摄位置的同一传感器的两幅影像。相似变换模型可以用下式表示：

$$\begin{cases} x_1 = s(x_2\sin\theta + y_2\sin\theta) + \Delta x \\ y_1 = s(-x_2\sin\theta + y_2\cos\theta) + \Delta y \end{cases} \tag{3.22}$$

式中，(x_1, y_1) 代表变换后的影像坐标；(x_2, y_2) 代表原始的像元坐标；s、θ 和 $(\Delta x, \Delta y)$ 是模型参数，分别表示两幅影像之间的缩放、旋转和平移。

（2）仿射变换

仿射变换模型除了考虑两幅影像之间的平移、旋转和缩放外，还考虑了倾斜、线纵比变化等复杂几何变化。该模型具有普适性，是影像配准中最常用的一类变换模型。它适合成像平台场景很远且场景平坦情况下所获得的两幅影像之间的配准。仿射变换模型的变换关系可表达如下：

$$\begin{cases} x_1 = a_1 x_2 + b_1 y_2 + c_1 \\ y_1 = a_2 x_2 + b_2 y_2 + c_2 \end{cases} \tag{3.23}$$

式中，a_1、b_1、c_1、a_2、b_2 和 c_2 是模型参数。仿射变换模型包含 6 个参数，至少需要 3 对不在一条直线上的控制点求解。

（3）多项式变换

当以上几种变换模型都不能描述参考影像和待配准影像之间的几何变化时，可以采用多项式变换模型，它可以用下式表示：

$$\begin{cases} x_1 = a_1 x_2 + b_1 y_2 + c_1 x_2 y_2 + \cdots \\ y_1 = a_2 x_2 + a_2 y_2 + c_2 x_2 y_2 + \cdots \end{cases} \quad\quad (3.24)$$

式中，a_1、b_1、c_1、a_2、b_2 和 c_2 是模型参数。多项式变换模型是一种非线性模型，可以将直线映射成曲线。为了保证计算速度，实际中多项式变换模型一般均采用三次以下，一次多项式模型就是仿射变换模型。

多项式校正模型是在实践中广泛应用的一种模型。它以多项式传感器模型为原型基础，其公式原理直观、计算方便容易，尤其是当影像所覆盖区域地形地势相对起伏不大时，采用该校正模型能够得到较好的校正精度。

多项式校正模型在多项式阶数的选择上要根据所处理影像的特点和要求进行考虑，通常在实践中会选择 1、2、3 阶。当选用 1 阶时，模型能够校正影像的线性畸变，如比例尺缩放、影像整体平移等；当选用 2 阶以上时方程组将变为非线性多项式，其能校正如传感器的转动、视角转换、航线改变等非线性几何畸变，其中一般 2 阶多项式基本满足要求。

2）严格几何校正模型

从传感器的成像机理出发，依据影像成像特性，利用成像瞬间地面点、传感器物镜透视中心和相应像点位于同一条直线上的严格几何关系即可建立共线条件方程。共线方程是摄影测量里最基本的公式，是目前研究最多和使用最广的空间几何模型。共线方程校正法是建立在对传感器成像时的位置和姿态进行模拟和解算的基础上，严格给出了成像瞬间物方空间和像方空间的几何对应关系，几何校正精度是目前公认最高的（李德仁等，1995）。在所有坐标系中，影像坐标系（o-xyf）一般与传感器坐标系（S-UVW）中的二维空间重合，（S-UVW）与（O-XYZ）之间的转换可以理解为三维空间坐标系中从遥感传感器坐标系（S-UVW）依次经过框架坐标系（S'-$U'V'W'$）和平台坐标系（F'-$X'Y'Z'$）这两个辅助坐标系，坐标线性转换到地面坐标系（O-XYZ），用数学式可描述为：

$$\begin{bmatrix} X_p \\ Y_p \\ Z_p \end{bmatrix} = \begin{bmatrix} X_0 \\ Y_0 \\ Z_0 \end{bmatrix} + A \left\{ B \times C \begin{bmatrix} U_p \\ V_p \\ W_p \end{bmatrix} + \begin{bmatrix} \Delta X' \\ \Delta Y' \\ \Delta Z' \end{bmatrix} \right\} \quad\quad (3.25)$$

式中，

$$A = \begin{bmatrix} a_{11} & a_{12} & a_{13} \\ a_{21} & a_{22} & a_{23} \\ a_{31} & a_{32} & a_{33} \end{bmatrix}, \quad B \begin{bmatrix} U'_p \\ V'_p \\ W'_p \end{bmatrix} + \begin{bmatrix} \Delta X' \\ \Delta Y' \\ \Delta Z' \end{bmatrix} = \begin{bmatrix} X'_p \\ Y'_p \\ Z'_p \end{bmatrix}, \quad C \begin{bmatrix} U_p \\ V_p \\ W_p \end{bmatrix} = \begin{bmatrix} U'_p \\ V'_p \\ W'_p \end{bmatrix}$$

式（3.25）被称为通用构像方程。其中，A 表示平台坐标系相对于地面系的姿态角（航向偏角 φ、旁向倾角 ω、相片旋角 κ）旋转矩阵，B 表示框架坐标系相对于平台坐标系的姿态角旋转矩阵，C 表示传感器坐标系相对于框架坐标系的姿态角旋转矩阵。（X_p，Y_p，Z_p）为地面坐标系中的空间坐标，（$\Delta X'$，$\Delta Y'$，$\Delta Z'$）为框架坐标系原点在平台坐标系中的坐标平移量，（X_0，Y_0，Z_0）为平台坐标系原点在地面坐标系的坐标平移量。A 中元素 $a_{i,j}$ 是关于姿态角的函数：

$$\begin{cases} a_{11} = \cos\varphi\cos k - \sin\omega\sin k \\ a_{12} = -\cos\varphi\sin k - \sin\varphi\cos k \\ a_{13} = -\sin\varphi\cos\omega \\ a_{21} = -\cos\omega\sin k \\ a_{22} = \cos\omega\sin k \\ a_{23} = -\sin\omega \\ a_{31} = \sin\varphi\cos k + \cos\varphi\sin k \\ a_{32} = -\sin\varphi\sin k + \cos\varphi\cos k \\ a_{33} = \cos\varphi\cos k \end{cases} \tag{3.26}$$

如果卫星成像系统在成像时采用近似垂直投影，那么对于式（3.25），此时传感器系、框架系和平台系可以近似为同一个系统，在通用成像方程中的旋转矩阵 B、C 为单位矩阵，框架坐标系在平台坐标系中的坐标平移量（$\Delta X'$、$\Delta Y'$、$\Delta Z'$）就为零向量，由中心投影特点可以得出框幅摄像机的成像方程：

$$\begin{bmatrix} X_p \\ Y_p \\ Z_p \end{bmatrix} = \begin{bmatrix} X_s \\ Y_s \\ Z_s \end{bmatrix} + \lambda_p \cdot A \begin{bmatrix} x \\ y \\ -f \end{bmatrix} \tag{3.27}$$

式中，（X_s，Y_s，Z_s）表示摄影中心点的地面坐标，λ_p 表示像点比例尺分母。

由式（3.27）可得出共线方程模型，即：

$$\begin{cases} x = -f\dfrac{a_{11}(X_p - X_s) + a_{21}(Y_p - Y_s) + a_{31}(Z_p - Z_s)}{a_{13}(X_p - X_s) + a_{23}(Y_p - Y_s) + a_{33}(Z_p - Z_s)} \\ y = -f\dfrac{a_{12}(X_p - X_s) + a_{22}(Y_p - Y_s) + a_{32}(Z_p - Z_s)}{a_{13}(X_p - X_s) + a_{23}(Y_p - Y_s) + a_{33}(Z_p - Z_s)} \end{cases} \tag{3.28}$$

共线方程成像模型可以建立像点和对应物点之间的坐标关系，其几何意义是地物点、投影中心和像点这三点共线，共线方程式（3.28）成立，它是摄影测量的基础方程模型。共线方程的应用之一即求像点坐标，除此之外该模型还可以用来进行航空影像模拟。共线方程传感器模型是传感器物理模型的典型代表，它所描述的影像成像关系在理论上是严密的。由于需要遥感传感器的物理构造参数和成像方式等信息，它在成像时考虑了成像时的物理条件，方程考虑的因素较多。尽管该模型计算复杂，但该模型具有较高的校正精度（张剑清等，2003）。

3.2.5　山地光学遥感影像正射校正

卫星影像受中心投影及地面起伏等诸多因素影响，影像中各像点产生不同程度的几何变形。如图 3.13 所示的地表数字高程模型（DEM），其对应地表正射影像边界如蓝色粗框所示。由于卫星观测的中心投影，传感器获取该数字高程模型区域对应影像边界范围如图黑色边框所示。数字高程模型中红色像元代表地表高程，黄色像元代表红色像元在卫星观测几何方位下对应的中心投影位置，蓝色像元代表正射投影位置。可以看出，中心投影和正射投影之间存在显著的几何位移。正射校正能够纠正地形起伏由视差造成的几何畸变，反应地表像元真实地理位置。卫星影像正射校正是指通过借助数字高程模型，对卫星影像中每个像元进行地形变形及中心投影的校正，使影像符合正射投影要求的过程（栾庆祖等，2007）。在山地遥感影像的实际应用中，需将遥感影像校正为以正射投影为基础的正射影像，以利于多源、多时相遥感影像以及遥感影像与各类专题信息、地图之间地理位置的准确叠加。本节主要介绍山地光学影像的正射校正方法。

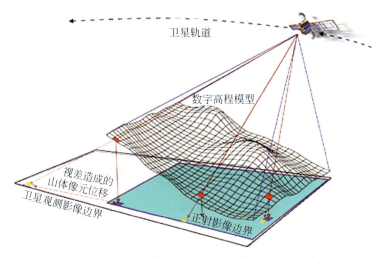

图 3.13　卫星影像透视投影与正射投影对比示意

1. 中心投影与正射投影

卫星传感器有中心投影、全景投影、斜距投影以及平行投影等几种成像方式。大多光学卫星影像如 Landsat-8、SPOT、HJ-1A/B CCD 相机等采用推扫式线阵传感器进行对地观测，其卫星影像成像为多中心投影，即在每一条扫描线上的投影方式符合中心投影。中心投影是指地物投射出一束投影直线，经过投影中心聚焦至投影面上的投影方式。与中心投影不同，正射投影又叫平行投影，是指投影平面切于地球面上一点，视点在无限远处，投影光线是互相平行的直线，并与投影平面相垂直。图 3.14 给出了正射投影与投射投影的对比示意。可以看出，地形起伏对正射投影无影响，而对中心投影影像，不同地形起伏程度的地表投影差有显著差距，并受传感器高度影响。

图 3.15 给出了中国环境减灾小卫星星座 HJ-1B CCD1 相机获取的山地局部影像正射校正前后的对比效果。环境减灾小卫星星座 CCD 相机采用线阵相机推扫式成像，其影像成像方式为多中心投影。对比可以看出，影像中正射校正前山体受中心投影方式影响发生显著的几何变形，且随着地形起伏程度的不同，山体像元有不同程度的几何畸变。

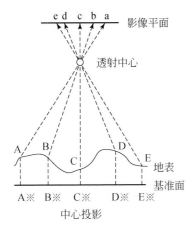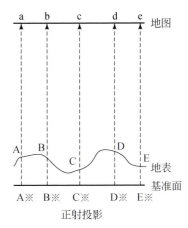

图 3.14 正射投影与透射投影对比

正射校正前 正射校正后

图 3.15 典型山地正射校正前后几何形状对比

（环境减灾卫星 HJ-1B CCD1 相机真彩色合成影像，获取日期 2009 年 8 月 31 日，轨道号：17/76）

2. 正射校正模型

卫星遥感影像正射校正可以选择的方法有很多，主要包括 3.2.3 节的严格物理模型和通用经验模型两种。严格物理模型以共线方程为代表，已在 3.2.3 节进行详细介绍。本节重点介绍其他几种常见的正射校正模型。

1）有理函数模型

有理函数模型在近年来受到普遍关注。该模型是仿射变换、一般多项式等模型的扩展，是各种传感器几何模型的一种更广义的表达形式（Tao et al.，2001）。3.2.3 节介绍的共线方程模型描述了图像坐标和地表目标的成像关系，理论上是严密的，但需知道传感器物理构造以及每景影像的成像方式。相比而言，有理函数模型能适用于各类传感器，包括最新的航空和航天传感器，它不需要成像参数的约束，且精度较高。

有理函数模型将像点坐标 (x, y) 表示为含地面坐标 (x, y, z) 为自变量的多项式比值，即：

$$\begin{cases} x = \dfrac{p_1(X_n, Y_n, Z_n)}{p_2(X_n, Y_n, Z_n)} \\ y = \dfrac{p_3(X_n, Y_n, Z_n)}{p_4(X_n, Y_n, Z_n)} \end{cases} \tag{3.29}$$

式中，(X_n, Y_n, Z_n) 和 (x, y) 分别为地面点坐标 (X, Y, Z) 和像点坐标 (x, y) 经平移和缩放后的正则化坐标，取值在 $[-1, 1]$ 之间。式（3.29）中，当各多项式 p_i 中每一项的各个坐标分量 X_n，Y_n，Z_n 的幂数最大不超过3，每一项各个坐标分量的幂之和也不超过3，则各多项式的形式为：

$$\begin{aligned} p_i &= a_0 + a_1 Z + a_2 Y + a_3 X + a_4 ZY + a_5 ZX + a_6 YX + a_7 Z^2 + a_8 Y^2 + a_9 X^2 \\ &\quad + a_{10} ZYX + a_{11} Z^2 Y + a_{12} Z^2 X + a_{13} Y^2 X + a_{14} Y^2 X + a_{15} Z X^2 + a_{16} Y X^2 \\ &\quad + a_{17} Z^3 + a_{18} Y^3 + a_{19} X^3 \end{aligned} \tag{3.30}$$

式中，a_i（$i = 0, 1, \cdots, 19$）为待求解的有理函数多项式系数。

2) 改进型多项式正射校正模型

改进型多项式的传感器正射校正模型是一种简单的通用成像传感器模型（陈闻畅，2005）。这种模型的基本思想是回避成像的几何过程，而直接对影像的变形本身进行数学模拟。把遥感影像的总体变形看做是平移、缩放、旋转、偏扭、弯曲以及更高层次的基本变形综合作用的结果。

式（3.31）是一个常用的改进型多项式模型：

$$\begin{cases} x = \displaystyle\sum_{i=0}^{m} \sum_{j=0}^{n} \sum_{k=0}^{p} a_{ijk} X^i Y^j Z^k \\ y = \displaystyle\sum_{i=0}^{m} \sum_{j=0}^{n} \sum_{k=0}^{p} b_{ijk} X^i Y^j Z^k \end{cases} \tag{3.31}$$

式中，x，y 是像元图像坐标，X，Y，Z 是地面点地图坐标，a_{ijk} 和 b_{ijk} 是待求解的多项式系数。

这种方法对于不同的传感器模型有不同程度的近似性。然而，利用多项式的传感器模型进行正射校正，其定位精度与地面控制点精度、分布和数量及实际地形有关。

3) 神经网络正射校正模型

遥感影像的正射校正函数通常是一个非线性、不确定的复杂函数。神经网络的一个重要特点就是可以用来模拟逼近任何非线性的复杂对应关系，因而，神经网络应用于遥感影像的正射校正也是一种可行的方法。有学者提出了基于神经网络的正射校正方法（Boccardo et al.，2004）。采用神经网络进行正射校正的基本思想是影像正射校正建立起像元的图像坐标和给定投影和基准后的地图坐标之间的对应关系，因此，这种对应关系可依靠学习训练样本所表达的规律以调节神经网络模型结构中各层的权值 W 来实现。如图3.16 所示，对地表目标物体的三维坐标 (X, Y, Z)，通过设置 n 个神经元，各神经元的响应值可通过对输入坐标像元的加权求和实现，并最终利用激活函数 f 加入非线性因素实现地表三维坐标 X，Y，Z 对图像坐标 (ξ, η) 的对应。

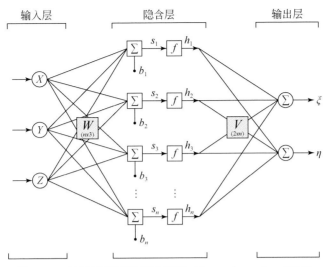

图 3.16　神经网络正射校正模型（Boccardo et al.，2004）

3. DEM 精度对山地遥感影像正射校正的影响

在由透射投影向正射投影转换的过程中，地形起伏的几何偏差需要地表高程模型作为重要输入参数。DEM 精度与空间分辨率是影响正射校正精度的一个重要因素。因此，定量化评估 DEM 的精度（定位精度与垂直精度）及其空间分辨率对正射校正过程的影响则尤为关键。其中，DEM 数据的空间分辨率对高空间分辨率影像的正射校正尤为重要。这是因为当空间分辨率较低时，线状地表（如山脊、崎岖道路等）的正射校正精度将更易受到 DEM 空间分辨率的影响。Toutin（1995）采用严格校正模型分析了 DEM 精度、观测角度对光学影像正射校正精度的影响（图 3.17）。例如，针对 SPOT 影像，当观测角度为 10°且 DEM 垂直精度为 45m 时，正射校正影像几何误差将达到 9m。

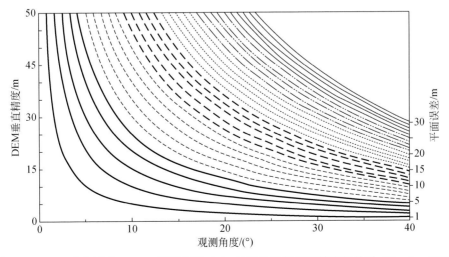

图 3.17　DEM 垂直精度（m）、观测角度（°）与影像正射校正精度的关系（Toutin，1995）

当前国际上能够免费获取的 SRTM 的垂直绝对精度为 20 m（置信度 90%），空间坐标精度为 90m（Bamler，1999），然而，由于雷达阴影、镜面反射、相位解缠误差或回波滞后等问题的影响，该数据集中仍然存在着许多数据缺失区域（Grohman et al.，2006；Luedeling et al.，2007）。因此，在采用 SRTM 进行正射校正时，卫星影像的正射校正精度一方面将受到 SRTM 精度影响，另一方面针对 SRTM 空洞区域校正结果将依赖于其高程填补精度。ASTER GDEM 数据具有 30m 空间分辨率，其标称垂直精度达到 7m。但 ASTER GDEM 精度依赖于叠加立体相对的数量，当叠加数量较少时，其精度不如 SRTM（Hirt et al.，2010；Jacobsen，2010；Hengl and Reuter，2011；南希等，2015）。图 3.18 给出了 SRTM、ASTER GDEM 和 1：25 万地形图的 DEM 生成的山体阴影图对比情况。从图中可以明显看出，SRTM 里面的三角插值区域很难体现真实的地表细节；而 ASTER DEM 与 SRTM 相比尽管能够看出更多的细节特征，但对比发现 ASTER DEM 数据中有很多噪声。因此，在处理海量遥感卫星影像时，选择合适的 DEM 数据将直接影响最终的校正精度。

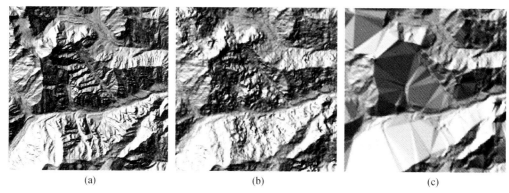

　　　　　(a)　　　　　　　　　　　(b)　　　　　　　　　　　(c)

图 3.18　不同 DEM 数据源模拟山体阴影对比（太阳高度角：67.51°）

(a) 1：25 万地形图；(b) 30m ASTER GDEM；(c) 90m SRTM

3.2.6　应用实例

为了便于理解光学卫星遥感影像在山区的自动化几何校正过程，本节以中国环境减灾卫星 HJ-1A/B CCD 多光谱卫星影像为例，介绍了卫星影像自动几何精校正和正射校正实践案例。

1. 环境减灾卫星影像成像特征分析

与 Landsat 上搭载的 TM 传感器不同，HJ-1A/B 星上分别载有两台设计原理完全相同的 CCD 宽覆盖相机。两台 CCD 相机同底面对称安装，之间呈 30°夹角（曹东晶等，2003；贾福娟等，2009；边金虎等，2014），由此可得出单台相机侧视角为 15°。因此，CCD1 与 CCD2 的影像均为侧视影像。

图 3.19 给出了卫星降轨工作时 CCD1 与 CCD2 构像特征。影像构像时，CCD1 和 CCD2 影像星下线相同，且星下线点地形引起的几何误差最小。沿着星下基线，降轨工作

的 CCD1 影像位于星下基线右侧，地物坐标受地形影响自西向东误差逐渐增大，CCD2 的误差分布规律则相反。侧视影像的景中心位置与垂直观测的影像不同，降轨影像 CCD1 相机影像景中心位置偏左，CCD2 偏右，如图 3.19（b）红色虚线范围所示。

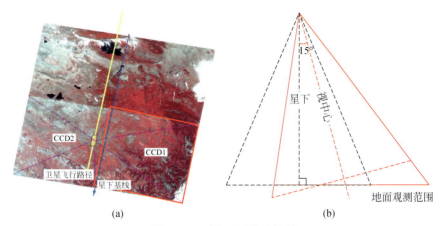

图 3.19　环境卫星构像特征

（a）为 4 景降轨 HJ 影像，影像获取时间均为 2008 年 8 月 31 日，轨道号分别为 17/72-CCD1，22/72-CCD2，17/76-CCD1，22/76-CCD2。（a）中黄色直线代表卫星飞行路径，蓝色直线代表卫星影像上的星下线位置；其中红框内的影像为本实例中的试验影像；（b）中红色实线代表 HJ CCD 侧视时的视场范围，黑色虚线代表垂直成像影像的视中心特征

2. 环境减灾卫星影像几何误差特征

在地形起伏的山区，偏离星下观测由于地形起伏导致的山体像元位移是影响几何配准的一个重要方面。尤其在大幅宽的卫星影像中，影像边缘距星下观测距离较大，山体像元位移更为明显。根据地形对影像几何位置影响的计算公式（3.5）～（3.13），图 3.20 给出了 Landsat TM 影像和中国 HJ-1A/B CCD 影像在中心投影方式下距离星下点不同距离和

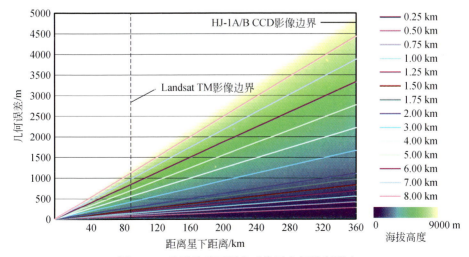

图 3.20　地形及星下距离对像元坐标精度影响

不同海拔高度下的像元点几何位置模拟误差。

　　由图 3.20 可以看出，随着像元点距星下基线位置距离的增加，同一海拔高度下的 Landsat TM 影像及 HJ1A/B CCD 影像受投影方式影响几何误差均逐渐增大。在星下点距离相同的条件下，海拔越高几何定位误差越大。由于 HJ-1A/B 的设计幅宽为 360 公里，由图中可以看出，在该设计幅宽下，影像远离星下线的边缘地区，海拔在 2000 米的区域地理位置误差将达到 1000 米，约 33 个像元。由此可见，地形对几何畸变误差的影响是十分严重的。

3. 星下基线线性方程估算

　　准确估算 HJ-1A/B CCD 影像星下点基线位置是整个几何校正与正射校正过程的关键。采用影像坐标系，星下基线方程可表述为：

$$ai+bj+c=0 \tag{3.32}$$

式中，i 代表影像的行数；j 代表影像的列数；a，b，c 为线性方程系数。

　　像元与星下基线的相对位置决定了像元坐标的校正方向。当像元地形高度大于海平面时，像元位置沿星下基线向外发生位移，且距离星下基线越远，位移越大。在影像坐标系中，当某个地形高度大于海平面的像元位于基线右侧时，$ai+bj+c>0$，其校正方向为正，如某个像元位于基线左侧时，其校正方向为负。

　　星下基线方程的求解方法采用点斜式线性方程求解。其中，方程的斜率可利用影像边界像元（如图 3.21 中黑色实心点所示）拟合获得。在得出直线方程斜率后，再获得该直线方程通过一点的坐标值即可求得方程截距。该点可采用影像景中心位置（cx，cy）对应的星下基线垂点（wcx，wcy）。根据卫星的几何构像特征，利用 HJ-1A/B CCD 影像求取其景中心点对应的星下基线垂点的计算方法如下：

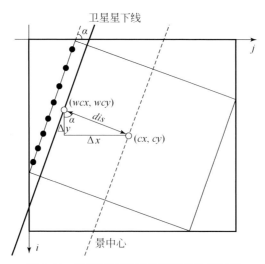

图 3.21　环境减灾卫星星下基线计算示例

$$dis = Alt \times \tan\theta \tag{3.33}$$

$$\Delta x = dis \times \sin\alpha \tag{3.34}$$

$$\Delta y = dis \times \cos\alpha \tag{3.35}$$

$$wcx = cx - \Delta x \tag{3.36}$$

$$wcy = cy - \Delta y \tag{3.37}$$

式中，dis 代表景中心点至星下线的垂直距离，Alt 代表卫星高度，θ 代表 CCD 相机的侧视角度，Δx 代表 x 方向景中心点向星下线垂点的平移长度，Δy 代表 y 方向景中心点向星下线垂点的平移长度，α 代表星下线与 x 方向的夹角，（cx，cy）代表景中心点坐标，（wcx，wcy）代表景中心点对应垂直于星下线的垂点坐标。需要指出的是，由于 CCD1 和 CCD2 获得的影像对称于星下基线，因此其景中心星下线垂点的计算方向有所不同，卫星降轨（由北向南飞行）工作时 CCD1 位于左侧，CCD2 位于右侧，因此 CCD2 的侧视角度一般设为−15°。

4. 控制点的空间分布

本实例中采用 3.2.2 节中基于区域匹配的控制点自动搜索算法进行控制点的自动提取。参考影像采用美国地质调查局 Landsat TM 作为基准影像，该影像具有小于 30m 的几何精度（Gutman et al.，2013）。由于 HJ-1A/B CCD 影像幅宽大于 TM 影像，实例中采用对应区域 6 景 TM 影像拼接的方法构建基准参考影像。图 3.22 给出了基于区域匹配控制点搜索算法得出的 HJ-1B-CCD1-20080831 影像同名地物点分布情况。可以看出，搜索得到的同名地物点空间分布范围较为均匀。根据 HJ-1A/B CCD 影像的几何畸变规律，计算得出的该景影像星下基线方程为 $i = -4.6368j + 18231$。通过光谱匹配算法共搜索出 1254 个同名地物点。

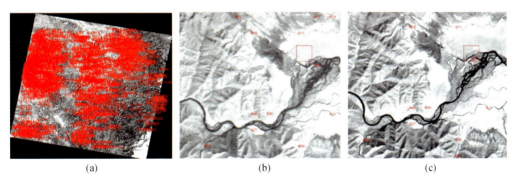

图 3.22　HJ-1B-CCD1-20080831 光谱匹配同名点分布

（a）为控制点总体分布；（b）为待校正 HJ 影像控制点局部分布示意；（c）为基准 TM 影像控制点局部分布示意

5. 校正精度目视效果分析

选择二次多项式校正模型，结合待纠正影像对应区域的 SRTM，对该景影像进行了几何配准与正射校正。原始影像几何误差情况 ［图 3.23（a）］ 及 2 个不同子区校正效果对比如图 3.23 所示。图 3.23（a）中，可以明显看出，原始影像的几何误差为影像侧视与地形起伏的叠加效应，影像几何误差自星下位置向远离星下端逐渐增大，其中该景影像几何误差值最大达到 3021m，约 100 个像元。图 3.23（b）中，区域 a1 和 a2 位于远离星下线的影像边缘，对比基准影像可以看出，原始影像与基准影像之间不仅有明显的几何错位，两个区域中山体也已发生明显变形。纠正后影像与基准影像一致性较好，错位和地形几何畸变均得到了很好的改正，整体符合实际情况。

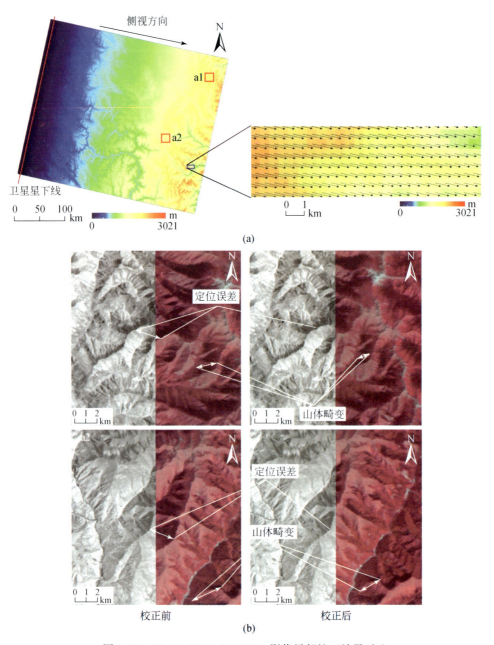

图 3.23　HJ-1B-CCD1-20080831 影像局部校正效果对比

（a）为影像校正前的几何误差空间分布；（b）为校正后两个不同子区的对比效果

6. 精度验证

校正结束后，对基准影像和校正结果进行验证点搜索以独立验证校正精度。控制点与独立验证点误差分布如图 3.24 所示。图中黑圈为验证点位置，箭头方向为误差方向，线段长度代表误差大小。由图中可以看出，原始影像中的几何误差呈现明显的系统性特征，由控制点得出影像校正前平均几何误差为 188.40m，标准差 144.55m。影像校正后，残差呈随机分布的特点。统计得出校正结果验证点的误差范围为 2.24m 至 98.85m，平均误差为 40.59m，标准差为 21.39m，校正精度小于 2 个像元，影像的几何精度有显著提高。

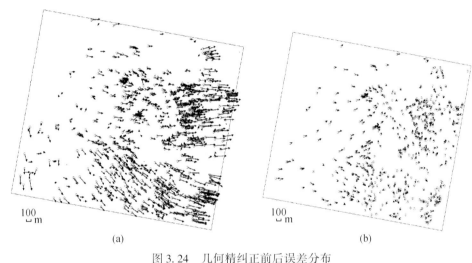

图 3.24 几何精纠正前后误差分布

(a) 为校正前；(b) 为校正后

3.3 光学影像大气校正

3.3.1 大气校正基本内容

受大气分子、气溶胶、水汽、云等的影响，传感器接收到的地表辐射信号在一定程度上被大气的吸收和散射作用衰减，影像对比度降低。大气效应增加了遥感信息提取的难度，使后继的地表反射率、植被指数、光合有效辐射、叶面积指数等遥感定量反演结果偏离真值（陈良富等，2011）。遥感影像大气校正的目的是为了去除遥感影像中大气的贡献，获得真实地表反射率。

如本书在第 2 章所述，传感器在天底方向所接收到的辐射是两次通过大气而衰减的太阳辐射。首先，大气影响了入射太阳辐射在地表的分布，这与地表反射直接相关；其次，地表反射的太阳辐射在到达传感器之前又被大气层散射和吸收了一次。由于传感器处在大气层的中间或顶层，因此，到达传感器的辐射信息包含了大气和地表的双重信息。消除大气及地形影响、获取满足山区定量遥感应用需求的地表反射率是山地遥感信息定量化过程中的一个重要环节（孙源等，2009；王少楠和李爱农，2012；Zhang et al.，2013；Zhao and Li，2015；郭文静等，2015；Li et al.，2015a；张良培和沈焕锋，2016）。

大气校正主要由两部分组成：大气参数的估计和地表反射率的反演。假设地表为朗伯体，只要所有的大气参数已知，根据大气辐射传输模型，对遥感影像进行计算可直接反演出地表反射率。理想条件下，假定地表是均一的朗伯体反射面，大气性质均一，即在水平上是均一的，在垂直上是变化的，且忽略大气湍流、折射等影响，此时传感器接收到的大气上界辐射亮度 L 被定义为：

$$L(\mu_s, \mu_v, \varphi) = L_0(\mu_s, \mu_v, \varphi) + \frac{r}{1 - rS} \mu_s E_0 T(-\mu_s) T(\mu_v) \tag{3.38}$$

式中，L_0 为大气程辐射；r 为目标地表反射率；S 为大气下界半球反射率；E_0 为太阳辐照度；$T(-\mu_s) T(\mu_v)$ 为大气透过率；$\mu_s = \cos(\theta_s)$；$\mu_v = \cos(\theta_v)$；θ_s 为太阳天顶角；θ_v 为观测方向天顶角；φ 为传感器和太阳的相对方位角。根据公式（3.38），给定传感器接收到的大气上界辐亮度 L，并且通过辐射传输模型模拟计算出 L_0，$T(-\mu_s) T(\mu_v)$ 及 S 即可计算出地表反射率 r。遥感影像的大气校正已经有很长的历史，本节后续内容将主要介绍气溶胶和水汽两个参数估算和大气校正的典型方法，然后介绍常用的大气辐射传输模型，最后介绍山地光学遥感影像大气校正的特殊性。

3.3.2　气溶胶影响的大气校正方法

大气中，气溶胶对电磁辐射有着直接的吸收和散射作用，可直接干扰光学传感器的信号接收。由于气溶胶的粒径范围大，类型丰富，时空变化剧烈，消除光学影像中气溶胶参数的影响是光学影像大气校正的重要内容。气溶胶光学厚度（Aerosol Optical Thickness，AOT 或 Aerosol Optical Depth，AOD）定义为气溶胶介质的消光系数在垂直方向上的积分，用来描述气溶胶对光的衰减作用，是一个随着波长变化的函数。气溶胶光学厚度是进行逐点大气校正必须获得的大气参数，因此，消除气溶胶参数影响的大气校正是遥感影像大气校正的重要内容。

1. 气溶胶的物理性质

1）气溶胶的粒径
不同气溶胶类型粒子的差异很大，气溶胶粒子尺度为 $0.002 \sim 100 \mu m$，跨越 5 个数量级。其下限是目前能够测量的最小气溶胶粒子尺度，上限是在大气中因重力沉降而不能长时间悬浮的粒子尺度。气溶胶粒子的尺度一般用粒径，即粒子的直径来表示。粒子粒径的尺度可以反映粒子的来源，而且直接与粒子的光学特征、体积、质量和沉降速度有关。

2）气溶胶粒子尺度描述
一般来说，气溶胶粒子大小是互不相同的。它们的半径可以用不同的分布函数来表达。比如 Junge 分布函数、改进的 gamma 分布函数以及对数正态分布函数等。用 $n(r)\,\mathrm{d}r$ 代表半径由 r 到 $r+\mathrm{d}r$ 之间的粒子数，C 是一个使各种分布归一化所确定的常数，归一化条件为 $\int_0^\infty n(r)\,\mathrm{d}r = 1$，则这些分布可表示如下。

（1）Junge 分布

$$n(r) = \begin{cases} Cr^{-a} & r_1 \leqslant r \leqslant r_2 \\ 0 & \text{其他} \end{cases} \tag{3.39}$$

式中，a 对于自然形成的气溶胶来说取值为 $2.5 \sim 4.0$。

（2）Gamma 分布

$$n(r) = Cr^a \mathrm{e}^{-br} \tag{3.40}$$

式中，a，b 是可调参数，用于控制分布的大小和宽度。

（3）对数正态分布

$$n(r) = Cr^{-1}\exp\left[\frac{-(\ln r - \ln r_{\mathrm{g}})^2}{2\ln^2\sigma_{\mathrm{g}}}\right] \tag{3.41}$$

式中，r_{g} 和 σ_{g} 分别是粒子的平均大小和方差。

2. 气溶胶的光学性质

1）气溶胶光学厚度

光学厚度指一段路径上消光系数的积分，定义垂直方向点 z_1 和 z_2 之间的介质的光学厚度为：

$$\tau = \int_{z_2}^{z_1} \sigma_e \rho \mathrm{d}s \tag{3.42}$$

式中，ρ 为介质密度，σ_e 为质量消光系数。气溶胶光学厚度一般指整层气溶胶的消光系数在垂直方向上的积分，描述了气溶胶对光的衰减作用。

2）气溶胶光学厚度随波长变化函数

气溶胶光学厚度随波长发生变化，在气溶胶粒子的谱分布满足对数正态分布的情况下，Brognie 和 Lenoble（1988）发现对数正态分布气溶胶光学厚度随波长的变化遵循下面近似关系：

$$\ln\tau(\lambda) = \ln\tau_{\lambda_0} - \alpha\ln\left(\frac{\lambda}{\lambda_0}\right) - \beta\ln^2\left(\frac{\lambda}{\lambda_0}\right) \tag{3.43}$$

式中，λ_0 取 $1.02\ \mu\mathrm{m}$，α、β 为拟合参数。

3）散射相函数

散射相（Phase Function）为入射方向 Ω' 的电磁波被散射到方向 Ω 的比例，描述电磁波被介质散射后在各个方向上的强度分布比例，而且是归一化的，即在整个圆球的积分为 4π：

$$\int_0^{4\pi} P(\Omega,\ \Omega')\,\mathrm{d}\Omega = 4\pi \tag{3.44}$$

4）偏振相函数

偏振相函数（Polarized Phase Function），其物理含义可以从散射相函数的含义类推，即气溶胶粒子对偏振光散射的角度分布。

5）气溶胶单次散射反照率

气溶胶单次散射反照率 ω_0（Single Scattering Albedo，SSA）是散射系数 σ_s 与消光系数 σ_e 的比值，反映吸收和散射的相对大小：

$$\omega_0 = \sigma_s / \sigma_e \tag{3.45}$$

3. 气溶胶地基观测方法

大气气溶胶光学厚度的测量可反映气溶胶粒子对太阳辐射的消减作用。世界气象组织的全球大气观测网（WMO-GAW）、全球气溶胶监测网（AERONET）等监测网络（Ichoku et al.，2002）（详见第 9 章）是当前世界上两大气溶胶观测网络，国际上的一些大型气溶胶科学计划也都把气溶胶观测实验作为核心内容。气溶胶光学厚度的地基观测结果，是对卫星光学遥感校准的一种重要的手段。WMO-GAW 推荐了两种通过直接测量太阳分光辐射求出气溶胶光学厚度的方法，一种方法是采用一组短波截止滤光片和直接日射表相配合进行测量，另外一种是使用太阳光度计的测量方法。太阳光度计不仅能自动跟踪太阳作太阳直射辐射测量，而且可以进行太阳等高度角天空扫描、太阳主平面扫描和极化通道天空扫描。该仪器通过测量直射太阳辐射数据和天空扫描数据，计算大气通透率，反演气溶胶光学和其他特性，如粒度谱、相函数等气溶胶特性参数。目前应用较为广泛的太阳光度计为法国 CIMEL 公司制造的自动跟踪扫描太阳辐射计。

4. 气溶胶光学厚度遥感反演与大气校正

由式（3.38）可知，气溶胶光学厚度是进行光学影像大气校正的重要输入参数。由于观测条件、仪器设备等条件的限制，地基观测获取的气溶胶光学厚度只是空间某一点大气柱的数据，难以在连续空间范围内得到广泛扩展。卫星遥感克服了地基观测在空间扩展能力上的不足，能够方便地实现大区域甚至全球的大气气溶胶变化监测，而且利用遥感技术反演气溶胶具有获取信息速度快、周期短和不受地面条件限制等优点。目前，国外利用卫星观测数据反演的气溶胶产品有很多，如 NASA 的 TOMS 气溶胶指数产品、AVHRR 海洋气溶胶光学厚度产品、MODIS 海/陆气溶胶光学厚度产品、OMI 多参数气溶胶产品，以及欧空局（ESA）的 AATSR 气溶胶光学厚度产品等（King et al.，1999）。图 3.25 显示了 2009 年 7 月 1 日的 MODIS 全球气溶胶光学厚度产品效果。

消除气溶胶影响的大气校正方法根据所采用的遥感数据的差异，可简单分为以下六类：①不变目标法（Coppin and Bauer，1992）；②暗目标法（Kaufman et al.，1997a）；③空间特征匹配法（Richter，1996；Liang et al.，2001）；④结构函数法（Xue and Cracknell，1995）；⑤多角度法（Diner et al.，1999）和⑥偏振方法（Deuze et al.，2001；Sano，2004）。其一般步骤为首先开展基于卫星影像的气溶胶光学厚度反演，进而采用大气辐射传输方程进

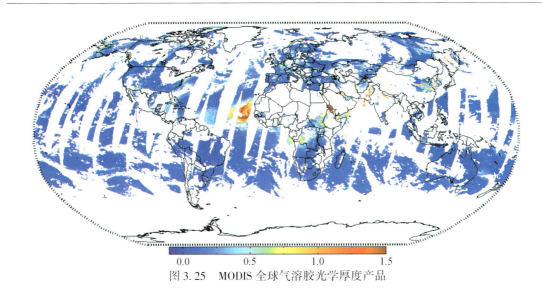

图 3.25　MODIS 全球气溶胶光学厚度产品

行卫星影像的大气校正。下面将简要介绍消除气溶胶影响的大气校正典型方法。

1）不变目标法

不变目标法假设影像上存在反射辐射特性比较稳定的像元，并且可确定这些像元的地理意义（如森林、水体等），那么这些像元称为不变目标。这些不变目标在不同时相的遥感影像上的反射率将存在一种线性关系。当确定了不变目标以及它们在不同时相遥感影像中反射率的这种线性关系，就可以对遥感影像进行大气校正（Coppin and Bauer，1992）。

设 L_j 代表相关影像 j 的辐射亮度，L_i 代表另一幅影像 i 的辐射亮度，则两幅影像间的处理公式可表示为：

$$L_j^k = a_i^k + b_i^k L_i^k \tag{3.46}$$

式中，每一波段 k 的不变像元线性回归分析都会产生 a 和 b 两个系数，这两个系数应用于每幅影像 i 对应波段 k 的所有其他像元，则可实现所有像元的标准化。

2）暗目标法

暗目标（Dark Dense Vegetation，DDV）法是反演陆地气溶胶光学厚度与大气校正最古老也是最简单的一种方法。现有研究表明，该算法对地表反射率较低的浓密植被地区大气校正已经达到较高的精度（Levy et al.，2007）。暗目标一般指具有较低反射率的浓密植被像元，因此也称为浓密植被暗像元。Kaufman 等（1997a）通过大量航空遥感试验数据证明浓密植被暗像元的中红外波段（2.13μm）和红（0.66μm）、蓝（0.47μm）波段的地表反射率存在较好的线性关系：

$$\rho_{0.49} = \rho_{2.13}/2 \tag{3.47}$$
$$\rho_{0.66} = \rho_{2.13}/4 \tag{3.48}$$

与可见光波段相比，浓密植被暗像元在短波红外波段受到气溶胶的影响几乎可以忽略不计，因此，大气校正暗目标法的基本步骤是首先基于短波红外波段的暗目标表观反射率，利用式（3.47）与式（3.48）的统计关系获得其对应的红、蓝波段的地表反射率，然后结合大气辐射传输方程，反演获得气溶胶光学厚度，最后利用反演获得的对应波段气溶胶光学厚度可实现消除气溶胶影响的大气校正。

　　暗目标方法最早应用于 AVHRR 影像（Kaufman and Remer，1994），后经过改进成功应用于 TM 影像（Ouaidrari and Vermote，1999）和 MODIS 影像（Vermote et al.，2002；Levy et al.，2007），并且在 MODIS 影像的气溶胶反演和大气校正中已经实现业务化运行。基于暗目标法进行大气校正的关键步骤是暗目标的有效识别。目前根据不同的传感器数据已提出多种暗目标的识别方法。传统的暗目标识别算法主要针对有中红外波段的影像，由于中红外波段波长比大多数气溶胶粒子大的多，其对气溶胶散射不敏感，而对地表差异却非常敏感（Ouaidrari and Vermote，1999）。然而，由于中红外波段仍然受到大气尘埃颗粒和热辐射发射的影响，后来利用短波红外波段对其进行了改进（Kaufman et al.，1997b）。目前该算法已成功应用于 Landsat TM 影像（2.2μm 波段）（Liang et al.，2001；Masek et al.，2006）和 MODIS 影像（2.1μm 波段）（Remer et al.，2005）的气溶胶光学厚度反演。

　　对缺少短波红外波段和中红外波段的卫星影像，如 Landsat MSS 影像、QuickBird 影像、IKONOS 影像、CBERS-02 CCD 影像、HJ-1A/B CCD 影像及 GF-1 PMS/WFV 影像等，浓密植被像元的有效识别是应用暗目标法对上述传感器影像开展大气校正的一个难点（王中挺等，2015）。Huang 等（2008，2010b）研究发现，在没有水体、阴影等非植被暗像元干扰的情况下，浓密森林像元基本分布于红波段直方图的最左端，并且会形成第一个峰值，通过识别红波段直方图的第一个峰值就能够确定浓密森林像元的阈值，即可有效的提取浓密森林暗像元。根据该假设，赵志强等（2015a）提出了一种改进暗目标提取算法，并对 HJ-1A/B CCD 影像取得了较好的大气校正试验效果（赵志强等，2015b）。

3）空间特征匹配法

　　基于空间特征匹配也是常用的大气校正方法之一，包括直方图匹配法和像元聚类匹配法。直方图匹配法假设在气溶胶多和少的区域地表反射率的直方图相同。在计算出气溶胶少的区域的直方图后根据上述假设将气溶胶多的区域的直方图转换到气溶胶少的区域的直方图上，从而得到大气校正的效果。Richter（1996）阐述了这种快速的大气校正算法：首先确定目标地物种类（深色的水体或浓密的植被），利用阈值辨别出目标像元，并计算这些像元的光学厚度，采用缨帽变换（K-T）交互地确定模糊像元和有云像元，然后把模糊区域的局部直方图与清晰区域的直方图进行匹配，以此来确定每个局部区域的大气能见度，最后采用局部区域的平均能见度反演地表反射率。

　　Liang 等（2002）在这个基础上假设每一种地物在不同大气条件（从透明到模糊）的平均反射率是相同的，使用像元聚类匹配法对 TM 影像进行了大气校正，同时考虑了邻近效应校正。该方法利用 TM 影像第 4、5、7 三个波段受大气气溶胶影响较小的特点对影像进行分类，然后将清洁区域中可见光波段的表观反射率作为该类型地表的地表反射率，代入到事先计算好的气溶胶光学厚度查找表（Look-up Table，LUT）中查找气溶胶光学厚度值（Liang et al.，2001）。图 3.26 描述了 Liang 等发展的基于直方图匹配法的 Landsat ETM+气溶胶反演与大气校正流程。

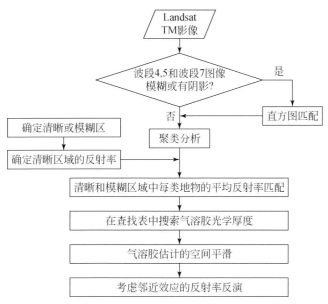

图 3.26 Liang 等（2001）ETM+大气校正算法流程

4）结构函数法

卫星遥感反演陆上气溶胶的关键问题之一是把地表的贡献和大气的贡献分离，也称为地气解耦问题。对于高反射率地区，由于地表反射率较大，卫星传感器获得的辐射值主要是地表的贡献值，气溶胶的散射信息相对较弱，利用地表反射率模型的方法往往把气溶胶信息掩盖。结构函数法假设同一地区在一定时间范围内的地表反射率没有变化，利用结构函数间接表示相邻像素间的大气信息变化，从而实现气溶胶的反演。结构函数法对于干旱区或城市区等高地表反射率区域非常具有优势（Tanre et al.，1992）。

结构函数法假定整层大气状况在较小的范围内相对稳定，则相距 d 的两个像素的上空可以认为大气程辐射项及大气下行、上行透过率是不变的。假设两个像素 (i, j) 和 $(i, j+d)$ 相距不远，则地表反射率 $\rho_{i, j} = \rho_{i, j+d}$，表观反射率 $\rho_{i, j}^*$ 与 $\rho_{i, j+d}^*$ 像素间的差值 $\Delta\rho_{i, j}*$ 可表示为：

$$\Delta\rho_{i, j}* = \Delta\rho_{i, j}T(\theta_s)T(\theta_v) \tag{3.49}$$

式中，T 代表大气透过率，θ_s 和 θ_v 分别代表太阳和观测天顶角。Holben 等（1992）定义以下结构函数 $M(d)$ 为：

$$M^2(d) = \frac{1}{n(m-d)}\sum_{i=1}^{n}\sum_{j=1}^{m-d}(\rho_{i, j}^* - \rho_{i, j+d}^*)^2 \tag{3.50}$$

卫星观测结构函数表示为：

$$M^{*2}(d) = M^2(d)T^2(\theta_s)T^2(\theta_v) \tag{3.51}$$

假定短时间内，地表反射率不发生变化，两个时刻地表反射率结构函数值也不变，则两个时刻 t_1 和 t_2 的观测结构函数关系可表示为：

$$\frac{M^*(d, t_1)}{M^*(d, t_2)} = \frac{T[\theta_s(t_1), \theta_v(t_1)\tau(t_1)]}{T[\theta_s(t_2), \theta_v(t_2)\tau(t_2)]} \tag{3.52}$$

如果其中一个时刻 t_1 的气溶胶光学厚度已知，则可以由卫星观测表观反射率获取另一时刻 t_2 的气溶胶光学厚度。

5) 多角度法

目前，有很多机载或星载传感器能够实现多角度的对地观测。如 ASAS（高级固态排列分光辐射度计）、MISR（多角度成像分光辐射度计）等。以 MISR 为例，该传感器由 9 个相机组成，分别对应 9 个观测角度：-70.5°、-60.0°、-45.6°、-26.1°、-70.5°、0°、26.1°、45.6°、60.0°、70.5°。其中，正数代表前向观测，负数代表后向观测（Diner et al.，1999）。一般而言，大的观测角度对气溶胶更加敏感，这给使用多角度观测数据进行大气校正提供了帮助。多角度法的核心是利用在不同角度所获得的影像中气溶胶光学厚度不同这一原理进行大气校正的。图 3.27 显示了 MISR 传感器在不同观测角度下影像目视效果及气溶胶光学厚度反演图。可以看出，在观测角度更大的条件下（前向/后向 70°）气溶胶相比天顶观测更加明显。基于多角度观测数据的气溶胶光学厚度估算方法较为复杂，读者可详细参考相关文献（Martonchik et al.，2002）。

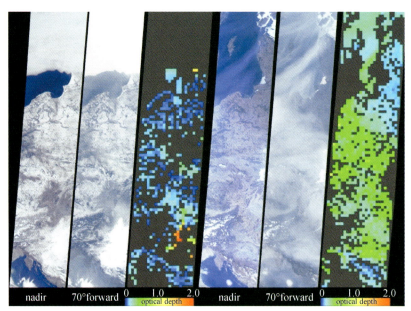

图 3.27　MISR 不同角度下观测效果对比及气溶胶反演结果

(http：//earthobservatory. nasa. gov/NaturalHazards/view. php？ id＝11221)

6) 偏振方法

在可见光波段，大气散射具有很强的偏振特性，而地表反射是低偏振的，卫星观测到的偏振辐射对气溶胶粒子的大小及折射指数比较敏感，对地表变化不敏感。利用偏振信息和辐射信息的联合可以反演气溶胶的光学特性。目前运行的遥感偏振探测器主要是法国空间局研制的 POLDER（POLarization and Directionality of Earth Reflectance）。POLDER 为气溶胶的反演提供了辐射、偏振和多角度的信息，由此发展了一系列基于偏振的大气校正算法（Deuze et al.，2001；Sano，2004）。利用 PLODER 数据反演气溶胶光学特性可基于矢量辐射传输模型计算构成的查找表与实际观测值的对比进行反演。

5. 消除气溶胶影响的大气校正实例

图 3.28 是应用暗目标法进行气溶胶反演与大气校正的一个应用实例。选用的待校正影像为一幅 8bit 的 Landsat TM 真彩色合成影像。图 3.28 给出了其对应的 DN 值、TOA 反射率与大气校正后的地表反射率影像、气溶胶光学厚度的反演结束。该影像成像日期为 2006 年 9 月 25 日，覆盖我国青藏高原东缘的若尔盖地区。图中各子区大小为 1000×1000 个像元。

从图 3.28 中可以清晰地看到，总体上，大气校正后很多模糊区域的地表特征得到很好恢复，影像整体对比度得到明显增强。其中，对湖滨沼泽和宽谷沼泽而言，由于其开阔水面面积大，因此，水面上空的蒸散发要高于其他区域，进而导致气溶胶光学厚度明显要高于其他区域。对山地河谷区域，由于河谷区水汽上升，蒸散发较大，因此河谷上空的气溶胶光学厚度要高于坡地及山脊区域。尽管影像中有云存在，但云层及阴影区的影像经大气校正后其影像对比度得到明显增强。

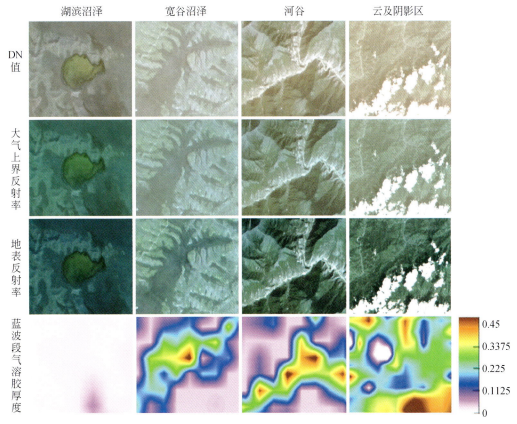

图 3.28　用暗目标法进行不同下垫面大气校正实例

3.3.3　水汽影响的大气校正方法

除了气溶胶的影响以外，大气中的水汽也是影响卫星影像成像过程的一个重要因素。由于水汽在近红外和中红外波段中的吸收十分强烈，因此在近红外和中红外的遥感影像定量应用时必须考虑大气中的水汽吸收。大气中的水汽含量是大气校正中的重要参数，它会随时间和空间剧烈变化。对近红外和中红外影像的大气校正，主要需要考虑大气中的水汽含量。

目前大气水汽含量的计算方法主要有四种，详见表 3.2（姚俊强和杨青，2011）。其中，探空实测资料直接估算大气水汽含量具有数据客观准确的特点，但这种方法受到探空站点分布的限制。采用地基 GPS 的大气水汽含量监测方法通过卫星与接受者之间的信号传输延迟来监测水汽，其基本原理是由于大气中水汽的存在，降低了 GPS 的定位精度，但若GPS 接收点的坐标已知，则可以通过监测到的 GPS 信号的误差来计算大气中的水汽含量。利用 NCEP 等再分析资料计算大气水汽含量是目前应用较为广泛的方法。然而，由于再分析资料其数据格网较粗，因此应用于高空间分辨率影像的水汽校正时存在一定影响。

表 3.2　常规大气水汽含量计算方法

计算方法	优点	缺点
探空实测资料直接计算	数据客观准确、资料序列较长、可用来作为其他方法的验证资料	探空站分布少
地基 GPS 结合遥感资料反演	运行成本低；可得到连续实时、全天候观测的观测数据	观测年限短；数据序列不足
水汽含量与地面气象要素结合	可增加区域站点数量；计算方法简单、效果较好	受维度、海拔等影响，计算结果存在一定误差
再分析资料计算	免费；数据时间序列长，覆盖面广；格网化数据	数据格网较粗，影响精细化计算

在整层大气水汽含量遥感估算中，利用近红外波段的差分吸收法和分裂窗算法是应用较为广泛的两种方法。

1. 差分吸收法

差分吸收法已经广泛应用于直接从多光谱和高光谱卫星影像估算大气水汽含量。其主要思路是在水汽吸收区域（0.94μm）选择一个波段，并在水汽吸收区域外选择多个波段。这些波段间的差异显示了大气的水汽含量。目前有许多不同差分吸收算法用于估算水汽含量，这些算法包括窄/宽波段算法（Frouin et al.，1990）、包络线插值波段比率法（Gao and Goetz，1990）、大气预校正差分吸收法（Schläpfer et al.，1998）、光滑度测试法（Qu et al.，2003）等。以 POLDER 数据估算大气水汽含量为例，POLDER 数据在 0.91μm 附近有很强的水汽吸收带，而在 0.865μm 附近的水汽吸收不明显，POLDER 科学团队基于大量的模拟，利用中心波长为 0.91μm 和 0.865μm 的两个波段的比率得出的水汽模拟经验公式为：

$$W = \frac{a_0 + a_1 \log(X) + a_2 \left[\log(X)\right]^2}{\left[\cos^{-1}\theta_s + \cos^{-1}\theta_v\right]P_s}$$ (3.53)

式中，a_0，a_1，a_2 是系数；X 是这两个波段的反射率之比；P_s 是大气压，θ_s 和 θ_v 分别是太阳天顶角和观测天顶角。

2. 分裂窗法

对于某些传感器影像，其波段设置并不适用于差分吸收算法，因而需要采用替代算法开展水汽参数反演。分裂窗法的基本思想是假设有两个具有不同水汽吸收率的热红外波段（通常为 10 ~ 11μm 和 11 ~ 12μm），这两幅亮度温度影像的协方差–方差可用于估算大气水汽含水量（Jedlovec，1990；Kleespies and McMillin，1990）。这种方法目前已被应用于海洋及陆地水汽含量估算。

分裂窗法假设无云的大气是水平均匀的，地表温度和发射率变化不大。则两波段上两相邻像元 i 和 j 的亮度温度（T）差之比等于大气透过率（t）和地表发射率（ε）之比（Kleespies and McMillin，1990）：

$$R_{12,11} = \frac{(\Delta T_{ij})_{12}}{(\Delta T_{ij})_{11}} = \frac{(T_i - T_j)_{12}}{(T_i - T_j)_{11}} = \frac{\varepsilon_{12}}{\varepsilon_{11}} \frac{t_{12}}{t_{11}}$$ (3.54)

式中，下标 11 和 12 分别代表了波长在 11μm 和 12μm 附近的分裂窗波段。

Jedlovec（1990）通过使用亮度温度的空间方差比扩展了这一方法：

$$\frac{t_{12}^2}{t_{11}^2} = \frac{\sigma_{12}^2 - \sigma_{12,\varepsilon}^2}{\sigma_{11}^2 - \sigma_{12,\varepsilon}^2}$$ (3.55)

式中，σ_{11}^2、σ_{12}^2 是 11μm 和 12μm 波段的估计误差方差，它可以通过结构函数分析或者近似方差方法来估算。Sobrino 等（1994）进一步通过使用协方差和方差之比拓展了这一方法：

$$R_{12,11} = \frac{\sigma_{11,12}}{\sigma_{11}^2} = \frac{\sum (T_{11,i} - \overline{T}_{11}) \sum (T_{12,i} - \overline{T}_{12})}{\sum (T_{11,i} - \overline{T}_{11})^2}$$ (3.56)

式中，$\sigma_{11,12}$ 代表 11μm 和 12μm 波段亮温的协方差，$\overline{T}_{11}$ 和 $\overline{T}_{12}$ 代表 11μm 和 12μm 波段的亮温均值。

3.3.4　常用大气辐射传输模型

大气辐射传输模型是基于复杂的辐射传输原理建立起来的，它能够较合理地描述大气散射、吸收、发射等对电磁辐射影响的过程。在大多大气校正方法中，通过解算大气辐射传输方程进行大气校正是精度较高的一种方法。在遥感实际应用中，大气辐射传输模型常需要被简化。如假设大气是水平均匀的，地表为朗伯体，排除云的存在，运用各种条件下的标准大气模式及大气气溶胶模式等。在上述各种参数确定以后，将各大气参数输入到大气辐射传输方程中，便可计算一些重要的大气校正参数（如大气透过率、程辐射等），再通过计算每个像元的反射值，即可完成对整幅影像的大气校正。

目前应用广泛的大气校正模型有近 30 个，其中较为著名的有基于大气光学参数的，比如 RADFIELD 辐射传输计算模型，也有常用的基于大气参数的模型，比如 6S（Second Simulation of the Satellite Signal in the Solar Spectrum）（Vermote et al.，1997），LOWTRAN（Low Resolution Atmospheric Transmittance and Radiance）（Selby and McClatchey，1972），MODTRAN（Moderate Resolution Atmospheric Transmittance and Radiance Code）（Berk et al.，2008），ATCOR（A Spatially-Adaptive Fast Atmospheric Correction）（Richter，2010）等。本节主要以应用较为广泛的 6S 模型为例详细介绍大气辐射传输模型的具体形式，同时对常见的大气辐射传输模型进行简要介绍。

1. 6S

6S 模型（Second Simulation of the Satellite Signal in the Solar Spectrum）是在法国大气光学实验室的 5S 模型（Simulation of the Satellite Signal in the Solar Spectrum）的基础上发展起来的改进版本（Vermote et al.，1997）。该模型采用了最新近似和逐次散射算法来计算大气的散射和吸收，改进了模型的参数输入，使其更接近实际。该模型对主要大气效应：O_2、O_3、N_2O、CO_2、H_2O 等气体的吸收、分子和气溶胶散射以及非均一地面和双向反射率等问题都进行了考虑。其中，气体的吸收以 $10cm^{-1}$ 的光谱间隔来计算，且光谱积分的步长达到了 2.5nm，目前多用于处理可见光、近红外的多角度遥感数据。

6S 大气辐射传输模型适用于可见光—短波红外（波长为 $0.25 \sim 4\mu m$）范畴。它对不同情况下（不同传感器、不同地面状况）太阳光在太阳—地面目标—传感器整个传输路径中所受到的大气影响进行了描述，考虑了地气之间的多次散射和地面二向反射特性，能够将大气顶层的光谱反射率直接转换为地表反射率。在考虑地表非朗伯体特性时，大气层顶部的可见光和近红外波段反射率可表示为：

$$\rho_{TOA} = \rho_0 + T_g \left\{ e^{\frac{-\tau}{u_v}} e^{\frac{-\tau}{u_s}} \rho_s + e^{\frac{-\tau}{u_v}} t_d(u_s)\bar{\rho} + e^{\frac{-\tau}{u_v}} t_d(u_v)\bar{\rho}' + t_d(u_s) t_d(u_v)\bar{\bar{\rho}} \right.$$
$$\left. + \frac{\left[e^{\frac{-\tau}{u_s}} + t_d(u_s) \right] \left[e^{\frac{-\tau}{u_v}} + t_d(u_v) S (\bar{\rho})^2 \right]}{1 - S\bar{\rho}} \right\} \tag{3.57}$$

式中，ρ_{TOA} 为遥感器在大气层顶部观测到的反射率；ρ_0 为大气程辐射反射率；ρ_s 为地面目标反射率；S 为大气底层向下的半球反射率；u_s 为太阳天顶角的余弦值；u_v 为卫星天顶角的余弦值；$e^{\frac{-\tau}{u_s}}$ 和 $t_d(u_s)$ 分别为太阳直射光和大气漫射光到达地面的大气透过率；$e^{\frac{-\tau}{u_v}}$ 和 $t_d(u_v)$ 分别为观测方向地面反射直达传感器和大气漫射光到达传感器的大气透过率；τ 为大气光学厚度；$\bar{\rho}$、ρ'、$\bar{\bar{\rho}}$ 分别为大气散射到地面的半球反射率、经地面散射到大气的地面半球反射率和经大气两次散射后的地面半球反射率，他们依赖于大气光学参数和地面反射特性；T_g 为大气中 O_3、H_2O 等气体对可见光、近红外波段的吸收率。

从式（3.56）可见，要求解地面反射率 ρ_s，必须要得到一系列中间计算结果。其中，地面目标对遥感器在大气层顶部接收到的信号的贡献可分解为以下四个部分：

(1) 光线直接入射到地面并经地面直接反射到传感器的部分：$e^{-\frac{\tau}{u_v}}e^{-\frac{\tau}{u_s}}\rho_s$ ；

(2) 光线经大气散射到达地面并经地面直接反射到传感器的部分：$e^{-\frac{\tau}{u_v}}t_d(u_s)\bar{\rho}$ ；

(3) 光线直接入射到地面并经地面反射和大气散射到达传感器的部分：$e^{-\frac{\tau}{u_s}}t_d(u_v)\bar{\rho}'$ ；

(4) 光线经大气散射到达地面，并经地面反射和大气散射到达传感器的部分，以及地面与

大气经多次散射到达传感器的部分：$t_d(u_s)t_d(u_v)\bar{\rho} + \dfrac{\left[e^{-\frac{\tau}{u_s}}+t_d(u_s)\right]\left[e^{-\frac{\tau}{u_v}}+t_d(u_v)S(\bar{\bar{\rho}})^2\right]}{1-S\bar{\bar{\rho}}}$。

这四个不同的辐射传输过程，能较好地解决地气的耦合效应。四部分之和表示了地面目标对传感器信号的总贡献。式中，$e^{-\frac{\tau}{u_v}}$、$t_d(u_s)$、$e^{-\frac{\tau}{u_s}}$、$t_d(u_v)$、S 这 5 个参数只与大气条件有关，而与具体的像元无关。$\bar{\rho}$、$\bar{\rho}'$、$\bar{\bar{\rho}}$ 则与具体的像元有关，对于每个像元都有对应的这 3 个值需要记录。它们在 6S 软件中由输入的 BRDF 值计算出来，另两个参数 T_g、ρ_0 也与像元无关，只与大气条件有关，在获得以上参数后就可以求得 ρ_s。

在 6S 大气校正软件中，主要的输入参数包括：

(1) 几何参数（用以计算太阳和传感器的位置），包括太阳天顶角、卫星天顶角、太阳方位角、卫星方位角，可输入卫星轨道和时间参数来替代。

(2) 大气组分参数，包括水汽、灰尘颗粒度等参数。若缺乏精确的实况数据，可以根据卫星数据的地理位置和时间，选用 6S 提供的标准模型（如热带、中纬度夏天、中纬度冬天、副寒带夏天、副寒带冬天、美国标准模型等）的标准大气组分来替代。

(3) 气溶胶组分参数，包括水分含量以及烟尘、灰尘在空气中的比例等参数。若缺乏精确的实况数据，可以选用 6S 提供的标准模型（如大陆、海洋、城市、有机体燃烧、同温层等）的标准大气的气溶胶组分来替代。

(4) 气溶胶的大气路径长度，一般可用当地的能见度参数表示。

(5) 被观测目标的海拔高度及传感器高度。

(6) 光谱条件，可以直接输入光谱波段范围，也可以将传感器波段作为输入条件。

(7) 其他参数。

2. LOWTRAN

LOWTRAN 模型（Selby and McClatchey，1972）是美国空军地球物理实验室发展的，它以 20cm^{-1} 的光谱分辨率的单参数带模式计算 0cm^{-1} 到 50000cm^{-1} 的大气透过率、大气背景辐射、单次散射的光谱辐射亮度、太阳直射辐射度。LOWTRAN7 是目前最新的版本。LOWTRAN7 增加了多次散射的计算及新的带模式、O_3 和 O_2 在紫外波段的吸收参数。它提供了 6 种参考大气模式的温度、气压、密度的垂直廓线，O_2，O_3，N_2O，CO_2，H_2O，CH_4 的混合比垂直廓线及其他 13 种微量气体的垂直廓线，城乡大气气溶胶、雾、沙尘、火山喷发物、云、雨廓线和辐射参量如消光系数、吸收系数、非对称因子的光谱分布，还包括地外太阳光谱。LOWTRAN7 的主要优点是计算迅速，结构灵活多变，但由于 LOWTRAN

中所用的近似分子谱带模型的限制，对40km以上的大气区域，精度严重下降。LOWTRAN主要用于下层大气和地表面遥感影像的大气校正。

3. MODTRAN

MODTRAN 即中等光谱分辨率大气透过及辐射传输算法软件（Berk et al.，1998；Berk et al.，2008），它能够计算大气透过率、大气背景辐射（大气的上行和下行辐射），包括太阳和月亮单次散射的辐射亮度、直射太阳辐射度等。MODTRAN 是在 LOWTRAN 基础上发展的。目前它的光谱分辨率达到1cm^{-1}。在 MODTRAN5.2 中对几个重要的基础数据库加以更新，使其计算的精确度得到很大的提高。同时改进了瑞利散射和复折射指数的计算精度，增加了 DISORT 计算太阳散射贡献的方位角相关选项，并且将 7 种 BRDF 模型引入到模型中，使其物体表面散射突破了朗伯体假设的局限，使地表特性的参数化输入成为可能。更加准确的透过率和辐射计算极大增强了对高光谱影像数据的分析功能。

4. ACTOR

ACTOR（Atmospheric and Topographic Correction）大气校正模型是由德国 Wessling 光电研究所的 Rudolf Richter 博士提出的一种快速大气校正算法（Richter，2010）。目前已被 PCI、ERDAS 等专业卫星影像处理软件集成。目前 ACTOR 2 模型是 ACTOR 经过多次改进和完善的产品。ACTOR 能够对成像地区相对平坦的影像进行大气校正。1999 年和 2000 年 ACTOR3 及 ACTOR4 模型使用范围推广至广泛的山区，此时需要有成像地区的 DEM。

5. FLAASH

FLAASH（Fast Line-of-sigh Atmospheric Analysis of Spectral Hypercubes）是由波谱科学研究所（Spectral Sciences Inc.）在美国空气动力研究实验室支持下开发的大气校正模块。目前已经集成在 ENVI 软件中。FLAASH 可以适用于 Landsat、SPOT、AVHRR、ASTER、MODIS 等多光谱、高光谱数据、航空影像及自定义格式的高光谱影像的快速大气校正分析，还可以反演水汽、气溶胶等参数。FLAASH 能有效消除大气和光照等因素对地物反射的影响，获取地物较为准确的反射率和辐射率、地表温度等真实物理模型参数。FLAASH 模块直接结合了 MODTRAN 的大气辐射传输代码，可以直接选用有关的标准大气模型和气溶胶模型，并进行地表反射率的计算（Perkins et al.，2012）。

3.3.5　山地光学遥感影像大气校正的特殊性

由于山地地表高程及坡度坡向的较大差异，山地地表接收的局地太阳入射辐射及各种大气参数（如大气厚度、瑞利散射、气溶胶散射光学厚度、大气透过率等）会随高程发生有规律的变化。本节简要介绍这些大气参数在山区的变化规律。有关地形校正及大气、地形协同校正的相关内容将在本书第 4 章进行详细介绍。

1. 大气参数随高程的变化规律

从本节上述介绍可知，入射到传感器的辐射能量 L_0 主要由大气程辐射项 L_p 和地表反射太阳光再次穿过大气进入传感器的能量项 L_s 构成。其中，大气程辐射项 L_p 又包括瑞利散射分量 $L_T(\lambda)$ 和大气气溶胶散射分量 $L_a(\lambda)$，这两个分量均是波长的函数。由于山区地表高程及坡度坡向的较大差异，各种大气参数（如大气厚度、瑞利散射、气溶胶散射光学厚度、大气透过率等）随高程发生了规律性的变化。以瑞利散射为例，Saunders（1990）指出，瑞利散射分量 $L_T(\lambda)$ 可以表达为太阳天顶角 θ_0、卫星观测天顶角 θ 以及波长 λ 的函数：

$$L_T(\lambda) = \{E_0(\lambda)\cos\theta_0 P_r / 4\pi(\cos\theta_0 + \cos\theta)\}$$
$$\times \{1 - \exp[-\tau_r(\lambda)(1/\cos\theta_0) + (1/\cos\theta)]\} \times t_{oz\uparrow}(\lambda)t_{oz\downarrow}(\lambda) \tag{3.58}$$

式中，E_0 为日地平均距离处的行星辐照度；P_r 为瑞利散射项函数；$t_{oz\uparrow}(\lambda)$、$t_{oz\downarrow}(\lambda)$ 分别为臭氧层向上和向下的大气透过率；τ_r 为分子光学厚度。其中，$t_{oz\uparrow}(\lambda)$、$t_{oz\downarrow}(\lambda)$ 可以由下式计算：

$$t_{oz\uparrow}(\lambda) = \exp(-t_{oz}(\lambda))$$
$$t_{oz\downarrow}(\lambda) = \exp(-t_{oz}(\lambda)/\cos\theta_0) \tag{3.59}$$

式中，$t_{oz}(\lambda)$ 为臭氧层的光学厚度，随季节和纬度而变化。

分子光学厚度与影像各波段中心波长 λ 及海拔 h_0 有关，其近似计算公式如下（Zibordi and Maracci，1988）：

$$\tau_r(\lambda, h_0) = H_r(h_0)\{0.00859\lambda^{-4}(1 + 0.0113\lambda^{-2} + 0.00013\lambda^{-4})\} \tag{3.60}$$

式中，$H_r(h_0) = \exp(-0.1188h_0^2 - 0.00116h_0)$。

大气气溶胶散射分量 $L_a(\lambda)$ 表征了大气中气溶胶粒子对太阳辐射的散射比例，根据 Gilabert 等（1994）的研究，可表达为如下形式：

$$L_a(\lambda) = \{E_0(\lambda)\cos\theta_0 w_0 P'_a / 4\pi(\cos\theta_0 + 1)\}$$
$$\times \{1 - \exp[-\tau_a(\lambda)(1/\cos\theta_0) + 1)]\} \times t'_{a\uparrow}(\lambda)t'_{a\downarrow}(\lambda) \tag{3.61}$$

式中，P'_a 为一次性项函数，$P'_a = \text{PER} \times P_r + (1 - \text{PER}) \times P_a$，其中：$\text{PER} = (\lambda^{-\xi} - \lambda^{-0.8})(\lambda^{-4.08} - \lambda^{-0.8})$，$\lambda$ 为各波段中心波长，w_0 可表示为：$w_0 = \text{PER} \times 1.00 + (1 - \text{PER}) \times 0.90$，对于大陆性气候，$P_a$ 可表示为：

$$P_a = 0.2142/(1.7815 - 1.768\cos\theta_0)^{3/2} + 0.00966/(1.561 + 1.498\cos\theta_0)^{3/2} \tag{3.62}$$

对式（3.61）中的气溶胶光学厚度 $\tau_a(\lambda)$ 而言，在地形起伏很大的山地，气溶胶光学厚度在垂直方向的变化较为明显。可以认为 $\tau_a(\lambda)$ 按指数规律随高度而变化（张玉贵，1994），则其可表示为：

$$\tau_a(\lambda) = A(\lambda)\exp[B(\lambda)h] \tag{3.63}$$

式中，$A(\lambda)$ 和 $B(\lambda)$ 为各个波段的拟合系数，可通过不同高程处暗像元气溶胶光学厚度拟合获取。根据 DEM 提取获得的高程信息即可计算获得每个高程上的 $\tau_a(\lambda)$。

由上述地形对瑞利散射、大气分子光学厚度、气溶胶光学厚度的影响，可得出地形对大气上行和下行通过率的影响规律：

$$T_\uparrow(\lambda) = \exp(-\tau_{oz}(\lambda) - \tau_r(\lambda) - \tau_a(\lambda)) \tag{3.64}$$

$$T_\downarrow(\lambda) = \exp(-\tau_{oz}(\lambda) - \tau_r(\lambda) - \tau_a(\lambda)/\cos\theta_0) \tag{3.65}$$

2. 地形影响气溶胶与水汽参数的空间分布特征

由上述分析可知，大气参数随海拔有显著的变化规律，因而反映在遥感影像上则表现出大气参数的地形空间分布特征（赵志强等，2015b）。以气溶胶为例，在复杂山区，森林火灾、岩石风化以及水汽等都可能成为气溶胶的来源，而且地形因素会明显地影响山区气溶胶的空间分布。一般而言，由于山区河谷地区开阔水面蒸发量较周围地形大，沿着河谷区域往往水汽含量和气溶胶较为密集，因此，河谷区域气溶胶分布明显高于其他区域，图3.28 中山地河谷区气溶胶光学厚度分布即为典型山区气溶胶空间分布特征。此外，山区城镇的分布多呈点状分布，城镇上空的气溶胶浓度也较高，这种空间分布特征与平原地区相比有很大不同。山区城镇上空气溶胶的时空变化与平原城镇相比也有显著差异，即山区城镇的气溶胶光学厚度峰值一般在春季，而平原城市主要在夏季（Jing and Jietai，2007）。

3. 地形改变太阳–地表–传感器的角度关系和坡面入射能量组成

山区地形还会从其他方面更直接地对遥感影像地表反射率反演产生影响（Li et al.，2015b）。山区的地形起伏会产生阴阳坡，从而导致地表像元所接收的有效光照可能会有很大差别；坡度和坡向的影响会产生邻近坡面反射辐射；地表的非朗伯体特性导致在不同观测角度和不同太阳高度角度条件下观测的反射率有很大不同，而山区地形则进一步导致局地入射角和观测角更加复杂（Proy et al.，1989）。此外，地形对遥感影像的影响还会因地表覆盖状况的差异而有所不同（Gu et al.，1998）。本部分内容将在本书第 4 章山地光学遥感影像地形辐射校正中做详细介绍。

3.4　光学遥感影像云及其阴影检测技术

在陆地遥感中云的出现降低了遥感影像内地表目标信息的可用性，某些云量较高的影像甚至无法使用。在全球尺度，未被检测的云将导致气溶胶遥感估算误差偏大，导致地表反照率估算值偏高（Lyapustin et al.，2008）。而在区域尺度，云的"亮"特征及阴影的暗特征直接影响了遥感数据分析过程。例如，在土地覆盖遥感分类和变化检测时，云及其阴影的出现将直接影响分类和变化检测精度（Chun et al.，2004；Li et al.，2012；Lei et al.，2016）。尤其在复杂山区，云与雪、云阴影与山体阴影及水体的分类结果往往混杂在一起（Bian et al.，2014）。同时，由于云在时空分布上的随机性及其和雪、裸地之间的光谱反射率的相似性，其在山区的准确检测方法与平原地区检测相比通常存在一定的难度。

本节首先简要介绍云的分类及其辐射特性，然后介绍常见的卫星影像云检测方法并给出应用实例，最后针对山区影像中云及其阴影的检测的特殊性进行介绍。

3.4.1　云的物理形态及其辐射特征

1. 云的物理形态

云是由大气中水汽凝结成的水滴、过冷水滴、冰晶或它们的混合物组成的，具有一定几何形态和层次分布的可见悬浮体。根据云顶高度、云光学厚度、云相态及其他物理特性，可将云大致分为低云（2500m 以下）、中云（2500m ~ 5000m）和高云（5000m 以上）三大类。高云为高层冰云，低云为低层水云。根据云相态的不同，中云可分为中层水云、中层冰云。

云的基本物理属性包括相态、云底高度、光学厚度及其热力学相位。这些基本属性共同决定了云在视觉上的表现形式。虽然云的种类千差万别，但其内在的物理属性是相同的，即云粒子的整体辐射特性较为相似。云的物理性质的不同反应在卫星传感器上则表现为云顶温度和反射特性的不同。在 MODIS 的云产品反演算法中，对云的物理属性及其反演方法进行了详细的描述（Platnick et al. , 2003）。根据辐射传输方程，云的反射率函数 $R(\tau_c, r_e, \mu, \mu_0, \varphi)$ 可定义为（King et al. , 1997）：

$$R(\tau_c, r_e, \mu, \mu_0, \varphi) = \frac{\int_\lambda R^\lambda(\tau_c, r_e, \mu, \mu_0, \varphi)f(\lambda)F_0(\lambda)\,\mathrm{d}\lambda}{\int_\lambda f(\lambda)F_0(\lambda)\,\mathrm{d}\lambda} \tag{3.66}$$

式中，τ_c 为大气（云）的光学厚度；r_e 为有效粒子半径；μ 为太阳天顶角余弦值的绝对值；μ_0 为太阳天顶角 θ_0 余弦值；φ 为太阳入射辐射和出射辐射的相对方位角；$F_0(\lambda)$ 为太阳入射辐射通量；$f(\lambda)$ 为对应波段的光谱响应函数。从式（3.66）中可以看出，云的光学厚度、粒径等参数决定了其光谱反射率，在已知 $R(\tau_c, r_e, \mu, \mu_0, \varphi)$ 及传感器的相关设计参数如 $f(\lambda)$ 的情况下，即可反演获取云的光学厚度、粒径等物理形态。

2. 云的辐射特征

云的辐射特性主要表现在云对太阳辐射的散射和透射两方面。云层中的粒子多为大粒子，当粒子尺度接近于或大于波长时，其对可见光的散射主要表现为米氏小粒子散射。在可见光波段（0.4 ~ 0.76μm），云中的水滴及冰晶粒子的光学性质，不仅使云层表面呈现出高反射的特性，还增加了云层对辐射的吸收作用，降低了地面辐射信息的透过率。图 3.29 为云与不同地表覆盖类型的反射率曲线分布对比。可以看出，在可见光波段，云的反射率高于除冰雪在内的大部分自然地物。

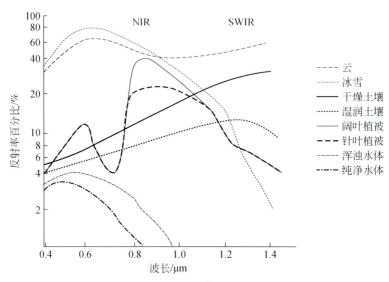

图 3.29　云及不同地物类型光谱反射曲线（Aronoff，2005）

　　由于云在可见光波段具有较高的反射率，因此在大多数可见光影像中，云主要表现为亮色调。因此，可以利用影像灰度分级将云和其他地物区分开。然而，云的灰度特征并不是绝对的，冰雪、裸地、人造建筑、沙地等均可能呈现为亮地表 ［图 3.30（a）中矩形框内］。此外，部分薄云由于也包含了地表的光谱信息，因此简单通过光谱阈值也难以将其区分开来 ［图 3.30（b）矩形框内］。

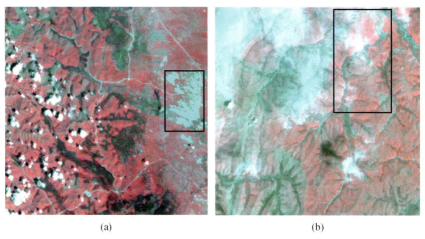

(a)　　　　　　　　　　　　　　　　　(b)

图 3.30　含有亮地表及薄云的 HJ-1A/B 卫星影像

（a）HJ-1A-CCD2-17-76-20130815；（b）HJ-1A-CCD2-17-76-20130819

3.4.2　光学遥感影像云检测方法

准确检测光学卫星影像中云像元的位置是许多遥感应用的首要任务和关键技术之一。然而，云的易变性及其复杂性使得光学卫星影像中云的检测成为一大难点。近年来，根据不同传感器的光谱特征，国内外学者已相继发展了多种云检测方法。根据采用的信息源不同，目前的云检测方法主要包括基于光谱特性的云检测方法（Amato et al.，2008；Hansen et al.，2008；Huang et al.，2010a；Roy et al.，2010；Zhu et al.，2012a；Zhu and Woodcock，2014；Kovalskyy and Roy，2015；Zhu et al.，2015a）、基于纹理特性的云检测方法（Vasquez and Manian，2003；Racoviteanu and Williams，2012；Zhu et al.，2014；Li et al.，2015）以及基于时相特性的云检测方法（Lyapustin et al.，2008；Hagolle et al.，2010；Zhu et al.，2014；Bian et al.，2014，2016）三大类。本节将对这几种方法做简要介绍。

1. 基于光谱特性的云检测方法

基于光谱特性的云检测方法是指根据非云区下垫面与云的不同物理光谱特性，通过设定相应规则，将云和非云区下垫面区分开来的一种方法。早期基于光谱特性的云检测方法以经验阈值法为主，然而由于阈值的确定带有一定的主观性，同时对先验知识要求也很高，而且在时间和区域上存在局限性，经验阈值法往往不具有较好的普适性。近年来，随着 MODIS 等高光谱分辨率探测器的相继出现，国内外学者利用云、冰雪等在更多波长范围的光谱特征，研究了多波段信息综合的云检测方法（Amato et al.，2008；Hansen et al.，2008；Huang et al.，2010a；Roy et al.，2010；Zhu et al.，2012a；Zhu et al.，2014）。总体而言，这些方法可细分为规则阈值法和光谱分类法。

1）规则阈值法

规则阈值法根据云在特定波段的光谱特性，通过设定各种规则和阈值特征来区分云和非云下垫面。规则阈值法中，常用的波段包括可见光波段、近红外波段、短波红外波段等。其中，可见光波段主要利用云在可见光波段的"亮–白"特性。如 Gomez–Chova 等（2007）利用云在可见光谱波段亮度较为均匀的特性，针对 MERIS（MEdium Resolution Imaging Spectrometer）多光谱影像提出了一种采用三个可见光波段亮度均值归一化的方法进行影像的云检测。

$$\mathrm{MeanVIS} = （band1 + band2 + band3）/3 \tag{3.67}$$

$$\mathrm{WT} = \sum_{i=1}^{3} |（band\ i - \mathrm{MeanVIS})/\mathrm{MeanVIS}| < 0.3 \tag{3.68}$$

式中，band1，band2 和 band3 分别对应蓝波段、绿波段和红波段的反射率。

然而，针对薄云像元以及其他亮地表，如裸岩、地表积雪等，亮度检测并不能进行有效检测。这是因为对薄云像元而言，其既包含云的信息，也包含地表信息，其亮度要低于云层厚度较厚的像元。而裸岩、积雪等亮地表在遥感影像上也表现出与云相类似的光谱特征。为解决该问题，Zhang 等（2002）针对遥感影像的雾霾、薄云等，经过大量的统计分析，提出了一种针对 Landsat 影像的雾霾优化转换（HOTtest）的方法：

$$HOTtest = band1 - 0.5 \times band3 - 0.08 > 0 \qquad (3.69)$$

式中，band 1 和 band 3 分别对应蓝波段和红波段的反射率。该方法的基本假设是晴空条件下大多地表像元反射率在可见光的不同波段相关性很高，而云以及薄云的出现则导致这种相关性发生较大变化。

薄云像元在部分波段的光谱特性也被用以发展检测算法。如，在 Landsat 8 OLI 影像中新增的短波红外波段（又称卷云波段，波长范围 1.36 ~ 1.38 μm）内，水汽具有很强的吸收特性，因此较高的卷云将会有较小的双向水汽路径长度，亮度得以增强（Gao et al.，1993）。目前，Landsat 8 的卷云波段（Band 9）已经被证明十分有利于卷云的区分（Roy et al.，2014；Kovalskyy and Roy，2015）。Zhu 等（2015a）利用卷云波段的 TOA 反射率，构建了卷云概率指数（Cirrus Cloud Probability）用以开展 Landsat 8 OLI 影像的薄云检测：

$$Cirrus\ Cloud\ Probability = cirrus\ band/0.04 \qquad (3.70)$$

热红外波段也是卫星遥感影像云检测方法的常用波段之一。该波段上，云通常表现出低温的特性（Huang et al.，2010a）。热红外波段一般用作辅助云像元的确定。此外，根据云的温度特性还可进一步确定其高度特征（Zhu and Woodcock，2012）。

在遥感影像云检测中，云和雪的区分也是难点之一。云和雪在可见光波段的光谱特征相似，通常在该波段范围内难以有效区分（Dozier，1989）。然而，雪在短波红外波段中反射率明显低于云，因此可以根据该波段的光谱特征来区别云和雪（Gao et al.，1993）。基于短波红外波段的光谱特性，目前已经发展出了归一化雪被指数（NDSI）（Choi and Bindschadler，2004）。该指数也被成功应用于 LEDAPS 大气校正工具的云检测方法发展中，并在 TM 影像处理中得到了广泛的应用（Masek et al.，2006；Masek et al.，2008）。Landsat TM 影像的 NDSI 计算公式为：

$$NDSI = (band2 - band5)/(band2 + band5) \qquad (3.71)$$

式中，band2 代表绿波段（0.52 ~ 0.60 μm），band5 代表短波红外波段（1.55 ~ 1.75 μm）。

基于云及各种非云下垫面的光谱信息，研究者们利用不同地物的光谱特性构建了多种指数的综合方法（Luo et al.，2008；Lyapustin et al.，2008；Zhu et al.，2012b）。如图 3.31 所示，Luo 等（2008）利用不同波段的光谱信息，开展了 MODIS 云检测算法的研究。由于采用光谱特性具有形式简单、物理机制较强的特点，该方法目前仍是各类卫星遥感影像云检测算法发展的主要方法。

2）光谱分类法

卫星影像光谱分类法从模式识别的角度出发，通过云像元的特征提取及分类器的设计进行云检测。在分类器的选择上，常见的分类器包括支持向量机（Li et al.，2015）、神经网络（Lee et al.，1990）、回归树（Roy et al.，2010）、混合算法（Xia et al.，2015）等。基于分类法的云检测一般流程如图 3.32 所示。有关分类器的基本原理及其选择将在本书第 5 章进行详细介绍，本处不再进行赘述。

与土地覆被的自动分类流程类似，云检测的分类首先需要根据影像特征，人工选择或根据已经建立好的云像元训练集，选择合适的分类器进行影像分类。当需要处理的影像数量较少时，人工训练样本选择是可行的；但当面临国家尺度或全球尺度的海量影像处理

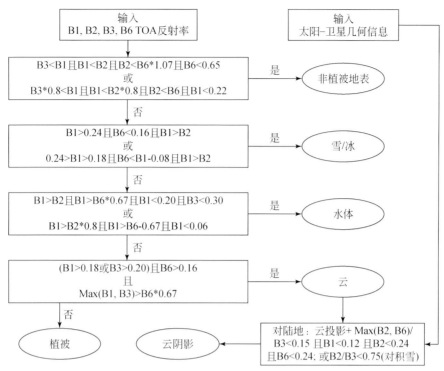

图 3.31 综合指标云检测算法流程（Luo et al.，2008）

时，需要根据卫星影像特征建立相应的云检测样本库（Roy et al.，2010）。值得指出的是，分类法的优势是可以避免传统阈值法的不足。然而，由于分类法需要拥有局地区域云和下垫面地表的先验样本库，全自动化的云检测分类方法难以实现（Huang et al.，2010a）。

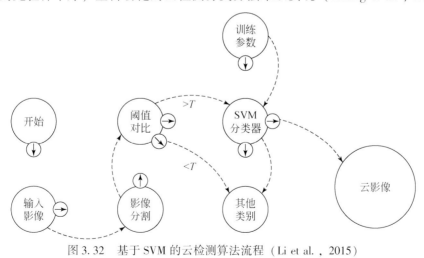

图 3.32 基于 SVM 的云检测算法流程（Li et al.，2015）

2. 基于纹理特征的云检测算法

纹理是指当目标的组成元素（称之为纹理基元）按一定规律分布时，目标整体会呈现一种具有重复周期性的视觉现象（Tso and Olsen，2005）。纹理作为一种统计特性，在影像像素满足一定数量时才能反映出来，且与目标场景的固有属性、影像分辨率等密切相关。

云的空间分布特性可由其纹理特性来表征。云的纹理特征属于随机纹理，它的纹理基元虽然多变难测，但是它又区别于其他下垫面物体的统计纹理特性。一般来说，云的纹理特性包括以下三个方面的基本特征：

（1）云区灰度级比其他下垫面灰度级高，有一定的灰度范围；

（2）云在边缘上表现出灰度和纹理的不连续性，边缘包含较多的类似于阶跃的灰度跳变特征，并且有相当的面积；

（3）云的局部和整体具有一定程度灰度和纹理的同一性，所以云团具有一定的分形自相似性。

为了定量描述云的纹理特征，大量纹理测量理论及方法被应用于数字影像处理与分析领域，这些方法包括统计分析法（如灰度共生矩阵（Haralick et al.，1973））、模型分析法（如自相关模型、分析模型等（Fauvel et al.，2008））以及信号处理法（如傅里叶滤波等（Shen et al.，2014））。下面将对各种纹理特征的数学描述以及相关云检测方法进行简要介绍。

1）基于统计的纹理特征分析

纹理特征分析方法基于统计学原理，利用影像信息的统计学特性，分析纹理区域内邻域像素的灰度或其他属性值的分布情况，统计并计算对象在空间上的属性值分布，并给出定量化的参数特征。基于统计的纹理特征提取方法包括基于直方图的特征提取法、基于灰度梯度变化的提取方法以及基于灰度共生矩阵的提取法等。其中，通过研究灰度的空间相关特性来描述纹理的灰度共生矩阵法（Gray Level Co-occurrence Matrix，GLCM）是目前应用较为广泛、效果较好的一种纹理统计方法（Haralick et al.，1973）。

灰度共生矩阵由 Haralick 等（1973）提出，用以描述影像的纹理特征。其理论基础是纹理是由分布在空间位置上反复交替变化而形成的，因而在影像空间中相隔一定距离的两个像素间一定存在一定的灰度关系，称为影像的灰度空间相关特性。灰度共生矩阵被定义为从灰度级 i 的点离开某个固定位置关系 $d=(dx, dy)$ 达到灰度级 j 的概率。灰度共生矩阵用 $P_d(i, j)$ $(i, j=0, 1, 2, \cdots, L-1)$ 表示。其中，L 表示影像的灰度级；i, j 分别表示像素的灰度；d 表示两个像素间的空间位置关系。不同的 d 决定了两个像素的距离和方向。当两像素间的位置关系 d 选定以后，就生成了一定关系 d 下的灰度共生矩阵，如式（3.72）。

$$P_d = \begin{bmatrix} P_d(0,0) & P_d(0,1) & \cdots & P_d(0,j) & \cdots & P_d(0,L-1) \\ P_d(1,0) & P_d(0,1) & \cdots & P_d(1,j) & \cdots & P_d(1,L-1) \\ \cdots & & \cdots & & & \cdots \\ P_d(i,0) & P_d(i,1) & \cdots & P_d(i,j) & \cdots & P_d(i,L-1) \\ \cdots & & \cdots & & & \cdots \\ P_d(L-1,0) & P_d(L-1,1) & \cdots & P_d(L-1,j) & \cdots & P_d(L-1,L-1) \end{bmatrix}$$

$$(3.72)$$

灰度共生矩阵的一个元素代表了一种灰度组合下出现的次数。如元素 $P_d(1, 0)$ 代表了影像位置关系为 d 的两个灰度分别为 1 和 0 的情况出现的次数。为了更直观地以灰度共生矩阵描述影像纹理状况，一般不直接应用得到的灰度共生矩阵，而是采用其二次统计量，如均值、方差、同质性、二阶距、对比度、相关性、非相似性、熵值等特征统计量对纹理特征进行描述。

2）基于模型的纹理特征分析

基于模型的纹理提取方法认为一个像素与其邻域像素存在着某种相互关系，这种关系既可以是线性的，也可以是服从条件概率分布的。常用的模型提取法包括自相关模型、高斯 Markov 随机场（MRF）模型、分形模型等（Le Hegarat-Mascle and Andre，2009）。下面以 MRF 随机场模型为例简要介绍基于模型的纹理特征提取。

随机场模型法尝试以概率模型来描述纹理的随机过程。它们对随机数据或随机特征进行统计以估算纹理特征的参数，然后对一系列的模型参数进行聚类，形成和纹理类型数一致的数学模型参数。由估计的模型参数对灰度影像可以进行逐点的最大后验概率估计，确定像素及其邻域情况下该像素点最可能归属的概率。随机场模型实质上是描述影像中像素对其邻域像素的统计关系，其中应用最为广泛的为 MRF 模型。

MRF 建模提取纹理的基本思想是通过任意像素关于其邻域像素的条件概率分布来描述纹理的统计特性（Le Hegarat-Mascle and Andre，2009）。该模型的主要优点是提供了用来表达空间上相关随机变量之间的相互作用模型。具体而言，对于一幅影像，像素 s 属于哪一个区域是由其类标号决定的，此时影像纹理提取问题则被表述为影像标记问题。将影像每个像素点的类标号组成的标号场记为 ω_s，它是一个离散随机变量，标号的集合 $\omega_s = \{\omega_{s_1}, \omega_{s_2}, \cdots, \omega_{s_{M \times N}}\}$ 是一个随机场，而影像的纹理特征记为 f，影像纹理提取的目的就是要找到观察区域的最佳标号 ω，使得后验概率 $P(\omega \mid f)$ 取得最大值，这就是最大后验概率估计。记 Ω 为所有可能的标记集合，则：

$$\omega = \arg \max_{w \in \Omega} P(f \mid \omega) P(\omega) \tag{3.73}$$

对于影像的标号模型，采用 MRF 的二阶邻域系统来描述。根据 Hammersley-Clifford 定理，先验概率 $P(w)$ 服从 Gibbs 分布，则标号场 w 的先验概率表示为：

$$P(\omega) = z^{-1} \times e^{-\frac{1}{T}U_2(w)} \tag{3.74}$$

式中，$z = e^{-\frac{1}{T}U_2(w)}$ 为归一化常数，$U_2(w)$ 为能量函数。在纹理特征影像中，相似的纹理具有类似的分布。

3）基于信号处理的纹理特征分析

基于信号处理的纹理提取方法有很多，其共同之处在于采用变换或滤波器将纹理转换到变换域，再通过应用某种能量准则来提取纹理特征（Shen et al.，2014）。大多基于信号处理方法的基本假设为：频率域的能量分布能够鉴别纹理特征。常用的信号处理纹理提取法包括傅里叶滤波、小波变换等。以傅里叶变换为例，其基本作用是把影像的空间域信号变换到频率域。由于影像是二维离散数据，它们的傅里叶变换可表示为：

$$F(u, v) = \sum_{x=0}^{M-1} \sum_{y=0}^{N-1} f(x, y) \exp\left[-j2\pi\left(\frac{ux}{M} + \frac{uy}{N}\right)\right],$$

$$u = 0, 1, 2, \cdots, M-1, v = 0, 1, 2, \cdots, N-1 \qquad (3.75)$$

式中，$f(x, y)$ 为数字影像，x，y 为空间域影像中的横、纵坐标轴；$F(u, v)$ 为频率域影像谱；其可表示为两个实频率变量 u 和 v 的复值函数，频率 u 是对应 x 轴，v 对应于 y 轴。变形后的振幅谱、相位谱和能量谱可分别表示为：

$$|F(u, v)| = \sqrt{R^2(u, v) + I^2(u, v)} \qquad (3.76)$$

$$\varphi(u, v) = \arctan[I(u, v)/R(u, v)] \qquad (3.77)$$

$$E(u, v) = R^2(u, v) + I^2(u, v) \qquad (3.78)$$

式中，$R(u, v)$，$I(u, v)$ 分别代表 $F(u, v)$ 的实部和虚部。$P(u, v) = |F(u, v)^2|$ 是傅里叶功率谱，又称为能量谱。一幅没有丝毫纹理的光滑平坦影像，其功率谱只有空间频率为 0 的分量；当影像中的纹理比较粗，则在低频段会有较大能量；当纹理比较细，或比较复杂时，则在高频段会有比较大的能量。

采用信号处理进行纹理提取的基本流程为，首先对影像进行滤波，各滤波通道输出即为初始特征，初始特征的方差差异载有纹理信息的差异；接下来的局部能量估计的目的是估计局部区域中滤波器的输出能量。然而，精确的边缘保持和精确的能量估计不能同时满足。对边缘定位而言，需要高空间分辨率，而能量估计需要高的频率分辨率，二者之间需要通过平滑滤波器进行折衷。常用的平滑滤波器有矩形和高斯滤波器，一般认为高斯滤波器表现较好。

基于云层纹理等特征的云检测方法，即在基于以上云层纹理特征分析的基础上，将包括模式识别、聚类算法、最大似然估计方法、神经网络方法等在内的数学方法应用在云检测上。这些方法本书在其他章节均有相关介绍，因此本节不再赘述。

3. 基于时相信息的检测方法

近年来，基于光学遥感影像的时相信息发展云检测算法研究开始受到关注。遥感影像的时相信息能够反映出陆表的时间趋势变化，如进行植被动态变化模拟（Jonsson and Eklundh, 2002；Fensholt, 2004；Li et al., 2010）、获取森林扰动信息（Huang et al., 2010b）等。基于时相信息进行云检测的基本假设是云的出现会导致时间序列光谱值发生突变。根据这种突变就可以确定云的时空信息。根据采用的时相数量，可将基于时相信息的云检测方法分为两期对比法和多期对比法。

1）两期对比

最简单的基于时相信息的云检测方法可通过将有云的待检测影像与一景已知无云的参考影像进行光谱差值。通过设定光谱变化阈值，进而实现待检测影像中云的标记。Hagolle 等（2010）提出了一种基于两期影像的多时相云检测算法：

$$[\rho_{\text{blue}}(D) - \rho_{\text{blue}}(D_r)] > T \times (1 + (D - D_r)/30) \qquad (3.79)$$

式中，$\rho_{\text{blue}}(D)$ 待检测是日期 D 的蓝波段地表反射率；$\rho_{\text{blue}}(D_r)$ 是无云参考影像的蓝波段地表反射率；T 是两个时相反射率差值的阈值；$D - D_r$ 代表了云检测日期与参考影像之间的天数。当两个日期非常接近时，设置的 T 值为 0.03。

在采用两期对比时，需要注意以下两个问题。

（1）无云参考影像的获取。众所周知，获取某一区域的无云影像十分困难。很多地区往往在 1~2 年之内才能获取 1 景无云影像。此外，无云影像的时相往往集中在非降雨季节。因此，如何获取无云参考影像是采用两期时相对比开展云检测面临的首要问题。解决该问题的方法之一是通过采用多期有云影像合成无云的参考影像。如 Hagolle 等（2010）在进行两期影像对比时，通过影像合成获得了无云的参考影像。

（2）参考影像与待检测影像之间的时相差异。参考影像与待检测影像之间的时相差异也是需要考虑的重要问题之一。当参考影像与待检测影像之间时相差距过大时，一些季相变化特征明显的地表覆被类型的光谱特征，如落叶林、草地、农田、积雪等可能会变化较大而导致在影像对比时引入误差。同时，在进行无云参考影像合成时，也需要考虑设定的合成时间窗口大小。

2）时间序列滤波

除了将以上有云影像与无云的参考影像的光谱反射率进行直接差值对比外，检测时间序列影像中光谱反射率的变化特征也是基于时相信息进行云检测的常采用的方法之一。Zhu 等（2014）提出了一种中值滤波的时间序列云检测方法。该方法的基本思想是云不能在同一位置永久存在，因此绝大多数云像元在可见光波段的反射率（或 TOA 反射率）会高于同一位置上整体时间序列的中值。该方法可表示为：

$$\rho(x_j) \leqslant \mathrm{median}(\rho(x_j^{|1, 2, 3, \cdots, K|})) + T \tag{3.80}$$

式中，x 代表日期；j 代表第 j 个像元；K 代表整个时间序列中影像的个数；$\rho(x_j)$ 代表 x 第 j 个像元的反射率。T 用来防止当时间序列像元均为非云像元时，目标像元不被错误标记为云。Zhu 等（2015a）通过大量的影像实验，将该 T 设为 0.04。

在该方法中，选择合适的可见光波段进行中值滤波是需要考虑的问题之一。由图 3.29 中云的光谱特征可知，云在可见光波段尤其在蓝波段具有较高的反射率，而其他地物类型在蓝波段的反射率相对低得多，因此蓝波段在多时相云检测算法中较为常用（Hagolle et al.，2010；Goodwin et al.，2013）。然而，对于某些卫星传感器如 Landsat TM 而言，其蓝波段反射率经常发生饱和现象，而这种饱和将使得云、雪及亮地表等亮度值趋向一致，不利于云与亮地表的区分。

此外，采用模型法预测任意时段的光谱影像，形成时间序列数据，并开展时间序列的云检测也是当前一种新的方法。Zhu 等（2014，2015b）发展了一种基于多期光学影像预测任意时段的无云影像，并在此基础上开展云检测的时间序列滤波算法。其用于拟合无云影像的模型包括年内季相变化和年际变化两个部分。该模型可表述为：

$$\dot{\rho}(i, x) = a_0 + \sum_{i=1}^{N} \left(a_i \cos\left(\frac{2\pi}{iT}x\right) + b_i \sin\left(\frac{2\pi}{iT}x\right) \right) + a_{N+1}\cos\left(\frac{2\pi}{0.5T}x\right) + b_{N+1}\sin\left(\frac{2\pi}{0.5T}x\right)$$

$$\tag{3.81}$$

式中，x 代表日序；N 代表预测年份；T 代表一年中的全部天数；a_0 代表地表反射率；a_i，b_i 代表第 i 年的地表反射率变化；a_{N+1}，b_{N+1} 代表地表反射率的双峰变化。该算法已被成功应用于 Landsat TM/OLI 影像的云检测算法发展（Zhu et al.，2014）。

4. 应用实例

本小节以 Bian 等（2016）采用 HJ-1A/B CCD 影像为数据源开展的中国贡嘎山区域云雪检测研究为例，介绍云雪检测方法在典型山区的应用。该研究综合使用了本节前面所述的光谱信息和时空上下文信息，对比了不同信息在缺少短波红外波段 HJ-1A/B CCD 遥感影像中云、雪检测方面的应用效果。其具体方法体现在：

（1）在光谱测试分析中，基于云、雪在可见光波段的"亮–白"特征和雾霾优化转换方法，同时提取出了云、雪的覆盖范围，该光谱特征分析方法本节已在上文详细进行了介绍；

（2）在时相上下文分析中，该研究首先基于 HJ-1A/B 高时间分辨率的特点，发展了一种简单的考虑水体特征的"无云"参考影像合成方法，并利用中值滤波方法（Zhu et al.，2014）和 S-G 滤波重构方法（边金虎等，2010；Li et al.，2010）进行了合成影像中残云的检测以及残云区反射率的预测；基于该无云参考影像，进行了基于时间信息的云雪区分；

（3）在空间上下文分析中，该研究引入了在目标检测领域应用较为广泛的区域协方差矩阵方法，综合了影像的光谱以及云雪区域的空间纹理特征，通过计算待检测影像与参考影像的区域协方差矩阵距离，进一步区分了云雪像元。

图 3.33 给出了中国贡嘎山区域四个不同时期 HJ-1A/B 影像不同信息引入后云雪检测的结果对比。总体而言，在光谱测试分析中，积雪和云像元能够被准确区分。然而，由于二者的光谱相似性和缺少短波红外波段，云和雪不能够被准确区分开来。另外，在增加时相信息后，许多积雪像元被明显识别出，统计得出约 79.98% 的积雪像元被时相信息成功从云中剔除。然而，可以看出时相监测结果中仍然有部分积雪像元存在（红色椭圆区域）。在应用空间纹理信息后，约 20.02% 的非云像元被进一步识别出来。

3.4.3　云阴影检测及其在山区的特殊性

遥感影像中，云的出现除了阻碍地表辐射信号被传感器接受外，云阴影还进一步造成卫星影像中出现大量的阴影区域，影响了遥感影像的各种应用。云阴影自动检测通常比云检测更加困难。这是因为云本身的出现是随机的，因此云阴影可能出现在任何地表类型，也导致云阴影的光谱多变。比如当云阴影投射到城镇、积雪、冰川或裸岩时，云阴影区反射率与影像中的其他区域反射率相比仍然较高。而当云是半透明的薄云时，云阴影导致的光谱变化可能是微乎其微的（Zhu et al.，2012a）。目前，云阴影的检测方法包括两种：光谱测试法和几何关系法。本节将对这两种方法做简要介绍，并对云阴影在山区的特殊性进行分析。

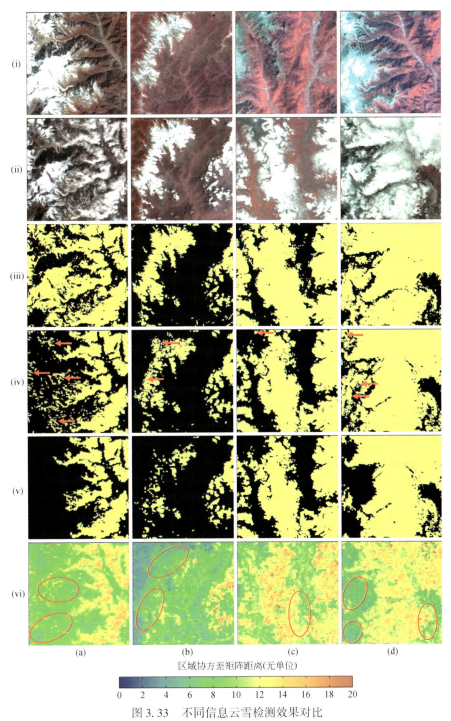

图 3.33　不同信息云雪检测效果对比

（a）～（d）分别是 2011 年 1 月 6 日，4 月 30 日，6 月 29 日及 10 月 10 日的 HJ-1A/B CCD 影像及其不同阶段
云雪检测结果。图中第（ⅰ）行为无云参考影像；第（ⅱ）行待检测影像（4，3，2 波段标准假色合成，）；
第（ⅲ）行为光谱测试云掩膜结果；第（ⅳ）行为时相测试云掩膜结果；第（ⅴ）行为纹理测试后的云掩
膜结果；第（ⅵ）行为待检测影像与参考影像的区域协方差矩阵距离

1. 光谱测试法

光谱测试法直接基于云阴影昏暗的光谱特性，通过在影像上设定光谱规则检测云阴影像元的边界（Ackerman et al.，1998）。该方法可通过直接设定光谱阈值进行阴影检测，同时也可根据阴影区的光谱反射特性，设计光谱指数并根据光谱指数设定阈值。理论上，可见光波段阴影区的入射辐射主要来自于天空散射，而天空散射随着波长的增加而呈反比。因此，可以通过构建可见光波段与短波红外波段之间的光谱指数。如 Song 和 Civco（2002）基于 Landsat 1 波段（蓝波段）和 4 波段（近红外）的光谱信息，开展了云阴影的检测研究。然而，尽管基于光谱规则法有时能够获得较好的效果，但大多数情况下该方法不可避免地会包含一些与云阴影具有相似光谱特征的暗地表像元（如地形阴影或水体），并在一定条件下会排除一些亮度条件不是特别暗的阴影像元。

2. 几何关系法

几何关系法利用太阳、目标和传感器三者之间的几何角度关系，根据成像几何模型计算获得云像元对应的投影位置。设卫星影像中坐标位置为（x_{img}，y_{img}）的像元被标记为云，则根据太阳-目标-传感器的几何关系，云在星下的投影点坐标（x_{nadir}，y_{nadir}）可计算为（Luo et al.，2008）：

$$x_{nadir} = x_{img} + h_c \tan\theta_v \sin(\varphi_v + \gamma) \tag{3.82}$$

$$y_{nadir} = y_{img} + h_c \tan\theta_v \cos(\varphi_v + \gamma) \tag{3.83}$$

云阴影的投影像元（x_{shadow}，y_{shadow}）根据几何关系可表示为：

$$x_{shadow} = x_{nadir} - h_c \tan\theta_s \sin(\varphi_s + \gamma) \tag{3.84}$$

$$y_{shadow} = y_{nadir} - h_c \tan\theta_s \cos(\varphi_s + \gamma) \tag{3.85}$$

式中，h_c 是云层距离地面的高度；θ_s 和 θ_v 分别为太阳和观测天顶角；φ_s 和 φ_v 分别为太阳观测角和方位角；γ 为距离正北方向的方位角。

当前，几何关系法确定云阴影的方式有三种：①对象匹配法；②温度垂直梯度法；③散射差异法。

1）对象匹配法

对象匹配法将云看做是一个整体的对象而非单个像元，通过假设云和阴影的形状是高度相关的，在此基础上利用卫星传感器、太阳天顶角与方位角以及云的高度可以预测获得云投影的潜在位置，再通过匹配云对象与阴影的形状信息，实现云阴影的准确检测（Simpson et al.，2000；Le Hegarat-Mascle and Andre，2009；Zhu et al.，2012a）。在具体的操作过程中，首先利用影像分割的方法将影像中的潜在云对象分割出来，进而通过设定相似度指数，在云高度的潜在变化范围内进行迭代计算，在相似度达到一定比例后（如98%）停止迭代并输出云阴影检测结果（图3.34）。

2）温度垂直梯度法

温度垂直梯度法采用一个恒定的温度垂直梯度，利用遥感影像记录的亮度温度估算云顶高度，并进一步利用该云层高度计算云阴影的投影。该方法对于厚云阴影的估算结果较为准确，但当云为半透明状时，由于亮度温度是薄云和下垫面地表的混合，导致在云高度估算时出现问题。LEDAPS 算法中（Vermote and Saleous，2007），云高度 H_c 由式（3.86）计算：

$$H_c = \frac{T_a - T_6}{CF} \qquad (3.86)$$

式中，T_a 为空气温度；T_6 为热红外通道亮度温度（对应 TM6），温度单位采用 K；CF 为取值范围为 1~6 的转换因子。该因子能够允许算法获得一系列可能的云顶高度，在这些高度下，可以根据太阳观测和方位角计算获得一系列的云阴影投影。然而，值得指出的是，该方法对缺少中红外或热红外波段的卫星影像云阴影检测并不适用。

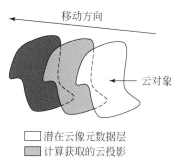

图 3.34　云及其阴影相似度
匹配过程示意

3）散射差异法

散射差异法的基本思想是由于云阴影的散射辐射在短波波段较强（尤其在蓝波段），而在近红外波段或短波红外波段较弱。因此，可以通过可见光与近红外或短波红外的物理特性，结合几何关系生成云阴影的投影。该方法对于植被区的云阴影检测效果较好，但对薄云阴影或当阴影投射在亮地表时精度较低。

值得指出的是，基于几何关系法进行云阴影检测能够获得较高的精度，然而该方法与光谱法相比仍然有两个限制条件：①需要准确的太阳、目标和传感器三者之间的角度信息；②云高度的确定通常需要热红外波段的辅助（Masek et al.，2006；Huang et al.，2010a；Zhu et al.，2012b）。

3. 山区云阴影的特殊性

在云阴影的检测识别中，地形效应经常被忽略。平原地区，云阴影的检测可通过上述不同方法开展。然而，相比平原地区，山区云投影到地面的距离以及投影形状受地形起伏的影响。特殊情况下，当云很低或观测方向垂直于云及其阴影时，云阴影有时还会被云所遮挡。山区云阴影的特殊性如图 3.35 所示。

图 3.36 给出同一 HJ-1A/B CCD 影像中几种山区特殊的投影情况。其中，（a）图为云阴影投影到坡面上。可以看出，阴影像元由于地形起伏影响被一定程度的压缩，云阴影与云的形状差距较大。（b）图中的云阴影与（a）中相比，一方面，投影距离更短，主要原因是（b）图中云阴影投影到山脊区域，因此阴影与云之间的距离较近；同时，由于部分阴影被云遮挡，因此影像中只有少量阴影。（c）图中由于云分布于河谷中，云下阴影完全被云遮挡。（d）图中，云阴影和山体阴影发生了混合。由此可见，山区中，云及其阴影的分布还是十分复杂的，在进行检测时需要考虑下垫面地形的影响。

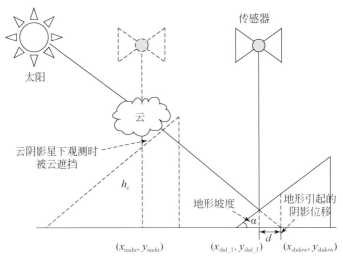

图 3.35 山地条件下太阳、传感器、云及其阴影的几何关系

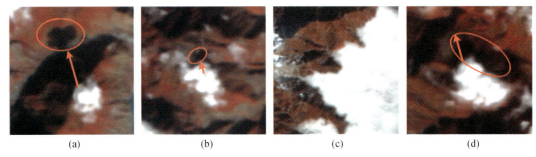

图 3.36 山地几种不同的云阴影投影情况

3.5 小 结

目前，随着对地观测技术的不断发展，各种新型传感器不断出现，山地遥感的发展面临着前所未有的机遇。然而，卫星观测获取的海量遥感数据在山地应用目前仍面临巨大挑战，遥感影像的预处理方法与技术是限制山地遥感数据应用的主要环节之一。山地遥感影像预处理方法与技术已取得了很多重要的进展，在诸如几何校正、正射校正、大气校正、云雪检测等多方面都有显著成果。然而，由于不同卫星传感器的观测原理、辐射性能、光谱响应、波段设置不尽相同，很难发展普适性较强的遥感影像预处理方法。由于山地环境的复杂性，提高山地遥感影像预处理效率与精度应正确认识山地遥感数据预处理的特殊性，根据山地地形及环境特征对遥感成像过程的影响机理出发，发展有效的山地遥感影像预处理方法。发展结构简单、实用、高精度和高效率的山地卫星影像数据处理的方法和技术是迫切需要开展的工作，实现实时或准实时的山地卫星影像自动化预处理以满足山地卫

星遥感的应用需求是山地遥感的一个重要发展方向。

参 考 文 献

边金虎，李爱农，雷光斌，张正健，吴炳方．2014．环境减灾卫星多光谱 CCD 影像自动几何精纠正与正射校正系统．生态学报，34（24）：7181～7191．

边金虎，李爱农，宋孟强，马利群，蒋锦刚．2010．MODIS 植被指数时间序列 Savitzky-Golay 滤波算法重构．遥感学报，14（4）：725～741．

曹东晶，孙继文，杨保宁．2003．宽覆盖多光谱 CCD 相机模装及模态分析．航天返回与遥感，24（4）：5～9．

曹金山，袁修孝，龚健雅，段梦梦．2014．资源三号卫星成像在轨几何定标的探元指向角法．测绘学报，43（10）：1039～1045．

陈良富，李莘莘，陶金花，王中挺．2011．气溶胶遥感定量反演研究与应用．北京：科学出版社．

陈闻畅．2005．IKONOS 成像机理及立体测图精度研究．武汉大学硕士学位论文．

龚健雅，钟燕飞．2016．光学遥感影像智能化处理研究进展．遥感学报，20（5）：733～747．

郭文静，李爱农，赵志强，王继燕．2015．基于 AVHRR 和 TM 数据的时间序列较高分辨率 NDVI 数据集重构方法．遥感技术与应用，30（2）：267～276．

黄玉琪．1998．基于岭估计的 SPOT 影像外方位元素的解算方法．解放军测绘学院学报，15（1）：25～27．

贾福娟，吴雁林，黄颖，曹东晶．2009．环境减灾-1A、1B 卫星宽覆盖多光谱 CCD 相机技术．航天器工程，18（6）：37～42．

雷光斌，李爱农，边金虎，张正健，张伟，吴炳方．2014．基于阈值法的山区森林常绿、落叶特征遥感自动识别方法——以贡嘎山地区为例．生态学报，34（24）：7210～7221．

李爱农，尹高飞，靳华安，边金虎，赵伟．2016a．山地地表生态参量遥感反演的理论、方法与问题．遥感技术与应用，31（1）：1～11．

李爱农，边金虎，张正健，赵伟，尹高飞．2016b．山地遥感主要研究进展、发展机遇与挑战．遥感学报，20（5）：1199～1215．

李爱农，将锦刚，边金虎，雷光斌，黄成全．2012．基于 AROP 程序包的类 Landsat 遥感影像配准与正射纠正试验和精度分析．遥感技术与应用，27（1）：23～32．

李德仁，程家瑜，许妙忠，王树根．1988．SPOT 影像的解析摄影测量处理．武汉测绘科技大学学报，13（4）：28～36．

李德仁，金为铣，尤兼善，朱宜萱．1995．基础摄影测量学．北京：测绘出版社．

李德仁，童庆禧，李荣兴，龚健雅，张良培．2012．高分辨率对地观测的若干前言科学问题．中国科学（地球科学），42（6）：805～813．

李德仁，袁修孝．2012．误差处理与可靠性理论（第二版）．武汉：武汉大学出版社．

栾庆祖，刘慧平，肖志强．2007．遥感影像的正射校正方法比较．遥感技术与应用，22（6）：743～747．

南希，李爱农，边金虎，张正健．2015．典型山区 SRTM3 与 ASTER GDEM 数据精度对比分析——以青藏高原东麓深切河谷区为例．地球信息科学学报，17（1）：91～98．

孙家抦．2003．遥感原理与应用．武汉：武汉大学出版社．

孙源，顾行发，余涛，陈志明，程伟．2009．山地森林地区遥感影像地形辐射校正研究．遥感信息，24（2）：7～12．

唐娉，张宏伟，赵永超，牛振国，仲波，胡昌苗，单小军．2014．全球 30m 分辨率多光谱影像数据自动化处理的实践与思考．遥感学报，18（2）：231～253．

王任享．2002．卫星摄影三线阵 CCD 影像的 EFP 法空中三角测量（一）．测绘科学，26（1）：1～5．

王瑞瑞，马建文，陈雪．2011．多源遥感影像自动配准技术的研究进展．遥感信息，26（3）：121~127．

王少楠，李爱农．2012．地形辐射校正模型研究进展．国土资源遥感，24（2）：2~6．

王中挺，辛金元，贾松林，厉青，陈良富，赵少华．2015．利用暗目标法从高分一号卫星 16m 相机数据反演气溶胶光学厚度．遥感学报，19（3）：530~538．

姚俊强，杨青．2011．近 10a 我国大气水汽研究趋势及进展．干旱气象，29（2）：151~155．

张剑清，潘励，王树根．2003．摄影测量学．武汉：武汉大学出版社．

张良培，沈焕锋．2016．遥感数据融合的进展与前瞻．遥感学报，20（5）：1050~1061．

张玉贵．1994．以气象记录为辅助数据的 TM 影像大气校正方法．国土资源遥感，4（4）：54~63．

张祖勋，周月琴．1988．SPOT 卫星图像外方位元素的解求．武测科技，（2）：29~35+43．

赵志强，李爱农，边金虎，郭文静，刘倩楠，赵伟，黄成全．2015a．山区可见光-近红外影像浓密植被暗像元自动识别方法研究．遥感技术与应用，30（1）：58~67．

赵志强，李爱农，边金虎，黄成全．2015b．基于改进暗目标法山区 HJ CCD 影像气溶胶光学厚度反演．光谱学与光谱分析，35（6）：1479~1487．

Ackerman S A, Strabala K I, Menzel W P, Frey R A, Moeller C C, Gumley L E. 1998. Discriminating clear sky from clouds with MODIS. Journal of Geophysical Research：Atmospheres（1984-2012），103（D24）：32141~32157.

Ali M A, Clausi D A. 2002. Automatic registration of SAR and visible band remote sensing images. IEEE International Geoscience and Remote Sensing Symposium, Toronto, Canada, 1331~1333.

Amato U, Antomadis A, Cuomo V, Cutillo L, Franzese M, Murino L, Serio C. 2008. Statistical cloud detection from SEVIRI multispectral images. Remote Sensing of Environment, 112（3）：750~766.

Aronoff S. 2015. Remote Sensing for GIS Managers. New York：ESRI Press.

Bamler R. 1999. The SRTM mission——a world-wide 30m resolution DEM from SAR interferometry in 11 days. In Proceedings of the 47th Photogrammetric Week, Heidelberg, Wichmann Verlag, 145~154.

Bentoutou Y, Taleb N, Kpalma K. 2005. An automatic image registration for applications in remote sensing. IEEE Transactions on Geoscience and Remote Sensing, 43（9）：2127~2137.

Berk A, Anderson G P, Acharya P K. 2008. MODTRAN5.2.0.0 User's Manual. Air Spectral Sciences, Inc.：Burlington, MA, USA；Force Research Laboratory：Hanscom, MA, USA.

Berk A, Bernstein L S, Anderson G P, Acharya P K, Robertson D C, Chetwynd J H, Adler-Golden S M. 1998. MODTRAN cloud and multiple scattering upgrades with application to AVIRIS. Remote Sensing of Environment, 65（3）：367~375.

Bian J H, Li A N, Jin H A, Lei G B, Huang C Q, Li M X. 2013. Auto-registration and orthorecification algorithm for the time series HJ-1A/B CCD images. Journal of Mountain Science, 10（5）：754~767.

Bian J H, Li A N, Jin H A, Zhao W, Lei G B, Huang C Q. 2014. Multi-temporal cloud and snow detection algorithm for the HJ1A/B CCD imagery of China. IEEE International Geoscience and Remote Sensing Symposium, Quebec, Canada, 501~504.

Bian J H, Li A N, Liu Q N, Huang C Q. 2016. Cloud and snow discrimination for CCD images of HJ-1A/B constellation based on spectral signature and spatio-temporal context. Remote Sensing, 8（1）：31.

Bian J H, Li A N, Wang Q F, Huang C Q. 2015. Development of dense time series 30-m image products from the Chinese HJ-1A/B constellation：a case study in Zoige plateau, China. Remote Sensing, 7（12）：16647~16671.

Boccardo P, Mondino E B, Tonolo F G, Lingua A. 2004. Orthorectification of high resolution satellite images. XX ISPRS Congress, 35：1682~1750.

Brogniez C, Lenoble J. 1988. Size distribution of stratospheric aerosols from SAGE Ⅱ multiwavelength extinctions. Aerosols and Climate, 19892：305~312.

Choi H, Bindschadler R. 2004. Cloud detection in Landsat imagery of ice sheets using shadow matching technique and automatic normalized difference snow index threshold value decision. Remote Sensing of Environment, 91 (2): 237 ~ 242.

Chun F, Jian-wen M, Qin D, Xue C. 2004. An improved method for cloud removal in ASTER data change detection. IEEE International Geoscience and Remote Sensing Symposium, Alaska, USA, 3387 ~ 3389.

Coppin P R, Bauer M E. 1992. Processing of multitemporal Landsat TM Imagery to optimize extraction of forest cover change features. IEEE Transactions on Geoscience and Remote Sensing, 32 (4): 918 ~ 927.

Dai X, Khorram S. 1999. A feature-based image registration algorithm using improved chain-code representation combined with invariant moments. IEEE Transactions on Geoscience and Remote Sensing, 37 (5): 2351 ~ 2362.

Dare P, Dowman I. 2001. An improved model for automatic feature-based registration of SAR and SPOT images. ISPRS Journal of Photogrammetry and Remote Sensing, 56: 13 ~ 28.

Deuze J L, Breon F M, Devaux C, Goloub P, Herman M, Lafrance B, Maignan F, Marchand A, Nadal F, Perry G, Tanre D. 2001. Remote sensing of aerosols over land surfaces from POLDER-ADEOS-1 polarized measurements. Journal of Geophysical Research-Atmospheres, 106 (D5): 4913 ~ 4926.

Diner D, Di Girolamo L, Clothiaux E. 1999. MISR Level 1 cloud detection algorithm theoretical basis. JPL D-13397, Rev. B. Jet Propulsion Laboratory, Pasadena, CA, 38.

Dozier J. 1989. Spectral signature of alpine snow cover from the Landsat Thematic Mapper. Remote Sensing of Environment, 28: 9 ~ 22.

Duan J, Mao J. 2007. Study on the distribution and variation trends of atmospheric aerosol optical depth over the Yangtze river delta in China. Nucleation and Atmospheric Aerosols: 17th International Conference, Galway, Ireland, Springer Netherlands: 644 ~ 648.

Eugenio F, Marqués F, Marcello J. 2002. A contour-based approach to automatic and accurate registration of multitemporal and multisensor satellite imagery. IEEE International Geoscience and Remote Sensing Symposium, Toronto, Canada, 3390 ~ 3392.

Fan Y, Ding M, Liu Z, Wang D. 2007. Novel remote sensing image registration method based on an improved SIFT descriptor. International Symposium on Multispectral Image Processing and Pattern Recognition, International Society for Optics and Photonics. WuHan, China, November.

Fauvel M, Benediktsson J A, Chanussot J, Sveinsson J R. 2008. Spectral and spatial classification of hyperspectral data using SVMs and morphological profiles. IEEE Transactions on Geoscience and Remote Sensing, 46 (11): 3804 ~ 3814.

Fensholt R. 2004. Earth observation of vegetation status in the Sahelian and Sudanian West Africa: comparison of terra MODIS and NOAA AVHRR satellite data. International Journal of Remote Sensing, 25 (9): 1641 ~ 1659.

Forstner W, Gulch E. 1986. A fast operator for detection and precise location of distinct points, coners and centers of circular features. Proceedings of the ISPRS Workshop on Fast Processing of Photogrammetric Data, Interlaken, Switzerland, 281 ~ 305.

Frederik M, Collignon A, Vandermeulen D. 1997. Multimodality image registration by maximization of mutual information. IEEE Transactions on Medical Imaging, 16 (2): 187.

Frouin R, Deschamps P-Y, Lecomte P. 1990. Determination from space of atmospheric total water vapor amounts by differential absorption near 940 nm: theory and airborne verification. Journal of Applied Meteorology, 29 (6): 448 ~ 460.

Gao B C, Goetz A F. 1990. Determination of total column water vapor in the atmosphere at high spatial resolution from AVIRIS data using spectral curve fitting and band ratioing techniques. Imaging Spectroscopy of the Terrestrial Environment, International Society for Optics and Photonics.

Gao B C, Goetz A F H, Wiscombe W J. 1993. Cirrus cloud detection from airborne imaging spectrometer data using the 1. 38 mu-m water-vapor Band. Geophysical Research Letters, 20 (4): 301 ~ 304.

Gao F, Masek J G, Wolfe R E. 2009. Automated registration and orthorectification package for Landsat and Landsat-like data processing. Journal of Applied Remote Sensing, 3 (1): 033515.

Gilabert M, Conese C, Maselli F. 1994. An atmospheric correction method for the automatic retrieval of surface reflectances from TM images. International Journal of Remote Sensing, 15 (10): 2065 ~ 2086.

Gomez-Chova L, Camps-Valls G, Calpe-Maravilla J, Guanter L, Moreno J. 2007. Cloud-screening algorithm for ENVISAT/MERIS multispectral images. IEEE Transactions on Geoscience and Remote Sensing, 45 (12): 4105 ~ 4118.

Goodwin N R, Collett L J, Denham R J, Flood N, Tindall D. 2013. Cloud and cloud shadow screening across Queensland, Australia: an automated method for Landsat TM/ETM plus time series. Remote Sensing of Environment, 134: 50 ~ 65.

Grohman G, Kroenung G, Strebeck J. 2006. Filling SRTM voids: the delta surface fill method. Photogrammetric Engineering and Remote Sensing, 72 (3): 213 ~ 216.

Gu D, Gillespie A. 1998. Topographic normalization of landsat TM images of forest based on subpixel Sun-canopy-sensor geometry. Remote Sensing of Environment, 64 (2): 166 ~ 175.

Gutman G, Huang C Q, Chander G, Noojipady P, Masek J G. 2013. Assessment of the NASA-USGS Global Land Survey (GLS) datasets. Remote Sensing of Environment, 134: 249 ~ 265.

Hagolle O, Huc M, Pascual D V, Dedieu G. 2010. A multi-temporal method for cloud detection, applied to FORMOSAT-2, VEnμS, LANDSAT and SENTINEL-2 images. Remote Sensing of Environment, 114 (8): 1747 ~ 1755.

Hansen M C, Roy D P, Lindquist E, Adusei B, Justice C O, Altstatt A. 2008. A method for integrating MODIS and Landsat data for systematic monitoring of forest cover and change in the Congo Basin. Remote Sensing of Environment, 112 (5): 2495 ~ 2513.

Haralick R M, Shanmuga. K, Dinstein I. 1973. Textural features for image classification. IEEE Transactions on Systems Man and Cybernetics, Smc3 (6): 610 ~ 621.

Hengl T, Reuter H. 2011. How accurate and usable is GDEM? A statistical assessment of GDEM using LiDAR data. Geomorphometry, 2: 45 ~ 48.

Hirt C, Filmer M, Featherstone W. 2010. Comparison and validation of the recent freely available ASTER-GDEM ver1, SRTM ver4. 1 and GEODATA DEM-9S ver3 digital elevation models over Australia. Australian Journal of Earth Sciences, 57 (3): 337 ~ 347.

Holben B, Vermote E, Kaufman Y J, Tanre D, Kalb V. 1992. Aerosol retrieval over land from AVHRR data-application for atmospheric correction. IEEE Transactions on Geoscience and Remote Sensing, 30 (2): 212 ~ 222.

Huang C, Coward S N, Masek J G, Thomas N, Zhu Z, Vogelmann J E. 2010b. An automated approach for reconstructing recent forestdisturbance history using dense Landsat time series stacks. Remote Sensing of Environment, 114: 16.

Huang C, Goward S N, Masek J G, Gao F, Vermote E F, Thomas N, Schleeweis K, Kennedy R E, Zhu Z L, Eidenshink J C, Townshend J R G. 2009. Development of time series stacks of Landsat images for reconstructing forest disturbance history. International Journal of Digital Earth, 2 (3): 195~218.

Huang C, Song K, Kim S, Townshend J R G, Davis P, Masek J G, Goward S N. 2008. Use of a dark object concept and support vector machinesto automate forest cover change analysis. Remote Sensing of Environment, 112: 16.

Huang C, Thomas N, Goward S N, Masek J G, Zhu Z L, Townshend J R G, Vogelmann J E. 2010a. Automated masking of cloud and cloud shadow for forest change analysis using Landsat images. International Journal of Remote Sensing, 31 (20): 5449~5464.

Ichoku C, Chu D A, Mattoo S, Kaufman Y J, Remer L A, Tanre D, Slutsker 1, Holben B N. 2002. A spatiotemporal approach for global validation and analysis of MODIS aerosol products. Geophysical Research Letters, 29 (12): 4.

Jacobsen K. 2010. Comparison of ASTER GDEMs with SRTM height models. EARSeL Symposium Dubrovnik Remote Sensing for Science. Education and Natural and Cultural Heritage, 521~526.

Jedlovec G J. 1990. Precipitable water estimation from high-resolution split window radiance measurements. Journal of Applied Meteorology, 29 (9): 863~877.

Jin H A, Li A N, Bian J H, Zhang Z J, Huang C Q, Li M X. 2013. Validation of Global Land Surface Satellite (GLASS) downward shortwave radiation product in the rugged surface. Journal of Mountain Science, 10 (5): 812~823.

Jonsson P, Eklundh L. 2002. Seasonality extraction by function fitting to time-series of satellite sensor data. IEEE Transactions on Geoscience and Remote Sensing, 40 (8): 1824~1832.

Kaufman Y J, Remer L A. 1994. Detection of forests using mid-IR reflectance an application for aerosol studies. IEEE Transactions on Geoscience and Remote Sensing, 32 (3): 672~683.

Kaufman Y J, Tanre D, Remer L A, Vermote E F, Chu A, Holben B N. 1997b. Operational remote sensing of tropospheric aerosol over land from EOS moderate resolution imaging spectroradiometer. Journal of Geophysical Research, 102 (D14): 17051~17067.

Kaufman Y J, Wald A E, Remer L A, Gao B C, Li R R, Flynn L. 1997a. The MODIS 2.1-μm channel-correlation with visible reflectance for use in remote sensing of aerosol. IEEE Transactions on Geoscience and Remote Sensing, 35 (5): 1286~1298.

Kennedy R E, Cohen W B. 2003. Automated designation of tie-points for image-to-image coregistration. International Journal of Remote Sensing, 24 (17): 3467~3490.

King M D, Kaufman Y J, Tanre D, Nakajima T. 1999. Remote sensing of tropospheric aerosols from space——past, present, and future. American Meteorological Society, 80 (11): 31.

King M D, Tsay S C, Platnick S E, Wang M, Liou K N. 1997. Cloud retrieval algorithms for MODIS: optical thickness, effective particle radius, and thermodynamic phase. MODIS Algorithm Theoretical Basis Document.

Kitchen L, Rosenfeld A. 1982. Gray-level corner detection. Pattern Recognition Letters, 3 (1): 94~102.

Kleespies T J, McMillin L M. 1990. Retrieval of precipitable water from observations in the split window over varying surface temperatures. Journal of Applied Meteorology, 29 (9): 851~862.

Kovalskyy V, Roy D. 2015. A one year Landsat 8 conterminous United States study of cirrus and non-Cirrus Clouds. Remote Sensing, 7 (1): 564~578.

Le Hegarat-Mascle S, Andre C. 2009. Use of Markov random fields for automatic cloud/shadow detection on high resolution optical images. ISPRS Journal of Photogrammetry and Remote Sensing, 64 (4): 351~366.

Lee J, Weger R C, Sengupta S K, Welch R M. 1990. A neural network approach to cloud classification. IEEE Transactions on Geoscience and Remote Sensing, 28 (5): 846~855.

Lei G B, Li A N, Bian J H, Zhang Z J, Jin H A, Nan X, Zhao W, Wang J Y, Cao X M, Tan J B, Liu Q N, Yu H, Yang G B, Feng W L. 2016. Land cover mapping in southwestern China using the HC-MMK approach. Remote Sensing. 8 (4): 305.

Levy R C, Remer L A, Dubovik O. 2007. Global aerosol optical properties and application to moderate resolution imaging spectroradiometer aerosol retrieval over land. Journal of Geophysical Research, 1112 (D13210): 15.

Li A N, Deng W, Liang S L, Huang C Q. 2010. Investigation on the patterns of global vegetation change using a satellite-sensed vegetation index. Remote Sensing, 2 (6): 1530~1548.

Li A N, Jiang J G, Bian J H, Deng W. 2012. Combining the matter element model with the associated function of probability transformation for multi-source remote sensing data classification in mountainous regions. ISPRS Journal of Photogrammetry and Remote Sensing, 67: 80~92.

Li A N, Zhang W, Lei G B, Bian J H. 2015a. Comparative analysis on two schemes for synthesizing the high temporal landsat-like NDVI dataset based on the STARFM algorithm. ISPRS International Journal of Geo-Information, 4 (3): 1423~1441.

Li A N, Wang Q F, Bian J H, Lei G B. 2015b. An improved physics-based model for topographic correction of landsat TM images. Remote sensing, 7 (5): 6296~6319.

Li H, Manjunath B, Mitra S K. 1995. A contour-based approach to multisensor image registration. IEEE Transactions on Image Processing, 4 (3): 320~334.

Li P, Dong L, Xiao H, Xu M. 2015. A cloud image detection method based on SVM vector machine. Neurocomputing, 169: 34~42.

Liang S L, Fang H L, Chen M Z. 2001. Atmospheric correction of landsat ETM+ land surface imagery - Part I: Methods. IEEE Transactions on Geoscience and Remote Sensing, 39 (11): 2490~2498.

Liang S L, Fang H L, Chen M Z, Shuey C J, Walthall C, Daughtry C, Morisette J, Schaaf C, Strahler A. 2002. Validating MODIS land surface reflectance and albedo products: methods and preliminary results. Remote Sensing of Environment, 83 (1-2): 149~162.

Liu Z, An J, Jing Y. 2012. A simple and robust feature point matching algorithm based on restricted spatial order constraints for aerial image registration. IEEE Transactions On Geoscience and Remote Sensing, 50 (2): 514~527.

Luedeling E, Siebert S, Buerkert A. 2007. Filling the voids in the SRTM elevation model- a TIN-based delta surface approach. ISPRS Journal of Photogrammetry and Remote Sensing, 62 (4): 283~294.

Luo Y, Trishchenko A P, Khlopenkov K V. 2008. Developing clear-sky, cloud and cloud shadow mask for producing clear-sky composites at 250-meter spatial resolution for the seven MODIS land bands over Canada and North America. Remote Sensing of Environment, 112 (12): 4167~4185.

Lyapustin A, Wang Y, Frey R. 2008. An automatic cloud mask algorithm based on time series of MODIS measurements. Journal of Geophysical Research-Atmospheres, 113 (D16207).

Martonchik J V, Diner D J, Crean K, Bull M. 2002. Regional aerosol retrieval results from MISR. IEEE Transactions on Geoscience and Remote Sensing, 40 (7): 1520~1531.

Masek J G, Huang C Q, Wolfe R, Cohen W, Hall F, Kutler J, Nelson P. 2008. North American forest disturbance mapped from a decadal Landsat record. Remote Sensing of Environment, 112 (6): 2914~2926.

Masek J G, Vermote E F, Saleous N E, Wolfe R, Hall F G, Huemmrich K F, Gao F, Kutler J, Lim T-K. 2006. A Landsat surface reflectance dataset for North America, 1990-2000. IEEE Geoscience and Remote Sensing Letters, 3 (1): 68~72.

Ouaidrari H, Vermote E F. 1999. Operational atmospheric correction of Landsat TM data. Remote Sensing of Environment，70（1）：4~15.

Pal N R，Pal S K. 1993. A review on image segmentation techniques. Pattern Recognition，26（9）：1277~1294.

Perkins T，Adler-Golden S，Matthew M W，Berk A，Bernstein L S，Lee J，Fox M. 2012. Speed and accuracy improvements in FLAASH atmospheric correction of hyperspectral imagery. Optical Engineering，51（11）：111707.

Platnick S，King M D，Ackerman S，Menzel W P，Baum B，Riédi J C，Frey R. 2003. The MODIS cloud products：algorithms and examples from Terra. IEEE Transactions on Geoscience and Remote Sensing，41（2）：459~473.

Proy C，Tanré D，Deschamps P Y. 1989. Evaluation of topographic effects in remotely sensed data. Remote Sensing of Environment，30（1）：21~32.

Qu Z，Kindel B C，Goetz A F. 2003. The high accuracy atmospheric correction for hyperspectral data（HATCH）model. IEEE Transactions on Geoscience and Remote Sensing，41（6）：1223~1231.

Racoviteanu A，Williams M W. 2012. Decision tree and texture analysis for mapping debris-covered glaciers in the Kangchenjunga area，Eastern Himalaya. Remote Sensing，4（10）：3078~3109.

Remer L A，Kaufman Y J，Tanre D，Mattoo S，Chu D A，Martins J V. 2005. The MODIS aerosol algorithm，products，and validation. Journal of the Atmospheric Sciences，62（4）：947~973.

Richter R. 1996. A spatially adaptive fast atmospheric correctionalgorithm. International Journal of Remote Sensing，17（6）：1201~1214.

Richter R. 2010. ACTOR-2/3 User Guide Version 7. 1. DLR-German Aerospace Center Remote Sensing Data Center.

Roy D P，Ju J C，Kline K，Scaramuzza P L，Kovalskyy V，Hansen M，Loveland T R，Vermote E，Zhang C S. 2010. Web-enabled Landsat Data（WELD）：Landsat ETM plus composited mosaics of the conterminous United States. Remote Sensing of Environment，114（1）：35~49.

Roy D P，Wulder M A，Loveland T R，Woodcock C E，Allen R G，Anderson M C，Helder D，Irons J R，Johnson D M，Kennedy R，Scambos T，Schaaf C B，Schott J R，Sheng Y，Vermote E F，Belward A S，Bindschadler R，Cohen W B，Gao F，Hipple J D，Hostert P，Huntington J，Justice C O，Kilic A，Kovalskyy V，Lee Z P，Lymbumer L，Masek J G，McCorkel J，Shuai Y，Trezza R，Vogelmann J，Wynne R H，Zhu Z. 2014. Landsat-8：science and product vision for terrestrial global change research. Remote Sensing of Environment，145：154~172.

Sano I. 2004. Optical thickness and Angstrom exponent of aerosols over the land and ocean from space-borne polarimetric data. Trace Constituents in the Troposphere and Lower Stratosphere，34（4）：833~837.

Saunders R. 1990. The determination of broad band surface albedo from AVHRR visible and near-infrared radiances. International Journal of Remote Sensing，11（1）：49~67.

Schläpfer D，Borel C C，Keller J，Itten K I. 1998. Atmospheric precorrected differential absorption technique to retrieve columnar water vapor. Remote Sensing of Environment，65（3）：353~366.

Selby J E A，McClatchey R A. 1975. Atmospheric transmittance from 0. 25 to 28. 5 lm：computer code LOWTRAN 3. Report AFCLR-TR-75-0255，National Technical Information Service（ADA-017734）.

Shen H F，Li H F，Qian Y，Zhang L P，Yuan Q Q. 2014. An effective thin cloud removal procedure for visible remote sensing images. ISPRS Journal of Photogrammetry and Remote Sensing，96：224~235.

Simpson J J，Jin Z H，Stitt J R. 2000. Cloud shadow detection under arbitrary viewing and illumination conditions. IEEE Transactions on Geoscience and Remote Sensing，38（2）：972~976.

Sobrino J，Li Z-L，Stoll M P，Becker F. 1994. Improvements in the split-window technique for land surface temperature determination. IEEE Transactions on Geoscience and Remote Sensing，32（2）：243~253.

Song M，Civco D L. 2002. A knowledge-based approach for reducing cloud and shadow. Proceedings of the American Society of Photogrammetry and Remote Sensing—American Congress on Surveying and Mapping (ASPRS-ACSM) Annual Convention and International Federation of Surveyors (FIG) XXⅡ Congress. Washington，DC，April，22~26.

Storey J，Strande D，Hayes R，Meyerink A，Labahn S，Lacasse J. 2006. Landsat 7 (L7) image assessment system (IAS) geometric algorithm theoretical basis document (ATBD Version 1.0). Department of the interios U. S. Geological Survey.

Tanre D，Holben B N，Kaufman Y J. 1992. Atmospheric correction against algorithm for NOAA-AVHRR products-theory and application. IEEE Transactions on Geoscience and Remote Sensing，30 (2)：231~248.

Tao C V，Hu Y. 2001. A comprehensive study of the rational function model for photogrammetric process-ing. Photogrammetric engineering and remote sensing. 67 (12)：1347~1358.

Toutin T. 1995. Multi-source data fusion with an integrated and unified geometric modelling. EARSeL Advances in Remote Sensing，4 (2)：118~129.

Toutin T. 2004. Review article：Geometric processing of remote sensing images：models，algorithms and meth-ods. International Journal of Remote Sensing，25 (10)：1893~1924.

Tso B，Olsen R C. 2005. A contextual classification scheme based on MRF model with improved parameter estimation and multiscale fuzzy line process. Remote Sensing of Environment，97 (1)：127~136.

Vasquez R E，Manian V B. 2003. Texture-based cloud detection in MODIS images. Proceedings of SPIE-The Inter-national Society for Optical Engineering，4882：259~267.

Vermote E F，Saleous N Z E，Justice C O. 2002. Atmospheric correction of MODIS data in the visible to middle infrared：first results. Remote Sensing of Environment，83 (1)：97~111.

Vermote E F，Saleous N. 2007. LEDAPS surface reflectance product description. College Park：University of Maryland Department of Geography.

Vermote E F，Tanre D，Deuze J L，Herman M，Morcrette J J. 1997. Second simulation of the satellite signal in the solar spectrum，6S：an Overview. IEEE Transactions on Geoscience and Remote Sensing，35 (3)：675~686.

Viola P，Well I，M. W. 1995. Alignment by maximization of mutual information. Proc. Int. Conf. on Computer Vision，Cambridge M A，16~23.

Wong A，Clausi D A. 2007. ARRSI：Automatic registration of remote sensing images. IEEE Transactions on Geoscience and Remote Sensing，45 (5)：1483~1493.

Xia M，Lu W T，Yang J，Ma Y，Yao W，Zheng Z C. 2015. A hybrid method based on extreme learning machine and k-nearest neighbor for cloud classification of ground-based visible cloud image. Neurocomputing，160：238~249.

Xue Y，Cracknell A P. 1995. Operational bi-angle approach to retrieve the Earth surface albedo from AVHRR data in the visible band. International Journal of Remote Sensing，16 (3)：417~429.

Zhang W，Li A N，Jin H A，Bian J H，Zhang Z J，Lei G B，Qin Z H，Huang C Q. 2013. An enhanced spatial and temporal data fusion model for fusing landsat and MODIS surface reflectance to generate high temporal landsat-like data. Remote Sensing，5 (10)：5346~5368.

Zhang Y，Guindon B，Cihlar J. 2002. An image transform to characterize and compensate for spatial variations in thin cloud contamination of Landsat images. Remote Sensing of Environment，82 (2-3)：173~187.

Zhao W，Li A N. 2015. A Review on Land Surface Processes Modelling over Complex Terrain. Advances in Meteor-ology. 2015：1~18.

Zhu L，Xiao P，Feng X，Zhang X，Wang Z，Jiang L. 2014. Support vector machine-based decision tree for snow cover extraction in mountain areas using high spatial resolution remote sensing image. Journal of Applied Remote

Sensing, 8（1）: 084698.

Zhu Z, Wang S, Woodcock C E. 2015a. Improvement and expansion of the Fmask algorithm: cloud, cloud shadow, and snow detection for Landsats 4-7, 8, and Sentinel 2 images. Remote Sensing of Environment, 159: 269~277.

Zhu Z, Woodcock C E, Holden C, Yang Z. 2015b. Generating synthetic Landsat images based on all available Landsat data: Predicting Landsat surface reflectance at any given time. Remote Sensing of Environment, 162: 67~83.

Zhu Z, Woodcock C E. 2012. Object-based cloud and cloud shadow detection in Landsat imagery. Remote Sensing of Environment, 118: 83~94.

Zhu Z, Woodcock C E. 2014. Automated cloud, cloud shadow, and snow detection in multitemporal Landsat data: an algorithm designed specifically for monitoring land cover change. Remote Sensing of Environment, 152: 217~234.

Zhu Z, Woodcock C E, Olofsson P. 2012. Continuous monitoring of forest disturbance using all available Landsat imagery. Remote Sensing of Environment, 122: 75~91.

Zibordi G, Maracci G. 1988. Determination of atmospheric turbidity from remotely-sensed data, a case study. InternationalJournal of Remote Sensing, 9（12）: 1881~1894.

Zitova B, Flusser J. 2003. Image registration methods: a survey. Image and vision computing, 21: 977~1000.

第 4 章　山地光学遥感影像地形
辐射校正

4.1　概　　述

山地光学遥感影像中，地形起伏导致不同朝向的坡面接收的太阳辐射不同，致使相同的地物在向阳面与阴面有较大的光谱差异（Proy et al.，1989；Meyer et al.，1993）。这种地形效应将会显著影响地表参量提取精度。地形辐射校正是一种常用的解决山地遥感影像中由地形引起的辐射畸变的技术。它尝试将坡面像元的辐亮度转换为水平像元辐亮度，使两个反射特性相同的地物在同一景遥感图像中具有相同或相近的亮度值，从而减缓或消除地形引起的辐射失真（Soenen et al.，2005）。地形辐射校正无论是在遥感理论研究领域，还是在遥感应用领域（尤其是山区遥感应用），都具有重要的研究意义和应用价值。

自 20 世纪 80 年代以来，国内外学者相继对地形辐射校正进行了一系列的研究。最简单和最早的地形校正方法是波段比值法。该方法假设在不同波段内，地形造成的辐照度失真比例是相同的，通过两个波段的比值运算以消除地形影响。然而，比值运算往往达不到理想效果，这是因为地形导致的辐射畸变与波长相关。随后，国内外学者建立了多种地形辐射校正模型来减少或消除山区遥感图像中的地形辐射畸变（Teillet et al.，1982；Sandmeier and Itten，1997；Gu and Gillespie，1998；阎广建等，2000；Soenen et al.，2005；钟耀武等，2006；秦春和王建，2008；闻建光等，2008；Li et al.，2012；王少楠和李爱农，2012；王庆芳，2015；Li et al.，2015；边金虎等，2016；Li et al.，2016；Gao et al.，2016）。这些模型根据是否考虑地表的非朗伯体特性，可以分为朗伯体假设模型和非朗伯体假设模型两大类。本章后续小节将主要介绍这两大类模型，同时介绍相关应用示例。

本章 4.2 节简要介绍地形辐射校正的相关理论基础；4.3 节重点介绍近年来国内外学者提出的各类地形辐射校正模型；4.4 节简要介绍地形辐射校正模型在不同领域中的应用；4.5 节对本章进行小结。

4.2　理　论　基　础

地形会显著影响太阳辐射在山地的辐射传输过程（Gu and Gillespie，1998；Li et al.，

2015）。忽略地形影响会给山地遥感应用带来较大的不确定性（Gonsamo and Chen，2014；Pasolli et al.，2015；Vanonckelen et al.，2015）。地形对山地地表反射率的影响表现在改变目标像元的局地成像几何条件及入射辐射能量两个方面。

地形会改变目标像元的局地成像几何条件（图4.1）。水平地表下，太阳、地表与传感器三者之间的关系如图4.1（a）所示。在山区由于地形起伏，像元对应的太阳入射角以及传感器的观测角度各异［图4.1（b）～（c）］。同一地表覆被类型条件下，不同坡度和坡向观测得到的反射率明显不同［图4.1（d）］。以坡面的入射天顶角为例，坡面局地太阳天顶角 i_t 可表达为（Frederick Pearson，1990）：

$$i_t = \arccos\left[\cos\theta_s\cos\theta_t + \sin\theta_s\sin\theta_t\cos(\varphi_s - \varphi_t)\right] \tag{4.1}$$

式中，θ_s、φ_s 为平地条件下的太阳天顶角、方位角；θ_t、φ_t 为目标像元对应的坡度和坡向。

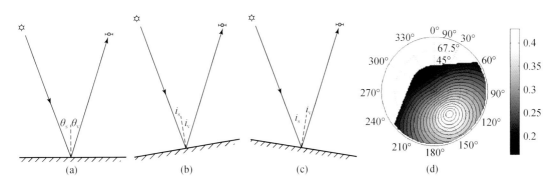

图 4.1　地形对成像几何条件的影响

（a）平坦地表，太阳入射角为 θ_s，传感器观测角为 θ_v；（b）面向太阳的地表，太阳相对入射角为 i_s，$i_s<\theta_s$，传感器相对观测角为 i_v，$i_v>\theta_v$；（c）背向太阳的地表，太阳相对入射角为 i_s，$i_s>\theta_s$，传感器相对观测角为 i_v，$i_v<\theta_v$；（d）在太阳高度角44.122°，方位角145.988°和传感器垂直观测下，不同坡度和坡向观测获得的地表反射率，其中半径坐标轴为坡度，极角坐标轴为坡向，无值区域为太阳照射不到的阴影区域（闻建光等，2008）

实际上，地形不仅会改变成像几何，还会对目标像元入射能量产生显著影响（图4.2）。一般来讲，山地复杂地形条件下，地面接收的太阳辐射能量主要包括以下三个方面：太阳直接辐射、天空散射辐射以及周围地形附加辐射。受目标物周围地形条件影响，地表接收的太阳短波辐射存在一定的变化，体现在：

（1）地形起伏带来地面坡度变化直接改变了同一时刻太阳光线实际入射地面的角度关系，同时坡度相同的地表也将由于坡向不同而接收到不等量的太阳辐射；

（2）地表接受的天空散射辐射随坡面在水平面上半球空间天空视角的变化而不同；

（3）周围邻近起伏坡面对太阳直接辐射和天空散射而产生的附加辐射效应。

因此，在计算山地地表太阳辐射的过程中，需要借助地形数据，综合考虑山地地形坡面的坡度、坡向和邻近地形的遮蔽、反射等（李新等，1999；何洪林等，2003；王开存等，2004；Proy et al.，1989；Sandmeier and Itten，1997）。不同地形辐射校正模型在对上述地表接收太阳短波辐射的地形校正表达方面有所不同，本章在后续小节将重点介绍国内外学者在山地地形辐射校正模型方面开展的研究进展。

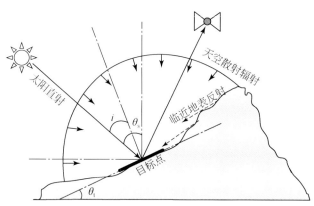

图 4.2　山地复杂地形条件下地表接收太阳短波辐射示意

（图中，θ_s 为太阳入射天顶角，i 为局地入射天顶角，θ_t 为目标点的坡度）

4.3　典型地形辐射校正模型

山区遥感影像的地形辐射校正自 20 世纪 80 年代就引起了很大的关注。近几十年来，国内外学者建立了多种地形辐射校正的数学模型，这些模型在不同尺度的研究区得到了应用和检验。总的来说，从地表下垫面的假设出发，可以将这些模型分为朗伯体假设和非朗伯体假设两大类。以下各节分别针对两大类模型进行简要介绍。

4.3.1　朗伯体假设模型

当地表接收到的入射辐射能量在所有的方向均匀反射，即入射能量以入射点为中心，在整个半球空间内向四周各向同性的反射能量的现象，称为漫反射，即朗伯反射。一个完全的漫反射体称为朗伯体。早期发展的地形辐射校正模型为了简化模型形式和便于计算，通常将地表假设为反射各向同性的朗伯体。基于朗伯体假设的地形辐射校正模型很多，下面简要介绍此类的代表性模型。

1. 余弦校正模型

余弦校正模型（Teillet et al.，1982）的思路是：如果忽略大气影响和临近效应，影像上各个波段像元的反射率与太阳入射光线呈一定的线性关系。理想条件下，当太阳入射角为零或小于零时，表明该点缺乏太阳光照，则该点此刻的反射率为零，该拟合直线应通过原点。余弦校正模型把倾斜地表观测的辐射亮度 L_T 转为水平地面的等效辐亮度值 L_H（图 4.3）：

$$L_H = L_T \frac{\cos\theta_s}{\cos i} \tag{4.2}$$

式中，θ_s 为太阳天顶角，i 是坡面像元法线与太阳入射光之间的夹角，即坡面的局地入射天顶角，计算见式（4.1）。

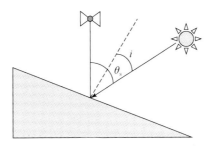

图 4.3　坡面太阳观测几何关系示意

余弦校正模型将太阳直接辐射通过比例关系转换到水平地表，然而该模型未考虑散射辐射和临近像元的反射辐射。Duguay 和 LeDrew（1992）研究指出该方法存在严重的过校正问题，尤其在低光照区，入射角度越接近 90° 表现得越为明显。

2. C 校正模型

C 校正模型是在余弦校正模型的基础上发展起来的。针对余弦校正模型的过校正问题，Teillet 等（1982）通过进一步研究发现太阳入射角的余弦值与坡面像元的 DN 值存在线性关系。Teillet 将经验系数 C 应用到余弦校正模型中，以调节由天空散射辐射和邻近地形反射辐射造成的过校正现象，即 C 校正模型。其基本原理如下：

在实际情况下，由于天空散射辐射和邻近地物反射辐射的缘故，坡面像元观测的辐射亮度 L_T 和太阳入射角的余弦值 $\cos i$ 满足：

$$L_T = a + b\cos i \tag{4.3}$$

式中，a、b 为拟合系数。

对于水平地面，遥感影像水平像元的太阳入射角等于太阳天顶角 θ_s，则水平像元辐射亮度 L_H 也与太阳入射角的余弦值存在某种线性拟合的关系，即：

$$L_H = a + b\cos\theta_s \tag{4.4}$$

式中，令 $C = a/b$ 得：

$$L_H = \frac{L_T(C + \cos\theta_s)}{(C + \cos i)} \tag{4.5}$$

式中，C 为拟合系数。

C 校正模型中，同样将地表假设为朗伯体。Reese 等（2011）指出，C 校正模型中，由于 C 值是通过太阳入射角余弦与坡面像元辐亮度间的线性关系统计获得的，因而其数值依赖于具体影像。近年来，不断有学者对 C 校正模型有进一步的改进。如黄薇等（2006）通过对拟合直线的平移变换消除 C 校正模型中的两个拟合参数 a 和 b，这样既保留了 C 校正模型的基本思想，又避免了用离散样本求取参数这一复杂的过程。此外，针对 C 校正模型依然存在的过校正现象，通过误差分析，Bao 等（2009）在 C 校正模型中添加相邻像素对中心像素影响的相关函数，发展了一种考虑空间相关性的校正算法。

3. SCS 校正模型

余弦校正模型与 C 校正模型均是从地表接收到的辐射能量转换的角度进行地形辐射校正的。此类模型由于考虑到太阳（Sun）、地表（Terrain）以及传感器（Sensor）之间的几何关系，因此又被统称为 STS 模型。随着地形辐射校正研究的不断深入，研究人员发现，在地表植被覆盖较低或者植被以灌木为主的区域，STS 辐射校正模型是基本合理的。然而对于有森林覆盖的遥感影像而言，STS 模型考虑的情况与实际情况并不是完全一致的（杨燕和田庆久，2008）。如图 4.4 所示，由于树木生长具有向地性，即树木的生长总是垂直于地表水平面的 [图 4.4（a）]，并不是垂直于地表。若仍采用 STS 校正，校正后像元内的植被冠层就会发生倾斜，这明显与事实不相符 [图 4.4（b）]。为此，Gu 和 Gillespie（1998）针对高森林覆盖度的山区提出一种基于太阳、冠层、传感器三者几何关系的 SCS（Sun-Canopy-Sensor，SCS）校正模型。

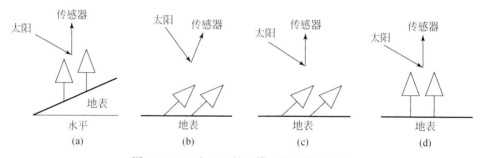

图 4.4　SCS 和 STS 校正模型的比较示意图

(a) 坡面地形上的冠层；(b) 旋转到水平地面后的地形（STS 校正模型）；(c) 基于光度函数进行
光源补偿后的水平地形；(d) 水平地表上的森林冠层（Gu and Gillespie，1998）

在 SCS 模型中，设倾斜地表接收到的太阳总辐射能量为 ε，则 ε 是太阳入射辐射 E_s 与像元在太阳辐射入射方向投影面积的乘积：

$$\varepsilon = E_s S \cos\theta \tag{4.6}$$

式中，S 是坡面像元的面积（图 4.5），θ 表示太阳入射方向与坡面法线的夹角。设 $\bar{I}$ 为冠层光照面的平均入射辐射强度，则光照面的总面积 A 可以表示为：

$$A = \frac{\varepsilon}{\bar{I}} = \frac{E_s S \cos\theta}{\bar{I}} \tag{4.7}$$

根据辐射强度的定义（单位面积上的入射能量），A 和 $\bar{I}$ 分别是像元内冠层光照面的面积及平均入射辐射强度。因此，对于倾斜地表和水平地表存在以下关系：

$$\frac{A}{A_0} = \frac{E_s S \cos\theta\, \bar{I_0}}{E_s S_0 \cos\theta_0 \bar{I}} \tag{4.8}$$

式中，下标 0 代表水平地表。由于光照面的入射辐射是与地形无关的，则倾斜地表接收到的总辐射 L 与水平地表的总辐射 L_0 关系为：

$$\frac{L}{L_0} = \frac{A}{A_0} = \frac{\cos\theta}{\cos\alpha\cos\theta_{\mathrm{s}}} \tag{4.9}$$

则倾斜地表观测的辐射亮度可转换为其水平地表下的等效值：

$$L = L_0 \frac{\cos\theta}{\cos\alpha\cos\theta_{\mathrm{s}}} \tag{4.10}$$

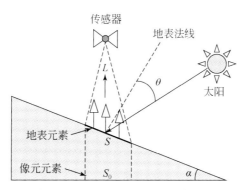

图 4.5　坡面地表冠层光照几何关系

　　SCS 校正模型比传统 STS 模型在消除森林覆盖区地形影响上更加有效。模型没有改变太阳和传感器的相对位置、几何关系及冠层结构，因而被认为是一种更合理的森林区域地形校正方案。然而，在应用中发现，SCS 模型与其他模型一样普遍存在过校正现象（Soenen et al.，2005）。这主要是 SCS 模型同余弦校正模型类似，也忽略了天空散射辐射和邻近像元反射辐射的影响，导致背光区域、局地入射角较大的像元存在过校正问题。

4. SCS+C 校正模型

　　为了更好地解释地形辐射校正中散射辐射的影响，Soenen 等（2005）仿效 C 校正模型，在 SCS 校正模型基础上引入参数 C 以解释天空散射辐射的影响，提出了 SCS+C 校正模型：

$$L_0 = \frac{L\cos\alpha\cos\theta_{\mathrm{s}} + C}{\cos i + C} \tag{4.11}$$

式中，参数 C 的计算方法与 C 校正模型中的计算方法类似。

　　总体上，SCS+C 模型中，参数 C 具有一定的调节过度校正的作用，同时，参数 C 的计算方法也较为简单。然而，参数 C 并没有实际的物理意义，且同 C 校正一样，其值的计算依赖于具体影像数据，不具有通用性。

5. 线性旋转模型

　　由式（4.2）可知，倾斜地表条件下，像元的入射辐射强度与光照系数 $\cos i$ 存在显著的线性关系。C 校正模型和 SCS+C 模型均采用了该统计关系进行坡面像元的辐射亮度校正。Tan 等（2010）利用该统计关系，发展了一种经验性的线性旋转地形辐射校正模型。

该模型通过将入射辐射强度与光照系数的线性关系旋转到水平方向，进而消除了地形效应。模型可表示如下：

$$L_H = L_i(\lambda) - a \times (\cos i + b) \tag{4.12}$$

式中，a 和 b 是拟合参数，$L_i(\lambda)$ 为波长为 λ 波段的辐射亮度。

线性旋转模型的优势在于该模型消除了地表反射率与光照条件之间的相关关系，同时不同像元之间的相对光谱差异保持不变。该模型已应用于山地森林扰动的监测研究，结果表明能够显著提高监测精度（Tan et al.，2013）。

6. Proy 模型

余弦校正模型和 SCS 校正模型都忽略了来自天空和周围地形散射辐射的影响。为了更好地描述山区遥感影像中地形的影响，Proy 等（1989）提出了一种分别考虑坡面像元不同入射辐射组分的地形校正模型。该模型把坡面像元接收的总辐射分为 3 项：太阳直接辐射、天空散射辐射、周围地形的反射辐射。Proy 模型中，坡面像元接收到的总辐射 E 可表示为：

$$E = \Theta \times \cos i \times E_0 \times \mathrm{e}^{\frac{-\tau}{\cos\theta_s}} + V_d \times E_f^h + \sum_p \frac{\rho_p \times E_p \times \cos(\theta_m) \times \cos(\theta_p) + \mathrm{d}S_p}{\pi \times r_{MP}^2}$$

$$\tag{4.13}$$

式中，第一项 $\Theta \times \cos i \times E_0 \times \exp(-\tau/\cos\theta_s)$ 代表坡面像元接收到的太阳直射，其中 Θ 为地形阴影系数，若为阴坡其值为 0，否则为 1；$\cos i$ 为太阳入射角的余弦值；E_0 为大气层顶部的太阳辐照度；τ 为总的垂直大气光学厚度；θ_s 为太阳天顶角；式中第二项 $V_d \times E_f^h$ 代表坡面像元接收到的散射辐射，其中，E_f^h 为无遮挡水平地表接收到的天空散射辐射；V_d 为天空可见因子，并由 $V_d = (1 + \cos s)/2$ 计算得到，其中 s 为像元坡度值；第三项代表周围地形的反射辐射 $\sum_p \frac{\rho_p \times E_p \times \cos(\theta_m) \times \cos(\theta_p) + \mathrm{d}S_p}{\pi \times r_{MP}^2}$。理论上对坡面上某一待求点 M 所有能见的像元 P 的反射率进行求和，其中 E_p 表示点 P 的辐照度；θ_m 和 θ_p 分别表示点 M 及点 P 坡面法线与 MP 连线的夹角（图 4.6）；$\mathrm{d}S_p$ 为像元 P 的实际面积，r_{MP} 为点 M 和点 P 之间的距离。

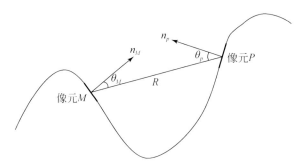

图 4.6　临近像元 P 与目标像元 M 的几何关系示意（Proy et al.，1989）

Proy 模型考虑了临近地表的反射辐照度的贡献，在像元的尺度上考虑周围地形的反射辐射，并通过逐点计算的方式来获取这一辐射项。然而由于地形的复杂性，即使周围环境是朗伯体，各向同性的假设对于周围地形的反射辐射计算也是不现实的。在 Proy 模型的基础上，阎广建等（2000）对临近地表的贡献作了更进一步的描述，假设在一个像元范围内是朗伯体，通过去除程辐射，快速恢复了阴影区的光谱细节。此外，也有学者针对临近像元校正问题，通过引入经验参数，近似估算非朗伯面上间接辐照度的分配情况（Zhang and Gao，2011）。

7. Sandmeier 模型

与 Proy 模型类似，Sandmeier 模型也考虑到了天空散射和周围地物的影响，把坡面像元接收的总辐射分为太阳直接辐射、天空散射辐射、周围地物的反射辐射 3 个部分，分别开展地形辐射校正（Sandmeier and Itten，1997）。但与 Proy 模型相比，Sandmeier 模型对天空散射辐射的描述更加细致，考虑了天空散射辐射各向异性的影响。其基本思路是首先获取坡面像元实际接收到的太阳辐照度，然后根据地表反射率恢复模型来计算真实地表反射率。其具体模型如下：

首先，Sandmeier 把坡面上接收到的总辐射 E 分为太阳直接辐射、天空散射辐射、周围地物的反射辐射 3 项之和：

$$E = \Theta \times E_d^h \frac{\cos i_s}{\cos \theta_s} + E_f^h \left\{ \Theta k \frac{\cos i_s}{\cos \theta_s} + (1-k)V_d \right\} + E^h V_t \rho_{adj} \qquad (4.14)$$

式中，第一部分为太阳直接辐射，第二部分为天空散射辐射，第三部分为临近地表的反射辐射。E_d^h 为水平地表接收到的太阳直接辐射；i_s 为太阳入射角；θ_s 为太阳天顶角；k 是一个与太阳直接辐射的大气透过率相关的各向异性系数，可通过地表法线相对太阳光线接收到的直接辐射 E_d^n 与大气上界辐射 E_d^t 的比值 E_d^n/E_d^t 计算得到，介于 0 和 1 之间；E^h 为水平地表接收到的总辐射；V_t 为地形可见因子，可通过 $1-V_d$ 计算得到，其中 $V_d = \dfrac{1+\cos\theta_s}{2}$；$\rho_{adj}$ 为临近地表的平均反射率。

对于给定卫星影像的地表反射率 ρ，假设地表为朗伯体，则其可表示为：

$$\rho = \frac{\pi(L - L_p)}{E T_u} \qquad (4.15)$$

式中，L 为卫星影像记录的辐亮度，可通过卫星影像记录的 DN 值结合其定标参数计算获取；L_p 为大气程辐射；T_u 为大气上行透过率；E 为地表接收到的太阳总辐射。将式（4.14）代入式（4.15）即地表反射率恢复模型。模型中涉及的大气辐射参数如 E_d^h、E_f^h、T_u 等可通过现有的大气辐射传输软件（如 6S、MODTRAN 等）模拟获得（详见第 3 章）。

Sandmeier 校正模型通过把坡面像元所接收的天空漫反射分为各向同性与各向异性辐射两个部分，更好地描述了地形对天空漫反射的影响。然而 Sandmeier 模型只是简单地通过计算周围像元的平均反射率来获取周围地形的反射辐射，这对于山脊或山谷像元的地形校正存在一定问题（Li et al.，2015）。此外，由于 Sandmeier 模型只考虑地表特征，没有考虑地表覆被状况，因此有学者将 SCS 模型的思想引入到 Sandmeier 模型，使之更适合于山区森林的地形辐射校正（孙源等，2009）。

4.3.2 非朗伯体假设模型

朗伯体假设模型将地表假设为各向同性反射体。虽然朗伯体假设便于计算，然而真实地表大多是非均一、非朗伯的，电磁波与地物的作用并非各向同性，而是具有明显的方向性（Nicodemus，1965；Vermote et al.，2009）。太阳–地表–传感器之间的几何位置关系不同，获取的同一地表反射率会随之发生变化，即地表反射的 BRDF 效应（Maignan et al.，2004；Schaepman-Strub et al.，2006）。在遥感技术应用的初期，地形辐射校正模型通常将地表简化成朗伯体，忽略 BRDF 效应。但随着遥感在变化监测等领域应用的深入，以及不同传感器影像数据的对比分析需求，由太阳与观测角度变化所引起的地物反射率变化必须予以考虑并消除（Liang and Strahler，1994）。有关非朗伯体地表反射特性的相关内容本书已在第 2 章做详细介绍，读者可参阅相关内容。本小节简要介绍常见的非朗伯体假设地形辐射校正模型，并在此基础上介绍近年来非朗伯假设模型的求解方法。

1. Minnaert 校正模型

考虑到地表各向异性的影响，一些学者（Smith et al.，1980；Blesius and Weirich，2005；Gao et al.，2016）采用一个经验测量光度函数（Minnaert 常数 k）来描述地表的二向反射分布函数（BRDF）。在非朗伯体假设的基础上考虑了太阳和传感器的空间关系，Minnaert 校正模型可表示为：

$$L_T \times \cos e = L_H \times \cos^k i \times \cos^k e \tag{4.16}$$

式中，k 为 Minnaert 常数，介于 0～1 之间，是地面接近朗伯体表面程度的测度；$\cos e$ 为局地出射角的余弦值；L_T 为坡面上像元的辐亮度；L_H 为水平地表上像元的辐亮度；$\cos i$ 为太阳入射角的余弦值。对于完全朗伯体表面 $k=1$，就转化为经典的余弦校正模型。

同 C 校正模型和 SCS+C 校正模型一样，Minnaert 模型需要根据具体影像来获取参数 Minnaert 系数的值。对式（4.16）两边取对数，则可获得其线性回归方程：

$$\log(L_T \times \cos e) = \log(L_H) + k \times \log(\cos i \times \cos e) \tag{4.17}$$

式中，$\log(L_T \times \cos e)$ 为因变量，$\log(\cos i \times \cos e)$ 为自变量，通过在影像中选取一定的样本数据代入公式就可以求得 Minnaert 常数 k。

Minnaert 校正模型在非朗伯体假设基础上，考虑太阳和传感器的空间关系，对于地形起伏较小的地区被证明是十分有效的。自 Minnaert 模型提出以来，很多研究者相继利用此模型在不同类型的地形区对不同的地表覆盖物以及多遥感数据源的地形影响进行了校正，取得了令人满意的结果（Cavayas，1987）。然而，由于参数 k 是通过统计分析太阳–地表几何关系与影像辐亮度估算得到的，因而很大程度上限制了该模型的应用（Blesius and Weirich，2005）。Minnaert 模型在一定程度上还是属于半经验性模型，在该模型中，关键在于对 k 值的估算，Meyer 等（1993）讨论了如何根据经验计算 k 值。但用常数 k 表征复杂地表非朗伯特性会存在很大问题（尤其是在坡度变化较大的地方），此时可通过基于像元的 Minnaert 校正模型来避免 k 作为全局值所带来的影响 (Lu et al., 2008)。此外，还有学者将 Minnaert 系数引入到 Sandmeier 校正模型进行非朗伯体修正，以改善 Sandmeier 模型中朗伯体假设的局限性，并对其进行了简化和改进 (高永年和张万昌，2008)。

2. ACTOR 3 模型

本书在第 3.3 节介绍了德国 Wessling 光电研究所 Rudolf Richter 博士提出的 ACTOR 快速大气校正算法 (Richter，2010)。其中，Richter (1998) 提出的 ACTOR 3 模型能够实现山地光学遥感影像的地形辐射校正。ACTOR 3 的地形校正算法实际上是 Minnaert 模型的一种改进版本。该模型由一系列的经验规则组成，通过设定不同的规则，ACTOR 3 能够实现考虑植被类型的地形辐射校正 (Richter et al.，2009)。本节对该模型进行简要介绍。

ACTOR 3 模型在第一步首先基于朗伯体假设计算获得地表反射率 ρ_L。在此基础上，通过设定阈值 β_T (以太阳天顶角为自变量的分段函数) 来确定模型校正类型。当局地太阳入射角 β 超过阈值 β_T 时，地表反射率 ρ_{MM} 由式 (4.18) 计算：

$$\rho_{MM} = \rho_L \left(\frac{\cos\beta}{\cos\beta_T} \right)^b \tag{4.18}$$

式中，ρ_{MM} 代表改进的 Minnaert 模型地表反射率。而当局地太阳入射角 β 没有超过阈值 β_T 时，等式 (4.18) 的 $\rho_{MM} = \rho_L$。

阈值 β_T 决定校正类型，其值取决于 θ_s 加上一个常量：

$$\beta_T = \theta_s + 20°, \text{ if } \theta_s \leqslant 45° \tag{4.19}$$

$$\beta_T = \theta_s + 15°, \text{ if } 45° < \theta_s \leqslant 55° \tag{4.20}$$

$$\beta_T = \theta_s + 10°, \text{ if } 55° < \theta_s \tag{4.21}$$

当 β 超过 β_T 时，式 (4.18) 的参数 b 根据不同地表覆被类型确定为：

$b = 1/2$：非植被；

$b = 3/4$：对在可见光波段的植被 ($\lambda < 720$nm)；

$b = 1/3$：对在 $\lambda \geqslant 720$nm 波段的植被。

ACTOR 3 模型的优势在于通过太阳入射角的阈值控制，能够有效地防止过校正现象；同时，其与 Minnaert 模型相比采用了一种变指数的方法，即根据不同太阳入射角度和不同波长改变校正系数 (Richter et al.，2009；Vanonckelen et al.，2015)。然而，从理论上，ACTOR 3 模型仍然是一种半经验性的地形辐射校正模型，其阈值的设定及指数的计算是基于统计方法获取的，缺乏足够的物理意义。

3. 山地辐射传输模型

近年来，学者们结合辐射传输方程，发展出了物理机制更为完善的基于方向反射的山地地表反射率计算模型 (闻建光等，2008)。该类模型在太阳入射辐射组成方面与 Sandmeier 模型类似，将地表接收到的入射辐射分为直接辐射、散射辐射和临近地表反射，在此基础上引入地表的方向反射模型，并构建水平地表和坡面地表的反射率转换关系。闻建光等（2008）引入两类方向反射，即方向–方向反射 ρ_T 和半球–方向反射 ρ_{DT}，设 τ 为大气光学厚度，则传感器入瞳辐射 L 是大气程辐射 L_p 和地表目标反射的辐射之和，则 Sandmeier 模型（式4.14）可进一步表示为：

$$L = L_p + \Theta \frac{(E_s^h + E_d^h)\cos i_s}{\pi \cos\theta_s}\rho_T e^{\frac{-\tau}{\cos\theta_v}} + \left[\frac{E_d^h(1-K)V_d}{\pi} + \frac{E_a}{\pi}\right]\rho_{DT}e^{\frac{-\tau}{\cos\theta_v}} \quad (4.22)$$

式中，所有参数与 Sandmeier 模型中意义相同。

式（4.22）中，难点在于地表方向反射分布函数的表达。目前用于描述地表方向反射分布函数已有很多种，其中半经验的核驱动模型由于其参数较少且形式简单，应用最为广泛。根据核驱动模型，水平地表的反射率可表示为（Lucht et al.，2000）：

$$\rho_H(\theta_s, \theta_v, \varphi) = K_0 + K_1 f_1(\theta_s, \theta_v, \varphi) + K_2 f_2(\theta_s, \theta_v, \varphi) \quad (4.23)$$

式中，$\rho_H(\theta_s, \theta_v, \varphi)$ 是方向–方向反射；$f_1(\theta_s, \theta_v, \varphi)$ 和 $f_1(\theta_s, \theta_v, \varphi)$ 分别是体散射核和几何光学散射核；θ_s、θ_v、φ 分别表示太阳天顶角、传感器观测天顶角和他们二者之间的相对方位角。K_0 为各向同性散射系数；K_1、K_2 为体散射系数和几何光学散射参数。定义 Ω 为（Bacour and Breon，2005）：

$$\Omega(\theta_s, \theta_v, \varphi) = \frac{\rho_H(\theta_s, \theta_v, \varphi)}{K_0} = 1 + \frac{K_1}{K_0}f_1(\theta_s, \theta_v, \varphi) + \frac{K_2}{K_0}f_2(\theta_s, \theta_v, \varphi) \quad (4.24)$$

对于太阳直接辐射，在特定太阳入射方向 (θ_s, φ_s) 和传感器观测方向 (θ_v, φ_v)，经地形影响消除后的地表目标方向反射 $\rho_H(\theta_s, \theta_v, \varphi)$ 与坡面对应的反射 $\rho_T(i_s, i_v, \varphi)$ 之间的关系为（Wen et al.，2007）：

$$\rho_T(i_s, i_v, \varphi) = \frac{\Omega(i_s, i_v, \varphi)}{\Omega(\theta_s, \theta_v, \varphi)}\rho_H(\theta_s, \theta_v, \varphi) \quad (4.25)$$

式中，i_s 和 i_v 分别为太阳相对坡面目标的入射角和传感器相对坡面目标的观测角。

对于大气漫反射，目标接收的辐射是半球积分值，假设大气散射各方向均一，地形除阻挡部分辐射外，对大气漫反射无方向性影响，则目标的半球–方向反射可以表达为方向–方向反射在入射角半球的积分：

$$\rho_{DT}(i_v, \varphi) = \frac{1}{\pi}\int\int_{2\pi\pi/2}\frac{\Omega(i_s, i_v, \varphi)}{\Omega(\theta_s, \theta_v, \varphi)}\rho_H(\theta_s, \theta_v, \varphi)d\Omega i_s \quad (4.26)$$

式中，Ωi_s 为入射方向上投影微分立体角，表示为：

$$\Omega i_s = \cos i_s \sin i_s di_s d\varphi_s \quad (4.27)$$

将式（4.25）和式（4.26）代入式（4.22），则平坦地表的方向反射 $\rho_H(\theta_s, \theta_v, \varphi)$ 可表示为：

$$\rho_H(i_s, i_v, \varphi) = \frac{\pi(L - L_p)e^{-\tau/\cos\theta_v}}{\Theta\dfrac{(E_s^h + E_d^h K)\cos i_s}{\cos\theta_s}\dfrac{\Omega(i_s, i_v, \varphi)}{\Omega(\theta_s, \theta_v, \varphi)} + \left[\dfrac{E_d^h(1-K)V_d + E_a}{\pi\Omega(\theta_s, \theta_v, \varphi)}\right]\displaystyle\int\int_{2\pi\pi/2}\Omega(i_s, i_v, \varphi)d\Omega i_s}$$
$$(4.28)$$

式中，式（4.28）中隐含的 BRDF 因子可通过二向反射模型（如 Walthall 模型）计算获得。

通过结合辐射传输模型，山地辐射传输校正模型充分考虑了目标像元接收三部分辐射来源，并区别对待地表目标反射太阳直接辐射的方向-方向反射和大气漫散射辐射的半球-方向两个过程，增加了模型本身的物理意义。然而校正结果发现在一些山脊和山谷地区也会出现少量地形消除不完全的像元，其主要原因来自于 DEM 空间分辨率的影响（闻建光等，2008；Zhang et al.，2015a）。

4. 大气、BRDF 与地形辐射协同校正模型

在非朗伯体假设的地形辐射校正中，一些学者还提出了同时考虑大气、BRDF 效应的地形辐射校正方法（Li et al.，2010；Li et al.，2012；Li et al.，2015）。该方法在倾斜地表接收太阳直射、散射辐射与临近地表反射的能量改正建模上，与 Sandmeier 模型原理相同，但在对地表方向反射过程描述时，将其细分为方向-方向反射、方向-半球反射、半球-方向反射及双半球反射，物理意义更加明确。此外，该模型考虑了大气辐射传输过程的影响，同时进行大气、BRDF 与地形辐射校正，提供了一个综合的校正框架。下面对该模型进行简要介绍。

1）大气与 BRDF 的协同校正

在地表水平、朗伯假设情况下，大气上界反射率 ρ_{TOA} 可以表示为：

$$\rho_{\mathrm{TOA}} = \rho_0 + T_{\mathrm{V}} T_{\mathrm{S}} \frac{\rho_m}{1 - S\rho_m} \tag{4.29}$$

式中，ρ_m 为经大气校正的地表朗伯反射率；ρ_0 为大气程辐射反射率；T_{s}，T_{V} 分别是太阳和观测方向的总透过率；S 为大气下界反照率。

在水平地表为非朗伯体假设的条件下，卫星影像接收到的大气上界反射率可表示为（Vermote et al.，1997）：

$$\rho_{\mathrm{TOA}} = \rho_0 + t_{\mathrm{V}} t_{\mathrm{S}} \rho_{\mathrm{s}}(\theta_{\mathrm{S}}, \theta_{\mathrm{V}}, \varphi) + t_{\mathrm{V}} t_{\mathrm{d}}(\theta_{\mathrm{S}}) \bar{\rho} + t_{\mathrm{S}} t_{\mathrm{d}}(\theta_{\mathrm{S}}) \bar{\rho}' + t_{\mathrm{d}}(\theta_{\mathrm{V}}) t_{\mathrm{d}}(\theta_{\mathrm{S}}) \bar{\bar{\rho}}$$
$$+ \frac{[t_{\mathrm{V}} + t_{\mathrm{d}}(\theta_{\mathrm{V}})][t_{\mathrm{S}} + t_{\mathrm{d}}(\theta_{\mathrm{S}})] S(\bar{\bar{\rho}})^2}{1 - S\bar{\bar{\rho}}} \tag{4.30}$$

式中，$\rho_{\mathrm{s}}(\theta_{\mathrm{S}}, \theta_{\mathrm{V}}, \varphi)$ 为地表方向反射率，θ_{S} 为太阳天顶角，θ_{V} 为观测天顶角，φ 为太阳与观测方向的相对方位角，t_{S} 和 t_{V} 分别为太阳和观测方向的散射透过率，式（4.29）中，$T_{\mathrm{S}} = t_{\mathrm{S}} + t_{\mathrm{d}}(\theta_{\mathrm{S}})$，$T_{\mathrm{V}} = t_{\mathrm{V}} + t_{\mathrm{d}}(\theta_{\mathrm{V}})$，$\rho_{\mathrm{s}}$、$\bar{\rho}'$、$\bar{\rho}$ 及 $\bar{\bar{\rho}}$ 分别为方向-方向、方向-半球、半球-方向及双半球反射率。

设式（4.24）中，$\alpha_1 = K_1/K_0$，$\alpha_2 = K_2/K_0$，由式（4.23）可知，地表的方向反射可表示为：

$$\rho_{\mathrm{H}}(\theta_{\mathrm{S}}, \theta_{\mathrm{V}}, \varphi) = K_0 B(\theta_{\mathrm{S}}, \theta_{\mathrm{V}}, \varphi, \alpha_1, \alpha_2) \tag{4.31}$$

式中，$B(\theta_{\mathrm{S}}, \theta_{\mathrm{V}}, \varphi, \alpha_1, \alpha_2)$ 被称作 BRDF 的形状函数，是太阳方位角、观测方位角以及 α_1 和 α_2 的函数。ρ_{s}、$\bar{\rho}'$、$\bar{\rho}$ 及 $\bar{\bar{\rho}}$ 可近似表示为（Strahler et al.，1999；Lucht et al.，2000）：

$$\bar{\rho} = K_0 \alpha_{bk}(1, \alpha_1, \alpha_2, \theta_{\mathrm{V}}) \tag{4.32}$$

$$\rho' = K_0 \alpha_{bk}(1, \alpha_1, \alpha_2, \theta_S) \tag{4.33}$$

$$\bar{\rho} = K_0 \alpha_{uk}(1, \alpha_1, \alpha_2) \tag{4.34}$$

将式（4.32）~式（4.34）代入式（4.30），同时联立式（4.29）和式（4.30），经过整理得：

$$(1-a)S(1-S\rho_m)\bar{\rho}^2 + [a + \rho_m(1-a)S]\bar{\rho} - \rho_m = 0 \tag{4.35}$$

式中，

$$a = 1/a_{uk}(1, \alpha_1, \alpha_2)[f_V f_S B(\theta_S, \theta_V, \varphi, \alpha_1, \alpha_2) + f_V(1-f_S)\alpha_{bk}(1, \alpha_1, \alpha_2, \theta_S)$$
$$+ f_S(1-f_V)\alpha_{bk}(1, \alpha_1, \alpha_2, \theta_S) + (1-f_S)(1-f_V)\alpha_{uk}(1, \alpha_1, \alpha_2)] \tag{4.36}$$

式（4.35）中，通过利用初始 ρ_m 求解 $\bar{\rho}$，然后可以计算获得 BRDF 形状函数参数 K_0，利用 K_0 即可求得对应地表的方向反射。其中的大气直射、散射透射比例（f_V、$1-f_V$）及大气下界半球反照率 S、朗伯假设下的反射率 ρ_m 等，均可由大气辐射传输模型（如 6S 模型）计算。

2）地形辐射校正

上述模型描述了在非朗伯体假设条件下，通过卫星影像大气上界反射率计算获取地表方向反射的过程。在山区，当同时考虑地表反射的各向异性时，由本章 4.2 可知由于地形起伏导致局地入射角发生变化，同时地表接收到的入射辐射能量也有所不同。假设遥感像元是一倾斜坡面的组成部分时，设 i_t、e_t 分别为考虑地形起伏的局地入射、出射角，$\delta\varphi_t$ 为相对方位角（局地入射方位角 φ_i 与出射方位角 φ_e 的差值）（图 4.7），它们与太阳天顶角 θ_S、方位角 φ_s 及卫星观测天顶角 θ_v、方位角 φ_v 及由 DEM 衍生的坡度 θ_t、坡向 φ_t 的关系如下（Stark，1987）：

$$\cos(e_t) = \cos(\theta_v)\cos(\theta_t) + \sin(\theta_v)\sin(\theta_t)\cos(\varphi_v - \varphi_t) \tag{4.37}$$

$$\tan(\varphi_i) = \frac{\sin(\theta_s)\sin(\varphi_s - \varphi_t)}{\cos(\theta_s)\sin(\theta_t) - \sin(\theta_s)\cos(\theta_t)\cos(\varphi_s - \varphi_t)} \tag{4.38}$$

$$\tan(\varphi_e) = \frac{\sin(\theta_v)\sin(\varphi_v - \varphi_t)}{\cos(\theta_v)\sin(\theta_t) - \sin(\theta_v)\cos(\theta_t)\cos(\varphi_v - \varphi_t)} \tag{4.39}$$

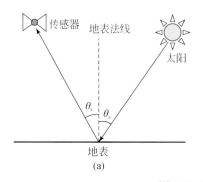 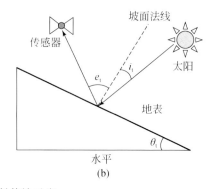

图 4.7　坡面辐射传输示意

（a）平地条件；（b）山地条件

由坡面与卫星和太阳的局地几何关系，根据式（4.30）则卫星接收到的表观辐亮度可表示为（Li et al.，2012）：

$$L_{\text{TOA}} = L_0 + \frac{T_V}{\pi}\left(E^{\text{dir}}[f_v\rho_s(i_t, e_t, \delta\varphi_t) + (1-f_v)\overline{\rho'}(i_t)] + E^{\text{dif}}[f_v\overline{\rho}(e_t) + (1-f_r)\overline{\rho}]\right.$$

$$\left. + E\frac{S\overline{\rho}^2}{1-S\overline{\rho}}\right) \tag{4.40}$$

与 Sandemier 模型类似，倾斜地表接收到的太阳辐射可包括太阳直射、天空散射和临近地表反射，可表示为（Li et al.，2012）：

$$E^{\text{dir}} = E_h^{\text{dir}}\varphi\frac{\max(\cos i_t, 0)}{\cos\theta_s} \tag{4.41}$$

$$E^{\text{dif}} = E^{\text{sky}} + E^{\text{adj}} = E_h^{\text{dif}}\left\{k\frac{\cos(i_t)}{\cos(\theta_s)} + (1-k)V_d\right\} + E_hV_t\rho_{\text{adj}} \tag{4.42}$$

式中，各参数定义与 Sandmeier 中模型类似。

定义以下比例因子：

$$R^{\text{dir}} = E^{\text{dir}}/E_h \tag{4.43}$$

$$R^{\text{dif}} = E^{\text{dif}}/E_h \tag{4.44}$$

$$R = E/E_h \tag{4.45}$$

则式（4.36）可转化为：

$$\frac{\rho_m}{1-S\rho_m} = R^{\text{dir}}[f_v\rho_s(i_t, e_t, \delta\varphi_t) + (1-f_v)\overline{\rho'}(i_t)] + R^{\text{dif}}[f_v\overline{\rho}(e_t) + (1-f_v)\overline{\rho}] + R\frac{S\overline{\rho}^2}{1-S\overline{\rho}} \tag{4.46}$$

按照式（4.34）的解法即可将倾斜地表的地表反射率归一化到相同观测条件和入射辐射条件下的地表反射率，实现地形辐射的协同校正。

5. BRDF 原型构造与求解

在非朗伯体假设条件的地形辐射校正模型中，难点在于如何利用多角度观测数据获取地表的 BRDF。尤其针对传统的高空间分辨率影像如 Landsat TM、SPOT HRV 等，其卫星回归周期较长，难以提供有效的多角度观测，地表 BRDF 求取难度更大。目前有三种途径实现上述影像考虑地表非朗伯体特性地形辐射校正模型的求解。

1）山地光学影像自身起伏形成的同覆被类型多角度观测

山地光学遥感影像中，针对同一地表覆被类型，不同地形引起了局地像元的不同太阳入射和传感器观测角度，形成单景影像同类地表类型像元太阳相对入射和传感器相对观测多角度的情况。因此，可以通过同种地物类型的多角度观测拟合获取该地表覆盖类型对应的 BRDF 形状函数（Wen et al.，2008）。该方法的好处在于地形辐射校正所需的角度及反射率信息是由被校正影像自身提取的，避免了辅助数据引入带来的误差。然而，该方法也在一定程度上受限于土地覆被分类数据的精度，此外，一种土地覆被类型只采用一个

BRDF 形状函数也在一定程度上忽略了类型内部的自然差异。

2）多源辅助数据提供地表形状函数参数

采用具有低空间分辨率但高时间分辨率遥感影像反演获取的地表形状函数作为辅助数据，开展高空间分辨率遥感影像的协同校正也是一条十分有益的途径。Li 等（2012）在进行 Landsat 影像大气、BRDF 与地形辐射的协同校正时，利用与 TM 影像相同观测时段的 MODIS BRDF 参数均值解释影像内地物的 BRDF 特性，取得了较好的校正效果。但其方法明显的局限性在于整景影像采用单一形状函数，这与实际情况不太相符。Li 等（2015）考虑到不同地物类型结构属性和光谱属性存在差异，通常具有不同的 BRDF 特性，因此，描述其 BRDF 特性的参数应该有差异。基于该思想，该研究中采用 NDVI 分段的方法对 BRDF 的提取方法进行了改进。

多源遥感数据之间的空间分辨率差异在一定程度上会影响辅助数据带来的校正效果。在采用 MODIS 作为辅助数据源进行 Landsat TM 影像的地形辐射校正实验中，Flood（2013）指出，由于两者较大的分辨率差异，MODIS BRDF 参数并不携带 TM 30m 尺度上的、局部的 BRDF 信息，携带的仅是全局的、区域的 BRDF 信息。由于 MODIS BRDF 产品的 500m 空间分辨率，与 TM 的 30m 分辨率相差较大，MODIS BRDF 产品像元信息通常是多种地表覆盖类型的混合效果。其混合像元效应在空间尺度上的不匹配将影响最终的校正质量。MODIS BRDF 产品生产使用的是线性的核驱动模型，但是由于真实场景内的地物存在地形阴影、相互遮挡等效应，地表的方向反射率往往并不是各个地物面积与反射率乘积的简单叠加（Roman et al.，2011；Zhang et al.，2015b）。

3）高时空分辨率遥感影像自身拟合 BRDF 参数

当前，随着遥感技术的发展，采用星座的方式同时获取具有高时空分辨率的卫星影像已成为可能。我国的环境减灾小卫星星座（HJ-1A/B）即具有这种特性。该小卫星星座每两天即可重复对地观测 1 次。因此，可以利用其高时间分辨率的特点，拟合获取一定时间窗口内的地表 BRDF 形状函数，进而实现山区的地形辐射校正，克服采用低空间分辨率 BRDF 参数对高空间分辨率影像地形校正时分辨率不匹配的缺点（Bian et al.，2015）。王庆芳（2015）基于 HJ-1A/B CCD 影像的特征，开展了以 16 为间隔的 30m 空间分辨率的 BRDF 形状函数提取，并在此基础上实现了 HJ-1A/B 影像的大气、BRDF 与地形辐射协同校正。随着高时空分辨率卫星影像的不断发展，如欧洲空间局的 Sentinel-2A/B（Drusch et al.，2012），此类校正方法将成为一种新的发展趋势。

4.4 应 用 实 例

本节分别以不同地形校正模型效果对比和地形辐射校正模型在森林扰动、影像合成方面的应用为例简要介绍山地影像地形辐射校正的一般流程及应用价值。

4.4.1 几种地形辐射校正模型对比试验

Li 等（2015）基于选取的春季和秋季两个不同太阳高度条件下的典型山区 Landsat TM

影像，对比了 Sandmeier 模型（Sandmeier and Itten，1997），大气、BRDF 与地形辐射协同校正模型（后文方便起见简称 Li 模型）（Li et al.，2012）及其基于 NDVI 分级的改进模型（Li et al.，2015）的校正效果。该影像覆盖范围为川西平原向青藏高原过渡的横断山区，研究区内高山林立，河流深切，地貌以高山峡谷地貌为主，地势西北高，东南低，地形起伏剧烈，海拔大致在 350m 和 5900m 之间。研究区内植被覆盖率较高，植被覆盖类型以针叶林为主，有部分针阔混交林以及草原、草甸，高海拔山峰上有冰川、永久积雪等分布，该实验区进行复杂山区遥感影像的地形校正研究，具有很好的代表性和典型性。

1. 目视分析

由图 4.8 可以看出，总体而言，经过不同模型地形校正后，影像的地形效应得到了较大程度的抑制，阴坡的反射率均得到明显增强，信息得到一定程度的恢复，阴坡和阳坡的同类地物反射率更加趋于一致，影像质量得到显著改善，不同太阳高度角条件获取的影像校正效果基本一致［图 4.8（B）、（D）］。

图 4.8 选择了两个地形起伏非常剧烈的子区进行不同模型校正效果的对比分析（a1、b1 区域）。可以看出，三种模型在地形起伏不大的区域校正效果基本一致，但是当地形起伏非常剧烈时不同模型的结果存在较大差异。Sandmeier 模型在阴坡区域存在严重的过校正［如图 4.8（a3）中的 $\zeta1$ 及（b3）中的 $\lambda1$ 所示］，这可能是由于 Sandmeier 模型简化了真实地表反射的各向异性，将地表视为朗伯体进行校正引起的（Richter，1998）。与 Sandmeier 结果相比较，Li 模型由于考虑了地表散射的非朗伯特性，较大程度地降低了过校正现象［如图 4.8（a4）与（a3）、（b4）与（b3）对比所示］。然而，由于 Li 模型应用了整景影像对应 MODIS BRDF 形状函数的平均值进行校正，因此在部分极端区域仍存在过校正现象。改进模型通过采用 NDVI 分级开展协同校正，较好地考虑了不同地表覆被类型的 BRDF 特征，进一步降低了 Li 方法中过校正现象，且几乎消除了阴坡的过校正［如图 4.8（a4）中的 $\zeta2$ 与（a5）中的 $\zeta3$ 对比、（b4）中的 $\lambda2$ 与（b5）中的 $\lambda3$ 对比所示］，其校正视觉效果明显优于其他两种模型。

2. 统计分析

1）反射率分布强度分析

为进一步定量化表征地形校正前后不同坡度、坡向上的反射率变化情况，图 4.9 采用极坐标图展示了图 4.8 中两个影像子区中近红外波段反射率随地形坡度、坡向的反射率强度分布，即计算相同坡度、坡向上地物反射率的强度之和。第一行显示了原始春季影像子区及其经过上述不同地形校正模型校正之后的结果，第二行显示了原始秋季影像子区及其经过不同地形校正模型校正之后的结果。显然，尽管两个影像子区内地物类型随坡度、坡向的分布相对均一（如图 4.8 子窗口所示），地形校正前，阳坡（方位角在约 49°到 229°之间）地物表现出比阴坡更高的反射率强度。

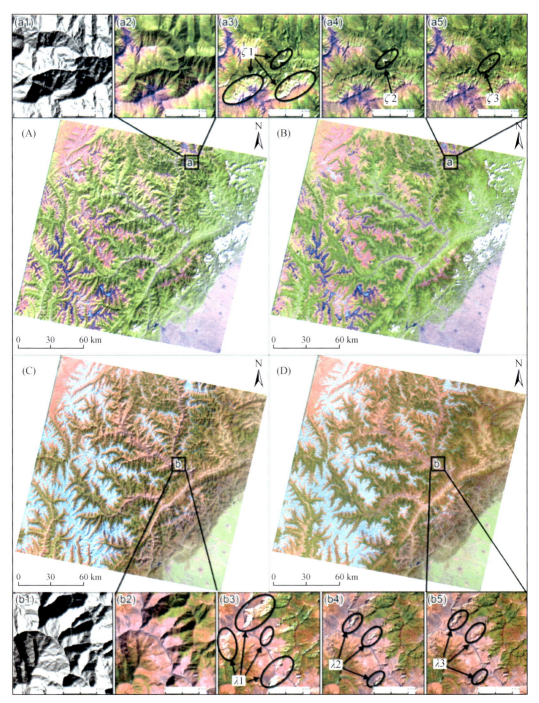

图 4.8　地形校正前、后影像假彩色合成结果（5、4、3 波段）

（A）为秋季校正前影像；（B）为经改进模型校正后影像；（a1）为局部窗口 a 的地形照度因子；（a2）为区域 a 对应的 Landsat 假彩色合成影像放大图；（a3）、（a4）、（a5）分别为经过 Sandmeier 模型、Li 模型及改进模型窗口 a 的放大图；（C）为春季校正前影像；（D）为经改进模型校正后影像；（b1）为局部窗口 b 的地形照度因子；（b2）为区域对应的 Landsat 假彩色合成影像放大图；（b3）、（b4）、（b5）分别为经过 Sandmeier 模型、Li 模型及改进模型窗口 b 的放大图经过 Sandmeier 模型校正后，阴坡反射率得到显著增强，与校正前相比，阴、阳坡地物的反射率总体上趋于更加一致。然而，阴坡的一些区域（坡角接近 50°或更大）表现出不协调的反射率高值区，这在春季子区影像上尤为明显 ［图 4.9（b）］。这种现象可以从图 4.8 中的阴坡过校正像元得到解释。从视觉效果上，Li 模型和改进模型的结果相似，反射率整体分布都更加均匀（较之 Sandmeier 模型）。为了更清晰地显示 Li 模型和改进模型校正结果的差异，图 4.10 给出了两个模型校正后子区 a 和 b 反射率强度分布的差值图像。从图 4.10 中，可以更清晰地看到，两种模型的校正结果存在差异，但究竟哪种模型更优越仍需要进一步的定量分析研究。

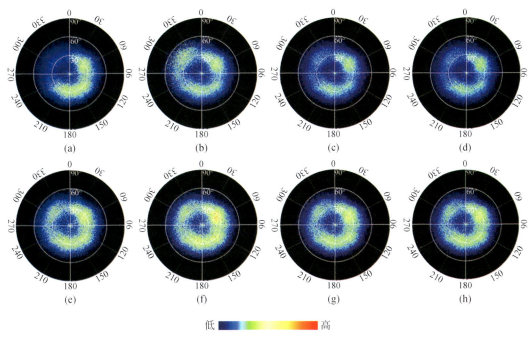

低 ████████ 高

图 4.9　地形校正前后近红外波段反射率强度在不同坡度（由半径指示）、坡向上的分布
第一行为春季影像的子区，第二行为秋季影像的子区；（a）、（e）为原始影像，（b）、（f）为经过 Sandmeier 模型校正的结果，（c）、（g）为 Li 模型校正的结果，（d）、（h）改进模型的校正结果

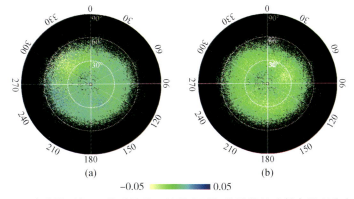

−0.05 ████████ 0.05

图 4.10　改进模型与 Li 模型的校正结果在近红外波段的反射率强度分布差异
（a）春季影像子区；（b）秋季影像子区

2）去相关分析

由于地形效应，地表接收的太阳直射辐射与光照系数（太阳直射辐射局地入射角的余弦值，$\cos i_t$）呈正相关（Shepherd and Dymond，2003；Li et al.，2012），即相同条件下的地表，光照系数越大，直射辐射越强。由于近红外波段在穿越大气层时受到的大气散射作用较弱（相对于可见光），到达地表的直射辐射比例较大，通常选用近红外波段反射率与光照系数的相关性来定量评价影像受地形效应的影响程度（Richter，1997；Huang et al.，2008；Wen et al.，2009；Li et al.，2012）。图 4.11 为春季和秋季影像地形校正前、后近红外波段反射率与光照系数的散点图。

总体而言，三种地形辐射校正方法均有一定的去相关作用。其中校正前，春季和秋季影像近红外波段反射率与光照系数的相关系数分别达到了 0.774 和 0.733，如图 4.11（a）、（e）所示，图中的散点均匀地分布在拟合直线的两侧，显示出非常高的相关性。经改进模型校正后的相关系数为 −0.049 和 −0.0779［有微弱的过校正，图 4.11（c）、（g）中光照系数低值区］，在三种方法中相关系数最接近于 0，基本消除了近红外波段反射率与光照系数的相关性，且对春季和秋季不同太阳高度角影像的地形校正效果都比较稳定。Li 模型校正后的相关系数分别为 −0.117 和 −0.084，其绝对值高于改进模型结果，尤其是春季影像校正后的相关系数为 −0.117［图 4.11（d）］，表明仍存在一定程度的负相关，即过校正现象。Sandmeier 模型校正后的相关系数分别为 −0.416 和 −0.258。无论是对于春季影像，还是秋季影像，其校正后的相关系数绝对值都大于其他两种方法，过校正现象比较严重，尤其是在光照系数低值区即局地入射角较大时［图 4.11（b）、（f）］。这表明，在

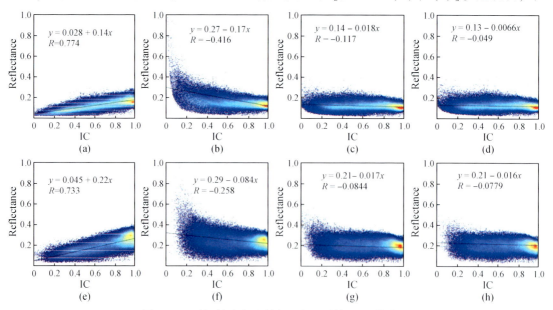

图 4.11　近红外波段反射率和光照系数 IC 的散点图

（a）是校正前的春季影像结果，（b）、（c）、（d）分别是经过 Sandmeier 模型、Li 模型和改进模型校正后的春季影像结果；（e）是校正前的秋季影像结果，（f）、（g）、（h）分别是经过 Sandmeier 模型、Li 模型和改进模型校正的秋季影像结果

对地形起伏剧烈的山区进行地形校正时，地表朗伯体假设会导致较大的偏差，需要考虑地表反射的各向异性。改进模型通过加入 NDVI 信息对地物进行大致分级，不同级别地物分别考虑其 BRDF 特性，更加接近地表的真实情况，从而有助于地形效应的进一步消除或降低，这与 Hantson 等的研究结果一致（Hantson and Chuvieco，2011）。

4.4.2　地形辐射校正在森林扰动遥感监测中的应用

森林是指以乔木为主的具有一定面积和密度的木本植物群落，其主要生态作用体现在调节气候、涵养水源、保持水土、防风固沙、防护农田、保护环境、净化空气等方面。由于森林多样化的用途与价值，其管理与利用越来越受到人们的重视。然而，由于社会和经济发展的需求，在全世界范围内森林覆盖面积发生了较大程度的变化。遥感技术已经成为当今开展大面积森林变化监测研究最为广泛的技术之一。由于森林大多分布在山地区域，因此在遥感影像应用于山地森林变化监测以前开展地形辐射校正显得尤为重要。

本小节以 Tan 等（2013）以 Landsat TM 影像为数据源开展的美国几个典型山区森林变化监测研究为例，介绍地形辐射校正在森林变化扰动监测方面的应用。该研究选用 Huang 等（2010）发展的植被变化追踪算法（VCT）为变化监测的分析器，对比了地形辐射校正前后的森林扰动监测精度，其具体成果表现在：

（1）在山地 Landsat TM 影像的地形辐射校正中，Tan 等利用其发展的线性旋转校正模型（Tan et al.，2010）开展了时间序列 Landsat TM 影像的地形辐射校正。该模型的优势在于能够保持不同像元间的相对光谱差异不变，通过简单的线性旋转实现阴坡与阳坡地物光谱的一致性（图 4.12）。该模型具体形式见本章 4.3.1 节。

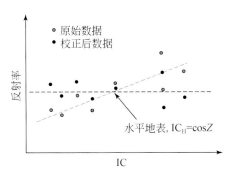

图 4.12　线性旋转模型示意

Z 代表太阳天顶角，IC 为光照系数，计算公式见式（4.1）（Tan et al.，2013）

（2）在山地地形辐射校正效果中，Tan 等分别选择了不同山地复杂程度（美国田纳西州切洛基国家森林、犹他州犹因塔国家森林和加利福尼亚州野外公园所在区域）作为研究区，对比了地形辐射校正前后的森林扰动监测效果。

图 4.13 给出了美国田纳西州和加利福尼亚州两个森林公园区域 Landsat TM 影像地形辐射校正前后森林扰动变化监测的对比，总体而言，地形辐射校正结果成功消除了 Landsat 地表反射率和照射条件之间的相关关系；地形辐射校正前后影像获得的森林变化

图有十分显著的差异。就不同区域而言，图 4.13（b）中地形起伏程度较小，可以看出地形辐射校正后影像地形阴影区光谱基本和光照区相同；图 4.13（a）中的地形起伏相对 4.13（b）更加剧烈，从不同时相的地形辐射校正结果可以看出校正结果基本上没有了地形特征。

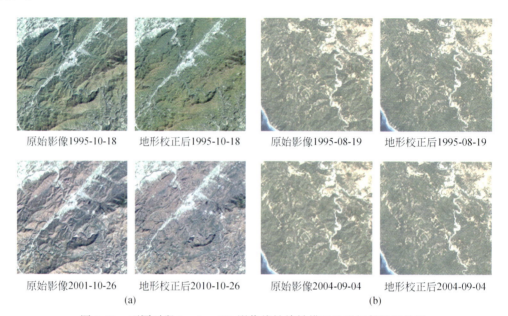

原始影像1995-10-18　　　地形校正后1995-10-18　　　原始影像1995-08-19　　　地形校正后1995-08-19

原始影像2001-10-26　　　地形校正后2010-10-26　　　原始影像2004-09-04　　　地形校正后2004-09-04

　　　　　　　　（a）　　　　　　　　　　　　　　　　　　　　　（b）

图 4.13　不同时段 Landsat TM 影像线性旋转模型地形辐射校正效果

（a）田纳西州切洛基国家森林公园区域（Path 18 Row 35）；（b）加利福尼亚州野生公园区域（Path 46 Row 32）

图 4.14 对比 Landsat 地形辐射校正前后森林扰动检测结果。总体而言，地形辐射校正后森林变化监测结果中很多"伪变化"得以有效剔除。尤其针对地形更加复杂的田纳西切洛基区域，地形辐射校正前 VCT 算法监测出了较多的森林砍伐区，但地形辐射校正后可以看出很多区域并没有发生变化。对地形起伏较小的加利福尼亚州野生公园区域，尽管地形辐射校正前后森林砍伐区的监测结果基本相同，但对比看出森林再生区域差异很大，地形辐射校正前监测结果对森林再生区明显高估。

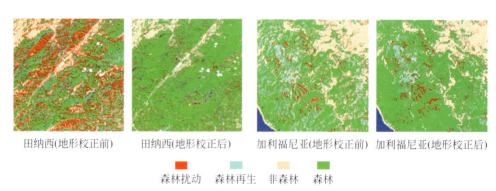

田纳西(地形校正前)　　　田纳西(地形校正后)　　　加利福尼亚(地形校正前)　　　加利福尼亚(地形校正后)

■森林扰动　■森林再生　■非森林　■森林

图 4.14　地形辐射校正前后影像及森林变化制图对比（Tan et al.，2013）

4.4.3　地形辐射校正在多时相影像合成中的应用

受云、季节性积雪等的影响，遥感影像存在时间序列不连续、数据空间分布缺失等问题。多时相合成通过设定不同的影像合成规则，选择一个合成时段内的最佳观测像元以代表该时段内的地表状况，可以部分消除这些因素的影响（Holben，1986；Cihlar et al.，1994）。多时相影像合成已被应用于 MODIS、Landsat 等卫星影像产品的发展，具有十分重要的应用价值。在多时相影像合成中，一个重要的前提要求是参与合成的影像光谱反射率之间具有较高的时空一致性。然而，由本章上述各节可知，山地时间序列的光学影像受地形起伏影响，其光谱反射率有显著差异。为了保证用于影像合成的多时相卫星影像的光谱可比较性，在进行山区卫星影像合成之前需要对影像进行地形辐射校正（Bian et al.，2015）。

本小节以 Vanonckelen 等（2015）开展的山区卫星影像地形辐射校正对影像合成影响的研究为例，讨论地形辐射校正在山地光学遥感影像时间序列合成方面的应用。该研究以 Landsat TM 影像为数据源，采用了一种基于权重的合成方法进行影像合成（Griffiths et al.，2013），并采用 ACTOR 3 大气/地形校正软件（详见本章 4.3.2 节）对合成后影像进行了地形辐射校正，其算法基本思想如图 4.15 所示。

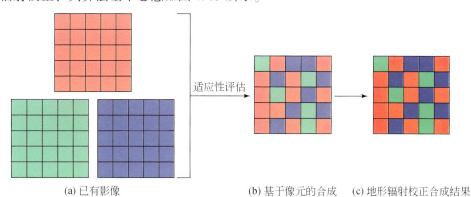

| (a) 已有影像 | (b) 基于像元的合成 | (c) 地形辐射校正合成结果 |

图 4.15　基于像元的合成方法

（a）从现有全部影像中进行像元选择；（b）进行像元适用性评估后的最佳像元选择；（c）基于地形辐射校正的合成算法

Vanonckelen 等的工作主要体现在：

（1）对于影像合成，Vanonckelen 等采用了一种基于像元时空权重的影像合成方法（Griffiths et al.，2013；White et al.，2014）。该算法通过实施一个参数加权方案评估每个观测像元在合成影像中的实用性，选择权重得分最高的像元作为合成影像。权重得分函数包括三个参数：①像元获得的年份（年度适应性）；②像元获得的日序（季节适应性）；③像元距云像元的天数（云干扰风险）。利用以上三个权重函数在来自不同日期和年份的像元之间做出权衡。

式（4.47）和式（4.48）分别用以计算所有影像的季节适用性和距云权重：

$$\text{ScoreDOY} = \frac{1}{\sigma\sqrt{2\pi}} e^{-\frac{1}{2}\left(\frac{x_i-\mu}{\sigma}\right)^2} \tag{4.47}$$

式中，σ 是所有年份 DOY 的标准差；μ 是目标 DOY；x_i 是给定获取日期的 DOY。

$$Scoreclouddist = \frac{1}{1 + e^{\left(-0.2 \cdot \min(D_i,\ D_{reg}) - \left(\frac{D_{reg} - D_{min}}{2}\right)\right)}} \tag{4.48}$$

式中，D_i 代表给定像元距指定云像元的距离；D_{reg} 为定义的最小获得距离；D_{min} 代表给定观测像元的最小距离。

（2）在遥感影像地形辐射校正中，采用了一种基于非朗伯体假设的改进 Minnaert 地形辐射校正模型（ACTOR 3）对 Landsat TM 合成影像进行地形辐射校正。图 4.16 给出了 ACTOR 3 对 Landsat TM 影像的地形辐射校正效果。由图 4.16（a）可以看出，地形辐射校正前影像不同地形区光照差异十分明显，地形辐射校正后［图 4.16（b）］地形引起的光照差异得到很好的去除，相同的森林覆盖类型在不同的坡面上光谱一致性仍然较好。

图 4.16　Landsat 影像地形辐射校正前后对比（真彩色合成）
（a）地形辐射校正前；（b）ACTOR 3 地形辐射校正效果

（3）通过采用支持向量机的计算机自动分类算法对比地形辐射校正前后合成影像的分类结果发现，采用地形辐射校正后的影像开展变化监测更有利于捕捉地表的变化特征，基于地形辐射校正后的合成结果进行分类的精度更高（表 4.1）。

表 4.1　地形辐射校正前后土地覆盖分类结果精度对比（%）

Ref		分类结果													
		N			B			M			C			O		
		1985	1995	2000	1985	1995	2000	1985	1995	2000	1985	1995	2000	1985	1995	2000
地形辐射校正前	N	82	81	94	8	2	4	5	5	1	1	4	1			
	B	7	6	7	84	97	89	8	6	4	1	1	3			
	M	3	6	2	2	1	5	70	67	85	5	10	10			
	C	5	7	1	5	0	1	17	23	9	89	86	87			
	P	82	81	94	84	97	89	70	67	85	89	86	87			
	U	93	94	90	75	85	83	57	61	80	63	78	74			
	O													83	83	89

续表

Ref		分类结果													
		N			B			M			C			O		
		1985	1995	2000	1985	1995	2000	1985	1995	2000	1985	1995	2000	1985	1995	2000
地形辐射校正后	N	85	83	97	7	1	2	5	5	1	1	4	1			
	B	5	5	1	85	97	59	6	2	4	0	1	1			
	M	3	5	1	1	2	8	72	66	86	6	10	11			
	C	4	6	1	6	0	1	17	25	10	92	86	88			
	P	**85**	**83**	**97**	**85**	**97**	**89**	**72**	**66**	**86**	**92**	**86**	**88**			
	U	**98**	**96**	**93**	**76**	**85**	**84**	**59**	**62**	**81**	**64**	**77**	**75**			
	O													85	83	91

注：N：非森林；B：阔叶林；C：落叶林；M：混交林；P：生产者精度；U：用户精度；O：总体精度。

4.5　小　　结

　　本章首先以地形对山地地表反射率的影响为切入点，从地形辐射校正研究的入射能量构成及角度改正方法入手，针对当前国内外发展的地形辐射校正方法进行了系统介绍。虽然目前国内外针对山地光学遥感影像的地形辐射校正问题提出了从简单的经验模型（比值法）到复杂的大气-BRDF-地形辐射协同校正模型，并在区域尺度得到了很好的示范应用，但也可以看出，当前无论在地形辐射校正模型的求解方法，还是在更大尺度上的应用研究还远远不够。山地光学影像的地形辐射校正是开展山区遥感应用的首要步骤之一，本章探讨的地形辐射校正方面存在的问题为后续开展该领域的进一步研究提供了思考和借鉴。

参 考 文 献

边金虎，李爱农，王少楠，赵伟，雷光斌 . 2016. 基于 MODIS NDVI 的 LandsatTM 影像地形阴影区光谱信息恢复方法研究 . 遥感技术与应用，31（1）：12～22.

高永年，张万昌 . 2008. 遥感影像地形校正研究进展及其比较实验 . 地理研究，27（2）：467～477+484.

何洪林，于贵瑞，牛栋 . 2003. 复杂地形条件下的太阳资源辐射计算方法研究 . 资源科学，25（1）：78～85.

黄薇，张良培，李平湘 . 2006. 一种顾及空间相关性遥感影像辐射度的地形校正算法 . 测绘学报，35（8）：285～290.

李新，程国栋 . 1999. 任意地形条件下太阳辐射模型的改进 . 科学通报，44（9）：993～998.

秦春，王建 . 2008. CIVCO 地形校正模型的改进及其应用 . 遥感技术与应用，23（1）：82～88.

孙源，顾行发，余涛，陈志明，程伟 . 2009. 山地森林地区遥感影像地形辐射校正研究 . 遥感信息，24（2）：7～12.

王开存，周秀骥，刘晶淼 . 2004. 复杂地形对计算地表太阳短波辐射的影响 . 大气科学，28（4）：625～633.

王庆芳 . 2015. 基于物理模型的山地光学遥感影像大气、地形和 BRDF 协同校正 . 中国科学院大学硕士学位论文.

王少楠, 李爱农. 2012. 地形辐射校正模型研究进展. 国土资源遥感, 2 (1): 1~6.

闻建光, 柳钦火, 肖青, 刘强, 李小文. 2008. 复杂山区光学遥感反射率计算模型. 中国科学 (地球科学), 38 (11): 1419~1427.

阎广建, 朱重光, 郭军, 王锦地, 李小文. 2000. 基于模型的山地遥感图像辐射订正方法. 中国图象图形学报, 5 (1): 11~15.

杨燕, 田庆久. 2008. 森林覆盖区山地遥感地形校正的方法研究. 遥感信息, 23 (1): 22~26.

钟耀武, 刘良云, 王纪华, 阎广建. 2006. SCS+C 地形辐射校正模型的应用分析研究. 国土资源遥感, 70 (4): 14~18.

Bacour C, Breon F M. 2005. Variability of biome reflectance directional signatures as seen by POLDER. Remote Sensing of Environment, 98 (1): 80~95.

Bao C G, Fan W Y, Li M Z, Jiang H H. 2009. Effects of topographic correction on remote sensing estimation of forest biomass. Chinese Journal of Applied Ecology, 20 (11): 2750~2756.

Bian J H, Li A N, Wang Q F, Huang C Q. 2015. Development of dense time series 30-m image products from the Chinese HJ-1A/B constellation: a case study in Zoige plateau, China. Remote Sensing, 7 (12): 16647~16671.

Blesius L, Weirich F. 2005. The use of the Minnaert correction for land-cover classification in mountainous terrain. International Journal of Remote Sensing, 26 (17): 3831~3851.

Cavayas F. 1987. Modelling and correction of topographic effect using multi-temporal satellite images. Canadian Journal of Remote Sensing, 13 (2): 49~67.

Cihlar J, Manak D, Diorio M. 1994. Evaluation of compositing algorithms for AVHRR Data over land. IEEE Transactions on Geoscience and Remote Sensing, 32 (2): 427~437.

Drusch M, Del Bello U, Carlier S, Colin O, Fernandez V, Gascon F, Hoersch B, Isola C, Laberinti P, Martimort P, Meygret A, Spoto F, Sy O, Marchese F, Bargellini P. 2012. Sentinel-2: ESA's optical high-resolution mission for GMES operational services. Remote Sensing of Environment, 120: 25~36.

Duguay C R, LeDrew E F. 1992. Estimating surface reflectance and albedo from Landsat-5 TM over rugged terrain. Photogrammetric Engineering & Remote Sensing, 58 (5): 551~558.

Flood N. 2013. Testing the local applicability of MODIS BRDF parameters for correcting Landsat TM imagery. Remote Sensing Letters, 4 (8): 793~802.

Frederick P I. 1990. Map ProjectionsTheory and Applications. CRC Press.

Gao M L, Gong H L, Zhao W J, Chen B B, Chen Z, Shi M. 2016. An improved topographic correction model based on Minnaert. GIScience & Remote Sensing, 53 (2): 247~264.

Gonsamo A, Chen J M. 2014. Improved LAI algorithm implementation to MODIS data by incorporating background, topography, and foliage clumping information. IEEE Transactions on Geoscience and Remote Sensing, 52 (2): 1076~1088.

Griffiths P, van der Linden S, Kuemmerle T, Hostert P. 2013. Pixel-based Landsat compositing algorithm for large area land cover mapping. IEEE Journal of Selected Topics in Applied Earth Observations and Remote Sensing, 6 (5): 2088~2101.

Gu D, Gillespie A. 1998. Topographic normalization of landsat TM images of forest based on subpixel Sun-canopy-sensor geometry. Remote Sensing of Environment, 64 (2): 166~175.

Hantson S, Chuvieco E. 2011. Evaluation of different topographic correction methods for Landsat imagery. International Journal of Applied Earth Observation and Geoinformation, 13 (5): 691~700.

Holben B N. 1986. Characteristics of maximum-value composite images from temporal AVHRR data. International

Journal of Remote Sensing, 7 (11): 1417~1434.

Huang C Q, Coward S N, Masek J G, Thomas N, Zhu Z L, Vogelmann J E. 2010. An automated approach for reconstructing recent forest disturbance history using dense Landsat time series stacks. Remote Sensing of Environment. 114 (1): 183~198.

Huang H, Gong P, Clinton N, Hui F. 2008. Reduction of atmospheric and topographic effect on Landsat TM data for forest classification. International Journal of Remote Sensing, 29 (19): 5623~5642.

Li A N, Wang Q F, Bian J H, Lei G B. 2015. An improved physics-based model for topographic correction of Landsat TM images. Remote Sensing, 7 (5): 6296~6319.

Li F, Jupp D L B, Thankappan M, Lymburner L, Mueller N, Lewis A, Held A. 2012. A physics-based atmospheric and BRDF correction for Landsat data over mountainous terrain. Remote Sensing of Environment, 124: 756~770.

Li F, Jupp D L, Reddy S, Lymburner L, Mueller N, Tan P, Islam A. 2010. An evaluation of the use of atmospheric and BRDF correction to standardize Landsat data. IEEE Journal of Selected Topics in Applied Earth Observations and Remote Sensing, 3 (3): 257~270.

Li H, Xu L, Shen H, Zhang L. 2016. A general variational framework considering cast shadows for the topographic correction of remote sensing imagery. ISPRS Journal of Photogrammetry and Remote Sensing, 117: 161~171.

Liang S, Strahler A H. 1994. Retrieval of surface BRDF from multiangle remotely sensed data. Remote Sensing of Environment, 50 (1): 18~30.

Lu D, Ge H, He S, Xu A, Zhou G, Du H. 2008. Pixel-based Minnaert correction method for reducing topographic effects on a Landsat 7 ETM+ image. Photogrammetric Engineering and Remote Sensing, 74 (11): 1343~1350.

Lucht W, Schaaf C B, Strahler A H. 2000. An algorithm for the retrieval of albedo from space using semiempirical BRDF models. IEEE Transactions on Geoscience and Remote Sensing, 38 (2): 977~998.

Maignan F, Bréon F M, Lacaze R. 2004. Bidirectional reflectance of Earth targets: evaluation of analytical models using a large set of spaceborne measurements with emphasis on the hot spot. Remote Sensing of Environment, 90 (2): 210~220.

Meyer P, Itten K I, Kellenberger T, Sandmeier S, Sandmeier R. 1993. Radiometric corrections of topographically induced effects on Landsat TM data in an alpine environment. ISPRS Journal of Photogrammetry and Remote Sensing, 48 (4): 17~28.

Nicodemus F E. 1965. Directional reflectance and emissivity of an opaque surface. Applied Optics, 4 (7): 767~773.

Pasolli L, Asam S, Castelli M, Bruzzone L, Wohlfahrt G, Zebisch M, Notarnicola C. 2015. Retrieval of leaf area index in mountain grasslands in the Alps from MODIS satellite imagery. Remote Sensing of Environment, 165: 159~174.

Proy C, Tanré D, Deschamps P Y. 1989. Evaluation of topographic effects in remotely sensed data. Remote Sensing of Environment, 30 (1): 21~32.

Reese H, Olsson H. 2011. C-correction of optical satellite data over alpine vegetation areas: a comparison of sampling strategies for determining the empirical c-parameter. Remote Sensing of Environment, 115 (6): 1387~1400.

Richter R, Kellenberger T, Kaufmann H. 2009. Comparison of topographic correction methods. Remote Sensing, 1 (3): 184~196.

Richter R. 1997. Correction of atmospheric and topographic effects for high spatial resolution satellite imagery. International Journal of Remote Sensing, 18 (5): 1099~1111.

Richter R. 1998. Correction of satellite imagery over mountainous terrain. Applied Optics, 37 (18): 4004~4015.

Richter R. 2010. ACTOR-2/3 User Guide Version 7. 1. DLR-German Aerospace Center Remote Sensing Data Center.

Roman M O, Gatebe C K, Schaaf C B, Poudyal R, Wang Z, King M D. 2011. Variability in surface BRDF at different spatial scales (30m-500m) over a mixed agricultural landscape as retrieved from airborne and satellite spectral measurements. Remote Sensing of Environment, 115 (9): 2184~2203.

Sandmeier S, Itten K I. 1997. A physically-based model to correct atmospheric and illumination effects in optical satellite data of rugged terrain. IEEE Transactions on Geoscience and Remote Sensing, 35 (3): 708~717.

Schaepman-Strub G, Schaepman M E, Painter T H, Dangel S, Martonchik J V. 2006. Reflectance quantities in optical remote sensing-definitions and case studies. Remote Sensing of Environment, 103 (1): 27~42.

Shepherd J, Dymond J. 2003. Correcting satellite imagery for the variance of reflectance and illumination with topography. International Journal of Remote Sensing, 24 (17): 3503~3514.

Smith J, Lin T L, Ranson K. 1980. The Lambertian assumption and Landsat data. Photogrammetric Engineering and Remote Sensing, 46 (9): 1183~1189.

Soenen S A, Peddle D R, Coburn C A. 2005. SCS+C: A modified Sun-Canopy-Sensor topographic correction in forested terrain. IEEE Transactions on Geoscience and Remote Sensing, 43 (9): 2148~2159.

Stark H. 1987. Image Recovery: Theory and Application. Elsevier.

Strahler A H, Muller J, Lucht W, Schaaf C, Tsang T, Gao F, Li X, Lewis P, Barnsley M J. 1999. MODIS BRDF/albedo product: algorithm theoretical basis document version 5. 0. MODIS documentation.

Tan B, Masek J G, Wolfe R, Gao F, Huang C, Vermote E F, Sexton J O, Ederer G. 2013. Improved forest change detection with terrain illumination corrected Landsat images. Remote Sensing of Environment, 136: 469~483.

Tan B, Wolfe R E, Masek J G, Gao F, Vermote E F. 2010. An illumination correction algorithm on Landsat-TM data. IEEE International Geoscience and Remote Sensing Symposium, Hawaii, USA, 1964~1967.

Teillet P, Guindon B, Goodenough D. 1982. On the slope-aspect correction of multispectral scanner data. Canadian Journal of Remote Sensing, 8 (2): 84~106.

Vanonckelen S, Lhermitte S, van Rompaey A. 2015. The effect of atmospheric and topographic correction on pixel-based image composites: improved forest cover detection in mountain environments. International Journal of Applied Earth Observation and Geoinformation, 35, Part B (0): 320~328.

Vermote E, El Saleous N, Justice C, Kaufman Y, Privette J, Remer L, Roger J, Tanre D. 1997. Atmospheric correction of visible to middle-infrared EOS-MODIS data over land surfaces: background, operational algorithm and validation. Journal of Geophysical Research: Atmospheres (1984~2012), 102 (D14): 17131~17141.

Vermote E, Justice C O, Breon F M. 2009. Towards a generalized approach for correction of the BRDF effect in MODIS directional reflectances. IEEE Transactions on Geoscience and Remote Sensing, 47 (3): 898~908.

Wen J, Liu Q, Liu Q, Xiao Q, Li X. 2009. Parametrized BRDF for atmospheric and topographic correction and albedo estimation in Jiangxi rugged terrain, China. International Journal of Remote Sensing, 30 (11): 2875~2896.

Wen J, Liu Q, Xiao Q, Li X. 2007. Semi-empirical model for topographic/atmospheric correction in Jiangxi rugged area, China. International Symposium on Multispectral Image Processing and Pattern Recognition, International Society for Optics and Photonics.

Wen J, Liu Q, Xiao Q, Liu Q, Li X. 2008. Modeling the land surface reflectance for optical remote sensing data in rugged terrain. Science in China Series D：Earth Sciences，51（8）：1169~1178.

White J C，Wulder M A，Hobart G W，Luther J E，Hermosilla T，Griffiths P，Coops N C，Hall R J，Hostert P，Dyk A，Guindon L. 2014. Pixel-based image compositing for large-area dense time series applications and science. Canadian Journal of Remote Sensing，40（3）：192~212.

Zhang W，Gao Y. 2011. Topographic correction algorithm for remotely sensed data accounting for indirect irradiance. International Journal of Remote Sensing，32（7）：1807~1824.

Zhang Y，Yan G，Bai Y. 2015a. Sensitivity of topographic correction to the DEM spatial scale. IEEE Geoscience and Remote Sensing Letters，12（1）：53~57.

Zhang Y，Li X，Wen J，Liu Q，Yan G. 2015b. Improved Topographic Normalization for Landsat TM Images by Introducing the MODIS Surface BRDF. Remote Sensing，7（6）：6558~6575.

第5章 山地土地利用/覆被遥感监测

5.1 概　　述

　　土地利用与土地覆被是陆地表层系统最显著的景观标志。土地利用是指人类根据陆地表层系统的特点，按照一定的经济与社会目的，对其进行长期性或周期性经营活动的结果。它是将陆地表层自然生态系统变成人工生态系统的过程。土地覆被则是指陆地表层可被观察到的生物或物理覆盖物及其所具有的一系列自然属性和特征。相对来说，土地利用侧重于描述陆地表层系统的社会经济属性，而土地覆被则侧重于描述其自然或物理属性。土地利用与土地覆被之间虽然存在定义上的差异，但又相互联系、相互影响，难以划分出清晰的界线。两者的联系在于：土地利用目的和手段的变化，可能导致土地覆被类型的突变或渐变；而土地覆被的变化也可能对区域的水、土、气等环境因子造成影响，进而改变区域土地利用方式。一般来说，土地利用对土地覆被的影响是短期而直接的，而土地覆被对土地利用的影响是长期而间接的。因此，为避免土地利用与土地覆被之间的相互混淆，大多数研究将两者作为一个整体进行研究，简称为土地利用/覆被。

　　土地利用/覆被不是亘古不变，而是随着自然演替和人为干扰不断发生变化。这些变化对全球气候（Dale，1997；Yang et al.，2013；秦大河等，2007）、陆地生态系统物质与能量循环（Jung et al.，2006；于贵瑞等，2011）、生物多样性（Gross et al.，2009；马克平，2014）、陆地生态系统生产力（Ghilain and Gellens-Meulenberghs，2014；Gomez et al.，2005）等产生深刻影响，从而与全球气候变化、生物多样性丧失、生态环境演变等密切相关。国际地圈—生物圈计划（IGBP）和国际全球环境变化人文因素计划（IHDP）于1995年共同将"土地利用/覆被变化"列为核心科学计划，世界气候研究计划（WCRP）、国际生物多样性科学研究规划（DIVERSITAS）和正在实施的未来地球（Future Earth）研究计划均设置了与土地利用/覆被密切相关的研究内容，从而使土地利用/覆被研究成为当前全球变化研究的核心和热点领域（Bontemps et al.，2012；郭华东等，2014）。

　　土地利用/覆被研究的目的是为了了解土地利用/覆被的变化过程及其对全球环境及人类社会带来的影响，并为制定合理的风险防范措施提供理论支撑。因此，及时、准确地获取土地利用/覆被现状及其动态变化信息，解析土地利用/覆被变化的驱动机制，模拟土地利用/覆被动态变化过程并预测未来土地利用/覆被变化情境，成为土地利用/覆被研究的核心内容。其中，土地利用/覆被制图、变化检测和模拟与预测是该领域最主要的三个研究内容，其相互关系如图5.1所示。

图 5.1　土地利用/覆被遥感监测领域主要研究内容

　　遥感技术具有覆盖范围广、信息含量丰富、可重复立体监测等优势，成为土地利用/覆被遥感监测研究的主要手段（Blaschke，2010；Lu et al.，2004；Yu et al.，2014）。对于复杂山地，遥感技术更能充分发挥其不受交通、地形等因素限制的优势，实现山地土地利用/覆被周期性、实时性监测的目标。然而，相对于平原地区，山地土地利用/覆被遥感监测更具挑战性，主要体现在：①山地遥感影像中像元的几何畸变和辐射畸变更大，增大了遥感影像数据处理的难度，进一步影响土地利用/覆被遥感监测的精度；②山地复杂环境下可用的高精度基础数据匮乏，山地多云雾的天气条件也阻碍了高质量光学遥感影像的获取；③山地具有浓缩的环境梯度，使土地利用/覆被变化过程更具随机性和快速性；④山地多样的地貌与气候类型使该区域土地利用/覆被类型复杂且破碎，景观异质度高，在遥感影像上混合像元现象十分突出（李爱农等，2016）。

　　本章内容安排如下：5.2 节系统综述了国内外常用的土地利用/覆被分类系统；5.3 节主要介绍土地利用/覆被遥感监测常用的数据源，以及山地土地利用/覆被遥感监测数据源的特殊性；5.4 节列举了当前具有代表性的国家和全球尺度的土地利用/覆被遥感产品；5.5 节概括了常用的土地利用/覆被遥感制图方法，以及山地土地利用/覆被遥感制图的难点和应用实例；5.6 节总结土地利用/覆被遥感变化检测的主要方法及其在山地中的应用实例。

5.2　土地利用/覆被分类系统

　　土地利用/覆被分类系统是将陆地表层地物按其利用状况或固有自然特征，进行概括和简化，并按一定的等级进行归类得到的分类体系。它突出了地物之间的差异性，从而达到认识土地利用/覆被特征的目的。分类系统是土地利用/覆被遥感监测的纲领，该领域专家学者结合遥感技术识别陆地表层各地物的能力，以及不同研究对土地利用/覆被产品的应用需求，提出了多种土地利用/覆被分类系统（张景华等，2011）。

　　已有的土地利用/覆被分类系统可以为制订满足不同应用需要的新土地利用/覆被分类系统提供参考。充分认识已有土地利用/覆被分类系统的优势和不足，并结合研究区域土地利用/覆被特征和可用遥感数据源的状况，才能制订出符合应用需求的土地利用/覆被分类系统。

5.2.1　土地利用/覆被分类系统构建原则

迄今为止，不同的专家学者针对不同研究区域、应用需求和目的构建了多套土地利用/覆被分类系统。在制订分类系统时一般遵循以下 5 个原则。

1) 区域性原则

土地利用/覆被具有明显的空间分异特征。制订不同区域的土地利用/覆被分类系统时首先需要考虑本地区的土地利用/覆被特征，只有能够代表区域土地利用/覆被特征的分类系统才能有效服务于该区域的土地利用/覆被遥感监测及应用研究。

2) 概括性原则

陆地表层土地利用/覆被类型往往是多种地物类型相互混杂的结果，因此在制订土地利用/覆被分类系统时，需要抓住区域主要和具有代表性的土地利用/覆被类型。

3) 可分性原则

遥感影像的特征（时空谱分辨率、通道分布）决定了陆地表层地物的可分性，以及可以细分的程度。在制订土地利用/覆被分类系统时需要充分考虑所采用的遥感数据源和分类方法对各种土地利用/覆被类型的区分能力。

4) 一致性原则

制订土地利用/覆被分类系统时需要充分借鉴行业内现有的分类系统，并与现有分类系统建立对应关系，便于产品之间的转换和对比。同时，土地利用/覆被分类系统要与应用目的和需求保持高度一致。

5) 扩展性原则

土地利用/覆被分类系统并非一成不变的，而是随着遥感技术的发展和应用目的的拓展而不断调整和完善。新数据源的出现或新分类方法的提出，都有可能将之前混淆的土地利用/覆被类型有效地区分。因此，在制订土地利用/覆被分类系统时需考虑分类系统的扩展性，为分类系统的调整和完善预留空间。

5.2.2　国际代表性土地利用/覆被分类系统

自 20 世纪 90 年代起，随着卫星遥感技术在全球和区域尺度土地利用/覆被研究中的深入，出现了一系列全球性的土地利用/覆被产品及相应的分类系统。本节介绍其中几个在国际上较为常用的土地利用/覆被分类系统。

1. IGBP 土地覆被分类系统

IGBP 土地覆被分类系统是 IGBP 最早于 1994 年提出。该分类系统包含 17 个类别（表 5.1），主要适用于全球尺度中等、粗分辨率土地覆被产品的生产。例如，IGBP 利用该分类系统和 NOAA AVHRR 数据生产了全球 1km 分辨率的土地覆被产品（Loveland et al.，2000）。MODIS 科学产品团队同样采用 IGBP 分类系统，并基于 MODIS 反射率和 MODIS NDVI 数据生产了全球 250 m 分辨率的土地覆被产品（Friedl et al.，2002；Friedl et al.，2010）。IGBP 分类系统更多地反映了土地覆被中地表的生理参数特征，体现了植被状况在土地覆被中的重要性，由于分类结果对应着定量化的物理指标，因此分类相对简单，但灵活性和兼容性相对较差（张景华等，2011）。

表 5.1　IGBP 土地覆被分类系统

编码	类型	编码	类型	编码	类型
1	常绿针叶林	7	稀疏灌木林	13	城镇与建成区
2	常绿阔叶林	8	有林草地	14	农田与自然植被镶嵌体
3	落叶针叶林	9	稀树草原	15	冰雪
4	落叶阔叶林	10	草地	16	裸地
5	混交林	11	永久湿地	17	水体
6	郁闭灌木林	12	农田		

2. FAO LCCS

1996 年联合国粮农组织（Food and Agriculture Organization，FAO）建立了一个标准的、全面的土地覆被分类系统——LCCS（Land Cover Classification System，Di Gregorio，2005）。FAO LCCS 包括两个部分，第一部分是通过二分法定义的 8 个主要的土地覆被类型（图 5.2），第二部分是通过模块化的分层分类方法对以上 8 个主要的土地覆被类型进行细化。FAO LCCS 预先定义了大量的分类标准，在对土地覆被类型细化时将根据用户的需求选择合适的分类标准，从而构建适用于不同数据源、不同地区和不同研究目的的土地覆被分类系统，并能与其他分类系统进行灵活的对接和转换。

FAO LCCS 当前已被应用到多个全球、区域尺度的土地覆被产品生产中。如非洲尼罗河流域 10 个国家实施的非洲覆盖计划（Africover），采用 FAO LCCS 建立了该流域各国的土地覆被数据库。美国联邦地理数据委员会在 1996～1998 年根据 FAO LCCS 建立了一套土地覆被分类标准 ECCS（Earth Cover Classification Standard）。欧盟在进行全球千年生态系统评价过程中，也采用了 FAO LCCS 和 SPOT VEGETATION NDVI 数据生产了全球尺度的土地覆被产品 GLC2000（Global Land Cover 2000，Bartholome and Belward，2005）。FAO LCCS 还被欧空局（ESA）用于全球 300 m 土地覆被产品 GlobCover2005 和 GlobCover2009 的生产（Arino et al.，2008）。日本也基于 FAO LCCS 和 MODIS NDVI 数据（16 天合成产品）完成了全球 1 km 土地覆被产品 GLCNMO 的生产（Tateishi et al.，2011），并与 ESA 倡导推广使用 FAO LCCS。

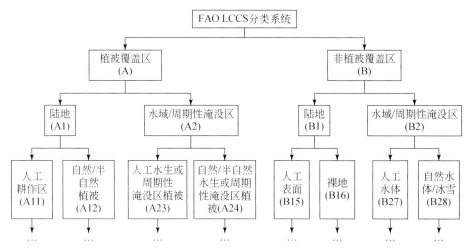

图 5.2　FAO LCCS 主要土地覆被类型

3. Anderson 土地分类系统

1971 年美国联邦地质调查局（USGS）在编制全美 1∶10 万和 1∶25 万土地利用图的过程中，提出了 Anderson 土地分类系统（Anderson，1976），如表 5.2 所示。该分类系统由 4 个层级构成：一级和二级适用于全国或全州尺度，三级和四级适用于州内、区域和县域尺度。一级类根据当时可用遥感影像目视判读能力确定，包含 9 类；二级类则根据比例尺小于 1∶8 万的航空影像可判读地物的能力确定，包含 37 类；三级和四级类则根据各区域的应用需求在二级类的基础上进行扩展，具有一定的弹性。该分类系统在类别设计上既考虑了土地利用状况又兼顾土地的自然属性，导致部分次级类别存在交叉、混淆和难以归类的情况。

表 5.2　Anderson 土地分类系统

一级编码	一级名称	二级编码	二级名称	一级编码	一级名称	二级编码	二级名称
1	城镇与建城区	11	住宅用地	2	农业用地	21	农田和牧场
		12	商服用地			22	果园、园林、葡萄园、苗圃和园艺用地
		13	工业用地				
		14	交通、通信和公共设施用地			23	圈养场
		15	工商综合体				
		16	城镇和建城区混合区			24	其他农业用地
		17	其他城镇与建城区				

续表

一级编码	一级名称	二级编码	二级名称	一级编码	一级名称	二级编码	二级名称
3	草地	31	草本草地	7	荒地	72	海滩
		32	灌木和灌丛草地			73	沙地（不包含海滩）
		33	混合草地			74	裸岩
4	林地	41	落叶林地			75	露天采矿场、采石场和采砂场
		42	常绿林地			76	过渡带
		43	混交林地			77	混合荒地
5	水体	51	河流和水渠	8	苔原	81	灌木和灌丛苔原
		52	湖泊			82	草本苔原
		53	水库			83	裸地苔原
		54	海湾和河口			84	湿苔原
6	湿地	61	森林湿地			85	混合苔原
		62	非森林湿地	9	冰川/永久积雪	91	永久积雪
7	荒地	71	盐碱地			92	冰川

由 MRLC（Multi-Resolution Land Characteristics）协会生产的美国土地覆被数据集 NLCD1992（National Land Cover Database，Vogelmann et al.，2001）在制订分类系统时参考了 Anderson 土地分类系统，并对其中 Landsat TM 影像难以识别的类型进行了归并和剔除。2001 年，MRLC 在生产 NLCD2001 产品（Homer et al.，2007）时再次对其进行了调整，调整后的分类系统包含 20 个类别（表 5.3），并应用到 NLCD2006（Wickham et al.，2013）和 NLCD2011 产品（Homer et al.，2015）中，目前已趋于成熟和稳定。

表 5.3　美国 NLCD 产品分类系统

一级编码	一级名称	二级编码	二级名称	一级编码	一级名称	二级编码	二级名称
1	水体	11	开阔水域	5	灌木林	51	矮小灌丛
		12	冰川/永久积雪			52	矮树/灌丛
2	住宅区	21	开阔住宅区	7	草本植物	71	草地/草本植被
		22	低密度住宅区			72	莎草
		23	中密度住宅区			73	地衣
		24	高密度住宅区			74	苔藓
3	裸地	31	裸岩/沙地/裸土	8	耕地	81	牧场/草场
4	林地	41	落叶林			82	耕地
		42	常绿林	9	湿地	90	有林湿地
		43	混交林			95	自然生草本湿地

5.2.3　国内代表性土地利用/覆被分类系统

我国现代土地利用/覆被调查与制图研究工作始于 20 世纪 80 年代，截至目前，各相关部门生产了多套全国或区域尺度的土地利用/覆被产品，并形成了多种土地利用/覆被分类系统。本节简要介绍其中几个应用较为广泛的分类系统。

1. 中国土地利用分类系统

20 世纪 80 年代中国科学院组织实施了《1∶100 万中国土地利用图》的编制工作。该图采用了三级土地利用分类系统，其中第一级主要依据国民经济部门将其划分为 10 个类型：耕地、园地、林地、牧草地、水域和湿地、城镇用地、工矿用地、交通用地、特殊用地和其他用地；第二级主要根据土地利用特点和经营方式划分为 42 个类型；第三级主要根据土地利用方式、地形和林种等进行划分（吴传钧，1979）。

为了开展第一次全国土地调查，1984 年全国农业区划委员会在其颁发的《土地利用现状调查技术规程》中提出了土地利用现状分类系统。该分类系统包含 8 个一级类和 46 个二级类，主要服务于土地利用调查与农业区划，对农业用地有详细的分类，而对非农业用地则缺乏细致的划分。2007 年为了开展第二次全国土地调查，国家质量监督检验检疫总局和国家标准化管理委员会联合发布了《土地利用现状分类》国家标准（GB/T21010-2007）。该标准采用二级分类体系（表 5.4），一级类包括耕地、园地、林地等 12 个类型，二级类分为 57 个类型。该分类系统与第一次全国土地调查采用的分类系统相比，对于非农业用地的区分更为细致，能够服务于高、甚高分辨率遥感影像土地利用制图，但是对于中等、粗分辨率遥感影像土地利用制图，该分类系统中的部分类别难以识别（陈百明和周小萍，2007）。

表 5.4　中国土地利用现状分类系统

一级编码	一级名称	二级编码	二级名称	一级编码	一级名称	二级编码	二级名称
1	耕地	11	水田	5	商服用地	51	批发零售用地
		12	水浇地			52	住宿餐饮用地
		13	旱地			53	商务金融用地
2	园地	21	果园			54	其他商服用地
		22	茶园	6	工矿仓储用地	61	工业用地
		23	其他园地			62	采矿用地
3	林地	31	有林地			63	仓储用地
		32	灌木林地	7	住宅用地	71	城镇住宅用地
		33	其他林地			72	农村宅基地
4	草地	41	天然牧草地	8	公共管理与公共服务用地	81	机关团体用地
		42	人工牧草地			82	新闻出版用地
		43	其他草地			83	科教用地

续表

一级编码	一级名称	二级编码	二级名称	一级编码	一级名称	二级编码	二级名称
8	公共管理与公共服务用地	84	医卫慈善用地	11	水域及水利设施用地	111	河流水面
		85	文体娱乐用地			112	湖泊水面
		86	公共设施用地			113	水库水面
		87	公园与绿地			114	坑塘水面
		88	风景名胜设施用地			115	沿海滩涂
9	特殊用地	91	军事设施用地			116	内陆滩涂
		92	使领馆用地			117	沟渠
		93	监教场所用地			118	水工建筑用地
		94	宗教用地			119	冰川及永久积雪
		95	殡葬用地	12	其他土地	121	空闲地
10	交通运输用地	101	铁路用地			122	设施农业用地
		102	公路用地			123	田坎
		103	街巷用地			124	盐碱地
		104	农村道路			125	沼泽地
		105	机场用地			126	沙地
		106	港口码头用地			127	裸地
		107	管道运输用地				

2. 中国土地资源分类系统

1992 年，中国科学院和农业部共同组织实施了"国家资源环境遥感宏观调查与动态研究"重大科研项目。该项目以 Landsat TM 影像为数据源，对全国土地资源进行系统分类，并建立了中国土地资源分类系统（刘纪远，1997）。该分类系统采用两层结构，包含6 个一级类和 25 个二级类（表 5.5）。其中，一级类包括耕地、林地、草地、水域、城乡工矿居民用地和未利用地，二级类则根据地表的覆被特征、覆盖度及利用方式上的差异进行划分。该分类系统从土地利用遥感监测的可操作性出发，紧密结合我国《土地利用现状分类》国家标准，便于监测成果与常规的土地利用调查成果的衔接和后续数据的更新。

表 5.5　中国土地资源分类系统

一级编码	一级名称	二级编码	二级名称	一级编码	一级名称	二级编码	二级名称
1	耕地	11	水田	2	林地	22	灌木林地
		12	旱地			23	疏林地
2	林地	21	有林地			24	其他林地

续表

一级编码	一级名称	二级编码	二级名称	一级编码	一级名称	二级编码	二级名称
3	草地	31	高覆盖度草地	5	城乡、工矿、居民用地	51	城镇用地
		32	中覆盖度草地			52	农村居民点
		33	低覆盖度草地			53	其他建设用地
4	水域	41	河渠	6	未利用地	61	沙地
		42	湖泊			62	戈壁
		43	水库坑塘			63	盐碱地
		44	永久性冰川雪地			64	沼泽地
		45	滩涂			65	裸土地
		46	滩地			66	裸岩石砾地
						67	其他

3. 中国土地覆被分类系统

从 2010 年起，中国政府先后启动了"应对气候变化的碳收支认证及相关问题"战略性先导科技专项（方精云等，2015；吕达仁和丁仲礼，2012），简称"碳专项"，以及全国生态环境十年变化（2000-2010 年）遥感调查与评估项目（欧阳志云等，2014），简称"生态十年专项"，并构建了基于碳收支的中国土地覆被分类系统（张磊等，2014），如表 5.6 所示。该分类系统构建时，充分借鉴了 FAO LCCS 和中国已有的土地利用/覆被分类系统，共分为两级：第一级采用了 IPCC 分类方法，将土地覆被类型划分为林地、草地、湿地、耕地、人工表面和其他；第二级是对第一级类型的细化。第二级细化时充分考虑了所采用的遥感影像对各种土地覆被类型的区分能力和我国土地覆被特征。该分类系统具有一定的生态学意义，上述研究实践已证明其能够满足区域乃至国家尺度土地覆被研究需要。

表 5.6　中国土地覆被分类系统（张磊等，2014）

一级编码	一级名称	二级编码	二级名称	一级编码	一级名称	二级编码	二级名称
1	林地	101	常绿阔叶林	1	林地	108	常绿针叶灌木林
		102	落叶阔叶林			109	乔木园地
		103	常绿针叶林			110	灌木园地
		104	落叶针叶林			111	乔木绿地
		105	针阔混交林			112	灌木绿地
		106	常绿阔叶灌木林	2	草地	21	草甸
		107	落叶阔叶灌木林			22	草原

一级编码	一级名称	二级编码	二级名称	一级编码	一级名称	二级编码	二级名称
2	草地	23	草丛	5	人工表面	52	工业用地
		24	草本绿地			53	交通用地
3	湿地	31	森林沼泽			54	采矿场
		32	灌丛沼泽	6	其他	61	稀疏林
		33	草本沼泽			62	稀疏灌木林
		34	湖泊			63	稀疏草地
		35	水库/坑塘			64	苔藓/地衣
		36	河流			65	裸岩
		37	运河/水渠			66	裸土
4	耕地	41	水田			67	沙漠/沙地
		42	旱地			68	盐碱地
5	人工表面	51	居住地			69	冰川/永久积雪

5.2.4　山地土地利用/覆被分类系统的特殊性

作为陆地表层系统重要的组成部分，山地土地利用/覆被分类系统在设计时需要考虑以下两个方面的特殊性。

1. 山地土地利用/覆被分类系统更为关注自然植被的区分

山区相对于平原地区，受到人类活动的干扰更少，土地利用/覆被类型大多为原生自然植被，这些植被不仅类型丰富而且相互混杂，表现出高度异质化的空间分布格局。在山地土地利用/覆被分类系统设计时，需要更多地考虑自然植被类型的区分。部分土地利用/覆被分类系统对于自然植被类型的划分较为粗略，仅区分了有林地、灌木林地和其他林地，缺乏对林地、灌木林地的进一步细化。若采用此类分类系统开展山地土地利用/覆被遥感制图研究，得到的产品将难以体现山区自然植被复杂破碎的特征。随着高空间分辨率和高光谱分辨率遥感影像在土地利用/覆被遥感监测领域应用的逐步深入，未来山地土地利用/覆被分类系统设计时可以进一步将植被类型细化到物种层次，以满足山地相关应用的需求。

2. 山地土地利用/覆被分类系统需体现山地基本特征

垂直地带性、景观异质性是山地土地利用/覆被最典型的空间分布特征，山地土地利用/覆被分类系统需要体现山地这一基本特征。一般来说，土地利用/覆被分类系统划分越细致，越有利于表达破碎的景观特征，而不利于表达地带性特征；相反，分类系统划分越粗略，越有利于表达地带性特征，而不利于表达破碎化的景观特征。山地土地利用/覆被分类系统设计时，需要综合权衡以上两种基本特征的矛盾，在当前可实现的技术手段和应用需求的前提下选择最适宜的土地利用/覆被分类系统。

5.3　土地利用/覆被遥感监测常用数据源

土地利用/覆被遥感监测的数据源包括遥感影像数据和非遥感影像数据两大类。其中，遥感影像数据是数据源的主体，包括可见光-近红外遥感影像、微波遥感影像、激光雷达（LiDAR）影像等数据类型。非遥感影像数据包括专题图数据、野外调查数据和土地利用/覆被先验知识等。

5.3.1　遥感影像数据

遥感影像数据的发展经历了从全色到多光谱再到高光谱，从粗、中等分辨率到高分辨率和甚高分辨率（Chubey et al.，2006；Syed et al.，2005），从可见光到近红外再到热红外、微波和 LiDAR（Antonarakis et al.，2008）等阶段。每一种新遥感数据源的出现均会带动土地利用/覆被遥感监测方法的向前发展，促进监测效率和精度的提高。随着各个国家对对地观测技术的重视，可用于土地利用/覆被遥感监测的遥感影像类型和数据量不断攀升。遥感影像数据开放获取政策的推动与实施，为土地利用/覆被遥感监测研究提供了大量可用数据源，从而间接促进了监测数据从单源单时相向多源多时相的转变，推动了监测方法、效率和精度的提高。

在土地利用/覆被遥感监测研究中，可见光-近红外遥感影像是最常用的遥感影像数据源。微波、LiDAR 等遥感影像数据近年来也被使用，但尚处于小区域尺度的实验性研究阶段，缺乏大区域尺度的规模化应用。本书第 2 章已详细介绍了各类遥感数据，本节仅简要介绍可见光-近红外遥感影像的特征及其在土地利用/覆被遥感监测中的使用情况。

可见光-近红外遥感影像按照空间分辨率大小可分为粗分辨率、中等分辨率、高分辨率和甚高分辨率四类（2.1.2 节）。图 5.3 显示了同一个地区中等、高和甚高三种不同空间分辨率遥感影像对土地利用/覆被状况的表征能力。中等分辨率遥感影像 [图 5.3（a）] 仅能从宏观上反映大区域的土地利用/覆被状况；高分辨率遥感影像 [图 5.3（b）] 能够清晰地识别耕地、林地等类型，但其内部细节仍然难以表达；甚高分辨率遥感影像 [图 5.3（c）] 能够直观地表达单栋建筑物等土地利用/覆被类型，描述的信息更加丰富。

1. 中等分辨率遥感影像

中等分辨率遥感影像是开展洲际和全球尺度土地利用/覆被遥感监测最常采用的数据源。NOAA AVHRR、Terra/Aqua MODIS、SPOT VEGETATION 等卫星传感器获取的影像是该类数据的典型代表。搭载 AVHRR 传感器的 NOAA 卫星最早于 1979 年发射升空，之后

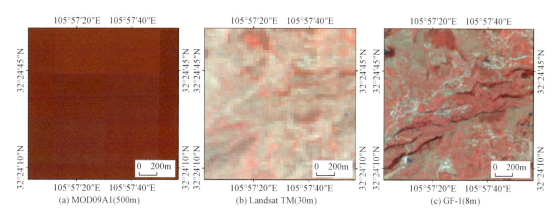

图 5.3　不同空间分辨率遥感影像对同一地区土地利用/覆被状况的表征能力

又陆续发射了多颗 NOAA 卫星，积累了 30 多年的 NOAA AVHRR 数据，成为全球长时间尺度土地利用/覆被遥感监测的最佳数据源。SPOT 卫星于 1998 年发射升空，其搭载的 VEG-ETATION 传感器分辨率为 1km，为大区域土地利用/覆被遥感监测提供了新的可选数据源，特别是陆地植被的动态监测。携带 MODIS 传感器的 Terra/Aqua 卫星于 1999 年发射，其最高空间分辨率达到 250m，相对于 AVHRR 和 VEGETATION 的空间分辨率有了显著提升。当前绝大多数全球尺度土地利用/覆被产品的生产采用上述三种遥感影像为数据源，如表 5.7 所示。

表 5.7　基于中等分辨率遥感影像生产的全球尺度土地覆被产品

数据源	全球尺度土地覆被产品	文献
NOAA AVHRR	IGBP DISCover、UMD 土地覆被产品	（Hansen et al.，2000；Loveland et al.，2000）
MODIS	MCD12Q1、GLCNMO	（Friedl et al.，2002；Friedl et al.，2010；Tateishi et al.，2011）
SPOT VEGETATION	GLC2000	（Bartholome and Belward，2005）
MERIS	GlobCover 2005/2009	（Arino et al.，2008）

中等分辨率遥感影像具有覆盖范围广、时间分辨率高（回访周期为半天或数小时）等优势，适用于大尺度土地利用/覆被遥感制图与突发事件的监测工作（如林火、草原火灾、突发性洪涝灾害等）。高时间分辨率的特征也使得它能够提供丰富的时相信息监测土地利用/覆被的渐变过程，如：植被覆盖度变化分析、植被生长过程监测、植物物候变化（夏浩铭等，2015）、耕地复种指数监测（张伟等，2015）等。

山地高度异质化的景观格局，在中等分辨率遥感影像上表现出大量的混合像元。在山地土地利用/覆被遥感监测研究中，如果将该类数据作为数据源，一方面难以刻画山地土地利用/覆被高度异质化的景观格局，另一方面也会降低监测产品的精度。在已有的基于中等分辨率遥感影像生产的全球尺度土地覆被产品中，山区是这些产品精度较低的区域之一，也是不同产品间一致性较差的区域之一。

2. 高分辨率遥感影像

高分辨率遥感影像是区域和国家尺度土地利用/覆被遥感监测最常采用的数据源。美国 Landsat 系列卫星、中巴地球资源卫星（CBERS）、中国环境卫星（HJ）、印度 IRS 系列卫星获取的影像是该类影像的典型代表。TM 传感器是 Landsat 系列卫星在轨运行时间最长的传感器，已连续获取超过 30 年的遥感影像，是当前区域尺度长时间序列土地利用/覆被遥感监测的最佳数据源。中国自 1999 年发射了 CBERS-01 卫星后又陆续发射了多颗 CBERS 和 HJ 系列卫星，为区域尺度土地利用/覆被遥感监测提供了新的数据源。日本和印度也先后发射了 ASTER 和 IRS 系列卫星，进一步丰富了区域尺度土地利用/覆被遥感监测的数据源。

高分辨率遥感影像的优势在于平衡了空间分辨率和时间分辨率之间的矛盾，具有适中的幅宽和较为丰富的光谱信息，并能捕捉人类活动或自然干扰导致的土地利用/覆被变化信息，因此成为许多国家和区域开展土地利用/覆被遥感监测的主要数据源。如：美国 NLCD 产品（Homer et al.，2007；Vogelmann et al.，2001；Xian et al.，2011）、西非 1975～2010 年土地覆被变化产品（Vittek et al.，2014）、中国 1：10 万土地利用产品（刘纪远，1997）等均以 Landsat 系列影像作为数据源。30 m 尺度的 ChinaCover 产品则以 HJ 和 Landsat 影像作为数据源（吴炳方等，2014）。

高分辨率时间序列遥感影像数据集是土地利用/覆被遥感动态监测重要的数据源，特别是对森林扰动和城市扩张的动态监测。例如，Huang 等（2010）利用 Landsat 时间序列数据集（Landsat Time Series Stacks，LTSS）发展了森林扰动与恢复过程的自动检测算法。该算法不仅能有效地识别森林扰动类型，还能检测出扰动发生的时间。Kennedy 等（2010）同样利用 Landsat 时间序列数据集发展出另一种自动检测森林扰动的算法（LandTrendr），该算法对于病虫害等导致的森林扰动过程更为有效。Li 等（2015b）利用 Landsat 时间序列数据集监测了北京市近 30 年的城市动态变化过程。

高分辨率时间序列遥感影像数据集构建一般采用两种策略：一种是融合高空间分辨率和高时间分辨率两种遥感影像，另一种是直接利用多时相的高分辨率遥感影像进行合成。第一种策略主要利用高时间分辨率遥感影像提供的时相信息和高空间分辨率遥感影像提供的光谱信息，构建高空间分辨率长时间序列遥感数据集（Zhang et al.，2013；郭文静等，2015）。第二种策略主要是基于多时相的高分辨率遥感影像，如 Landsat TM 和 HJ CCD 影像，采用最大值合成算法构建，其代表性产品如 WELD 月/季/年等时间尺度 Landsat 影像合成数据集（Roy et al.，2010）和 8 天/16 天/月/季/年等时间尺度 HJ 遥感影像合成数据集（Bian et al.，2015）。

3. 甚高分辨率遥感影像

甚高分辨率遥感影像是进行小尺度或精细化土地利用/覆被遥感监测主要的数据源，

如城市扩张监测。常用的甚高分辨率遥感卫星，如 IKONOS、QuickBird、WorldView、GeoEye、GF 等，其空间分辨率达到米级甚至亚米级。IKONOS 是全球发射的第一颗甚高分辨率商业卫星（星下点全色波段空间分辨率0.82 m，多光谱3.2 m）。QuickBird 是全球又一颗提供亚米级空间分辨率遥感影像的商业卫星（全色0.61 m，多光谱2.44m）。高分（GF）影像是2010 年中国实施的高分专项发射的遥感卫星所获取影像的统称，到目前已经发射了五颗（GF1、GF2、GF4、GF8 和 GF9），除 GF4 卫星外，其余卫星均是甚高分辨率光学卫星（童旭东，2016）。无人机是近十年发展起来的获取甚高分辨率遥感影像的航空遥感平台。它具有较强的机动性和灵活性，特别适合获取突发自然或人为事件发生区域的甚高分辨率遥感数据，关于无人机的具体介绍请参看本书第11 章相关内容。

甚高分辨率遥感影像最大的优势在于能够清晰地展现土地利用/覆被的细节特征，成为城市监测、灾害调查、精准农业和精细化土地利用/覆被遥感监测重要的数据源。在城市监测方面，甚高分辨率遥感影像被广泛用于城市基础地理信息数据的生产，其产品直接服务于国民经济建设。在灾害调查方面，甚高分辨率遥感影像能准确地获取灾害点的大小、形态等细节特征，在崩塌、滑坡、泥石流等灾害调查与监测中被广泛应用，尤其是机动性强、分辨率高的无人机遥感影像。我国 2007 年开始开展的第二次全国土地调查和2012 年全面启动的地理国情监测工作中，甚高分辨率卫星遥感影像和航空遥感影像被广泛应用（张继贤等，2016）。尽管当前甚高分辨率遥感影像已被应用到各种土地利用/覆被遥感监测工作中，但受单景影像覆盖范围小、获取成本高、缺乏历史数据积累等因素的影响，其大规模的应用仍然受到限制。

5.3.2　非遥感影像数据

在土地利用/覆被遥感监测研究中，非遥感影像数据也是必不可少的数据源。然而，受数据质量、尺度等因素的影响，当前被成功用于土地利用/覆被遥感监测的非遥感影像数据仍然十分有限。但其蕴含的丰富信息是未来进一步提高土地利用/覆被遥感监测的重要途径，亟待进一步研究。相对于遥感影像数据，非遥感影像数据形式更加多样，本书将其大致划分为三类：专题图数据、野外土地利用/覆被调查数据和地学相关先验知识。

1. 专题图数据

专题图数据着重表达一种或数种自然要素或社会经济要素，是经过制图人员深度加工处理后形成的数据，一般有两种格式：矢量格式和栅格格式。土地利用/覆被类型的空间分布及其动态变化均不同程度地受限于一些关键的地理要素，专题图数据正是这些关键地理要素的图形化表达形式，因此，可用于提高土地利用/覆被遥感监测质量。

矢量专题图数据涉及面较广，但当前用于土地利用/覆被遥感监测研究的数据仍然十分有限，应用较多的矢量专题图数据包括植被类型图、土壤类型图等。质量、尺度和分类系统等方面的差异是导致专题图数据应用不足的主要因素。未来期望通过以下两方面的努力进一步推动其在土地利用/覆被遥感监测中的应用：①提高现有矢量专题图数据的质量；②深入挖掘现有矢量专题图数据中蕴含的丰富信息。已有的土地利用/覆被数据也是土地利用/覆被遥感监测研究一个重要的非遥感影像数据。虽然该类数据中存在或多或少的分类错误，但其中蕴含的信息可以作为先验知识直接参与到土地利用/覆被遥感监测过程中。例如，Xu 等（2014）基于 5 种全球尺度土地覆被产品，采用贝叶斯理论构建了一个新的全球尺度土地覆被产品。克服分类系统不一致带来的影响，避免现有数据中存在的分类错误，是实现现有土地利用/覆被数据有效应用的关键。

用于土地利用/覆被遥感监测的栅格专题图数据包括地形数据（海拔、坡度、坡向等）、全球或区域性的遥感产品（如基于遥感影像提取的 NDVI、EVI、叶面积指数、覆盖度等产品）等。山地土地利用/覆被类型常随着海拔的变化而呈现出明显的垂直地带性分布特征，因此，地形数据在山地土地利用/覆被遥感监测中应用较为广泛（Li et al.，2012）。不同的土地利用/覆被类型在 NDVI、叶面积指数、覆盖度等生态参量的数理统计上可能会存在一些差别，而这些差别是实现不同土地利用/覆被类型有效区分的手段，因此，这些生态参量也常被用于土地利用/覆被遥感监测研究中。栅格专题图数据用于土地利用/覆被遥感监测研究时，需要注意不同数据源之间的尺度差异。

2. 野外土地利用/覆被调查数据

野外调查是获取真实土地利用/覆被信息的常用方式。虽然该方式的人力、物力成本较高，但能够帮助制图人员从整体上把握区域的土地利用/覆被特征，并获取大量用于训练和精度验证的土地利用/覆被样点。例如，在碳专项和生态十年专项的支持下，西南地区土地覆被遥感监测团队共收集了该区域各类样点 35000 余个，并用于土地覆被遥感监测研究中（Lei et al.，2016），见图 5.4。

为了便于土地利用/覆被野外调查，一些 GIS 软件公司开发了相应的模块或软件，如 ESRI 的 GPS Tool 模块、超图公司的 eSuperMap 和跬步公司的 UCMAP 等。在山区开展土地利用/覆被野外调查的过程中，受河流、地形条件等的阻挡，常常导致一些肉眼可视的区域难以到达，从而降低了野外获取的土地利用/覆被样点的空间代表性。一种专门适用于山地复杂地表的非接触土地利用/覆被野外采样系统（谢瀚等，2016）被开发，如图 5.5 所示。

该野外采样系统以移动终端（如手机、平板等）为工作平台，提供了单点采样和双点交会采样两种模式。用户可以根据与目标地物的距离选择不同模式，从而自动获取目标样点的地理位置、土地利用/覆被类型、图像信息和用户定制的其他属性信息。单点采样模式是面向近目标的接触式采样模式。交会采样模式基于测量学中交会测量原理，利用 GPS 定位技术和电子罗盘定向技术，达到不实际到达目标点而获取其地理位置的目的，其工作原理见图 5.6，远目标平面坐标的计算公式见式（5.1）和式（5.2）（张晓辉等，2008）。

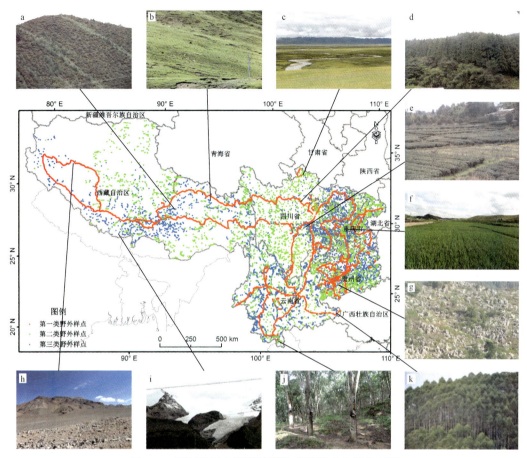

图5.4　西南地区土地覆被野外考察样点空间分布图

a~k 分别代表落叶阔叶灌木林、草甸、草本湿地、常绿针叶林、茶园（灌木园地）、水田、喀斯特植被（草丛）、裸土、冰川、橡胶园（乔木园地）和桉树林（乔木园地）

图5.5　山地地表覆被野外采样系统（谢瀚等，2016）

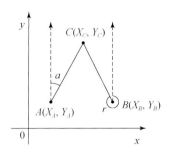

图 5.6　交会测量原理示意图（谢瀚等，2016）

$$Y_C = \frac{X_B - X_A - \tan r \times Y_B + \tan\alpha \times Y_A}{\tan r - \tan\alpha} \tag{5.1}$$

$$X_C = \frac{\tan\alpha \times X_A - \tan r \times X_B - \tan\alpha \times \tan r \times (Y_A - Y_B)}{\tan r - \tan\alpha} \tag{5.2}$$

式中，$A(X_A,\ Y_A)$ 和 $B(X_B,\ Y_B)$ 分别代表观测点的平面坐标，$C(X_C,\ Y_C)$ 为待采样目标的平面坐标；α 和 r 分别为向量 AC 和 BC 相对于正北方向的方位角。

Geo-Wiki（Fritz et al.，2012）是新近出现的一种土地利用/覆被样点信息收集技术。它采用众包（Crowd-sourcing）的思想，通过整合位于全球各个区域的志愿者收集的土地利用/覆被样点信息（地理坐标、照片和土地利用/覆被类型），从而形成一个全球分布的野外土地利用/覆被样点数据库。目前 Geo-Wiki 还处于发展初期，样点的质量控制是当前正在解决的难题。未来该数据可能会成为区域和全球尺度土地利用/覆被遥感监测的重要辅助数据。

3. 地学相关先验知识

知识（Knowledge）的定义在认识论中仍然是一个争论不止的问题。一个经典的定义来自于柏拉图：一条陈述能称得上是知识必须满足三个条件，它一定是被验证过的，正确的，而且被人们相信的。它包括事实、信息的描述或在教育和实践中获得的技能。它可以是关于理论的，也可以是关于实践的。当前用于土地利用/覆被遥感监测中的知识主要包括各种地学相关先验知识以及记录在相关文献和报告中的土地利用/覆被信息等。

土地利用/覆被类型在陆地表层系统中总是按照一定的地学规律分布（雷光斌等，2016）。例如，在宏观尺度上按照热量和水分梯度分布；而在局地尺度上，地形梯度则起了重要的作用。利用这些地理学中普遍存在的先验知识来提高土地利用/覆被遥感监测的精度开始逐渐被重视。如何挖掘这些地学先验知识以及如何将其应用于计算机识别是需要解决的首要问题。例如，Lei 等（2016）在我国西南山区分类工作中，利用了土地覆被空间分布和变化过程两类知识（表 5.8），有效提高了分类的精度和合理性。

表 5.8　用于土地利用/覆被遥感制图的地学相关先验知识（Lei et al.，2016）

类型	详细描述
土地利用/覆被空间分布知识	湖泊和湿地常位于平地或低起伏洼地
	森林生长的最高海拔为林线
	冰川/永久积雪的分布最低海拔为雪线
	耕地很少分布在高海拔地区，例如海拔超过 4000m 的区域
	水田靠近水源分布且所处区域地势较为平坦
	西南地区的湖泊主要分布在人类活动干扰较小的高海拔地区，而水库/坑塘则主要分布在人类活动较为集中的农业耕作区
土地利用/覆被变化过程知识	落叶植被在生长季和非生长季表现出差异明显的光谱特征，而常绿植被的光谱特征变异较小
	水体在丰水期波动较大，其边界以丰水期最大边界为准
	北半球的冰川/永久积雪的边界在冬季波动较大，其边界以夏季最小边界为准

　　除了地学先验知识外，用于土地利用/覆被遥感监测的知识还包括蕴含在各种官方统计数据、土地利用/覆被研究论文、专著中的信息，它们大多以文字和图表的形式记录。当前，该类信息主要用于土地利用/覆被遥感监测成果的质量验证阶段。由于文字、图表记录的土地利用/覆被信息较为零散，使用此类数据时多采用定性对比的方式。

5.3.3　数据源选取原则

　　随着卫星传感器不断地发射升空，每天都能获得不同类型的海量遥感影像。随着 GIS 技术的发展和各个行业对地理信息数据构建的重视，越来越多的非遥感影像数据可用于土地利用/覆被遥感监测。选择合适的数据源成为土地利用/覆被遥感监测工作面临的首要问题，本小节系统总结了数据源选择时一般需遵循的五个基本原则。

1）可获取原则

　　尽管当前可利用的对地观测数据种类多样，但并非所有数据都可直接获取。在选择土地利用/覆被遥感监测数据源时，首先需要考虑所选择的数据源是否可以获取。

2）质量优先原则

　　数据质量是土地利用/覆被遥感监测数据源选择时另一个需要优先考虑的问题。针对可见光–近红外遥感影像，波段设置、云量、几何精度等都是判断数据质量的标准。而对于各类非遥感数据，尺度、精度是判定数据质量的标准。在数据可获取的前提下，需要优先选择高质量的数据源。

3）性价比原则

　　土地利用/覆被遥感监测研究中，并非所有的数据都能免费获得，也并非所有能免费获得的数据都适用于土地利用/覆被遥感监测。当多种数据可供选择时，需要综合评估每一种数据源的优势和不足，以及数据获取的成本，最终选择性价比最高的数据作为数据源。

4）成熟性原则

选择土地利用/覆被遥感监测数据源时需要考虑是否有成熟的数据预处理和监测方法作为支撑。对于最新的遥感数据源，首先需要在不同区域开展土地利用/覆被遥感监测试验，以评价其适用性。

5）目标一致性原则

遥感数据源的选择需要结合土地利用/覆被遥感监测目标。例如，监测城镇发展过程时，若采用中等分辨率遥感影像则会影响监测精度，只有采用高、甚高分辨率遥感影像才能满足监测城市发展过程的要求。

5.3.4　山地土地利用/覆被遥感监测数据源的典型特征

1. 频繁的云、雪干扰

山地，由于其高海拔和深切峡谷地形，特别是我国南方山地，其植被和河流的广泛分布为地表蒸腾提供了充足的水汽来源，这种特殊的地理环境为云雾的形成创造了有利条件，成为云雾集中、高频分布区域（Bian et al.，2016）。高海拔山区，降水主要以固体冰雪为主，导致该区域一年大部分时间被季节性积雪覆盖，特别是冬季。因此，相对于平原区域，山地遥感影像中存在云、雪干扰的概率更大，范围更广。云和雪的出现将改变或遮蔽陆表土地利用/覆被类型的光谱信息，进而影响到土地利用/覆被类型的识别。因此，在选择遥感数据源开展山地土地利用/覆被遥感监测时，尽量少地选择被云、雪干扰的遥感影像。

2. 显著的地形效应

山区地形起伏会造成阴阳坡接收和反射的太阳辐射不同，从而造成光学遥感传感器在成像时阴阳坡辐射信号产生明显的差异，我们称之为光学遥感影像的地形效应（Li et al.，2015a）。这种效应会随着太阳高度角的变化而变化（王少楠和李爱农，2012）。对于地处北半球的区域，夏季太阳高度角较大，遥感影像上山体阴影区范围相对较小，地形效应相对弱一些；而冬季太阳高度角相对较小，阴影区范围更大，地形效应也表现得更加明显。相应地，南半球的情况与北半球正好相反。因此，选择遥感数据源参与山地土地利用/覆被遥感监测工作时，应考虑地形效应对山地土地利用/覆被遥感监测的影响。

3. 高质量的专题数据较为缺乏

相对平原来说，山区可通达性相对较差，相应地人类活动也相对较少，山区各类信息历来贫乏，高质量的专题数据也较为缺乏（Li et al.，2014）。近年来，随着山区重要的生态屏障和生态服务功能、丰富的水土资源、生物资源、旅游景观资源等越来越受到管理者和公众重视，山区的研究也开始受到科学界关注，山区科学数据缺乏的现状有望得到改善。

5.4　代表性土地利用/覆被产品

土地利用/覆被产品对于提高生态、水文和气候模型的执行效率和精度具有重要意义，也是研究碳循环、生物多样性、公共健康等的基础数据。当前，国际上土地利用/覆被遥感监测主要集中在两个尺度：一是全球和洲际尺度，二是区域和国家尺度。其中，全球尺度土地利用/覆被产品是理解气候变化与人类活动之间复杂关系的重要信息，也是大多数全球尺度气候模型必不可少的参数（宫鹏等，2016）。本节主要介绍基于遥感技术生产的全球和国家尺度的土地利用/覆被代表性产品。

5.4.1　全球尺度土地利用/覆被遥感产品

为了开展资源、环境、生态研究与科学管理，自 20 世纪 90 年代起，全球尺度的土地覆被调查与监测工作开始被广泛开展。到目前为止已形成了九种全球尺度土地覆被产品，其相关信息见表 5.9。

1. IGBP-DISCover 土地覆被产品

IGBP-DISCover 土地覆被产品是第一个全球尺度 1km 分辨率的土地覆被产品（Loveland et al.，2000），见图 5.7。它是为了满足国际地圈生物圈计划（IGBP）、全球环境变化人文因素计划（IHDP）、国际全球大气化学计划（IGAC）和水循环生物计划（BAHC）研究的需要，基于 1992 ~ 1993 年 NOAA AVHRR 月 NDVI 数据集和非监督分类方法制作完成。产品采用 IGBP 分类系统，精度为 66.9%（Scepan，1999），获取地址为：http：//edc2. usgs. gov/glcc/glcc. php。

2. UMD 土地覆被产品

UMD 土地覆被产品是美国马里兰大学生产的另一套全球尺度 1 km 分辨率土地覆被产品（Hansen et al.，2000），见图 5.8。该产品与 IGBP-DISCover 产品采用了相同的遥感数据，制图方法采用了决策树算法，分类系统采用了简化版的 IGBP 分类系统，包含 14 种土地覆被类型。产品获取地址为：http：//glcf. umd. edu/data/landcover/data. shtml。

表 5.9　全球主要土地覆被产品特征

产品	覆盖时间	空间分辨率	分类系统	数据源	分类方法	总精度	参考文献
IGBP—DISCover	1992 年 4 月～1993 年 3 月	1km	IGBP(17 类)	逐月 AVHRR NDVI 数据	非监督分类	66.9%（Scepan,1999）	（Loveland et al.,2000）
UMD 土地覆被产品	1992 年 4 月～1993 年 3 月	1km	简化的 IGBP(14 类)	逐月 AVHRR NDVI 数据	决策树		（Hansen et al.,2000）
GLC2000	1990 年 11 月～2000 年 12 月	1km	FAO LCCS（22 类）	逐月 SPOT-4 VEGETATION NDVI 数据	各区域灵活适用的方法	68.6%（Mayaux et al.,2006）	（Bartholome and Belward,2005）
MCD12Q1	2001～2012	500m	IGBP(22 类)	Terra/Aqua MODIS 数据	基于 Boosting 的决策树分类方法	78.3%（Friedl et al.,2002）	（Friedl et al.,2002；Friedl et al.,2010）
GlobCover 2005/2009	2005 年和 2009 年	300m	FAO LCCS（22 类）	ENVISAT MERIS 数据	基于光谱和物候特征的多层次分类方法	77.9%（Arino et al.,2008）	（Arino et al.,2008）
GLCNMO	2003 年	1km	ST-LCG 系统（20 类）	16 天合成的 MOD43B4 NBAR 数据	最大似然法,对于城镇,森林,红树林,湿地,冰雪和水体采用单独的制图方法	76.5%（Tateishi et al.,2011）	（Tateishi et al.,2011）
FROM-GLC	2010 年	30m	两级（I 级:10 类;II 级:29 类）	Landsat TM/ETM+	最大似然法,决策树（J4.8）,随机森林和支持向量机	67.04%（Zhao et al.,2014）	（Gong et al.,2013）
GlobeLand30	2000 年和 2010 年	30m	10 类	Landsat TM/ETM+	POK-based 方法	80.33%±0.2%（Chen et al.,2015）	（Chen et al.,2015）
ESA CCI 土地覆被产品	2000 年,2005 年和 2010 年	300m	22 类	ENVISAT MERIS	与 GlobCover 类似		

图 5.7　IGBP-DISCover 土地覆被产品（改自 Loveland et al.，2000）

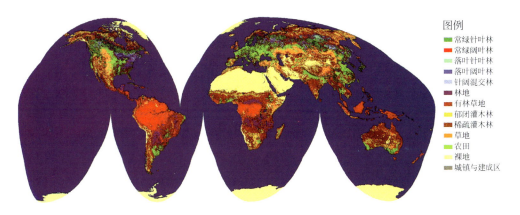

图 5.8　UMD 土地覆被产品（改自 Hansen et al.，2000）

3. GLC2000

GLC2000 是欧盟联合全球 30 个国家的合作伙伴生产的一套全球 1 km 分辨率的土地覆被产品（Bartholome and Belward，2005），见图 5.9。它是为了满足全球千年生态系统评价（MA）的需要，基于 1999～2000 年 SPOT VEGETATION 逐月 NDVI 数据集生产而成。该产品采用 FAO LCCS 分类系统，对制图方法未做统一规定，各区域根据实际情况灵活选用适宜的方法。产品获取地址为：http://forobs.jrc.ec.europa.eu/products/glc2000/products.php。

4. MCD12Q1

MCD12Q1 是 MODIS 科学团队生产的全球尺度 500 m 分辨率土地覆被产品（图 5.10），每年更新一次，已成为 MODIS 系列产品的一员（Friedl et al.，2002；Friedl et al.，2010）。它是在美国 USGS 的 EOS（Earth Observing System）计划支持下，基于 MODIS 反射率和 NDVI

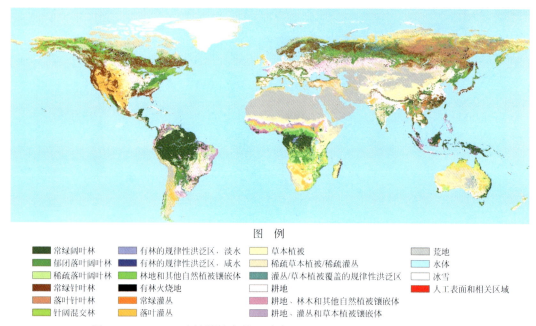

图 例

常绿阔叶林	有林的规律性洪泛区，淡水	草本植被	荒地
郁闭落叶阔叶林	有林的规律性洪泛区，咸水	稀疏草本植被/稀疏灌丛	水体
稀疏落叶阔叶林	林地和其他自然植被镶嵌体	灌丛/草本植被覆盖的规律性洪泛区	冰雪
常绿针叶林	有林火烧地	耕地	人工表面和相关区域
落叶针叶林	常绿灌丛	耕地、林木和其他自然植被镶嵌体	
针阔混交林	落叶灌丛	耕地、灌丛和草本植被镶嵌体	

图 5.9　GLC2000 土地覆被产品（改自 Bartholome and Belward，2005）

产品，采用监督分类树算法生产而成。该产品包括五种分类方案，分别是 IGBP 分类方案、UMD 分类方案、LAI/fPAR 分类方案、NPP 方案、植被功能型 PFT 分类方案。产品获取地址为：https://lpdaac. usgs. gov/dataset_discovery/modis/modis_products_table/mcd12q1。

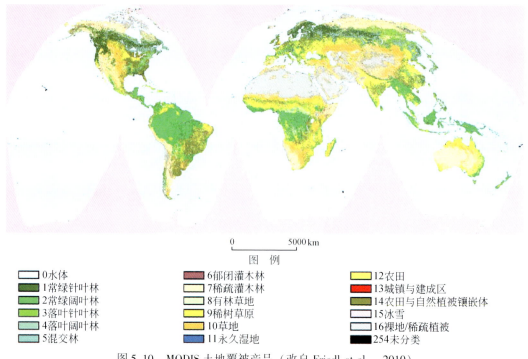

0　　　　5000 km

图 例

0水体	6郁闭灌木林	12农田
1常绿针叶林	7稀疏灌木林	13城镇与建成区
2常绿阔叶林	8有林草地	14农田与自然植被镶嵌体
3落叶针叶林	9稀树草原	15冰雪
4落叶阔叶林	10草地	16裸地/稀疏植被
5混交林	11永久湿地	254未分类

图 5.10　MODIS 土地覆被产品（改自 Friedl et al.，2010）

5. GlobCover

GlobCover 是欧空局（European Space Agency，ESA）推出的全球尺度 300 m 分辨率的土地覆被产品（Arino et al.，2008），目前已生产了两期数据（2005 和 2009），其中 GlobCover 2009 产品见图 5.11。它以 2009 年双月 ENVISAT MERIS 合成数据为数据源，充分利用多时相遥感影像的光谱和物候信息，采用非监督分类方法生产而成。产品获取地址为：http：//due. esrin. esa. int/page_globcover. php。

6. ESA CCI 土地覆被产品

ESA CCI 土地覆被产品是欧空局生产的另一套全球尺度 300m 分辨率的土地覆被产品，也是欧空局构建的全球关键气候参数（Climate Change Initiative，CCI）数据库中的一员，如图 5.12 所示。该产品以 MERIS 影像为数据源，共包含三期数据（2000、2005 和 2010）。数据获取地址为：http：//maps. elie. ucl. ac. be/CCI/viewer/index. php。

7. GLCNMO

GLCNMO（Global Land Cover by National Mapping Organizations）是日本通过国际合作的方式生产的全球 1 km 分辨率土地覆被产品（Tateishi et al.，2011），见图 5.13。它以 2003 年 MODIS 1 km 空间分辨率 16 天合成的反射率产品（MOD43B4 NBAR）为数据源，采用最大似然算法（其中城镇、森林、红树林、湿地、积雪/冰川和水体采用单独的制图方法）生产而成。该产品采用了 ST-LCG 分类系统（Sato-Tateishi Land Cover Guideline），它是 FAO LCCS 的变型，包含 20 个土地覆被类型。2008 年，该团队又以 2008 年 MODIS 16 天合成的反射率产品为数据源，采用相同的方法生产了 GLCNMO2008 产品。产品获取地址为：http：//www. iscgm. org/index. html。

8. FROM-GLC

FROM-GLC 是中国生产的一套全球 30m 分辨率的土地覆被产品（Gong et al.，2013）。该产品以 2010 年左右的 Landsat TM/ETM+影像为数据源，首先基于最大似然法、J4.8 决策树、随机森林（Random Forest，RF）和支持向量机四种分类方法各自生成一套产品，并选择精度最高的产品作为最终产品，如图 5.14（基于支持向量机算法）所示。产品采用二级分类系统，包括 10 个一级类别，29 个二级类别。产品获取地址为：http：//data. ess. tsinghua. edu. cn。

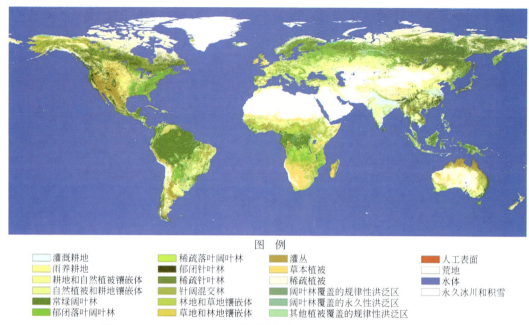

图 例

灌溉耕地	稀疏落叶阔叶林	灌丛	人工表面
雨养耕地	郁闭针叶林	草本植被	荒地
耕地和自然植被镶嵌体	稀疏针叶林	稀疏植被	水体
自然植被和耕地镶嵌体	针阔混交林	阔叶林覆盖的规律性洪泛区	永久冰川和积雪
常绿阔叶林	林地和草地镶嵌体	阔叶林覆盖的永久性洪泛区	
郁闭落叶阔叶林	草地和林地镶嵌体	其他植被覆盖的规律性洪泛区	

图 5.11　GlobCover2009 土地覆被产品（改自 Arino et al. ，2008）

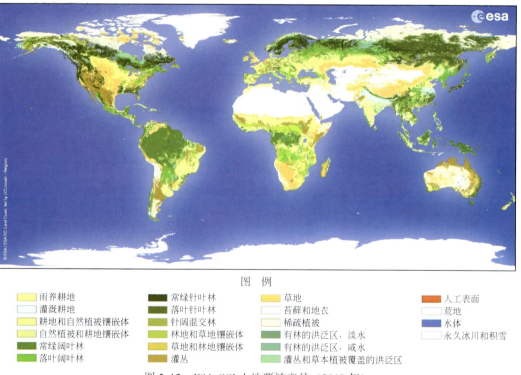

图 例

雨养耕地	常绿针叶林	草地	人工表面
灌溉耕地	落叶针叶林	苔藓和地衣	荒地
耕地和自然植被镶嵌体	针阔混交林	稀疏植被	水体
自然植被和耕地镶嵌体	林地和草地镶嵌体	有林的洪泛区·淡水	永久冰川和积雪
常绿阔叶林	草地和林地镶嵌体	有林的洪泛区·咸水	
落叶阔叶林	灌丛	灌丛和草本植被覆盖的洪泛区	

图 5.12　ESA CCI 土地覆被产品（2010 年）

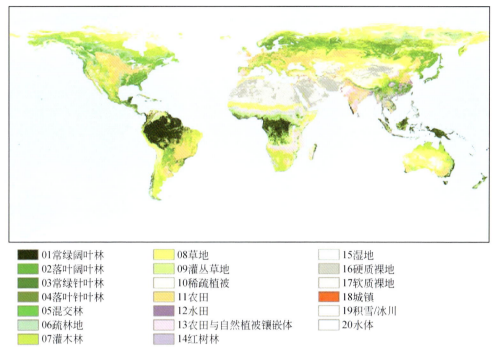

01常绿阔叶林	08草地	15湿地
02落叶阔叶林	09灌丛草地	16硬质裸地
03常绿针叶林	10稀疏植被	17软质裸地
04落叶针叶林	11农田	18城镇
05混交林	12水田	19积雪/冰川
06疏林地	13农田与自然植被镶嵌体	20水体
07灌木林	14红树林	

图 5.13　GLCNMO 土地覆被产品（改自 Tateishi et al.，2011）

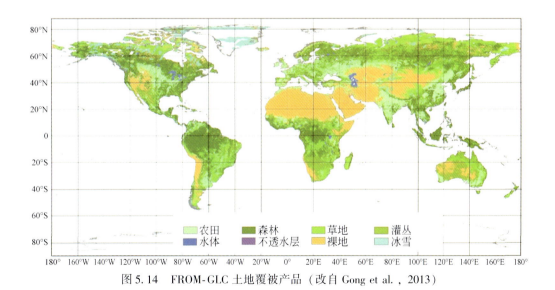

农田	森林	草地	灌丛
水体	不透水层	裸地	冰雪

图 5.14　FROM-GLC 土地覆被产品（改自 Gong et al.，2013）

9. GlobeLand30

　　GlobeLand30 是中国发展的又一套 30m 分辨率的全球尺度土地覆被产品（图 5.15），包含两期数据（2000 和 2010 年），目前已捐赠给联合国供全球用户免费使用（Chen et al.，2015）。该产品以 Landsat TM/ETM+、中国环境减灾卫星（HJ）等多源遥感数据为数据源，采用 POK-based（Pixel-Object-Knowledge based）分类方法生产，包含 10 个土地覆被类型。产品获取地址为 http：//www. globallandcover. com。

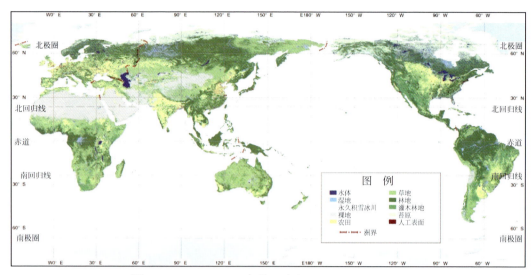

图 5.15　GlobeLand30 产品（改自 Chen et al.，2015）

5.4.2　区域与国家尺度土地利用/覆被遥感产品

当前，许多国家和地区基于各自的应用目的，采用相似的或不同的数据源、分类系统和制图方法生产了各自区域的土地利用/覆被遥感产品。限于篇幅，本节仅介绍中、美两国最具代表性的土地利用/覆被遥感产品。

1. 中国土地利用/覆被产品

中国土地利用/覆被遥感监测工作始于 20 世纪 80 年代。1983 年 12 月，在国家科委的统一组织下，相关研究单位利用 Landsat MSS 数据生产了全国 1∶25 万土地利用图，该图包含 15 种土地利用类型。为了应对国民经济发展和人口增长给国家资源开发利用与环境保护提出的新要求，中国科学院和农业部于 1992～1995 年间联合组织实施了"国家资源环境遥感宏观调查与动态研究"项目（刘纪远，1997）。该项目基于 20 世纪 90 年代初期的 Landsat TM 影像，采用遥感和地理信息技术构建了"国家资源环境数据库"，土地利用信息是该数据库的重要组成部分。"九五"期间，中国科学院组织下属各研究所，基于 Landsat TM 遥感影像和大量野外实地调查资料，首次完成了中国 1∶10 万土地利用数据库的构建，并形成了一套中国不同区域的土地利用遥感判读标志和人机交互判读的方法流程。该数据库包括 20 世纪 90 年代中期和 2000 年两期土地利用数据，之后每 5 年更新一次，图 5.16 展示了 2005 年土地利用产品。

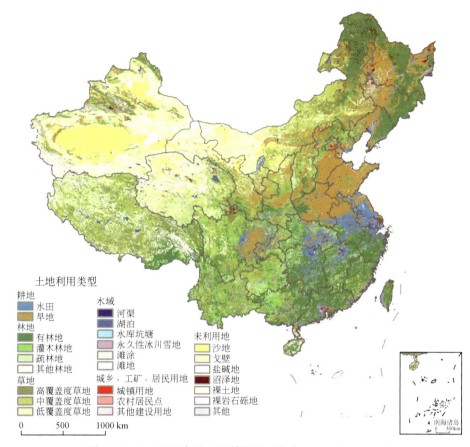

土地利用类型

耕地
　水田
　旱地
林地
　有林地
　灌木林地
　疏林地
　其他林地
草地
　高覆盖度草地
　中覆盖度草地
　低覆盖度草地

水域
　河渠
　湖泊
　水库坑塘
　永久性冰川雪地
　滩涂
　滩地
城乡、工矿、居民用地
　城镇用地
　农村居民点
　其他建设用地

未利用地
　沙地
　戈壁
　盐碱地
　沼泽地
　裸土地
　裸岩石砾地
　其他

0　　500　　1000 km

南海诸岛
0 300km

图 5.16　1∶10 万中国土地利用图（改自 Liu et al.，2010）

　　在"碳专项"和"生态十年专项"的支持下，中国科学院组织下属 9 个研究所，利用国产的 HJ-1A/B CCD 遥感影像和 Landsat TM/ETM+遥感影像，结合大量的野外调查数据，生产了全国 30m 分辨率的四期（1990、2000、2005 和 2010 年）土地覆被产品（ChinaCover），图 5.17 展示了 2010 年土地覆被产品。该产品包含 6 个一级类和 38 个二级类。经验证，产品的一级类和二级类的精度分别超过 85% 和 95%（吴炳方等，2014）。

　　为了摸清中国土地资源情况，中国政府在 1984～1996 和 2007～2009 年间开展了两次全国性的土地资源调查工作，分别简称为"一调"和"二调"。"一调"以航空相片（非正射影像）为底图，受技术条件的限制，航片未能覆盖全境。"二调"全面使用了正射影像，部分区域还使用了 QuickBird、SPOT 等高或甚高分辨率遥感影像，整体上提高了底图数据的质量。"一调"采用手工绘图模式，该方式耗时又耗力。"二调"大量采用了 RS、GIS、GPS 及 3S 集成技术，大大提高了制图效率和精度。"二调"还形成了庞大的土地信息电子数据库，便于数据的汇总、管理和更新。在分类系统方面，"一调"采用 1984 年全国农业区划委员会制订的行业标准。该分类系统包括 8 个一级类型（耕地、园地、林地、牧草地、交通用地、居民点及工矿用地、水域和未利用土地）和 46 个二级类型。"二调"采用国家标准化委员会颁布的《土地利用现状分类》（GB/T 21010–2007），包括 12 个一级类型和 57 个二级类型（张增祥等，2016）。

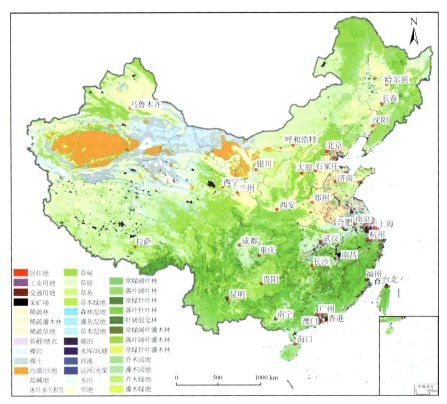

图 5.17　ChinaCover-2010 产品（吴炳方等，2014）

2. 美国土地覆被产品

美国土地覆被产品中，应用最为广泛的是由美国 MRLC 协会采用 Landsat 系列影像生产的美国 30m 分辨率土地覆被产品 NLCD（National Land Cover Database）。该产品最早于 1992 年开始生产（NLCD1992，Vogelmann et al.，2001），仅有土地覆被图层，包含 21 个土地覆被类型。从 1999 年开始，MRLC 进一步实施了 NLCD 产品的更新和扩充工作，形成了 NLCD 2001 产品，见图 5.18。相对于 NLCD 1992 产品，新产品增加了树冠百分比和城市不透水面百分比两个图层（仅包含美国本土的 48 个州），所采用的数据源新增了 Landsat ETM+数据。

从 2006 年开始，NLCD 产品生产的重心由土地覆被制图转变为土地覆被动态监测。新的 NLCD 产品又新增土地覆被变化图层，同时将更新周期从 10 年缩减为 5 年。土地覆被动态变化研究采用了新发展的 MIICA 方法（Multi-Index Integrated Change Analysis，Xian et al.，2009）。该方法采用了四个变化指数，分别是 dNBR（Normalized Burn Ratio）、dNDVI（Normalized Difference Vegetation Index）、CV（Change Vector）和 RCVMAX（Relative Change Vector Maximum），通过计算参与变化检测影像对的四个变化指数值，并利用变化指数值综合判定像元的土地覆被类型是否发生了变化。

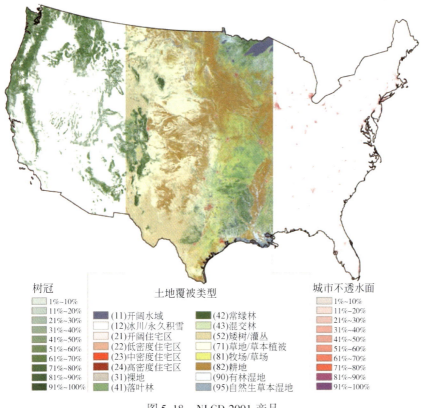

图 5.18　NLCD 2001 产品

左为树冠百分比图, 中为土地覆被图, 右为城市不透水面百分比图

　　NLCD 2011 产品是 NLCD 产品的最新版, 它并未新增图层, 但形成了 CCDM 方法
(Comprehensive Change Detection Method, Jin et al., 2013)。该方法进一步完善了 MIICA
方法, 一方面将参与变化检测的数据源由单一时相的影像对增加为两个时相的影像对, 且
要求一个影像对的两景影像在生长期获取, 另一个在非生长期获取; 另一方面, 新算法提
出了 Zone 模型来综合判定像元的土地覆被类型是否发生变化, 进一步减少对变化信息的
漏检和误检。

5.5　山地土地利用/覆被遥感制图

　　土地利用/覆被遥感制图是土地利用/覆被遥感监测研究中的一个基础环节。它利用遥
感影像各像元 (或对象) 在光谱特征、纹理特征、空间结构特征等的差异, 并结合其他辅
助信息, 按照某种规则或算法将其划分成不同土地利用/覆被类型。从理论上讲, 土地利
用/覆被遥感制图可以形式化地表达为:

$$y = f(x_1, x_2, \cdots, x_n) \tag{5.3}$$

式中，y 为待确定的土地利用/覆被类型，包括两种形式：一种是离散型的土地利用/覆被类型，如森林、草地、农田、湿地等；另一种是连续型的数值类型，代表归属于某种土地利用/覆被类型的概率，主要用于单要素土地利用/覆被制图。x 为参与土地利用/覆被遥感制图的数据，可同时包括多个数据，即有多个维度，用 x_n 表达，可利用的数据见本章 5.3 节所述。f 为分类算法，可以是简单的判别函数，可以是最大似然法中的最大后验概率，可以是决策树算法构建的规则集，可以是神经网络学习后形成的网络结构，也可以是支持向量机构建的最优超平面等。f 的功能是建立输入数据 x 与土地利用/覆被类型 y 之间的对应关系，是土地利用/覆被遥感制图的核心。本节系统总结了土地利用/覆被遥感制图常用的方法、尺度效应及其不确定性来源，进而讨论山区土地利用/覆被遥感制图的难点和典型案例。

5.5.1　土地利用/覆被遥感分类方法

土地利用/覆被分类方法是土地利用/覆被制图的基础。它伴随着遥感技术、计算机技术和人工智能技术的发展而不断进步。早期的土地利用/覆被制图大多采用人工目视判读的方法。该方式费时、费力、主观性大，但由于加入了人脑的判识过程，其分类精度较高。在计算机技术的推动下，一些半自动或全自动的分类算法开始被应用于土地利用/覆被遥感制图。最大似然法、最小距离法、ISODATA 和 K-Mean 法是其典型代表。随着人工智能技术的发展，人工神经网络（Canty，2009）、遗传算法（Tseng et al.，2008）、支持向量机（Huang et al.，2008a；Mountrakis et al.，2011；Xu et al.，2012）、决策树（Chasmer et al.，2014；Punia et al.，2011）、模糊集（Dutta et al.，2010）等人工智能算法被引入到土地利用/覆被遥感制图。这些人工智能算法的引入使得土地利用/覆被的分类精度不断提高，分类过程更加自动化。随着遥感影像空间分辨率的提升，基于像元的分类方法面临"椒盐噪声"（Yu et al.，2006）以及影像信息应用不充分（Ouyang et al.，2011；Zhou et al.，2009）等问题。在此背景下，面向对象分类方法被提出，并逐渐应用到各种土地利用/覆被遥感制图实践中，从而带动土地利用/覆被制图策略的巨大转变。

土地利用/覆被遥感分类方法众多，根据不同的划分标准，可以被分成多种类型。例如，按是否有训练样本参与，可将其分为监督分类法和非监督分类法；按分类时执行的最小单元类型，还可划分为基于像元分类法和面向对象分类法。不同的划分标准是从不同角度认识土地利用/覆被分类方法的途径。为了更加全面地介绍土地利用/覆被遥感分类方法，本书从以下三个方面予以介绍，分别是监督分类法和非监督分类法，面向对象分类法与基于像元分类法，最后单独介绍人工智能分类方法。之所以单独介绍人工智能分类方法，主要是因为该方法是当前土地利用/覆被遥感自动分类的研究热点。

1. 监督分类法与非监督分类法

1）监督分类法

监督分类法又称训练样本分类法，即用已知类别的土地利用/覆被样本（训练样本）

所具有的信息去推断未知像元的土地利用/覆被类别。监督分类法首先需要对每一种土地利用/覆被类别选取一定数量的训练样本，计算机根据选取的训练样本自动统计每一类样本的统计信息（均值、标准差、方差、最大值、最小值等），最后按照不同的判别规则将待分类像元划分到与其最相似的土地利用/覆被类别中。在监督分类方法中，训练样本和分类算法是核心。

监督分类算法包括最大似然法、最小距离法以及各种人工智能算法，本节主要介绍在土地利用/覆被遥感制图中使用最为广泛的最大似然法。该方法也常用于衡量新发展的分类方法的精度和效率。

最大似然法（Strahler，1980）的数理基础是贝叶斯概率公式，它通过计算每一个待分类像元与预定义的每一类别（训练样本）的归属概率，并将概率最大的类别作为该像元的土地利用/覆被类别，其算法原理如下。

设 x_i 代表像元，w_j 代表土地利用/覆被类别，则 x_i 属于类别 w_j 的概率可通过下式计算：

$$P(w_j \mid x_i) = \frac{P(x_i \mid w_j)P(w_j)}{\sum_{j=1}^{n} P(x_i \mid w_j)P(w_j)} \tag{5.4}$$

式中，$P(w_j \mid x_i)$ 代表像元 i 属于类别 j 的概率，$P(w_j)$ 代表类别 j 的先验概率。计算得到 $P(w_j \mid x_i)$ 的最大值，即可确定像元 i 最终归属的土地利用/覆被类别。

最大似然法算法简单、易于实现，同时具有清晰的参数解释能力、易于与先验知识融合等优点，但该方法要求样本数据满足正态分布。由于陆表各土地利用/覆被类型的统计概率密度分布具有高度的复杂性和随机性，当特征空间中类别的分布比较离散而不能服从预先假设的分布，得到的分类结果往往会偏离实际情况。

训练样本的选择是影响监督分类结果又一个重要因素，主要表现在训练样本的数量、空间分布和类别代表性等方面。通常情况下，训练样本的选择原则包括：①各个土地利用/覆被类型的训练样本数量与该类型在区域的面积比例成正比。②训练样本在待分类的遥感影像中尽可能均匀分布。

当前，训练样本的来源主要包括以下两个方面：①野外土地利用/覆被实地考察；②高分辨率遥感影像与其他辅助信息综合判读。野外实地考察获取训练样本的方法请参考本书5.3.2节的相关介绍。基于高分辨率遥感影像人工判读获取训练样本的方式操作简单，但需要判读人员了解区域土地利用/覆被特征且具有丰富的判读经验。为了减少人为判读的主观性，可以引入辅助数据（如历史土地利用/覆被图、植被类型图、地形地貌图等）参与综合判读，增加判读结果的客观性。当研究区范围较大，高分辨率遥感影像获取的成本也是一个需要考虑的因素。

2）非监督分类法

非监督分类法又称聚类分析或点群分析法，即在遥感影像中搜寻、定义其自然相似光谱群组的过程。相对于监督分类法，非监督分类法不需要训练样本参与分类过程，仅需设定少量非监督分类模型的输入参数。在整个分类过程中，计算机根据遥感影像各像元的光谱特征，按照一定规则自动地迭代出集群组，分类人员最后为每一个集群组确定土地利用/覆被类别。分类人员在自动迭代过程中不进行任何操作，仅当迭代出的集群组不满足需求时，需要调整相关参数使其重新迭代。当前，已经发展了多种非监督分类方法，如ISODATA、K-Mean 法等，本书仅简要介绍最为常用的 ISODATA 算法。

ISODATA 分类又称迭代自组织数据分类法，是土地利用/覆被遥感非监督分类常用的方法。该方法首先选择一些初始类的聚类中心，同时设置控制迭代次数的参数，如迭代总次数、类别最小像元数、类别标准差等；然后计算每一像元与初始类别中心的欧式距离，并把像元分配到最近的类别中；再迭代计算各个类别的聚类中心，对比新的聚类中心与前次聚类中心的差异，若相同则停止，若有差异，则通过迭代，直到聚类中心不再变化或达到了最大迭代次数。ISODATA 分类在迭代过程中其分类类别数是可变的。当两个类别的聚类中心距离较小，或某类别的像元数过少时，则需要合并到最临近的类别中。当某一类别的像元数过多，或像元数不多但像元值的离散程度较大时，则需要对该类别进行分裂。

相对于监督分类，非监督分类在以下三个方面表现出明显的优势：①非监督分类不需要预先对研究区域的土地利用/覆被类型特征有所了解，仅需一定的知识判断出各集群组的土地利用/覆被类别。②人为干预少，减少了由于人工操作带来的误差。③独特的、覆盖面积小的土地利用/覆被类别均能够被识别。

非监督分类的缺点也是显而易见的：①分类人员难以控制分类结果，常出现分类后的集群组难以与土地利用/覆被类型相匹配的状况，再加之遥感影像本身存在"同物异谱"和"异物同谱"现象，集群组内可能会存在多种土地利用/覆被类型混杂的情况。②相邻图幅之间的分类结果往往无法匹配，使得大范围土地利用/覆被遥感制图工作难以开展。

2. 基于像元与面向对象分类方法

基于像元（Pixel-based）的土地利用/覆被分类方法通常是以像元为最小分类单位，利用像元的光谱特征判别其所属的土地利用/覆被类型。早期的土地利用/覆被遥感制图研究和已有全球尺度土地覆被产品的生产大多采用该类方法。20 世纪 90 年代，随着高分辨率遥感影像应用的不断深入，基于像元的分类方法由于严重的"椒盐噪声"以及对影像蕴含信息应用的不充分，难以满足高分辨率遥感影像分类的需求。近年来，一种新的土地利用/覆被分类方法——面向对象（Object-oriented）土地利用/覆被分类方法——被提出并逐步应用到各类土地利用/覆被遥感分类研究中（Cheng and Han，2016）。该分类方法首先采用分割算法将原始影像分割成同质的对象，然后利用对象的光谱、纹理、几何等特征综合判别对象所属的土地利用/覆被类别。与基于像元分类方法相比，面向对象分类方法能够更加充分地利用遥感影像蕴含的丰富信息（Ouyang et al.，2011），且避免了基于像元分类方法产生的"椒盐噪声"（Yu et al.，2006），从而整体提高了基于高、甚高分辨率遥感影像的土地利用/覆被制图精度。面向对象分类方法的提出为土地利用/覆被遥感制图研究领域带来了显著的变化，并带动了土地利用/覆被研究思维模式、理论体系以及应用方式的转变，近年来在土地利用/覆被遥感自动制图中被广泛采用。

影像分割是面向对象土地利用/覆被遥感制图的第一步，它是基于同质性或异质性准则，将一幅图像划分为若干个具有一定语义特征的同质对象的过程（Gao et al.，2011）。影像分割方法有多种，总体上可分为自上而下的知识驱动和自下而上的数据驱动两大类。

知识驱动型是指在分割过程中根据待分割对象的先验模型以及知识规则来指导分割过程。数据驱动型则是根据影像自身的特征直接进行分割。在所有的分割算法中，应用最为广泛的分割算法是多尺度分割（Multiresolution）算法（Benz et al.，2004）。

多尺度分割算法是在综合考虑遥感影像的光谱特征和形状特征的基础上，采用自下而上的迭代合并算法将影像分割为高度同质化的对象。尺度是多尺度分割算法最重要的参数（Hay and Castilla，2008；Zhang et al.，2014），直接决定分割对象的大小。尺度大则对象包含的影像像元多，尺度过大会造成影像"欠分割"，即对象内部的土地利用/覆被类型不唯一；尺度小则对象包含的影像像元少，尺度过小会造成影像"过分割"，即同一个土地利用/覆被类型被分割成多个对象。对象的同质性利用对象内像元的标准差来衡量，异质性则由对象的光谱（Spectral）异质性和形状（Shape）异质性共同确定（Hou et al.，2013）。对象的异质性定义如下：

$$f = W_{\text{spectral}} \times \Delta h_{\text{spectral}} + W_{\text{shape}} \times \Delta h_{\text{shape}} \tag{5.5}$$

$$W_{\text{spectral}} \in [0, 1], \ W_{\text{shape}} \in [0, 1], \ W_{\text{spectral}} + W_{\text{shape}} = 1 \tag{5.6}$$

式中，f 为对象异质性，W_{spectral} 为光谱异质性权重，$\Delta h_{\text{spectral}}$ 为光谱异质性，W_{shape} 为形状异质性权重，Δh_{shape} 为形状异质性。

光谱异质性由如下公式定义（Benz et al.，2004）：

$$\Delta h_{\text{spectral}} = \sum_{c} W_{c} [n_{\text{merge}} * \delta_{c, \text{merge}} - (n_{\text{obj\_1}} * \delta_{\text{obj\_1}} + n_{\text{obj\_2}} * \delta_{\text{obj\_2}})] \tag{5.7}$$

式中，n 表示影像对象中像元个数，δ 表示影像对象中像元光谱值的标准差，下标 merge 表示融合后的影像对象，obj_1 和 obj_2 分别表示待融合的两个对象，c 表示影像波段。

影像对象的形状异质性由光滑度（Smoothness，Δh_{smooth}）和紧凑度（Compactness，Δh_{compt}）共同确定（Benz et al.，2004）。其中，光滑度主要用来控制分割对象边缘的光滑程度，抑制分割对象边缘出现极为破碎的状况；紧凑度主要用来控制分割对象整体上的紧凑程度，这两个因子的权重之和也是1。对象的形状异质性定义如下：

$$\Delta h_{\text{shape}} = W_{\text{compt}} \times \Delta h_{\text{compt}} + W_{\text{smooth}} \times \Delta h_{\text{smooth}} \tag{5.8}$$

$$W_{\text{compt}} \in [0, 1], \ W_{\text{smooth}} \in [0, 1], \ W_{\text{compt}} + W_{\text{smooth}} = 1 \tag{5.9}$$

式中：

$$\Delta h_{\text{smooth}} = n_{\text{merge}} \times \frac{l_{\text{merge}}}{b_{\text{merge}}} - (n_{\text{obj\_1}} \times \frac{l_{\text{obj\_1}}}{b_{\text{obj\_1}}} + n_{\text{obj\_2}} \times \frac{l_{\text{obj\_2}}}{b_{\text{obj\_2}}}) \tag{5.10}$$

$$\Delta h_{\text{compt}} = n_{\text{merge}} \times \frac{l_{\text{merge}}}{\sqrt{n_{\text{merge}}}} - (n_{\text{obj\_1}} \times \frac{l_{\text{obj\_1}}}{\sqrt{n_{\text{obj\_1}}}} + n_{\text{obj\_2}} \times \frac{l_{\text{obj\_2}}}{\sqrt{n_{\text{obj\_2}}}}) \tag{5.11}$$

式中，l 表示影像对象的周长，b 表示对象的最小外接矩形的周长。

多尺度分割算法中最主要的参数是尺度、光谱因子（或形状因子）和紧凑度因子（或光滑度因子）的权重。参数最优值的确定方法有多种，其中最常采用的是试错法（Trial-and-error），即首先选择一小块研究区，并根据相关研究经验预设多组分割参数，然后分别利用不同的分割参数对遥感影像进行分割，最终选择分割效果最佳的参数作为多尺度分割的参数（Rasanen et al.，2013）。

3. 人工智能分类方法

人工智能分类发展至今已形成了多种分类方法，本节重点介绍其中最为常用的三种算法：决策树、支持向量机和神经网络算法，其他诸如遗传算法（Tseng et al.，2008）、模糊数学（Gomez and Montero，2007）等算法也被大量应用到土地利用/覆被遥感制图研究中，限于篇幅本书不做具体介绍，有兴趣的读者请参考相关的文献资料。

1）决策树

决策树是人工智能领域一种基于逻辑归纳的学习方法。它通过对输入的土地利用/覆被训练样本进行迭代细分从而形成相应的决策树及一系列决策规则，然后利用这些规则判定待分类数据集中每一个数据最可能对应的土地利用/覆被类型（梁守真等，2015；杨雪峰和王雪梅，2016）。决策树包括一个根节点（Root nodes，如图 5.19 中的节点 A）、多个中间节点（Internal nodes，如图 5.19 中的节点 C）和多个叶节点（Leaf nodes，如图 5.19 中的节点 B、D 和 E）。中间节点属于过渡节点，将被进一步划分，每个中间节点下设两个子节点，左右两个子节点互为兄弟节点。叶节点是不再被细分的节点，代表一种土地利用/覆被类型。除节点外，决策树中还存在一系列的决策规则（如图 5.19 中的规则 1~4），这些规则用于判定当前节点下一步的走向。因此，决策树也可以看成是决策规则集的一种分层次表达方式，从决策树的根节点到某一个叶结点路径上的所有规则便构成了判别叶节点所对应土地利用/覆被类型的一组规则集。

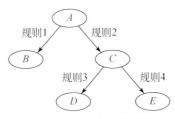

图 5.19　决策树分类原理

决策树算法一般包括决策树生成（Tree Building）与决策树修剪（Tree Pruning）两个关键步骤。

决策树生成过程实质上是对现有训练样本不断迭代分组，从而形成二叉或多叉决策树的过程。其基本流程是：首先从整个训练样本集中选择一个最佳分组变量及阈值，然后利用它将训练样本集分成两个或多个子集，重复以上操作，直至满足决策树生成算法所设定的停止条件。最佳分组变量应该能够使各样本子集间的差异性最大，而样本子集内部的差异性最小。决策树停止条件是避免决策树盲目生长的约束条件，一般包括以下三个基本停止条件：①若待划分的子集中仅包含一个训练样本时，停止生长；②所划分的子集中所有训练样本都具有相同的土地利用/覆被类型，停止生长；③待划分子集中的训练样本没有任何分组规则能够将其进一步划分，停止生长。

决策树修剪过程是为了避免生成过程构建的决策树过于复杂和庞大，从而采用一定的修剪算法去除决策树中代表性较差的叶结点和中间结点的过程。常用的决策树修剪方法包括两种：预先剪枝（Pre-pruning）和后剪枝（Post-pruning）。预先剪枝需要在决策树构建前确定决策树的最大深度、最小样本量，并设定停止条件以阻止决策树的充分生长。后剪枝在决策树构建之前不做任何操作，当决策树构建完成后，再采用适当的规则优化决策树。

决策树算法具有以下四个方面的优势：①决策过程是完全透明的，它能够让用户直观地理解输入数据与输出数据之间的关系；②能够处理多种类型的变量，包括数值变量、离散变量、类别变量等；③对训练样本的数量和样本的分布特征没有严格要求，在训练样本缺乏的情况下该算法是一个不错的选择；④能够自动选择用于构建规则集的变量，在训练前不需要对变量进行筛选。决策树算法同时也存在一些不足，它对离群值较为敏感，当训练样本发生了微小的变化，都可能导致产生完全不同的决策树，从而增加了决策树的不稳定性。

决策树算法自引入到土地利用/覆被遥感自动制图研究后就被广泛应用到多个全球和区域尺度土地覆被产品的生产中。例如：美国马里兰大学采用决策树方法和 NOAA AVHRR 数据完成全球 1 km 分辨率土地覆被产品的生产（Hansen et al.，2000）。Friedl 等（2002，2010）基于 MODIS 反射率及 NDVI 数据集，采用决策树分类算法开展了全球尺度 500 m 分辨率土地覆被产品的生产。Na 等（2009）利用决策树算法，综合应用了遥感影像的光谱信息、纹理信息和已有的专题图信息（DEM、地貌图和土壤图）完成了三江平原湿地的分类。Kandrika 和 Roy（2008）以 AWiFS 多时相数据为数据源，利用决策树 C5.0 算法构建了分类规则集，完成了印度奥里萨邦地区土地覆被分类研究。Otukei 和 Blaschke（2010）基于 Landsat TM/ETM+遥感影像，采用决策树算法完成了乌干达东部帕利萨区的土地覆被分类研究，研究结果表明决策树方法的效率和精度要明显高于支持向量机和最大似然法。

2）支持向量机

支持向量机（Support Vector Machine，SVM）是 Vapnik（1995）提出的一种机器学习方法，是在 Vapnik 统计学习理论基础上发展起来的一种新的人工智能方法。该算法通过引入结构风险最小化原理、最优化理论和核方法演化而来。SVM 算法泛化能力强、结构简单，具有解决小样本、高维特征问题的能力，能有效地避免过学习以及维数灾难等问题。因此，该算法非常适合高维、复杂的小样本数据的自动分类，近年来在模式识别、手写识别和遥感影像分类等领域得到了广泛应用（Huang et al.，2002；Huang et al.，2008a；Mountrakis et al.，2011；Nemmour and Chibani，2006；Xu et al.，2015）。

支持向量机最初提出是为了求解线性可分情况下的最优分类超平面（Optimal Hyper Plane，OHP）。然而现实情况下，大量的求解问题是非线性的。为了求解该类问题，需要将低维度的特征空间变换到高维度的特征空间中，从而实现低维非线性问题向高维线性问题的转化，最终，在转换后的高维特征空间中求解 SVM 超平面。在 SVM 中，求出的超平面不仅要能最大限度地正确划分所有的训练样本，使被误分的样本数最少，并且要使训练样本中离 SVM 超平面最近的点（即支持向量）到 SVM 超平面的距离最大，即分类间隔最大。SVM 原理如图 5.20 所示。

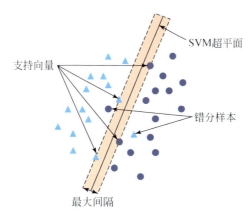

图 5.20　支持向量机分类原理（Mountrakis et al.，2011）

从 SVM 算法原理可以看出，该算法主要是为了解决两个不同类别的分类问题，不能直接用于多个类别的分类问题，而土地利用/覆被遥感制图正好属于后者。针对该类问题，一般采用以下两种解决方案：一是将多个分类超平面的参数求解过程合并到一个最优化问题中，通过求解该最优化问题一次性实现多类别的分类。二是通过构造一系列两类分类器并将它们组合在一起从而实现多类别的分类。第一种方法相对于第二种方法实现难度大，计算复杂，在实际工作中较少使用。

两类分类器的组合方式有两种，分别是一对一分类器（One-versus-one）和一对多分类器（One-versus-rest）。一对多 SVM 要构造 k 个两类分类器，其中第 i 个分类器将第 i 类训练样本视为一类，其他所有类别归为另一类［图 5.21（a）］。该方法只需要训练 k 个支持向量机，故所需的分类函数个数较少，分类速度相对较快。但该方式可能会由于样本量的不均衡带来一定的误差。一对一 SVM 需要在 k 类训练样本中每两类间构建一个分类器，因此需要构造 k（$k-1$）/2 个两类分类器，然后用投票法组合这些分类器，得票最多的类为所属的类［图 5.21（b）］。一对一 SVM 需要的 SVM 解算次数较多，特别是当类别数较多时，可能会产生精度问题。

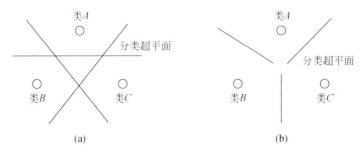

图 5.21　利用 SVM 进行土地利用/覆被等多类别分类的两种方式
（a）为一对多分类方式；（b）为一对一分类方式

近年来，利用 SVM 算法进行土地利用/覆被遥感制图研究呈现逐渐增长的趋势（图 5.22，Mountrakis et al.，2011）。从分类结果来看，SVM 与其他智能算法均能取得较高的土地利用/覆被遥感分类精度。虽然相关研究结果表明 SVM 比其他智能算法的分类精度更高，但该结论难以推广，研究区域或土地利用/覆被类型不同时，有可能会得出相反的结论。但 SVM 具有适用于小样本训练的优势，当土地利用/覆被训练样本很难获取或者获取成本很高的情况下，SVM 算法是土地利用/覆被遥感自动分类的首选算法。

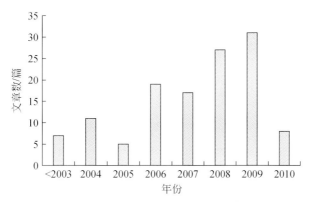

图 5.22　SVM 分类方法近年来在土地利用/覆被分类中的应用情况（Mountrakis et al.，2011）

3）人工神经网络

人工神经网络（Artificial Neural Network，ANN）是在认识、理解和模仿人脑组织结构和运行机制的基础上，形成的一种机器学习算法。它是人工构建的以有向图为拓扑结构的大规模并行的非线性动力系统，一般包括输入层、隐层和输出层三层结构，如图 5.23 所示。ANN 通过构建网络实现输入层与输出层之间的关联，其网络的结构主要存储在中间隐层各神经元的连接权重矩阵中。它的核心是通过不断学习以调整网络内部各神经元间信息通道的连接权重。ANN 能够通过分析连续或断续输入的状态响应来进行信息处理，因此，具有全息的联想学习能力、自组织、自适应和高度的非线性动态运算能力。同时，它对于输出层的个数未做限制，非常适合于多变量信息决策建模过程。

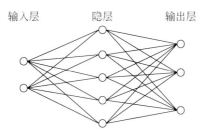

图 5.23　神经网络分类原理

虽然 ANN 能够处理复杂的非线性问题，但它也存在一些明显的不足。例如，存在过拟合的风险、容易陷入局部最优的困境、在训练过程中难以形成唯一的解决方案、训练阶段非常耗时等。同时，ANN 需要设置隐层中神经元数量、学习率、动力参数值、迭代训练次数、输入层和输出层信息编码方式等参数，如何设置最适宜的参数当前仍是一个难题。另外，ANN 相对于操作者来说是一个“黑箱”，即对训练形成的网络结构并不知情，也无法知道 ANN 是如何处理一个具体的问题（Shin and Lee，2002）。

ANN 具有非线性特征，并能利用并行算法提高计算效率，同时可通过对神经元间的权重调整获得最优学习策略，因此特别适合处理土地利用/覆被遥感分类这一复杂问题。Yuan 等（2009）利用监督的多层感知器神经网络和非监督的自组织神经网络，对北卡罗来纳州的纽斯河流域的土地利用/覆被进行了分类并取得较好结果。Canty（2009）采用基于 AdaBoost. M1 算法的三层后向反馈神经网络，对德国尤利希地区的土地利用/覆被进行了分类，并利用 Kalman 过滤算法提高了神经网络的训练效率，从精度评价结果来看，该方法优于最大似然分类和支持向量机分类。

5.5.2　土地利用/覆被遥感制图的不确定性分析

造成土地利用/覆被遥感产品不确定性的因素多种多样，土地利用/覆被遥感制图的各个环节，都有可能给最终的土地利用/覆被产品带来不确定性。本节从以下 6 个方面来分析土地利用/覆被遥感制图的不确定性来源。

1. 分类系统设计带来的不确定性

土地利用/覆被分类系统的设计需要充分考虑制图采用的数据源、方法和研究区域的土地利用/覆被特征。不合理的分类系统必然会带来分类结果的偏差。例如，如果仅采用单时相遥感影像进行分类，则很难区分常绿和落叶植被，此时采用的分类系统需要将常绿和落叶植被合并为一类。如果采用的数据源为多时相遥感影像，则常绿和落叶植被才可能区分开来。

2. 遥感影像质量带来的不确定性

遥感影像质量是决定土地利用/覆被遥感制图产品精度的重要因素之一。首先，遥感影像中的云、雪覆盖会对土地利用/覆被产品的精度带来影响。其次，对于多源多时相遥感数据，遥感影像之间的几何位置偏差也会带来不确定性。最后，影像的空间分辨率、波段设置等也会影响最终土地利用/覆被产品的精度。

3. 遥感影像时相带来的不确定性

对于自然植被来说，不同植被类型生长周期的差异是实现其有效区分的重要手段（雷光斌等，2014）。如果选择的遥感影像时相刚好位于能够最大化各土地利用/覆被类型差异的时期，必然有助于提高土地利用/覆被产品的精度。在全球尺度的土地利用/覆被产品生产过程中，时相也是区分部分土地利用/覆被类型最重要的信息，但不合理地使用也会带来分类错误（Yu et al.，2013）。

4. 地表异质性带来的不确定性

异质性地表在中、低空间分辨率遥感影像上最典型的特征便是混合像元，混合像元的存在将增加土地利用/覆被类型的光谱变异，并大大降低土地利用/覆被类型的区分能力，最终给土地利用/覆被制图带来极大的不确定性。山地地表最典型的一个特征便是地表高度异质性，如果采用中、低分辨率遥感影像开展山地土地利用/覆被制图研究，特别需要注意由于混合像元带来的不确定性。

5. 训练样本的质量带来的不确定性

训练样本的质量包括空间代表性、类别代表性和类别判识准确性三方面。如果训练样本的类型定义错误，必然会降低土地利用/覆被产品的精度。另外，如果样本在空间上和类别统计上分布不均，会导致基于该训练样本生成的分类模型代表性不足，从而影响最终土地利用/覆被制图的质量。

6. 分类算法选择带来的不确定性

分类算法是整个土地利用/覆被遥感制图的核心。可用于土地利用/覆被遥感制图的分类算法众多，选择合适的分类算法是关键，然而，每一种分类算法均有不足，而这些不足是导致分类结果不确定的主要因素。另外，部分分类算法执行过程中，需要设置适宜的参数，参数的不合理选择也会带来不确定性。

5.5.3　山地土地利用/覆被遥感制图的难点

山地土地利用/覆被具有复杂、多样、高度异质化的特征，山地遥感影像上地形效应及云雪干扰十分突出，从而导致山地土地利用/覆被遥感制图成为该领域的难点区域。本节将系统地予以分析。

1. 山地土地利用/覆被类型复杂且异质化程度高

山地地形起伏造成了水、热、光照等环境因子在局部区域的差异较平原地区更加剧烈，进而形成了多样的山地局地小气候类型（Wu et al.，2013）。这些小气候类型孕育了复杂且高度异质的山地景观格局。山地土地利用/覆被最显著的特征是景观格局破碎且相互混杂（Chen et al.，2013），在遥感影像上多表现为混合像元，给土地利用/覆被遥感制图带来了不小的挑战。以面向对象土地利用/覆被制图为例，在影像分割阶段，高度异质化的景观格局造成难以找到适合的算法将遥感影像分割成有一定意义的对象，对象之间的边界往往也较为模糊。在制图过程中，由于土地利用/覆被类型复杂，难以找出可有效区分不同土地利用/覆被类型的特征或特征组合。在结果验证阶段，由于地形和河流的阻隔作用，影响山区收集到足够数量的土地利用/覆被验证点。要克服这些困难，一方面需要发展适用于山地高空间异质性的分割算法；另一方面需要发展更适合山地异质性环境的分类算法和验证策略。

2. 可利用数据源极为缺乏

山地最显著的标志是高海拔和深切峡谷地形，这种特殊的地理环境为云雾的形成和季节性积雪的出现创造了有利条件，从而成为云雾和季节性积雪覆盖频率非常高的区域之一。云雾的覆盖将直接改变或遮挡了陆地表层土地利用/覆被类型的光谱信息，进而影响到土地利用/覆被类型的识别。因此，在山地区域选择遥感数据源进行土地利用/覆被制图时，需要尽量选择无云或云量较少的遥感影像，从而导致可利用的数据源极为有限。

为了克服云雾对土地利用/覆被遥感制图的影响，部分研究直接将云作为一种特殊的土地利用/覆被类型表现在最终的产品中（Gong et al.，2013），但大部分研究则采用多时相遥感影像等手段对云雾覆盖区域的土地利用/覆被信息进行了填补。未来多源遥感影像协同进行土地利用/覆被遥感制图将成为必然的趋势，但如何协调异源数据的差异是当前亟待解决的问题。微波遥感具有穿透云雾的能力，可根据地物的后向散射系数确定土地利用/覆被类型。然而，雷达侧视成像机理使其在山区面临严重的地形干扰，影像中存在较多的阴影，从而影响土地利用/覆被制图的质量。为了补偿阴影区丢失的信息，可采用多视向雷达成像技术，但目前因其成本高还未得到广泛应用。

3. 山地地形效应的影响

山地地形效应对土地利用/覆被遥感制图研究带来两方面的影响：①地形效应显著改变太阳–地物–传感器的角度关系，使阴坡地物的反射率明显失真甚至缺失（Li et al.，2015a），从而加重了山地遥感影像中"同物异谱、异物同谱"的效应，给山地土地利用/覆被遥感制图工作带来了较大的影响（Huang et al.，2008b）。山地地形效应的影响会随着太阳高度角的变化而变化。对于地处北半球的区域，夏季太阳高度角较大，地形效应相对较弱；而冬季太阳高度角较小，地形效应也表现得更为突出。因此，在北半球开展山地土地利用/覆被制图时，应尽可能多地选择夏季时期的遥感影像，以减少地形效应带来的影响。②地形效应使山地遥感影像的几何变形更加严重，加大了几何校正的难度。

在山地土地利用/覆被遥感制图研究中，对地形效应的处理主要采用两种策略，一种是在制图前对参与制图的遥感影像进行地形辐射校正，另一种是在分类过程中去除地形效应带来的影响（Dorren et al.，2003；Huang et al.，2008b）。在地形起伏显著的山区，当前地形辐射校正的效果并不理想，存在不同程度的"过校正"和"欠校正"现象。分类过程中去除地形效应主要是将山地地形阴影区作为一个类别提取出来，再基于多时相遥感影像、临近相似原则、专题数据填补等方式对地形阴影区的土地利用/覆被类型进行补充。

5.5.4　山地土地利用/覆被遥感自动制图应用实例

多源多时相遥感数据的综合决策和地学相关先验知识的深入应用是当前土地利用/覆被遥感制图发展趋势之一（Dudley et al. , 2015；Sexton et al. , 2013；Wang et al. , 2015）。为了解决山地土地利用/覆被遥感制图中面临的困难，许多学者从不同侧面发展了多种方法和策略，本节介绍了基于物元模型和基于多源多时相遥感影像和知识的山地土地利用/覆被遥感自动制图方法。这两种方法均有效地实现了多源多时相遥感影像在山地土地利用/覆被遥感制图中的应用，并将山地知识规则化应用于决策过程中。其中，基于物元模型的制图实例采用了基于像元的分类方法，而基于多源多时相遥感影像和知识的制图实例采用了面向对象的分类方法。

1. 基于物元模型的山地土地利用/覆被遥感制图实例

多源信息融合是解决山地土地利用/覆被遥感制图面临问题的有效手段之一。传统的分类方法在处理多源信息时，面临难以实现信息融合和综合决策的难题，特别是实现遥感数据和非遥感数据的融合。Li 等（2012）引入关联函数概率转化的物元模型，有效实现了多源信息的融合和综合决策，为山地土地利用/覆被遥感制图提供了一种有效的途径。

1）关联函数概率转化的物元模型原理

物元理论（Cai, 1983）是我国学者蔡文教授于 1983 年提出的，专门用于研究不相容问题的转化规律和解决方法。根据物元理论，在基于多源多时相遥感影像的土地利用/覆被制图中，选择 n 个数据源（特征）c_1，c_2，$\cdots$，c_n，假设地物 M 存在 k 种地物类型，记为 $M = [M_1,\ M_2,\ \cdots,\ M_j,\ \cdots,\ M_k]$，则第 j 种地物类型的物元矩阵 R 可表示为：

$$R = \begin{bmatrix} R_1 \\ R_2 \\ \vdots \\ R_n \end{bmatrix} = \begin{bmatrix} M_j & c_1 & [a_{j1},\ b_{j1}] \\ & c_2 & [a_{j2},\ b_{j2}] \\ & \vdots & \vdots \\ & c_n & [a_{jn},\ b_{jn}] \end{bmatrix} \tag{5.12}$$

式中，M_j 表示第 j 地物类型；$x_{ji} = [a_{ji},\ b_{ji}]$，表示该地物类型关于特征 c_i 的取值范围，称为有界区间。所有地物类型特征 c_i 的取值范围构成经典域物元矩阵 R，可表示为：

$$R = \begin{bmatrix} M_B & c_1 & [a_{B1},\ b_{B1}] \\ & c_2 & [a_{B2},\ b_{B2}] \\ & \vdots & \vdots \\ & c_n & [a_{Bn},\ b_{Bn}] \end{bmatrix} \tag{5.13}$$

式中，M_B 为标准对象；$x_{Bi} = [a_{Bi},\ b_{Bi}]$，表示标准对象 M_B 关于特征 c_i 的取值范围，称为节域区间，且 $x_{ji} \in x_{Bi}$（$i = 1,\ 2,\ \cdots,\ n$）。

物元模型可用来处理经典不相容问题，具有处理高维数据矩阵的能力，能够满足多源、高维信息综合决策的需求。关联函数是解决不相容问题的量化工具。通常情况下，在物元综合决策过程中，关联函数是通过区间的模和量化值到区间的距离来刻画的。

第 i 个数据源对应第 j 种地物的有界区间 $x_{ji} = [a_{ji}, b_{ji}]$ 的模 $|x_{ji}|$ 定义为：

$$|x_{ji}| = |b_{ji} - a_{ji}| \qquad (5.14)$$

第 i 个数据源量化值 x_i 到区间 $x_{ji} = [a_{ji}, b_{ji}]$ 的距离 $\rho(x_i, x_{ji})$ 定义为：

$$\rho(x_i, x_{ji}) = \left| x_i - \frac{a_{ji} + b_{ji}}{2} \right| - \frac{(b_{ji} - a_{ji})}{2} \qquad (5.15)$$

第 i 个数据源量化值 x_i 到节域区间 $x_{Bi} = [a_{Bi}, b_{Bi}]$ 的距离 $\rho(x_i, x_{Bi})$ 定义为：

$$\rho(x_i, x_{Bi}) = \left| x_i - \frac{a_{Bi} + b_{Bi}}{2} \right| - \frac{(b_{Bi} - a_{Bi})}{2} \qquad (5.16)$$

则关联函数 $K_j(x_i)$ 定义为：

$$K_j(x_i) = \begin{cases} -\dfrac{\rho(x_i, x_{ji})}{|x_{ji}|} & x_i \in x_{ji} \\[2mm] \dfrac{\rho(x_i, x_{ji})}{\rho(x_i, x_{Bi}) - \rho(x_i, x_{ji})} & x_i \notin x_{ji} \end{cases} \qquad (5.17)$$

将计算得到的各地物类别关联函数值 $K_j(x_i)$ 与各数据源归一化综合比较权重 w_{ji}，代入综合关联度计算公式：

$$a_j = \sum_{i=1}^{n} w_{ji} K_j(x_i) \qquad (5.18)$$

在计算出的综合关联度 α_j 中，取 $\max(\alpha_j)$ 作为待分类像元的归属类别。

在土地利用/覆被遥感制图研究中，各土地利用/覆被类型的光谱范围常相互重叠甚至出现包含的情况。也就是说，土地利用/覆被类型的有界区间是一个模糊的边界，区间的模和量化值到区间的距离也是一个模糊的概念。在经典物元理论中，地物的关联度分布具有线性对称关系。在土地利用/覆被制图中，某一土地利用/覆被类型在特定波段的光谱值呈现近似正态分布的规律，其关联度的分布也呈近似正态分布，而不是线性关系。因此，利用物元模型进行多源遥感影像分类时，需要对关联函数进行适当的转化，才能达到准确分类的目的。

Li 等（2012）提出了一种关联函数概率转化的物元模型遥感分类方法。在该方法中，对于第 j 种地物类型在整个经典域物元区间的物元矩阵 R 可表示为：

$$R = \begin{bmatrix} M_j & c_1 & f_j(x_1) \\ & c_2 & f_j(x_2) \\ & \vdots & \vdots \\ & c_n & f_j(x_n) \end{bmatrix} \qquad (5.19)$$

式中，$f_j(x_i)$ 为第 j 种土地利用/覆被类型在第 i 个数据源的概率分布函数。对于存储格式为 8bit 的灰度遥感影像而言，其物元区间为 [0，255]。按照土地利用/覆被类型的光谱值呈正态分布的特点，其概率分布函数 $f_j(x_i)$ 定义为：

$$f_j(x_i) = \frac{1}{\sqrt{2\pi}\sigma} e^{-\frac{(x_i-\mu)^2}{2\sigma^2}} \tag{5.20}$$

式中，μ 为数学期望，通常取土地利用/覆被类型的光谱均值或众数，σ 为土地利用/覆被类型的光谱标准差，这两个参数可以通过训练样本统计得到。

对于参与土地利用/覆被遥感制图的非遥感数据来说，其概率分布函数 $f_j(x_i)$ 可描述如下：

$$f_j(x_i) = \begin{cases} \alpha & \alpha \in [a1_j, \ b1_j] \\ \beta & \beta \in [a2_j, \ b2_j] \\ \vdots & \vdots \\ \gamma & \gamma \in [am_j, \ bm_j] \end{cases} \tag{5.21}$$

式中，α、β、$\cdots$、γ 为人为经验或知识获得的先验概率，$\alpha + \beta + \cdots + \gamma = 1$；$[a1_j, \ b1_j] \cup [a2_j, \ b2_j] \cup \cdots \cup [am_j, \ bm_j] = [a_j, \ b_j]$，$[a_j, \ b_j]$ 为该数据的物元区间，m 表示土地利用/覆被类型 j 在该数据中存在的几种情形。以 DEM 为例，其概率分布函数 $f_j(x_i)$ 可理解为土地利用/覆被类型 j 在海拔区间 i 中存在的概率。

关联函数 $K_j(x_i)$ 的计算方法可重新定义如下：

$$K_j(x_i) = \frac{f_j(x_i)}{\sum_{j=1}^{k} f_j(x_i)} \tag{5.22}$$

综合关联度仍然按照公式 5.18 进行计算。

2）基于关联函数概率转化的物元模型的若尔盖高原土地覆被分类

Li 等（2012）以若尔盖高原为研究区，以 Landsat TM 影像（2007-9-25）、CBERS 影像（2006-6-10）、2007 年全年 16 天合成的 MODIS NDVI 数据和 ASTER GDEM 数据为数据源，基于关联函数概率转化的物元模型分别构建了该区域 12 种土地利用/覆被类型的物元矩阵，公式 5.23 展示了湿生草地的分类物元矩阵。

在得出各土地利用/覆被类型的物元矩阵的基础上，根据公式 5.22 计算各土地利用/覆被类型对应各数据源的关联函数 $K_j(x_i)$，并根据公式 5.18 计算综合关联度 α_j，最后选择 $\max(\alpha_j)$ 作为最终土地利用/覆被类型。为了评估该算法的优劣，Li 等（2012）设计了三组分类实验，分别是最大似然法、基于 TM 和 CBERS 影像的概率物元综合分类方法和基于 TM 和 CBERS 影像以及 NDVI、DEM 的概率物元综合分类方法。三组实验得到的分类结果如图 5.24 所示。

Li 等（2012）利用土地利用/覆被野外调查和人工目视判读方法获取的验证样点，对三种方法得到的分类结果进行精度评估。评估结果表明：采用多源数据的概率物元综合分类方法的分类结果质量明显优于最大似然法和仅遥感影像参与的概率物元综合分类方法的分类结果。

$$
R = \begin{bmatrix}
M_{\text{湿生草地}} & \text{TM} - \text{B1} & \dfrac{1}{\sqrt{2\pi} \times 11.27} e^{-\frac{(x_i - 56.52)^2}{2 \times 126.92}} \\[2mm]
& \text{TM} - \text{B2} & \dfrac{1}{\sqrt{2\pi} \times 6.38} e^{-\frac{(x_i - 28.72)^2}{2 \times 40.73}} \\[2mm]
& \text{TM} - \text{B3} & \dfrac{1}{\sqrt{2\pi} \times 9.06} e^{-\frac{(x_i - 25.89)^2}{2 \times 82.15}} \\[2mm]
& \text{TM} - \text{B4} & \dfrac{1}{\sqrt{2\pi} \times 11.04} e^{-\frac{(x_i - 82.01)^2}{2 \times 121.89}} \\[2mm]
& \text{TM} - \text{B5} & \dfrac{1}{\sqrt{2\pi} \times 25.14} e^{-\frac{(x_i - 79.84)^2}{2 \times 631.99}} \\[2mm]
& \text{TM} - \text{B7} & \dfrac{1}{\sqrt{2\pi} \times 11.64} e^{-\frac{(x_i - 29.51)^2}{2 \times 135.59}} \\[2mm]
& \text{CBERS} - \text{B1} & \dfrac{1}{\sqrt{2\pi} \times 2.10} e^{-\frac{(x_i - 40.17)^2}{2 \times 4.40}} \\[2mm]
& \text{CBERS} - \text{B2} & \dfrac{1}{\sqrt{2\pi} \times 3.34} e^{-\frac{(x_i - 73.40)^2}{2 \times 11.16}} \\[2mm]
& \text{CBERS} - \text{B3} & \dfrac{1}{\sqrt{2\pi} \times 2.02} e^{-\frac{(x_i - 40.06)^2}{2 \times 4.09}} \\[2mm]
& \text{CBERS} - \text{B4} & \dfrac{1}{\sqrt{2\pi} \times 15.62} e^{-\frac{(x_i - 195.22)^2}{2 \times 243.98}} \\[2mm]
& \text{NDVI} - \text{Sum} & 0.2 \, or \, 0.8 \, or \, 0 \\[1mm]
& \text{DEM} & 1 \, or \, 0
\end{bmatrix}
\qquad (5.23)
$$

2. 基于多源多时相遥感影像和知识的山地土地覆被制图实例

为了满足"碳专项"和"生态十年专项"对大面积土地覆被遥感制图方法的需要，Lei 等（2016）提出了专门针对山地土地覆被的 HC-MMK（Hierarchical Classification based on Multi-source and Multi-temporal data and geo-Knowledge）方法。该方法充分利用多源多时相遥感影像提供的植被物候信息提取山地土地覆被类型。在质量控制阶段，引入山地地学先验知识、专题图信息和统计信息等相关先验知识进一步修正土地覆被自动制图中的错误，从而提高山地土地覆被产品的质量。HC-MMK 方法的具体流程如图 5.25 所示，基于 C 5.0 的分类规则集构建和基于知识的质量控制是该方法的核心。

1) 基于决策树分类器的分层次分类规则集构建

在 HC-MMK 方法中，引入了分层分类方法，该方法通过增加分类的次数，减少单次分类类别数量等方式来提高土地覆被分类产品的质量。HC-MMK 方法首先将光谱、纹理特征相似的土地覆被类型自下而上逐级合并成土地覆被大类，再采用决策树分类算法自上而下逐级构建分类决策树对合并类型进行划分，直至提取出所有的土地覆被类型。分层逻辑

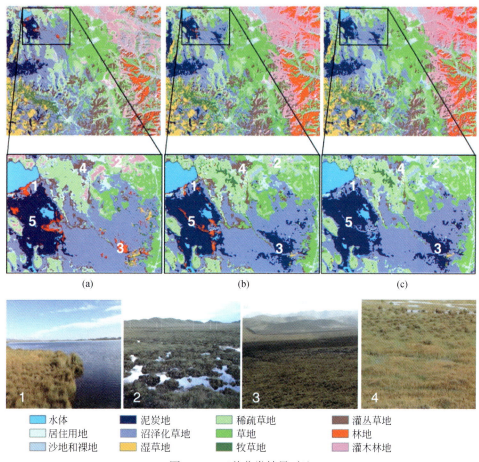

图 5.24 三种分类结果对比

（a）为最大似然法分类结果；（b）为基于 TM 和 CBERS 影像的概率物元综合分类方法的分类结果；
（c）为基于 TM、CBERS 影像以及 NDVI、DEM 的概率物元综合分类方法的分类结果（Li et al., 2012）

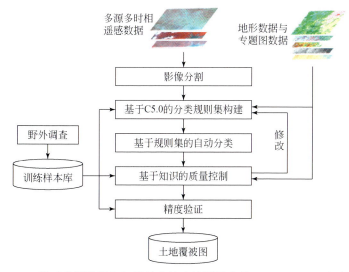

图 5.25 基于多源数据和知识的山地土地覆被分类（HC-MMK）方法流程

顺序是分层分类法的核心，它主要根据区域土地覆被类型的固有特征、参与分类的遥感影像的时相和行业内专家和学者形成的共识确定。图5.26展示了一个典型的山地土地覆被分层分类逻辑顺序。由于各个制图区域的土地覆被特征和遥感影像的时相存在差异，该分层分类逻辑顺序并不一定适合于所有区域，针对不同区域开展土地覆被分类时还需根据实际情况进行调整。

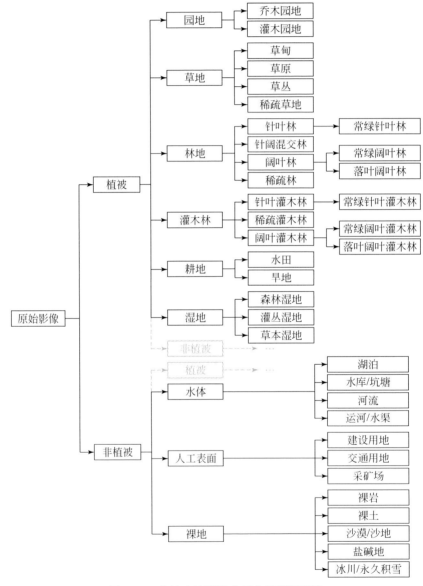

图5.26 山地土地覆被分层分类逻辑顺序

2）基于知识的交互式质量控制

为确保山地土地覆被产品的质量，HC-MMK方法还提出了一套基于相关先验知识的交互式质量控制策略，进一步修正山地土地覆被遥感自动制图结果中存在的错误。该策略共包含五个步骤：①基于地学相关先验知识的交互式质量控制；②基于已有专题图的交互式质量控制；③空间一致性检查；④基于野外验证样本的交互式质量控制；⑤基于统计信息的交互式质量控制。具体的质量控制方法请参考相关文献（Lei et al.，2016）。

3）基于 HC-MMK 方法的中国西南山区土地覆被遥感制图

基于 HC-MMK 方法，中国科学院水利部成都山地灾害与环境研究所及相关协作单位，利用多时相的国产 HJ CCD 影像和 Landsat TM 影像，完成了我国西南地区（重庆市、四川省、贵州省、云南省、西藏自治区）2010 年土地覆被产品（CLC-SW2010）的生产，如图 5.27 所示。经过第三方独立精度验证，CLC-SW2010 产品一级类的总精度为 95.09%，Kappa 系数为 0.9345，二级类的总精度为 87.14%，Kappa 系数为 0.8573。

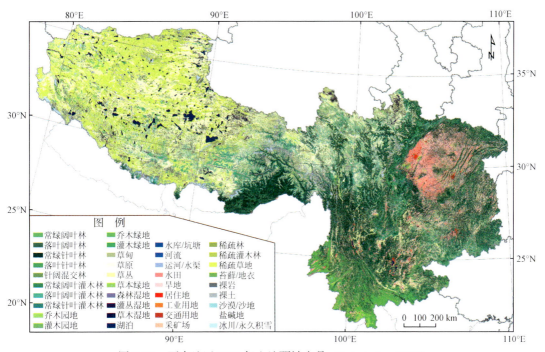

图 5.27 西南地区 2010 年土地覆被产品（Lei et al.，2016）

5.6 山地土地利用/覆被遥感变化检测

土地利用/覆被遥感变化检测是利用不同时期的遥感影像，采用图像处理和模式识别方法提取变化信息，并定量分析和确定土地利用/覆被变化的特征与过程的一种技术手段。它涉及变化信息的提取和变化区域的再分类两部分内容。变化信息的提取是变化检测的核心，一旦确定了变化区域，就可以利用土地利用/覆被制图的方法确定变化的类型。本节重点介绍土地利用/覆被变化信息提取的相关内容，主要包括土地利用/覆被遥感变化检测的常用方法、山地土地利用/覆被遥感变化检测的难点及典型案例。

5.6.1　土地利用/覆被遥感变化检测方法

土地利用/覆被遥感变化检测的方法有多种，本节根据各方法使用指标和数据源的差异将其划分为光谱特征分析法、分类后变化检测法和时间序列变化检测法三种。

1. 光谱特征分析法

光谱特征分析法首先对不同时期的两景遥感影像进行光谱代数运算或光谱变换等处理，从而构建土地利用/覆被变化指标，然后针对变化指标选择合适的阈值判定土地利用/覆被类型是否发生变化（Chen et al.，2012；Hussain et al.，2013；Lu et al.，2004；Zhang et al.，2010）。变化指标的选择和阈值的确定是该类方法的核心。光谱特征分析法对不同时期遥感影像的光谱变化比较敏感，为了排除大气状况、太阳高度角、土壤湿度、物候、影像几何误差等因素对影像光谱的潜在影响，在进行光谱特征分析前一般需要对参与变化检测的影像进行严格的辐射标准化、几何精纠正等数据预处理（Lu et al.，2004）。

光谱特征分析法类别众多，本节重点介绍其中最为常用的5种算法。它们是影像代数运算法、主成分分析法、缨帽变换法、变化矢量分析法和向量相似性分析法。

1）影像代数运算法

影像代数运算法是一种较为简单的土地利用/覆被遥感变化检测方法，包括影像差值运算、比值运算等方法。

影像差值运算法是将两个不同时期、相同波段的影像像元值直接相减，生成差值图像，利用差值的大小来判定像元的土地利用/覆被类型是否发生变化（Sohl，1999）。从理论上讲，只有当像元的差值为0时，像元的土地利用/覆被类型才未发生变化。然而，由于影像成像条件的差异以及某些土地利用/覆被类型光谱值的季节性变化，土地利用/覆被类型未发生变化像元的影像差值呈现近似高斯分布的特征，且多集中分布在直方图均值周围，而变化像元的差值主要分布在直方图的两端。因此，常采用均值和标准差的组合作为阈值来判别像元的土地利用/覆被类型是否发生变化。

影像比值运算法是将两个不同时期、相同波段的影像像元值相除，生成比值图像，利用比值大小来判断土地利用/覆被的变化状况，其原理与差值运算法相似。

2）主成分分析法

多光谱影像各个波段之间往往存在不同程度的相关性和数据冗余，主成分分析（Principle Component Analysis，PCA）正是一种去除波段相关性的图像处理方式。它将遥感影像的光谱空间按一定规律进行变换，产生新的组分影像，将原始影像中的有用信息尽可能保留在少数新组分中。对于土地利用/覆被变化检测来说，变化的信息正是主成分分析需要突出的信息（Kwarteng and Chavez，1998），可通过以下三种途径实现。

第一种途径是将经几何配准的两个时期的遥感影像组成一个数据集，再对该数据集进行主成分分析，生成互不相关的新组分。一般来说，经PCA变换后的第一主成分PC1集中了两个时相数据集的主要信息，代表的是不变信息。其后的1~2个主成分则反映了两个时相数据集的差异信息，代表的是土地利用/覆被的变化信息。更高维的主成分则包含的是细微变化信息和影像次要信息。

第二种途径称为"主成分差异法"。该方法分别对经几何配准的两个时期的遥感影像做 PCA 变换，再用待检测影像的各个主成分 PC 减去基准影像对应的主成分 PC，取差值的绝对值生成两个时期主成分的差值影像，最后利用阈值法提取土地利用/覆被变化信息。

第三种途径称为"差异主成分法"。该方法先对两个时期遥感影像对应波段分别进行差值处理，取差值的绝对值得到各个波段的差值影像，再对这些差值影像做主成分变换，得到的第一主成分 PC1 中集中了两个时期主要的土地利用/覆被变化信息。

3）缨帽变换法

缨帽变换是基于遥感影像物理特征的固定变换，与主成分分析相比，其各分量具有明确的物理意义。遥感影像经缨帽变换后的前三个分量有明确的物理意义，分别表示亮度、绿度和湿度。利用缨帽变换进行土地利用/覆被变化检测有以下两种途径（Seto et al.，2002）。

第一种是对经几何配准的两个时期的遥感影像分别进行缨帽变换，得到亮度、绿度和湿度三个分量，再分别对各分量做差值运算得到差值影像，最后根据三个分量的差值特征，并采用阈值法获得土地利用/覆被变化信息。

第二种是多时相缨帽变换方法。该方法是对经几何配准的两个时期的遥感影像进行正交变换，得到 6 个变换特征：稳定亮度、稳定绿度、稳定湿度、亮度变化、绿度变化和湿度变化，再基于以上特征采用阈值法提取土地利用/覆被变化信息。

4）变化矢量分析法

变化矢量分析法是一种基于特征向量空间的变化检测方法。它通过计算两个时期遥感影像间的光谱变化强度来判别像元（或对象）的土地利用/覆被类型是否发生变化，其原理如下。

将基准影像的特征矢量记为 R，检测影像的特征矢量记为 S。R 和 S 分别如下：

$$R = \begin{bmatrix} r_1 \\ r_2 \\ \vdots \\ r_n \end{bmatrix}, \ S = \begin{bmatrix} s_1 \\ s_2 \\ \vdots \\ s_n \end{bmatrix} \tag{5.24}$$

式中，r_i 代表基准影像第 i 波段的光谱值，s_i 代表检测影像第 i 波段的光谱值，n 为波段数。变化矢量 ΔV 定义为：

$$\Delta V = R - S = \begin{bmatrix} r_1 - s_1 \\ r_2 - s_2 \\ \vdots \\ r_n - s_n \end{bmatrix} \tag{5.25}$$

变化强度 $|\Delta V|$ 定义为：

$$|\Delta V| = \sqrt{(r_1 - s_1)^2 + (r_2 - s_2)^2 + \cdots + (r_n - s_n)^2} \tag{5.26}$$

$|\Delta V|$ 包含了从基准时期到检测时期遥感影像各个波段光谱值变化的总和。一般来说，

当 | ΔV | 较大时，对应像元（或对象）的土地利用/覆被类型发生变化的概率较大，反之则较小。变化矢量分析的关键就是选择一个合适的阈值 T 来判断土地利用/覆被类型是否发生变化。

$$CV = \begin{cases} 变化 & |\Delta V| \geqslant T \\ 未变化 & |\Delta V| < T \end{cases} \tag{5.27}$$

变化矢量分析的优点在于：该方法对参与变化检测的波段数量和类型没有明确的限制，可以是影像原始波段，也可以是影像变换后的结果，如缨帽变换后的亮度、绿度、湿度分量，或 NDVI 值。将变化矢量信息与影像的其他特征相结合可进一步提高土地利用/覆被变化检测的质量（Allen and Kupfer，2000）。

5）向量相似性分析法

向量相似性（Vector Similarity，VS）是将参与变化检测的两景遥感影像的特征归一化为特征向量（x 和 y），进而计算两个向量的夹角 θ，以及向量的模 $|x|$、$|y|$，最终得到向量相似性度量指标 S_{xy}，其计算公式如下：

$$S_{xy} = \frac{\cos\theta}{|R_{xy} - 1| + 1} \tag{5.28}$$

式中，S_{xy} 为基准影像与检测影像所构成的特征向量 x、y 的相似度；θ 为特征向量 x、y 的夹角；R_{xy} 为特征向量 x、y 的模比值；其定义如下：

$$\cos\theta = \frac{\sum_{i=1}^{n} x_i \cdot y_i}{\sqrt{\sum_{i=1}^{n} x_i^2} \sqrt{\sum_{i=1}^{n} y_i^2}} \tag{5.29}$$

$$R_{xy} = \frac{|x|}{|y|} = \frac{\sqrt{\sum_{i=1}^{n} x_i^2}}{\sqrt{\sum_{i=1}^{n} y_i^2}} \tag{5.30}$$

2. 分类后变化检测法

分类后变化检测法首先需要生产两个时期的土地利用/覆被产品，再通过逐像元（或对象）对比，找出变化的位置和变化类型，从而形成土地利用/覆被变化数据（Foody，2001）。相对于基于光谱特征的变化检测方法，分类后变化检测法能同时获得土地利用/覆被变化的空间位置和变化类型信息。同时，该方法也不再强调两个时期遥感影像的时相、成像条件等的一致性，更适用于不同传感器、不同时相遥感影像的土地利用/覆被变化检测（蒋锦刚等，2012）。

然而，该方法的检测精度受制于两个时期遥感影像土地利用/覆被分类结果的精度。当某一个时期的分类结果出现错误时，必然会带来变化检测的错误。也就是说分类后变化检测方法存在误差传递和误差累计现象，容易夸大土地利用/覆被变化程度。若在变化检测过程中考虑不同土地利用/覆被类型之间的变化可能性，将有助于提高土地利用/覆被变化检测的精度。

3. 时间序列分析法

时间序列分析法主要利用长时间序列遥感数据集，通过分析数据集中光谱特征的变化过程和规律，从而获得土地利用/覆被变化信息（赵忠明等，2016）。长时间序列遥感数据集的构建是该方法的基础。当前，仅有部分遥感数据能够满足时间序列土地利用/覆被动态变化分析的要求，包括中等分辨率的 NOAA AVHRR 系列影像、MODIS（Terra/Aqua）系列影像、SPOT VEGETATION 系列影像，高分辨率的 Landsat 系列影像。以下分别介绍基于两种空间分辨率时间序列遥感影像集的土地利用/覆被变化检测方法。

1）基于中等分辨率时间序列遥感影像集的土地利用/覆被变化检测

该方法是通过相关影像特征的时间序列变化来分析陆表各种土地利用/覆被类型的变化过程和趋势，因此，影像特征的选择十分重要。它应当能够比较灵敏地反映地表各种变化，其中植被指数 NDVI 是最为常用的影像特征。中等分辨率时间序列遥感影像集，如MODIS NDVI 数据集，虽然它们空间分辨率较低，难以获得各个土地利用/覆被类型的相互变化信息，但对于植被的缓慢变化过程较为敏感，因此，适合获取大区域尺度的植被长势、退化、物候变化（夏浩铭 等，2015）、复种指数（张伟等，2015）等信息。这些信息的获取是土地利用/覆被变化的一个重要补充，并能为土地利用/覆被遥感自动制图和变化检测提供参考。

回归分析法和相关系数法是用于中等分辨率时间序列遥感影像集的土地利用/覆被变化检测最常用的方法。本节以时间序列 NDVI 数据为例予以介绍。

回归分析法即采用最小二乘法对长时间序列 NDVI 数据进行线性拟合，得到相应的线性方程，方程的斜率 k 反映 NDVI 值的多年变化趋势，其计算公式如下：

$$k = \frac{\sum\limits_{i=1}^{n}(x_i - \bar{x})(y_i - \bar{y})}{\sum\limits_{i=1}^{n}(x_i - \bar{x})^2} \tag{5.31}$$

式中，x 为时间序列，y 为时间序列 NDVI 数据。$k>0$ 表示植被活动增强，$k<0$ 表示植被活动减弱。

相关系数法是通过建立时间序列 NDVI 数据与时间序列之间的相关系数，以表达植被长时间的变化特征和趋势。正相关反映 NDVI 呈现整体升高趋势，负相关反映 NDVI 呈现整体降低趋势，相关系数的绝对值越接近于 1，表示 NDVI 的变化趋势越显著。

受云、季节性积雪和地形阴影等的影响，中等分辨率时间序列遥感数据集中单个像元的时间序列曲线往往并不平滑。因此，在分析前需采用滤波算法去除数据集中的离群值和干扰信息（边金虎等，2010）。

2）基于高分辨率时间序列遥感影像集的土地利用/覆被变化检测

高分辨率遥感影像是开展国家和区域尺度土地利用/覆被变化检测重要的数据源。当前已经发展了大量针对高分辨率遥感影像（如 Landsat 系列影像）的变化检测方法。

然而，这些方法大多通过比较相同地区不同时期两景遥感影像的差异，进而判定该时段内土地利用/覆被的变化情况。使用间隔时间较长的两期遥感影像提取变化区域可能会存在漏判和误判，为了提高检测精度，长时间序列数据集被引入土地利用/覆被变化检测研究中。

以常用的 Landsat 高分辨率时间序列遥感影像集为例，其变化检测方法主要通过分析时间序列遥感数据集中某一特征的变化趋势，从而判定土地利用/覆被类型是否发生了变化。相对于基于两期遥感影像的土地利用/覆被变化检测方法，该方法能获取土地利用/覆被的连续变化情况，并通过趋势分析排除"伪变化"信息的干扰。由于某一区域内土地利用/覆被类型多样，各土地利用/覆被类型的变化情况有所差异，当前时间序列变化检测方法主要针对特定的土地利用/覆被类型，特别是森林和不透水面（陈军等，2016）。以下将重点介绍如何利用时间序列高分辨率遥感影像开展森林扰动的检测工作。

基于 Landsat 时间序列遥感影像集的森林扰动检测方法可以归为两类：一类通过检测时间序列数据集中光谱特征相对于稳定条件的突变来识别扰动；另一类使用基于时间序列的拟合算法来区分森林扰动信号与背景噪声。前者主要用于识别诸如火灾、砍伐等突发性的森林扰动事件（Huang et al.，2010），而后者更适用于由于病虫害等导致的渐变性、持续性的森林扰动事件（Vogelmann et al.，2009）。

基于时间序列 Landsat TM/ETM + 遥感影像集（时间间隔为 1 ~ 2 年），Huang 等（2010）发展了"植被变化追踪"（Vegetation Change Tracker，VCT）算法，用于森林扰动过程检测。VCT 主要包括两个步骤：第一步是对每一景影像中的水体、云和云阴影进行掩膜，并采用暗目标法自动选择森林样本（Huang et al.，2008a）；第二步是森林扰动时间序列分析。VCT 算法构建了森林相似度指数（Integrated Forest Z-score，IFZ），其计算公式见式（5.32）和式（5.33），根据时间序列 IFZ 的变化规律和预先设定的规则提取森林扰动信息（包括扰动发生的空间位置和大致时间）。

$$\mathrm{FZ}_i = \frac{b_i - \bar{b}_i}{\mathrm{SD}_i} \tag{5.32}$$

$$\mathrm{IFZ} = \sqrt{\frac{1}{\mathrm{NB}} \sum_{i=1}^{\mathrm{NB}} (\mathrm{FZ}_i)^2} \tag{5.33}$$

式中，i 代表遥感影像的第 i 波段；$\bar{b}_i$ 和 SD_i 分别代表森林样本在第 i 波段的均值和标准差；b_i 代表某一像元的光谱值；FZ_i 代表像元在第 i 波段与森林像元的相似程度；NB 代表影像的波段总数；IFZ 代表像元的森林相似度指数。从定义可以看出，IFZ 值越小，其属于森林像元的概率越大。

根据 IFZ 时间序列曲线判定森林像元是否发生扰动是 VCT 算法的关键，图 5.28 展示了四种典型森林变化过程对应的 IFZ 时间序列曲线。如果 IFZ 值在整个时段内没有明显的波动且值较小，则判定该像元为森林且在整个时段内未发生变化，如图 5.28（a）所示。若 IFZ 值在某一个时期突然变大，然后又逐渐减少，则说明该像元为森林且在突变处发生了扰动，而在 IFZ 趋于平缓的时刻又恢复为森林，如图 5.28（b）所示。如果 IFZ 在开始阶段一直很大，但随后逐渐减小，并在一定时段后趋于平缓，则说明该像元在历史时期曾发生了扰动，在 IFZ 趋于平缓的时刻又恢复为森林，如图 5.28（c）所示。如果 IFZ 一直较大，且随机波动，则说明该像元不是森林像元。基于以上规则，可以快速地判断每一个像元是否发生扰动，以及扰动发生的大致时间。

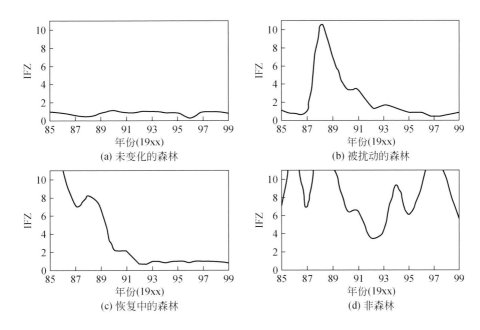

图 5.28　典型森林变化过程对应的 IFZ 时间序列曲线（改自 Huang et al.，2010）

　　为了检测病虫害等对森林造成的持续性扰动，Kennedy 等（2010）提出了 LandTrendr 算法。该算法针对每一个像元构建一个时间序列光谱曲线，通过基于回归模型的时间分割策略获得简化的时间序列模型，通过该模型判定森林像元的变化情况。该算法共包含 5 个步骤：①时间序列规则提取。以像元为单位获取指数（影像波段的光谱值、缨帽变换指数或 PCA 变换后的主成分等）的变化轨迹。②消除噪声造成的干扰。干扰像元的指数值主要利用临近时相的平均值代替。③识别潜在的分段点，即时间序列分割。采用基于残差的时间序列分割方法确定每一个分段点的位置，从而对原始时间序列进行分割和重建。为了防止分段次数过多导致的过渡拟合，在分段完成后需采用角度阈值法作进一步的判断。④时间序列轨迹拟合。在完成了时间序列分割后，基于回归的方法进行时间序列轨迹拟合，用新拟合的曲线代替原始时间序列曲线。⑤模型简化。通过迭代的方式简化模型并重新拟合，确定最优的拟合模型，进而判定扰动状况。

5.6.2　山地土地利用/覆被变化检测的难点

　　与山地土地利用/覆被遥感制图一样，山地土地利用/覆被变化检测研究也表现出比平原地区土地利用/覆被变化检测更大的复杂性和特殊性，主要体现在以下四方面（雷光斌等，2016）。

1. 山地土地利用/覆被变化状况被误判的概率更大

山地遥感影像中突出的地形效应和"同物异谱、异物同谱"现象的存在，导致同一地物在参与变化检测的两期遥感影像上表现出不同的光谱特征，再加之由于观测条件、气象条件差异导致的光谱差异也易于被误判为土地利用/覆被变化，从而增大了山地土地利用/覆被变化状况被误判的概率（Chance et al.，2016）。山地遥感影像几何位置畸变也更为严重，增加影像几何配准难度，倘若几何校正质量不能保证，产生了几何位置偏移的像元易被检测为虚假变化。

2. 时相差异对变化检测的影响更大

在山地环境下，不同的时相意味着太阳高度角的不一致，也意味着山地阴影区的范围会出现变化，这些变化的阴影区十分容易被判定为变化的土地利用/覆被类型（Tan et al.，2013）。另外，不同时相遥感影像中云雾的位置和范围的变动也是造成土地利用/覆被变化状况被误判的重要原因之一。

3. 山地土地利用/覆被变化类型复杂且破碎

山地土地利用/覆被类型多样且破碎，导致土地利用/覆被类型之间的变化更为复杂，自动化检测出所有的土地利用/覆被变化类型难度更大，特别是一些光谱特征较为相似的土地利用/覆被类型之间的变化，以及面积较小的土地利用/覆被变化在检测过程中容易被忽略。

4. 山地土地利用/覆被变化突发性和随机性大

山地土地利用/覆被类型变化的剧烈程度远低于平原和人类活动频繁的区域。然而受山地起伏地形和重力作用的影响，在自然或人为活动的干扰下，山地土地利用/覆被类型的变化表现出较大的突发性和随机性。

5.6.3　山地土地利用/覆被变化检测应用实例

针对山地土地利用/覆被变化检测的难点，为了满足"碳专项"和"生态十年专项"对大面积山地土地利用/覆被自动变化检测方法的需求，张正健等（2014）以典型山地为研究对象，发展了面向对象与决策树相结合的山地土地覆被变化检测方法。研究所用的数据源为四川省攀西地区1989年5月11日和2009年4月16日获取的Landsat TM遥感影像（轨道号P130R041）。该方法包括四个步骤：多尺度分割，特征和训练样本选择，利用决策树算法提取变化检测规则集，精度验证与评价。其中，多尺度分割见5.5.1节所述。

无论是分类还是变化检测，影像特征都是起决定作用的关键因素。用于土地利用/覆被变化检测的光谱特征包括反射率均值、标准差、变化矢量强度（CVI）、向量相似度（VS）、NDVI、改进型归一化水体指数等；形状特征包括形状指数、长宽比、面积（像元数量）等；地形特征包括海拔、坡度、坡向等。

变化检测可以认为是只有"变化"和"未变化"两个类别的遥感影像分类过程，而训练样本的选择影响最终变化检测的精度。本研究采用目视判读的方式选择训练样本，样本选择的基本原则如下：①训练样本在研究区内大致均匀分布，且在不同土地覆被类型、变化方式、地形条件下都要有"变化"和"未变化"样本的分布；②选择一定数量的虚假变化作为训练样本，如将地形遮挡、云及云阴影、植被物候等引起的虚假变化均当作"未变化"样本。共选择"变化"样本 152 个，"未变化"样本 241 个。

通常情况下，验证样本由地面调查获取。然而，如何获取历史时期的地面调查数据是精度评价的难点，为了解决该难题，研究采用随机分层采样的方法。它将影像划分为 50×50 个大小一致的矩形区域，在每个矩形区域内随机选取某个对象并结合多期历史遥感影像、Google Earth 影像等综合判读样本类型。

针对"变化"和"未变化"训练样本，图 5.29 给出了采用 C5.0 决策树算法自动提取的变化检测规则。

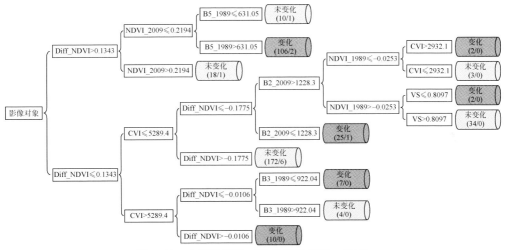

图 5.29　自动决策树（改自张正健等，2014）

NDVI_1989 和 NDVI_2009 分别表示对象在两景影像中的归一化植被指数 NDVI，B3_1989 表示 1989 年 Landsat TM 影像中第 3 波段的反射率，B2_2009 表示 2009 年 Landsat TM 影像中第 2 波段的反射率。叶节点括号中的数字 x/y 释义：x 表示该节点处的样本数，y 表示分类错误的样本数

从图 5.29 可以看出，在根节点处，利用 Diff_NDVI（NDVI 差值）将训练样本一分为二，其中 Diff_NDVI>0.1343 的子集主要包括"变化"样本，Diff_NDVI<＝0.1343 的子集则主要包括"未变化"样本，表明本试验中 NDVI 差值对于变化信息有较高的区分能力。在 Diff_NDVI>0.1343 的子集中，主要的"变化"样本检测规则为：NDVI_2009<＝0.2194 且 B5_1989>631.05，该部分"变化"主要是植被向非植被转变。该子集中的"未变化"样本主要包括地形阴影、物候等因素导致的虚假变化，其 NDVI 在两景影像中的差值同样较大，但其属性并未发生变化。而在 Diff_NDVI<＝0.1343 的子集中，主要的"未变化"

检测规则为：CVI<=5289.4 且 Diff_NDVI>-0.1775，该类样本在两景影像中的 NDVI 差异不大，-0.1775<Diff_NDVI<=0.1343，CVI 也被限制在一定范围内，故其能将大部分"未变化"样本提取出来。该子集中的"变化"样本主要为退耕还林，其NDVI_2009明显大于NDVI_1989，Diff_NDVI 一般小于-0.2。如规则 CVI<=5289.4 且 Diff_NDVI<=-0.1775 且 B2_2009<=1228.3 可以将大部分退耕还林变化检测出来。此外，在以 CVI 和 VS 为划分依据的节点处，CVI 较大（或 VS 较小）的样本主要为"变化"，反之则为"未变化"，这与CVI（VS）的定义与作用相符。

总体而言，光谱特征仍然是山地土地利用/覆被变化检测最重要的信息源，其中利用频率最高的特征为 Diff_NDVI，对其设定合适的阈值可以将约80%的"变化"和"未变化"样本区分开。攀西地区植被覆盖度高，且主要的变化方式如退耕还林、矿山开采等均发生在植被覆盖区域，因此 NDVI 差值能够有效表征上述变化。此外，NDVI_2009、CVI 等特征在决策树构建中也得到了充分的利用。

采用图 5.29 中的分类决策树对试验影像进行变化检测，得到攀西地区 1989~2009 年变化检测结果，如图 5.30 所示。可以看出，该方法对各类典型变化均取得了理想的检测结果，提取的变化信息与实际变化区域在空间上能够较好地吻合。此外，图 5.30（b）-B 中分别处于休耕期和生长期的耕地并未被检测为变化类型，表明该方法对物候导致的虚假变化具有较强的抗干扰能力。

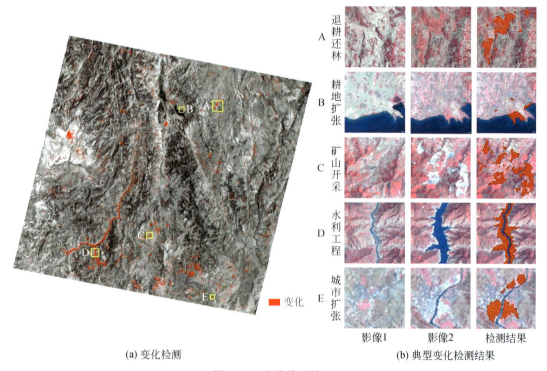

(a) 变化检测　　　　　　　　　　　(b) 典型变化检测结果

图 5.30　变化检测结果

利用验证样本（其中"变化"样本 113 个，"未变化"样本 136 个）对检测结果的精度评价结果见表 5.10。精度评价的相关统计量如下：总体精度为 93.57%，Kappa 系数为 0.8706，表明该方法的总体检测精度较高。其中"变化"对象的漏检率和误检率分别为 6.19% 和 7.83%，容易被漏检的变化信息主要为退耕时间过于短暂的耕地，其光谱特征与耕地相似，检测过程中容易被忽略；误检率（7.83%）稍高表明该方法对变化信息较为敏感，其中易被误检为"变化"的覆盖类型包括部分常绿和落叶林、一年生的草地以及部分不同生长季的耕地之间。"未变化"对象的漏检率和误检率分别为 6.62% 和 5.22%，误检率（5.22%）较低表明该方法不易将山区众多"噪声"因素检测为变化信息。

表 5.10 误差矩阵

检测结果	验证样本		总计	用户精度/%	误检率/%
	变化	未变化			
变化	106	9	115	92.17	7.83
未变化	7	127	134	94.78	5.22
总计	113	136	249		
制图精度/%	93.81	93.38			
漏检率/%	6.19	6.62	总体精度 = 93.57%，Kappa 系数 = 0.8706		

5.7 小 结

土地利用/覆被遥感监测是人类了解土地利用/覆被的现状、变化过程及其对全球环境及人类社会带来的影响的重要手段，其监测产品也是全球变化研究、生态环境监测与评估、资源开发利用与管理、政府规划与决策过程必不可少的基础数据。山地由于显著的地形起伏、多样的土地利用/覆被类型、高度异质化的景观格局，成为土地利用/覆被遥感监测的难点和薄弱区域。本章全面总结了土地利用/覆被遥感监测所使用的分类系统、数据源、代表性的土地利用/覆被产品、土地利用/覆被制图方法和变化检测方法，探讨了山地土地利用/覆被遥感监测的特殊性、难点和可能的解决方案，并结合当前研究进展，列举了针对山地土地利用/覆被遥感监测的典型实例。总体来说，随着遥感技术、计算机技术和人工智能技术的迅猛发展，多源信息和地学相关先验知识的综合决策是未来提高山地土地利用/覆被遥感监测精度的有效途径，自动化、智能化的山地土地利用/覆被遥感监测方法亟待不断丰富和完善，最终形成集理论、方法与应用为一体的山地土地利用/覆被研究体系。

参 考 文 献

边金虎，李爱农，宋孟强，马利群，蒋锦刚. 2010. MODIS 植被指数时间序列 Savitzky-Golay 滤波算法重构. 遥感学报，14 (4)：725 ~ 741.

陈百明，周小萍. 2007.《土地利用现状分类》国家标准的解读. 自然资源学报，22 (6)：994 ~ 1003.

陈军，张俊，张委伟，彭舒. 2016. 地表覆盖遥感产品更新完善的研究动向. 遥感学报，20 (5)：

991 ~ 1001.

方精云，于贵瑞，任小波，刘国华，赵新全 . 2015. 中国陆地生态系统固碳效应——中国科学院战略性先导科技专项"应对气候变化的碳收支认证及相关问题"之生态系统固碳任务群研究进展 . 中国科学院院刊，30（6）：848 ~ 857.

郭华东，傅文学，李新武，陈培，刘广，李震，王成，董庆，雷莉萍，白林燕，刘庆杰 . 2014. 全球变化科学卫星概念研究 . 中国科学（地球科学），44（1）：49 ~ 60.

郭文静，李爱农，赵志强，王继燕 . 2015. 基于 AVHRR 和 TM 数据的时间序列较高分辨率 NDVI 数据集重构方法 . 遥感技术与应用，30（2）：267 ~ 276.

蒋锦刚，李爱农，边金虎，于之锋，雷光斌 . 2012. 1974 ~ 2007 年若尔盖县湿地变化研究 . 湿地科学，10（3）：318 ~ 326.

雷光斌，李爱农，边金虎，张正健，张伟，吴炳方 . 2014. 基于阈值法的山区森林常绿、落叶特征遥感自动识别方法研究——以贡嘎山地区为例 . 生态学报，34（24）：7210 ~ 7221.

梁守真，陈劲松，吴炳方，陈工 . 2015. 应用面向对象的决策树模型提取橡胶林信息 . 遥感学报，19（3）：485 ~ 494.

刘纪远 . 1997. 国家资源环境遥感宏观调查与动态监测研究 . 遥感学报，1（3）：225 ~ 230.

吕达仁，丁仲礼 . 2012. 应对气候变化的碳收支认证及相关问题 . 中国科学院院刊，27（3）：395 ~ 402.

马克平 . 2014. 生物多样性科学研究进展 . 科学通报，59（6）：429.

欧阳志云，王桥，郑华，张峰，侯鹏 . 2014. 全国生态环境十年变化（2000 ~ 2010 年）遥感调查评估 . 中国科学院院刊，29（4）：462 ~ 466.

秦大河，陈振林，罗勇，丁一汇，戴晓苏，任贾文，翟盘茂，张小曳，赵宗慈，张德二，高学杰，沈永平 . 2007. 气候变化科学的最新认知 . 气候变化研究进展，3（2）：63 ~ 73.

王少楠，李爱农 . 2012. 地形辐射校正模型研究进展 . 国土资源遥感，24（2）：1 ~ 6.

吴炳方，苑全治，颜长珍，王宗明，于信芳，李爱农，马荣华，黄进良，陈劲松，常存，刘成林，张磊，李晓松，曾源，包安明 . 2014. 21 世纪前十年的中国土地覆盖变化 . 第四纪研究，34（4）：723 ~ 731.

吴传钧 . 1979. 开展土地利用调查与制图为农业现代化服务 . 自然资源，1（2）：39 ~ 47.

夏浩铭，李爱农，赵伟，边金虎，雷光斌 . 2015. 2001 ~ 2010 年秦岭森林物候时空变化遥感监测 . 地理科学进展，34（10）：1297 ~ 1305.

谢瀚，李爱农，汤家法，雷光斌，边金虎 . 2016. 山地地表覆被野外采样系统研究及应用 . 遥感技术与应用，31（3）：430 ~ 437.

杨雪峰，王雪梅 . 2016. 基于决策树的多角度遥感影像分类 . 地球信息科学学报，18（3）：416 ~ 422.

宫鹏，张伟，俞乐，李丛丛，王杰，梁璐，李雪草，计璐艳，白玉琪 . 2016. 全球地表覆盖制图研究新范式 . 遥感学报，20（5）：1002 ~ 1016.

雷光斌 . 2016. 山地土地覆被遥感自动制图与监测方法研究 . 中国科学院大学博士学位论文 .

李爱农，边金虎，张正健，赵伟，尹高飞 . 2016. 山地遥感主要研究进展、发展机遇与挑战 . 遥感学报，20（5）：1199 ~ 1215.

童旭东 . 2016. 中国高分辨率对地观测系统重大专项建设进展 . 遥感学报，20（5）：775 ~ 780.

徐冠华，柳钦火，陈良富，刘良云，闫珺 . 2016. 遥感与中国可持续发展：机遇和挑战 . 遥感学报，20（5）：679 ~ 688.

徐涵秋，王美雅 . 2016. 地表不透水面信息遥感的主要方法分析 . 遥感学报，20（5）：1270 ~ 1289.

张继贤，顾海燕，鲁学军，侯伟，余凡 . 2016. 地理国情大数据研究框架 . 遥感学报，20（5）：1017 ~ 1026.

张增祥，汪潇，温庆可，赵晓丽，刘芳，左丽君，胡顺光，徐进勇，易玲，刘斌 . 2016. 土地资源遥感应用研究进展. 遥感学报, 20 (5): 1243~1258.

赵忠明, 孟瑜, 岳安志, 黄青青, 孔赟珑, 袁媛, 刘晓奕, 林蕾, 张蒙蒙. 2016. 遥感时间序列影像变化检测研究进展. 遥感学报, 20 (5): 1110~1125.

于贵瑞, 方华军, 伏玉玲, 王秋凤. 2011. 区域尺度陆地生态系统碳收支及其循环过程研究进展. 生态学报, 31 (19): 5449~5459.

张景华, 封志明, 姜鲁光. 2011. 土地利用/土地覆被分类系统研究进展. 资源科学, 33 (6): 1195~1203.

张磊, 吴炳方, 李晓松, 邢强. 2014. 基于碳收支的中国土地覆被分类系统. 生态学报, 34 (24): 7158~7166.

张伟, 李爱农, 雷光斌. 2015. 复种指数遥感监测研究进展. 遥感技术与应用, 30 (2): 199~208.

张晓辉, 白琳, 刘则洵, 金辉. 2008. 空间交会测量技术在计算机辅助装调中的应用. 光学精密工程, 16 (12): 2510~2516.

张正健, 李爱农, 雷光斌, 边金虎, 吴炳方. 2014. 基于多尺度分割和决策树算法的山区遥感影像变化检测方法——以四川攀西地区为例. 生态学报, 34 (24): 7222~7232.

Allen T R, Kupfer J A. 2000. Application of spherical statistics to change vector analysis of Landsat data: Southern Appalachian spruce-fir forests. Remote Sensing of Environment, 74 (3): 482~493.

Anderson J R. 1976. A land use and land cover classification system for use with remote sensor data. US Govt. Print. Off.

Antonarakis A S, Richards K S, Brasington J. 2008. Object-based land cover classification using airborne LiDAR. Remote Sensing of Environment, 112 (6): 2988~2998.

Arino O, Bicheron P, Achard F, Latham J, Witt R, Weber J L. 2008. GLOBCOVER: the most detailed portrait of Earth. ESA Bulletin-European Space Agency, 136: 24~31.

Bartholome E, Belward A S. 2005. GLC2000: a new approach to global land cover mapping from Earth observation data. International Journal of Remote Sensing, 26 (9): 1959~1977.

Benz U C, Hofmann P, Willhauck G, Lingenfelder I, Heynen M. 2004. Multi-resolution, object-oriented fuzzy analysis of remote sensing data for GIS-ready information. ISPRS Journal of Photogrammetry and Remote Sensing, 58: 239~258.

Bian J H, Li A N, Wang Q F, Huang C Q. 2015. Development of dense time series 30-m image products from the Chinese HJ-1A/B constellation: a case study in Zoige Plateau, China. Remote Sensing, 7 (12): 16647~16671.

Bian J H, Li A N, Liu Q N, Huang C Q. 2016. Cloud and snow discrimination for CCD images of HJ-1A/B constellation based on spectral signature and spatio-temporal context. Remote Sensing, 8 (1): 31.

Blaschke T. 2010. Object based image analysis for remote sensing. ISPRS Journal of Photogrammetry and Remote Sensing, 65 (1): 2~16.

Bontemps S, Herold M, Kooistra L, van Groenestijn A, Hartley A, Arino O, Moreau I, Defourny P. 2012. Revisiting land cover observation to address the needs of the climate modeling community. Biogeosciences, 9 (6): 2145~2157.

Cai W. 1983. The extension set and non-compatible problems. Science Exploration, 1: 83~97.

Canty M J. 2009. Boosting a fast neural network for supervised land cover classification. Computers & Geosciences, 35 (6): 1280~1295.

Chance C M, Hermosilla T, Coops N C, Wulder M A, White J C. 2016. Effect of topographic correction on forest change detection using spectral trend analysis of Landsat pixel-based composites. International Journal of Applied Earth Observation and Geoinformation, 44: 186~194.

Chasmer L, Hopkinson C, Veness T, Quinton W, Baltzer J. 2014. A decision-tree classification for low-lying complex land cover types within the zone of discontinuous permafrost. Remote Sensing of Environment, 143:

73 ~ 84.

Chen C X, Tang P, Wu H G. 2013. Improving classification of woodland types using modified prior probabilities and Gaussian mixed model in mountainous landscapes. International Journal of Remote Sensing, 34 (23): 8518 ~ 8533.

Chen G, Hay G J, Carvalho L M T, Wulder M A. 2012. Object-based change detection. International Journal of Remote Sensing, 33 (14): 4434 ~ 4457.

Chen J, Chen J, Liao A P, Cao X, Chen L J, Chen X H, He C Y, Han G, Peng S, Lu M, Zhang W W, Tong X H, Mills J. 2015. Global land cover mapping at 30 m resolution: a POK-based operational approach. ISPRS Journal of Photogrammetry and Remote Sensing, 103: 7 ~ 27.

Cheng G, Han J. 2016. A survey on object detection in optical remote sensing images. ISPRS Journal of Photogrammetry and Remote Sensing, 117: 11 ~ 28.

Chubey M S, Franklin S E, Wulder M A. 2006. Object-based analysis of Ikonos-2 imagery for extraction of forest inventory parameters. Photogrammetric Engineering and Remote Sensing, 72 (4): 383 ~ 394.

Dale V H. 1997. The relationship between land-use change and climate change. Ecological Applications, 7 (3): 753 ~ 769.

Di Gregorio A. 2005. Land Cover Classification System: Classification Concepts and User Manual. Food and Agriculture Organization of the United Nations.

Dorren L K A, Maier B, Seijmonsbergen A C. 2003. Improved Landsat-based forest mapping in steep mountainous terrain using object-based classification. Forest Ecology and Management, 183: 31 ~ 46.

Dudley K L, Dennison P E, Roth K L, Roberts D A, Coates A R. 2015. A multi-temporal spectral library approach for mapping vegetation species across spatial and temporal phenological gradients. Remote Sensing of Environment, 167: 121 ~ 134.

Dutta A, Kumar A, Sarkar S. 2010. Some issues in contextual fuzzy c-means classification of remotely sensed data for land cover mapping. Journal of the Indian Society of Remote Sensing, 38 (1): 109 ~ 118.

Foody G M. 2001. Monitoring the magnitude of land-cover change around the southern limits of the Sahara. Photogrammetric Engineering and Remote Sensing, 67 (7): 841 ~ 847.

Friedl M A, McIver D K, Hodges J C F, Zhang X Y, Muchoney D, Strahler A H, Woodcock C E, Gopal S, Schneider A, Cooper A, Baccini A, Gao F, Schaaf C. 2002. Global land cover mapping from MODIS: algorithms and early results. Remote Sensing of Environment, 83: 287 ~ 302.

Friedl M A, Sulla-Menashe D, Tan B, Schneider A, Ramankutty N, Sibley A, Huang X M. 2010. MODIS Collection 5 global land cover: algorithm refinements and characterization of new datasets. Remote Sensing of Environment, 114: 168 ~ 182.

Fritz S, McCallum I, Schill C, Perger C, See L, Schepaschenko D, van der Velde M, Kraxner F, Obersteiner M. 2012. Geo-Wiki: an online platform for improving global land cover. Environmental Modelling & Software, 31: 110 ~ 123.

Gao Y, Mas J F, Kerle N, Navarrete Pacheco J A. 2011. Optimal region growing segmentation and its effect on classification accuracy. International Journal of Remote Sensing, 32 (13): 3747 ~ 3763.

Ghilain N, Gellens-Meulenberghs F. 2014. Assessing the impact of land cover map resolution and geolocation accuracy on evapotranspiration simulations by a land surface model. Remote Sensing Letters, 5 (5): 491 ~ 499.

Gomez D, Montero J. 2007. Fuzzy sets in remote sensing classification. Soft Computing, 12 (3): 243 ~ 249.

Gomez M, Olioso A, Sobrino J A, Jacob F. 2005. Retrieval of evapotranspiration over the Alpilles/ReSeDA experimental site using airborne POLDER sensor and a thermal camera. Remote Sensing of Environment, 96: 399 ~ 408.

Gong P, Wang J, Yu L, Zhao Y C, Zhao Y Y, Liang L, Niu Z G, Huang X M, Fu H H, Liu S, Li C C, Li X Y, Fu W, Liu C X, Xu Y, Wang X Y, Cheng Q, Hu L Y, Yao W B, Zhang H, Zhu P, Zhao Z Y, Zhang H Y, Zheng Y M, Ji L Y, Zhang Y W, Chen H, Yan A, Guo J H, Yu L, Wang L, Liu X J, Shi T T, Zhu M H, Chen Y L, Yang G W, Tang P, Xu B, Giri C, Clinton N, Zhu Z L, Chen J, Chen J. 2013. Finer resolution observation and monitoring of global land cover: first mapping results with Landsat TM and ETM+ data. International Journal of Remote Sensing, 34 (7): 2607 ~ 2654.

Gross J E, Goetz S J, Cihlar J. 2009. Application of remote sensing to parks and protected area monitoring: introduction to the special issue. Remote Sensing of Environment, 113: 1343 ~ 1345.

Hansen M C, Defries R S, Townshend J R G, Sohlberg R. 2000. Global land cover classification at 1km spatial resolution using a classification tree approach. International Journal of Remote Sensing, 21 (6~7): 1331 ~ 1364.

Hay G, Castilla G. 2008. Geographic object – based image analysis (GEOBIA): a new name for a new discipline. In: Blaschke T, Lang S, Hay G. Object Based Image Analysis. Heidelberg: Springer.

Homer C, Dewitz J, Fry J, Coan M, Hossain N, Larson C, Herold N, McKerrow A, VanDriel J N, Wickham J. 2007. Completion of the 2001 National Land Cover Database for the conterminous United States. Photogrammetric Engineering and Remote Sensing, 73 (4): 337 ~ 341.

Homer C, Dewitz J, Yang L M, Jin S, Danielson P, Xian G, Coulston J, Herold N, Wickham J, Megown K. 2015. Completion of the 2011 national land cover database for the conterminous United States- representing a decade of land cover change information. Photogrammetric Engineering and Remote Sensing, 81 (5): 345 ~ 354.

Hou Z, Xu Q, Nuutinen T, Tokola T. 2013. Extraction of remote sensing-based forest management units in tropical forests. Remote Sensing of Environment, 130: 1 ~ 10.

Huang C Q, Coward S N, Masek J G, Thomas N, Zhu Z L, Vogelmann J E. 2010. An automated approach for reconstructing recent forest disturbance history using dense Landsat time series stacks. Remote Sensing of Environment, 114: 183 ~ 198.

Huang C Q, Song K, Kim S, Townshend J R G, Davis P, Masek J G, Goward S N. 2008a. Use of a dark object concept and support vector machines to automate forest cover change analysis. Remote Sensing of Environment, 112: 970 ~ 985.

Huang C Q, Davis L S, Townshend J R G. 2002. An assessment of support vector machines for land cover classification. International Journal of Remote Sensing, 23 (4): 725 ~ 749.

Huang H, Gong P, Clinton N, Hui F. 2008b. Reduction of atmospheric and topographic effect on Landsat TM data for forest classification. International Journal of Remote Sensing, 29 (19): 5623 ~ 5642.

Hussain M, Chen D M, Cheng A, Wei H, Stanley D. 2013. Change detection from remotely sensed images: from pixel-based to object-based approaches. ISPRS Journal of Photogrammetry and Remote Sensing, 80: 91 ~ 106.

Jin S, Yang L, Danielson P, Homer C, Fry J, Xian G. 2013. A comprehensive change detection method for updating the National Land Cover Database to circa 2011. Remote Sensing of Environment, 132: 159 ~ 175.

Jung M, Henkel K, Herold M, Churkina G. 2006. Exploiting synergies of global land cover products for carbon cycle modeling. Remote Sensing of Environment, 101: 534 ~ 553.

Kandrika S, Roy P S. 2008. Land use land cover classification of Orissa using multi-temporal IRS-P6 awifs data: a decision tree approach. International Journal of Applied Earth Observation and Geoinformation, 10: 186 ~ 193.

Kennedy R E, Yang Z G, Cohen W B. 2010. Detecting trends in forest disturbance and recovery using yearly

Landsat time series：1. LandTrendr-Temporal segmentation algorithms. Remote Sensing of Environment，114：2897~2910.

Kwarteng A Y，Chavez P S. 1998. Change detection study of Kuwait City and environs using multi-temporal Landsat Thematic Mapper data. International Journal of Remote Sensing，19（9）：1651~1662.

Lei G B，Li A N，Bian J H，Zhang Z J，Jin H A，Nan X，Zhao W，Wang J Y，Cao X M，Tan J B，Liu Q N，Yu H，Yang G B，Feng W L. 2016. Land cover mapping in Southwestern China using the HC-MMK approach. Remote Sensing，8（4）：305.

Li A N，Wang Q F，Bian J H，Lei G B. 2015a. An improved physics-based model for topographic correction of Landsat TM images. Remote Sensing，7（5）：6296~6319.

Li A N，Jiang J G，Bian J H，Deng W. 2012. Combining the matter element model with the associated function of probability transformation for multi-source remote sensing data classification in mountainous regions. ISPRS Journal of Photogrammetry and Remote Sensing，67：80~92.

Li A N，Lei G B，Zhang Z J，Bian J H，Deng W. 2014. China land cover monitoring in mountainous regions by remote sensing technology—taking the Southwestern China as a case. In，2014 IEEE International Geoscience and Remote Sensing Symposium（IGARSS）：4216~4219.

Li X C，Gong P，Liang L. 2015b. A 30-year（1984~2013）record of annual urban dynamics of Beijing City derived from Landsat data. Remote Sensing of Environment，166：78~90.

Liu J Y，Zhang Z X，Xu X L，Kuang W H，Zhou W C，Zhang S W，Li R D，Yan C Z，Yu D S，Wu S X，Nan J. 2010. Spatial patterns and driving forces of land use change in China during the early 21st century. Journal of Geographical Sciences，20（4）：483~494.

Loveland T R，Reed B C，Brown J F，Ohlen D O，Zhu Z，Yang L，Merchant J W. 2000. Development of a global land cover characteristics database and IGBP DISCover from 1 km AVHRR data. International Journal of Remote Sensing，21（6-7）：1303~1330.

Lu D，Mausel P，Brondizio E，Moran E. 2004. Change detection techniques. International Journal of Remote Sensing，25（12）：2365~2407.

Mayaux P，Eva H，Gallego J，Strahler A H，Herold M，Agrawal S，Naumov S，De Miranda E E，Di Bella C M，Ordoyne C，Kopin Y，Roy P S. 2006. Validation of the global land cover 2000 map. IEEE Transactions on Geoscience and Remote Sensing，44（7）：1728~1739.

Mountrakis G，Im J，Ogole C. 2011. Support vector machines in remote sensing：a review. ISPRS Journal of Photogrammetry and Remote Sensing，66：247~259.

Na X D，Zhang S Q，Zhang H Q，Li X F，Yu H，Liu C Y. 2009. Integrating TM and ancillary geographical data with classification trees for land cover classification of marsh area. Chinese Geographical Science，19（2）：177~185.

Nemmour H，Chibani Y. 2006. Multiple support vector machines for land cover change detection：an application for mapping urban extensions. ISPRS Journal of Photogrammetry and Remote Sensing，61：125~133.

Otukei J R，Blaschke T. 2010. Land cover change assessment using decision trees，support vector machines and maximum likelihood classification algorithms. International Journal of Applied Earth Observation and Geoinformation，12：S27~S31.

Ouyang Z T，Zhang M Q，Xie X，Shen Q，Guo H Q，Zhao B. 2011. A comparison of pixel-based and object-oriented approaches to VHR imagery for mapping saltmarsh plants. Ecological Informatics，6：136~146.

Punia M，Joshi P K，Porwal M C. 2011. Decision tree classification of land use land cover for Delhi，India using IRS-P6 AWiFS data. Expert Systems with Applications，38（5）：5577~5583.

Rasanen A, Rusanen A, Kuitunen M, Lensu A. 2013. What makes segmentation good? a case study in boreal forest habitat mapping. International Journal of Remote Sensing, 34 (23): 8603~8627.

Roy D P, Ju J C, Kline K, Scaramuzza P L, Kovalskyy V, Hansen M, Loveland T R, Vermote E, Zhang C S. 2010. Web-enabled Landsat Data (WELD): Landsat ETM plus composited mosaics of the conterminous United States. Remote Sensing of Environment, 114: 35~49.

Scepan J. 1999. Thematic validation of high-resolution global land-cover data sets. Photogrammetric Engineering and Remote Sensing, 65 (9): 1051~1060.

Seto K C, Woodcock C E, Song C, Huang X, Lu J, Kaufmann R K. 2002. Monitoring land-use change in the Pearl River Delta using Landsat TM. International Journal of Remote Sensing, 23 (10): 1985~2004.

Sexton J O, Urban D L, Donohue M J, Song C H. 2013. Long-term land cover dynamics by multi-temporal classification across the Landsat-5 record. Remote Sensing of Environment, 128: 246~258.

Shin K S, Lee Y J. 2002. A genetic algorithm application in bankruptcy prediction modeling. Expert Systems with Applications, 23 (3): 321~328.

Sohl T L. 1999. Change analysis in the United Arab Emirates: an investigation of techniques. Photogrammetric Engineering and Remote Sensing, 65 (4): 475~484.

Strahler A H. 1980. The use of prior probabilities in maximum-likelihood classification of remotely sensed data. Remote Sensing of Environment, 10: 135~163.

Syed S, Dare P, Jones S. 2005. Automatic classification of land cover features with high resolution imagery and LIDAR data: an object-oriented approach. In: Proceedings of SSC2005 Spatial Intelligence, Innovation and Praxis: The National Biennial Conference of the Spatial Sciences Institute: Melbourne: Spatial Science Institute Melbourne.

Tan B, Masek J G, Wolfe R, Gao F, Huang C Q, Vermote E F, Sexton J O, Ederer G. 2013. Improved forest change detection with terrain illumination corrected Landsat images. Remote Sensing of Environment, 136: 469~483.

Tateishi R, Uriyangqai B, Al-Bilbisi H, Ghar M A, Tsend-Ayush J, Kobayashi T, Kasimu A, Hoan N T, Shalaby A, Alsaaideh B, Enkhzaya T, Gegentana Sato H P. 2011. Production of global land cover data-GLC-NMO. International Journal of Digital Earth, 4 (1): 22~49.

Tseng M H, Chen S J, Hwang G H, Shen M Y. 2008. A genetic algorithm rule-based approach for land-cover classification. ISPRS Journal of Photogrammetry and Remote Sensing, 63: 202~212.

Vapnik V. 1995. The Nature of Statistical Learning Theory. New York: Springer Verlag-Press.

Vittek M, Brink A, Donnay F, Simonetti D, Desclee B. 2014. Land cover change monitoring using Landsat MSS/TM satellite image data over West Africa between 1975 and 1990. Remote Sensing, 6 (1): 658~676.

Vogelmann J E, Howard S M, Yang L M, Larson C R, Wylie B K, Van Driel N. 2001. Completion of the 1990s national land cover data set for the conterminous United States from Landsat Thematic Mapper data and Ancillary data sources. Photogrammetric Engineering and Remote Sensing, 67 (6): 650~662.

Vogelmann J E, Tolk B, Zhu Z. 2009. Monitoring forest changes in the southwestern United States using multitemporal Landsat data. Remote Sensing of Environment, 113: 1739~1748.

Wang J, Huang J F, Zhang K Y, Li X X, She B, Wei C W, Gao J, Song X D. 2015. Rice fields mapping in fragmented area using multi-temporal HJ-1A/B CCD images. Remote Sensing, 7 (4): 3467~3488.

Wickham J D, Stehman S V, Gass L, Dewitz J, Fry J A, Wade T G. 2013. Accuracy assessment of NLCD 2006 land cover and impervious surface. Remote Sensing of Environment, 130: 294~304.

Wu Y H, Li W, Zhou J, Cao Y. 2013. Temperature and precipitation variations at two meteorological stations on eastern slope of Gongga Mountain, SW China in the past two decades. Journal of Mountain Science, 10 (3): 370 ~ 377.

Xian G, Homer C, Demitz J, Fry J, Hossain N, Wickham J. 2011. Change of impervious surface area between 2001 and 2006 in the conterminous United States. Photogrammetric Engineering and Remote Sensing, 77 (8): 758 ~ 762.

Xian G, Homer C, Fry J. 2009. Updating the 2001 National Land Cover Database land cover classification to 2006 by using Landsat imagery change detection methods. Remote Sensing of Environment, 113: 1133 ~ 1147.

Xu E Q, Zhang H Q, Li M X. 2015. Object-based mapping of karst rocky desertification using a support vector machine. Land Degradation & Development, 26 (2): 158 ~ 167.

Xu G, Zhang H R, Chen B Z, Zhang H F, Yan J W, Chen J, Che M L, Lin X F, Dou X M. 2014. A bayesian based method to generate a synergetic land-cover map from existing land-cover products. Remote Sensing, 6 (6): 5589 ~ 5613.

Yang J, Gong P, Fu R, Zhang M H, Chen J M, Liang S L, Xu B, Shi J C, Dickinson R. 2013. The role of satellite remote sensing in climate change studies. Nature Climate Change, 3 (10): 875 ~ 883.

Yu L, Liang L, Wang J, Zhao Y Y, Cheng Q, Hu L Y, Liu S, Yu L, Wang X Y, Zhu P, Li X Y, Xu Y, Li C C, Fu W, Li X C, Li W Y, Liu C X, Cong N, Zhang H, Sun F D, Bi X F, Xin Q C, Li D D, Yan D H, Zhu Z L, Goodchild M F, Gong P. 2014. Meta-discoveries from a synthesis of satellite-based land-cover mapping research. International Journal of Remote Sensing, 35 (13): 4573 ~ 4588.

Yu L, Wang J, Gong P. 2013. Improving 30m global land-cover map FROM-GLC with time series MODIS and auxiliary data sets: a segmentation-based approach. International Journal of Remote Sensing, 34 (16): 5851 ~ 5867.

Yu Q, Gong P, Clinton N, Biging G, Kelly M, Schirokauer D. 2006. Object-based detailed vegetation classification with airborne high spatial resolution remote sensing imagery. Photogrammetric Engineering and Remote Sensing, 72 (7): 799 ~ 811.

Yuan H, Wiele C F V D, Khorram S. 2009. An automated artificial neural network system for land use/land cover classification from Landsat TM imagery. Remote Sensing, 1 (3): 243 ~ 265.

Zhang G, Li Y, Li Z J. 2010. A new approach toward object-based change detection. Science China-Technological Sciences, 53: 105 ~ 110.

Zhang L, Jia K, Li X S, Yuan Q Z, Zhao X F. 2014. Multi-scale segmentation approach for object-based land-cover classification using high-resolution imagery. Remote Sensing Letters, 5 (1): 73 ~ 82.

Zhang W, Li A N, Jin H A, Bian J H, Zhang Z J, Lei G B, Qin Z H, Huang C Q. 2013. An enhanced spatial and temporal data fusion model for fusing Landsat and MODIS surface reflectance to generate high temporal Landsat-like data. Remote Sensing, 5 (10): 5346 ~ 5368.

Zhao Y Y, Gong P, Yu L, Hu L Y, Li X Y, Li C C, Zhang H Y, Zheng Y M, Wang J, Zhao Y C, Cheng Q, Liu C X, Liu S, Wang X Y. 2014. Towards a common validation sample set for global land-cover mapping. International Journal of Remote Sensing, 35 (13): 4795 ~ 4814.

Zhou W Q, Huang G L, Troy A, Cadenasso M L. 2009. Object-based land cover classification of shaded areas in high spatial resolution imagery of urban areas: a comparison study. Remote Sensing of Environment, 113: 1769 ~ 1777.

第6章 山地植被生物物理参数遥感反演

6.1 概　述

植被是地球生物圈的重要组成部分，与气候变化、碳水循环等过程密切相关。植被生物物理参数是表征植被性状和功能的指标，如描述地–气间交互作用有效截面大小的叶面积指数（Leaf Area Index，LAI），描述植被与太阳辐射作用强度的光合有效辐射吸收比（Fraction of Absorbed Photosynthetically Active Radiation，FAPAR），描述植被健康状况的叶绿素含量、水分含量以及用来分离能量平衡过程中植被和土壤各自贡献的植被覆盖度（Fraction of green Vegetation Cover，FCOVER）等。这些参数与植被的光合作用、蒸腾作用和呼吸作用息息相关，是生态系统模型、大气环流模型及气候模型等的重要输入参数。

区域和全球尺度模型的驱动和订正需要时空连续的植被生物物理参数产品，遥感反演是目前满足该要求的唯一技术手段。遥感中的反演问题是在给定前向模型的基础上，寻找一组输入参数，使其能最佳地解释当前遥感观测数据的过程。该过程可以形式化地表示为：

$$\arg\min_{v} L(m - f(v, p)) \tag{6.1}$$

式中，m 表示遥感观测，$f(v, p)$ 表示 BRDF 前向模型，v 为待反演生物物理参数，p 为模型中除 v 以外的参数，$L(\cdot)$ 为度量 m 与 $f(\cdot)$ 之间差异性的代价函数（或称损失函数），使 $L(\cdot)$ 达到最小的 v 即为反演结果。遥感反演方法总体上可分为基于经验关系的反演方法和基于物理模型的反演方法两类。

近年来，多角度、多光谱、多极化的传感器不断涌现，影像处理技术也持续发展，为生物物理参数反演提供了更多高质量的数据源。此外，冠层反射率模型和生态机理模型对于物理过程的描述更趋于真实化和精细化（柳钦火等，2016），反演方法也有较大的发展，尤其是在抑制反演过程病态性的各种正则化方法，以及可以耦合辐射传输模型、生态机理模型和各种先验知识的数据同化算法方面，各种新思路、新范式不断见于最新文献报道中（梁顺林等，2016）。以上进展为构建新型的生物物理参数遥感反演模型，提高生物物理参数遥感反演精度，提供了良好的理论和技术支撑。基于这些理论和技术，国际上已经出现了多套全球范围、长时间序列的植被生物物理参数遥感产品，如 MODIS 产品、GEOV1 产品，以及由我国自主研发的 GLASS 产品等。

相比于平地，山地由于地形影响而具有浓缩的环境梯度，生态系统更为复杂，对全球变化的响应也更为敏感和强烈。研究在全球变化背景下山地植被的响应和反馈日益引起学者们的关注。由于物质和能量在空间上的分配表现出强烈的不均匀性，山地地表覆盖和景观格局具有较强的破碎性和异质性。山地复杂条件下辐射传输过程中的交互因素更多，成像机理更为复杂。破解山地植被生物物理参数遥感反演的科学难题，对于促进定量遥感发展，认识植被对全球变化的响应和反馈具有重要的科学意义（李爱农等，2016a）。

　　本章主要围绕山地植被生物物理参数遥感反演展开。6.2 节和 6.3 节分别阐述生物物理参数反演中常用的基于经验关系的反演方法和基于物理模型的反演方法；6.4 节以 LAI、FAPAR、地上生物量和 NPP 为例，介绍了目前主要生物物理参数遥感反演算法；6.5 节介绍当前主要的生物物理参数遥感产品；6.6 节介绍了山地生物物理参数遥感反演面临的难点和对策；6.7 节给出了山地生物物理参数遥感反演的应用实例；6.8 节对本章进行小结。

6.2　基于经验关系的反演方法

　　经验关系法使用生物物理参数与遥感观测（反射率或植被指数）之间经验或半经验的拟合关系对植被生物物理参数进行反演。拟合关系订正时，可以使用实测数据（Chen et al.，2002）或冠层模型的模拟结果（Deng et al.，2006；Gonsamo and Chen，2014a）。使用实测数据进行订正时，需要考虑实测数据的不确定性（Huang et al.，2006），如叶片非随机分布、地面采样与遥感像元尺度差异的影响等。基于经验关系的反演方法比较简单，运算速度快。但是遥感信号是地表及大气理化参数的多元非线性函数（Strahler et al.，1986；Verstraete et al.，1996），生物物理参数与遥感观测之间的关系并不唯一，而依赖于特定的时间、地点、植被类型及成像几何等。所以该方法的可移植性不强，常用于区域尺度产品生产，或主算法失效时的备用算法。

　　为了抑制非植被信号的影响，增强拟合关系的普适性，学者们提出了一系列植被指数（表 6.1）。包括可抑制大气影响的增强植被指数（Enhanced Vegetation Index，EVI）（Huete et al.，1997），可抑制土壤背景影响的土壤调节植被指数（Soil Adjusted Vegetation Index，SAVI）（Huete，1988）、简化比值植被指数（Brown et al.，2000）等。目前，植被指数与生物物理参数之间关系的物理机理尚不明确，Myneni 等（1995）在这方面作了积极的探索。近来，Jin 和 Eklundh（2014）从二流近似模型（Hapke，2012）出发，推导了 LAI 与遥感观测之间的解析关系，并据此构造了物理机理明确的植被指数（Plant Phenology Index，PPI），该植被指数考虑了成像几何和背景的影响，并一定程度上抑制了饱和现象。该处理思路可为基于经验关系法的生物物理参数反演提供有益的借鉴。

表 6.1　常用植被指数

植被指数	计算公式	参考文献
归一化差值植被指数（NDVI）	$(\rho_{nir} - \rho_{red})/(\rho_{nir} + \rho_{red})$	（Rouse Jr et al.，1974）
比值植被指数（SR）	ρ_{nir}/ρ_{red}	（Hiratsuka et al.，1972）

续表

植被指数	计算公式	参考文献
简化比值植被指数（RSR）	$SR \times [1 - (\rho_{swir} - \rho_{swir\_min})/(\rho_{swir\_max} - \rho_{swir\_min})]$	（Brown et al.，2000）
差值植被指数（DVI）	$\rho_{nir} - \rho_{red}$	（Jordan，1969）
土壤调节植被指数（SAVI）	$(\rho_{nir} - \rho_{red})/(\rho_{nir} + \rho_{red} + L) \times (1 + L)$	（Huete，1988）
转换型土壤调节植被指数（TSAVI）	$a \times (\rho_{nir} - a \times \rho_{red} - b)/(a \times \rho_{nir} + \rho_{red} - a \times b)$	（Baret et al.，1989）
修改型土壤调节植被指数（MSAVI）	$[(2 \times \rho_{nir} + 1) - \sqrt{(2 \times \rho_{nir} + 1)^2 - 8 \times (\rho_{nir} - \rho_{red})}]/2$	（Qi et al.，1994）
大气阻抗植被指数（ARVI）	$(\rho_{nir} - \rho_{rb})/(\rho_{nir} + \rho_{rb})，\rho_{rb} = \rho_{red} - \gamma(\rho_{blue} - \rho_{red})$	（Kaufman and Tanre，1992）
土壤和大气阻抗植被指数（SARVI）	$(\rho_{nir} - \rho_{rb}) \times (1 + L)/(\rho_{nir} + \rho_{rb} + L)\rho_{rb} = \rho_{red} - \gamma(\rho_{blue} - \rho_{red})$	（Kaufman and Tanre，1992）
垂直植被指数（PVI）	$(\rho_{nir} - a \times \rho_{red} - b)/\sqrt{a^2 + 1}$	（Richardson and Wiegand，1977）
修正的归一化差值植被指数（MNDVI）	$NDVI \times [1 - (\rho_{swir} - \rho_{swir\_min})/(\rho_{swir\_max} - \rho_{swir\_min})]$	（Nemani et al.，1993）
再归一化植被指数（RDVI）	$\sqrt{NDVI \times DVI}$	（Roujean and Breon，1995）
短波红外植被指数（SWVI）	$(\rho_{nir} - \rho_{swir})/(\rho_{nir} + \rho_{swir})$	（Fraser and Li，2002）
增强型植被指数（EVI）	$G \times (\rho_{nir} - \rho_{red})/(\rho_{nir} + C_1 \times \rho_{red} - C_2 \times \rho_{blue} + L)$	（Liu and Huete，1995）
三角植被指数（TVI）	$60 \times (\rho_{nir} - \rho_{green}) - 100 \times (\rho_{red} - \rho_{green})$	（Broge and Leblanc，2001）
一阶微分绿度植被指数（1DZ-DGVI）	$\sum_{\lambda_1}^{\lambda_n} \lvert \rho'(\lambda_i) \rvert \Delta \lambda_i$	（Elvidge and Chen，1995）
二阶微分绿度植被指数（2DZ-DGVI）	$\sum_{\lambda_1}^{\lambda_n} \lvert \rho''(\lambda_i) \rvert \Delta \lambda_i$	（Elvidge and Chen，1995）

注：ρ_{blue} 为蓝光波段反射率，ρ_{green} 为绿光波段反射率，ρ_{red} 为红光波段反射率，ρ_{nir} 为近红外波段反射率，ρ_{swir} 为中红外波段反射率；L 为土壤调整参数；γ 是与气溶胶类型和性质有关的参数，ρ_{swir_min} 和 ρ_{swir_max} 分别为短波红外波段反射率的最小值和最大值；对于 EVI，G、C_1、C_2 和 L 为校正气溶胶散射、吸收和背景亮度的系数；a 和 b 分别为土壤线的斜率和截距；ρ' 和 ρ'' 分别为一阶和二阶微分光谱反射率；λ_i 为第 i 波段的中心波长。

经验关系法中另一个关键问题是地面实测生物物理参量与遥感观测之间拟合模型（转换关系）的选择和标定（Morisette et al.，2006）。常用拟合模型包括线性、指数、对数回归关系及机器学习算法等。若考虑地表异质性的影响，也可以选择使用地统计方法（Baret et al.，2012）。参数订正时，为抑制离群点对模型精度的影响，可选择偏最小二乘、加权最小二乘方法（Martinez et al.，2009），或者一阶范数作为代价函数。

6.3　基于物理模型的反演方法

对于植被遥感而言，遥感传感器观测到的辐射信号可以表示为如下的函数形式（李小文和王锦地，1995）：

$$R = f(a, b, c, d, e) + \varepsilon \tag{6.2}$$

式中，R 表示传感器接收到的光谱辐射信号；$\{a\}$ 为辐射源，表示太阳辐射和天空散射的特性和参数集合，主要包括谱密度（I_λ）和方向（θ_i, φ_i），其中 λ 是波长，θ_i 和 φ_i 分别表示入射方向的天顶角和方位角；$\{b\}$ 表示大气参数集合，主要包括大气中的水汽、臭氧、空气微尘等的空间密度分布及其在不同波长的吸收和反射特性；集合 $\{c\}$ 用于表征植被的特性和参数，主要包括植被组分（叶、茎、干等）的光学参数（反射、透射）、结构参数（几何形状、植株密度）及环境参数（如降水、温度、湿度），这些参数通常情况下均可能随波长、时间和空间的变化而变化；集合 $\{d\}$ 表示土壤或地面参数和特性信息，主要包括吸收、反射、表面粗糙度、表面结构及含水量等；集合 $\{e\}$ 表示遥感探测器的特性，主要包括频率响应、孔径、校准、位置及观测方向（观测天顶角 θ_v、观测方位角 φ_v）等；ε 为误差。

在给定参数 $\{a, b, c, d, e\}$ 的前提下，通过函数 f 可推算出 $\{R\}$，这一过程称为正演问题，即前向建模问题。与之相反，从辐射信号 $\{R\}$ 推算出 $\{a, b, c, d, e\}$ 中的任何一个或几个参数，则属于反演问题。简言之，从参数空间到观测数据空间的过程称为前向建模，从观测数据空间到参数空间的过程称为反演。前向建模与反演之间的相互关系如图 6.1 所示。遥感应用的本质是通过遥感原始观测数据来"反演"地表有价值的信息，而前向物理模型正是成功反演的基础和手段。

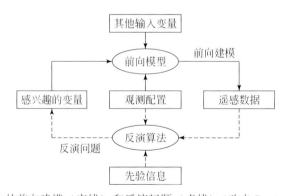

图 6.1　遥感中的前向建模（实线）和反演问题（虚线）（改自 Baret and Buis，2008）

6.3.1　前向模型

冠层反射率模型描述辐射与冠层交互（如散射和吸收等）的物理过程，是植被冠层二向反射特性的数学表达。该类模型建立了植被生物物理参数与遥感影像记录地表反射率间的定量关系，是生物物理参数反演的物理基础。自 20 世纪 70 年代以来，该类模型取得了较多的研究成果，不同复杂程度的模型不断涌现（柳钦火等，2016）。总体而言，冠层反射率模型可分为：辐射传输模型、几何光学模型、混合模型和计算机模拟模型四类。辐射传输模型最初用于大气等浑浊介质，该模型便于描述多次散射等细节特征，广泛用于草地、封垄后的农作物等连续植被；几何光学模型主要基于"景合成模型"的思想，即认为传感器接收的辐射值为光照树冠、阴影树冠、光照背景和阴影背景四部分的面积加权和；混合模型结合了辐射传输模型与几何光学模型的优势，大多由几何光学模型描述冠层宏观几何特征，使用辐射传输模型描述多次散射；计算机模拟模型可以精确描述光子由辐射源发射到被传感器接收的物理过程，但由于计算复杂度高，很少直接用于生物物理参数的反演。本节主要介绍生物物理参数反演中应用广泛的 SAIL 系列模型、4-Scale 模型和随机辐射传输模型，以及近年来山地冠层反射率模型的最新进展。

1. SAIL 系列模型

SAIL（Scattering by Arbitrarily Incliend Leaves）模型（Verhoef，1984）将冠层内的辐射分成四个分量（图 6.2），即：太阳入射方向的直射通量（E_s）、观测方向的直射通量（E_o）、上半球方向的各向同性散射通量（E_+）和下半球方向的各向同性散射通量（E_-）。四分量之间的交互作用通过四个线性微分方程 [式（6.3）] 表示，

$$dE_s/dx = kE_s$$
$$dE_-/dx = -sE_s + aE_- - \sigma E_+$$
$$dE_+/dx = s'E_s + \sigma E_- - aE_+$$
$$dE_o/dx = wE_s + vE_- + uE_+ - KE_o \tag{6.3}$$

上式中的系数为各种消光和散射系数，用来描述各通量之间的交互，它们与叶片的光学特性、叶倾角及成像几何相关。给定上、下边界条件的情况下该偏微分方程组可以解析求解（Verhoef，1985）。为了描述由于叶片大小引起的热点现象，Verhoef（Verhoef，1998）引入双向孔隙率函数 [式（6.4）] 来修正单次散射：

$$P_{so}(x) = \exp\left[(K+k)x + \sqrt{Kk}\,\frac{l}{\alpha}(1 - e^{x\alpha/l})\right] \tag{6.4}$$

式中，x 为光子距冠层顶部的距离；k、K 分别为太阳入射方向和观测方向的消光系数 [式（6.3）]；l 为平面相关因子，与叶片形状、叶倾角分布有关，通常由用户指定；$x\alpha$ 为由入射方向和观测方向确定的冠层顶平面距离。SAIL 模型的输入参数如表 6.2 所示。

表 6.2　SAIL 模型的主要输入参数

符号	物理量	单位
ρ_l	叶片反射率	–
τ_l	叶片透过率	–
LAI	叶面积指数	m^2/m^2

符号	物理量	单位
LIDF	叶倾角分布	–
s_L	热点因子	–
ρ_s	土壤反射率	–
SKYL	散射通量比例	–
θ_s	太阳天顶角	deg
θ_v	观测天顶角	deg
φ_{sv}	相对方位角	deg

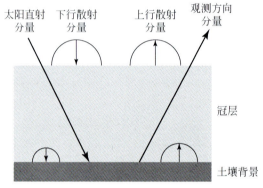

图 6.2　SAIL 模型中四流近似示意图（改自 Verhoef and Bach，2007）

　　SAIL 模型将冠层视为平面平行、水平方向无限延伸的浑浊介质（图 6.3）。为刻画森林场景中树冠尺度的聚集，Verhoef 和 Bach（2007）引入了树冠面积比 C_v 和形状因子 ξ（树冠高度与宽度之比），两参数通过 FLIM 模型（Rosema et al.，1992）以几何光学的思想来调制 SAIL 模型的输出，具体的参数化方案可参见相关文献（Verhoef and Bach，2007）。为刻画其他非均质特征对冠层辐射传输过程的影响，学者们还提出了一系列基于 SAIL 模型的"四流九参数"数学形式［式（6.3）］的模型（Verhoef and Bach，2007），这些模型如表 6.3 所示。由于 SAIL 系列模型模拟精度高、参数化方案简单，成为植被生物物理参数遥感反演中应用最为广泛的模型之一。

图 6.3　SAIL 模型对冠层结构的"浑浊介质"假设

表 6.3　SAIL 系列模型

模型名称	SAIL	SAILH	GeoSAIL	SAIL++	4SAIL	4SAIL2	SLC
模型类型	辐射传输模型	辐射传输模型	混合模型	混合模型	混合模型	混合模型	混合模型
是否考虑热点	否	是	是	是	是	是	是
冠层层数	1	1	2	1	1	2	2
散射分量个数	2	2	2	72	2	2	2
是否考虑辐射廓线	否	否	否	否	是	否	否
是否考虑背景 BRDF	否	是	否	否	否	是	是
是否考虑树冠聚集	否	否	否	否	否	是	是

2. 4-Scale 模型

4-Scale 模型（Chen and Leblanc，1997）是典型的几何光学模型，主要针对森林场景，它将森林结构特征抽象为以下四个尺度：树冠群落、树冠、枝干及针簇（或树叶）。该模型使用纽曼分布（双泊松分布）来描述树冠群落尺度的非随机特性，使用标准几何形体（如椎体+柱体）表示树冠，并在树冠内部考虑了枝干的相互遮挡。模型在构造热点函数时考虑了树冠内和树冠间两个尺度的光斑大小分布特征。模型中，冠层反射率 R 的表达式如下：

$$R = R_T \cdot P_T + R_G \cdot P_G + R_{ZT} \cdot P_{ZT} + R_{ZG} \cdot P_{ZG} \tag{6.5}$$

式中，P_T、P_G、P_{ZT} 和 P_{ZG} 分别是光照叶片、光照背景、阴影叶片和阴影背景四个分量的面积比例，它们是森林密度、树冠形状、叶面积指数及观测几何等的函数。R_T、R_G、R_{ZT} 和 R_{ZG} 分别是四个分量相应的反射率，且 $R_{ZT} = C_m F_{dt} R_T$ 和 $R_{ZG} = C_m F_{dg} R_G$，C_m 为多次散射校正系数，F_{dt}、F_{dg} 为冠层顶和冠层底的太阳漫射因子。

冠层中的叶片和背景分量通过孔隙率区分，冠层的孔隙率可以表示为树冠间的孔隙率和树冠内的孔隙率之和：

$$P_{vg} = \sum_{j=1}^{k} P_{tj}(t_a) P_{gap}^j(\theta'_v) + P_{vg\_c} \tag{6.6}$$

式中，P_{vg} 为冠层的孔隙率，P_{gap}^j（θ'_v）为树冠内部的孔隙率，t_a 为树冠在 θ'_v 方向的投影面积，P_{tj}（t_a）为视线方向有 j 棵树阻挡光线的概率，P_{vg_c} 为树冠内的孔隙率。进一步可计算可见光照背景 P_G：

$$P_G = P_{ig} P_{vg} + [P_{ig} - P_{ig} P_{vg}] F_t(\xi) \tag{6.7}$$

式中，P_{ig} 为树冠间孔隙率，F_t（ξ）为热点核函数。可见阴影背景 P_{ZG} 为

$$P_{ZG} = P_{vg} - P_G \tag{6.8}$$

4-Scale 模型对冠层结构特征描述细致，物理含义简洁明晰，被广泛用于叶面积指数（Deng et al.，2006）、聚集指数（Chen et al.，2003）及背景反射率（Jiao et al.，2014；Pisek et al.，2015）等生物物理参数的反演。4-Scale 模型中计算四分量所需冠层结构参数如表 6.4 所示。

表 6.4　4-Scale 模型中所需冠层结构参数

	符号	物理量	单位
样地参数	LAI	叶面积指数	m^2/m^2
	Q_z	区域大小	ha
	T_d	树密度	/ha
	m2	群落大小	—
树冠形状参数	r	树冠半径	m
	h_a	树高	m
	h_b	枝下高	m
	α	树冠顶角	deg
	γ_E	针簇比	—
	Ω_E	聚集指数	—
	W_s	基本阴影宽度	m
	LIAD	叶倾角	—

3. 随机辐射传输模型

植被冠层结构本质上是 3D 的，因此理论上 3D 模型比 1D 模型具有更高的模拟精度，但 3D 模型通常参数化方案复杂，运行效率低。为了使模拟精度逼近 3D 模型，而运行效率类似于 1D 模型，在云的辐射传输建模中，学者们提出了随机辐射传输模型（Titov，1990），随后 Shabanov 等（Shabanov et al.，2000，2007）和 Huang 等（2008）将此方法引入到冠层反射率建模中。

随机辐射传输模型是一种典型的混合模型，它将冠层视为随机场，冠层的 3D 结构由指示函数 γ（r）表示，当冠层内某点 r（x，y，z）有叶片存在时，γ（r）= 1，否则 γ（r）= 0。树冠内叶片的空间分布可以由叶面积体密度 d_L 来表示。给定冠层内某点，其叶面积可以表示为 u（r）= $d_L\gamma$（r），u（r）为冠层空间上的随机函数。

给定冠层结构 γ（r），冠层内的辐射场可以由 3D 辐射传输方程描述，遥感传感器接收的能量是其采样空间内辐射场的平均值，即

$$\bar{I} = \left\langle \frac{1}{S}\int_S I_\gamma(x,\ y,\ z,\ \Omega)\mathrm{d}x\mathrm{d}y \right\rangle \tag{6.9}$$

式中，S 为遥感影像的像元大小、I_r 为辐射值、Ω 为立体角。对于随机辐射传输模型，还需要计算叶片上的辐射值 U（z，Ω），且

$$U(z,\ \Omega) = \frac{\left\langle \int_S I_\gamma(x,\ y,\ z,\ \Omega)\gamma(x,\ y,\ z)\mathrm{d}x\mathrm{d}y \right\rangle}{\left\langle \int_S \gamma(x,\ y,\ z)\mathrm{d}x\mathrm{d}y \right\rangle} \tag{6.10}$$

为描述冠层内的辐射传输过程，还需要定义冠层结构的两个统计特征，即 p（z）和 q（z，ξ，Ω）。p（z）的含义为在高度 z 处存在叶片的概率，即

$$p(z) = \langle \frac{1}{S}\int_S \gamma(x,\ y,\ z)\mathrm{d}x\mathrm{d}y \rangle \tag{6.11}$$

$q\ (z,\ \xi,\ \Omega)$ 又称为对相关函数，即沿着 Ω 方向在平面 z 和 ξ 上同时存在叶片的概率：

$$q(z,\ \xi,\ \Omega) = \langle \frac{1}{S}\int_S \gamma(r_z)\gamma(r_z - l\Omega)\mathrm{d}x\mathrm{d}y \rangle \tag{6.12}$$

式中，l 为 r_z 和 r_ξ 之间的距离。当叶片随机分布时，$q\ (z,\ \xi,\ \Omega) = p\ (z)\ p\ (\xi)$，此时随机辐射传输模型简化为一般的 1D 辐射传输模型。对相关函数的几何含义如图 6.4 所示。

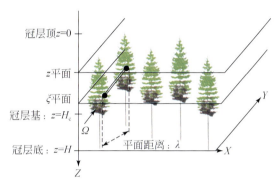

图 6.4 对相关函数几何意义示意图（改自 Huang et al.，2008）

在定义了以上各参量的基础上，根据辐射传输基本理论，像元内辐射的上行和下行传输过程可表达为

$$|\mu|\bar{I}(z,\ \Omega) = -\int_0^z \sigma(\Omega)p(\xi)U(\xi,\ \Omega)\mathrm{d}\xi$$
$$+ \int_0^z p(\xi)S(\xi,\ \Omega)\mathrm{d}\xi + |\mu|\bar{I}_0(\Omega),\quad \mu < 0$$
$$|\mu|\bar{I}(z,\ \Omega) = -\int_z^H \sigma(\Omega)p(\xi)U(\xi,\ \Omega)\mathrm{d}\xi \tag{6.13}$$
$$+ \int_z^H p(\xi)S(\xi,\ \Omega)\mathrm{d}\xi + |\mu|\bar{I}_H(\Omega),\quad \mu > 0$$

式中，μ 为天顶方向的方向余弦，$\bar{I}_0$ 和 $\bar{I}_H$ 为上、下边界条件，$\sigma\ (\Omega)$ 为总消光系数，$S\ (\xi,\ \Omega)$ 为散射积分函数，且

$$S(\xi,\ \Omega) = \int_{4\pi} \sigma_s(\Omega' \to \Omega)U(\xi,\ \Omega)\mathrm{d}\Omega' \tag{6.14}$$

式中，$\sigma_s\ (\Omega' \to \Omega)$ 为微分散射系数。由式（6.13）可知，为计算 $\bar{I}$ 需要已知 $U\ (z,\ \Omega)$，$U\ (z,\ \Omega)$ 的上行和下行传输过程可表达为

$$|\mu|U(z,\ \Omega) = -\int_0^z \sigma(\Omega)K(z,\ \xi,\ \Omega)U(\xi,\ \Omega)\mathrm{d}\xi$$
$$+ \int_0^z K(z,\ \xi,\ \Omega)S(\xi,\ \Omega)\mathrm{d}\xi + |\mu|U_0(z,\ \Omega),\ \mu < 0$$

$$|\mu|U(z,\ \Omega) = -\int_z^H \sigma(\Omega)K(z,\ \xi,\ \Omega)U(\xi,\ \Omega)\mathrm{d}\xi$$

$$+\int_z^H K(z,\ \xi,\ \Omega)S(\xi,\ \Omega)\mathrm{d}\xi + |\mu|U_H(z,\ \Omega),\ \mu > 0 \qquad (6.15)$$

式中，$K(z,\ \xi,\ \Omega)$ 为条件对相关函数，且 $K(z,\ \xi,\ \Omega) = q(z,\ \xi,\ \Omega) / p(z)$。

随机辐射传输模型可使用逐次散射法解算（Shabanov et al.，2000），因此问题的关键是对相关函数的计算，Huang 等（2008）使用随机几何推算了森林场景下对相关函数的解析表达式。目前，随机辐射传输模型已经用于 MODIS 的 LAI 和 FAPAR 产品生产中（Shabanov et al.，2005）。

4. 山地冠层反射率模型

地形会显著影响太阳辐射的传输过程（Gu and Gillespie，1998；Li et al.，2015）。在山地植被生物物理参数反演中，忽略地形影响会带来较大的不确定性（Gonsamo and Chen，2014b；Pasolli et al.，2015；靳华安等，2016），因此许多学者使用经过地形校正后的遥感影像来反演地表参数（Yang et al.，2013）。由于目前已有地形校正方法大多基于测光学（Photometric）原理，未考虑辐射在冠层内部的传输和多分量间的交互，用于参数反演时方法的普适性和精度仍存在问题。发展考虑地形影响的冠层反射率模型对于提高山地植被生物物理参数遥感反演精度具有重要意义（Gemmell，1998；Soenen et al.，2010）。

已有山地冠层反射率模型大多由平地模型扩展而来。根据物理机理完备性由弱到强，扩展方式可大致分为以下三类：考虑地形对入射条件的调制（Mousivand et al.，2015；Schaaf et al.，1994；Verhoef and Bach，2012）；考虑地形对冠层结构的调制（Fan et al.，2014a；Fan et al.，2014b）；考虑地形对光子自由路径长度的调制（Combal et al.，2000）。

地形对入射条件的调制作用详见本书第 4.2 节，问题的关键是各种地形因子，如天空可视因子、地形可视因子等的计算，具体可见相关文献（Dozier et al.，1981；Dozier and Frew，1990；Li et al.，2015）。仅考虑入射条件时，实际上暗含了植被垂直于坡地生长的假设（Combal et al.，2000）。而实际情况下，由于受到重力影响坡地植被仍然是竖直生长的，因此有学者从冠层结构的角度考虑地形影响。以在辐射传输过程中具有重要影响的孔隙率为例，当坡面向阳时孔隙率增大；反之，孔隙率减小（图 6.5）。考虑到地形对冠层结构的调制，Fan 等（2014b）借助三维投影算法和光线追踪技术，将 4-Scale 模型拓展到了坡地情况下，发展了坡地几何光学模型 GOST。随后，Fan 等（2014a）又考虑了地形对多次散射的影响。

目前，GOST 模型已经成为一种物理机理完备，相对比较成熟的模型。但是该模型是从冠层宏观几何形态的角度考虑地形影响，对地形影响的处理仍然不全面。比如，该模型没有考虑叶倾角分布受地形的影响。Luisa 等（2008）分析发现，山地 LAI 估算中不同叶倾角类型受地形的影响不同，地形对水平型叶片的影响大于竖直型。考虑到冠层与辐射的交互作用除了与冠层宏观几何形态相关外，还取决于叶倾角分布特征，因此有必要从光子自由路径长度的角度出发，构建新型的山地冠层反射率模型。例如，受重力影响，山地植被的叶倾角分布类型与对应平地情况下一致，需要将其由平地坐标系转换到坡地坐标系

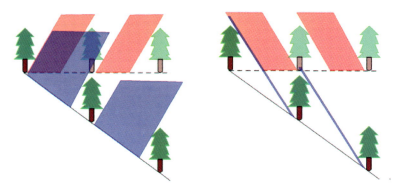

图 6.5　地形对孔隙率的影响（Fan et al.，2014b）

下。在此思路指导下，Combal 等（2000）将 Ross 模型拓展到了山地情况下。

总体而言，目前还缺少对光子自由路径、宏观冠层结构特征（离散植被、连续植被）、入射条件及辐射传输各分量（大气、地形和冠层等）间的交互等因素考虑完备的冠层反射率模型，严重制约了山地植被生物物理参数遥感反演精度的提高。

6.3.2　反演算法

遥感中的反演问题是在给定前向模型的基础上，寻找一组输入参数，使其能最佳地解释当前遥感观测数据的过程［式（6.1）］。最初的生物物理参数反演中大多以迭代优化法为主，随后查找表法逐渐兴起，近年来机器学习算法发展迅速。由于遥感中的反演问题本质上是病态问题，因此正则化也成为反演过程的重要组成部分。

1. 迭代优化法

基于迭代优化的生物物理参数遥感反演方法多见于早期的相关研究中（Goel and Strebel，1983）。该方法的基本过程如下：在给定代价函数后，从某初值出发，沿一定方向，按照一定的步长不断迭代更新待反演参数，直到代价函数达到最小值。迭代优化方法的一个常见问题是，在特定迭代次数下，更新后的生物物理参数可能会越过由其最小值（v_{min}）和最大值（v_{max}）张成的参数空间边界，从而使反演结果没有实际的物理意义。一个解决方法是将迭代过程由初始的参数空间 v，转换到 u 空间，且

$$u = \arcsin(2 \frac{v - v_{min}}{v_{max} - v_{min}} - 1) \qquad (6.16)$$

转换后，u 的取值区间为 $[-\pi/2, \pi/2]$，迭代优化过程在 u 空间中进行。当 $u + \triangle u$ 超出 $[-\pi/2, \pi/2]$ 区间时，则计算其对应的 v，

$$v = v_{min} + (v_{max} - v_{min})(\sin u + 1)/2 \qquad (6.17)$$

并重新变换回 u，式（6.16）的周期函数的形式，确保了 u 始终介于 $[-\pi/2, \pi/2]$ 之间。当算法最终收敛后，再将 u 转换回 v 空间。

Privette 等 (1994)、Kuusk (1991)、Pinty 等 (1990) 和 Lauvernet 等 (2008) 分别用单纯形法、共轭方向法、拟牛顿法和变分法来反演生物物理变量。该类方法比较灵活、数值计算精度高，但是对初值选择依赖性较高，容易收敛于局部最小值，且对计算机资源要求较高。

2. 查找表法

查找表方法的基本过程如下：首先按照一定的采样方法得到一系列冠层实例（包括生物物理参数、土壤光学特性及成像几何等），并将这些冠层实例输入到冠层反射率模型中，得到对应的模拟反射率。查找表中使代价函数最小的冠层实例即为反演结果。查找表方法克服了传统数值优化算法中的一些不足，如不依赖于初值、容易搜索到全局最优解等，因此在 LAI 反演中得到了广泛应用（Darvishzadeh et al.，2008；Myneni et al.，2002）。查找表方法的主要环节如下。

1）参数空间采样

冠层反射率模型的参数空间采样对于查找表方法的反演精度具有重要影响，当查找表不能涵盖所有真实场景中的冠层结构时，便会产生泛化误差（李航，2012）。根据累积的先验知识，不同的参数可选择不同的概率分布形式，如均匀分布、正态分布等。当不考虑各参数间的相关性时，容易造成采样点在参数空间的聚集分布，从而降低代表性。为缓解该问题，Bacour 等 (2002) 将正交采样引入到生物物理参数反演中。在正交采样中，首先将各参数的定义域划分为不同的水平（Level），不同参数的不同水平只能组合一次，每次试验中在每一参数的每一水平上按照对应的概率分布函数随机产生属性值。这种方法可以描述不同参数间的交互作用，并且使各参数近似满足随机采样（Yin et al.，2015a）。

查找表的大小也会影响其代表性，理论上查找表中实例个数越多，反演精度越高。但是通过增加冠层实例个数来增强其代表性，可能会引起查找表过分庞大和冗余，降低反演效率。查找表大小应该在反演效率和精度间取得恰当的平衡。研究表明，查找表实例个数的数量级应该维持在 10^5 左右（Darvishzadeh et al.，2008；Verrelst et al.，2014；Weiss et al.，2000）。此外，也有学者通过简化辐射传输模型来控制查找表的规模，如 Knyazikhin 等 (1998) 将辐射传输过程分解为两个子问题，并将全球植被分为六种（后更新为八种）典型类型。

2）代价函数确定

基于查找表方法反演生物物理参数时，查找表中与遥感影像实际观测值最相似的模拟遥感观测对应的生物物理参数即为反演结果 [式 (6.1)]。应用最为广泛的代价函数采用二阶范数的形式，即

$$D(P, Q) = \sqrt{\sum_{i=1}^{n} \frac{(P_i - Q_i)^2}{\omega_i} / n} \tag{6.18}$$

式中，P_i 为影像在第 i 波段的反射率，Q_i 为查找表中对应的模拟值，ω_i 为 i 波段权重。

式 (6.18) 实际上暗含了实测反射率与模拟反射率的差值满足均值为 0 的正态分布假设。受模型和影像不确定性的影响，二阶范数形式的代价函数可能无法取得最佳的反演效

果（Leonenko et al. 2013a，b）。其他替代形式有（Verrelst et al.，2014）幂散度测度（Power Divergence Measure）：

$$D(P, Q) = \sum_{i=1}^{n} P_i \frac{(P_i/Q_i)^{\alpha} - 1}{\alpha(\alpha+1)}, \ \alpha \in (-\infty, +\infty) \tag{6.19}$$

三角距离（Trigonometric Distance）：

$$D(P, Q) = \sum_{i=1}^{n} \alpha(P_i - Q_i)\arctan[\beta(P_i - Q_i)] - \alpha \frac{\log[\beta^2(P_i - Q_i)^2 + 1]}{2\beta}, \ \alpha > 0, \ \beta > 0 \tag{6.20}$$

对比度函数（Contrast Function）：

$$D(P, Q) = \sum_{i=1}^{n} -\log\left(\frac{Q_i}{P_i} + \frac{P_i}{Q_i}\right) \tag{6.21}$$

相比于二阶范数形式，以上替代形式具有更广泛的适用范围。

3) 其他增强算法稳健性的策略

由于反演的病态性，直接使用查找表法反演生物物理参数时，算法对观测噪声比较敏感，低不确定性的观测可能会得到高不确定性的反演结果，因此实际使用时通常采取相应的处理策略。生成查找表时，在模拟反射率中增加适当的噪声是增强算法稳健性的常用策略之一。添加噪声相当于增强了算法的容错能力，已有文献中添加的噪声强度在 2.5% 到 20% 间不等（Combal et al.，2003；Koetz et al.，2005；Richter et al.，2011）。选择多个而非单个最匹配的生物物理参数作为最终反演结果，是另一个常用的策略。由于冠层反射率模型的复杂性，多个参数组合可能会得到相同的反射率，加之模型和影像不确定性的影响，使代价函数最小的参数组合可能并非是最恰当的反演结果。实际操作时，可以将前 N 个使代价函数最小的生物物理参数的中间值或均值作为反演结果。该方法的另一个优点是，可以将获得的多个生物物理参量的标准差作为最终反演结果不确定性的度量。已有文献中选择反演结果的个数从 1 到查找表实例个数的 20% 不等（Darvishzadeh et al.，2008；Pasolli et al.，2015；Weiss et al.，2000）。此外，还可以反演组合参数来增强算法稳健性，如反演冠层叶绿素含量（Chl×LAI）而非叶片叶绿素含量（Chl）（Verrelst et al.，2014）。

3. 分阶段目标决策反演方法

李小文和胡宝新（1998）建议反演应该分阶段进行，每个阶段用最敏感的观测反演最不确定的参数，前一个阶段的反演结果作为后一阶段的先验知识，从而使参数的不确定性逐渐降低。与数值优化法类似，多阶段目标决策方法也是一种逐步迭代优化的方法，但是该方法实现了有限信息在模型空间中的合理分布（朱小华等，2012）。为分析每一阶段各参数的敏感性，李小文和高峰（1997）提出不确定性与敏感性矩阵 USM (i, j) 的概念：

$$\text{USM}(i, j) = \frac{\Delta\text{BRDF}(i, j)}{\text{BRDF}_{\exp(i)}} \tag{6.22}$$

式中，ΔBRDF (i, j) 是第 i 个采样方向在其他参数固定于期望值时，第 j 个参数在其不确定性范围内导致的 BRDF 最大值和最小值之差，BRDF$_{\exp}$ (i) 是所有参数固定在期望值时

第 i 个采样方向处的 BRDF 值。不确定性与敏感性矩阵是一种局部敏感性分析方法（Saltelli et al.，2008），这正与分阶段逐步优化的思想相契合。

国内学者对分阶段目标决策反演方法的发展做出了较多贡献，如高峰和李小文（1998）将这一方法用到 BRDF 核驱动模型中核系数的反演中。冯晓明和赵英时（2006）、朱小华等（2012）将遥感影像的多尺度信息融入多阶段反演，每一阶段中将升尺度得到的低分辨率 LAI 反演结果作为高分辨率反演结果的先验知识，从而得到了精度较高的多尺度反演结果。杨华等（2003）则分析了多阶段反演中不确定性的传递过程。国际上也有类似方法的相关报道，如 Dorigo 等（2009）将拟合关系法得到的结果作为后续查找表方法的初值，而 Koetz 等（2005）则将查找表方法得到的 LAI 作为作物生长模型的初值，它们均可视为两阶段的逐步优化方法。

4. 机器学习方法

近年来，机器学习方法因其具有运行效率高、拟合能力强等优点而被越来越多地应用于生物物理参数反演中（Verrelst et al.，2012b）。机器学习算法通过调整算法中的参数，可以模拟反射率和生物物理参数间的非线性关系。训练时不仅要使算法在训练数据集上具有较好的精度，还要保证算法的泛化能力，以避免过拟合现象的产生。这里重点介绍人工神经网络、支持向量机、核岭回归、高斯过程回归等典型的机器学习算法。

1）人工神经网络

人工神经网络是生物物理参数反演中应用最为广泛的机器学习算法（Verger et al.，2011），它是由多层神经元连接而成的网状结构。各神经元首先对输入进行线性操作，然后将结果输入非线性函数 $f(\cdot)$ 中得到输出。不同层间的神经元通过不同的权重连接。如第 $l+1$ 层中的第 j 个神经元的输出可表示为，$x_j^{l+1}=f\left(\sum_i \omega_{i,j}^l x_i^l + b_j^l\right)$，式中，$\omega_{i,j}^l$ 为连接第 l 层第 i 个节点和第 $l+1$ 层第 j 各节点的权重，b_j^l 为两者之间的偏移，$f(\cdot)$ 为非线性激活函数。对于输出层，其输出可以表示为 $f(x_i^l)$，x_i^l 为由最后一个中间层得到的输出向量。人工神经网络的学习过程包括确定网络的结构（层数、每一层的神经元个数）、各神经元的权重和偏移值、各神经元的激活函数和增强泛化能力的正则化参数等。为防止过拟合现象的发生，学习过程中常采用交叉验证的方法，即将训练数据集分为三部分，一部分用于训练，一部分用于验证，另一部分则用于测试神经网络的效果。

目前，神经网络已经用于多种生物物理参数产品的业务化生产（Bacour et al.，2006；Baret et al.，2013；Xiao et al.，2014；Yin et al.，2015a）。这里以 GEOV1 的 LAI、FAPAR 和 FCOVER 产品（Baret et al.，2013）为例介绍神经网络的使用过程。GEOV1 使用了后向传播神经网络，并且对不同参数产品分别训练各自的神经网络。GEOV1 使用经过角度归一化后的红、近红外、短波红外波段反射率和太阳天顶角的余弦作为输入，输入前首先将各参数归一化到（-1，1）之间。网络结构（图 6.6）中有一个隐含层，其中包括以 tanget-sigmoidal 为激活函数的 5 个神经元。输出层包括 1 个以线性函数为激活函数的神经元，对应 LAI、FAPAR 或 FCOVER。因此该结构中共需要确定 31 个参数，即 25 个权重值和 6 个偏移值。训练前，首先赋予各参数的初始值为（-1，1）之间的随机数，采用

Levenberg-Marquardt 优化方法来调整上述 31 个参数的大小，以保证神经网络的输出和训练数据集中的参数值具有较好的一致性。验证表明，使用神经网络生产的 GEOV1 产品具有较高的精度（Camacho et al.，2013）。

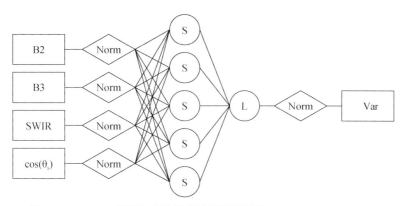

图 6.6　GEOV1 产品生产采用的神经网络结构（Baret et al.，2013）

2）支持向量回归

支持向量回归（Support Vector Regression，SVR）首先将原始的输入空间（B 维）映射到高维空间中，然后使用高维空间内的线性预测模型来表示原始输入空间内的非线性预测关系。对于给定一系列输入输出关系对：$(x_i, y_i)_{i=1}^n$，SVR 首先定义映射关系 Φ：$x_i \rightarrow \Phi(x_i) \in \mathbf{R}^H$，$H \geqslant B$。SVR 的预测模型为 $y_i = w^T \Phi(x_i) + b$。估计权重 w 时，SVR 采用以下正则化方程：

$$\frac{1}{2} \parallel w \parallel^2 + C \sum_i (\xi_i + \xi_i^*) \tag{6.23}$$

且满足以下限制条件：

$$
\begin{aligned}
y_i - w^T \phi(x_i) - b &\leqslant \varepsilon + \varepsilon_i, \quad \forall i = 1, \cdots, n \\
w^T \phi(x_i) + b - y_i &\leqslant \varepsilon + \xi_i^*, \quad \forall i = 1, \cdots, n \\
\xi_i, \xi_i^* &\geqslant 0, \quad\quad\quad \forall i = 1, \cdots, n
\end{aligned}
\tag{6.24}
$$

式中，$\xi_i^{(*)}$ 为避免误差大于 ε（$\varepsilon > 0$）的样本参与训练的松弛变量，C 为防止出现过拟合现象的正则化惩罚因子。可以采用拉格朗日乘数法解算上述具有限制条件的最优化问题。最终结果为

$$\hat{y}_i = \sum_{j=1}^n (\alpha_j - \alpha_j^*) K(x_i, x_j) + b \tag{6.25}$$

式中，$K(\cdot)$ 为核函数，可以表达成内积的形式。常用核函数包括线性核函数 $K(x_i, x_j) = x_i^T x_j^T$，多项式核函数 $K(x_i, x_j) = (x_i^T x_j^T + 1)^d$ 和高斯核函数 $K(x_i, x_j) = \exp(-\parallel x_i - x_j \parallel^2 / 2\sigma^2)$。使用高斯核函数的情况下，SVR 方法需要确定三个参数，即正则化惩罚因子 C、容许值 ε 和核参数 σ。实验证明，用于生物物理参数反演时，SVR 方法可取得较高的精度（Camps-Valls et al.，2006）。

3）核岭回归

核岭回归（Kernel Ridge Regression，KRR）是一种非参数预测方法，它可以视为一种考虑正则化的最小二乘法。KRR 对应的代价函数为

$$\frac{1}{2}\parallel w\parallel^2 + \frac{C}{2}\sum_i \xi_i^2 \tag{6.26}$$

式中，$\xi_i = y_i - (w^T \Phi(x_i) + b)$，为映射到高维空间后残差的 2-范数。式（6.26）可以通过 Representer 定理解算，即权重 w 可以表达为映射空间内样本的线性组合，$w = \sum_{i=1}^n \alpha_i \Phi(x_i)$。测试数据的输出可以表达为

$$f(x_*) = K(x_*, x)\left(K(x, x) + \frac{1}{C}I\right)^{-1}y = K(x_*, x)\alpha \tag{6.27}$$

即 KRR 通过测试数据和训练数据的差异来推测结果，两者之间的差异使用核函数 K（·）来度量。KRR 采用非稀疏的方式表达预测模型，即所有训练数据都有对应的权重 α_i。

4）高斯过程回归

高斯过程回归（Gaussian Processes Regression，GPR）以类似 KRR 的方式建立反射率和生物物理参数之间的关系，但它将函数视为一种高斯分布。GPR 不仅可以估计生物物理参数的取值，还可以估计其不确定性，即

$$\vee [f(x_*)] = K(x_*, x_*) - K(x_*, x)\left(K(x, x) + \frac{1}{C}I\right)^{-1}K(x, x_*) \tag{6.28}$$

此不确定性信息可以应用于数据同化等应用中（Verrelst et al.，2012a）。其次，GPR 可以选择使用多种核函数，从而增强了算法的灵活性。GPR 的高预测精度和运行效率以及可以提供不确定性的优点，使其越来越广泛地应用于生物物理参数反演中（Camps-Valls et al.，2009；Pasolli et al.，2010），并且已经用于新型传感器（如 Sentinel-2 和 3）参数产品的业务化试运行（Verrelst et al.，2012a）。

5. 反演过程的正则化

反演自身的"高维度"特性及冠层反射率模型和遥感数据的不确定性决定了生物物理参数的反演过程本质上是"病态"的（Combal et al.，2003）。表现为：①冠层反射率模型中包含众多参数，某些参数的作用可能相互抵消（Baret and Guyot，1991），同一双向反射特征可以对应不同的参数组合。②有效信息不足，反演过程高度欠定，反演结果可能散布在整个参数空间，而不是集中在真值附近（Atzberger，2004）。可以通过对式（6.1）所示的反演过程增加约束来抑制其病态性，据此学者们提出了一系列正则化方法，这些方法可以形式化表达为

$$\arg\min_v L(m - f(v, p) + \lambda J(v, p)) \tag{6.29}$$

上式在式（6.1）基础上增加了正则化项 J（·）对 v 及其他输入参数进行约束，使其不至于偏离真值太远。$\lambda \in (0, 1)$，是 J（·）的权重系数，用以权衡冠层反射率模型和约束项在反演过程中各自的贡献。在统计学习中，J（·）可以表示模型的复杂度，使

反演更倾向于使用简单模型，从而缓解过拟合现象（李航，2012）。现阶段，主要的正则化方法如下。

1）利用先验知识

对反演进行正则化最直接的方式是合理地使用先验知识（Wang and Li，2008），这些先验知识可以是前期积累的地面观测数据、参数取值的合理区间或不同参数之间的相关性等（李小文等，1998）。贝叶斯理论为先验知识的引入提供了一个简洁的数学框架，在模型不确定性和输入不确定性均满足高斯分布的假设下，生物物理参数反演等价于如下过程：

$$\arg\min_{v} (m - f(v, p))^{\mathrm{T}} C_D^{-1} (m - f(v, p)) + (v - v_{\mathrm{prior}})^{\mathrm{T}} C_M^{-1} (v - v_{\mathrm{prior}}) \qquad (6.30)$$

式中，$(\cdot)^{\mathrm{T}}$ 和 $(\cdot)^{-1}$ 表示矩阵转置和求逆，C_D 为观测数据的协方差矩阵，用来描述观测和模型的不确定性，C_M 为先验知识的协方差矩阵，用来刻画先验知识的不确定性，v_{prior} 为生物物理参量的先验知识。式（6.30）相当于使用协方差矩阵调制遥感观测和先验知识各自在反演中的贡献，即确定式（6.29）中的 λ。

目前，基于先验知识的方法（借助贝叶斯框架）已经用于 JRC-TIP 产品的生产（Pinty et al.，2011）。因为生物物理参数或其他参数（如背景反射率）是时空多变要素，时空不变的先验知识会限制生物物理参数反演精度的进一步提高。因此另一处理思路是直接从影像中提取先验信息，如 Fang 等（2003）通过对红、近红外波谱空间的分析，提取反演中需要的土壤背景信息。Houborg 等（2007）通过对影像进行时间序列分析来提取冠层的叶倾角分布。

2）模型耦合

通过模型耦合可以减少反演时的未知参数，并可解释辐射传输过程中不同分量（如大气和冠层）之间的交互过程。模型耦合中可包括冠层模型、叶片模型、土壤模型和大气模型等。这使得可以直接由大气顶层反射率来反演生物物理参数，避免了影像预处理过程。因为预处理时，各步骤（如大气校正、地形校正等）一般都分开处理，未考虑他们之间的交互作用，所以将这些因素耦合起来，理论上会提高反演精度。这方面的研究可见相关文献（Lauvernet et al.，2008；Laurent et al.，2014）。

3）时间约束

生物物理参数的年际变化特征可以作为背景场对反演过程进行时间限制。该背景场可以来自于作物生长模型，也可以由历年反演结果统计获得。常见的可用于时间约束的算法有粒子滤波（李曼曼等，2012）、集合卡尔曼滤波（Xiao et al.，2009）和贝叶斯网络（Qu 等，2014）等，该方法可有效填补生物物理参数反演结果的时空缺口，得到时空连续的生物物理参数产品。

4）空间约束

空间约束基于地理要素的空间自相似性，Atzberger（2004）最早将这一特征引入到生物物理参数反演中，他假设每一地块有相似的土壤光谱、叶倾角分布等特征，从而大大降低了反演的病态性，这一方法在合成数据中取得了较好的效果。随后 Atzberger 和 Richter（2012）、Houborg 等（2009，2015）和 Laurent 等（2014）用实测数据验证了该方法的合理性。Yin 等（2015b）也证明了引入空间纹理信息，可以提高 LAI 的反演精度。

6.4　典型生物物理参数反演算法

6.4.1　叶面积指数和光合有效辐射吸收比

叶面积指数（Leaf Area Index，LAI）和光合有效辐射吸收比（Fraction of Absorbed Photosynthetically Active Radiation，FAPAR）与植被的光合作用、蒸腾作用等息息相关，是刻画地–气间能量交换与物质循环的重要因子，是国际气候观测系统（Global Climate Observing System，GCOS）指定的两个关键气候变量（Essential Climate Variable，ECV）。LAI 定义为单位地表面积上叶片表面积总和的一半（Chen and Black，1992），它决定了地–气系统交互的有效作用截面。FAPAR 定义为被植被吸收的光合有效辐射（400 ~ 700 nm）在总体中所占的比例，度量了植被吸收能量的多少，可以用来进一步估算 NPP 等生物物理参量。目前，基于卫星遥感技术，已经生产了多种不同时空分辨率的 LAI/FAPAR 产品，这里以 MODIS 和 GEOV1 产品为例介绍 LAI/FAPAR 反演的典型算法。

1. MODIS LAI/FAPAR 反演算法

MODIS LAI/FPAR 产品的主算法以光谱不变理论为基础，使用随机辐射传输模型订正光谱不变理论中的参数，并据此构建查找表。反演时，在查找表中搜索模拟反射率与 MODIS 反射率产品差异在一定阈值范围内的记录，这些记录对应的 LAI 的均值为反演结果。

1）冠层光谱不变理论

光子入射后与冠层进行了复杂的交互作用（吸收、散射），直到它被吸收或通过顶部/底部逃逸出冠层（图6.7）。光子被叶片散射的概率定义为单次散射反照率 ω，与波长和叶片内生化成分的组成和含量有关。由于叶片的尺度远大于辐射波长，所以光子在两次碰撞发生之间传输的自由路径长度与波长无关，而只取决于冠层结构。定义散射 m 次后的光子与叶片再次发生碰撞和从冠层顶逃逸的概率分别为 p_m 和 ρ_m（Ω），则具有全吸收背景的冠层的双向反射因子（Bidirectional Reflectance Factor，BRF）可表示为

$$\mathrm{BRF}_{\mathrm{BS},\lambda} = \rho_1(\Omega)\omega_\lambda i_0 + \rho_2(\Omega)\omega_\lambda^2 p_1 i_0 + \cdots$$
$$+ \rho_m(\Omega)\omega_\lambda^m (p_1 p_2 \cdots p_{m-1}) i_0 + \cdots \qquad (6.31)$$

式中，i_0 为光子与冠层初次碰撞的概率，即光子被冠层初次截获的概率。

一般而言，光子的再碰撞概率 p 和逃逸概率 ρ 均与散射次数有关。$m = 1$ 时，逃逸概率即为双向孔隙率。然而计算机模拟发现，当散射次数达到两次时，p 和 ρ 基本收敛，基于该假设可以得到式（6.31）的一阶近似：

$$\mathrm{BRF}_{\mathrm{BS},\lambda} = \omega_\lambda R_1(\Omega) + \frac{\omega_\lambda^2}{1 - p\omega_\lambda} R_1(\Omega) \qquad (6.32)$$

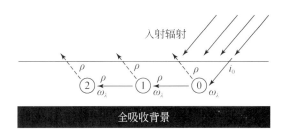

图 6.7　光子与冠层的交互过程示意图（改自 Ganguly et al.，2008）

式中，$R_1(\Omega) = \rho_1(\Omega) i_0$，$R_2(\Omega) = \rho_2(\Omega) pi_0$ 分别为第一次碰撞和后续碰撞后的逃逸概率。相同假设下，可得具有全吸收背景的冠层吸收的辐射为

$$\alpha_{\mathrm{BS},\lambda} = \frac{1 - \omega_\lambda}{1 - p\omega_\lambda} i_0 \tag{6.33}$$

2）冠层与土壤背景的交互

以上推导 [式（6.31）至式（6.33）] 基于全吸收背景的假设，没有考虑光子在冠层和土壤背景间的多次反弹过程。实际上，完整的辐射传输过程可以分解为以下两个子问题：①BS（Black Soil）问题，即上文所述土壤具备完全吸收特性的情况；②S（Soil）问题，即将土壤视为完全朗伯的辐射源，而忽略冠层顶的入射条件。一个完整的辐射传输过程对应的方向反射和吸收可表示为

$$\mathrm{BRF}_\lambda(\lambda) = \mathrm{BRF}_{\mathrm{BS},\lambda}(\lambda) + \frac{\rho_{\mathrm{sur},\lambda}}{1 - \rho_{\mathrm{sur},\lambda} r_{\mathrm{S},\lambda}} t_{\mathrm{BS},\lambda} J_{\mathrm{S},\lambda}(\lambda) \tag{6.34}$$

$$\alpha_\lambda = \alpha_{\mathrm{BS},\lambda} + \frac{\rho_{\mathrm{sur},\lambda}}{1 - \rho_{\mathrm{sur},\lambda} r_{\mathrm{S},\lambda}} t_{\mathrm{BS},\lambda} \alpha_{\mathrm{S},\lambda} \tag{6.35}$$

式中，$\rho_{\mathrm{sur},\lambda}$ 为土壤反射率；$t_{\mathrm{BS},\lambda}$ 为 BS 问题的透过率；$r_{\mathrm{S},\lambda}$、$\alpha_{\mathrm{S},\lambda}$ 和 $J_{\mathrm{S},\lambda}(\lambda)$ 为 S 问题的解。关于 S 问题及以上推倒的详细过程可见相关文献（Ganguly et al.，2008；Huang et al.，2007）。式（6.34）建立了植被冠层结构特征和 BRF 间的关系，据此可反演得到 LAI（p 可以表示为 LAI 的函数）。式（6.35）在光合有效辐射对应波长范围（400～700 nm）内的加权积分可得到 FAPAR。

3）冠层结构的参数化

为了抑制有效信息不足引起的反演病态性，MODIS 反演算法将全球植被分为 8 种类型，每一种类型具有相同的冠层特征（单次散射反照率、叶倾角等）。这 8 种类型分别为：①草原和谷类作物；②灌木；③阔叶作物；④干热草原；⑤常绿阔叶林；⑥落叶阔叶林；⑦常绿针叶林；⑧落叶针叶林（Myneni et al.，2002）。

首先使用随机辐射传输模型计算不同植被类型、LAI、成像几何等组合情况下对应的 BRF，然后由这些实例率定光谱不变理论中所需的各参数，并据此构建查找表，用于后续反演。值得指出的是，通过调整光谱不变理论中的 ω 和 p，使其适应于特定传感器的光谱响应函数和空间分辨率，可以将 MODIS 反演算法扩展到其他传感器，据此可以生产多尺度长时间序列的 LAI/FAPAR 产品（Ganguly et al.，2012；Ganguly et al.，2008）。

4）LAI/FAPAR 反演

反演时，寻找查找表中使代价函数小于一定阈值的实例作为可接受的 LAI/FAPAR 的

反演结果。代价函数定义如下：

$$\Delta^2 = \frac{(\text{NIR} - \text{NIR}^*)^2}{\sigma_{\text{NIR}}^2} + \frac{(\text{RED}^* - \text{RED})^2}{\sigma_{\text{RED}}^2} \tag{6.36}$$

式中，NIR、RED 为遥感影像在近红外和红波段的反射率；NIR^*、RED^* 为查找表中模拟的反射率。$\sigma_{\text{NIR}}^2 = \varepsilon_{\text{NIR}}\text{NIR}$ 和 $\sigma_{\text{RED}}^2 = \varepsilon_{\text{RED}}\text{RED}$，其中 ε_{NIR} 和 ε_{RED} 描述了近红外和红波段反射率和模型整体的不确定性。Δ^2 描述了模拟反射率和实际反射率之间的一致性，近似服从自由度为 2 的卡方分布。因此算法将查找表中满足 $\Delta^2 \leqslant 2$ 的所有实例作为可接受的实例（Wang et al.，2001），这些被选择实例的均值为最终的反演结果，标准差为反演结果的不确定性。

2. GEOV1 LAI/FAPAR 反演算法

GEOV1 产品的时空分辨率分别为 10 天、1/112°，该产品充分利用了已有 MODIS 和 CYCLOPES 的 LAI/FAPAR 产品，使用神经网络算法来估算产品的融合结果。算法输入为校正到天顶方向的 SPOT/VEGETATION 红、近红外、短波红外的反射率，以及太阳天顶角的余弦值。GEOV1 产品与 CYCLOPES 产品具有较好的一致性，但由于 MODIS 产品的引入，增强了对浓密植被的反演精度（Camacho et al.，2013）。GEOV1 LAI 产品对应真实叶面积指数，因为聚集通常发生在高 LAI 的情况下，此时在融合产品中贡献最大的 MODIS 考虑了冠层聚集。FAPAR 产品对应上午 10：15 时的"黑空"入射条件，该值近似等于黑空条件下的全天 FAPAR 积分值。

该产品算法主要分为三个模块（图 6.8）：①构建训练数据集：融合已有 LAI/FAPAR 产品作为 LAI/FAPAR 最佳估计值。②订正神经网络：训练神经网络从而可以由输入反射率数据预测①中生成的融合结果，同时训练单独的神经网络来估计反演结果的不确定性。③神经网络的应用：使用训练好的神经网络生产 LAI/FAPAR 产品并给出其不确定性。值得指出的是，该产品未考虑植被类型差异的影响，对所有植被采用了相同的神经网络。

1）构建训练数据集

训练数据集的构建可以细分为四个步骤，即选择已有 LAI/FAPAR 产品、不同产品间的时空归一化、产品融合、融合产品的订正。

产品融合时，GEOV1 选择了 MODIS 和 CYCLOPES 产品，这是因为它们都有 LAI/FAPAR 产品，并且具有较好的一致性（Garrigues et al.，2008）。但两种产品在模型假设和反演算法上还存在差异，如 MODIS 使用随机辐射传输模型考虑了冠层尺度的聚集效应（Myneni et al.，2002），CYCLOPES 产品则使用 SAILH 模型将冠层视为水平均一的浑浊介质，但将像元视为由植被和裸土构成的混合像元，因此考虑了景观尺度的异质性（Baret et al.，2007b）。此外，两种产品的反演算法分别为查找表和神经网络。为抑制两种产品间的差异对最终反演精度的影响，还需要做后续的质量控制。

为了保证训练数据集的空间代表性，数据集构建时使用了 BELMANIP2 项目（Baret et al.，2006）中的 420 个站点，这些站点可以保证在 $10 \times 10 \text{ km}^2$ 范围内是平坦均质的。使用了 2003 和 2004 两年的数据以保证训练数据集的时间代表性。

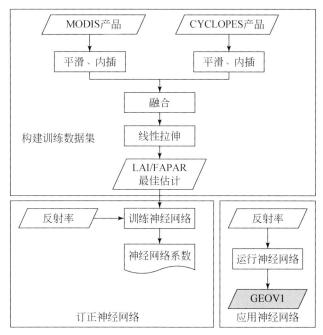

图 6.8　GEOV1 产品算法流程图

产品融合前必须首先将各数据归一化到相同时空分辨率。MODIS 和 CYCLOPES 的 LAI/FAPAR 产品及 VEGETATION 的反射率数据均重采样到了分辨率为 1/112° 的圆柱投影。为了抑制点扩散函数和地理定位误差的影响，训练数据集在 3×3 窗口的基础上构建。

GEOV1 产品的时间采样频率为 10 天，每一窗口的宽度为 30 天。由于 VEGETATION 反射率产品和 CYCLOPES LAI/FAPAR 均采用这一时间采样方法，因此可以直接使用。MODIS 产品采用无重叠的时间采样方法，分辨率为 8 天，因此在 GEOV1 的一个特定时间窗口内最多可对应 3 个时相的 MODIS 产品。为进一步保证融合产品的质量，只有当 3×3 窗口内有至少 5 个以上的有效像元时，该时相数据才被选择。

通过以下线性加权的方式融合 MODIS 和 CYCLOPES 产品：

$$\mathrm{LAI_{fused}} = w_{\mathrm{LAI}}\mathrm{LAI_{MOD}} + (1 - w_{\mathrm{LAI}})\mathrm{LAI_{CYC}}$$
$$\mathrm{FAPAR_{fused}} = w_{\mathrm{FAPAR}}\mathrm{FAPAR_{MOD}} + (1 - w_{\mathrm{FAPAR}})\mathrm{FAPAR_{CYC}} \tag{6.37}$$

式中，下标 fused、MOD、CYC 分别表示融合产品、MODIS 产品和 CYCLOPES 产品。融合权重与各产品的不确定性有关。因为产品不确定性很难精确度量，因此 GEOV1 算法中采用半经验的方式确定权重。考虑到 CYCLOPES 产品在 LAI 较小时精度较高，但 LAI 大于 4 时趋于饱和（Garrigues et al.，2008），因此可以在 LAI 较小时赋予 CYCLOPES 较大的权重，随着 LAI 的增大 CYCLOPES 权重逐渐降低，据此产品融合中权重由下式确定：

$$w_{\mathrm{LAI}} = w_{\mathrm{FAPAR}} = \min\left(1, \frac{\mathrm{LAI_{CYC}}}{4}\right) \tag{6.38}$$

式中，$\mathrm{LAI_{CYC}} = 4$ 对应 CYCLOPES 的饱和点。LAI 和 FAPAR 产品采用相同的权重。

分析发现，以上 FAPAR 融合产品的最大值为 0.90，而理论上 FAPAR 的最大值应该在

0.94 左右，因此对融合 FAPAR 做了如下线性拉伸：

$$FAPAR_{scaled} = \frac{0.94}{0.90} FAPAR_{fused} \tag{6.39}$$

由于 LAI 没有明显的上界，所以没有对其进行拉伸。

2）订正神经网络

关于 GEOV1 算法中神经网络的结构和训练过程，可参见 6.3.2 节。除给出 LAI/FAPAR 的反演结果外，GEOV1 还构建了一个神经网络来估计反演结果的不确定性。对于给定的 BRF，在其不确定性区间（Baret et al.，2007b）内计算对应的反演结果，并计算这些结果与融合产品间的 RMSE 作为不确定性。由此建立 BRF 与反演结果不确定性的训练数据集，使用此训练数据集训练另一神经网络，用以估计反演结果的不确定性。

6.4.2　地上生物量

生物量定义为单位面积上植物所有组织的干重。生物量的时空变化是陆表生态系统和大气间碳交换的直接度量（方精云等，1996），因此被 GCOS 指定为关键气候要素之一。生物量包括地上生物量（Above- Ground Biomass，AGB）和地下生物量（Below- Ground Biomass，BGB），AGB 指植被的茎、干、枝、叶、花和果实等所有地上部分的干重。因为 AGB 是总生物量的主要部分，且估算相对容易，因此目前生物量的遥感反演主要围绕 AGB 开展。

按照遥感模式的不同，地上生物量遥感反演方法可分为基于光学遥感的方法、基于 SAR 的方法和基于 LiDAR 的方法三类（Zhang and Ni- meister，2014）。

植被在光学波段的反射率与其生物量密切相关，使用光学遥感时，可以借助以下两种方式来估算生物量：①直接使用反射率或植被指数与地面实测生物量之间的经验关系来估算生物量，经验关系可以使用参数化或非参数化的机器学习算法构建。由于该类方法需要地面实测数据的支持，所拟合的经验关系依赖于特定的成像几何和时空范围，因此可移植性不强。②由物理模型反演植被结构参数（如树高、冠层大小、胸径等），然后由结构参数与生物量之间的异速生长关系来估算生物量。由于异速生长关系可以提前订正，该类方法可以实现无地面实测数据支持下的全影像驱动的生物量反演。该类方法的精度受冠层结构参数反演结果和异速生长关系不确定性的影响。

雷达信号受植被的介电性质和结构参数的影响，理论上基于 SAR 的方法与生物量的关系比基于光学遥感的方法更为密切。理论和观测均证明，雷达后向散射系数与生物量密切相关，随生物量的增加而增加。SAR 估算生物量的能力依赖于信号对冠层的穿透能力，波段越长穿透能力越强，因此 L 和 P 波段与生物量高度相关，其中 P 波段的后向散射系数与生物量表现出更强的相关性。使用 SAR 估算生物量时会受到饱和效应的影响，P 波段的饱和点在 200 Mg/ha 左右，L 波段在 100 Mg/ha 左右，由于 X 和 C 波段波长较短，饱和点提前，在 30 ~ 50 Mg/ha 左右（Le Toan et al.，2011）。在极化方式方面，HV 极化主要受树干间的体散射控制，因此与生物量的相关性强。HH 和 VV 极化受土壤背景的影响，其中 HH 极化信号主要来自于树干和地表间的散射，VV 极化信号则同时包括体散射和地表散射的贡献。

使用 LiDAR 估算生物量时，首先由激光点云数据或波形数据反演冠层结构参数，然后借助异速生长关系估算生物量。由于 LiDAR 信号与冠层结构参数直接相关且饱和效应不明显，因此在生物量估算中得到了越来越广泛的应用。但是 LiDAR 系统不可成像的特点，限制了它在大空间范围的应用。

由于不同遥感模式在反演生物量时各具不同的优缺点，协同使用多模式遥感技术，发展基于多源数据的生物量反演方法日益成为学科研究热点。分析不同波段模型输入参数间的耦合机制，融合不同波段的模型，构建全波段辐射/散射模型是多源数据协同亟需解决的基本理论问题。

6.4.3　总初级生产力和净初级生产力

植被是陆地生态系统的主体，在维持和调节全球物质、能量循环方面起着极其重要的作用。植被生产力反映了植被通过光合作用，吸收大气中的 CO_2，将光能转化为化学能，同时积累有机物的能力。总初级生产力（Gross Primary Production，GPP）和净初级生产力（Net Primary Production，NPP）是植被生产力的两个重要分量（朱文泉等，2007）。GPP 定义为绿色植物通过光合作用，吸收大气中 CO_2，并累积有机物的速率。NPP 定义为 GPP 和植被自养呼吸（R_a）的差额，反映了植被生物量的净积累。目前，叶片尺度的光合、呼吸作用机理已经基本清晰，并且可以精确地测量。但是冠层尺度、区域尺度乃至全球尺度的 GPP/NPP 还不能直接测量，如何将叶片尺度的 GPP/NPP 估算模型推译至更大尺度仍然是尚未解决的一个重要科学问题。

目前，大尺度 GPP/NPP 的估算大致可分为以下三种方法：①涡度相关测量技术；②使用基于过程的生物化学循环模型的估算方法；③基于生产效率模型（Production Efficiency Models，PEM）的方法。涡度相关测量技术可以对植被生产力的三分量（GPP、NPP、R_a）进行高频率的连续观测，因此取得了越来越广泛的应用，各种观测网络计划不断出现和完善。但由于地表异质性的影响，该方法目前还存在较大的不确定性。使用生物化学循环模型的方法物理机理完备，可以描述生态系统的动态演化过程，并且可以对生态系统的未来状况作出预测，但该方法需要较多的输入参数，模型的订正对于结果的精度至关重要。PEM 在物理机理的完备性和算法的简单性之间取得了较好的平衡，学者们提出了众多 PEM 模型，如 CASA 模型、GLO-PEM 模型、PSN 模型和 VPM 模型等。这些模型的基本原理一致，即植被以一定的效率将吸收的光能转化为化学能，转化效率受到环境因素，如温度、水分等的胁迫（袁文平等，2014）。模型的差异主要体现在：①考虑的胁迫因子及各因子的胁迫强度不同；②是否可以同时计算 GPP 和 NPP，或者只能计算两者中的一个；③是否考虑了植被功能型的影响等。目前，基于 PEM 模型的方法仍然是使用卫星遥感技术估算大尺度 GPP/NPP 主要方法。本节以 MODIS 的 GPP/NPP 产品为例介绍 GPP/NPP 反演的典型算法。

MOD17 产品是基于 MODIS 传感器生产的全球第一个实时、连续和一致的 GPP/NPP 产品（Heinsch et al. 2003），它包括以下两个子产品：①MOD17A2 估算了 8 天分辨率的 GPP

和去除维持性自养呼吸（Maintenance Respiration，MR）的净光合作用（Net Photosynthesis，PSNnet）以及对应的质量控制信息；②MOD17A3 记录了年积累 GPP 和年 NPP 以及对应的质量控制信息。MOD17 算法使用 PEM 模型并考虑气象因子和植被状态对 GPP/NPP 的影响。输入数据中气象因子包括日分辨率的光合有效辐射（Photosynthetically Active Radiation，PAR）、日最低温度（TMIN）和日平均饱和水气压差（Vapor Pressure Deficit，VPD）。此外，输入数据中还包括用来计算自养呼吸（R_a）的 MODIS LAI 产品，用来计算植被吸收 PAR 的 MODIS FPAR 产品和用来区分植被类型的 MODIS 地表分类产品。

　　MOD17 算法（图 6.9）首先使用 PEM 模型来估算 GPP，然后基于异速生长法估算维持性和生长性自养呼吸（Growth Respiration，GR），进而得到 NPP。MOD17 算法的主要流程如下。

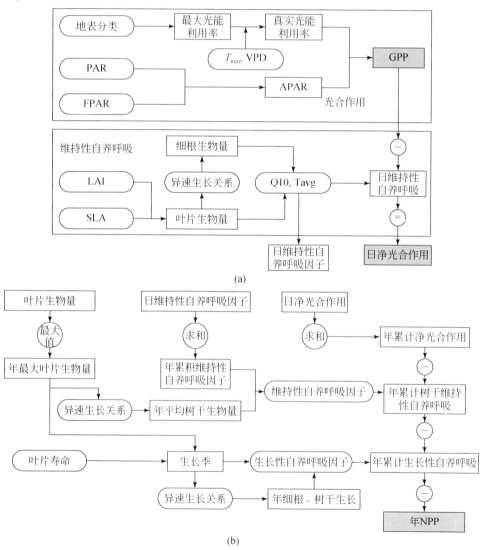

图 6.9　MOD17 产品算法流程示意图
（a）MOD17A2 产品；（b）MOD17A3 产品

1）GPP 估算方法

使用 BIOME-BGC 模型模拟了 UMD 分类体系（详见第 5 章）中不同植被类型对应的最大光能利用率，并据此构建了植被属性查找表（Biome Properties Look-Up Table, BPLUT）。计算 GPP 所需的 5 个参数如表 6.5 所示。TMIN 和 VPD 对应的最大值最小值，用于将最大光能利用率转化为真实光能利用率 ε（kg C MJ^{-1}）

$$\varepsilon = \varepsilon_{\max} \cdot \text{TMIN\_scalar} \cdot \text{VPD\_scalar} \tag{6.40}$$

式（6.40）中的尺度因子根据实际 TMIN 和 VPD 计算，各因子计算时所用函数形式如图 6.10 所示。

表 6.5　BPLUT 中用于计算 GPP 的参数

参数	单位	描述
$\varepsilon_{\max}$	kg C MJ^{-1}	最大光能利用率
TMIN$_{\max}$	℃	$\varepsilon = \varepsilon_{\max}$ 时对应的日最低温度
TMIN$_{\min}$	℃	$\varepsilon = 0$ 时对应的日最低温度
VPD$_{\max}$	Pa	$\varepsilon = 0$ 时对应的 VPD
VPD$_{\min}$	Pa	$\varepsilon = \varepsilon_{\max}$ 时对应的 VPD

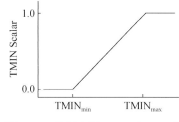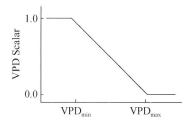

图 6.10　根据实际 TMIN 和 VPD 计算尺度因子时所用的分段线性函数形式

TMIN_Scalar 和 VPD_Scalar 分别为日最低温度和饱和水气压差对应的尺度因子

实际光能利用率与植被吸收的光合有效辐射（APAR）之间的乘积即为 GPP，即 GPP = APAR×ε。APAR = PAR×FPAR，FPAR 使用 MODIS 的 FPAR 产品，PAR 为入射到植被冠层的光合有效辐射，且 PAR = 0.45×SWRad，SWRad 为下行短波辐射，由 DAO 数据集获取。

以上所得结果为逐日 GPP，在 8 天合成窗口内计算逐日 GPP 之和即得到 MOD17A2 产品。

2）日维持性自养呼吸（MR）和净光合作用估算方法

MOD17 算法中也计算了叶片和细根的逐日维持性自养呼吸 ［图 6.9（a）的下部分］。MR 的计算需要使用叶片和细根的生物量、20℃时对应的 MR（MR$_{20℃}$）和日平均温度。叶片生物量 BMS$_L$ = LAI/SLA，LAI 由 MODIS 的 LAI 产品获得，SLA 为单位生物量对应的叶面积（kg^{-1}C），BPLUT 中为不同植被类型内置了对应的 SLA。细根生物量 BMS$_R$ = BMS$_L$×froot_leaf_ratio，froot_leaf_ratio 为细根生物量和叶片生物量的比值，各植被类型的 froot_leaf_ratio 可在 BPLUT 中获得。叶片自养呼吸 MR$_L$ = BMS$_L$×MR$_{20℃}$×Q10_mr$^{(\text{Tavg-20})/10}$，

MR_{20}。（kg C kg C^{-1} day^{-1}）也可由 BPLUT 中获取，Tavg 为日平均温度。类似地，细根自养呼吸 $MR_R = BMS_R \times MR_{20} \times Q10\_mr^{(Tavg-20)/10}$。

综上，日维持性自养呼吸 $MR = MR_L + MR_R$，日净光合作用 $PSNnet = GPP-MR$。

3）年累计维持性自养呼吸估算方法

年维持性自养呼吸除包括年累计的叶片自养呼吸和细根自养呼吸外，还包括树干的维持性自养呼吸。树干年维持性自养呼吸的估算基于以下两个基本假设：①树干生物量在一年内保持不变；②树干的维持性自养呼吸与年最大叶片生物量有关。树干生物量 $BMS_T = BMS_L \times livewood\_leaf\_ratio$，$BMS_L$ 为年最大叶片生物量，livewood_ leaf_ ratio 为树干和叶片生物量之比，该值存储于 BPLUT。树干维持性自养呼吸 $MR_T = BMS_T \times livewood\_mr\_base \times annsum\_mrindex$，livewood_ mr_ base 为理想情况下单位生物量的树干维持性自养呼吸，该值也存储于 BPLUT 中，annsum_ mrindex 为 $Q10\_mr^{(Tavg-20)/10}$ 的年累积。最终的年维持性自养呼吸 $MR = MR_L + MR_R + MR_T$，等式右侧均为年累计值。

4）年累计生长性自养呼吸和净初级生产力估算方法

年累计叶片生长性自养呼吸 $GR_L = BMS_L \times R_{rep} \times GR_b$。$R_{rep}$ 为叶片年替换率，GR_b 为基础生长呼吸。叶片年替换率和基础生长呼吸都存储于 BPLUT 中。树干、细根、枯干的生长性自养呼吸都按照一定的比例因子，由叶片的生长性自养呼吸转换而来。各分量的对应转换因子也都存储于 BPLUT 中。

年累计 NPP 可表达为：$NPP = PSNnet - MR_T - MR_L - MR_R - GR_L - GR_T$，等式右侧均为年累计值。最终，MOD17A3 产品可输出年 NPP。

6.5　当前主要生物物理参数遥感产品

随着传感器技术、正向模型和反演算法的发展，国际上已经出现了多套全球范围、长时间序列的植被生物物理参数遥感产品，6.5.1 节介绍国际上主要的叶面积指数和光合有效辐射吸收比遥感产品，6.5.2 节介绍主要的植被覆盖度遥感产品。

6.5.1　叶面积指数和光合有效辐射吸收比遥感产品

1. MODIS LAI/FAPAR 产品

基于 TERRA/AQUA MODIS 数据生产的 LAI/FAPAR 产品（从 2000 年至今），是应用最为广泛的 LAI/FAPAR 产品，投影为正弦投影，由 http：//wist. echo. nasa. gov 发布。该产品的时间分辨率有 8 天和 4 天两种，在最新的 C6 版本中空间分辨率为 500 m。MODIS 的 LAI/FAPAR 产品反演算法包括主算法和备用算法。主算法利用植被类别图作为先验知识，把全球的植被分为八种类型（Myneni et al.，2002），对不同的地表分类采用不同的输入参数，采用三维辐射传输模型作为前向模型，预先计算出不同观测几何以及不同土壤背景条件下的各波段反射率，并构造查找表，采用查找表的方法进行反演（Knyazikhin et al.，1998）。这种反演方法通过比较观测和模型模拟的波段反射率之间的差异，并设定一个阈值，计算小于该阈值的 LAI/FAPAR 的均值和方差分别作为反演结果及其不确定性。如果该算法失败，则采用备用算法。备用算法根据不同类别 LAI 和 NDVI 的经验关系来计算 LAI。与主算法相比，备用算法估算 LAI 的精度较低。

2. GEOV1 LAI/FAPAR 产品

GEOV1 产品（Baret et al.，2013）由 SPOT/VEGETATION 传感器生产，时间跨度从 1999～2007 年，为真实叶面积指数，由 http：//postel. mediasfrance. org 发布。它的空间分辨率是 1/112°，采样时间是 10 天，数据采用 Plate Carree 投影。

算法输入包括特定观测几何条件下经过大气校正的红光、近红外和短波红外反射率，并且剔除了由云或雪覆盖的观测数据。GEOV1 产品采用神经网络方法估算 CYCLOPES 和 MODIS 产品的最佳融合结果（详见本章 6.4.1 节）。

3. GLOBCARBON LAI 产品

GLOBCARBON LAI 产品是由 ATSR 和 VEGETATION 两个传感器联合生产的叶面积指数产品（Deng et al.，2006）。从网站 http：//geofront. vgt. vito. be/geosuccess/可获取从 1998～2007 年的数据产品，为真实叶面积指数。该产品的空间分辨率是 1/11.2°，时间分辨率为一月，投影方式为 Plate Carree 投影。

GLOBCARBON 算法主要依赖 LAI 与红光、近红外和短波红外三个波段之间的关系，他们的关系是通过 4-Scale 冠层反射率模型得到的。该产品的生成方法是：首先在时间序列年间的基础上进行平滑和插值得到每日 LAI 值，再取平均得时间分辨率为 10 天的 LAI 产品，然后对平滑的 LAI 在 1 个月时间范围上求平均得到月 LAI 产品。该算法通过应用不同覆盖类型的聚集指数来考虑植株和冠层尺度上的植被聚集效应。

4. ECOCLIMAP LAI 产品

ECOCLIMAP 数据集（Masson et al.，2003）提供包括 LAI 在内的多种生物物理参数的多年平均值，可以从 http：//www. cnrm. meteo. fr/gmme/PROJETS/ECOCLIMAP/page_ ecoclimap. htm 网站中获取。它的空间分辨率是 1/120°，以一个月为步长，投影方式为 Plate Carree 投影。

ECOCLIMAP 结合若干地表覆盖图和世界气候分布把全球分成 15 种主要植被类型。针对每种植被类型，LAI 的变化范围根据实地测量确定，它在植株和冠层尺度上考虑植被聚集效应，并且仅代表绿色叶子，包括林下叶层。然后，对于 ECOCLIMAP 网格中的每个像元，使用一年周期的全球 NOAA/AVHRR 月合成 NDVI 产品，在相应的像元类中，根据 LAI 最大与最小值来调节 LAI 时间轨迹。这种方法假设在每种植被类型内 LAI 的空间变化率较小。

5. GLASS LAI 产品

GLASS LAI 是我国自行研制的一种长时间序列的全球 LAI 产品（Xiao et al., 2014），由北京师范大学全球变化数据处理分析中心生产并发布（http: //www. bnu-datacenter. com）。该产品采用 ISIN 投影方式，时间分辨率为 8 天，从 1982 年至今。其中 1982 ~ 1999 年的 GLASS LAI 产品是根据时间序列的 AVHRR 反射率生产的，空间分辨率为 5km。2000 年以后的 GLASS LAI 产品是根据时间序列的 MODIS 地表反射率（MOD09A1）生产的，空间分辨率为 1km。与 GEOV1 产品类似，GLASS LAI 产品使用神经网络估算 CY-CLOPES 和 MODIS LAI 产品的最佳融合结果，不同的是，GLASS 产品的输入是整年反射率时间序列，输出是整年的 LAI 时间序列，从而保证了产品的时空连续性和一致性。

6. JRC_ FPAR 产品

JRC_ FPAR 是欧盟联合研究中心（European Commission Joint Research Center）开发的针对欧洲植被状况的 FAPAR 产品算法。JRC_ FPAR 覆盖全球的 FAPAR 产品分辨率为 10km，覆盖欧洲的 FAPAR 产品分辨率为 2km。JRC_ FPAR 算法也是基于物理模型的 FAPAR 反演方法。

FAPAR 的模拟主要针对光合有效辐射（400 ~ 700nm）的波谱区间。该算法利用连续植被冠层模型（Gobron et al., 1997），同时引入 6S 模型模拟陆地表面特征（Vermote et al., 1997），并模拟 FAPAR 值。

FAPAR 算法分两个步骤：

第一，进行大气校正以消除大气及角度的影响；

第二，与数学方法相结合，计算 FAPAR 值。

JRC_ FPAR 算法基于校正后的各波段反射率计算 FAPAR，计算公式为

$$g_0(\rho_{Rred}, \rho_{Rnir}) = \frac{l_{01}\rho_{Rnir} - l_{01}\rho_{Rred-l_{03}}}{(l_{04} - \rho_{Rred})^2 + (l_{05} - \rho_{Rnir})^2 + l_{06}} \tag{6.41}$$

式中，多项式 g_0 的相关系数 l_{0m} 是经过优化形成一系列先验值，从而使 $g_0(\rho_{Rred}, \rho_{Rnir})$ 值尽可能地接近利用训练数据优化得到的对某一特定的传感器测得的冠层 FAPAR 值。然后，将蓝光、红光、近红外波段及不同视角的亮度值等作为双向反射率因子输入反演算法中。

6.5.2　植被覆盖度遥感产品

全球范围内，生产植被覆盖度时使用最多的卫星/传感器包括 SPOT/VEGETATION，ENVISAT/MERIS，MSG/SEVIRI 和 ADEOS/POLDER，除了 MSG/SEVIRI 外，其余都是极轨卫星传感器（表6.6）。

表 6.6　现有植被覆盖度遥感产品

文献	来源/项目名称	传感器	产品时间	空间范围	网址
Roujean and Lacaze, 2002	CNES/POLDER	POLDER	1996~1997，2003	全球	http://polder.cnes.fr/
Baret et al.，2007	FP5/CYCLOPES	VGT	1998~2007	全球	http://postel.mediasfrance.org/
Baret et al.，2006	ESA/MERIS	MERIS	2002 年至今	全球	http://www.brockmann-consult.de/beam/plugins.html
Gutman and Ignatov, 1998；Bartonlome et al.，2002	GEOSUCCESS	VGT	2001 年至今	全球	http://www.geosuccess.net/geosuccess/
Garcia-Haro et al.，2005	EUMETSAT/LSA SAF	SEVIRI	2005 年至今	欧洲、非洲、南美洲	http://landsaf.meteo.pt

　　从验证结果看，SEVIRI 和 MERIS FVC 产品的空间一致性较好，但是 MERIS FVC 产品存在系统性偏低（两者之间约相差 0.10~0.2）（Garcia-Haro et al.，2008）。SEVIRI 和 VGT 的 FVC 产品之间也存在系统性偏差（Validation Report of Land Surface Analysis Vegetation products，2008，URL：http://landsaf.meteo.pt/GetDocument.do? Id = 301），VGT 的 FVC 更高些（大约差 0.15）。这样 SEVIRI 的 FVC 产品值介于 MERIS 和 VGT 产品之间。但是 Fillol 等（2006）的验证报告中提到 VGT 数据的产品比高分辨率 SPOT 数据得到的覆盖度空间聚合结果还要低一些。由此推测 SEVIRI、VGT 和 MERIS 的植被覆盖度产品和真实情况相比都会有系统性低估。

6.6　山地生物物理参数反演的特殊性及策略

　　相比于平地，山区地形复杂、空间异质性和景观破碎度更为强烈。地形对遥感观测的影响（李新等，1999；王开存等，2004），阻碍了遥感数据在山区的有效使用，导致山地环境遥感技术发展严重滞后，致使山地植被生物物理参数遥感反演更具有挑战性。已有山地生态变量反演的相关报道可以分为基于经验关系的反演方法、基于冠层反射率模型的反演方法和考虑生态机理过程的反演方法三类（表 6.7）。虽然已有部分成功案例，但是山地生物物理参数反演还处于起步阶段，破解山地地表生态变量反演的科学难题对遥感模型、观测和数据处理方法等都提出了新的要求，亟需相关理论和技术方面的提升。

表 6.7　常见山地生态参量反演方法

类别	具体方法	参考文献
基于经验关系的反演	先地形校正后拟合关系	（Chen and Cao，2012）
	将地形因子作为控制变量	（Baccini et al.，2004；Blackard et al.，2008）

类别	具体方法	参考文献
基于冠层反射率模型的反演	考虑坡地成像几何	（Gonsamo and Chen 2014b；Pasolli et al.，2015）
	考虑地表异质性，调整参数取值范围	（Pasolli et al.，2015）
	使用山地冠层反射率模型	（Gemmell，1998；Soenen et al.，2010）
考虑生态机理过程的反演	考虑气象因子的地形效应	（Sun 等，2015）
	考虑水分和营养元素的侧向迁移	（Govind et al.，2009）
	驱动变量的尺度转换	（Chen et al.，2013；Simic et al.，2004）

　　在定量遥感领域，以冠层反射率模型为基础的遥感机理研究在近 30 年的时间内并未取得突破性进展。其原因在于，遥感辐射信号的传输过程比较复杂，影响因素众多。在平地条件下构建的物理模型，很难在复杂地形条件下准确使用，并获得高质量的反演精度。山区电磁波与地表之间的相互作用较平原地区更为复杂（闻建光等，2008），致使现有大部分遥感机理模型很难适用于山区，导致定量遥感技术和方法的发展在山区受到限制。研究地形起伏区域的遥感辐射传输机理，发展科学的地形效应理论模型，改进已有遥感物理模型或重构山地遥感辐射物理模型，对于提高山地生物物理参数遥感反演精度具有重要意义。

　　目前国际上免费公开发布的 LAI、FPAR、覆盖度（FVC）等遥感产品，如 MODIS LAI/FAPAR（Myneni et al.，2002）、CYCLOPES LAI/FAPAR/FVC（Baret et al.，2007a）、GLOBCARBON LAI（Deng et al.，2006）。这些产品在大尺度的陆面过程、气候模拟以及全球变化研究中得到广泛应用。需要注意的是，这些植被生物物理参量遥感产品的反演算法并没有考虑复杂地形区和平坦地区的区别。山地遥感产品反演受天气、传感器本身、植被下垫面、地形等因素的综合影响，产品质量还存在诸多问题（Garrigues et al.，2008）。再者，全球尺度的植被生物物理参数遥感产品的空间分辨率比较低，如 MODIS LAI 的分辨率为 1 km，很难准确表达山区地表的高空间异质性。在地形复杂、高度破碎化的山区容易产生混合像元，由此增大了这些遥感产品在复杂山区的不确定性，进一步阻碍了其在复杂地形区植被动态变化监测研究中的应用。

　　在区域尺度的植被生物物理参数遥感反演方面，单一传感器提供信息量有限，产品的连续性、完整性和精度还有待提高，尤其在地形复杂、高度破碎化山地环境下，该问题更加明显（靳华安等，2016）。随着传感器技术的发展，卫星数据源日益丰富，这为协同多源遥感数据估算山地生物物理参数提供了数据保障。不同传感器之间的信息能够互补，多源遥感数据融合也将成为今后提高山地植被生物物理参数反演精度的有效手段之一（Yin et al.，2016）。

　　协同使用遥感数据和生态机理模型开展植被生物物理参数同化反演研究，在平坦地表已经经过了实践验证，可显著提高反演精度（Xiao et al.，2012；Zhang et al.，2012）。然而在山地环境下，地形不仅使遥感信号发生严重畸变，同时降低了生态机理模型和冠层反射率物理模型的模拟能力。与平原地区相比，耦合遥感观测信息与生态机理模型，并在此基础上估算时间序列的山地生物物理参数面临着更大挑战，相关研究还鲜见报道。鉴于山区复杂地形的特殊性，需要采用恰当的地形校正方法有效消除或减缓地形影响以获得真实的反射率数据。同时考虑地形效应，改进生态模型和遥感物理模型在山区的模拟能力，发展山区时间序列生物物理参数同化反演方法，是提高山地生物物理参数反演精度的可行手段之一。

6.7　应　用　实　例

本节以叶面积指数、森林地上生物量、NPP/GPP 为例，阐述山地生物物理参数遥感反演的应用案例。

6.7.1　山地植被叶面积指数遥感反演

已有 LAI 产品在山地存在时空完整性不足，不确定性大等问题（杨勇帅等，2016）。因此，学者们开展了专门针对于山地 LAI 反演的相关研究，如瘳钰冰等（2011）、Chen 和 Cao（2012）分别使用经验关系法来反演山地 LAI，并且证明，地形校正是使用经验关系法反演山地 LAI 必要的预处理步骤。本节以 Ma 等（2014）的工作为例，介绍基于物理模型的山地 LAI 反演方法。

Ma 等（2014）选择中国甘肃省大野口山区自然林为研究区，基于 Li-Strahler GOMS 模型，提出了一种有效的融合光学多角度多光谱遥感数据（MODIS+MISR BRDF）和机载激光雷达数据反演森林冠层 LAI 的方法，其反演流程如图 6.11 所示。整个流程主要包括四部分：①确定 GOMS 模型反演的输入参数，如 BRDF 数据集和参数先验知识；②GOMS 模型反演；③森林冠层 LAI 估算；④结果验证。由于研究区位于复杂山区，地形对反演结果的影响不可忽视。

在 GOMS 模型中，假设森林样地像元中每个树冠的形状为椭球体，并用水平半径 r 和垂直半径 b 来表征，则单个树冠的体积 V 可以表示为

$$V = 4br^2\pi/3 \qquad\qquad (6.42)$$

在已知森林样地像元面积（A）、LAI、树总棵数（n）、每个树冠的 r 和 b 的前提下，该样地的平均叶面积体密度 μ 可以表示为

$$\mu = \text{LAI} \cdot A / \sum_{i=1}^{n} V_i \qquad\qquad (6.43)$$

由此可以推算得到森林样地所在像元的 LAI 计算公式为

$$\text{LAI} = \mu \cdot \sum_{i=1}^{m} V_i/A = 4\mu\pi \cdot \sum_{i=1}^{n} b_i r_i{}^2/3A = 4\mu\pi bnr^2/3 \qquad\qquad (6.44)$$

式中，μ 可以通过森林样地的地面实测数据推算得到；nr^2 可以由 GOMS 模型直接反演得到；联合 GOMS 模型反演得到的 h/b 和 LIDAR 数据提取的树高信息，就可估算出参数 b。

激光雷达数据主要用于森林样方树高的提取，并参与 GOMS 模型反演。不过由于激光雷达数据不能完全覆盖整个研究区，单独依靠 LiDAR 数据只能获取其覆盖区域的树高信

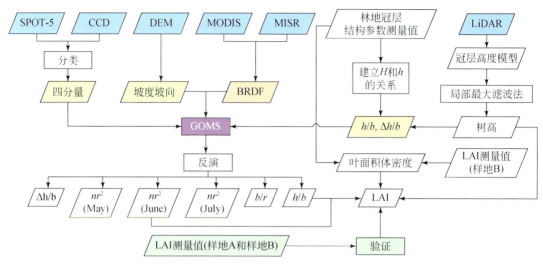

图 6.11　融合多源遥感数据反演林地冠层 LAI 方法流程图（改自 Ma et al. ，2014）

息，并不能提取整个研究区的树高。为解决这一问题，基于 LiDAR 提取的树高和相应区域内 MODIS BRDF/Albedo 产品计算的反射率数据，Ma 等（2014）构建了两者之间的统计回归关系式，并利用该关系式在研究区的森林覆盖区对树高进行了空间外推和无缝估算。在此基础上实现了区域尺度森林冠层 LAI 的多源遥感数据反演。

　　Ma 等（2014）的工作表明，使用恰当的山地冠层反射率模型，可以实现山地 LAI 的反演，但该类方法受制于模型自身的准确性和可反演性。发展兼顾准确性和简单性的山地冠层反射率模型可以为进一步提高山地 LAI 反演精度提供必要的理论工具。需要指出，影响山地遥感成像过程的因素更多，机理更为复杂，因此协同使用多传感器数据的互补信息也是增强山地生物物理参数反演能力的重要手段。

6.7.2　山地森林地上生物量遥感估算

　　已有山地森林地上生物量估算的相关研究大多直接使用遥感光谱信号与生物量间的参数（鲍晨光等，2009；董德进等，2011）或非参数（Baccini et al. ，2004；Blackard et al. ，2008）的经验关系。虽然这些研究使用的具体方法、光谱指数、研究区等各不相同，但都证明地形校正是经验关系法的必要前提，地形因子的引入可以提高山地生物量的估算精度。

　　本节重点介绍使用山地冠层反射率模型来估算地上生物量的相关研究。Soenen 等（2010）在加拿大落基山地区开展了基于山地 GOMS 模型的森林地上生物量遥感估算研究。由于 GOMS 模型并不能直接反演得到森林生物量，只能反演得到树密度 n、椭球体树冠水平半径 r 及垂直半径 b 等结构参数信息。因此，基于地面实测 r、b 和胸径 dbh 数据，分别计算椭球体树冠的面积 $SA = f（r，b）$ 和单木生物量 $B = f（dbh）$，在此基础上构建 B 和 SA 的经验关系式 $B = f（SA）$，以此建立森林地上生物量与 GOMS 模型反演参数之间的联系，并最终达到估算森林生物量的目的，其估算流程如图 6.12 所示。

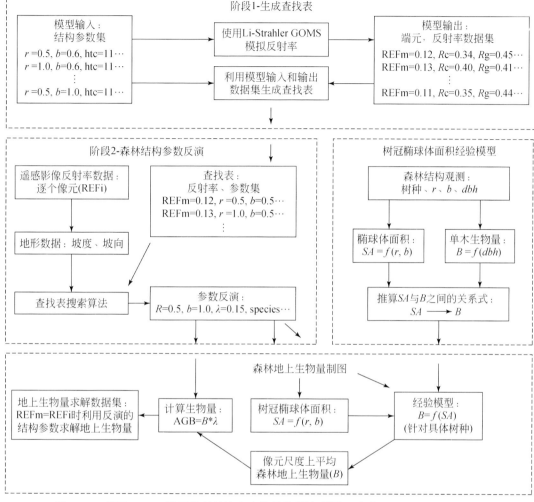

图 6.12　基于 GOMS 模型的森林地上生物量估算流程图（改自 Soenen et al.，2010）

精度评价结果表明（表 6.8），利用 SPOT 多光谱遥感影像作为数据源，物理模型法取得了比较好的森林地上生物量估算精度。与混合像元分解（SMA）和植被指数（NDVI）构建的经验性模型相比，物理模型法估算的生物量误差最小，为 31.7t/ha，而 SMA 和 NDVI 的估算误差分别为 32.6t/ha 和 34.7t/ha。从地上生物量的变化幅度来看，物理模型法得到的估算与地面实测比较一致，而 SMA 和 NDVI 方法则具有比较窄的变化范围，并不能反映生物量的实际变化。图 6.13 为利用 GOMS 模型反演得到的森林生物量空间分布结果，其中黑色部分为掩膜区域，包括水体、道路、裸岩、山顶等。

表 6.8　不同估算方法得到的森林地上生物量统计（Soenen et al.，2010）

所有样地	样地数量	平均生物量	标准差	最小值	最大值	范围
地面实测	36	150.1	38.2	67	243	176
NDVI 估算方法	36	156.1	8.3	130	173	43

续表

所有样地	样地数量	平均生物量	标准差	最小值	最大值	范围
误差（所有样地）	36	34.7	27.1	4	107	103
误差（样地<1 标准差）	25	20.2	13.0	4	49	45
误差（样地>1 标准差）	11	67.5	21.4	42	107	65
SMA 估算方法	36	149.5	11.5	134	191	57
误差（所有样地）	36	32.6	25.1	0	102	102
误差（样地<1 标准差）	25	20	12.8	0	44	44
误差（样地>1 标准差）	11	65.5	18.5	46	102	56
物理模型估算方法	36	153.2	41.7	79	249	170
误差（所有样地）	36	31.7	28.4	0	97	97
误差（样地<1 标准差）	25	29.0	24.6	0	97	97
误差（样地>1 标准差）	11	37.9	36.3	0	93	93

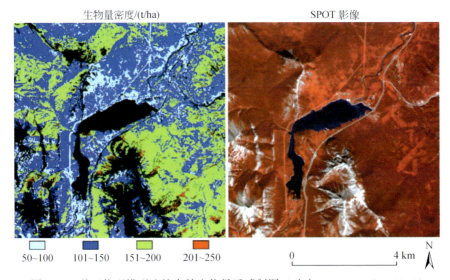

图 6.13　基于物理模型法的森林生物量遥感制图（改自 Soenen et al.，2010）

相比于直接使用遥感光谱指数与生物量间经验关系的方法，Soenen 等（2010）的方法普适性更强，该方法是以冠层结构参数为中间媒介的间接估算方法，方法的关键是适用于山地的 GOMS 模型。

6.7.3　山地 NPP/GPP 遥感估算

山地地形效应显著影响 NPP 的遥感反演过程，忽略地形影响会给 NPP 估算结果带来较大的不确定性。Chen 等（2007）发现考虑地形后可以使 NPP 反演结果对地面实测值变化的解释力度由 64% 提高到 76%。Chen 等（2013）模拟发现不考虑地形影响将引起 NPP

的明显低估，在公里尺度上，可低估至 14.8 gC/m·a。

地形至少以以下两种方式影响 NPP 的估算：①地形效应引起的小气候变化；②地形引起的水分和营养物质的侧向迁移等。因此，学者们设计了以下相应处理策略来抑制地形对 NPP/GPP 估算的影响。

1. 考虑山区小气候的 NPP/GPP 估算

为了改善 BEPS 模型在复杂地表模拟 NPP 的精度，王培娟等（2006）选择长白山自然保护区为研究区，对 BEPS 模型中的太阳辐射计算模块进行了改进。在计算复杂地表总入射辐射时考虑了地形对各个辐射分量（太阳直射、天空散射以及邻近地形的附加辐射）的影响，在此基础上模拟了长白山地区的植被 NPP。BEPS 模型改进前后 NPP 的模拟结果如表 6.9 所示。从精度验证结果来看，经地形改进后 NPP 的模拟偏差明显小于改进前，R² 也较改进前有一定程度的提高，这说明经地形改进后 BEPS 模型能够更真实地模拟复杂地表情况，有效减小了模拟结果的不确定性。根据标准偏差可以看出，经地形改进后的 NPP 模拟值比改进前的 NPP 模拟值更稳定。同时，改进前的 NPP 结果存在高估的现象，从 NPP 统计结果的最大值、平均值以及标准偏差均可以看出这一现象。

表 6.9　BEPS 模型改进前后 NPP 模拟结果的统计对比（王培娟等，2006）

	模拟结果统计/（gC/m² · a）				精度验证	
	最小值	最大值	平均值	标准偏差	R^2	平均偏差/（gC/m² · a）
改进前	0	797.267	435.748	178.344	0.8401	62.8
改进后	0	763.853	355.122	147.701	0.8641	44.2

地表接收到的太阳辐射（R_s）对植被 GPP 的模拟有重要影响，Sabetraftar 等（2011）分析了 GPP 对考虑地形效应前后计算的 R_s 的敏感性。研究结果表明，考虑地形影响的 GPP 模拟结果能够反映出 Cotter 河流域尺度内部的空间分异特征，GPP 较大的方差也相应地反映出地形因素对太阳入射辐射的影响，比如地形遮蔽、太阳直射地表等。然而，整个 Cotter 河流域尺度上日平均 GPP 值对考虑地形效应前后计算的 R_s 并不太敏感，这可能是由于日最小值和最大值容易相互抵偿所致。

Huang 等（2010）利用光能利用率（Light-Use Efficiency，LUE）模型估算了日本 Yoshino 山区常绿针叶林的年净初级生产力（NPP），并评估了地形对 NPP 的影响。光能利用率模型的主要输入参数包括 NDVI 和气象数据（气温、太阳辐射）。该研究通过设置 4 个不同的实验（实验 1：NDVI 和气象数据均未进行地形校正；实验 2：只对 NDVI 进行地形校正；实验 3：只对气象数据进行地形校正；实验 4：NDVI 和气象数据均进行了地形校正）来分析地形对山区 NPP 估算的影响，结果如表 6.10 和图 6.14 所示。从表 6.10 中可以看出，与实验 1 得到的 NPP 均值相比，消除 NDVI 地形效应后（实验 2）的 NPP 估算值有显著增加，而只对气象数据进行地形校正后（实验 3）NPP 估算均值则有很小的变化。同时考虑地形对 NDVI 和气象数据的影响（实验 4）得到的 NPP 精度最高，与地面实测值最为接近。

表 **6.10**　**NPP 估算结果**（Huang 等，2010）

方法	NPP/（kg /m² · a）				
	均值	偏差	最大值	最小值	标准差
地面观测	1.74	–	–	–	–
实验 1	1.59	−0.86	1.99	0.64	0.15
实验 2	1.90	9.2	2.33	0.93	0.11
实验 3	1.54	−11.5	1.92	0.61	0.15
实验 4	1.80	3.4	2.16	0.90	0.09

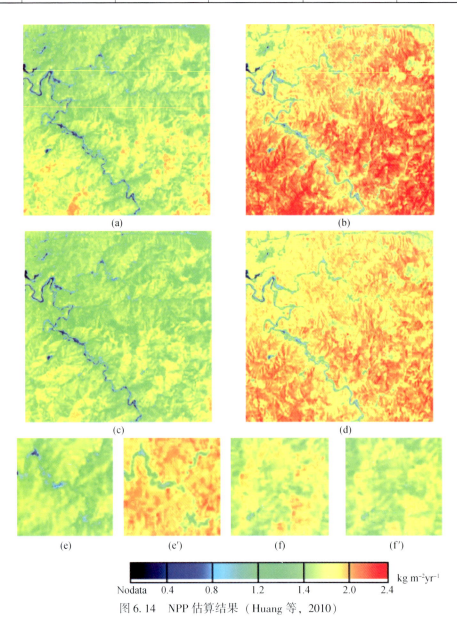

图 6.14　NPP 估算结果（Huang 等，2010）

（a）实验 1；（b）实验 2；（c）实验 3；（d）实验 4；（e）和（e′）为实验 1 和 2 的局部对比图；
（f）和（f′）为实验 1 和 3 的局部对比图

2. 考虑水分和营养物质侧向迁移的 NPP/GPP 估算

目前大多陆地生态系统模拟模型并未考虑地形对地表水分侧向流动等的影响，由此增加了复杂地形区碳水通量模拟的不确定性。Chen 等（2007）利用 BEPS+TerrainLab 耦合模型（图 6.15）模拟了陕西省灞河流域 2003 年的森林植被 NPP，其中 TerrainLab 为分布式水文模型，用于模拟地下水位和土壤水含量等信息。该研究设计了 4 组不同的实验，分析不同景观尺度上地形对 NPP 模拟精度的影响。其中，实验 1 同时考虑了地形对气象因子和山区地表水分运动的影响；实验 2 只考虑了地形对气象要素的影响；实验 3 只考虑了土壤水分平衡模块中由于相邻像元不同的地形梯度引起的水文效应；实验 4 则将复杂地形区作为平坦区域对待，未考虑地形效应。研究结果表明，实验 1 得到的 NPP 模拟结果的精度最高，与地面实测 NPP 之间的 R^2 达到 0.82（表 6.11），NPP 的空间分布如图 6.16 所示。从图 6.16 可以看出，NPP 模拟值与海拔是显著相关的。当海拔<1350m 时，NPP 随着海拔的增加而增加。当海拔>1350m 时，NPP 随着海拔的增加而减小。海拔每增加 100m，将导致大约 25 g C/m^2·a NPP 的减少，3000m 以上的森林 NPP 均值仅是 NPP 峰值（1350m 处）的 50%。这一现象产生的原因可能是由于植被生长的生理学最优温度与气温随海拔的变化之间的相互作用及影响造成的。当海拔高度<1900m 时，坡向对森林植被 NPP 的影响也比较显著。NPP 模拟值从 0°（正北）方向开始增加，在 180°（正南）左右时达到最大，这与太阳直射辐射随坡度的变化规律相一致。NPP 在西北方向达到最小值，然后又开始增大；NPP 模拟值随坡向的变化幅度在 6% 以内。当海拔高度>1900m 时，NPP 随坡向的变化无明显规律。与太阳辐射相比，温度在这一区域所起的作用更为重要。因此，该区域的坡向对 NPP 的影响不如海拔高度的影响程度大。

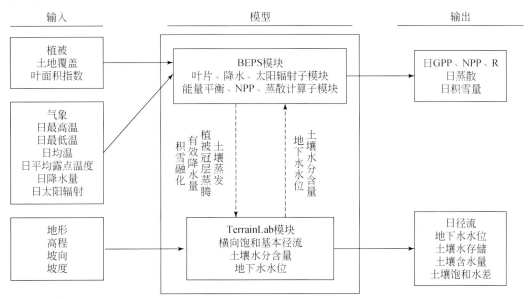

图 6.15　BEPS-TerrainLab 耦合模型示意图（改自 Chen 等，2007）

表 6.11 NPP 模拟值与实测值之间的比较

实验	回归方程	R^2
1	$y = 0.64(\pm 0.11)x + 307.4(\pm 91.4)$	0.82
2	$y = 0.66(\pm 0.14)x + 277.7(\pm 111.4)$	0.76
3	$y = 0.47(\pm 0.12)x + 490.97(\pm 102.5)$	0.65
4	$y = 0.46(\pm 0.13)x + 495.35(\pm 103.5)$	0.64

注：y 为 NPP 模拟值；x 为 NPP 地面实测值。

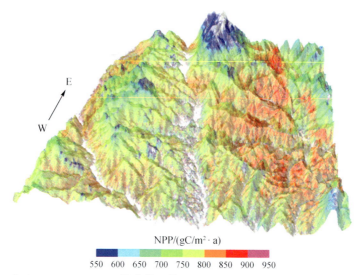

$NPP/(gC/m^2 \cdot a)$

550 600 650 700 750 800 850 900 950

图 6.16 基于 BEPS-TerrainLab 耦合模型模拟的 NPP 空间分布结果（白色区域为裸土）

Govind 等（2009）针对加拿大北方生态系统（Boreal Ecosystems）的特点，对 BEPS-TerrainLab 模型进行改进从而发展了 BEPS-TerrainLab V2.0 算法模型，其模拟的生态水文过程如图 6.17 所示。利用加拿大 Fluxnet 研究网络的 Old Black Spruce 站点连续两年（2004~2005）的 GPP 地面观测数据对 BEPS-TerrainLab V2.0 的进行验证表明，GPP 模拟值与实测值之间具有较好的一致性，两者之间的 R^2 达到 0.9183（图 6.18）。模型模拟的年 GPP 结果如图 6.19 所示，其中针叶林 2004 和 2005 年的年平均 GPP 分别为 610 和 704 gC/m² a，落叶和混交林 2004 年和 2005 年的年平均 GPP 分别为 1046 和 1250 gC/m²a，湿地植被在这两年的年平均 GPP 分别为 457 和 501 gC/m²a。

虽然仅考虑气象因子的地形效应可以在一定程度上提高山地 NPP/GPP 的估算精度，但是要在本质上解决山地 NPP/GPP 估算问题，必须考虑地形对山地物质循环和能量平衡过程的影响。山地生态水文过程的模拟可考虑采取以下途径：①假设复杂地形不会引起生态过程和模型结构的改变，直接使用平地模型，但考虑模型输入参数、状态变量和边界条件的时-空异质性，采用等效参数作为模型的输入。②假设平地生态过程的动力学机制是已知的，认为山地对象是由大量确定的、具有一定层级结构且相互级联的微观动力系统组成的复合系统。③认为山地与平地的生态过程具有迥异的物理规律，考虑重力作用引起的物质循环和能量交换的方向性，重新定义山地生态机理模型。该建模思路可能相对复杂，尚未见相关文献报道，但也是山地生态机理建模可能取得重大突破的方向（李爱农等，2016b）。

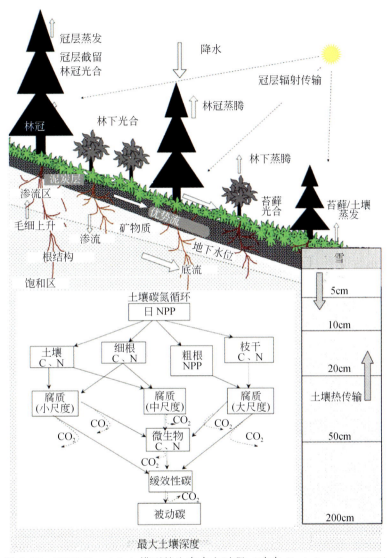

图 6.17　BEPS-TerrainLab 模型的生态水文过程（改自 Govind et al.，2009）

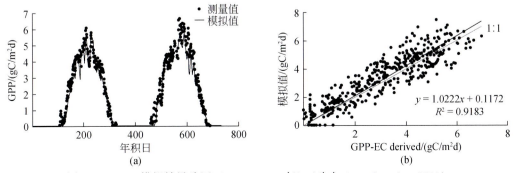

(a)　　　　　　　　　　　　　(b)

图 6.18　GPP 模拟结果验证（2004～2005 年）（改自 Govind et al.，2009）

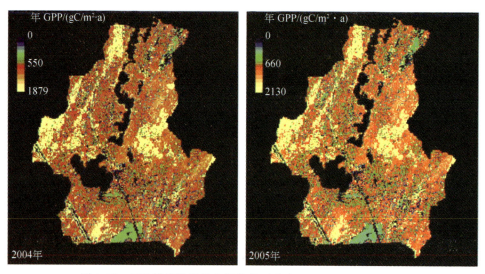

图 6.19　GPP 模拟结果的空间分布（改自 Govind et al.，2009）

6.8　小　　结

　　本章主要阐述了植被生物物理参数遥感估算方法、当前主要生物物理参数遥感产品、山地生物物理参数遥感估算存在的问题及相关的研究实例。目前植被生物物理参数在山区的遥感估算研究还不成熟，仍处于探索的初步阶段。山地除了具有复杂的几何形态外，在能量平衡和物质交换过程中也存在特殊性。山地植被生物物理参数反演的许多基础问题尚未解决，比如如何构建可以兼顾准确性和简洁性的山地模型，如何发展面向复杂地形的地面试验方案，如何有效统合山地模型与观测信息等。只有模型、观测和数据处理方法 3 个环节的共同进步和有机结合才能促进山地定量遥感的进一步发展。

　　目前，山地生物物理参数反演还面临许多挑战，但同时也存在重大机遇。反演山地生态参量不仅需要已有理论和方法的提升，还需要方法论上的突破。开展山地定量遥感研究，反演山地地表生态参量既是对已有遥感学科体系的继承，又是对学科的发展和创新。

参 考 文 献

鲍晨光，范文义，李明泽，姜欢欢 . 2009. 地形校正对森林生物量遥感估测的影响 . 应用生态学报，20（11）：2750～2756.

董德进，周国模，杜华强，徐小军，崔瑞蕊，沈振明 . 2011. 6 种地形校正方法对雷竹林地上生物量遥感估算的影响 . 林业科学，47（12）：1～8.

方精云，刘国华，徐嵩龄 . 1996. 我国森林植被的生物量和净生产量 . 生态学报，16（5）：497～508.

冯晓明，赵英时 . 2006. 多角度卫星遥感多阶段目标决策反演研究 . 中国科学（地球科学），36：672～679.

高峰，李小文 . 1998. 基于知识的分阶段不确定性多角度遥感反演 . 中国科学（地球科学），28：346～350.

靳华安，李爱农，边金虎，赵伟，张正健，南希 . 2016. 西南地区不同山地环境梯度叶面积指数遥感反演 . 遥感技术与应用，31（1）：42 ~ 50.

李爱农，边金虎，张正健，赵伟，尹高飞 . 2016a. 山地遥感主要研究进展、发展机遇与挑战 . 遥感学报 . 20（5）：1993 ~ 2002.

李爱农，尹高飞，靳华安，边金虎，赵伟 . 2016b. 山地地表生态参量遥感反演的理论、方法与问题 . 遥感技术与应用，31（1）：1 ~ 11.

李航 . 2012. 统计学习方法 . 北京：清华大学出版社 .

李曼曼，刘峻明，王鹏新 . 2012. 基于粒子滤波的 LAI 时间序列重构算法设计与实现 . 中国农业科技导报，14：61 ~ 68.

李小文，高峰 . 1997. 遥感反演中参数的不确定性与敏感性矩阵 . 遥感学报，1：5 ~ 14.

李小文，胡宝新 . 1998. 先验知识在遥感反演中的作用 . 中国科学（地球科学），28（1）：67 ~ 72.

李小文，王锦地 . 1995. 植被光学遥感模型与植被结构参数化 . 北京：科学出版社 .

李新，程国栋 . 1999. 任意地形条件下太阳辐射模型的改进 . 科学通报，44（9）：993 ~ 998.

梁顺林，程洁，贾坤，江波，刘强，刘素红，肖志强，谢先红，姚云军，袁文平，张晓通，赵祥 . 2016. 陆表定量遥感反演方法的发展新动态 . 遥感学报，20（5）：875 ~ 898.

廖钰冰，陈新芳，陈喜，张丹荣，关保华，周峰 . 2011. 地形校正对叶面积指数遥感估算的影响 . 遥感信息，5：47 ~ 51.

柳钦火，曹彪，曾也鲁，李静，杜永明，闻建光，范渭亮，赵静，杨乐 . 2016. 植被遥感辐射传输建模中的异质性研究进展 . 遥感学报，20（5）：933 ~ 945.

王开存，周秀骥，刘晶淼 . 2004. 复杂地形对计算地表太阳短波辐射的影响 . 大气科学，28（4）：625 ~ 633.

王培娟，孙睿，朱启疆，谢东辉，陈镜明 . 2006. 复杂地形条件下提高 BEPS 模型模拟能力的途径 . 中国图象图形学报，11（7）：1017 ~ 1025.

闻建光，柳钦火，肖青，刘强，李小文 . 2008. 复杂山区光学遥感反射率计算模型 . 中国科学（地球科学），38（11）：1419 ~ 1427.

杨华，许王莉，赵红蕊，陈雪，王锦地 . 2003. 定量遥感正则化反演中的信息流及其控制 . 中国科学（地球科学），33：799 ~ 808.

杨勇帅，李爱农，靳华安，尹高飞，赵伟，雷光斌，边金虎 . 2016. 中国西南山区 GEOV1、GLASS 和 MODIS LAI 产品的对比分析 . 遥感技术与应用，31（3）：438 ~ 450.

袁文平，蔡文文，刘丹，董文杰 . 2014. 陆地生态系统植被生产力遥感模型研究进展 . 地球科学进展，29（5），541 ~ 550.

朱文泉，潘耀忠，张锦水 . 2007. 中国陆地植被净初级生产力遥感估算 . 植物生态学报，31（3），413 ~ 424.

朱小华，冯晓明，赵英时 . 2012. 基于 LAI 空间知识的多尺度多阶段目标决策反演 . 中国科学（地球科学），42：246 ~ 255.

Atzberger C，Richter，K. 2012. Spatially constrained inversion of radiative transfer models for improved LAI mapping from future Sentinel-2 imagery. Remote Sensing of Environment，120，208 ~ 218.

Atzberger C. 2004. Object-based retrieval of biophysical canopy variables using artificial neural nets and radiative transfer models. Remote Sensing of Environment，93（1），53 ~ 67.

Baccini A，Friedl M，Woodcock C，Warbington R. 2004. Forest biomass estimation over regional scales using multisource data. Geophysical Research Letters，31（10）

Bacour C，Baret F，Beal D，Weiss M，Pavageau K. 2006. Neural network estimation of LAI，fAPAR，fCover and LAI×C（ab），from top of canopy MERIS reflectance data：principles and validation. Remote Sensing of Environment，105（4）：313 ~ 325.

Bacour C, Jacquemoud S, Tourbier Y, Dechambre M, Frangi J P. 2002. Design and analysis of numerical experiments to compare four canopy reflectance models. Remote Sensing of Environment, 79 (1): 72~83.

Baret F, Buis S. 2008. Estimating canopy characteristics from remote sensing observations: review of methods and associated problems. Advances in land remote Sensing, Springer.

Baret F, Guyot G, Major D. 1989. TSAVI: a vegetation index which minimizes soil brightness effects on LAI and APAR estimation. In, Geoscience and Remote Sensing Symposium, 1989. IGARSS' 89. 12th Canadian Symposium on Remote Sensing. , 1989 International (pp. 1355~1358): IEEE.

Baret F, Guyot G. 1991. Potentials and limits of vegetation indices for LAI and APAR assessment. Remote Sensing of Environment, 35 (2): 161~173.

Baret F, Morissette J T, Fernandes R A, Champeaux J L, Myneni R B, Chen J, Plummer S, Weiss M, Bacour C, Garrigues S, Nickeson J E. 2006. Evaluation of the representativeness of networks of sites for the global validation and intercomparison of land biophysical products: proposition of the CEOS-BELMANIP. IEEE Transactions on Geoscience and Remote Sensing, 44 (7): 1794~1803.

Baret F, Weiss M, Allard D, Garrigue S, Leroy M, Jeanjean H, Fernandes R, Myneni R, Privette J, Morisette J, Bohbot H, Bosseno R, Dedieu G. 2012. VALERI: a network of sites and a methodology for the validation of medium spatial resolution land satellite products.

Baret F, Weiss M, Lacaze R, Camacho F, Makhmara H, Pacholcyzk P, Smets B. 2013. GEOV1: LAI and FAPAR essential climate variables and FCOVER global time series capitalizing over existing products. Part1: Principles of development and production. Remote Sensing of Environment, 137: 299~309.

Baret, F, Hagolle O, Geiger B, Bicheron P, Miras B, Huc M, Berthelot B, Nino F, Weiss M, Samain O, Roujean J L, Leroy M. 2007. LAI, fAPAR and fCover CYCLOPES global products derived from VEGETATION-Part 1: Principles of the algorithm. Remote Sensing of Environment, 110 (3): 275~286.

Blackard J, Finco M, Helmer E, Holden G, Hoppus M, Jacobs D, Lister A, Moisen G. , Nelson M, Riemann R. 2008. Mapping US forest biomass using nationwide forest inventory data and moderate resolution information. Remote Sensing of Environment, 112 (4): 1658~1677.

Broge N H, Leblanc E. 2001. Comparing prediction power and stability of broadband and hyperspectral vegetation indices for estimation of green leaf area index and canopy chlorophyll density. Remote Sensing of Environment, 76 (2), 156~172.

Brown L, Chen J M, Leblanc S G, Cihlar J. 2000. A shortwave infrared modification to the simple ratio for LAI retrieval in boreal forests: an image and model analysis. Remote Sensing of Environment, 71 (1): 16~25.

Camacho F, Cemicharo J, Lacaze R, Baret F, Weiss M. 2013. GEOV1: LAI, FAPAR essential climate variables and FCOVER global time series capitalizing over existing products. Part 2: validation and intercomparison with reference products. Remote Sensing of Environment, 137: 310~329.

Camps-Valls G, Bruzzone L, Rojo-Alvarez J L, Melgani, F. 2006. Robust support vector regression for biophysical variable estimation from remotely sensed images. IEEE Geoscience and Remote Sensing Letters, 3 (3): 339~343.

Camps-Valls G, Gómez-Chova L, Muñoz-Marí J, Vila-Francés J, Amorós J, Valle-Tascon S D, Calpe-Maravilla J. 2009. Biophysical parameter estimation with adaptive Gaussian processes. In, Geoscience and Remote Sensing Symposium, 2009 IEEE International, IGARSS 2009 (pp. IV-69-IV-72): IEEE.

Chen J M, Black T A. 1992. Defining leaf-area index for non-flat leaves. Plant Cell and Environment, 15 (4): 421~429.

Chen J M, Chen X, Ju W. 2013. Effects of vegetation heterogeneity and surface topography on spatial scaling of net primary productivity. Biogeosciences, 10（7）: 4879~4896.

Chen J M, Leblanc S G. 1997. A four-scale bidirectional reflectance model based on canopy architecture. IEEE Transactions on Geoscience and Remote Sensing, 35（5）: 1316~1337.

Chen J M, Liu J, Leblanc S G, Lacaze R, Roujean J L. 2003. Multi-angular optical remote sensing for assessing vegetation structure and carbon absorption. Remote Sensing of Environment, 84（4）: 516~525.

Chen J M, Pavlic G, Brown L, Cihlar J, Leblanc S, White H, Hall R, Peddle D, King D, Trofymow J. 2002. Derivation and validation of Canada-wide coarse-resolution leaf area index maps using high-resolution satellite imagery and ground measurements. Remote Sensing of Environment, 80（1）: 165~184.

Chen W, Cao C. 2012. Topographic correction-based retrieval of leaf area index in mountain areas. Journal of Mountain Science, 9（2）: 166~174.

Chen X F, Chen J M, An S Q, Ju W M. 2007. Effects of topography on simulated net primary productivity at landscape scale. Journal of Environmental Management, 85（3）: 585~596.

Combal B, Baret F, Weiss M, Trubuil A, Mace D, Pragnere A, Myneni R, Knyazikhin Y, Wang L. 2003. Retrieval of canopy biophysical variables from bidirectional reflectance-using prior information to solve the ill-posed inverse problem. Remote Sensing of Environment, 84（4）: 1~15

Combal B, Isaka H, Trotter C. 2000. Extending a turbid medium BRDF model to allow sloping terrain with a vertical plant stand. IEEE Transactions on Geoscience and Remote Sensing, 38（2）: 798~810.

Darvishzadeh R, Skidmore A, Schlerf M, Atzberger C. 2008. Inversion of a radiative transfer model for estimating vegetation LAI and chlorophyll in a heterogeneous grassland. Remote Sensing of Environment, 112（5）: 2592~2604.

Deng F, Chen J M, Plummer S, Chen M Z, Pisek J. 2006. Algorithm for global leaf area index retrieval using satellite imagery. IEEE Transactions on Geoscience and Remote Sensing, 44（8）: 2219~2229.

Dorigo W, Richter R, Baret F, Bamler R, Wagner W. 2009. Enhanced automated canopy characterization from hyperspectral data by a novel two step radiative transfer model inversion approach. Remote Sensing, 1（4）, 1139~1170.

Dozier J, Bruno J, Downey P. 1981. A faster solution to the horizon problem. Computers & Geosciences, 7（2）: 145~151.

Dozier J, Frew J. 1990. Rapid calculation of terrain parameters for radiation modeling from digital elevation data. IEEE Transactions on Geoscience and Remote Sensing, 28（5）: 963~969.

Elvidge C D, Chen Z. 1995. Comparison of broad-band and narrow-band red and near-infrared vegetation indices. Remote Sensing of Environment, 54（1）: 38~48.

Fan W L, Chen J M, Ju W M, Nesbitt N. 2014a. Hybrid geometric optical-radiative transfer model suitable for forests on slopes. IEEE Transactions on Geoscience and Remote Sensing, 52（9）: 5579~5586.

Fan W L, Chen J M, Ju W M, Zhu G L. 2014b. GOST: A geometric-optical model for sloping terrains. IEEE Transactions on Geoscience and Remote Sensing, 52（9）: 5469~5482.

Fang H L, Liang S L, Kuusk A. 2003. Retrieving leaf area index using a genetic algorithm with a canopy radiative transfer model. Remote Sensing of Environment, 85（3）: 257~270.

Fernandes R, Butson C, Leblanc S, Latifovic R. 2003. Landsat-5 TM and Landsat-7 ETM+ based accuracy assessment of leaf area index products for Canada derived from SPOT-4 VEGETATION data. Canadian Journal of Remote Sensing, 29（2）, 241~258.

Fillol E, Baret F, Weiss M, Dedieu G, Demarez V, Gouaux P, Ducrot D. 2006. Cover fraction estimation from high resolution SPOT HRV & HRG and medium resolution SPOT - VEGETATION sensors: validation and comparison over Southwest France. In Proceedings of the Second International Symposium on Recent Advances in Quantitative Remote Sensing, Torrent (Valencia), Spain.

Fraser R, Li Z. 2002. Estimating fire- related parameters in boreal forest using SPOT VEGETATION. Remote sensing of environment, 82 (1): 95 ~ 110.

Ganguly S, Nemani R R, Zhang G, Hashimoto H, Milesi C, Michaelis A, Wang W, Votava P, Samanta A, Melton F. 2012. Generating global leaf area index from Landsat: algorithm formulation and demonstration. Remote Sensing of Environment, 122: 185 ~ 202.

Ganguly S, Schull M A, Samanta A, Shabanov N V, Milesi C, Nemani R R, Knyazikhin Y, Myneni R B. 2008. Generating vegetation leaf area index earth system data record from multiple sensors. Part 1: theory. Remote Sensing of Environment, 112 (12): 4333 ~ 4343.

García-Haro F J, Camacho-de Coca F, Meliá J, Martínez B. 2005. Operational derivation of vegetation products in the framework of the LSA SAF project. In Proceedings of 2005 EUMETSAT Meteorological Satellite Conference, Dubrovnik, Croatia.

García-Haro F J, Camacho-de Coca F, Miralles J M. 2008. Inter-comparison of SEVIRI/MSG and MERIS/ENVISAT biophysical products over Europe and Africa. In Proceedings of the 2nd MERIS/ (A) ATSR User Workshop, Frascati, Italy.

Garrigues S, Lacaze R, Baret F, Morisette J T, Weiss M, Nickeson J E, Fernandes R, Plummer S, Shabanov N V, Myneni R B, Knyazikhin Y, Yang W. 2008. Validation and intercomparison of global Leaf Area Index products derived from remote sensing data. Journal of Geophysical Research-Biogeosciences, 113: 20

Gemmell F. 1998. An investigation of terrain effects on the inversion of a forest reflectance model. Remote Sensing of Environment, 65 (2): 155 ~ 169.

Gobron N, Pinty B, Verstraete M M, Govaerts Y. 1997. A semidiscrete model for the scattering of light by vegetation. Journal of Geophysical Research: Atmospheres, 102 (D8), 9431 ~ 9446.

Goel N S, Strebel D E. 1983. Inversion of vegetation canopy reflectance models for estimating agronomic variables. I. Problem definition and initial results using the Suits model. Remote Sensing of Environment, 13 (6): 487 ~ 507.

Gonsamo A, Chen J M. 2014a. Continuous observation of leaf area index at Fluxnet-Canada sites. Agricultural and Forest Meteorology, 189: 168 ~ 174.

Gonsamo A, Chen J M. 2014b. Improved LAI algorithm implementation to MODIS data by incorporating background, topography, and foliage clumping information. IEEE Transactions on Geoscience and Remote Sensing, 52 (2): 1076 ~ 1088.

Govind A, Chen J M, Margolis H, Ju W, Sonnentag O, Giasson M A. 2009. A spatially explicit hydro-ecological modeling framework (BEPS-TerrainLab V2.0): model description and test in a boreal ecosystem in Eastern North America. Journal of Hydrology, 367 (3): 200 ~ 216.

Gu D, Gillespie A. 1998. Topographic normalization of landsat TM images of forest based on subpixel Sun-canopy-sensor geometry. Remote Sensing of Environment, 64 (2): 166 ~ 175.

Gutman G, Ignatov A. 1998. The derivation of the green vegetation fraction from NOAA/AVHRR data for use in numerical weather prediction models. International Journal of Remote Sensing, 19 (8), 1533 ~ 1543.

Hapke B. 2012. Theory of Reflectance and Emittance Spectroscopy. Cambridge, UK Cambridge University Press.

Heinsch F A, Reeves M, Votava P, Kang S, Milesi C, Zhao M, Glassy J, Jolly W M, Loehman R, Bowker C F. 2003. GPP and NPP (MOD17A2/A3) products NASA MODIS land algorithm. MOD17 User's Guide, 1 ~ 57.

Hiratsuka Y, Wong R, Zoltai S. 1972. Index of Projects and Component Studies.

Houborg R, Anderson M, Daughtry C. 2009. Utility of an image-based canopy reflectance modeling tool for remote estimation of LAI and leaf chlorophyll content at the field scale. Remote Sensing of Environment, 113 (1), 259 ~ 274.

Houborg R, McCabe M, Cescatti A, Gao, F, Schull M, Gitelson A. 2015. Joint leaf chlorophyll content and leaf area index retrieval from Landsat data using a regularized model inversion system (REGFLEC). Remote Sensing of Environment, 159, 203 ~ 221.

Houborg R, Soegaard H, Boegh E. 2007. Combining vegetation index and model inversion methods for the extraction of key vegetation biophysical parameters using Terra and Aqua MODIS reflectance data. Remote Sensing of Environment, 106 (1): 39 ~ 58.

Huang D, Knyazikhin Y, Dickinson R E, Rautiainen M, Stenberg P, Disney M, Lewis P, Cescatti A, Tian Y H, Verhoef W, Martonchik J V, Myneni R B. 2007. Canopy spectral invariants for remote sensing and model applications. Remote Sensing of Environment, 106 (1): 106 ~ 122.

Huang D, Knyazikhin Y, Wang W, Deering D W, Stenberg P, Shabanov N, Tan B, Myneni R B. 2008. Stochastic transport theory for investigating the three-dimensional canopy structure from space measurements. Remote Sensing of Environment, 112 (1): 35 ~ 50.

Huang D, Yang W Z, Tan B, Rautiainen M, Zhang P, Hu J N, Shabanov N V, Linder S, Knyazikhin Y, Myneni R B. 2006. The importance of measurement errors for deriving accurate reference leaf area index maps for validation of moderate-resolution satellite LAI products. IEEE Transactions on Geoscience and Remote Sensing, 44 (7): 1866 ~ 1871.

Huang W, Zhang L, Furumi S, Muramatsu K, Daigo M, Li P. 2010. Topographic effects on estimating net primary productivity of green coniferous forest in complex terrain using Landsat data: a case study of Yoshino Mountain, Japan. International Journal of Remote Sensing, 31 (11): 2941 ~ 2957.

Huete A R, Liu H Q, Batchily K, van Leeuwen W. 1997. A comparison of vegetation indices global set of TM images for EOS-MODIS. Remote Sensing of Environment, 59 (3): 440 ~ 451.

Huete A R. 1988. A soil-adjusted vegetation index (SAVI). Remote sensing of environment, 25: 295 ~ 309.

Jiao T, Liu R G, Liu Y, Pisek J, Chen J M. 2014. Mapping global seasonal forest background reflectivity with Multi-angle Imaging Spectroradiometer data. Journal of Geophysical Research-Biogeosciences, 119 (6): 1063 ~ 1077.

Jin H X, Eklundh L. 2014. A physically based vegetation index for improved monitoring of plant phenology. Remote Sensing of Environment, 152: 512 ~ 525.

Jordan C F. 1969. Derivation of leaf-area index from quality of light on the forest floor. Ecology, 50 (4): 663 ~ 666.

Kaufman Y J, Tanre D. 1992. Atmospherically resistant vegetation index (ARVI) for EOS-MODIS. IEEE Transactions on Geoscience and Remote Sensing, 30 (2): 261 ~ 270.

Knyazikhin Y, Martonchik J V, Myneni R B, Diner D J, Running S W. 1998. Synergistic algorithm for estimating vegetation canopy leaf area index and fraction of absorbed photosynthetically active radiation from MODIS and MISR data. Journal of Geophysical Research-Atmospheres, 103 (D24): 32257 ~ 32275.

Koetz B, Baret F, Poilvé H, Hill J. 2005. Use of coupled canopy structure dynamic and radiative transfer models to estimate biophysical canopy characteristics. Remote Sensing of Environment, 95 (1): 115 ~ 124.

Kuusk A. 1991. Determination of vegetation canopy parameters from optical measurements. Remote Sensing of Environment, 37 (3): 207 ~ 218.

Laurent V C E, Schaepman M E, Verhoef W, Weyermann J, Chavez R O. 2014. Bayesian object- based estimation of LAI and chlorophyll from a simulated Sentinel-2 top-of-atmosphere radiance image. Remote Sensing of Environment, 140: 318 ~ 329.

Lauvernet C, Baret F, Hascoet L, Buis S, Le Dimet F X. 2008. Multitemporal- patch ensemble inversion of coupled surface- atmosphere radiative transfer models for land surface characterization. Remote Sensing of Environment, 112 (3): 851 ~ 861.

Le Toan T, Quegan S, Davidson M, Balzter H, Paillou P, Papathanassiou K, Plummer S, Rocca F, Saatchi S, Shugart H. 2011. The BIOMASS mission: mapping global forest biomass to better understand the terrestrial carbon cycle. Remote Sensing of Environment, 115: 2850 ~ 2860.

Leonenko G, Los S O, North P R J. 2013a. Retrieval of leaf area index from MODIS surface reflectance by model inversion using different minimization criteria. Remote Sensing of Environment, 139: 257 ~ 270.

Leonenko G, Los S O, North P R J. 2013b. Statistical distances and their applications to biophysical parameter estimation: information measures, M- estimates, and minimum contrast methods. Remote Sensing, 5: 1355 ~ 1388.

Li A N, Wang Q, Bian J H, Lei G B. 2015. An improved physics- based model for topographic correction of Landsat TM images. Remote Sensing, 7: 6296 ~ 6319.

Liu H Q, Huete A. 1995. A feedback based modification of the NDVI to minimize canopy background and atmospheric noise. IEEE Transactions on Geoscience and Remote Sensing 33 (2): 457 ~ 465.

Luisa E M, Frederic B, Marie W. 2008. Slope correction for LAI estimation from gap fraction measurements. Agricultural and Forest Meteorology, 148 (10): 1553 ~ 1562.

Ma H, Song J L, Wang J D, Xiao Z Q, Fu Z. 2014. Improvement of spatially continuous forest LAI retrieval by integration of discrete airborne LiDAR and remote sensing multi- angle optical data. Agricultural and Forest Meteorology, 189: 60 ~ 70.

Martinez B, Garcia- Haro F J, Camacho- de Coca F. 2009. Derivation of high- resolution leaf area index maps in support of validation activities: application to the cropland Barrax site. Agricultural and Forest Meteorology, 149 (1): 130 ~ 145.

Masson V, Champeaux J L, Chauvin F, Meriguet C, Lacaze R. 2003. A global database of land surface parameters at 1- km resolution in meteorological and climate models. Journal of Climate, 16 (9): 1261 ~ 1282.

Morisette J T, Baret F, Privette J L, Myneni R B, Nickeson J E, Garrigues S, Shabanov N V, Weiss M, Fernandes R A, Leblanc S G, Kalacska M, Sanchez- Azofeifa G A, Chubey M, Rivard B, Stenberg P, Rautiainen M, Voipio P, Manninen T, Pilant A N, Lewis T E, Iiames J S, Colombo R, Meroni M, Busetto L, Cohen W B, Turner D P, Warner E D, Petersen G W, Seufert G, Cook R. 2006. Validation of global moderate- resolution LAI products: a framework proposed within the CEOS Land Product Validation subgroup. IEEE Transactions on Geoscience and Remote Sensing, 44 (7): 1804 ~ 1817.

Mousivand A, Verhoef W, Menenti M, Gorte B. 2015. Modeling top of atmosphere radiance over heterogeneous non- lambertian rugged terrain. Remote Sensing, 7 (6): 8019 ~ 8044.

Myneni R B, Hall F G, Sellers P J, Marshak A L. 1995. The interpretation of spectral vegetation indexs. IEEE Transactions on Geoscience and Remote Sensing, 33 (2): 481 ~ 486.

Myneni R B, Hoffman S, Knyazikhin Y, Privette J L, Glassy J, Tian Y, Wang Y, Song X, Zhang Y, Smith G R, Lotsch A, Friedl M, Morisette J T, Votava P, Nemani R R, Running S W. 2002. Global products of vegetation leaf area and fraction absorbed PAR from year one of MODIS data. Remote Sensing of Environment, 83 (1): 214 ~ 231.

Nemani R, Pierce L, Running S, Band L. 1993. Forest ecosystem processes at the watershed scale: sensitivity to remotely-sensed leaf area index estimates. International Journal of Remote Sensing, 14 (13): 2519~2534.

Pasolli L, Asam S, Castelli M, Bruzzone L, Wohlfahrt G, Zebisch M, Notarnicola C. 2015. Retrieval of leaf area index in mountain grasslands in the Alps from MODIS satellite imagery. Remote Sensing of Environment, 165: 159~174.

Pasolli L, Melgani F, Blanzieri E. 2010. Gaussian process regression for estimating chlorophyll concentration in subsurface waters from remote sensing data. IEEE Geoscience and Remote Sensing Letters, 7 (3): 464~468.

Pinty B, Andredakis I, Clerici M, Kaminski T, Taberner M, Verstraete M, Gobron N, Plummer S, Widlowski J L. 2011. Exploiting the MODIS albedos with the Two - stream Inversion Package (JRC - TIP): 1. Effective leaf area index, vegetation, and soil properties. Journal of Geophysical Research: Atmospheres, 116.

Pinty B, Verstraete M M, Dickinson R E. 1990. A physical model of the bidirectional reflectance of vegetation canopies: 2. Inversion and validation. Journal of Geophysical Research: Atmospheres, 95: 11767~11775.

Pisek J, Rautiainen M, Nikopensius M, Raabe K. 2015. Estimation of seasonal dynamics of understory NDVI in northern forests using MODIS BRDF data: semi-empirical versus physically-based approach. Remote Sensing of Environment, 163: 42~47.

Privette J, Myneni R, Tucker C, Emery W. 1994. Invertibility of a 1- D discrete ordinates canopy reflectance model. Remote Sensing of Environment, 48 (1): 89~105.

Qi J, Chehbouni A, Huete A, Kerr Y, Sorooshian S. 1994. A modified soil adjusted vegetation index. Remote Sensing of Environment, 48 (2): 119~126.

Richardson A J, Wiegand C. 1977. Distinguishing vegetation from soil background information by gray mapping of Landsat MSS data.

Richter K, Atzberger C, Vuolo, F, D'Urso G. 2011. Evaluation of Sentinel- 2 spectral sampling for radiative transfer model based LAI estimation of wheat, sugar beet, and maize. IEEE Journal of Selected Topics in Applied Earth Observations and Remote Sensing, 4 (2): 458~464.

Rosema A, Verhoef W, Noorbergen H, Borgesius J J. 1992. A new forest light interaction model in support of forest monitoring. Remote Sensing of Environment, 42 (1): 23~41.

Roujean J L, Breon F M. 1995. Estimating PAR absorbed by vegetation from bidirectional reflectance measurements. Remote Sensing of Environment, 51 (3): 375~384.

Roujean J L., Lacaze R. 2002. Global mapping of vegetation parameters from POLDER multiangular measurements for studies of surface-atmosphere interactions: A pragmatic method and its validation. Journal of Geophysical Research: Atmospheres, 107 (D12).

Rouse Jr J, Haas R, Schell J, Deering D. 1974. Monitoring vegetation systems in the Great Plains with ERTS. NASA special publication, 351: 309.

Sabetraftar K, Mackey B, Croke B. 2011. Sensitivity of modelled gross primary productivity to topographic effects on surface radiation: a case study in the Cotter River Catchment, Australia. Ecological Modelling, 222 (3): 795~803.

Saltelli A, Ratto M, Andres T, Campolongo F, Cariboni J, Gatelli D, Saisana M, Tarantola S. 2008. Global Sensitivity Analysis. West Sussex, England: John Wiley & Son.

Schaaf C B, Li X W, Strahler A H. 1994. Topographic effects on bidirectional and hemisphericalreflectances calculated with a geometric- optical canopy model. IEEE Transactions on Geoscience and Remote Sensing, 32 (6): 1186~1193.

Shabanov N V, Huang D, Knjazikhin Y, Dickinson R E, Myneni R B. 2007. Stochastic radiative transfer model for mixture of discontinuous vegetation canopies. Journal of Quantitative Spectroscopy & Radiative Transfer,

107（2）：236～262.

Shabanov N V，Huang D，Yang W Z，Tan B，Knyazikhin Y，Myneni R B，Ahl D E，Gower S T，Huete A R，Aragao L，Shimabukuro Y E. 2005. Analysis and optimization of the MODIS leaf area index algorithm retrievals over broadleaf forests. IEEE Transactions on Geoscience and Remote Sensing，43（8）：1855～1865.

Shabanov N V，Knyazikhin Y，Baret F，Myneni R B. 2000. Stochastic modeling of radiation regime in discontinuous vegetation canopies. Remote Sensing of Environment，74（1）：125～144.

Simic A，Chen J M，Liu J，Csillag F. 2014. Spatial Scaling of Net Primary Productivity Using Subpixel Information. Remote Sensing of Environment，93（1）：246～258.

Soenen S A，Peddle D R，Hall R J，Coburn C A，Hall F G. 2010. Estimating aboveground forest biomass from canopy reflectance model inversion in mountainous terrain. Remote Sensing of Environment，114（7）：1325～1337.

Strahler A H，Woodcock C E，Smith J A. 1986. On the nature of models in remote sensing. Remote Sensing of Environment，20（2）：121～139.

Sun Q L，Feng X F，Ge Y，Li B L. 2015. Topographical effects of climate data and their impacts on the estimation of net primary productivity in complex terrain：a case study in Wuling Mountainous Area，China. Ecological Informatics，27：44～54.

Titov G A. 1990. Statistical description of radiation transfer in clouds. Journal of the Atmospheric Sciences，47（1）：24～38.

Verger A，Baret F，Camacho F. 2011. Optimal modalities for radiative transfer-neural network estimation of canopy biophysical characteristics：evaluation over an agricultural area with CHRIS/PROBA observations. Remote Sensing of Environment，115（2）：415～426.

Verhoef W，Bach H. 2007. Coupled soil-leaf-canopy and atmosphere radiative transfier modeling to simulate hyperspectral multi-angular surface reflectance and TOA radiance data. Remote Sensing of Environment，109（2）：166～182.

Verhoef W，Bach H. 2012. Simulation of Sentinel-3 images by four-stream surface-atmosphere radiative transfer modeling in the optical and thermal domains. Remote Sensing of Environment，120：197～207.

Verhoef W. 1984. Light scattering by leaf layers with application to canopy reflectance modeling：the SAIL model. Remote Sensing of Environment，16（2）：125～141.

Verhoef W. 1985. Earth observation modeling based on layer scattering matrices. Remote Sensing of Environment，17（2）：165～178.

Verhoef W. 1998. Theory of radiative transfer models applied in optical remote sensing of vegetation canopies. Wageningen Agricultural University.

Vermote E F，Tanré D，Deuze J L，Herman M，Morcette J J. 1997. Second simulation of the satellite signal in the solar spectrum，6S：an overview. IEEE Transactions on Geoscience and Remote Sensing，35（3），675～686.

Verrelst J，Alonso L，Camps-Valls G，Delegido J，Moreno J. 2012a. Retrieval of vegetation biophysical parameters using Gaussian process techniques. IEEE Transactions on Geoscience and Remote Sensing，50（5）：1832～1843.

Verrelst J，Munoz J，Alonso L，Delegido J，Rivera J P，Camps-Valls G，Moreno J. 2012b. Machine learning regression algorithms for biophysical parameter retrieval：opportunities for Sentinel-2 and-3. Remote Sensing of Environment，118：127～139.

Verrelst J，Rivera J P，Leonenko G，Alonso L，Moreno J. 2014. Optimizing LUT-based RTM inversion for semi-automatic mapping of crop biophysical parameters from Sentinel-2 and-3 data：role of cost functions. IEEE

Transactions on Geoscience and Remote Sensing, 52 (1): 257~269.

Verstraete M M, Pinty B, Myneni R B. 1996. Potential and limitations of information extraction on the terrestrial biosphere from satellite remote sensing. Remote Sensing of Environment, 58 (2): 201~214.

Wang J D, Li X W. 2008. Knowledge database and inversion. In Advances in Land Remote Sensing, Springer.

Wang Y J, Tian Y H, Zhang Y, El-Saleous N, Knyazikhin Y, Vermote E, Myneni R B. 2001. Investigation of product accuracy as a function of input and model uncertainties-case study with SeaWiFS andMODIS LAI/FPAR algorithm. Remote Sensing of Environment, 78 (3): 299~313.

Weiss M, Baret F, Myneni R B, Pragnere A, Knyazikhin Y. 2000. Investigation of a model inversion technique to estimate canopy biophysical variables from spectral and directional reflectance data. Agronomie, 20 (1): 3~22.

Xiao Z Q, Liang S L, Wang J D, Chen P, Yin X J, Zhang L Q, Song J L. 2014. Use of general regression neural networks for generating the GLASS leaf area index product from time-series MODIS surface reflectance. IEEE Transactions on Geoscience and Remote Sensing, 52 (1): 209~223.

Xiao Z Q, Liang S L, Wang J D, Song J L, Wu X Y. 2009. A temporally integrated inversion method for estimating leaf area index from MODIS data. IEEE Transactions on Geoscience and Remote Sensing, 47 (8): 2536~2545.

Xiao Z, Wang J, Liang S, Zhou H, Li X, Zhang L, Jiao Z, Liu Y, Fu Z. 2012. Variational retrieval of leaf area index from MODIS time series data: examples from the Heihe river basin, north-west China. International Journal of Remote Sensing, 33 (3): 730~745.

Yang G J, Pu R L, Zhang J X, Zhao C J, Feng H K, Wang J H. 2013. Remote sensing of seasonal variability of fractional vegetation cover and its object-based spatial pattern analysis over mountain areas. ISPRS Journal of Photogrammetry and Remote Sensing, 77: 79~93.

Yin G F, Li J, Liu Q H, Fan W L, Xu B D, Zeng Y L, Zhao J. 2015a. Regional leaf area index retrieval based on remote sensing: the role of radiative transfer model selection. Remote Sensing, 7 (4): 4604~4625.

Yin G F, Li J, Liu Q H, Li L H, Zeng Y L, Xu B D, Yang L, Zhao J. 2015b. Improving leaf area index retrieval over heterogeneous surface by integrating textural and contextual information: a case study in the Heihe River Basin. IEEE Geoscience and Remote Sensing Letters, 12 (2): 359~363.

Yin G F, Li J, Liu Q H, Zhong B, Li A N. 2016. Improving LAI spatio-temporal continuity using a combination of MODIS and MERSI data. Remote Sensing Letters, 7 (8): 771~780.

Zhang X, Ni-meister W. 2014. Biophysical Applications of Satellite Remote Sensing. Milwaukee, WIUSA: Springer.

Zhang Y, Qu Y, Wang J, Liang S, Liu Y. 2012. Estimating leaf area index from MODIS and surface meteorological data using a dynamic Bayesian network. Remote Sensing of Environment, 127: 30~43.

第7章 山地地表能量收支参量遥感估算

7.1 概　述

山地生态系统的能量梯度的形成及其演化对山地生态系统中植被生长、水分循环、水资源分布和局地微气候形成等起着关键性的作用和影响。准确描述山地地表能量收支的空间结构及时间变化特征对了解山地生态系统的时空分布特征具有重要的意义。因此，获取山地复杂地形条件下空间异质性特征离不开对地表能量平衡相关理论知识的理解和认识。地表吸收各种辐射而增温，以及地表自身发射热辐射而降温均首先从地表开始，然后通过土壤传导到土壤深层。地表水分通过蒸发逸向空气，带走了潜热，引起地表温度的降低。因而地表温度包含了地表热量平衡各分量的信息，为加强山地地表温度的时空变异特征研究，非常有必要在认识平坦地表能量平衡特征的基础上，进一步加强对山地地表能量平衡的研究，了解山地地表能量转换规律及地表温度、辐射、能量之间的相互联系。

近年来遥感空间探测技术的迅猛发展，为准确及时获取山地地表能量收支的空间分布信息提供了可靠的途径，基于遥感技术的地表能量收支研究理论与方法也不断地取得更新与完善。本章基于地表能量平衡收支原理，重点阐述地表能量收支过程中涉及的地表温度、地表辐射以及地表水热通量等相关知识。7.2 节主要介绍地表辐射能量收支平衡的基本理论；7.3 节为地表温度遥感反演理论与方法，在介绍热红外遥感理论基础的前提下，分别对地表温度和比辐射率、地表温度热红外遥感反演方法以及地表温度反演在山地应用中的基本问题做进一步的阐述；7.4 节则主要介绍地表辐射遥感估算方法及其在山地复杂地形条件下的特殊性；7.5 节在地表温度和地表辐射估算理论的基础上，以地表水热通量的遥感估算为突破口，分别对地表的土壤热通量、显热通量、潜热通量和地表土壤水分进行介绍，并对山地地表水热通量的估算进行重点阐述。

7.2 地表辐射能量收支平衡

太阳辐射以及相伴的地球辐射是地表与大气最主要的能量源。若将地面和大气看作一个整体即整个地气系统，太阳发射的电磁波辐射除了 30% 被大气顶层反射回外太空以及 17% 被大气吸收外，大部分能量以直射和散射的形式到达地表。同时，地气系统吸收太阳辐射后以长波的形式向外辐射能量，从而保持地气系统辐射能量收支平衡。图 7.1 展示的是全球 2000 年至 2005 年年均地表能量收支平衡关系，图中的箭头方向和大小分别反映太阳辐射能量在地球系统中的传输过程和能量大小，较为准确地表达了全球地表能量收支平衡关系。

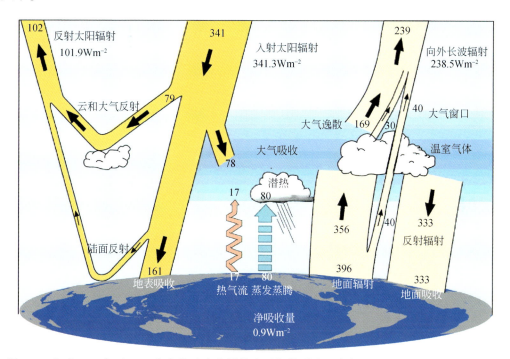

图 7.1 全球 2000 年至 2005 年年均地表能量收支平衡关系图（改自 Trenberth and Fasullo, 2012）

对地球表面来讲，地表所接收的净辐射即单位时间、单位面积地表吸收的太阳总辐射和大气逆辐射与本身发射辐射之差，是估算地表能量收支的一个重要指标，在气候研究、天气预报和土地利用等方面有广泛的应用。地表净辐射作为驱动气候变化乃至全球变化的主要能量源，其空间分布及随时间的变化特征对认识天气和气候系统有重要意义。同时，地表不同的热量和水分条件可形成不同的生态系统，研究地表净辐射对理解不同区域的生态系统发生、发展、格局和结构也具有重要的意义。

地表净辐射（R_n）可表示为地表短波净辐射（R_{ns}）和长波净辐射（R_{nl}）之和：

$$R_n = R_{ns} + R_{nl} = (1 - \alpha)R_s \downarrow + (1 - \varepsilon_s)\varepsilon_a \sigma T_a^4 - \varepsilon_s \sigma T_s^4 \qquad (7.1)$$

式中，$R_s \downarrow$ 为短波下行辐射；α 为地表反照率；$(1-\varepsilon_s)\varepsilon_a\sigma T_a^4$ 为地表接收的长波下行辐射；$\varepsilon_s\sigma T_a^4$ 为地表自身向外发射的长波辐射；ε_a 为大气有效发射率；T_a 为参考高度空气温度；ε_s 为地表比辐射率；T_s 为地表温度。

一般情况下，到达地表的净辐射能量将以各种形式向外扩散，从而使到达和离开地表的能量通量密度保持如下的守恒关系，即地表能量平衡：

$$R_n + A_h = LE + H + G + P + S \qquad (7.2)$$

式中，各项能量通量的单位为 W/m²。公式左侧代表地表的能量输入项：地表净辐射 R_n 和通过气流平流至该层的热量以及降水和流水带来的热量 A_h，在假设水平均匀的垂直一维模型中很少考虑此项。公式右侧代表地表能量输出项：地表蒸散发潜热通量 LE，显热通量 H，地表土壤热通量 G，以及在光合作用和呼吸作用中消耗的能量（P）和地表储存的能量变化（S）。其中 P 在有植被的良好条件下，可占总辐射 5% 的数量级，而在一般情况下，其比例经常在 1% 以下。S 通过观测也发现其数值大小可以忽略。因此，地表能量平衡通常简写为：

$$R_n - G = LE + H \tag{7.3}$$

地表净辐射减去土壤热通量为地表有效能量，而有效能量在潜热和显热之间的比例分配主要取决于地表的湿润状况。显热通量是由于地表温度与空间温度的差异导致的热量流通量，而潜热通量是由于水分子发生相变引起的能量变化，二者都依赖大气湍流现象来完成地面与大气间的热传递。

由以上公式可以看出，为了解地表的能量收支平衡特征，首先需掌握能量平衡公式内部各个分量的大小，涉及与地表能量平衡密切相关的地表温度、地表辐射和水热通量等关键参量的准确估算，下面分别就各关键参量的通用遥感估算方法及其在山地环境遥感反演的特殊性进行详细的介绍。

7.3 地表温度遥感反演

地表温度不仅能反映地表能量平衡特征及温室效应，同时也是地球生物化学作用、生物物理过程的重要参量。作为驱动地气系统中长波辐射传递和显热通量交换的关键因素，地表温度对地表的能量分配起着决定性的作用。在已有的很多研究和应用中，如地表蒸散发估算、土壤水分反演、城市气候研究、植被生态动态监测等，地表温度都发挥着重要的作用，并得到越来越多的关注。因此，定量获取地表温度的时空分布特征具有重要的研究意义和应用价值。就地表温度遥感反演方法而言，主要是采用热红外遥感方法与被动微波遥感方法，其中热红外地表温度反演由于其估算精度较高、更能反映地表的热环境空间分布成为地表温度遥感反演的主要手段。

就热红外遥感而言，热红外遥感是指传感器工作波段限于红外波段范围内的遥感，是应用红外遥感器（如红外摄影机、红外扫描仪）探测远距离外的植被、土壤等地物所反射或辐射红外特性差异的信息，以确定地面物体性质、状态（如温度和湿度）及变化规律的遥感技术。就其波段范围而言，目前没有严格的物理定义，通常情况下认为处于 3 ~ 14 μm 范围内。下面介绍常用的热红外地表温度遥感反演的基本理论与方法。

7.3.1 热红外遥感中涉及的温度定义

在热红外遥感研究过程中，我们往往会涉及多种温度的概念，包括"热力学温度"，"辐射温度"，"亮度温度"，"地表温度"以及"组分温度"等。为了在今后的研究过程中更为准确地区分这些定义，本节将对以上概念做简单的介绍。

1. 热力学温度 (Thermal Dynamic Temperature) 或动力学温度 (Kinetic Temperature)

热力学温度又称为分子运动温度，或真实温度。它表征的是物质内部分子的平均热能，是组成物理的分子平均传递能量的"内部"表现形式。热力学温度可以利用精度非常高、接触面非常小的温度计通过和目标接触而测量得到。热力学温度是宏观量级的，且所有处于热力学平衡中物体的热力学温度都是一样的。

2. 辐射温度 (Radiant Temperature)

自然界任何物体，只要其热力学温度大于绝对温度 0 K（−273.15℃），就会向空间发射电磁辐射。如果实际物体的总辐射出射度（包括全部波长）与某一温度绝对黑体的总辐射出射度相等，则黑体的热力学温度称为该物体的辐射温度。根据斯特藩−玻尔兹曼定律，绝对黑体的辐射温度（T_{rad}）与热力学温度（T_s）的 4 次方成正比，由此可确定物体的辐射温度，即：

$$T_{\text{rad}} = \varepsilon^{1/4} T_s (0 \leqslant \varepsilon \leqslant 1) \tag{7.4}$$

但是，由于一般物体都不是黑体，其发射率 ε 总是小于 1 的正数，故物体的辐射温度总是小于物体的实际温度。物体的发射率越小，其实际温度与辐射温度的偏离就越大。所以辐射温度从物理意义上看仅仅标志着物体表层温度或皮肤温度（Skin Temperature）。表 7.1 给出了六种典型地物的热力学温度与辐射温度的关系。

表 7.1　典型地物的热力学温度与辐射温度

对象	发射率/比辐射率	热力学温度		辐射温度	
		K	℃	K	℃
黑体	1.00	300	26.85	300.0	26.85
蒸馏水	0.99	300	26.85	299.2	26.05
粗糙玄武岩	0.95	300	26.85	296.2	23.05
光滑玄武岩	0.92	300	26.85	293.8	20.65
黑曜石	0.86	300	26.85	288.9	15.75
植被	0.98	300	26.85	298.5	25.35

3. 亮度温度 (Brightness Temperature)

物体的亮度温度（简称亮温，用 T_b 表示）指辐射出与观测物体相等的辐射能量的黑体温度，即等效黑体温度。

$$T_b(\lambda) = B_\lambda^{-1}[\varepsilon_\lambda \cdot B_\lambda(T_s)] \tag{7.5}$$

式中，$T_b(\lambda)$ 为某一观测方向上物体的亮度温度；$B_\lambda^{-1}(x)$ 为普朗克函数的反函数；

ε_λ 为该观测方向上物体的比辐射率；$B_\lambda(x)$ 为普朗克函数；T_s 为物体真实温度。根据该表达式，亮度温度可以认为与辐射温度相一致。

如果物体为选择性辐射体，那么在不同波长处观测到的亮度温度将会是不一样的。如果物体为灰体（即不同波长处观测到的亮度温度一致），则 $T_b = \varepsilon^{1/4} T_s$，即灰体的亮温与比辐射率的 1/4 次方成正比。实际工作中，可以把基于各类表观（Apparent）辐射而推导出的等效黑体温度都称之为亮温，就是说各种具体用途中"亮温"的物理含义会有一些差别，需注意甄别。

4. 地表温度（Land Surface Temperature）

地表温度的定义在很大程度上与其应用形式和观测方法有很大的关系。对于基于卫星平台或机载平台的热红外对地观测而言，由于其将地表分解成离散的不同空间尺度的像元（像元大小通常为几十米到几千米），导致地表组成的高空间异质性，致使各像元往往并非由单一的物质组成（大面积的水面、沙漠、冰雪除外）。因此遥感获取的像元温度为像元内部各种地物温度的综合（范闻捷和徐希孺，2005；徐希孺等，2001），是各地物热辐射状况的综合体现。

近年来，许多学者针对不同空间尺度遥感像元内部的空间异质性以及非同温地表特征，就非同温非均质表面的等效温度与比辐射率问题做了大量的研究工作（Becker and Li，1995；Norman and Becker，1995；Wan and Dozier，1996）。

假设卫星观测的地表混合像元内部包含 N 种同质地物类型，且每种地物类型 k 都有各自的真实温度（T_{sk}），比辐射率（ε_{sk}）以及其所对应的辐射强度（$R_{\lambda k}$）。那么，对整个像元而言，卫星观测的像元辐射强度 $\langle R \rangle_\lambda$ 和像元内各地物辐射强度 $R_{\lambda k}(k=1，\cdots，N)$ 的关系可以表示为如下关系式：

$$\langle R \rangle_\lambda = g(R_{\lambda 1}，R_{\lambda 2}，\cdots，R_{\lambda N}) \tag{7.6}$$

而对于整个像元等效温度 $\langle T_{sr} \rangle$ 和比辐射率 $\langle \varepsilon_{sr} \rangle$，也同样可以表示像元内各地物真实温度和比辐射率的函数关系式：

$$\begin{cases} \langle T_{sr} \rangle = f_T(T_{s1}，T_{s2}，\cdots，T_{sN}) \\ \langle \varepsilon_{sr} \rangle = f_\varepsilon(\varepsilon_{s1}，\varepsilon_{s2}，\cdots，\varepsilon_{sN}) \end{cases} \tag{7.7}$$

式中，函数 g，f_T，和 f_ε 的函数关系式表达并非唯一，受各种因素作用与影响。

针对卫星观测地表像元的混合像元特征，考虑到自然物体表面的热辐射的非各向同性特征（即比辐射率是具有方向性的），Norman 和 Becker（1995）根据像元各组分的比例关系分别定义了像元 e-emissivity 和 r-emissivity 等效比辐射率概念。其中 e-emissivity $[\varepsilon_{e，\lambda}(\theta，\varphi)]$ 定义为：自然物体表面的总辐射与相同温度分布下的黑体总辐射的比值，对于以上的像元结构假设，$\varepsilon_{e，\lambda}(\theta，\varphi)$ 可表示为

$$\varepsilon_{e，\lambda}(\theta，\varphi) = \frac{\sum_{i=1}^{N} a_i \cdot \varepsilon_{r，\lambda，i}(\theta，\varphi) \cdot T_{R，\lambda，i}^n(\theta，\varphi)}{\sum_{i=1}^{N} a_i \cdot T_{R，\lambda，i}^n(\theta，\varphi)} \tag{7.8}$$

式中，a_i 为组分 i 在像元中归一化后的面积比例；$\varepsilon_{r,\lambda,i}(\theta,\varphi)$ 为在 (θ,φ) 方向上各组分的比辐射率；$T^n_{R,\lambda,i}(\theta,\varphi)$ 为普朗克黑体辐射的幂函数近似。

从 e-emissivity 的函数表达式来看，像元比辐射率是像元内各组分温度的函数。而 r-emissivity 相较 e-emissivity 做了一定的简化，其简单地表示为像元内各组分比辐射率的面积加权，与各组分温度无关，具体表达式如下：

$$\varepsilon_{r,\lambda}(\theta,\varphi) = \sum_{i=1}^{N} a_i \cdot \varepsilon_{r,\lambda,i}(\theta,\varphi) \tag{7.9}$$

从上述两种像元等效比辐射率的关系式中不难看出，二者皆只适合于无多次散射的二维平面的热辐射特性，避开了组分内部的多次散射问题。

此外，在等效比辐射率的定义上，Wan 和 Dozier（1996）提出了两种新的等效比辐射率，以两个组分组成为例，分别为

$$\varepsilon_0 = \frac{\int_{\lambda_1}^{\lambda_2} f(\lambda)\left[a_1\varepsilon_1(\lambda)B(\lambda,T_1) + a_2\varepsilon_2(\lambda)B(\lambda,T_2)\right]\mathrm{d}\lambda}{\int_{\lambda_1}^{\lambda_2} f(\lambda)\left[a_1 B(\lambda,T_1) + a_2 B(\lambda,T_2)\right]\mathrm{d}\lambda} \tag{7.10}$$

$$\varepsilon_0 = \frac{\int_{\lambda_1}^{\lambda_2} f(\lambda)\left[a_1\varepsilon_1(\lambda) + a_2\varepsilon_2(\lambda)\right]\mathrm{d}\lambda}{\int_{\lambda_1}^{\lambda_2} f(\lambda)\mathrm{d}\lambda} \tag{7.11}$$

式中，λ_1 和 λ_2 分别为波段的下限和上限；a_1 和 a_2 为两种组分的面积比例；T_1 和 T_2 为组分温度；B 为普朗克函数。从这两种等效比辐射率的结构组成来看，与 Norman 和 Becker（1995）提出的等效比辐射率的定义具有异曲同工之处。

综合来讲，上述像元等效比辐射率的定义，均没有考虑像元内部不同组分的多次散射的贡献，而这种多次散射作用在山地复杂地形条件下，除了像元内部组分的贡献外，周围山地的贡献也是需要考虑的一个对象。因此，山地复杂地形条件下像元等效比辐射率的定义显得更为复杂，必须得到足够的重视。

7.3.2　地表温度热红外遥感反演方法概述

在 7.3.1 节地表温度定义的介绍中已经指出，由于遥感观测的混合像元问题无法回避，在地表温度的反演上也就不可避免地面临多组分不同温度组成的情况。因此，采用热红外遥感反演获取的像元温度为像元的平均温度，为了简化，在当前的论文和研究中统一用地表温度来表示。

地表温度的反演是热红外遥感反演的主要研究目标，目前全球或区域尺度上的地表温度主要通过热红外传感器反演得到。精确地获取地表温度的时空分布特征对地表能量平衡、全球变化及生态系统研究具有重要意义。目前，地表温度的反演主要针对极轨卫星传感器（如 TERRA/AQUA MODIS、NOAA AVHRR 等）展开。美国地球观测计划（EOS）对 MODIS 提出陆地地表温度的反演精度需优于 1K，海面温度反演精度需优于 0.3K 的反演目标，以满足全球和区域研究需求，而已有的在均匀地表如水面、沙地的地表温度精度验证

工作也证实其反演精度能够达到 1K 以内（Wan et al.，2002；Wan et al.，2004）。近些年来，随着传感器技术和遥感反演水平的不断进步，国内外众多学者在基于大气辐射传输模型近似和假设的前提下，结合热红外遥感不同波段的光谱特性，相继发展了多种形式的地表温度反演算法，主要包括单通道法（Jiménez-Muñoz et al.，2014；Qin et al.，2001）、分裂窗算法（Becker and Li，1990b；Wan and Dozier，1996）以及多通道法（Wan and Li，1997）大类。下面将对上述几类算法做简单的介绍。

假设地表为郎伯体，忽略太阳辐射的能量，热红外遥感传感器所接收的能量主要包括三个部分：经大气削弱后被传感器接收的地表热辐射，大气下行辐射经地表反射后再被大气削弱，最终被传感器接收的那部分能量和大气上行辐射，即

$$L_{\text{sensor},i} = \left[\varepsilon_i B_i(T_s) + (1 - \varepsilon_i) L_{\text{atm},i} \downarrow \right] \tau_i + L_{\text{atm},i} \uparrow \qquad (7.12)$$

式中，$L_{\text{sensor},i}$ 为传感器接收的第 i 波段的热红外辐亮度（W/m² · sr · μm）；ε_i 为第 i 波段的地表比辐射率；$B_i(T_s)$ 是普朗克黑体辐亮度（W/m² · sr · μm）；T_s 为地表温度（K）；$L_{\text{atm},i} \downarrow$ 和 $L_{\text{atm},i} \uparrow$ 分别表示大气下行辐射和大气上行辐射（W/m² · sr · μm）；τ_i 为第 i 波段从地面到传感器的大气总透过率。

1. 单通道法

单通道法即主要针对只有一个热红外通道的传感器如 Landsat-TM/ETM+ 进行地表温度反演的方法。从热红外波段辐射传输方程来看，通过传感器观测辐亮度 $L_{\text{sensor},i}$ 反演地表温度需预知地表比辐射率——"一个地表参数"和大气总透过率、大气下行辐射和大气上行辐射——"三个大气参数"。对于只有一个热红外通道的传感器而言，通过数据本身反演地表温度是"病态反演"过程。因此，在实际反演过程中，研究人员通过寻求不同的参数化方案，引入不同的假设条件，进而确定大气参数和地表比辐射率，分别提出了采用辐射传输模型的方法和单波段算法。

1）辐射传输模型法

辐射传输模型法也可称为大气校正法，即在获取实时大气温湿廓线数据的前提下，采用大气辐射传输模型（如 LOWTRAN、MODTRAN 或 6S 等）计算大气辐射和大气透过率，通过卫星传感器接收到的辐射亮度扣除大气影响而得到地表热辐射强度，并假设已知地表比辐射率，继而可求出地表温度。虽然这一方法切实可行，但是实际应用过程中除计算过程复杂外，还受多方面因素的限制。其一：大气模拟需要精确的实时（卫星过境时）大气廓线数据，包括不同高度的气温、气压、水汽含量、气溶胶含量、CO_2 含量和 O_3 含量等。对于所研究的区域而言，这些实时大气廓线数据一般是没有的。因此，大气模拟通常是使用标准大气廓线数据来替代大气实时数据，或者是用非实时的大气探空数据来替代。由于大气廓线数据的非真实性或非实时性，根据大气模拟结果所得到的大气对地表热辐射的影响的估计通常存在较大的误差，从而使得大气校正法获得的地表温度精度较差。其二：地表比辐射率的假设前提是已知的，而在辐射传输方程中，地表温度与地表比辐射率是相关联的，比辐射率的误差会影响到地表温度的估算精度。

2）单波段算法

就单波段算法而言，较为典型的是 Qin 等（2001）根据地表热辐射传输方程提出的基于 Landsat TM 热红外通道的单波段算法。该方法使用中值定理，引入大气平均作用温度 T_a 的概念来近似表达大气上行辐射和下行辐射，通过假设大气向上的平均作用温度和向下的平均作用温度相等，并在常温下对普朗克函数线性近似，提出 Landsat 5-7 热红外通道 TM6 反演地表温度的单通道算法：

$$T_s = \left[a(1 - C - D) + (b(1 - C - D) + C + D)T_{sensor} - DT_a \right]/C \tag{7.13}$$

式中，T_s 为地表温度，$C = \varepsilon\tau$，$D = (1 - \tau)[1 + (1 - \varepsilon)\tau]$，$a = -67.355351$，$b = 0.458606$，$\varepsilon$ 是地表比辐射率，τ 是大气透过率，T_{sensor} 是卫星观测地表亮度温度，T_a 是大气平均作用温度，可用近地表空气温度近似表述，见表 7.2。

表 7.2　**TM 热红外波段大气平均作用温度估算方程**（覃志豪等，2003）

大气模式	大气平均作用温度估算方程
热带大气	$T_a = 17.9769 + 0.91715T_0$
中纬度夏季大气	$T_a = 16.0110 + 0.92621T_0$
中纬度冬季大气	$T_a = 19.2704 + 0.91118T_0$
美国 1976 年标准大气	$T_a = 25.9396 + 0.88045T_0$

其中，T_0 为近地表（2m 左右）空气温度。

在该算法中，大气透过率 τ 根据大气水汽含量 ω 线性估算得到。为了区分季节和大气水汽含量对大气透过率的影响，大气透过率采用分段线性的形式来表达（表 7.3）。

表 7.3　**TM 热红外波段大气透过率估算方程**（覃志豪等，2003）

季节	大气水汽含量/（g/cm²）	大气透过率估算方程
夏季（高气温）	0.4 ~ 1.6	$\tau = 0.974290 - 0.08007\omega$
	1.6 ~ 3.0	$\tau = 1.031412 - 0.11536\omega$
冬季（低气温）	0.4 ~ 1.6	$\tau = 0.982007 - 0.09611\omega$
	1.6 ~ 3.0	$\tau = 1.053710 - 0.14142\omega$

总体来说，该算法的优点在于形式简单，仅需要三个基本参数：地表比辐射率、大气透过率和大气平均作用温度。大气透过率和大气平均作用温度可以根据近地面的大气湿度和平均气温来估计。在大多数情况下，各地方气象观测站均有对应于卫星过境时天气要素的实时观测数据。但是，该方法在参数化过程中使用的数据仍然是标准大气廓线的，并没有使用实时的大气廓线数据。

Jiménez-Muñoz 和 Sobrino（2003）提出了另一种普适性的单通道算法。该算法通过对普朗克函数在某个参考温度 T_c 附近做一阶线性泰勒级数展开，获取地表温度 T_s 的关系表达式：

$$T_s = \gamma(\lambda, T_c)\{\varepsilon_\lambda^{-1}[\Psi_1(\lambda, \omega)L_\lambda^{sensor} + \Psi_2(\lambda, \omega)] + \Psi_3(\lambda, \omega)\} + \delta(\lambda, T_c)$$

$$\tag{7.14}$$

式中，L_λ^{sensor} 是星上辐亮度；ω 为大气水汽含量；$\gamma(\lambda，T_c)$ 和 $\delta(\lambda，T_c)$ 为普朗克函数线性近似的两个参数；Ψ_1，Ψ_2 和 Ψ_3 分别为与大气参数相关的三个参数。

$$\begin{cases} \gamma(\lambda，T_c) = \left\{ \dfrac{c_2 B_\lambda(\lambda，T_c)}{T_c^2} \left[\dfrac{\lambda^4}{c_1} B_\lambda(\lambda，T_c) + \lambda^{-1} \right] \right\}^{-1} \\ \delta = -\gamma(\lambda，T_c) B_\lambda(\lambda，T_c) + 1 \end{cases} \tag{7.15}$$

式中，ε 是地表比辐射率；$c_1 = 1.19104 \times 10^8\,\text{W/m}^2 \cdot \text{sr} \cdot \mu\text{m}$；$c_2 = 14388\,\mu\text{m} \cdot \text{K}$；$T_c$ 为参考温度；参数 Ψ_1，Ψ_2 和 Ψ_3 可根据大气水汽含量 ω 来确定，对 TM 热红外波段而言：

$$\begin{cases} \Psi_1 = 0.14714\omega^2 - 0.15583\omega + 1.1234 \\ \Psi_2 = -1.1836\omega^2 - 0.37607\omega - 0.52894 \\ \Psi_3 = -0.04554\omega^2 + 1.8719\omega - 0.39071 \end{cases} \tag{7.16}$$

由以上方程可知，该方法仅需一个大气参数，即大气水汽含量，因此较 Qin 等（2001）的单通道算法更为简单。其中参考温度 T_c 在大气影响不重要（即大气水汽含量低）的情况下，可用在星上亮温 T_{sensor} 来替代。但是在大气水汽含量高的情况下，这种替代会导致较大的误差，需要其他方法来获取地表温度作为初始输入值。

2. 分裂窗算法

分裂窗算法是目前应用最广泛的温度反演方法之一，该方法由 McMillin（1975）于 1975 年估算海面温度时提出。该方法主要利用热红外大气窗口（$10.5 \sim 12.5\,\mu\text{m}$）内两个波段（如 AVHRR 第四、五通道）不同的大气吸收特性，通过这两个波段亮温的某种组合来消除大气的影响。算法有三个基本假设：

（1）海水近似为黑体，比辐射率等于 1；

（2）大气窗口的水汽吸收很弱，大气的水汽吸收系数可认为是常数；

（3）大气温度与海面温度相差不大，普朗克公式可在中心波长处的一阶线性展开公式近似。单行的分裂窗算法的表达式为

$$T_s = a_0 + a_1 T_i + a_2 T_j \tag{7.17}$$

式中，$a_0 \sim a_2$ 为系数，T_i 和 T_j 分别为大气窗口内两个波段的星上亮温。

Price（1984）首先把针对 AVHRR 数据的海面分裂窗算法应用于陆地表面。该算法的表达式为

$$T_s = \left[T_4 + 3.33(T_4 - T_5) \right] \left(\dfrac{3.5 + \varepsilon_4}{4.5} \right) + 0.75 T_5(\varepsilon_4 - \varepsilon_5) \tag{7.18}$$

式中，T_4 和 T_5 分别为 AVHRR 第四、五波段的亮温，ε_4 和 ε_5 为对应波段的比辐射率。

Becker（1987）考虑 AVHRR 第四、五通道的地表比辐射率之差对地表反演的影响，提出了一个解释热红外测量温度和地表热力学温度的差别的模型。从理论上证明了用分裂窗技术反演地表温度的可行性，并且第一次从理论上给出了使用分裂窗技术时大气和比辐射率对地表温度反演的影响。Becker 和 Li（1990b）在辐射传输方程线性近似的基础上，进一步讨论地表比辐射率对地表温度的影响，提出了局地分裂窗算法：

$$
\begin{cases}
T_s = A_0 + P(T_4 + T_5)/2 + M(T_4 - T_5)/2 \\
P = 1 + \alpha(1 - \varepsilon)/\varepsilon + \beta\Delta\varepsilon/\varepsilon^2 \\
M = \gamma + \alpha(1 - \varepsilon)/\varepsilon + \beta\Delta\varepsilon/\varepsilon^2
\end{cases}
\tag{7.19}
$$

式中，ε 为 AVHRR 影像第四和第五波段比辐射率均值；$\Delta\varepsilon$ 为两波段比辐射率之差；A_0，α，β 和 γ 为常数，可通过大气辐射传输模型用最小二乘回归方法确定。由于不同像元的比辐射率不同，所以对应的分裂窗算法的系数不同，因此该方法称为局地分裂窗算法。

Becker 和 Li（1995）在以上分裂窗算法的基础上，将大气水汽含量引入其中，使之能够适用于大多数的大气状况，其中：

$$
\begin{cases}
A_0 = -7.49 - 0.407\omega \\
P = 1.03 + (0.211 - 0.031\cos\theta \cdot \omega)(1 - \varepsilon_4) - (0.37 - 0.074\omega)(\varepsilon_4 - \varepsilon_5) \\
M = 4.25 + 0.56\omega + (3.41 + 1.59\omega)(1 - \varepsilon_4) - (23.58 - 3.89\omega)(\varepsilon_4 - \varepsilon_5)
\end{cases}
\tag{7.20}
$$

式中，ω 为大气水汽含量，θ 为卫星观测天顶角。

目前为止，所有的分裂窗算法都是在假定地表比辐射率已知的条件下发展而来的。地表温度都是通过热红外波段两个相邻波段所测量的亮度温度的线性组合或者二次多项式组合来确定的，其中组合的系数必须考虑地表比辐射率、观测角度和大气类型。地表比辐射率可以根据地表分类给定，或者通过与 NDVI 建立经验关系而确定。除去上述介绍的几种分裂窗方法外，表 7.4 列举了几个较为典型且应用较为广泛的地表温度分裂窗算法。

表7.4　几种常用的地表温度反演分裂窗算法

作者	算法表达式
Prata and Platt, 1991	$T_s = a_0 + a_1 T_i/\varepsilon + a_2 T_j/\varepsilon + a_3(1 - \varepsilon)/\varepsilon$
Vidal, 1991	$T_s = a_0 + a_1 T_i + a_2(T_i - T_j)/\varepsilon + a_3(1 - \varepsilon)/\varepsilon + a_4\Delta\varepsilon/\varepsilon$
Ulivieri et al., 1994	$T_s = a_0 + a_1 T_i + a_2(T_i - T_j) + a_3(1 - \varepsilon) + a_4\Delta\varepsilon$
Sobrino et al., 1993	$T_s = a_0 + a_1 T_i + a_2(T_i - T_j) + a_3(T_i - T_j)^2 + a_4(1 - \varepsilon) + a_5\Delta\varepsilon$
Sobrino et al., 1994	$T_s = a_0 + a_1 T_i + a_2(T_i - T_j) + a_3\varepsilon + a_4\Delta\varepsilon/\varepsilon$
Coll and Caselles, 1997	$T_s = T_i + a_0 + a_1(T_i - T_j) + a_2(T_i - T_j)^2 + a_3(1 - \varepsilon) + a_4\Delta\varepsilon$
Becker and Li, 1990b	$T_s = A_0 + P(T_i + T_j)/2 + M(T_i - T_j)/2$ $A_0 = a_0 + a_1\omega$ $P = a_2 + (a_3 + a_4\omega\cos\theta)(1 - \varepsilon) - (a_5 + a_6\omega)\Delta\varepsilon$ $M = a_7 + a_8\omega + (a_9 + a_{10}\omega\cos\theta)(1 - \varepsilon) - (a_{11} + a_{12}\omega)\Delta\varepsilon$
Wan and Dozier, 1996	$T_s = a_0 + P(T_i + T_j)/2 + M(T_i - T_j)/2$ $P = a_1 + a_2(1 - \varepsilon)/\varepsilon + a_3\Delta\varepsilon/\varepsilon^2$ $M = a_4 + a_5(1 - \varepsilon)/\varepsilon + a_6\Delta\varepsilon/\varepsilon^2$

注：T_s 为地表温度；T_i 和 T_j 为相邻热红外通道的星上亮温；ε 为两相邻通道的平均比辐射率，$\varepsilon = (\varepsilon_i + \varepsilon_j)/2$；$\Delta\varepsilon$ 为两通道比辐射率之差；a_i 为未知系数。

3. 多通道法

当前地表温度热红外遥感反演算法大部分是在假设地表比辐射率已知的前提下发展而来的。然而从地表辐射传输方程可以发现，地表比辐射率反演的精度直接决定着地表温度的反演精度。为了更加准确地实现地表温度的遥感反演，采用热红外波段多个通道信息是一个主要的研究方向。

Becker 和 Li（1990a）针对 AVHRR 数据，引入 AVHRR 位于 3.7μm 的中红外通道（第三通道），提出了基于温度不变光谱指数（TISI），利用 AVHRR 第三、四、五波段的昼夜两次观测反演地表温度和比辐射率的方法。其中夜晚 TISI 定义为

$$\text{TISI}_n = M \frac{L_3(T_{g3n})}{L_4(T_{g4n})^{\alpha_4} L_5(T_{g5n})} \tag{7.21}$$

式中，$L_3(T_{g3n})$、$L_4(T_{g4n})$ 和 $L_5(T_{g5n})$ 为 AVHRR 第三、四、五波段夜间的辐亮度；T_{g3n}、T_{g4n}、T_{g5n} 分别是对应的地面亮温；M 为一个已知的常数；α_4 用来消除地表温度对 TISI 的影响。在夜间没有太阳辐射，这时由辐亮度计算的 TISI 近似等于由比辐射率决定的 TISIE，即

$$\text{TISI}_n \approx \text{TISIE}_n = \frac{\varepsilon_3}{\varepsilon_4^{\alpha_4} \varepsilon_5} \tag{7.22}$$

式中，ε_3、ε_4、ε_5 分别为 AVHRR 第三、四、五波段的比辐射率。

白天 TISI 定义为

$$\text{TISI}_d = M \frac{L_3(T_{g3d})}{L_4(T_{g4d})^{\alpha_4} L_5(T_{g5d})} \tag{7.23}$$

式中，$L_3(T_{g3d})$、$L_4(T_{g4d})$ 和 $L_5(T_{g5d})$ 为 AVHRR 第三、四、五波段白天的辐亮度；T_{g3d}、T_{g4d}、T_{g5d} 分别是对应的白天地面亮温。由于白天第三通道的太阳辐射与地表热辐射在相同的数量级，因此必须考虑太阳辐射的影响。在忽略多次散射的前提下，第三通道辐亮度写为

$$L_3(T_{g3d}) = D_3(T_{g3d}) + \rho_3(\theta_s, \theta) R_{g3}^s(\theta_s) \cos(\theta_s) \tag{7.24}$$

式中，$D_3(T_{g3d})$ 表示不含太阳辐射贡献的第三通道观测的辐亮度；$\rho_3(\theta_s, \theta)$ 为第三通道的地表双向放射率，$R_{g3}^s(\theta_s)$ 是到达地面的太阳辐射通量。因此，白天 TISI_d 可以改写为

$$\text{TISI}_d = \text{TISIE}_d + M \frac{\rho_3(\theta_s, \theta) R_{g3}^s(\theta_s) \cos(\theta_s)}{L_4(T_{g4d})^{\alpha_4} L_5(T_{g5d})} \tag{7.25}$$

式中，$M \dfrac{D_3(T_{g3d})}{L_4(T_{g4d})^{\alpha_4} L_5(T_{g5d})} \approx \text{TISIE}_d = \dfrac{\varepsilon_3}{\varepsilon_4^{\alpha_4} \varepsilon_5}$。在假设白天与夜间比辐射率比值不变的前提下，即 $\text{TISIE}_d = \text{TISIE}_n$，便可求解第三通道的二向反射率：

$$\rho_3(\theta_s, \theta) = \frac{(\text{TISI}_d - \text{TISI}_n) L_4(T_{g4d})^{\alpha_4} L_5(T_{g5d})}{M R_{g3}^s(\theta_s) \cos(\theta_s)} \tag{7.26}$$

根据基尔霍夫定律，地表二向性反射率与比辐射率及方向形状因子 $f_3(\theta_s, \theta)$ 可建

立如下关系：

$$\rho_3(\theta_s, \theta) = \frac{1 - \varepsilon_3}{\pi} f_3(\theta_s, \theta) \tag{7.27}$$

并求得第三通道的方向比辐射率：

$$\varepsilon_3(\theta) = 1 - \frac{\pi(\mathrm{TISI_d} - \mathrm{TISI_n}) L_4(T_{g4d})^{\alpha_4} L_5(T_{g5d})}{MR_{g3}^s(\theta_s)\cos(\theta_s) f_3(\theta_s, \theta)} \tag{7.28}$$

同时获得第四和第五通道的比辐射率，并最终用于局地分裂窗算法计算地表温度。

综合来讲，这种方法通过对比白天和夜间三个通道组成的 TISI 来消除辐射能，从而提取太阳反射能。从物理推导的角度讲，这种方法是严密的，并且只要已知通道三的双向反射率的角度关系以及用于大气纠正的大气条件，就可以较精确地确定地表比辐射率。但是该方法使用由三个通道组成的 TISI，有些冗长，使算法变得较复杂，而且正如 Nerry 等（1988）指出，地表朗伯体反射的假定在大多数的情况下是不恰当的。因此，Li 等（2000）又对此方法进行了改进，通过由两个通道组成的 TISI 来提取通道三的双向反射率。此算法是基于物理推导的一种有效的计算地表方向比辐射率的方法。在计算过程中，没有使用任何经验模型，适用于任何地表覆盖类型的方向比辐射率计算，并且反演精度也很高。

随着美国地球观测计划的实施，Wan 和 Li（1997）针对 MODIS 卫星数据，提出了一种可以从 MODIS 的 7 个红外通道（通道 20，22，23，29，31，32，33）的昼夜数据反演地表温度和通道平均发射率的算法，即 MODIS 昼/夜算法，并首次实现了业务化运行。该算法根据 MOIDS 的 7 个红外通道的昼夜观测，构建 14 个方程，同时求解 14 个地表和大气参数（包括白天地表温度、夜间地表温度、7 个波段的地表比辐射率、白天的大气底层温度和水汽含量、夜间的大气底层温度和水汽含量以及二向反射比因子）。从方程数和未知数个数来看，方程组不存在病态情况，能够求解唯一解。但是在算法实际运用的过程中，由于方程数较多，计算过程比较复杂，而且由于白天和夜间同一地区的天气变化较大，很多情况不存在白天和夜间同时无云的情况，因此该算法的应用具有一定的局限性。

此外，Gillespie 等（1998）综合利用了归一化发射率法（NEM）、发射率最大最小差值法（MMD）和发射率比值法（RAT）各算法的优势，增加了一些外部约束，针对 Terra ASTER 传感器拥有 5 个热红外波段的特点，提出了一种地表温度和比辐射率分离方法，即温度/比辐射率分离法（Temperature Emissivity Separation，TES）。该算法首先利用 NEM 算法估算地表温度和比辐射率；然后利用 RAT 算法将通道比辐射率与所有通道平均值相除来计算比辐射率比值，作为比辐射率波形的无偏估计；最后根据 MMD 算法中的最小比辐射率与最大最小相对比辐射率差值的经验关系来确定最小比辐射率，进而获得比辐射率和温度。通过数值模拟实验表明，TES 算法反演地表温度与比辐射率的精度分别控制在 ±1.5 K 和 ±0.015 以内。

7.3.3　山地地表温度反演与应用基本问题

遥感技术在增强对地生态环境动态监测能力的同时，其发展也受到自身对地表空间离散表达方式的限制。特别是对于大尺度观测而言，卫星观测视场角内的空间异质性特征给数据分析、同化以及解译等工作带来很大的不确定性。在陆面地表温度研究方面，正如庄家礼等（2000）、范闻捷和徐希孺（2005）针对地表组分温度研究中所提出的：陆面目标多数为三维的、组成成分复杂的、温度分布不均一的开放复杂体，而这种复杂程度在山地复杂地形环境下更为显著。

当前，针对山地地表温度反演方面的研究还较少，地表温度反演方法也主要是根据不同的传感器和不同的热红外波段进行区分，并没针对复杂地表和平坦地表进行划分。山地地表的结构特征，主要体现在由不同地表组分组成的非同温高空间异质性结构。因此，卫星遥感观测的山地地表像元也大多为非同温三维空间混合像元。

山地地表热辐射遥感观测的特殊性主要为地形影响下的像元内部地表之间的多次散射特征。很多学者从山地复杂像元有效比辐射率的角度出发，对山地地表热辐射遥感观测过程进行了探讨（Chen et al.，2004；Chen et al.，2000；Li et al.，1999；Li and Wang，1999；陈良富和牛铮，2000）。假设地表由两种不同组分类型构成，那么该简单三维非同温地表辐射特征如图 7.2 所示。

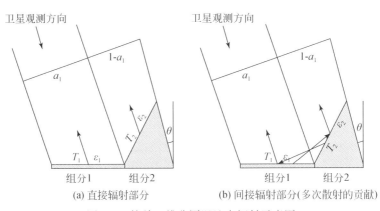

图 7.2　简单三维非同温地表辐射示意图

图 7.2 中，组分 1 和组分 2 的温度和比辐射率，在观测天顶角 θ 条件下分别为 T_1、T_2 和 ε_1、ε_2，两组分在观测方向所占面积的比例分别为 a_1 和 a_2，其中 $a_1 = 1 - a_2$。根据以上几何关系，卫星传感器所接收的地表热辐射 $L(\theta)$ 为

$$L(\theta) = L_{1d}(\theta) + L_{2d}(\theta) + \Delta L_{1s}(\theta) + \Delta L_{2s}(\theta) \tag{7.29}$$

式中，$L_{1d}(\theta)$ 和 $L_{2d}(\theta)$ 分别代表组分 1 和组分 2 在 θ 方向上的直接热辐射；$\Delta L_{1s}(\theta)$ 和 $\Delta L_{2s}(\theta)$ 分别代表两种组分的热辐射经过一次或者多次散射后被传感器接收的辐射值。由于组分内温度一致，则组分的热辐射和多次散射的贡献可以分别写成基尔霍夫定律的形式：

$$\begin{aligned} L(\theta) = &\left[a_1(\theta)\varepsilon_1(\theta)L_b(T_1) + (1 - a_1(\theta))\varepsilon_2(\theta)L_b(T_2) \right] \\ &+ \left[\Delta\varepsilon_{1s}(\theta)L_b(T_1) + \Delta\varepsilon_{2s}(\theta)L_b(T_2) \right] \end{aligned} \tag{7.30}$$

式中，右边第一个中括号项代表两种组分的直接热辐射，$L_b(T_1)$ 和 $L_b(T_2)$ 为两组分的黑体辐射亮度。第二个中括号代表由于多次散射而引起的辐射亮度的增量，$\Delta\varepsilon_{1s}(\theta)L_b(T_1)$

和 $\Delta\varepsilon_{2s}$（θ）L_b（T_2）分别是组分 1 和组分 2 的热辐射经过多次散射而对传感器的贡献，$\Delta\varepsilon_{1s}$（θ）和 $\Delta\varepsilon_{2s}$（θ）分别为两种组分热辐射因多次散射而引起的比辐射率的增量，它们只与地表几何结构、组分的光学特性和观测方向有关，而与地表组分温度无关。

Li 等（1999）、Li 和 Wang（1999）等人在考虑同温下多次散射的基础上将不同组分温差引起的辐射亮度的变化用"视在比辐射率增量"概念来表达，由此提出的非同温地表比辐射率模型首次将多次散射和非同温状况结合起来。李小文和王锦地（1999）综合三维结构与非同温组分温差的贡献，将非同温地表像元的等效发射率定义为

$$\varepsilon_0 = \varepsilon_{\mathrm{BRDF}} + \Delta\varepsilon(T \mid T_0) = \bar{\varepsilon} + \Delta\varepsilon_{\mathrm{multi}} + \Delta\varepsilon(T \mid T_0) \tag{7.31}$$

式中，$\varepsilon_{\mathrm{BRDF}}$ 为地表材料与结构决定的在假定为同温（T_0）条件下的发射率（即 $r-$emissivity 发射率）；$\bar{\varepsilon}$ 为像元的材料发射率；$\Delta\varepsilon_{\mathrm{multi}}$ 为像元内部组分之间的多次散射对 $\varepsilon_{\mathrm{BRDF}}$ 的贡献；$\Delta\varepsilon(T \mid T_0)$ 为其在给定材料、结构域温度分布（T）情况下的由对 T_0 的温差造成的视在发射率增量。

Tang 和 Li（2014）在地表温度的定义方面，分别针对平坦地表和粗糙地表提出了准确的定义。根据等效比辐射率的定义，像元的等效温度 $\langle T_{\mathrm{sr}} \rangle$ 可以表示为卫星观测像元辐射 $\langle R \rangle$ 与像元等效辐射率 $\langle\varepsilon\rangle_\lambda$ 以及大气下行辐射 $R_{at\_\lambda}\downarrow$ 之间的关系：

$$\langle R \rangle_\lambda = \langle\varepsilon\rangle_\lambda B_\lambda(\langle T_{\mathrm{sr}} \rangle) + (1 - \langle\varepsilon\rangle_\lambda)R_{at\_\lambda}\downarrow \tag{7.32}$$

对于平坦地表，在无须考虑像元内部组分之间多次散射的影响下，像元等效温度可以表示成以下关系式：

$$\langle T_{\mathrm{sr}} \rangle_\lambda = B_\lambda^{-1}\left[\frac{\sum_{i=1}^N a_i \cdot \varepsilon_{\lambda i} \cdot B_\lambda(T_i)}{\langle\varepsilon\rangle_\lambda}\right] \tag{7.33}$$

但是，对于复杂地表，由于组分内部的多次散射作用，像元辐射不能简单等同于各组分辐射的面积加权和，因此其表达式可概念性地表示为

$$\langle T_{\mathrm{sr}} \rangle_\lambda = B_\lambda^{-1}\left[\frac{\sum_{i=1}^N \varepsilon_{\lambda i} \cdot B_\lambda(T_i) \cdot F_i}{\langle\varepsilon\rangle'_\lambda}\right] \tag{7.34}$$

式中，$\langle\varepsilon\rangle'_\lambda$ 区别于 $\langle\varepsilon\rangle_\lambda$ 主要体现在前者考虑了多次散射作用。

根据以上研究可知，山地地表热辐射传输过程与平坦地表具有很大的差异性，尤其是在一些相关概念如地表温度和比辐射率的定义上，由于山地地表的多次散射作用，具有较强的复杂性。这对开展山地地表温度反演方法研究，进行山地地表温度真实性检验，带来了较大的困难。如何在理论方法讨论的基础上，进一步开展山地地表温度的相关研究工作是热红外遥感研究领域需要考虑的重点和难点所在。

为探讨山地地形因素对地表温度的遥感反演过程中不确定性的影响，Liu 等（2006）利用 ASTER 和 MODIS 不同空间尺度的热红外地表温度产品，采用空间尺度聚合的方法，通过聚合高空间分辨率 ASTER 地表温度产品并与低空间分辨率 MODIS 地表温度产品相对比，揭示了地形因素对地表温度的影响过程。

在利用 ASTER 地表温度产品向上聚合的过程中，Liu 等（2006）针对山地地形影响特征，分别考虑了地形坡度、卫星-地形角度效应和邻近地物辐射效应等因素对地表温度的影响，其影响过程分别在以下公式中体现：

1）地形坡度影响

在假设地表为朗伯体的前提下，低分辨率 MODIS 像元的热辐射（L）应为该像元对应高分辨率像元 i 的热辐射（L_i）的聚合。根据 Lipton 和 Ward（1997）的研究结果，各高分辨率像元热辐射在低分辨率尺度中的比率（r_i）与其地形坡度 α 存在以下关系：

$$L = \frac{\sum r_i L_i \sec\alpha_i}{\sum r_i \sec\alpha_i} \tag{7.35}$$

2）卫星–地形角度效应

地形起伏变化导致地表与卫星观测角度之间发生变化，Teillet 等（1982）提出了采用 Cosine 函数对地形起伏引起的角度效应进行辐射校正的方法：

$$L = \frac{L'}{\cos\gamma} \tag{7.36}$$

式中，L 为改正后的辐亮度，L' 为观测地表辐亮度，γ 是卫星观测角度与地表法线方向夹角，其具体公式为

$$\cos\gamma = \cos\alpha\cos\beta + \sin\alpha\sin\beta\cos(\varphi_s - \varphi) \tag{7.37}$$

式中，β 是卫星观测天顶角，φ_s 为卫星观测方位角，φ 是地表坡向。

3）邻近地物辐射效应

除去地物自身辐射外，邻近地物的散射作用也对卫星观测地表热辐射具有一定的作用。这种影响可通过地形可视因子采用三角函数的关系进行校正（Kondrat'ev，1969）：

$$M_a = \pi\bar{L}\frac{1 - \cos\alpha}{2} \tag{7.38}$$

式中，$\bar{L}$ 是目标像元周围地形的平均辐射。Richter（1998）指出，该邻近地形辐射效应的有效范围一般为 1～2km。

最终结合以上三种地形影响因素，Liu 等（2006）基于斯特藩–玻尔兹曼定律将 ASTER 地表温度聚合到 MODIS 地表温度产品尺度，公式如下：

$$T = \left(\frac{\sum r_i \varepsilon_i T_i^4 \sec\gamma_i \sec\alpha_i}{\varepsilon \sum r_i \sec\alpha_i} - \frac{\pi\bar{L}}{2\varepsilon}\left(1 - \frac{\sum r_i}{\sum r_i \sec\alpha_i}\right) \right)^{1/4} \tag{7.39}$$

将以上考虑地形影响的聚合结果、未考虑地形影响条件下的聚合结果分别与 MODIS 地表温度数据进行比较分析，最终的研究结果也证实了地形因素在地表温度产品聚合过程中的重要性，从另一个侧面也反映出地形条件在地表温度反演过程中是一个不可忽略的因素。

7.4　地表辐射收支参量遥感估算

地表净辐射就是地面接收来自太阳和大气层中的各种辐射与地表向外放射和反射的各种辐射的差额。地表接收两种来自于太阳和大气层中的短波辐射，一种是太阳透过大气层

直接射向地表的太阳直接辐射，另一种是太阳辐射被大气层散射后射向地表的散射辐射。而来自于大气层中的大气逆辐射却是地表唯一收入的长波辐射，这三种辐射构成地表的收入辐射。地表支出的辐射也包括三种，一是地表本身的辐射，即组成地表有效辐射的地表长波辐射。二是地表的反射，地表反射也有两种，其一是地表对太阳短波辐射的反射，其二是地表接收大气逆辐射也不能完全吸收，向外反射的长波辐射。

本节将就地表辐射收支过程中短波辐射、长波辐射的反演方法进行详细介绍，并在此基础上分别就山地环境中各辐射分量的遥感估算方法展开讨论，进一步指出山地地表辐射收支参量遥感估算的难点以及所面临的问题。

7.4.1　地表短波辐射反演

地表短波辐射主要包含三个部分：下行短波辐射、上行短波辐射和短波净辐射。其中影响下行短波辐射的因素包括太阳高度角、云、大气透过率和气溶胶含量等，而上行短波辐射和短波净辐射则可通过下行短波辐射和地表反照率计算获取。下面分别就地表反照率与地表短波净辐射的遥感反演方法，以及山地地表短波净辐射遥感估算方法进行介绍。

1. 地表反照率遥感反演

地表反照率指地表对入射的太阳辐射的反射通量与入射的太阳辐射通量的比值，是地表反射率对所有观测方向的积分。地表反照率是地面辐射场的重要要素之一，是一个广泛应用于地表能量平衡、中长期天气预测和全球变化研究的重要参数，对地表能量平衡和大气环流研究具有重要的意义。地表反照率的增加，会导致净辐射的减小，相应的潜热通量和显热通量减少，进而造成大气辐合上升减弱、云和降水减少、土壤湿度减小，使得地表反照率增加，形成一个正反馈过程。同时，云量的减少使得太阳辐射增加，净辐射加大，形成一个负反馈作用。在正负反馈作用下最终达到稳定状态的过程中，地表反照率起着关键性的作用。由此可见，地表反照率的变化，必然会改变整个地气系统的能量收支平衡，而改变大气环流系统，并引起局地乃至全球的气候变化。因此，区域或全球范围地表反照率的确定对陆面过程研究及气候模拟都有重要意义。准确计算地表反照率可以揭示局地和区域气候变化的内在机制，提高中长期气候预报的水平。

根据地表反照率的定义，地表反照率反映了地球表面对太阳辐射的反射能力，其特性为波谱特性和方向特性。因此，地表反照率根据方向特性的差异拥有不同的定义，其中比较通用的有黑天空反照率（Black Sky Albedo）、白天空反照率（White Sky Albedo）和蓝天空反照率（Blue Sky Albedo）。其中，黑天空反照率又称方向-半球反射率（DHR），即在直射光入射条件下，面元向半球空间反射的辐射能量与入射到该面元的辐射通量比值。白天空反照率又称漫射半球-半球反射率（BHR_diff），即在理想漫射光入射条件下，面元向半球空间反射的辐射能量与入射到该面元的辐射通量的比值。蓝天空反照率又称半球-半球反射率（BHR），即在自然光照条件下，面元向半球空间反射的辐射能量与入射到该面元的辐射通量的比值。

根据反照率的波谱特性，地表反照率又可分为窄波段反照率和宽波段反照率。窄波段反照率即对应某一传感器的特定波段，比如 TM/ETM 近红外波段反照率；宽波段反照率即一定波段范围内的反照率，如按照 MODIS 反照率产品的定义，可分为：短波反照率，即地表在短波波段范围（0.3~5μm）内的波段反照率；可见光反照率和近红外反照率，即地表分别在可见光波段（0.3~0.7μm）和近红外波段（0.7~5μm）波长范围内的反照率，这样定义的主要原因是植被和土壤的反射特性在这两个波段范围有明显的差异。

随着卫星遥感对地观测和信息处理技术的迅速发展，利用卫星遥感估算全球的行星反照率，进而推算地表反照率得到广泛应用，成为获取大区域乃至全球地表反照率唯一可行的方法（Liang，2001；Liang et al.，1998；陈云浩等，2001；焦子锑等，2005；李小文等，1994；王开存等，2004a）。在大气层顶，卫星传感器接收到地面向上的辐射能量由三部分组成，即由于大气中的分子、气溶胶作用从大气直接反射太空的大气反射辐射，进入大气的太阳辐射经过地面反射辐射和大气层的削弱后到达大气层顶的反射辐射以及由于大气和地面之间的多次散射而产生的向上反向散射部分。因此，遥感观测的是大气-地球系统对太阳短波辐射的反射。晴空行星反照率与地面反照率分别表征晴天无云大气-地球系统和地球表面对太阳辐射的反射能力。从物理意义上看，行星反照率不是地表和大气反照率的简单相加。当仅考虑一次地面反射时，行星反照率为地表反照率的一次函数。但若考虑到大气与地表面反照率之间的多次反射时，行星反照率与地表反照率之间应该是抛物线的关系。

目前，考虑到遥感观测中大气的影响，采用遥感反演地表反照率的方法主要分为双向反射模型和统计模型两大类。

1）双向反射率模型

理想光滑表面的反射是镜面反射，理想粗糙表面的反射是漫反射。然而由于自然界的地表大多是不均匀的，且粗糙度也各不相同，导致其发射特征既不是镜面反射也不是漫反射。地表的反射呈现出非常明显的方向性特征。在卫星遥感反演地表反照率时，大多辐射仪只能观测偏离天顶的某一个或几个固定方向上的反射率，而反照率是反射率对所有观测方向的积分。因此，入射光和反射光的"方向性特征"对地表反照率的影响就变得非常突出。为解决这一问题，采用地表二向性反射模型来反演地表反照率成为一种主要的方式。

以方向-半球反射率即黑天空反照率为例，卫星观测的波段反射率与反照率之间的关系可表示为

$$\mathrm{DHR} = \rho(\theta_i, \varphi_i, 2\pi) = \int_0^{2\pi} \int_0^{\frac{\pi}{2}} f_r(\theta_i, \varphi_i, \theta_r, \varphi_r; \lambda) \cos(\theta_r) \sin(\theta_r) \mathrm{d}\theta_r \mathrm{d}\varphi_r \quad (7.40)$$

式中，λ 为波长；θ_i、φ_i、θ_r 和 φ_r 分别为入射天顶角、入射方位角、观测天顶角和观测方位角；$f_r(\theta_i, \varphi_i, \theta_r, \varphi_r; \lambda)$ 为地表二向性反射分布函数。由上式结构可以看出，计算反照率的关键问题是如何获取地表的双向反射分布函数。为描述地表二向反射特征，目前已形成多种模型。

（1）物理模型

物理模型主要是基于入射光与地表相互作用的物理过程建立地表二向反射与地表参数之间的关系，模型参数具有明确的物理意义。以植被冠层反射模型为例，根据建模机理与

参数化方式的不同，物理模型可分为辐射传输模型、几何光学模型、几何光学-辐射传输混合模型和真实场景计算机模拟模型四类，具体模型介绍详见本书第 6 章。

（2）经验模型

经验模型是用一些数学函数来拟合二向反射分布函数，本身无需具备明确的物理意义。代表性的经验模型有 Minnaert 模型（Minnaert，1941）、Shibayama 模型（Shibayama and Wiegand，1985）、Walthall 模型（Walthall et al.，1985）及改进 Walthall 模型（Nilson and Kuusk，1989）。由于经验模型是对观测到的数据做经验性的统计描述或相关分析，具有简单、易于计算的优点。但是，经验模型的建立需要大量的实测数据，并且模型的普适性不强。

（3）半经验模型

半经验模型介于经验模型和物理模型之间，通过对物理模型的近似和简化，降低了模型的复杂度，因此既保留一定的物理定义，又兼备易于计算的优点。其中，核驱动模型是目前最为通用的一种半经验模型。它是用具有一定物理意义的核采用线性组合的方式来描述地表的二向性反射特征，即对于地表的一个非朗伯像元，其表面散射可以表示为各向同性散射、体散射和几何光学散射等 3 种组分加权和的形式（Roujean et al.，1992；Wanner et al.，1995）：

$$R(\theta_i, \theta_r, \varphi; \lambda) = f_{iso}(\lambda) + f_{vol}(\lambda)K_{vol}(\theta_i, \theta_r, \varphi) + f_{geo}(\lambda)K_{geo}(\theta_i, \theta_r, \varphi)$$

$$(7.41)$$

式中，K_{vol} 为体散射核，K_{geo} 为几何光学核，它们都是入射角和观测角的函数，与波长无关。体散射和几何光学散射在地表反射率 $R(\theta_i, \theta_r, \varphi; \lambda)$ 中所占比例通过 f_{vol} 和 f_{geo} 来权衡，f_{iso} 则用来表示各向同性散射在地表反射率中的贡献。

在采用二向反射模型反演地表反照率算法中，目前相对成熟的方法为 MODIS 的 BRDF/反照率产品算法，即 AMBRALS（Algorithm for MODIS Bidirectional Reflectance Anisotropy o the Land Surface）算法（Hu et al.，1997；Wanner et al.，1997）。该方法应用半经验的线性核驱动模型，对 16 天周期的多角度多波段 MODIS 地表反射率观测数据反演，得到 1km 空间分辨率的全球 BRDF/反照率产品。该算法的主要运行步骤包括大气校正、波段反射率的角度建模以及窄波段向宽波段反照率转换 3 个步骤。综合来讲，该算法具有明确的物理意义，但算法处理流程比较复杂，计算量大，且运算中每一步的不确定性都可能在数据处理过程中积累，影响最终结果精度。

2）统计模型

统计模型主要是根据各波段在太阳辐射中所占的权重来反演全波段反照率。假设地表为朗伯体，下垫面波段 i 的反射率为 ρ_i，相应的入射能量为 E_i，当总的入射能量为 E 时，总的反射能量 E_r 表示为 n 波段反射率与相应入射能量的加权和：

$$E_r = E_1\rho_1 + E_2\rho_2 + \cdots + E_n\rho_n \qquad (7.42)$$

则地表反照率 A 为

$$A = \frac{E_r}{E} = \frac{E_1}{E}\rho_1 + \frac{E_2}{E}\rho_2 + \cdots + \frac{E_n}{E}\rho_n \qquad (7.43)$$

实现这种方法的关键主要在于准确计算各波段的权重，一般通过实测值建立回归方程或者从能量的角度出发获取对应的系数（Liang et al.，1999）。因此，该类方法也称为直接估算法。

直接估算法的思路是舍弃多步骤的复杂反演过程，直接建立窄波段的大气层顶二向反射率或地表二向反射率与地表宽波段反照率之间的统计关系，有效削减大气校正、窄波段反照率计算以及窄波段反照率向宽波段反照率转换过程中带来的不确定性。国家高技术研究发展计划（863 计划）地球观测与导航技术领域"全球陆表特征参量产品生产与应用研究"重点项目生产发布的全球定量遥感数据产品（GLASS）中的全球地表反照率产品算法（Angular Bin 算法）便属于这类方法。Angular Bin 算法简称 AB 算法，又分为 AB1 算法：基于地表二向反射率的宽波段反照率直接反演方法（Liang，2003），以及 AB2 算法：基于大气层顶二向反射率的宽波段反照率直接反演方法（Qu et al.，2014）。

以 AB1 算法为例，AB1 算法假设地表宽波段反照率与 MODIS 前 7 个波段的地表二向反射率之间存在着多元线性回归关系，基本公式如下：

$$A = c_0(\theta_i, \theta_r, \varphi) + \sum_{n=0}^{N} c_n(\theta_i, \theta_r, \varphi)\rho_n(\theta_i, \theta_r, \varphi) \tag{7.44}$$

式中，c_n 为回归系数，ρ_n 为 MODIS 第 n 波段的地表二向反射率。

AB1 算法和 AB2 算法的特点是仅使用单一角度的输入数据，因此输出产品的时间分辨率高；另外，AB2 算法的输入数据无需做大气校正，因此回避了 MODIS 数据大气校正过程中可能引入的误差。

2. 地表短波净辐射反演

地表短波净辐射为到达地表的总太阳辐射与地表反射的太阳辐射之差，是地表净辐射的一项重要组成部分。在地表辐射交换中，地表短波净辐射是辐射能量的重要收入部分，对地表辐射平衡、地气能量交换以及各种天气系统的形成都具有决定性的意义。目前估算地表短波净辐射的方法主要包括统计回归方法、参数化方法和遥感直接反演方法。

1）统计回归方法

用统计模型来估算地表短波辐射，主要是通过建立地表下行短波辐射与大气因子之间的关系来实现。这种方法不需要清楚太阳辐射和具体的大气状况及成分，只要建立卫星观测和地表辐射观测数据之间的统计关系。较为通用的模型包括 Lacis 和 Hansen 模型（Lacis and Hansen，1974）、Gueymard 数学模型（Gueymard，1993）以及相对日照时数模型（Ångström，1924）等。该类模型的优点是其简单性，对辐射传输过程中的物理机理考虑较少。但是，由于统计模型是在某一特定区域或者大气条件下建立的，普适性较差，导致该方法在不同区域不同大气环境下的应用受到一定的限制。

2）参数化方法

参数化方法是通过建立某种物理模型模拟太阳辐射和大气直接作用来估算地表短波辐射的方法。目前大多数参数化方法只适用于晴空，阴天条件下的模型相对较少。下面分别对晴空模型和阴天模型进行简单的介绍。

（1）晴空模型

晴空模型主要有宽波段模型和波谱模型两类。宽波段模型一般是指直接对整个短波波段到达地表的辐射量进行估计的方法，波谱模型是对不同波长上到达地表的辐射通量进行估算，最终通过积分而获得整个短波波段或可见光等波段到达地表的辐射通量。在宽波段模型中，一般情况下，到达地表的下行短波辐射（I_s）由太阳直射辐射（I_d）和散射辐射（I_{as}）两部分组成，其中大气对太阳直射辐射的吸收作用通过计算大气总透过率 T_t 来实现：

$$T_t = T_A T_R T_G T_O T_W T_N \tag{7.45}$$

式中，T_A、T_R、T_W、T_N、T_O 和 T_G 分别为由于大气中气溶胶散射、瑞利散射、水汽吸收、二氯化氮臭氧吸收和混合气体吸收作用对太阳辐射的透过率。不同的宽波段参数化模型，对大气作用的考虑程度也存在一定的差异，表 7.5 对当前通用的晴空参数化模型进行简单的罗列。

表 7.5　地表下行短波辐射参数化方案主要晴空模型

模型名称	组分	参数化模型
改进的 Bird 模型（Bird and Hulstrom，1981）	直射	$I_d = I_0\cos(\theta)0.9662 T_A T_R T_G T_O T_W$
	散射	$I_{as} = I_0\cos(\theta)0.79 T_G T_O T_W T_{AA} \dfrac{0.5(1 - T_R) + B_a(1 - T_{AS})}{1 - M + M^{1.02}}$ 注：T_{AA} 为气溶胶吸收作用产生的透过率；T_{AS} 为气溶胶散射作用产生的透过率；M 为光学空气质量；B_a 为前向散射率
Davies 和 Hay 模型（Davies and Hay，1980）	直射	$I_d = I_0\cos(\theta)(T_O T_R - a_w) T_A$
	散射	$I_{as} = I_0\cos(\theta)(T_O(1 - T_R) T_A 0.5 + (T_O T_R - a_w)(1 - T_A)\omega_0 B_a$
Hoyt 模型（Hoyt，1978）	直射	$I_d = I_0\cos(\theta)(1 - \sum\limits_{i=1}^{5} a_i) T_{AS} T_R$
	散射	$I_d = I_0\cos(\theta)(1 - \sum\limits_{i=1}^{5} a_i)((1 - T_R)0.5 + (1 - T_{AS})0.75)$ 注：a_i 为大气中水汽（$i=1$），二氧化碳（$i=2$），臭氧（$i=3$），氧气（$i=4$）和沙尘（$i=5$）的吸收系数
CPCR2 模型（Gueymard，2003）	直射	$I_{di} = I_{0i}\cos(\theta) T_{Ai} T_{Ri} T_{Gi} T_{Oi} T_{Wi}$ $I_d = I_{d1} + I_{d2}$ 注：i 代表宽波段 1（290～700 nm）和宽波段 2（700～2700 nm）
	散射	$\begin{cases} I_{asRi} = I_{di}\cos(\theta) B_R T_{Gi} T_{Oi} T_{Wi} T_{AAi}(1 - T_{Ri}) \\ I_{asAi} = I_{di}\cos(\theta) B_A T_{Gi} T_{Oi} T_{Wi} T_{AAi} T_{Ri}(1 - T_{ASi}) \\ I_{asGSi} = r_g r_{si}(I_{di}\cos(\theta) + I_{asRi} + I_{asAi})/(1 - r_g r_{si}) \end{cases}$ $I_{as} = I_{asR} + I_{asA} + I_{asGS}$

波谱模型需要计算在不同波长范围内的臭氧、水汽、气溶胶以及混合气体的透过率，并在一定的波长范围内积分求和，最终获得地表短波辐射。因此，波谱模型可以计算任意

波长或者波长范围内地表的太阳辐射能量。但是由于日地距离的变化，会引起大气顶辐亮度的变化，因此同宽波段模型一样，对于波谱模型同样要对大气顶的辐亮度数据进行修正。下面以 Iqbal 波谱模型（Iqbal，1983）和 Gueymard 波谱模型（Gueymard，1995）为例，对波谱模型做简单的介绍。

①Iqbal 波谱模型

Iqbal 波谱模型估算的地表下行短波辐射同样包含太阳直射辐射和太阳散射辐射两部分，其中大气对太阳辐射的作用也理解为大气中不同组分共同作用的结果，波长 λ 的大气透过率 $T_{t\lambda}$ 可表示为

$$T_{t\lambda} = T_{O\lambda} T_{R\lambda} T_{G\lambda} T_{W\lambda} T_{A\lambda} \tag{7.46}$$

式中，$T_{O\lambda}$、$T_{R\lambda}$、$T_{G\lambda}$、$T_{W\lambda}$ 和 $T_{A\lambda}$ 分别为不同波长上臭氧吸收、瑞利散射、混合气体吸收、水汽吸收以及气溶胶散射的透过率，计算公式如下：

$$
\begin{cases}
T_{O\lambda} = \exp(1 - k_{O\lambda} u_0 wM) \\
T_{R\lambda} = \exp(-0.008735\lambda^{-4.08} M_p) \\
T_{G\lambda} = \exp[-1.41 k_{G\lambda} M / (1 + 118.93 k_{G\lambda} M)^{0.45}] \\
T_{W\lambda} = \exp[-0.2385 k_{W\lambda} wM (1 + 20.07 k_{W\lambda} wM)^{0.45}] \\
T_{A\lambda} = \exp(-\beta\lambda^{-1.3} M_p)
\end{cases} \tag{7.47}
$$

式中，λ 为波长；u_0 和 w 分别为臭氧和水汽含量；β 为 Angstrom 大气浑浊度系数；$k_{O\lambda}$、$k_{G\lambda}$ 和 $k_{W\lambda}$ 分别代表和波长相关的臭氧、混合气体和水汽的吸收系数；M 为相对空气质量；M_p 为经过压强改正的空气质量。通过上面这些复杂公式分别算出在不同波长上的透过率，乘以相应波长上的大气层顶辐亮度，然后通过在波长上的积分可以求得到达地面的太阳直接辐射量。

Iqbal 波谱模型主要根据以下公式对散射辐射计算：

$$I_{as\lambda} = E_{0\lambda} \cos(z) T_{O\lambda} T_{W\lambda} [0.5 T_{A\lambda} (1 - T_{R\lambda}) + F\omega_0 T_{R\lambda} (1 - T_{A\lambda})] \tag{7.48}$$

式中，ω_0 为单次散射反照率，可以通过 MODIS 气溶胶产品中给定的气溶胶类型获得；$F = 0.9302\cos(z)^{0.2556}$。

②Gueymard 波谱模型

Gueymard 波谱模型与 Iqbal 波谱模型计算方法类似，计算分直射辐射和散射辐射两部分。只是在直射太阳辐射计算部分，Gueymard 模型计算透过率时增加了二氧化氮的透过率 $T_{N\lambda}$：

$$T_{t\lambda} = T_{O\lambda} T_{R\lambda} T_{G\lambda} T_{W\lambda} T_{A\lambda} T_{N\lambda} \tag{7.49}$$

Gueymard 模型中大气各组分透过率的具体计算公式可参考 Gueymard（1995）一文，其光学质量 M_i 采用统一的计算公式：

$$M_i = [\cos(\theta) + a_{i1}\theta^{a_{i2}} (a_{i3} - \theta)^{a_{i4}}] \tag{7.50}$$

式中，θ 为太阳天顶角，系数如表 7.6 所示。

表 7.6　Gueymard 波谱模型光学质量系数表（Gueymard，1995）

消光过程	a_{i1}	a_{i2}	a_{i3}	a_{i4}
瑞利散射	4.5665×10^{-1}	0.07	96.4836	-1.6970
臭氧	2.6845×10^{2}	0.5	115.42	-3.2922
二氧化氮	6.0230×10^{2}	0.5	117.96	-3.4536
混合气体	4.5665×10^{-1}	0.07	96.4836	-1.6970
水汽	3.1141×10^{-2}	0.1	92.4710	-1.3814
气溶胶	3.1141×10^{-2}	0.1	92.4710	-1.3814

在散射辐射计算方面，Gueymard 模型将散射辐射分为三部分：瑞利散射辐射（$I_{asR\lambda}$）、气溶胶散射辐射（$I_{asa\lambda}$）和地面反射之后的后向散射辐射（$I_{asb\lambda}$），其计算公式分别为

$$\begin{cases} I_{asR\lambda} = F_R E_{on\lambda}(1 - T_{R\lambda}^{0.9}) \Gamma_{O\lambda} T_{G\lambda} T_{W\lambda} T_{A\lambda\lambda} T_{N\lambda} \cos(\theta) \\ I_{asa\lambda} = F_a E_{on\lambda}(1 - T_{as\lambda}) \Gamma_{O\lambda} T_{R\lambda} T_{G\lambda} T_{W\lambda} T_{A\lambda\lambda} T_{N\lambda} \cos(\theta) \\ I_{asb\lambda} = \rho_{s\lambda}(\rho_{b\lambda} E_{bn\lambda} \cos(\theta) + \rho_{d\lambda} E_{d0\lambda})/(1 - \rho_{d\lambda}\rho_{s\lambda}) \end{cases} \quad (7.51)$$

式中，具体参数含义请参考相关文献（Gueymard，1995）。

（2）阴天模型

相比于晴空状况下下行短波辐射估算方法，阴天条件下地表短波辐射的估算更为复杂，不确定性也更大。在已知云覆盖度、太阳天顶角和云光学厚度的条件下，Choudhury（1982）提出了阴天地表短波辐射估算模型，具体求解公式如下：

$$I_{gcld} = I_0(1 - F_{cld} + F_{cld}T_{cld})/(1 - F_{cld}r_g x_{cld}) \quad (7.52)$$

$$T_{cld} = 0.97(2 + 3\cos(\theta))/(4 + 0.6\tau_{cld}) \quad (7.53)$$

$$x_{cld} = 0.6\tau_{cld}/(4 + 0.6\tau_{cld}) \quad (7.54)$$

式中，I_{gcld} 为阴天地表短波总辐射；F_{cld} 为云覆盖度；τ_{cld} 为云层光学厚度；r_g 为地表反照率。

3）遥感直接反演方法

在参数化模型计算地表短波辐射中，由于参数化方法需要输入大量的参数如气溶胶光学厚度、臭氧含量等，而这些参数的可获取性以及精度水平往往限制了遥感反演精度。为了克服辅助参数对反演结果的影响，直接采用卫星观测数据反演短波辐射是一种可靠且有效的途径。

就地表辐射传输过程而言，假设地表是表面均一的郎伯体，卫星观测大气层顶辐射 $I(\mu_0, \mu, \varphi)$ 可用以下公式表示：

$$I(\mu_0, \mu, \varphi) = I_0(\mu_0, \mu, \varphi) + \frac{r_s}{1 - r_s\bar{\rho}}\mu_0 E_0 \gamma(\mu_0)\gamma(\mu) \quad (7.55)$$

式中，$I_0(\mu_0, \mu, \varphi)$ 为路径辐射；μ_0 和 μ 分别为太阳天顶角和观测天顶角的余弦；φ 为相对方位角；$\gamma(\mu_0)$ 和 $\gamma(\mu)$ 分别为太阳入射方向和卫星观测方向的大气透过率；r_s 为地表反射率；$\bar{\rho}$ 为大气球形反照率；E_0 为大气顶部辐照度。地表所接收的短波辐射则可以表示为

$$F(\mu_0) = F_0(\mu_0) + \frac{r_s}{1 - r_s\bar{\rho}}\mu_0 E_0 \gamma(\mu_0) \quad (7.56)$$

式中，$F_0(\mu_0)$ 为下行辐射不包括地面反射部分。

　　Cess 和 Vulis（1989）发现对于不同的太阳天顶角（SZA），大气顶部短波净辐射与地表短波净辐射之间几乎总是存在一种线性关系。Li 等（1993）利用这一发现，基于地表辐射传输计算方程，针对晴空和四种不同类型云的天空条件，在大气顶部输入的短波通量和地表接收的短波通量之间建立了一种参数化关系。在该参数化方案中，地表吸收系数（a_s）和大气顶部短波宽波段反照率 r 存在以下关系：

$$a_s(\mu,\ \omega,\ r) = \alpha' - \beta'r = \frac{\text{NSSR} \cdot D^2}{E_0 \cos(\theta)} \tag{7.57}$$

式中，D 表示日地距离；截距 α' 和斜率 β' 分别表示为

$$\alpha' = 1 - a_1\mu^{-1} - a_2\mu^{-x} - (1 - \exp(-\mu))(a_3 + a_4w^y)\mu^{-1} \tag{7.58}$$

和

$$\beta' = (1 + a_5 + a_6\ln\mu + a_7w^z) \tag{7.59}$$

式中，μ 是太阳天顶角的余弦；w 为大气可降水含量；$a_1 \sim a_7$、x、y 和 z 为常数。

　　根据公式可以看出，这种参数化关系只要输入太阳天顶角、大气中的水汽含量以及大气顶部的反照率就可以直接计算出地表短波净辐射。Tang 等（2006）利用这种参数化特征，基于 MODTRAN 4 辐射传输模型，在大气顶部短波宽通道反照率和窄通道的表观反射率之间建立起一种线性关系，并建立查找表，实现了 MODIS 数据大气顶部窄通道表观反射率向短波宽通道表观反照率的转换。在此前提下，采用 MODTRAN 4，模拟不同地表类型、太阳天顶角、标准大气廓线以及气溶胶类型条件下的 a_s 和 r，将地表类型分成三类：陆地表面（Land Surface）、海洋表面（Ocean Surface）和冰雪表面（Snow/ice Surface），对上式中 $a_1 \sim a_7$、x、y 和 z 进行重新标定（表 7.7）。最终依据公式便可计算得到地表短波净辐射。

表 7.7　计算地表短波辐射的参数化系数

地表类型	a_1	a_2	a_3	a_4	a_5	a_6	a_7	x	y	z
陆地	−0.011	0.179	−0.980	0.929	−0.701	0.090	0.846	0.478	0.052	−0.020
海洋	0.003	0.166	−0.774	0.733	−0.511	0.059	0.637	0.342	0.067	−0.034
冰雪	−0.011	0.163	−0.648	0.631	−0.867	−0.013	0.927	0.510	0.060	0.018

　　此外，根据大气辐射传输过程，大气的光学特性决定了大气层顶辐亮度、地表下行辐射和光合有效辐射的变化，特定的大气状况会对应特定的地表短波辐射和大气层顶辐亮度。如果有 N 种大气状态，那么就会有 N 组对应的地表短波辐射和大气层顶辐亮度。如果 N 足够多时，便可通过大气层顶辐亮度计算短波辐射。依据这一特征，Kim 和 Liang（2010）利用 MODIS 卫星数据，基于辐射传输模型，提出了反演地表短波辐射的混合方法。该方法通过查找表的方法建立大气层顶反射率、地表反射率与地表短波下行辐射 $S_{\downarrow(\theta_0,\ \theta,\ \varphi)}$ 和短波净辐射 $S_{n(\theta_0,\ \theta,\ \varphi)}$ 之间的线性关系，直接估算地表短波下行辐射和短波净辐射：

$$S_{\downarrow(\theta_0,\ \theta,\ \varphi)} = A_{\theta_0,\ \theta,\ \varphi} + \sum_{i=1}^{7} B_{i,\ \theta_0,\ \theta,\ \varphi} \cdot \rho_{\text{TOA}(i,\ \theta_0,\ \theta,\ \varphi)} \tag{7.60}$$

$$S_{n(\theta_0, \theta, \varphi)} = a_{\theta_0, \theta, \varphi} + \sum_{i=1}^{7} b_{i, \theta_0, \theta, \varphi} \cdot \rho_{\text{TOA}(i, \theta_0, \theta, \varphi)} + \sum_{i=1}^{7} c_{i, \theta_0, \theta, \varphi} \cdot \rho_{\text{S}(i, \theta_0, \theta, \varphi)} \quad (7.61)$$

式中，θ_0、θ、φ 分别为太阳天顶角、观测天顶角和相对方位角；$A_{\theta_0, \theta, \varphi}$、$B_{i, \theta_0, \theta, \varphi}$、$a_{\theta_0, \theta, \varphi}$、$b_{i, \theta_0, \theta, \varphi}$ 和 $c_{i, \theta_0, \theta, \varphi}$ 分别为多元线性回归系数；$\rho_{\text{TOA}(i, \theta_0, \theta, \varphi)}$ 和 $\rho_{\text{S}(i, \theta_0, \theta, \varphi)}$ 分别代表大气层顶波段反射率和地表波段反射率。

该混合方法采用 MODTRAN 4 辐射传输模型，模拟产生不同角度几何关系和大气状况条件下的短波辐射和大气层顶波段反射率，并以此建立短波下行辐射和短波净辐射与大气层顶反射率和地表反射率之间的关系。此外，地表高程也是影响地表短波下行辐射的因素之一。为考虑高程变化引起的大气臭氧、水汽以及气溶胶含量的变化，高程也作为模拟参数之一加入模拟数据集的构建中。表 7.8 列出了 MODTRAN 4 模型中的主要输入参数的参数设置。图 7.3 展示了混合模型估算地表短波辐射的流程图。

表 7.8 地表短波辐射混合方法中 MODTRAN 4 模型输入参数设置

参数类型	取值范围
太阳天顶角/°	0，20，40，50，60，65，70，75，80
观测天顶角/°	0，15，30，45，65
观测方位角/°	0，30，60，90，120，150，180
能见度/km	5，10，20，30，50，100，1000
高程/km	0.5，1，1.5，2，3，4，5

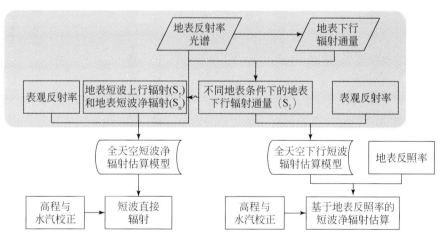

图 7.3 混合模型估算短波净辐射技术流程图（改自 Kim and Liang，2010）

图中阴影部分表示混合模型算法的机理研究模块，通过辐射传输模型模拟地表反射率光谱和地表下行辐射；其他部分为混合模型的经验统计模块

遥感直接反演方法获取的是卫星过境时刻瞬时的地表短波辐射通量，而在实际应用如陆面过程模拟等，日均地表短波辐射对地表能量平衡研究显得更为重要。在假设外部大气环境相对稳定的前提下，地表短波辐射可以近似认为呈余弦变化趋势。参考 Wang 等（2010）提出的时间插值方法，在反演获取卫星过境 t_0 时刻短波辐射 $S(t_0)$ 的前提下，白天任意时刻 t 的短波辐射 $S(t)$ 可表示为

$$S(t) = S(t_0) \frac{\sin \dfrac{(t - t_r)\pi}{t_s - t_r}}{\sin \dfrac{(t_0 - t_r)\pi}{t_s - t_r}} \tag{7.62}$$

式中，t_r 和 t_s 为日出和日落时间。

对于每天有两次卫星过境（t_1 和 t_2）观测的区域，基于两次过境获取的瞬时地表短波辐射可以计算得到白天任意时刻短波辐射变化函数 $S_{t1}(t)$ 和 $S_{t2}(t)$。因此，白天任意时刻的短波辐射 $S(t)$ 可根据时刻 t 与两次观测时刻的关系，设定不同的插值关系。当 t 在 t_r 和 t_1 之间时，短波辐射 $S(t)$ 可用 $S_{t1}(t)$ 函数表示；当 t 在 t_2 和 t_s 之间时，短波辐射 $S(t)$ 可用 $S_{t2}(t)$ 函数表示；当 t 在 t_1 和 t_2 之间时，短波辐射 $S(t)$ 则表示为两函数之间的时间加权插值：

$$S(t) = \frac{t_2 - t}{t_2 - t_1} S_{t1}(t) + \frac{t - t_1}{t_2 - t_1} S_{t2}(t) \tag{7.63}$$

最终对任意时刻 $S(t)$ 进行日尺度积分便可获取日短波辐射通量。这种方法简单易行，但是由于假设条件的限制，当大气状况在一天内的变化较大时，其估算结果的精度也将受到影响。

在利用时间插值的同时，Wang 等（2014）在混合模型的基础上，提出直接利用大气层顶反射率反演日均短波辐射通量 $S_{n(\theta_0,\ \theta,\ \varphi)}^{\mathrm{daily}}$：

$$S_{n(\theta_0,\ \theta,\ \varphi)}^{\mathrm{daily}} = \alpha_{\theta_0,\ \theta,\ \varphi} + \sum \beta_{i,\ \theta_0,\ \theta,\ \varphi} \cdot \rho_{\mathrm{TOA}(i,\ \theta_0,\ \theta,\ \varphi)} \tag{7.64}$$

该方法的不同主要体现在辐射传输模型建立查找表的过程中，同时引入了纬度和天数两个参量来控制其数值大小。

3. 山地地表短波净辐射遥感反演

在获取地表反照率的前提下反演山地地表短波净辐射，主要考虑的因素是地形起伏对入射太阳辐射的影响。一般来讲，山地复杂地形条件下，地面接收太阳辐射能量主要包括以下三个方面（图7.4）：太阳直射辐射、天空散射辐射以及周围地形附加辐射。受目标物周围地形条件影响，地表接收的太阳短波辐射也存在一定的变化。体现在：①地形起伏带来地面坡度变化直接改变了同一时刻太阳光线实际入射地面的角度关系，同时坡度相同的地表也将由于坡向不同而接收到不等量的太阳辐射；②地表接受的天空散射辐射随波面在水平面上半球空间天空视角的变化而不同；③周围邻近起伏坡面对太阳直接辐射和天空散射产生的附加辐射效应。因此，在计算山地地表短波净辐射的过程中，必须借助地形数据，综合考虑山地地形坡面的坡度、坡向和邻近地形的遮蔽、反射等作用，才能有效描述地形起伏对山地地表短波净辐射的影响。

目前为止，针对复杂地形条件的地表短波净辐射研究已开展了很多，较为典型的便是结合数字高程数据进行计算（Wang et al.，2000；王开存等，2004b；谢小萍等，2009）。研究中通常将地表入射短波下行辐射 $I_s\downarrow$ 表示为：

$$I_s\downarrow = I_{s,\ \mathrm{dir}}\downarrow + I_{s,\ \mathrm{dif}}\downarrow + I_{s,\ \mathrm{adj}}\downarrow \tag{7.65}$$

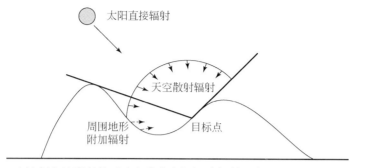

图 7.4 山地复杂地形条件下地表接收太阳短波辐射示意图（Wang et al.，2000）

式中，$I_{s, dir}\downarrow$ 为地表太阳直射辐射；$I_{s, dif}\downarrow$ 为天空散射辐射；$I_{s, adj}\downarrow$ 为邻近地形的附加辐射。

1) 太阳直射辐射

由于山地地形起伏的影响，山地坡面在不同的坡度和坡向条件下，接收的太阳直射辐射有很大的差异，存在典型的阴坡和阳坡现象。为了定量描述入射太阳辐射与坡面角度之间的关系，需计算太阳入射光线与坡面法线之间的夹角 i（图 7.5）。

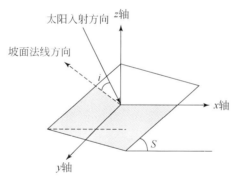

图 7.5 复杂地形条件下地表太阳辐射入射角度关系图

已知经过大气吸收后没有被散射直接到达地面的太阳辐射 $I_{dir}\downarrow$，则坡面太阳辐射可定量表达为

$$I_{s, dir}\downarrow = \begin{cases} I_{dir}\downarrow \cos i, & i < 90° \\ 0, & i \geqslant 90° \end{cases} \tag{7.66}$$

角度 i 可通过以下公式计算：

$$\cos i = \cos Z_s \cos S + \sin Z_s \sin S \cos(A_s - A) \tag{7.67}$$

式中，Z_s 是太阳天顶角；A_s 是太阳方位角；S 是坡面坡度；A 是坡面坡向。此外，角度 i 还可通过向量乘积的形式表示为

$$\cos i = \boldsymbol{S} \cdot \boldsymbol{N} = \begin{bmatrix} \sin Z_s \cos A_s \\ \sin Z_s \sin A_s \\ \cos Z_s \end{bmatrix} \cdot \begin{bmatrix} \sin S \cos A \\ \sin S \sin A \\ \cos S \end{bmatrix} \tag{7.68}$$

式中，S 是太阳入射光线向量；N 是地表法线向量。当 $i<90°$ 时，由太阳入射方向和地表坡面法线方向便可计算得到该坡面单位面积所接收的太阳直射辐射；当 $i \geqslant 90°$ 时，坡面完全被周围地形所遮挡，没有太阳直接辐射。

2）天空散射辐射

复杂地形条件下，天空散射辐射较为常用的估算方式是通过计算天空视角因子 Φ_{sky} 对平坦地形上天空散射辐射修正获得：

$$I_{s,dif} \downarrow = I_{dif} \downarrow \cdot \Phi_{sky} \tag{7.69}$$

$$\Phi_{sky} = \frac{A_{sky}}{\pi/2}, \ \Phi_{sky} \in [0,1] \tag{7.70}$$

式中，A_{sky} 为天空视角。当地面平坦时，天空视角为 $\pi/2$，天空视角因子 $\Phi_{sky}=1$；当地面下凹时，天空视角小于 $\pi/2$，Φ_{sky} 小于 1。当天空视角为 0 时，地表被完全遮蔽。为计算天空视角，目前研究中大部分采用 Yokoyama 等（2002）提出的 "positive openness" 来计算。该方法基于 DEM 数据，把水平方位 360° 平均分为八个方向，根据 DEM 数据空间分辨率以及八个方向像元与中心像元之间的高差，分别计算每个方向上的最小天空视角，然后对八个方向进行平均获得中心像元的天空视角。以图 7.6（a）为例，图中显示中心像元 7×7 网格，从中心像元出发，分别计算方位角 0° 至 315° 八个方向的最小天空视角。其中最小天空视角 $_D\varphi_L$ 可根据各方向上各像元的海拔计算的高度角 $_D\beta_L$ 获取，见图 7.6（b）。最终天空视角可表示为

$$A_{sky} = (_0\varphi_L +_{45}\varphi_L + \cdots +_{315}\varphi_L)/8 \tag{7.71}$$

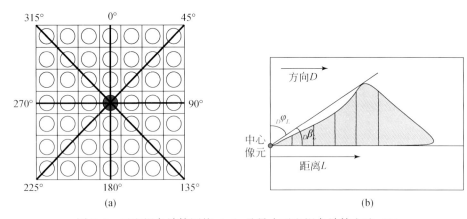

图 7.6　天空视角计算网格（a）及最小天空视角计算方法（b）

3）邻近地形附加辐射

邻近地形附加辐射主要考虑来自邻近地形反射作用产生的附加辐射，目前已发展出多种计算方法。

Dubayah（1992）发展了附加辐射的近似计算方法，他们仅仅考虑了周围像元点的平均反射率、坡度和天空视角因子。

$$I_{s,adj} \downarrow = C_t \rho_{mean}(I_{dir,nei} \downarrow + I_{dif,nei} \downarrow) \tag{7.72}$$

式中，ρ_{mean} 为邻近地形的平均反射率，C_t 为地形结构参数：

$$C_t = \frac{1 + \cos S}{2} - \Phi_{sky} \tag{7.73}$$

式中，S 是坡度。

Gates（2003）基于坡面地形和太阳高度角信息，提出了地表邻近地形附加辐射计算的经验公式：

$$I_{s,\,adj} \downarrow = rI_0\tau_r(\sin S)^2/(2\sin a) \tag{7.74}$$

式中，I_0 为太阳常数，随日地距离的变化而变化；r 为地表反射率；S 是坡度；a 是太阳高度角；τ_r 是邻近地形反射辐射的透过率。其中，τ_r 可由大气总透过率 τ_c 计算得到（Kumar et al.，1997）：

$$\tau_r = 0.271 + 0.706\tau_c \tag{7.75}$$

Barry（2013）在假设均一地表的情况下，邻近地形附加辐射的计算根据太阳直射辐射和散射辐射表示为

$$
\begin{aligned}
I_{s,\,adj} \downarrow &= \sin^2\left(\frac{S}{2}\right)\varepsilon(I_{dir,\,nei}\downarrow + I_{dif,\,nei}\downarrow) \\
&= (1 - \cos S)\varepsilon(I_{dir,\,nei}\downarrow + I_{dif,\,nei}\downarrow)
\end{aligned} \tag{7.76}
$$

式中，ε 为地表反照率，$I_{dir,\,nei}\downarrow$ 为邻近地形的太阳直接直射，$I_{dif,\,nei}\downarrow$ 为邻近地形的散射辐射。

7.4.2　地表长波辐射反演

地表长波辐射收支主要包括地表下行长波辐射、地表上行长波辐射和地表长波净辐射。其中，地表下行长波辐射是大气对地表热辐射的直接度量。地表上行长波辐射是反映地球表面冷暖情况的指标，主要受地表温度控制。地表长波净辐射是地表下行与上行长波辐射之差。地表长波辐射是地表能量收支的重要组成部分，遥感技术是估算区域和全球尺度地表长波辐射收支的主要方式。

1. 地表下行长波辐射遥感反演

地表下行长波辐射是大气和地表能量交换的一个关键量，在研究地表能量收支、气候变化中具有重要的作用。地表接收到的下行长波辐射（$F_{LW}^{\downarrow}$）是太阳辐射经大气吸收、发射和散射的结果，取决于其上层大气（包括云、雨滴、冰雪）温度、湿度以及其他气体的垂直廓线：

$$F_{LW}^{\downarrow} = 2\pi\int_{\lambda_1}^{\lambda_2}\int_0^1 I_\lambda(z = 0, -\mu)\mu\mathrm{d}\mu\mathrm{d}\lambda \tag{7.77}$$

式中，λ_1 和 λ_2 为指定地表下行长波辐射波谱范围的边界；λ 为波长；z 为海拔；$\mu = \cos(\theta)$，θ 为当地天顶角；$I_\lambda(z = 0, -\mu)$ 为地表下行波谱辐亮度。

地表下行长波辐射主要是由接近地球表面的大气向地表的辐射决定。距离地表 500m 以上的大气对地表长波辐射的贡献只占 16% ~ 20%，而距离地表 10m 以内的大气的贡献占 32% ~ 36%（Schmetz，1989）。大气温度和湿度廓线是估算晴空地表下行长波辐射最重

要的参数。从原理上而言，如果已知整层大气的垂直分布特性，则大气下行长波辐射可利用复杂的大气辐射传输方程精确计算。然而许多情况下并没有实时的大气廓线数据，气溶胶、臭氧、云的属性数据也难以获取。因此，采用大气廓线数据估算地表下行长波辐射实用性较差。

估算大气下行长波辐射的方法除了基于大气廓线的方法外，还包括混合模型方法和基于地面气象参数的方法两种。

1) 混合模型方法

混合模型估算地表下行长波辐射的方法流程一般如下：首先采用辐射传输模型和大量的大气廓线数据模拟地表大气下行辐射和某一特定传感器各通道的大气层顶辐亮度，然后通过统计分析建立地表下行长波辐射与天顶辐亮度或者亮温的经验关系，进而建立参数化估算模型。目前，混合模型方法由于对大气廓线数据的误差相对不敏感，对获取地表长波下行辐射具有较好的优势，并且取得了较好的实际应用效果（Lee and Ellingson，2002；Morcrette and Deschamps，1986；Wang and Liang，2009，2010）。总体而言，该方法的具体思路与地表下行短波辐射的混合模型估算方法类似。

Wang 和 Liang（2009）根据以上模型框架，利用 MODIS 估算晴空条件下地表下行长波辐射，进而建立的地表下行长波辐射线性估算模型如下：

$$F_{LW}^{\downarrow} = a_0 + \sum_i a_i L_i + bH \tag{7.78}$$

式中，$F_{LW}^{\downarrow}$ 为地表下行长波辐射；a_0、a_i 和 b 分别为回归系数；L_i 为 MODIS 大气层顶辐亮度；i 对应 MODIS 不同的热红外通道；H 为地面高程。根据以上模型公式，采用逐步回归的方法，根据标准误差和 R^2 确定了模型选择的波段为 $27 \sim 29$ 和 $31 \sim 34$ 通道，这与地表下行长波辐射相关的物理过程一致。整个方法的实施流程见图 7.7。

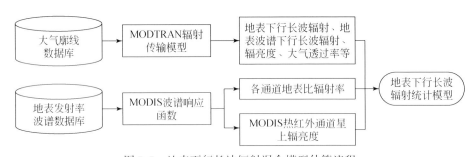

图 7.7　地表下行长波辐射混合模型估算流程

通过地表下行长波辐射残差分析发现，线性模型在高温/高湿条件下存在低估，在低温条件下存在高估的情况。为解决这一问题，Wang 和 Liang（2009）提出了地表下行长波辐射非线性估算模型：

$$F_{LW}^{\downarrow} = L_{T_{air}}\left(a_0 + a_1 L_{27} + a_2 L_{29} + a_3 L_{33} + a_4 L_{34} + b_1 \frac{L_{32}}{L_{31}} + b_2 \frac{L_{33}}{L_{32}} + b_3 \frac{L_{28}}{L_{31}} + c_1 H\right)$$

$$\tag{7.79}$$

式中，$L_{T_{air}}$ 代表近地地表空气温度（夜间模型取值为 L_{31}，白天模型取值为 L_{32}）；a_i，b_i 和 c_1 为回归系数；H 为地面高程。三个比值项代表水汽对地表下行长波辐射的影响。Wang

和 Liang（2009）将非线性模型应用于 MODIS Terra 和 Aqua 数据，在地表辐射观测网络（SURFRAD）的 6 个站点取得较好的验证结果（RMSE 分别为 $17.6\mathrm{W/m^2}$ 和 $16.17\mathrm{W/m^2}$）。

2）基于地面气象参数的方法

针对上述问题，考虑大气下行辐射大部分来源于近地层，研究者们发展了基于地面测量数据的参数化方案，即建立下行长波辐射和近地面大气温湿度的经验关系。因为云对下行长波辐射的影响，参数化模型分为晴天参数化模型和全天参数化模型。

（1）晴天参数化方法

由于近地层大气对地表下行长波辐射的影响最大，因此，晴天地表下行长波辐射估算主要基于斯特藩–玻尔兹曼方程：

$$F_{\mathrm{LW,\ clr}}^{\downarrow} = \varepsilon_{\mathrm{a,\ clr}} \sigma T_0^4 \tag{7.80}$$

式中，$F_{\mathrm{LW,\ clr}}^{\downarrow}$ 为晴天地表下行长波辐射；T_0 为近地层空气温度；$\varepsilon_{\mathrm{a,\ clr}}$ 为大气等效比辐射率。通常情况下，$\varepsilon_{\mathrm{a,\ clr}}$ 可用 T_0 和近地面水汽压估算得到。表 7.9 列出了 12 种广泛应用的晴天下行长波辐射参数化模型。

表 7.9　通用晴天条件下下行长波辐射参数化模型

作者	参数化模型
Ångström（1918）	$F_{\mathrm{LW,\ clr}}^{\downarrow} = (0.83 - 0.18 \times 10^{-0.067e_0}) \sigma T_0^4$
Brunt（1932）	$F_{\mathrm{LW,\ clr}}^{\downarrow} = (0.52 - 0.065 \sqrt{e_0}) \sigma T_0^4$
Swinbank（1963）	$\begin{cases} F_{\mathrm{LW,\ clr}}^{\downarrow} = 5.31 \times 10^{-13} T_0^6 & \text{方法 1} \\ F_{\mathrm{LW,\ clr}}^{\downarrow} = 1.191 \sigma T_0^4 - 171 & \text{方法 2} \end{cases}$
Idso 和 Jackson（1969）	$F_{\mathrm{LW,\ clr}}^{\downarrow} = (1 - 0.261 \exp(-7.77 \times 10^{-4} (273 - T_0)^2)) \sigma T_0^4$
Brutsaert（1975）	$F_{\mathrm{LW,\ clr}}^{\downarrow} = 1.24 \left(\dfrac{e_0}{T_0}\right)^{1/7} \sigma T_0^4$
Idso（1981）	$F_{\mathrm{LW,\ clr}}^{\downarrow} = \left[0.7 + 5.95 \times 10^{-5} e_0 \exp\left(\dfrac{1500}{T_0}\right)\right] \sigma T_0^4$
Prata（1996）	$F_{\mathrm{LW,\ clr}}^{\downarrow} = [1 - (1 + w) \exp(-(1.2 + 3.0w)^{1/2})] \sigma T_0^4$ $w = 46.5(e_0/T_0)$
Iziomon 等（2003）	$\begin{cases} F_{\mathrm{LW,\ clr}}^{\downarrow} = (1 - 0.35 \exp(-10 e_0/T_0)) \sigma T_0^4 & \text{lowland} \\ F_{\mathrm{LW,\ clr}}^{\downarrow} = (1 - 0.43 \exp(-11.5 e_0/T_0)) \sigma T_0^4 & \text{mountain} \end{cases}$
Dilley 和 O'brien（1998）	$F_{\mathrm{LW,\ clr}}^{\downarrow} = 59.38 + 113.7 \left(\dfrac{T_0}{273.15}\right)^6 + 96.96 \sqrt{w/25}$ $w = 465(e_0/T_0)$
Kruk 等（2010）	$F_{\mathrm{LW,\ clr}}^{\downarrow} = 0.576 \left(\dfrac{e_0}{T_0}\right)^{0.202} \sigma T_0^4$

注：T_0 为近地面空气温度，K；e_0 为近地面水汽压，hPa。

（2）全天参数化方法

全天参数化方法主要考虑云覆盖对下行长波辐射的影响。天空有云时，长波辐射会增强，地面长波辐射计测量到的大气下行辐射还包括云对地面长波辐射的反射，以及云本身的辐射，测量值会明显高于晴空模型估算值，因而在估算模型中必须加入云状况的修正。云的修正包括对云量、云状和云高度的修正。尽管云对长波辐射的影响很复杂，由于云状和云高度的定量化比较困难，因而目前主要是利用云量对晴天条件下的长波辐射进行修正。云量可采用目视观测，通常把天空分为 10 份，计算云所占的比例。表 7.10 列出了云覆盖情况下的长波辐射参数化方法。全天模型与晴天模型相同，其系数需要本地校准。

表 7.10　通用全天大气下行辐射参数化模型

参考文献	参数化模型
Jacobs（1978）	$F^{\downarrow}_{\text{LW, all}} = (1 + 0.26c) F^{\downarrow}_{\text{LW, clr}}$
Maykut 和 Church（1973）	$F^{\downarrow}_{\text{LW, all}} = (1 + 0.22c^{2.75}) F^{\downarrow}_{\text{LW, clr}}$
Sugita 和 Brutsaert（1993）	$F^{\downarrow}_{\text{LW, all}} = (1 + 0.0496c^{2.45}) F^{\downarrow}_{\text{LW, clr}}$
Konzelmann 等（1994）	$F^{\downarrow}_{\text{LW, all}} = (1 - c^4) F^{\downarrow}_{\text{LW, clr}} + 0.952c^4 \sigma T_0^4$
Crawford 和 Duchon（1999）	$F^{\downarrow}_{\text{LW, all}} = (1 - c) F^{\downarrow}_{\text{LW, clr}} + c\sigma T_0^4$
Lhomme 等（2007）	$F^{\downarrow}_{\text{LW, all}} = \left[1.18(1.37 - 0.34c) \left(\dfrac{e_0}{T_0} \right)^{1/7} \right] \sigma T_0^4$
Iziomon 等（2003）	$\begin{cases} F^{\downarrow}_{\text{LW, all}} = (1 + 0.0035c^2) F^{\downarrow}_{\text{LW, clr}} & \text{Lowland} \\ F^{\downarrow}_{\text{LW, all}} = (1 + 0.0050c^2) F^{\downarrow}_{\text{LW, clr}} & \text{Mountain} \end{cases}$

注：c 为云覆盖率；T_0 为近地面空气温度，K；e_0 为近地面水汽压，hPa。

2. 地表上行长波辐射遥感反演

地表上行长波辐射是由地表发射的长波上行辐射决定的。在已知地表温度和比辐射率的前提下，地表上行长波辐射（$F^{\uparrow}_{\text{LW}}$）可以依据斯特藩-玻耳兹曼方程计算得到：

$$F^{\uparrow}_{\text{LW}} = \varepsilon_s \sigma T_s^4 \qquad (7.81)$$

与此同时，考虑到地表温度反演精度的影响以及地表比辐射率反演过程的诸多不确定性，因此，依据以上公式获取的地表上行辐射精度受地表温度和比辐射率准确性的影响。

为了避免地表温度和比辐射率反演中不确定性带来的影响，许多学者相继提出了采用混合模型的方法，直接利用大气顶层辐亮度或者亮度温度估算地表上行长波辐射，其估算方法与混合方法估算地表下行长波辐射类似。下面以 Wang 等（2009）采用 MODIS 数据估算地表上行长波辐射为例，对该方法做简单的介绍。

Wang 等（2009）的混合模型主要通过两个步骤建立：①采用辐射传输模型建立地表上行长波辐射、星上辐亮度等模拟数据库；②对模拟数据库进行统计分析，建立星上辐亮度与地表上行辐射的线性模型。其研究结果指出，MODIS 第 29、31 和 32 波段对地表温度的变化非常敏感。同时，这三个波段对水汽的吸收作用各异，第 31 和 32 波段通常用于水汽含量反演。因此，在混合模型中，地表上行长波辐射采用这三个波段大气层顶辐亮度的多元线性关系进行反演，建立线性模型如下：

$$F_{LW}^{\uparrow} = a_0 + a_1 L_{29} + a_2 L_{31} + a_3 L_{32} \tag{7.82}$$

式中，$a_0 \sim a_3$ 为回归系数；L_{29}、L_{31} 和 L_{32} 为 MODIS 第 29、31 和 32 波段的大气层顶辐亮度。

　　Cheng 和 Liang（2016）在 Wang 等（2009）研究的基础上，将前者的区域研究方法应用于全球地表上行长波辐射的遥感反演过程中。该研究通过将地表根据纬度差异分为低纬地区（0°~30°N，0°~30°S）、中纬地区（30°~60°N，30°~60°S）和高纬地区（60°~90°N，60°~90°S），采用 MODTRAN 辐射传输模型完成模拟数据库的建立，进而建立线性估算模型以及神经网络估算模型。通过全球 19 个站点观测数据验证表明，相比与 Wang 等（2009）所建立的估算模型以及研究中应用的神经网络模型，该研究的线性模型能够更为精确地反演地表上行长波辐射通量，可有效地用于全球地表上行长波辐射估算。

3. 山地地表长波净辐射遥感反演

　　山地地表长波净辐射主要由地表上行长波辐射、大气下行长波辐射及来自周围山地的地表热辐射构成。通常，在已知地表温度的基础上结合比辐射率可以计算地表向上的长波辐射。但是，地形起伏引起的地面受热不均使得地表温度分布非常不均一。而对大气下行辐射而言，近地层的水汽含量和空气温度是大气下行辐射的决定因素。同样在山地复杂地形条件下，地面高程的起伏以及地表微气候环境的变化导致地面水汽含量和空气温度的空间分布具有很强的异质性，直接影响大气下行辐射的空间分布。另外一个特有的因素即山区大气逆辐射，需同时考虑地面温度和水汽随高程的变化及地形起伏所导致的天空观测角的改变。朱叶飞（2009）在基于 DEM 估算山区地表长波净辐射的研究过程中，分块计算长波净辐射各组分。

1）地表上行长波辐射

　　地表长波上行辐射的估算采用斯特藩-玻尔兹曼方程，通过遥感观测热红外数据反演山地地表温度和比辐射率计算得到。

2）地表下行长波辐射

　　大气下行辐射的估算主要采用 Brutsaert（1975）参数化方法，即根据地表空气温度及湿度推算大气下行长波辐射。为了获取地表的空气温度和湿度信息，研究采用基于地面气象站点空间插值的方法，由气象台站观测的相对湿度和 2m 高度的空气温度数据，插值获取整个研究区的空间分布。

　　另外，考虑到山地地形起伏作用，大气下行长波辐射由于地形遮挡作用导致下行辐射并不是来自 2π 的半球空间，而仅来自可见天空部分。因此在计算过程中，通过引入类似山地短波净辐射估算过程中的天空可视因子 V_d，基于参数化估算结果计算得到：

$$F'_{LW}^{\downarrow} = V_d \cdot F_{LW}^{\downarrow} \tag{7.83}$$

式中，天空可视因子 V_d 可由数字高程模型计算得到，且取值范围一般为 0~1。

3）周围地形的热辐射

　　周围地形的热辐射与被研究点与周围各点的几何关系、该点的地面比辐射率以及周围地表比辐射率和温度相关。通常情况下，周围地形的热辐射是依据 DEM 逐点完成的，计算过程中假设在一小块范围内（一个像元）为朗伯体。基于 Proy 等（1989）的分析，周围各点 P 对一点 M 的热辐射（图 7.8）可表示为 L_g（W/m²）：

$$L_g = \sum_P \frac{L_P \tau_s \cos T_M \cos T_P \mathrm{d}S_P}{r_{MP}^2} \tag{7.84}$$

式中，求和应包括对点 M 可见的所有像元；L_P 表示点 P 的亮度；T_M 及 T_P 分别表示点 M 及点 P 坡面法线与 MP 连线的夹角；$\mathrm{d}S_P$ 为像元 P 的实际面积；r_{MP}^2 为点 M 和 P 间的距离；τ_s 为热辐射在传输过程中的透过率，主要是由于水汽的吸收，为地表水汽密度和传输路径 r_{MP} 的函数。

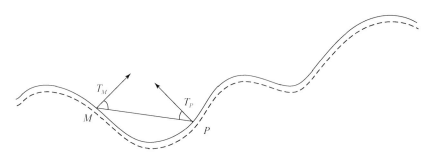

图 7.8　邻近地形热辐射的相对位置关系

此外，Yan 等（2016）通过综合考虑山地地形对地表长波辐射估算的影响，提出了长波地形辐射模型（Longwave topographic radiation model，LWTRM），并提出了坡面地表长波净辐射的定义为：

$$F_{net-rugged} = \left\{ V_d F_{dw} + \sum_{P=1}^{N} \frac{L_P \cos T_M \cos T_P \mathrm{d}S_P}{r_{MP}^2} \right\} \varepsilon - f(LST, \varPhi) F_{emi} \tag{7.85}$$

式中，$F_{net-rugged}$ 为山地地表长波净辐射，V_d 为天空可视因子，F_{dw} 和 F_{emi} 分别为长波下行辐射和平坦地表条件下的长波上行辐射，N 为像元点 M 所能观测到的像元数，L_P 为周围临近地形的反射或发射辐射，T_M 和 T_P 分别为图 7.8 中所对应的角度，$\mathrm{d}S_P$ 为像元 P 的实际面积，r_{MP}^2 为点 M 和 P 间的距离，ε 为像元点 M 的宽波段比辐射率，$f(LST, \varPhi)$ 为地形校正函数，可表示为：

$$f(LST, \varPhi) = \begin{cases} \dfrac{\sigma \varepsilon T_{shw}^4}{\sigma \varepsilon T_{sun}^4} & \varPhi = 0 \text{（地形遮挡）} \\[2mm] 1 & \varPhi = 1 \text{（未遮挡）} \end{cases} \tag{7.86}$$

式中，T_{shw} 和 T_{sun} 分别阴影处和太阳光照处地表温度。

　　Yan 等（2016）首先采用此前广泛采用的混合模型估算方法（Wang et al.，2009），通过辐射传输模型模拟建立基于平坦地表的地表长波净辐射估算模型，获取平坦地表假设的地表长波净辐射，然后将估算结果与长波地形辐射模型相耦合，实现地表长波辐射的地形影响校正，获得山地真实地表长波辐射通量。通过地面站点观测数据验证表明，该估算方法可以获得高精度的地表长波辐射通量信息，且在 5 km 尺度以下估算山地地表长波辐射通量，地形的影响是不可忽视的。

7.5　地表水热通量遥感估算

在地表能量收支过程中，地表水热通量是地球系统中能量交换的重要组成部分，也是地表能量收支过程的关键分量，直接反演地气系统见水分和能量的交换过程，是当前地理、水文、气象、生态、农业等领域关心的热点问题。地表水热通量的遥感估算是一个比较复杂的问题，准确地认知其时空变化特征对理解全球或区域气候变化和水分循环极其重要。本节以地表水热通量为重要介绍对象，具体将就地表水热过程中的土壤热通量、显热通量、潜热通量以及地表土壤水分等遥感估算方法做简单的介绍。

7.5.1　土壤热通量

土壤热通量（G）是土壤表面与下层之间热交换的表征，作为地表能量平衡的一部分，土壤热通量在地表能量再分配过程中占有重要作用。土壤热通量不仅对生态系统物质和能量交换过程有重要影响，还通过影响地气之间的热量交换影响气候变化。

地面测量过程中，土壤热通量可通过埋在表层土壤下方的热通量板测得，与土壤热传导率和土壤温度随深度的变化率成正比。由于地面观测站点数量有限，地面实测结果只能提供点上的信息。然而，土壤热通量不仅受土壤性质和含水量的影响，还受地表类型和地形的影响，土壤热通量的时空差异较大。因此，地面单点测量无法有效扩展到区域空间，卫星遥感成为获取面上土壤热通量的主要方式之一。

早期地面观测研究发现午间裸露地表的土壤热通量与净辐射通量有很好的线性关系。土壤热通量与地表净辐射（R_n）之比 G/R_n 既表示传导到土壤中的热量比率，也表示冠层消耗的辐射比率。目前，通过遥感平台仍然不能直接观测到土壤热通量的变化，但是通过土壤热通量与地表净辐射的统计关系模型可间接获取土壤热通量的分布特征。已有研究表明（Kustas and Norman，1996a），土壤热通量与地表净辐射的比率通常在 0.05（地表为全植被覆盖或湿润裸土）和 0.5（干燥裸土）之间变化。其变化规律主要受叶面积指数、归一化植被指数、地表温度和太阳天顶角等因素的影响（Gao et al.，1998）。因此，在有植被覆盖的地表，土壤热通量的遥感反演模型通常引入植被、地表温度等参数进行计算。表 7.11 列出了目前较为通用的基于地表净辐射反演土壤热通量的关系模型。

表 7.11　基于地表净辐射反演的地表土壤热通量遥感反演模型

参考文献	模型
Choudhury 等（1987）	$G = 0.4 \cdot \exp(-0.5 \cdot \text{LAI}) \cdot R_n$
Moran 等（1989）	$G = 0.583 \cdot \exp(-2.13 \cdot \text{NDVI}) \cdot R_n$
Bastiaanssen 等（1998）	$G = \left[\dfrac{T_s - 273.15}{\alpha_i} \cdot (0.0032\alpha_{\text{avg}} + 0.0062\alpha_{\text{avg}}^2) \cdot (1 - 0.978 \cdot \text{NDVI}^4) \right] R_n$

参考文献	模型
Boegh 等（2002）	$G = [f_v F_v + (1 - f_v) F_s] R_n$
Su（2002）	$G = [\Gamma_c + (1 - f_v)(\Gamma_c - \Gamma_s)] R_n$

注：T_s 为地表温度；α_i 为与地表温度同时刻地表反照率；α_{avg} 为白天平均地表反照率；F_v 和 F_s 分别为植被完全覆盖和裸土的 G/R_n；f_v 为植被覆盖度；Γ_c 为植被完全覆盖条件下土壤热通量与净辐射比率；Γ_s 为裸土条件下 G/R_n。

　　土壤热通量在各种地表情况下均具有日变化和年变化过程。然而，在日均地表能量平衡中，日均土壤热通量可假设为 0。与微气象学尺度的观测相比，土壤热通量的各种简化计算方法一般具有 20% ~ 30% 的不确定性。

7.5.2　显热通量

　　地面与大气间，在单位时间内，沿垂直方向通过单位面积的热量称为显热通量，又称感热通量，单位为 W/m^2。由于地面和大气间热量输送主要通过乱流扩散完成，故也称为地面与大气间乱流热交换。

　　白天，在强烈日射下地温高于气温，感热通量由地面传送给上面较冷的空气并促其增温；夜间，地面辐射冷却，气温高于地温，感热通量为负值，热量由空气传送给地面并促使空气冷却。在空气层之间热量传送，也总是由暖气层流向冷气层。因此。在近地层，空气的增温与冷却的主要方式是地面与大气间的乱流热交换。

　　在单层模型中，基于莫宁-奥布霍夫相似理论（Monin and Obukhov，1954），显热通量通过联合空气动力学温度（T_{aero}）与气温（T_a）之差和空气动力学阻抗（r_a）得到：

$$H = \rho c_p (T_{aero} - T_a) / r_a = \rho c_p \frac{T_s - T_a}{r_a + r_{ex}} \tag{7.87}$$

式中，ρ 为空气密度，kg/m^3；c_p 为定压比热，$J/(kg \cdot K)$；r_a 为空气动力学阻抗，s/m。由于空气动力学温度难以测量，很多文献利用遥感地表温度（T_s）代替空气动力学温度进行显热通量的计算，因此添加剩余阻抗 r_{ex}（s/m）以考虑空气动力学温度与地表温度差异。

　　空气动力学阻抗受地表粗糙度（植被高度、植被结构等）、风速和大气稳定度等因素影响。相关研究已经提出了空气动力学阻抗的各种估算方法（Hatfield，1983；Monteith，1973），下式是最为常见的 r_a 估算方程（Brutsaert，1982）：

$$r_a = \frac{\ln[(z_u - d)/z_{om} - \psi_m] \ln[(z_t - d)/z_{oh} - \psi_h]}{k^2 u} \tag{7.88}$$

式中，z_u 和 z_t 分别为风速和气温观测高度，m；d 为零平面位移（当地表各粗糙元的高度较高，而且相互之间靠得很近时，粗糙元的顶部起着一个位移面的作用，紧密排列的粗糙元顶部对空气形成一个实体物质面。这相当于使地表面向上移动了一段距离，该距离即为零平面位移），m；z_{om} 和 z_{oh} 分别为动量传输和能量传输粗糙度长度，m；u 为风速，m/s；ψ_m 和 ψ_n 分别为动量传输和能量传输的大气稳定度函数，当大气处于中性稳定度的时候，$\psi_m = \psi_n$。剩余阻抗 r_{ex} 则通常表示为 kB^{-1} 的函数：

$$r_{ex} = \frac{kB^{-1}}{ku^*} \tag{7.89}$$

式中，$kB^{-1} = \ln (z_{om}/z_{oh})$，$u^*$ 为摩阻速度，m/s。Kustas 等 (1989) 提出利用下式估算 kB^{-1}：

$$kB^{-1} = S_{kB}u(T_s - T_a) \tag{7.90}$$

式中，S_{kB} 为经验系数，在 0.05 和 0.25 之间变化 (Zhan et al.，1996)，并且可能与显热通量的数值有关 (Kustas 等，1996b)。Verhoef 等 (1997) 发现，kB^{-1} 对地面观测的微气象变量和动量粗糙度长度的误差均非常敏感，而且在裸土上它可能会小于 0。Su (2002) 提出，为了考虑裸土和全植被覆盖之间的任何土壤覆被情况，可以利用裸土的 kB^{-1} 和全植被覆盖的 kB^{-1}，并根据植被覆盖度的二项式权重变化来估算一定植被覆盖度情况下的 kB^{-1}。

7.5.3　潜热通量

潜热通量是地气系统水分循环与能量交换的重要表现形式和评估气候效应的重要参数，与下垫面的物理状态、植被状况和降水等密切相关。潜热通量增大，可减少辐射向显热通量的转化，一定程度上改变大气层结构而影响地表降水的范围、强度与日变化。潜热通量减少则易在近地层形成偏差热低压，妨碍比较深厚的大气降水系统发展。总体来讲，潜热通量对气候起到调节作用，如增加空气湿度、缓解温差等。因此，对地表潜热通量的研究是人们认识陆面热通量过程，以及了解下垫面变化对气候反馈效应的重要方法之一。

一般来说，地表潜热通量遥感估算模型可以分成两类：一类是（半）经验法，该类方法通常是通过建立遥感数据与地面观测数据的经验关系来实现的；另一类是分析法，该类方法通常是通过建立能够描述不同研究尺度上的物理过程来实现的，并需要大量的遥感和地面观测数据的支持。下面对目前应用最为广泛的地表能量平衡模型和地表温度-植被指数特征空间法做简单介绍。

1. 地表能量平衡模型（余项法）

当植被的光合作用、地表残留物的储热以及水平平流的影响忽略不计时，地表净辐射可以分解为土壤热通量、显热通量和潜热通量三部分，用公式表示为

$$LE = R_n - G - H \tag{7.91}$$

式中，LE 为潜热通量；R_n 为地表净辐射；G 为土壤热通量；H 为显热通量。根据以上地表能量平衡公式，当地表净辐射、土壤热通量和显热通量已知时，潜热通量便可通过这三部分的能量之差求得，因此利用地表能量平衡模型估算潜热通量的方法又称为地表能量平衡余项法。余项法是目前估算不同时间和空间尺度上地表潜热通量及蒸散发最为广泛的一种方法。

基于地表能量平衡原理建立的潜热通量估算模型（余项法）可分为单层模型和二源模型两大类。

1) 单层模型

单层模型又称大叶模型，是指将植被覆盖的地表看作单一均匀的大叶层，对土壤和植被表面的源/汇不作区分，所有地表−大气间的能量、物质交换都用发生在这样一个简单、均一的媒体上的过程来描述，进而开展地表能量平衡估算。它是最先发展起来的地表潜热通量卫星遥感估算方法。在单层模型中，R_n、G 和 H 通过遥感反演的地表反照率、植被指数和地表温度等地表参数以及地面观测的气象数据（气温、风速、湿度和气压等）估算得到。单层模型的基本算法是：

$$\begin{cases} H = \rho c_p \dfrac{T_s - T_a}{r_a} \\[2mm] LE = \dfrac{\rho c_p}{\gamma} \dfrac{e_s - e_a}{r_a + r_s} \end{cases} \tag{7.92}$$

式中，H 为地表显热通量；LE 为潜热通量；ρ 为空气密度；c_p 为定压比热；r_a 为空气动力学阻抗；γ 为干湿球常数；T_s 和 T_a 分别为表面温度和大气温度；e_s 和 e_a 分别为地表水汽压和大气水汽压；r_s 为表面水汽扩散阻抗；r_a 为空气动力学阻抗。

其中具有代表性的单层模型包括 SEBI 模型、地表能量平衡算法（SEBAL）模型和地表能量平衡系统（SEBS）。

（1）SEBI 模型

Menenti 和 Choudhury（1993）提出的 SEBI（Surface Energy Balance Index）模型是典型的基于干湿边（点）的对比来估算像元尺度上的蒸散发和蒸发比的模型。SEBI 主要考虑了空气动力学阻抗，依赖于大气的稳定度状态，而且 SEBI 是逐像元进行计算，不同的像元对应不同的 SEBI。其基本思想是，在一定的太阳净辐射、区域内大气状态不变条件下，由外部阻抗归一化的地表温度直接相关于陆面实际蒸发与最大蒸发的比值。

在一定的地表边界层条件下（气温、风速、湿度等），SEBI 模型假定极干点的地表 ET 为 0。因此，干点的地表显热等于地表可利用能量。最大地表温度（$T_{s,max}$）可以通过整体传输方程估算得到：

$$T_{s,\ max} = T_{pbl} + r_{a,\ max} \frac{H}{\rho c_p} \tag{7.93}$$

式中，T_{pbl} 为大气边界层气温，K；$r_{a,max}$ 为干限的空气动力学阻抗，s/m。

相应地，最小地表温度可以通过极湿点计算得到。SEBI 利用 Penman-Monteith 方程估算处于极湿点的最小地表温度（$T_{s,min}$）：

$$T_{s,\ min} = T_{pbl} + \frac{r_{a,\ min} \dfrac{R_n - G}{\rho c_p} - VPD/\gamma}{1 + \Delta/\gamma} \tag{7.94}$$

式中，$r_{a,min}$ 为湿限的空气动力学阻抗；VPD 为水汽压亏缺；γ 为干湿球常数；Δ 为饱和水汽压−温度曲线斜率。

SEBI 可根据地表观测温度的最大值和最小值采用内插法得到：

$$SEBI = \frac{r_a^{-1}(T_s - T_{pbl}) - r_{a,\ min}^{-1}(T_{s,\ min} - T_{pbl})}{r_{a,\ max}^{-1}(T_{s,\ max} - T_{pbl}) - r_{a,\ min}^{-1}(T_{s,\ min} - T_{pbl})} \tag{7.95}$$

由以上公式可知，SEBI 在 0（潜在蒸散发）到 1（蒸散发为 0）之间变化，SEBI 与蒸发比（Evaporative Fraction，EF）为互补关系，EF＝1－SEBI。

基于 SEBI 的概念，SEBAL、SEBS 和 S-SEBI 等模型相继发展起来。无论这些模型中的干（湿）点具体如何定义，它们通常具有如下特征：①存在与干（湿）点相对应的最大（最小）地表温度；②存在与干（湿）点相对应的较小或为 0（最大）的蒸散发（E-vapotranspiration，ET）。这些模型的区别主要在于干限和湿限的定义以及如何通过干限和湿限插值得到相应的地表显热和潜热。它们有两个共同的假设：①从空间上来看，大气条件变化不大（具有相似的地表可利用能量）；②研究区内水平方向上地表水文特征变化显著，以保证干限和湿限的存在。

（2）SEBAL 模型

SEBAL 模型由 Bastiaanssen 等（1998）提出，是基于能量平衡原理的区域蒸散发估算模型，具有对地表气象资料要求低、避免剩余阻抗的经验性调整等优点。SEBAL 模型着眼于目前遥感模型反演地表水热通量中对地表显热通量估算的难点和不确定性，提出像元地表温度（T_s）与地气温差（$\mathrm{d}T$）之间的线性关系的假设条件，即

$$\mathrm{d}T = aT_s + b \tag{7.96}$$

SEBAL 模型的另一个假设条件为研究区域存在干点和湿点，其中干点的潜热通量为 0，湿点的显热通量为 0，上式中 a 和 b 系数可利用干湿点特征回归获得。

在干点，潜热通量假定为 0，其所在像元的地气温差（$\mathrm{d}T_{\mathrm{dry}}$）可以通过求解一源整体空气动力学传输方程得到：

$$\mathrm{d}T_{\mathrm{dry}} = \frac{H_{\mathrm{dry}} \cdot r_a}{\rho c_p} = \frac{(R_{\mathrm{n,\,dry}} - G_{\mathrm{dry}}) \cdot r_a}{\rho c_p} \tag{7.97}$$

在湿点，潜热通量等于 $R_n - G$（或者参考 ET），显热通量等于 0（当潜热通量为参考 ET 的时候，显热通量以及地气温差均不再为 0）。显然，湿点像元的地气温差为 0（$\mathrm{d}T_{\mathrm{wet}} = 0$）。干、湿点的地气温差确定后，公式（7.94）中系数 a 和 b 便可以求得：

$$\begin{cases} a = \dfrac{r_a}{\rho c_p} \cdot \dfrac{R_{\mathrm{n,\,dry}} - G_{\mathrm{dry}}}{T_{s,\,\mathrm{dry}} - T_{s,\,\mathrm{wet}}} \\[3mm] b = -\dfrac{r_a}{\rho c_p} \cdot \dfrac{(R_{\mathrm{n,\,dry}} - G_{\mathrm{dry}})T_{s,\,\mathrm{wet}}}{T_{s,\,\mathrm{dry}} - T_{s,\,\mathrm{wet}}} \end{cases} \tag{7.98}$$

最后，在考虑大气稳定度的情况下，显热通量可以通过迭代求解整体传输空气动力学方程得到，并通过余项法最终求解地表潜热通量。

SEBAL 模型已经在很多国家应用于各种农业-生态条件下 ET 的估算、作物系数的确定以及流域范围内灌溉性能的评价。相对于其他模型，SEBAL 模型的优点在于：①需要较少的地面辅助数据；②由于模型本身的自动校正功能，地表温度的反演不需要严格的大气校正；③研究涉及的每幅影像均能实现自动校正。不过，它也存在一些缺点：①需要主观确定研究区域内的干湿点；②通常只适用于平坦地区，当 SEBAL 模型应用于山区时，需要利用数字高程模型对地表温度和风速进行高程校正；③没有考虑观测角度对地表温度的影响。另外，Norman 等（2006）认为，在显著变化的非均一地表情况下，当估算地表显热时，地气温差的线性假设一般并不成立。干湿点的选择对模型估算的区域显热和潜热通

量有着重要的影响。

（3）SEBS 模型

SEBS 模型是由 Su（2002）提出的基于地表能量平衡关系的地表潜热通量和蒸发比遥感估算模型。该模型通过对遥感数据处理所获得的一系列地表物理参数（如反照率、比辐射率、地表温度、植被覆盖度等），结合地面同步观测的气象资料，包括温度、相对湿度、风速、气压等，对大区域范围内的地表能量通量进行估算。SEBS 模型是 SEBI 模型的进一步扩展，由以下几部分组成：①陆表物理参数计算的一系列模型；②能量传输粗糙度长度的估算；③极限状态时，基于能量平衡的蒸发比估算。

在 SEBS 模型中，在土壤水分亏缺的干燥地表环境下，由于没有土壤水分供给蒸发，潜热通量约为零，此时显热通量达到最大值 H_{dry}。在土壤水分充分供应的湿润地表环境下，蒸发达到了最大值，蒸散发只受地表可利用能量控制，此时感热通量为最小值 H_{wet}。极干点和极湿点的显热通量分别用下式表达：

$$H_{dry} = R_n - G \tag{7.99}$$

$$H_{wet} = ((R_n - G) - \frac{\rho C_p}{r_a} \frac{VPD}{\gamma}) / (1 + \frac{\Delta}{\gamma}) \tag{7.100}$$

相对蒸发比（EF_r）和蒸发比（EF）分别用以下两式估算得到：

$$EF_r = 1 - \frac{H - H_{wet}}{H_{dry} - H_{wet}} \tag{7.101}$$

$$EF = \frac{EF_r \cdot LE_{wet}}{R_n - G} \tag{7.102}$$

SEBS 模型对行星（大气）边界层与近地表层的相似度进行了区分。模型的输入包括遥感可反演参数和地面观测气象数据，如地表温度、叶面积指数、植被覆盖度、植被高度、地表反照率、风速、湿度和气温等。SEBS 模型已被用来估算干旱环境中瞬时、日均、月均和年均蒸散发的分布。

该模型的优点在于：①通过考虑极限状态下的能量平衡，控制了由地表温度和气象变量带来的不确定性；②发展了新的能量传输粗糙度长度估算方法，而不是用固定值表达的方式；③不需要地表湍流通量的先验知识。然而，由于需要较多的地面参数及相对复杂的显热通量求解方法，当地面参数数据不可利用时，模型的应用会受到限制。

（4）S-SEBI 模型

Roerink 等（2000）提出了 S-SEBI 模型对地表能量平衡进行估算，并利用在 1997 年 8 月份开展的一个小型试验中收集到的数据对模型进行了验证。S-SEBI 模型利用随反射率变化的干边最高温度和湿边最低温度对地表显热和潜热通量进行估算。

当地表特征变化较显著时（确保有干、湿像元存在），可对 S-SEBI 模型做以下理论解释：①在低反射率阶段，由于地表有充分的可利用水分（如开放水体或灌溉田地），地表温度几乎保持不变；②在高反射率阶段，由于地表可利用水分越来越少，导致 ET 降低，地表温度随着反射率的增加而增加，为蒸散发控制阶段；③地表温度将随着地表反射率的增加而降低，为辐射控制阶段（图 7.9）。

在 S-SEBI 模型中，干、湿边限制了蒸发比的变化。像元蒸发比（EF）可根据像元的

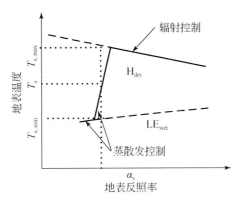

图 7.9　S-SEBI 模型中地表温度–反照率关系的理论示意图（改自 Roerink et al., 2000）

地表温度（T_s）和随反射率变化的最高（$T_{s,max}$）、最低（$T_{s,min}$）地表温度利用插值法得到：

$$EF = \frac{T_{s,max} - T_s}{T_{s,max} - T_{s,min}} \tag{7.103}$$

式中，$T_{s,max}$ 为在某一反射率条件下的最高地表温度，即干边（图 7.10 中斜率为负的包络线）的温度，具有最小的潜热通量（$LE_{dry} = 0$）和最大的显热通量（$H_{dry} = R_n - G$）；$T_{s,min}$ 为在某一反射率条件下的最低地表温度，即湿边（图 7.10 中斜率为正的包络线）的温度，具有最大的潜热通量（$LE_{wet} = R_n - G$）和最小的显热通量（$H_{wet} = 0$）。$T_{s,max}$ 和 $T_{s,min}$ 可利用地表反射率的回归方程得到：

$$T_{s,max} = a_{max} + b_{max}\alpha \tag{7.104}$$

$$T_{s,min} = a_{min} + b_{min}\alpha \tag{7.105}$$

式中，a_{max}、b_{max}、a_{min} 和 b_{min} 分别为回归系数。

把公式（7.102）和公式（7.103）代入（7.101）可以得到 EF：

$$EF = \frac{a_{max} + b_{max}\alpha - T_s}{a_{max} - a_{min} + (b_{max} - b_{min})\alpha} \tag{7.106}$$

如果研究区内的大气条件在空间上相对均一，而地表水文状况有着显著的变化，只利用遥感数据就能通过 S-SEBI 模型估算地表显热和潜热通量的分配。S-SEBI 模型的优点在于：①除了遥感可反演的地表温度和地表反射率参数之外，不需要其他的地面观测数据就可以估算得到地表 EF 的分布；②S-SEBI 模型可以估算得到随着反射率变化而变化的干边，而其他类似的模型，如 SEBAL 模型，则是给定干湿点的地表温度。当区域内的大气条件不一致时，干湿边地表温度的确定则可能需要分区进行。

2）二源模型

单层模型在植被覆盖均一且浓密时可以较好地模拟地表的显热和潜热通量。但在很多情况下，植被冠层并非单一、均匀和密闭的，因而单层模型在多变的下垫面条件较难应用。针对单层模型对显热通量高估的问题，在稀疏植被覆盖地区，人们虽然可以对空气动力学阻抗进行校正，但由于无法在所有情况下都实现这种校正，单层模型的应用受到严重的限制。

为此，发展二源模型来改进地表水热通量的估算成为一个重要研究方向。Norman 等

（1995）首次提出了一种经典且得到广泛应用的二源模型。该模型将地表分为土壤和植被两种组分，并分别向大气传输显热和潜热（图 7.10）。卫星反演的方向性地表辐射温度（$T_{rad}(\theta)$）被认为是由土壤温度和植被温度共同组成的：

$$T_{rad}(\theta) = [f(\theta)T_c{}^n + (1 - f(\theta))T_s{}^n]^{1/n} \qquad (7.107)$$

式中，T_c 和 T_s 分别为植被和土壤组分温度，K；n 在 $8 \sim 14$ mm 波段时通常设置为 4（Becker and Li，1990a）；$f(\theta)$ 为辐射计（传感器）视角范围内植被所占的比例，在假定植被为球形叶倾角分布条件下，可以通过卫星天顶角（θ）、叶面积指数（LAI）和植被覆盖度（F_r）利用下式估算得到：

$$f(\theta) = 1 - \exp(\frac{-0.5 \times \Omega \times LAI}{\cos\theta}) \qquad (7.108)$$

式中，Ω 为聚集因子。较低的 Ω 意味着植被密集聚集，$\Omega=1$ 表示植被随机分布，而 $\Omega>1$ 则代表植被规则分布。对于农田作物，Ω 取决于观测天顶角和作物高度与垄宽的比值。关于如何计算 Ω，可参考 Kustas 和 Norman（2000）、Anderson 等（2005）。

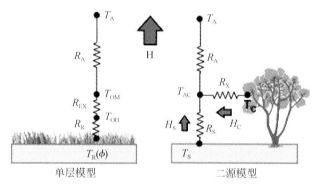

图 7.10　单层模型和二源模型结构示意图

　　二源模型中，整个冠层的水热通量由两部分组成，分别来自植被和土壤，且二者之间是互相叠加的关系，即下层通量只能透过顶层才能传输出去。以显热通量为例，整个冠层的显热通量为冠层中土壤和植被显热通量之和：

$$H = H_c + H_s = \rho c_p \frac{T_{AC} - T_A}{R_A} \qquad (7.109)$$

式中，T_{AC} 为冠层中的空气动力学温度（相当于图 7.11 中单层模型的 T_{OM}）；T_A 为参考高度的空气温度；R_A 为冠层空气动力学阻抗；H_s 和 H_c 分别为土壤和植被的显热通量：

$$H_s = \rho c_p \frac{T_s - T_{AC}}{R_S} \qquad (7.110)$$

$$H_c = \rho c_p \frac{T_c - T_{AC}}{R_X} \qquad (7.111)$$

式中，R_X 和 R_S 分别为冠层叶片的整体边界层阻抗和土壤阻抗。

　　土壤和植被能量平衡组分可以通过下列方程计算得到：

$$\begin{cases} R_{ns} = H_s + LE_s + G \\ R_{nc} = H_c + LE_c \end{cases} \qquad (7.112)$$

式中，R_{ns} 和 R_{nc} 分别为土壤净辐射和植被净辐射，二者之和为地表净辐射：

$$R_n = R_{ns} + R_{nc} \tag{7.113}$$

一般利用冠层孔隙率来计算到达下层土壤的净辐射 R_{ns}：

$$R_{ns} = b(\theta)R_n \tag{7.114}$$

而植被的净辐射 R_{nc} 为

$$R_{nc} = (1 - b(\theta))R_n \tag{7.115}$$

式中，$b(\theta)$ 为太阳入射方向 θ 的冠层孔隙率：

$$b(\theta) = \exp[-G(\theta) \cdot \text{LAI}/\cos(\theta)] \tag{7.116}$$

式中，$G(\theta)$ 是叶面积在光线入射方向上的投影系数，与叶倾角分布函数有关。

关于潜热通量计算方程，植被冠层潜热通量可通过 Priestley-Taylor 公式（Priestley and Taylor，1972）计算：

$$\text{LE}_c = \alpha f_g \frac{\Delta}{\Delta + \gamma} R_{nc} \tag{7.117}$$

式中，α 为处于潜在蒸腾植被条件下的 Priestley-Taylor 系数，初始值约为 1.26；f_g 为绿色 LAI 所占比例；Δ 为饱和水汽压–温度曲线斜率。

而土壤潜热通量则通过土壤能量平衡余项法计算得到：

$$\text{LE}_s = R_{ns} - H_s - G \tag{7.118}$$

式中，土壤热通量 G 可以通过土壤净辐射乘以一定的比例系数得到：

$$G = c_G R_{ns} \tag{7.119}$$

式中，Santanello 和 Friedl（2003）指出比例系数 c_G 近似为 0.3 左右，而其他研究也发现 c_G 与土壤类型、湿度以及时间等因素相关。

二源模型的输入包括方向性地表温度、观测角度、植被覆盖度、植被高度、叶面大小、下行太阳辐射、气温和风速等。以 Norman 等（1995）二源模型求解地表潜热通量过程为例，其计算过程主要包括两个阶段。

（1）计算植被温度和土壤温度初值

在拥有多角度热红外对地观测的条件下，地表植被和土壤温度可通过不同视场角建立方程进行求解。而对于非多角度遥感观测时，地表植被温度和土壤温度初值的求解过程为：首先通过 Priestley-Taylor 公式计算植被冠层潜热通量的初值，并根据植被冠层能量平衡方程余项法，计算植被显热通量，进而求解植被温度，并基于地表温度求解土壤温度初值。

（2）迭代计算

①在求取土壤温度的同时，获取土壤显热通量和土壤热通量，如果土壤潜热通量大于 0，则停止迭代，并输出结果；②将土壤潜热通量设为 0，反算土壤显热通量和土壤温度，进而计算植被温度和植被显热通量；如果植被显热通量小于植被净辐射，则停止迭代；③将植被潜热通量设为 0，再次计算植被显热通量和植被温度，进而再次获取土壤温度，返回步骤①，重新迭代。

基于 Norman 等（1995）模型，Anderson 等（1997）根据上午太阳升起后 1.5 h 到 5.5 h 之间的地表温度上升速率和大气边界层增长模型，利用 ISLSCP 和 Monsoon'90 试验数据验证了 TSTIM（ALEXI）模型的适用性。ALEXI 模型不需要地面气温观测数据的辅助，而且对地表比辐射率和大气校正造成的地表温度反演误差也不敏感。考虑到部分植被覆盖情况下 Norman 等（1995）模型应用的不确定性，Kustas 和 Norman（1999）从 4 个方面对 Norman 等（1995）模型做了修改：①使用一种更具物理机制的土壤和植被地表净辐射估算方法；②使用一种考虑植被聚集因子的简单模型；③调整 Priestley-Taylor 系数；④利用新的算法估算土壤阻抗。Norman 等（2000）基于地表温度和气温的时间变化，提出了日温度差（DTD）的方法对地表显热和潜热进行估算。由于 DTD 方法需要较少的地面观测数据，而且不需要模拟大气边界层的演变过程，故而比其他二源模型更为简单。

　　总体而言，二源模型相对单层模型的优势在于：①避免了准确的大气校正、传感器定标以及地表比辐射率的确定；②当与大气边界层模型耦合时，避免了地面气温的观测，因而比一源模型更适合在大尺度上应用；③考虑了观测几何的作用；④避免了剩余阻抗的估算。

2. 地表温度–植被指数特征空间模型

　　Goward 等（1985）发现当研究区域的植被覆盖度和土壤湿度条件变化范围较大时，以遥感获得的地表温度和植被指数为横纵坐标得到的散点图近似呈三角形分布，第一次提出了基于空间背景信息的遥感地表温度–植被指数（T_s–VI）三角特征空间。该特征空间反映了地表的干湿状况，分别被应用于土壤水分、地表阻抗和区域蒸散发等参量的定量估算和干旱监测等方面（Tang et al.，2010）。

1）三角法

　　当土壤水分和植被指数均在 0 和 1 之间变化时，T_s–VI 三角特征空间由一干边和一湿边形成上下包络线，并最终在全植被覆盖地区相交于一点（图 7.11）。干边是指所有干点的集合，而干点是指在给定植被指数条件下地表温度最高、可利用水分为 0 和蒸散发最低的像元。湿边是指所有湿点的集合，而湿点是指在给定植被指数条件下地表温度最低、土壤水分充足和蒸散发最大的像元。

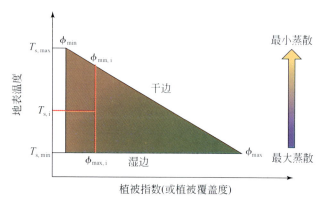

图 7.11　简化的地表温度–植被指数（或植被覆盖度）三角特征空间

基于地表温度–归一化植被指数（T_s-NDVI）三角空间，Jiang 和 Islam（1999）利用改进的 Priestley-Taylor 方程进行区域地表潜热通量和蒸发比的估算，具体公式如下：

$$LE = \phi\left[(R_n - G)\frac{\Delta}{\Delta + \gamma}\right] \tag{7.120}$$

式中，ϕ 为考虑空气动力学阻抗作用的综合参数；Δ 为饱和水汽压–温度曲线斜率；γ 为干湿球常数。相比于 Priestley-Taylor 方程中 Priestley-Taylor 参数的固定化设置，Jiang 和 Islam（1999）在公式中添加变量 ϕ，并通过三角特征空间对其进行重新定义。

一般情况下，参数 ϕ 的设定需要对三角空间作出一定的简化和假设，包括：①地表土壤水分和植被覆盖度需要在较广的范围内变化，涵盖地表极干和极湿、完全覆盖和完全裸露等多种情况；②需要剔除受云影响的数据；③ϕ 值在干边和在垂直方向上的变化都是线性的（图 7.11），并可以直接用插值法求取。同时对于三角形特征空间内部像元的位置变化，需满足以下假设条件：①土壤和植被对地表温度有不同的影响，并且植被温度对表层/深层土壤水分变化不敏感，因此，在全植被覆盖地区会形成 T_s-VI 三角空间的一个顶点；②三角空间内地表温度的变化不是源于大气条件的不同，而是由土壤可利用水分的变化所引起。

基于以上假设，三角空间内部像元的 ϕ 通过如下方式实现：①首先设置最干燥裸土像元的 ϕ 为全局最小值（$\phi_{min} = 0$），最大 VI 和最低 T_s 像元的 ϕ 为全局最大值（$\phi_{max} = 1.26$）；②其次确定 ϕ 在一定 VI 条件下的最小值和最大值，即在干边和湿边上对应的 ϕ（$\phi_{min,i}$ 和 $\phi_{max,i}$）值，并假定在干边上 ϕ 值随着 VI 的增加而线性增加（$\phi_{min,i} = 1.26$（VI-VI_{min}）/（$VI_{max} - VI_{min}$）），在湿边上 ϕ 值随着 VI 的变化而保持不变（$\phi_{max,i} = 1.26$）；③在 VI 一定的情况下，假定 ϕ 值由 $\phi_{max,i}$ 到 $\phi_{min,i}$ 随着地表温度的增加而线性减少。

总体而言，三角法的优点是：①只需通过遥感观测数据，无需气象数据及地面辅助观测数据即可实现区域蒸散发的估算；②对大气效应的影响不敏感。缺点在于：①干湿边的确定存在一定的主观性；②需要大量平坦地表的土壤水分和植被覆盖度变化范围广泛的像元，以保证三角空间中干边和湿边的存在。

2）梯形法

基于作物缺水指数（CWSI）的概念，Moran 等（1994）根据地表温度/植被指数特征空间属性，提出了梯形法估算地表潜热通量的方法。即根据能量平衡理论计算各像元在极端干、湿与极端地表覆盖（全植被覆盖、裸土）情况下的地气温差与地表植被覆盖度之间的理论梯形特征空间，估算各像元在特定植被覆盖与干湿状况下的水分亏缺指数（Water Deficit Index，WDI），以此确定实际蒸散与潜在蒸散之比，进而利用 Penman-Monteith 公式进行陆面蒸散估算。或者直接根据能量平衡关系计算特定地面像元的极限干湿状态，确定蒸发比的方法，即以能量平衡原理以及空气动力学为基础逐像元计算其"干限""湿限"条件下的感热通量以及实际的感热通量，确定像元的蒸发比（潜热通量与可用能量之比），进而求得潜热通量。

梯形法是以能量平衡方程为基础构建，其核心方程为：

$$T_s - T_a = [r_a(R_n - G)/C_v]\{\gamma(1 + r_c/r_a)/[\Delta + \gamma(1 + r_c/r_a)]\} - VPD/[\Delta + \gamma(1 + r_c/r_a)] \tag{7.121}$$

式中，T_s 是地表温度；T_a 为 2m 高度的空气温度；C_v 为空气体积热容；R_n 为地表净辐射通量；G 为土壤热通量，VPD 为饱和水汽压差；Δ 是饱和水汽压–空气温度曲线斜率；γ 为空气湿度常数；r_a 是加入剩余阻抗的空气动力阻抗；r_c 为冠层阻抗。

假定干湿边上的地气温差（T_s-T_a）随着植被覆盖度线性变化。为计算梯形空间内各像元点的 WDI，梯形 4 个顶点的数值需要联合 CWSI 理论与 Penman-Monteith 方程得到，即：①水分条件良好的全植被覆盖顶点，处于潜在蒸散状况；②缺水状态下的全植被覆盖顶点，植被供水不充分，气孔处于关闭状态，具有最大冠层阻抗；③土壤水分饱和裸土顶点，冠层阻抗为 0；④干燥裸土顶点，潜热通量为 0（图 7.12）。

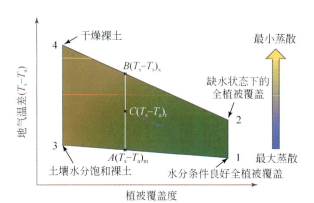

图 7.12　地气温差–植被覆盖度梯形关系示意图（改自 Moran et al.，1994）

下面简要介绍图 7.12 中 4 个顶点的地气温差（T_s-T_a）的计算方法：

（1）水分良好的全植被覆盖顶点

$$(T_s - T_a)_1 = \left[r_a(R_n - G)/C_v \right]\left[\gamma(1 + r_{cp}/r_a)/\{\Delta + \gamma(1 + r_{cp}/r_a)\} \right] \\ - \left[VPD/\{\Delta + \gamma(1 + r_{cp}/r_a)\} \right] \tag{7.122}$$

式中，r_{cp} 为最小冠层阻抗。

（2）缺水状态下的全植被覆盖

$$(T_s - T_a)_2 = \left[r_a(R_n - G)/C_v \right]\left[\gamma(1 + r_{cx}/r_a)/\{\Delta + \gamma(1 + r_{cx}/r_a)\} \right] \\ - \left[VPD/\{\Delta + \gamma(1 + r_{cx}/r_a)\} \right] \tag{7.123}$$

式中，r_{cx} 为气孔完全闭合情况下的气孔最大阻抗。

（3）饱和裸土，冠层阻抗 $r_c = 0$（类似于自由水面）

$$(T_s - T_a)_3 = \left[r_a(R_n - G)/C_v \right]\left[\gamma(\Delta + \gamma) \right] - \left[VPD/(\Delta + \gamma) \right] \tag{7.124}$$

（4）干燥裸土，$r_c = \infty$（类似于植被气孔的全部关闭）

$$(T_s - T_a)_4 = \left[r_a(R_n - G)/C_v \right] \tag{7.125}$$

对于部分植被覆盖地表，联合上述方程可得到如下的 WDI：

$$WDI = 1 - LE/LE_P \\ = \left[(T_s - T_a)_m - (T_s - T_a)_r \right] / \left[(T_s - T_a)_m - (T_s - T_a)_x \right] \tag{7.126}$$

式中，下标 m、x 和 r 分别为某一植被指数条件下的最小、最大和观测地气温差。

相比于三角空间，T_s–VI 梯形空间不需要大量像元存在的条件；然而，梯形空间中需要相对较多的地表观测数据辅助，这限制了它的广泛应用。另外，有些因素也限制了 WDI 的应用，包括：①没有考虑土壤和植被能量的交换，当土壤和植被温度不同时，这种做法可能不太合理；②水分亏缺对植被的作用没有即时显现；③无法分离土壤蒸发和植被蒸腾。

7.5.4 地表土壤水分

1. 地表土壤水分反演一般方法

土壤水分是指以降水、融雪等形式降落并存储于地表土壤层中的水分。它是陆面水资源形成、转换、消耗过程研究中的基本参数，是联系地表水和地下水的纽带，也是研究地表能量交换的基本要素，对气候变化起着非常重要的作用。同时，土壤水分作为陆面生态系统水循环的重要组成，是植物生长发育的基本条件，决定农作物产量的一个重要因素，也是土壤学、水文学、生态学等领域关注的重要内容。通过对土壤水分时空分布的研究，可以更好地理解土壤物理水文学特性，从而有效地把水文学模型与气候、生态等模型在不同尺度上进行结合，更为深入地理解陆面过程。

在地-气系统间物质和能量交换过程中，地表土壤水分同样对地表水热通量起着至关重要的作用，土壤水分的变化将导致交换过程中辐射、能量等各相关因素发生变化，进而致使整个陆地生态系统发生变化。因此地表土壤水分的定量反演方法研究对地表水热交换过程具有重要意义和实际应用价值。

一般而言，地表土壤水分的遥感监测取决于土壤表面发射或反射的电磁辐射能的测量，而土壤的电磁辐射强度取决于其反射率、发射率、介电常数和温度等因素。由于土壤水分受土壤质地、地表覆被状况、植被类型、气候条件以及降水等多种因素的共同作用，且这些因素在不同的时空尺度下呈现不同的变化规律与特征，地表土壤水分具有十分强烈的时空异质性，遥感监测的难度更大。遥感观测的地表信号往往根据土壤水分的高低在不同波段呈现出不同现象和特征：在可见光-近红外波段，不同土壤湿度的地表具有不同的反射率及反照率，通常在地表湿润时表现出较低的反射率和反照率；在热红外波段，地表土壤水分含量的高低直接影响到地表土壤的热特性，从而导致地表温度及其变化出现差异；而在微波波段，由于微波遥感方式的不同，通过主动微波测量雷达的后向散射系数与通过被动微波测量的土壤亮度温度和土壤介电常数有很大关系，而土壤介电常数又与土壤含水量紧密相连。

根据上述土壤水分在不同波谱通道表现出来的特点，目前利用遥感数据反演地表土壤水分方法，根据波段差异主要分为以下三大类。

（1）可见光-近红外波段反演土壤水分

利用可见光-近红外波段反演土壤水分主要通过两种形式实现：一种为直接建立地表反射光谱与土壤水分之间的经验关系（遥感光谱法）（Fabre et al.，2015；Liu et al.，2002；Lobell and Asner，2002）；另一种为通过建立各种指数来判断土壤水分的亏缺状况（植被指数法）（Liu and Kogan，1996）。

（2）热红外波段反演土壤水分

利用热红外波段反演土壤水分依赖于地表的土壤温度。由于土壤水分直接影响到地表土壤的比热和热传导率，而且水的比热较大，因此通常情况下，随着土壤含水量的增加，地表温度的变化较慢，地表土壤温度相对较小。目前热红外遥感反演土壤水分状况的方法主要体现在以下四种形式，第一种是直接建立卫星观测的亮度温度或实际地表温度与土壤水分之间的关系（温度法）（Reginato et al.，1976；Schmugge et al.，1978）；第二种是通过反演地表热惯量间接获取土壤水分（热惯量法）（Minacapilli et al.，2012；Minacapilli et al.，2009；Van doninck et al.，2011；Veroustraete et al.，2011）；第三种是利用 SVAT 模型和地表温度与植被覆盖度或植被指数特征空间相结合估算地表土壤水分含量（三角法）（Carlson，2007；Gillies et al.，1997；Yang et al.，2015）；最后一种是通过指数形式来监测土壤水分状况（温度指数法）（Chen et al.，2011；Rahimzadeh- Bajgiran et al.，2012；Sandholt et al.，2002）。

（3）微波波段反演土壤水分

微波遥感反演土壤水分具有坚实的物理基础。目标物的介电常数是决定地物微波比辐射率的主要因素，而土壤水分又是决定土壤介电常数的主要因素。在微波波段，由于干燥土壤（介电常数约 3~5）和水分（约 80）在介电常数上的巨大差异导致土壤的比辐射率在湿土的 0.6（30% 体积土壤湿度）和干土的 0.9（9% 体积土壤湿度）之间变化，大量的理论模型和野外实验表明土壤的微波散射与辐射强烈地依赖于土壤的水分含量。

自 20 世纪 70 年代起，国内外在利用微波遥感反演土壤水分方面作了很多研究，微波遥感反演和监测土壤水分的方法主要有采用成像雷达的主动微波和基于微波辐射计的被动微波两种方式。

虽然遥感监测和反演土壤水分的方法和手段很多，涉及的领域和范围也比较广泛，但依然存在一些不足。概括来讲，光学遥感的缺点是容易受到云层和植被等影响，影响穿透率；优点是高空间分辨率，卫星传感器多，土壤湿度与地表温度存在较好的相关性等特点，使其反演土壤水分的前景性较好。但针对具体的研究方法：如热惯量和表观热惯量法，虽然物理意义较明确，形式相对简单，但主要适用于裸土或作物生长初期。同时其受到土壤质地和类型的影响，与土壤水分往往表现出非线性的变化特征。另外该方法是在一定的假设前提下推导得到的，这种假设对反演结果的影响需要进一步的研究。三角法主要利用像元的空间分布信息，要求研究区域足够大且包含各种地面情况，包括不同的植被覆盖度，不同的土壤含水量，在一些情况下这种条件不容易满足，此外模型的模拟精度和对研究区域的描述认识情况对反演结果有很大的影响；温度指数法适用于植被生长期，且一些指数要求需要地面实测数据，对于单纯的遥感手段显得较为复杂，另外这些方法都受到云干扰的，对于一些湿润地区，一天中全天无云的情况并不多。对微波遥感来说，尽管不受光照条件限制，可以全天候工作，穿透性强，但主动微波对地形较敏感以及校正比较困难，而被动微波分辨率很低，同时受到植被覆盖度、地表温度及地表粗糙度等影响，一定程度上加大了微波遥感反演土壤水分的困难。

2. 山地地表土壤水分反演与特殊性

当前，针对地表土壤水分与大气降水、土壤质地、植被和地形之间的相互作用关系研究已经开展了很多。在山地复杂地形条件下，由于受地形和植被的影响，不同坡向的土壤含水量各不相同。一般而言，阴坡的土壤含水量都高于阳坡，主要原因是由于不同坡向的光照因子不同，造成不同的土壤厚度和植被组成的差异，从而影响土壤含水量，使得不同植被的土壤含水量随坡向的不同而不同。同时，在同一坡向中，植被类型的不同也会影响土壤含水量。从这些因素来看，山地地表土壤水分的时空变化尺度相比平坦地表要减小不少。由于植被、土壤、地形等环境要素的高空间异质性，地表土壤水分在 10～100m 的尺度范围内将呈现十分显著的变化，这也就给遥感反演山地地表土壤水分带来了前所未有的难度。

由于山地地形阴影以及多云雾覆盖因素的影响，光学遥感反演山地土壤水分存在很大的限制。因此，主动和被动微波遥感由于其较好的物理机制以及受云雾干扰小等优势，已成为能够为全球尺度土壤水分估算提供足够时空分辨和精度要求的主要途径。目前的微波土壤水分产品数据包括 Advanced SCATterometer（ASCAT）、Advanced Microwave Scanning Radiometer for Earth Observing System（AMSR-E）、Soil Moisture and Ocean Salinity（SMOS）、以及 Soil Moisture Active and Passive（SMAP）等。结合现有的主被动微波对地观测数据，已有不少学者正尝试面向山地开展地表土壤水分的估算工作。

李欣欣等（2012）以中国青藏高原地区为例，研究山区可能产生的多种地形效应对微波辐射特征以及土壤水分反演的影响，通过改进了山区微波辐射传输方程进而降低地形效应的影响，为提高山地土壤水分反演精度提供了可能。Brocca 等（2013）探讨了采用水量平衡模型和 ASCAT 土壤水分产品（地表土壤水分和土壤水分指数）两种方式在高山流域内估算地表土壤水分的可能性。该研究通过地面观测土壤水分数据的验证工作，分别证实了引入积雪消融过程的水量平衡模型和 ASCAT 土壤水分指数均能够与地面观测数据建立非常好的相关性，其相关系数范围分别是 0.795-0.940 和 0.635-0.869。作为一个探索性的工作，Brocca 等（2013）证明在山地开展地表水分模型模拟以及微波土壤水分反演工作能够获取较好的结果，有利于山地洪水和滑坡等灾害的预警研究。同样，Bertoldi 等（2014）采用 RADARSAT 2 合成孔径雷达估算地表土壤水分数据、水文模型模拟数据以及地面观测数据，对比分析了三种土壤水分数据源描述山地草原土壤水分空间分布规律的能力。研究结果表明，RADARSAT 2 产品估算获取的山地地表土壤水分空间分布特征能够改进水文模型土壤水分模拟精度，并为验证提供有用的信息。

以上仅是通过简单介绍几个研究实例指出目前山地地表土壤水分遥感反演研究的现状。这些研究工作充分说明了山地地表土壤水分反演的难点。尤其是采用较低空间分辨率的主被动微波观测数据时，虽然其反演过程具有较强的物理基础，但是其低空间分辨率特征极大地限制了该数据或产品在山地的有效应用，发展高空间分辨率光学遥感数据与低空间分辨率微波遥感数据相结合土壤水分降尺度方法无疑是提高其应用水平、满足山地生态环境土壤水分监测应用需求的有效途径（Zhao and Li, 2013, 2015）。此外，在不断提高遥感反演水平的同时，将遥感观测数据与水文模型模拟相结合不失为开展山地土壤水分估算的另一选择。这些都为未来山地地表土壤水分遥感反演中面临的山地环境高空间异质性问题提供了解决思路。

7.5.5　山地地表水热通量遥感估算应用实例

在山地复杂地形条件下，山地地表高程、坡度和坡向等地形因子的剧烈变化导致地表能量的空间分布不均匀，进而决定山地地表土壤空气温度变化、地表蒸散发、冰雪融化和地气交换等山地地表过程。因此，在开展山地地表水热通量遥感估算的过程中，必须考虑地形对地表能量通量的影响，特别是太阳短波入射辐射的影响，定量刻画地表净辐射随地形条件变化的空间分布特征。在已有的针对山地地表蒸散发的研究中，大部分工作在采用现有地表蒸散发遥感估算方法的基础上，通过对地表太阳入射能量项进行地形改正，进而估算地表蒸散发（Chen et al.，2013；Gao et al.，2008；Han et al.，2016；Kafle and Yamaguchi，2009）。

本小节以 Chen 等（2013）针对青藏高原珠穆朗玛峰地区的地表能量通量遥感估算为例，对山地地表水热通量遥感定量反演研究进行讨论。该研究选用 Landsat TM/ETM+数据，在 SEBS 模型的基础上，发展形成了地形增强 SEBS 模型（TESEBS，Topographical Enhanced SEBS）。其改进主要体现在：

（1）在估算地表下行短波辐射的过程中，考虑到地形起伏对地表下行短波辐射的再分配作用，类似于第 7.4.1 节中将地表下行短波辐射分为太阳直接辐射、天空漫散射以及周围地形反射三部分，进而准确刻画地表海拔、坡度和坡向等变化对地表接收太阳辐射的影响，以准确计算地形起伏条件下地表下行短波辐射。

（2）在辅助数据获取方面，考虑地表海拔变化对近地表空气温度和气压的影响，分别采用经验性的方法：空气温度按照每升高 100m 减低 0.6° 的变化规律进行地形改正；气压按照以下经验公式进行改正：

$$p_s = p_0 \exp(-z/8430) \tag{7.127}$$

式中，p_0 为标准气压，z 为海拔高度，m。

图 7.13 描述的是该研究所估算地形影响下地表下行短波辐射各分量的空间分布。总体而言各分量均表现出非常明显的地形变化特征。分开来讲：就太阳直射辐射而言，位于山顶部分和坡向朝东未被周围地形遮挡的地表，太阳直射辐射一般处于较大值。而坡向朝西位置由于地形遮挡效应，太阳直射辐射不能到达，其值也就相对较小，但是该处却拥有较高的太阳散射辐射。就周围地形反射辐射而言，在周围地形有冰雪覆盖的区域［图 7.13（d）中左下角］，由于冰雪具有较高的反照率，引起该处的地形辐射具有较高的值。通过地表下行短波辐射的空间分布特征分析，一定程度上证明了该研究中考虑地形影响的有效性和必要性。在此基础上，结合地表短波净辐射便可获取地表的净辐射信息，并结合 SEBS 模型的参数化方案，分别反演获得地表的水热通量空间分布。

图 7.14 展示的便是采用 TESEBS 模型估算得到 2010 年 4 月 9 日上午 10：30 的青藏高原珠穆朗玛峰地区地表水热通量空间分布图。图中各通量分量的数值大小差异在一定程度

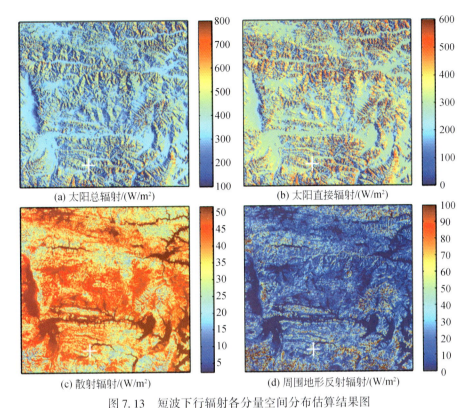

图 7.13　短波下行辐射各分量空间分布估算结果图

（a）短波下行辐射；（b）太阳直接辐射；（c）散射辐射；（d）周围地形反射辐射（改自 Chen et al.，2013）

上反映了由于地表覆被条件差异带来的区别显著的地表水热分配过程，具有较强的合理性。而通过研究区地面观测站点的验证结果也发现，模型估算的地表净辐射、显热通量、土壤热通量和潜热通量的平均偏差均小于 23.6W/m²，具有较好的估算精度。

Chen 等（2013）面向山区的地表蒸散发研究工作为开展相关领域研究提供了借鉴和思路。然而在其研究工作的改进部分，针对空气温度随海拔的垂直变化特征，其简单采用空气温度按照每升高 100m 减低 0.6° 的变化规律进行地形改正，而 Kunkel（1989）通过对美国西部山区气象参数空间插值研究发现，空气温度随海拔高度的递减速率在年内的不同月份存在一定程度的差异性。因此，为进一步改进空气温度随海拔的变化规律，在 Li 等（2015）针对南亚大区域尺度的地表蒸散发时间序列遥感反演工作中，考虑到反演过程采用的同化资料空气温度数据与地面站点观测空气温度数据之间的差异，在 Zhao 等（2014）简单采用二者进行校正方法的基础上，引入纬度和海拔两个与空气温度紧密关联的参数，采用多元线性回归的方式加强对同化资料空气温度的改进，有效提高了大区域空气温度的估算精度，为准确获取山地地表蒸散发奠定基础。图 7.15 展示的便是改正后的地表空气温度估算结果与地面站点观测结果的散点分布图，二者具有非常的相关性（$R^2 = 0.929$），且均方根误差在 1.73K。

综合来讲，以上面向山地复杂地形的地表水热通量遥感估算方法研究，为进一步针对山区开展类似工作奠定了较好的研究基础，具有一定的开拓性。但是，在肯定该工作贡献

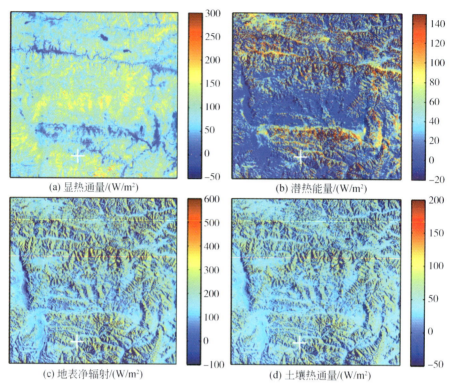

(a) 显热通量/(W/m²)　　　　　　(b) 潜热能量/(W/m²)

(c) 地表净辐射/(W/m²)　　　　　　(d) 土壤热通量/(W/m²)

图 7.14　基于地形改进 SEBS 模型估算的地表水热通量各组分空间分布图

（a）显热通量；（b）潜热通量；（c）地表净辐射；（d）土壤热通量（改自 Chen et al. 2013）

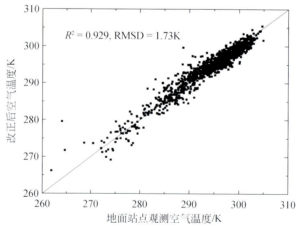

图 7.15　基于海拔与纬度校正的空气温度改正值与站点观测温度

的同时，我们也不难发现，面向山区的地表水热通量遥感估算仍然还存在较多的问题，例如，地表下行长波辐射的地形效应问题、地面辅助数据（空气温度、气压、湿度、风速等）在山地复杂地形条件下的空间数据获取问题，以及山地复杂地形下地表水热通量估算结果的验证问题等，这些问题都需要在今后的工作中逐步地解决和完善。

7.6　小　　结

　　本章首先以地表能量收支为切入点，针对地表能量收支过程中涉及的关键参量：地表温度、地表辐射收支参量、地表水热通量以及地表土壤水分等遥感反演方法进行综合与归纳。虽然各参量无论在遥感估算方法及反演理论方面都有了长足的进展，且在区域乃至全球尺度上得到了较为广泛的应用，但是面对山地特殊地形环境的研究显然还存在较大的差距。山地地形起伏引起地表辐射收支的高空间异质性直接影响到山地地表温度以及山地地气系统物质与能量交换过程，导致山地地表能量收支过程以及山地地表土壤水分等变量在遥感表达方面相比平坦地表更为复杂、难度更大且更具挑战。

　　针对每一部分的研究内容，本章通过实例分析的手段，有效地介绍了地表能量收支各关键参量的遥感估算方法及存在的问题，有效地梳理了目前涉及山地地表能量收支过程的研究成果，并总结了山地地形条件对地表能量平衡过程的作用特征和规律，为进一步开展山地地表能量平衡研究奠定基础。

参 考 文 献

陈良富，牛铮. 2000. 非同温混合像元热辐射有效比辐射率概念及其验证. 科学通报，45（1）：22~29.

陈云浩，李晓兵，谢锋. 2001. 我国西北地区地表反照率的遥感研究. 地理科学，21（4）：327~333.

范闻捷，徐希孺. 2005. 陆面组分温度的综合反演研究. 中国科学（D 辑：地球科学），35（10）：85~92.

焦子锑，王锦地，谢里欧，张颖，阎广建，何立明，李小文. 2005. 地面和机载多角度观测数据的反照率反演及对 MODIS 反照率产品的初步验证. 遥感学报，9（1）：64~72.

李小文，王锦地. 1999. 地表非同温象元发射率的定义问题. 科学通报，44（15）：1612~1617.

李小文，王锦地，Strahler A H. 1994. 不连续植被及其下地表面对光辐射的吸收与反照率模型. 中国科学（B 辑：化学、生物学、农学、医学、地球科学），24（8）：828~836.

李欣欣，张立新，蒋玲梅，赵少杰. 2012. 山区地形效应对微波辐射特征与土壤水分反演的影响——以青藏高原地区为例. 遥感学报，16（4）：850~867.

覃志豪 Wenjuan L，Minghua Z，Karnieli A，Berliner P. 2003. 单窗算法的大气参数估计方法. 国土资源遥感，15（2）：37~43.

王开存，刘晶淼，周秀骥，王普才. 2004a. 利用 MODIS 卫星资料反演中国地区晴空地表短波反照率及其特征分析. 大气科学，28（6）：941~949+1018~1020.

王开存，周秀骥，刘晶淼. 2004b. 复杂地形对计算地表太阳短波辐射的影响. 大气科学，28（4）：625~633.

谢小萍，高志强，高炜. 2009. MODIS 产品估算复杂地形下的光合有效辐射. 遥感学报，13（5）：779~791.

徐希孺，陈良富，庄家礼. 2001. 基于多角度热红外遥感的混合像元组分温度演化反演方法. 中国科学（D 辑：地球科学），31（1）：81~88.

朱叶飞. 2009. 基于 DEM 的单窗算法及山区地表长波净辐射的计算. 地质学刊，32（4）：297~304.

庄家礼，陈良富，徐希孺. 2000. 地表组分温度反演. 北京大学学报（自然科学版），36（6）：850~857.

Anderson M C，Norman J M，Kustas W P，Li F，Prueger J H，Mecikalski J R. 2005. Effects of vegetation clumping on two-source model estimates of surface energy fluxes from an agricultural landscape during SMACEX.

Journal of Hydrometeorology, 6 （6）: 892 ~ 909.

Anderson M, Norman J, Diak G, Kustas W, Mecikalski J. 1997. A two- source time- integrated model for estimating surface fluxes using thermal infrared remote sensing. Remote Sensing of Environment, 60 （2）: 195 ~ 216.

Ångström A 1918. A study of the radiation of the atmosphere. Smithson. Misc. Collect. , 65: 1 ~ 159.

Ångström A. 1924. Solar and terrestrial radiation. Report to the international commission for solar research on acti- nometric investigations of solar and atmospheric radiation. Quarterly Journal of the Royal Meteorological Society, 50 （210）: 121 ~ 126.

Barry R G. 2013. Mountain weather and climate. Routledge

Bastiaanssen W, Menenti M, Feddes R, Holtslag A 1998. A remote sensing surface energy balance algorithm for land （SEBAL）. 1. Formulation. Journal of hydrology, 212: 198 ~ 212.

Becker F. 1987. The impact of spectral emissivity on the measurement of land surface temperature from a satel- lite. International Journal of Remote Sensing, 8 （10）: 1509 ~ 1522.

Becker F, Li Z L. 1990a. Temperature- independent spectral indices in thermal infrared bands. Remote Sensing of Environment, 32 （1）: 17 ~ 33.

Becker F, Li, Z L. 1990b. Towards a local split window method over land surfaces. International Journal of Remote Sensing, 11 （3）: 369 ~ 393.

Becker F, Li Z L. 1995. Surface temperature and emissivity at various scales: definition, measurement and related problems. Remote Sensing Reviews, 12 （3-4）: 225 ~ 253.

Bertoldi G, Della Chiesa S, Notarnicola C, Pasolli L, Niedrist G, Tappeiner U. 2014. Estimation of soil moisture patterns in mountain grasslands by means of SAR RADARSAT2 images and hydrological modeling. Journal of Hy- drology, 516: 245 ~ 257.

Bird R, Hulstrom R. 1981. Simplified clear sky model for direct and diffuse insolation on horizontal surfaces. In: Solar Energy Research Inst. , Golden, CO （USA）.

Boegh E, Soegaard H, Thomsen A. 2002. Evaluating evapotranspiration rates and surface conditions using Landsat TM to estimate atmospheric resistance and surface resistance. Remote Sensing of Environment, 79 （2）: 329 ~ 343.

Brocca L, Tarpanelli A, Moramarco T, Melone F, Ratto S, Cauduro M, Ferraris S, Berni N, Ponziani F, Wagner W. 2013. Soil moisture estimation in alpine catchments through modeling and satellite observations. Vadose Zone Journal, 12 （3）: 1-10.

Brunt D. 1932. Notes on radiation in the atmosphere. I. Quarterly Journal of the Royal Meteorological Society, 58 （247）: 389 ~ 420.

Brutsaert W. 1975. On a derivable formula for long- wave radiation from clear skies. Water resources research, 11 （5）: 742 ~ 744.

Brutsaert W. 1982. Evaporation into the Atmosphere. London, Springer Netherlands.

Carlson T N. 2007. An overview of the "Triangle Method" for estimating surface evapotranspiration and soil moisture from satellite imagery. Sensors, 7 （8）: 1612 ~ 1629.

Cess R D, Vulis I L. 1989. Inferring surface solar absorption from broadband satellite measurements. Journal of Climate, 2 （9）: 974 ~ 985.

Cheng J, Liang S. 2016. Global estimates for high- spatial- resolution clear- sky land surface upwelling longwave radiation from MODIS data. IEEE Transactions on Geoscience and Remote Sensing, 54 （7）: 4115 ~ 4129.

Chen J, Wang C, Jiang H, Mao L, Yu Z. 2011. Estimating soil moisture using Temperature-Vegetation Dryness

Index (TVDI) in the Huang- huai- hai (HHH) plain. International Journal of Remote Sensing, 32 (4): 1165 ~ 1177.

Chen L, Li Z L, Liu Q, Chen S, Tang Y, Zhong B. 2004. Definition of component effective emissivity for heterogeneous and non- isothermal surfaces and its approximate calculation. International Journal of Remote Sensing, 25 (1): 231 ~ 244.

Chen L, Zhuang J, Xu X, Niu Z, Zhang R, Xiang Y. 2000. The concept of effective emissivity of nonisothermal mixed pixel and its test. Chinese Science Bulletin, 45 (9): 788 ~ 795.

Chen X, Su Z, Ma Y, Yang K, Wang B. 2013. Estimation of surface energy fluxes under complex terrain of Mt. Qomolangma over the Tibetan Plateau. Hydrology and Earth System Sciences, 17 (4): 1607 ~ 1618.

Choudhury B. 1982. A parameterized model for global insolation under partially cloudy skies. Solar Energy, 29 (6): 479 ~ 486.

Choudhury B, Idso S, Reginato R. 1987. Analysis of an empirical model for soil heat flux under a growing wheat crop for estimating evaporation by an infrared-temperature based energy balance equation. Agricultural and Forest Meteorology, 39 (4): 283 ~ 297.

Coll C, Caselles V. 1997. A split- window algorithm for land surface temperature from advanced very high resolution radiometer data: validation and algorithm comparison. Journal of Geophysical Research: Atmospheres (1984-2012), 102 (D14): 16697 ~ 16713.

Crawford T M, Duchon C E. 1999. An improved parameterization for estimating effective atmospheric emissivity for use in calculating daytime downwelling longwave radiation. Journal of Applied Meteorology, 38 (4): 474 ~ 480.

Davies J, Hay J. 1980. Calculation of the solar radiation incident on a horizontal surface. In Proceedings of the First Canadian Solar Radiation Data Workshop, Atmoshere Environment Service of Downsview Canada. 32 ~ 58.

Dilley A, O'brien D. 1998. Estimating downward clear sky long- wave irradiance at the surface from screen temperature and precipitable water. Quarterly Journal of the Royal Meteorological Society, 124 (549): 1391 ~ 1401.

Dubayah R. 1992. Estimating net solar radiation using Landsat Thematic Mapper and digital elevation data. Water resources research, 28 (9): 2469 ~ 2484.

Fabre S, Briottet X, Lesaignoux A. 2015. Estimation of soil moisture content from the spectral reflectance of bare soils in the 0. 4-2. 5 μm domain. Sensors, 15 (2): 3262 ~ 3281.

Gao W, Coulter R, Lesht B, Qiu J, Wesely M. 1998. Estimating clear-sky regional surface fluxes in the southern Great Plains atmospheric radiation measurement site with ground measurements and satellite observations. Journal of Applied Meteorology, 37 (1): 5 ~ 22.

Gao Y, Long D, Li Z L. 2008. Estimation of daily actual evapotranspiration from remotely sensed data under complex terrain over the upper Chao river basin in North China. International Journal of Remote Sensing, 29 (11): 3295 ~ 3315.

Gates D M. 2003. Biophysical Ecology. New York: Dover Publications.

Gillespie A, Rokugawa S, Matsunaga T, Cothern J S, Hook S, Kahle A B. 1998. A temperature and emissivity separation algorithm for Advanced Spaceborne Thermal Emission and ReflectionRadiometer (ASTER) images. IEEE Transactions on Geoscience and Remote Sensing, 36 (4): 1113 ~ 1126.

Gillies R R, Kustas W P, Humes K S. 1997. A verification of the 'triangle' method for obtaining surface soil water content and energy fluxes from remote measurements of the Normalized Difference Vegetation Index (NDVI) and surface e. International Journal of Remote Sensing, 18 (15): 3145 ~ 3166.

Goward S N, Cruickshanks G D, Hope A S. 1985. Observed relation between thermal emission and reflected spectral radiance of a complex vegetated landscape. Remote Sensing of Environment, 18 (2): 137 ~ 146.

Gueymard C. 1993. Mathermatically integrable parameterization of clear-sky beam and global irradiances and its use in daily irradiation applications. Solar Energy, 50 (5): 385 ~ 397.

Gueymard C. 1995. SMARTS2: a simple model of the atmospheric radiative transfer of sunshine: algorithms and performance assessment. Cocoa, Florida: Florida Solar Energy Center.

Gueymard C A. 2003. Direct solar transmittance and irradiance predictions with broadband models. Part 1: detailed theoretical performance assessment. Solar Energy, 74 (5): 355 ~ 379.

Han C B, Ma Y M, Chen X L, Su Z B. 2016. Estimates of land surface heat fluxes of the Mt. Everest region over the Tibetan Plateau utilizing ASTER data. Atmospheric Research, 168, 180 ~ 190.

Hatfield J L. 1983. Evapotranspiration obtained from remote sensing methods. Advances in Irrigation. 2: 395 ~ 416.

Hoyt D V. 1978. A model for the calculation of solar global insolation. Solar Energy, 21 (1): 27 ~ 35.

Hu B, Lucht W, Li X, H Strahler A. 1997. Validation of kernel-driven semiempirical models for the surface bidirectional reflectance distribution function of land surfaces. Remote Sensing of Environment, 62 (3): 201 ~ 214.

Idso S B. 1981. A set of equations for full spectrum and 8-to 14-μm and 10. 5-to 12. 5-μm thermal radiation from cloudless skies. Water Resources Research, 17 (2): 295 ~ 304.

Idso S B, Jackson R D. 1969. Thermal radiation from the atmosphere. Journal of Geophysical Research, 74 (23): 5397 ~ 5403.

Iqbal M. 1983. An introduction to solar radiation. San Diego, Canada, Academic Press.

Iziomon M G, Mayer H, Matzarakis A. 2003. Downward atmospheric longwave irradiance under clear and cloudy skies: measurement and parameterization. Journal of Atmospheric and Solar-Terrestrial Physics, 65 (10): 1107 ~ 1116.

Jacobs J. 1978. Radiation climate of Broughton Island. Energy Budget Studies in Relation to Fast-Ice Breakup Processes in Davis Strait, 26: 105 ~ 120.

Jiang L, Islam S. 1999. A methodology for estimation of surface evapotranspiration over large areas using remote sensing observations. Geophysical Research Letters, 26 (17): 2773 ~ 2776.

Jiménez-Muñoz J C, Sobrino J A. 2003. A generalized single-channel method for retrieving land surface temperature from remote sensing data. Journal of Geophysical Research: Atmospheres (1984-2012), 108 (D22): 4688 ~ 4696.

Jiménez-Muñoz J C, Sobrino J A, Skokovic D, Mattar C, Cristobal J. 2014. Land surface temperature retrieval methods from Landsat-8 thermal infrared sensor data. IEEE Geoscience and Remote Sensing Letters, 11 (10): 1840 ~ 1843.

Kafle H K, Yamaguchi Y. 2009. Effects of topography on the spatial distribution of evapotranspiration over a complex terrain using two-source energy balance model with ASTER data. Hydrological Processes, 23 (16): 2295 ~ 2306.

Kim H Y, Liang S. 2010. Development of a hybrid method for estimating land surface shortwave net radiation from MODIS data. Remote Sensing of Environment, 114 (11): 2393 ~ 2402.

Kondrat'ev K Y. 1969. Radiation in the Atmosphere. New York, USA, Academic Press.

Konzelmann T, van de Wal R S, Greuell W, Bintanja R, Henneken E A, Abe-Ouchi A. 1994. Parameterization of global and longwave incoming radiation for the Greenland Ice Sheet. Global and Planetary Change, 9 (1): 143 ~ 164.

Kruk N S, Vendrame Í F, Da Rocha H R, Chou S C, Cabral O. 2010. Downward longwave radiation estimates for clear and all-sky conditions in the Sertãozinho region of São Paulo, Brazil. Theoretical and applied climatology,

99（1-2）：115~123.

Kumar L, Skidmore A K, Knowles E. 1997. Modelling topographic variation in solar radiation in a GIS environment. International Journal of Geographical Information Science, 11（5）：475~497.

Kunkel K E. 1989. Simple procedures for extrapolation of humidity variables in the mountainous western United States. Journal of Climate, 2（7）, 656~669.

Kustas W, Humes K, Norman J, Moran M. 1996b. Single-and dual-source modeling of surface energy fluxes with radiometric surface temperature. Journal of Applied Meteorology, 35（1）：110~121.

Kustas W, Norman J. 1996a. Use of remote sensing for evapotranspiration monitoring over land surfaces. Hydrological Sciences Journal, 41（4）：495~516.

Kustas W P, Choudhury B J, Moran M S, Reginato R J, Jackson R D, Gay L W, Weaver H L. 1989. Determination of sensible heat flux over sparse canopy using thermal infrared data. Agricultural and Forest Meteorology, 44（3）：197~216.

Kustas W P, Norman J M. 1999. Evaluation of soil and vegetation heat flux predictions using a simple two-source model with radiometric temperatures for partial canopy cover. Agricultural and Forest Meteorology, 94（1）：13~29.

Kustas W P, Norman J M. 2000. A two-source energy balance approach using directional radiometric temperature observations for sparse canopy covered surfaces. Agronomy Journal. 92（5）：847~854.

Lacis A A, Hansen J. 1974. A parameterization for the absorption of solar radiation in the earth's atmosphere. Journal of the Atmospheric Sciences, 31（1）：118~133.

Lee H T, Ellingson R G. 2002. Development of a nonlinear statistical method for estimating the downward longwave radiation at the surface from satellite observations. Journal of Atmospheric and Oceanic Technology, 19（10）：1500~1515.

Lhomme J P, Vacher J J, Rocheteau A. 2007. Estimating downward long-wave radiation on the Andean Altiplano. Agricultural and Forest Meteorology, 145（3）：139~148.

Li A N, Zhao W, Deng W. 2015. A quantitative inspection on spatio-temporal variation of remote sensing-based estimates of land surface evapotranspiration in South Asia. Remote Sensing, 7（4）：4726~4752.

Liang S. 2001. Narrowband to broadband conversions of land surface albedo I：Algorithms. Remote Sensing of Environment, 76（2）：213~238.

Liang S. 2003. A direct algorithm for estimating land surface broadband albedos from MODIS imagery. IEEE Transactions on Geoscience and Remote Sensing, 41（1）：136~145.

Liang S, Strahler A H, Walthall C. 1980. Retrieval of land surface albedo from satellite observations：a simulation study. Journal of Applied Meteorology, 38（6）：1286~1288.

Liang S, Strahler A H, Walthall C. 1999. Retrieval of land surface albedo from satellite observations：a simulation study. Journal of Applied Meteorology, 38：712~725.

Lipton A E, Ward J M. 1997. Satellite-view biases in retrieved surface temperatures in mountain areas. Remote Sensing of Environment, 60（11）：92~100.

Liu W, Baret F, Xingfa G, Qingxi T, Lanfen Z, Bing, Z. 2002. Relating soil surface moistureto reflectance. Remote Sensing of Environment, 81（2-3）：238~246.

Liu W, Kogan F. 1996. Monitoring regional drought using the vegetation condition index. International Journal of Remote Sensing, 17（14）：2761~2782.

Liu Y, Hiyama T, Yamaguchi Y. 2006. Scaling of land surface temperature using satellite data：a case examination on ASTER and MODIS products over a heterogeneous terrain area. Remote Sensing of Environment, 105（2）：115~128.

Li X, Strahler A H, Friedl M A. 1999. A conceptual model for effective directional emissivity from nonisothermal surfaces. IEEE Transactions on Geoscience and Remote Sensing, 37 (5): 2508 ~ 2517.

Li X, Wang J. 1999. The definition of effective emissivity of land surface at the scale of remote sensing pixels. Chinese Science Bulletin, 44 (23): 2154 ~ 2158.

Li Z, Leighton H, Masuda K, Takashima T. 1993. Estimation of SW flux absorbed at the surface from TOA reflected flux. Journal of Climate, 6 (2): 317 ~ 330.

Li Z, Petitcolin F, Zhang R. 2000. A physically based algorithm for land surface emissivity retrieval from combined mid-infrared and thermal infrared data. Science in China Series E: Technological Sciences, 43 (1): 23 ~ 33.

Lobell D B, Asner G P. 2002. Moisture effects on soil reflectance. Soil Science Society of America Journal, 66 (3): 722 ~ 727.

Maykut G A, Church P E. 1973. Radiation climate of Barrow Alaska, 1962-66. Journal of Applied Meteorology, 12 (4): 620 ~ 628.

McMillin L M. 1975. Estimation of sea surface temperatures from two infrared window measurements with different absorption. Journal of Geophysical Research, 80 (36): 5113 ~ 5117.

Menenti M, Choudhury B. 1993. Parameterization of land surface evapotranspiration using a location dependent potential evapotranspiration and surface temperature range. Proceedings of Exchange Processes at the Land Surface for a Range of Space and Time Scales, 212: 561 ~ 568.

Minacapilli M, Cammalleri C, Ciraolo G, D'Asaro F, Iovino M, Maltese A. 2012. Thermal inertia modeling for soil surface water content estimation: a laboratory experiment. Soil Science Society of America Journal, 76 (1): 92 ~ 100.

Minacapilli M, Iovino M, Blanda F. 2009. High resolution remote estimation of soil surface water content by a thermal inertia approach. Journal of Hydrology, 379 (3-4): 229 ~ 238.

Minnaert M. 1941. The reciprocity principle in lunar photometry. The astrophysical journal, 93: 403 ~ 410.

Monin A S, Obukhov A M. 1954. Basic laws of turbulent mixing in the ground layer of the atmosphere. Trudy Geofizicheskogo Instituta, Akademiya Nauk SSSR, 151 (24): 163 ~ 187.

Monteith J L. 1973. Principles of environmental physics. London: Edward Arnold Press.

Moran M, Clarke T, Inoue Y, Vidal A. 1994. Estimating crop water deficit using the relation between surface-air temperature and spectral vegetation index. Remote Sensing of Environment, 49 (3): 246 ~ 263.

Moran M S, Jackson R D, Raymond L H, Gay L W, Slater P N. 1989. Mapping surface energy balance components by combining Landsat Thematic Mapper and ground-based meteorological data. Remote Sensing of Environment, 30 (1): 77 ~ 87.

Morcrette J J, Deschamps P Y. 1986. Downward longwave radiation at the surface in clear-sky atmospheres: Comparisons of measured, satellite-derived, and calculated fluxes. In International Satellite Land-Surface Climatology Project (ISLSCP) Conference, 1: 257 ~ 261.

Nerry F, Labed J, Stoll M P. 1988. Emissivity signatures in the thermal IR band for remote sensing: calibration procedure and method of measurement. Applied Optics, 27 (4): 758 ~ 764.

Nilson T, Kuusk A. 1989. A reflectance model for the homogeneous plant canopy and its inversion. Remote Sensing of Environment, 27 (2): 157 ~ 167.

Norman J M, Anderson M C, Kustas W P. 2006. Are Single-Source, Remote-Sensing Surface-Flux Models too Simple? AIP Conference Proceedings, 852: 170 ~ 177.

Norman J M, Becker F. 1995. Terminology in thermal infrared remote sensing of natural surfaces. Agricultural and Forest Meteorology, 77 (3): 153 ~ 166.

Norman J M, Kustas W P, Humes K S. 1995. Source approach for estimating soil and vegetation energy fluxes in observations of directional radiometric surface temperature. Agricultural and Forest Meteorology, 77 (3-4): 263~293.

Norman J M, Kustas W P, Prueger, J H, Diak G R. 2000. Surface flux estimation using radiometric temperature: a dual temperature-difference method to minimize measurement errors. Water resources research, 36 (8): 2263~2274.

Prata A. 1996. A new long-wave formula for estimating downward clear-sky radiation at the surface. Quarterly Journal of the Royal Meteorological Society, 122 (533): 1127~1151.

Prata A, Platt C. 1991. Land surface temperature measurements from the AVHRR. In Proceedings of the 5th AVHRR data users conference, Tromso, Norway, June, 25~28.

Price J C. 1984. Land surface temperature measurements from the split window channels of the NOAA 7 Advanced Very High Resolution Radiometer. Journal of Geophysical Research: Atmospheres (1984~2012), 89 (D5): 7231~7237.

Priestley C H B, Taylor R J. 1972. On the assessment of surface heat flux and evaporation using large-scale parameters. Monthly Weather Review, 100 (2): 81~92.

Proy C, Tanre D, Deschamps P. 1989. Evaluation of topographic effects in remotely sensed data. Remote Sensing of Environment, 30 (1): 21~32.

Qin Z h, Karnieli A, Berliner P. 2001. A mono-window algorithm for retrieving land surface temperature from Landsat TM data and its application to the Israel-Egypt border region. International Journal of Remote Sensing, 22 (18): 3719~3746.

Qu Y, Liu Q, Liang S L, Wang L Z, Liu N F, Liu S H. 2014. Direct-estimation algorithm for mapping daily land-surface broadband albedo from MODIS data. IEEE Transactions on Geoscience and Remote Sensing, 52 (2): 907~919.

Rahimzadeh-Bajgiran P, Omasa K, Shimizu Y. 2012. Comparative evaluation of the Vegetation Dryness Index (VDI), the Temperature Vegetation Dryness Index (TVDI) and the improved TVDI (iTVDI) for water stress detection in semi-arid regions of Iran. ISPRS Journal of Photogrammetry and Remote Sensing, 68 (10): 1~12.

Reginato R J, Idso S B, Vedder J F, Jackson R D, Blanchard M B, Goettelman R. 1976. Soil water content and evaporation determined by thermal parameters obtained from ground-based and remote measurements. Journal of Geophysical Research, 81 (9): 1617~1620.

Richter R. 1998. Correction of satellite imagery over mountainous terrain. Applied Optics, 37 (18): 4004~4015.

Roerink G, Su, Z, Menenti M. 2000. S-SEBI: a simple remote sensing algorithm to estimate the surface energy balance. Physics and Chemistry of the Earth, Part B: Hydrology, Oceans and Atmosphere, 25 (2): 147~157.

Roujean J L, Leroy M, Deschamps P Y. 1992. A bidirectional reflectance model of the Earth's surface for the correction of remote sensing data. Journal of Geophysical Research: Atmospheres (1984~2012), 97 (D18): 20455~20468.

Sandholt I, Rasmussen K, Andersen J. 2002. A simple interpretation of the surface temperature/vegetation index space for assessment of surface moisture status. Remote Sensing of Environment, 79 (2-3): 213~224.

Santanello Jr J A, Friedl M A. 2003. Diurnal covariation in soil heat flux and net radiation. Journal of Applied Meteorology, 42 (6): 851~862.

Schmetz J. 1989. Towards a surface radiation climatology: retrieval of downward irradiances from satellites. Atmospheric Research, 23 (3): 287~321.

Schmugge T, Blanchard B, Anderson A, Wang J. 1978. Soil moisture sensing with aircraft observations of the diurnal range of surface temperature. JAWRA Journal of the American Water Resources Association, 14 (1): 169~178.

Shibayama M, Wiegand C. 1985. View azimuth and zenith, and solar angle effects on wheat canopy reflectance. Remote Sensing of Environment, 18 (1): 91~103.

Sobrino J A, Caselles V, Coll C. 1993. Theoretical split-window algorithms for determining the actual surface temperature. Il Nuovo Cimento C, 16 (3): 219~236.

Sobrino J A, Li Z L, Stoll M P, Becker F. 1994. Improvements in the split-window technique for land surface temperature determination. IEEE Transactions on Geoscience and Remote Sensing, 32 (2): 243~253.

Su Z. 2002. The Surface Energy Balance System (SEBS) for estimation of turbulent heat fluxes. Hydrology and Earth System Sciences, 6 (1): 85~100.

Sugita M, Brutsaert W. 1993. Cloud effect in the estimation of instantaneous downward longwave radiation. Water resources research, 29 (3): 599~605.

Swinbank W C. 1963. Long-wave radiation from clear skies. Quarterly Journal of the Royal Meteorological Society, 89 (381): 339~348.

Tang B, Li Z L, Zhang R. 2006. A direct method for estimating net surface shortwave radiation from MODIS data. Remote Sensing of Environment, 103 (1): 115~126.

Tang H, Li Z L. 2014. Quantitative Remote Sensing in Thermal Infrared: Theory and Applications. Berlin, Heidelberg Springer Science & Business Media.

Tang R, Li Z L, Tang B. 2010. An application of the T_s-VI triangle method with enhanced edges determination for evapotranspiration estimation from MODIS data in arid and semi-arid regions: implementation and validation. Remote Sensing of Environment, 114 (3): 540~551.

Teillet P, Guindon B, Goodenough D. 1982. On the slope-aspect correction of multispectral scanner data. Canadian Journal of Remote Sensing, 8 (2): 84~106.

Trenberth K E, Fasullo J T. 2012. Tracking Earth's energy: from El Niño to global warming. Surveys in Geophysics, 33 (3-4): 413~426.

Ulivieri C, Castronuovo M, Francioni R, Cardillo A. 1994. A split window algorithm for estimating land surface temperature from satellites. Advances in Space Research, 14 (3): 59~65.

Van doninck J, Peters J, De Baets B, De Clercq, E M, Ducheyne E, Verhoest N E C. 2011. The potential of multitemporal Aqua and Terra MODIS apparent thermal inertia as a soil moisture indicator. International Journal of Applied Earth Observation and Geoinformation, 13 (6): 934~941.

Verhoef A, De Bruin H A R, Van Den Hurk B J J M. 1997. Some practical notes on the parameter kB~1 for sparse vegetation. Journal of Applied Meteorology. 36: 560~572.

Veroustraete F, Li Q, Verstraeten W W, Chen X, Bao A, Dong Q, Liu T, Willems P. 2011. Soil moisture content retrieval based on apparent thermal inertia for Xinjiang province in China. International Journal of Remote Sensing, 33 (12): 3870~3885.

Vidal A. 1991. Atmospheric and emissivity correction of land surface temperature measured from satellite using ground measurements or satellite data. TitleREMOTE SENSING, 12 (12): 2449~2460.

Walthall C, Norman J, Welles J, Campbell G, Blad B. 1985. Simple equation to approximate the bidirectional reflectance from vegetative canopies and bare soil surfaces. Applied Optics, 24 (3): 383~387.

Wang D, Liang S, He T. 2014. Mapping high-resolution surface shortwave net radiation from landsat data. IEEE Geoscience and Remote Sensing Letters, 11 (2): 459~463.

Wang D, Liang S, Liu R, Zheng T. 2010. Estimation of daily-integrated PAR from sparse satellite observations: comparison of temporal scaling methods. International Journal of Remote Sensing, 31 (6): 1661~1677.

Wang J, White K, Robinson G J. 2000. Estimating surface net solar radiation by use of Landsat-5 TM and digital elevation models. International Journal of Remote Sensing, 21 (1): 31~43.

Wang W, Liang S. 2009. Estimation of high-spatial resolution clear-sky longwave downward and net radiation over land surfaces from MODIS data. Remote Sensing of Environment, 113 (4): 745~754.

Wang W, Liang S. 2010. A method for estimating clear-sky instantaneous land-surface longwave radiation with GOES sounder and GOES-R ABI data. IEEE Geoscience and Remote Sensing Letters, 7 (4): 708~712.

Wang W, Liang S, Augustine J A. 2009. Estimating high spatial resolution clear-sky land surface upwelling longwave radiation from MODIS data. IEEE Transactions on Geoscience and Remote Sensing, 47 (5): 1559~1570.

Wanner W, Li X, Strahler A. 1995. On the derivation of kernels for kernel-driven models of bidirectional reflectance. Journal of Geophysical Research: Atmospheres (1984~2012), 100 (D10): 21077~21089.

Wanner W, Strahler A, Hu B, Lewis P, Muller J P, Li X, Schaaf C, Barnsley M. 1997. Global retrieval of bidirectional reflectance and albedo over land from EOS MODIS and MISR data: theory and algorithm. Journal of Geophysical Research: Atmospheres (1984~2012), 102 (D14): 17143~17161.

Wan Z, Dozier J. 1996. A generalized split-window algorithm for retrieving land-surface temperature from space. IEEE Transactions on Geoscience and Remote Sensing, 34 (4): 892~905.

Wan Z, Li Z L. 1997. A physics-based algorithm for retrieving land-surface emissivity and temperature from EOS/MODIS data. IEEE Transactions on Geoscience and Remote Sensing, 35 (4): 980~996.

Wan Z, Zhang Y, Zhang Q, Li Z l. 2002. Validation of the land-surface temperature products retrieved from Terra Moderate Resolution Imaging Spectroradiometer data. Remote Sensing of Environment, 83 (1): 163~180.

Wan Z, Zhang Y, Zhang Q, Li Z L. 2004. Quality assessment and validation of the MODIS global land surface temperature. International Journal of Remote Sensing, 25 (1): 261~274.

Yan G J, Wang T X, Jiao Z H, Mu X H, Zhao J, Chen L. 2016. Topographic radiation modeling and spatial scaling of clear-sky land surface longwave radiation over rugged terrain. Remote Sensing of Environment, 172: 15~27.

Yang Y, Guan H, Long D, Liu B, Qin G, Qin J, Batelaan, O. 2015. Estimation of surface soil moisture from thermal infrared remote sensing using an improved trapezoid method. Remote Sensing, 7 (7): 8250~8270.

Yokoyama R, Shirasawa M, Pike R J. 2002. Visualizing topography by openness: a new application of image processing to digital elevation models. Photogrammetric Engineering and Remote Sensing, 68 (3): 257~266.

Zhan X, Kustas W P, Humes K S. 1996. An intercomparison study on models of sensible heat flux over partial canopy surfaces with remotely sensed surface temperature. Remote Sensing Environment. 58 (3): 242~256.

Zhao W, Li A N, Deng W. 2014. Surface energy fluxes estimation over the south Asia Subcontinent through assimilating MODIS/TERRA satellite data with in situ observations and GLDAS product by SEBS model. IEEE Journal of Selected Topics in Applied Earth Observations and Remote Sensing, 7 (9): 3704~3712.

Zhao W, Li A N. 2013. A downscaling method for improving the spatial resolution of AMSR-E derived soil moisture product based on MSG-SEVIRI data. Remote Sensing, 5 (12): 6790~6811.

Zhao W, Li A N. 2015. A comparison study on empirical microwave soil moisture downscaling methods based on the integration of microwave-optical/IR data on the Tibetan Plateau. International Journal of Remote Sensing, 36 (19-20): 4986~5002.

第 8 章　山地陆表参量多源数据同化反演

　　观测与模型是地球系统科学研究的两种基本手段，两者各有优缺点。数据同化是在考虑模型与观测误差以及数据时空分布的基础上，将观测数据与过程模型有效结合，在模型运行过程中不断融合新的观测数据，目的在于生成具有物理一致性和时空一致性的参数数据集。数据同化作为地球系统科学研究的重要方法，已被广泛应用于大气、海洋、陆面过程及生态等多个研究领域。数据同化一般由 4 部分组成，即观测数据、同化算法、过程模型及驱动模型运行的基础参量数据。观测数据包括遥感数据和地面点测量数据，其中遥感数据在第 2、3、4 章均有所介绍。由于遥感观测（如反射率、亮温、后向散射系数等）和地表参量（如叶面积指数 LAI、土壤水分等）之间的关系是隐含的，因此遥感观测大多属于间接观测，需要通过遥感反演的手段来实现地表参量的估计，这部分内容已在第 6、7章有所介绍。有关地面点测量数据的介绍将在第 9 章提及。驱动模型运行的基础参量数据，如土地利用/覆被数据已在第 5 章有所介绍。本章内容安排如下：8.1 节首先介绍了数据同化的相关理论，8.2 节介绍了常用的数据同化算法，8.3 节介绍经典的过程模型，比如陆面过程模型、水文模型和生态模型等，8.4 节介绍典型的数据同化系统，在此基础上8.5 节重点阐述了山地陆表参量同化反演的特殊性，最后 8.6 节介绍了利用数据同化方法估算土壤水分和 LAI 的应用实例。

8.1　数据同化相关理论

8.1.1　观测与模型的不确定性

　　观测和模型模拟是获取完备的地球表层系统（如水分循环、能量循环、植被生态系统长势）时空信息的主要手段。观测的优势在于通过点观测和遥感观测直接获取感兴趣对象在观测时刻和所代表空间上的相对"真值"，能够直观反映对象的真实状态。模型模拟的优势在于依靠其内在的动力学机制和物理过程，能够描述所模拟对象在时间和空间上的连续演进。然而，由于地表变量普遍具有强烈的时空异质性，这些变量的模拟和观测也具有很大的不确定性。

　　对于模型而言，模型的驱动数据、内在物理结构、状态变量以及初始条件的不确定性都有可能通过复杂的误差传播影响模型的模拟结果。再者，很多模型都是基于微观尺度或单点研究发展起来的，当应用到区域尺度时，由于空间尺度增大而出现的地表及近地表环境非均匀性问题，导致模型中一些宏观资料的获取和参数的本地化方面存在很多困难，模型模拟结果也会存在很大的不确定性。对于观测而言，点观测大多是在区域内选择有限的几个或几十个典型样点来代表整个区域感兴趣对象的"真值"。不过在选择代表性样点时，主观性较大，严格来讲，只能说是代表了研究样点的情况，不能反映区域整体的真实情况。遥感信息在很大程度上可以帮助克服模型和单点观测的这些不足。遥感技术以其大范围观测的优势，为估算区域范围乃至全球尺度的变量空间分布提供了强有力的手段，是传统的"点"测量向"面"测量发展的一次飞跃。不过遥感信息大多反映的只是地表瞬间的物理状况，其反演方法主要基于瞬间的、单一时刻的遥感观测数据，导致反演结果在时间上不连续，而地表过程是时空连续的，因此需要借助模型，把瞬间观测转化为具有时空一致性的数据集（梁顺林等，2013）。

8.1.2　观测与模型耦合

随着科学技术的发展和实际应用需求的驱动，将观测（尤指遥感数据）与模型相耦合，获取具有时空和物理一致性的数据集是当前定量遥感理论与技术应用研究的重要内容和发展趋势之一（Asner et al.，1998；Dorigo et al.，2007；李新等，2007）。二者结合能够弥补单一手段的不足，有利于实现优势互补，具有潜在改善地表变量估算精度的能力。目前国内外关于观测与模型的耦合方法归纳起来主要有驱动法和同化法。

驱动法将遥感反演的状态变量直接代入模型或替代模型模拟的状态变量值，并驱动模型运行（Dorigo et al.，2007）。这种替代主要基于遥感反演值比相应的模型模拟值更加准确的假设。不过由于模型的时间分辨率较高（如生态机理模型的时间步长通常以天为单位），但遥感反演的参数由于没有这么高的时间分辨率而无法满足模型需要。通常的做法是用仅有的遥感"观测值"模拟出一条曲线，然后用该模拟曲线和遥感数据按照模型要求的时间步长进行内插获得模型需要的变量值（Mo et al.，2005）。驱动法比较简单，但前提是反演得出的状态变量要准确，而且观测次数越多越好，有利于建立合理的状态变量统计模型，从而确保其内插值准确。

相比于驱动法，同化法受到了更多的关注。这主要是因为驱动法更易受到影像数量的影响，并且在反演状态变量时常引入较大的误差；而同化法更加可靠和稳定，并在观测信息与模型结合方面表现出更大的灵活性（Dorigo et al.，2007）。陆面数据同化起步于 20 世纪 90 年代末期（McLaughlin，1995），其理论、概念和方法来源于大气和海洋科学，在数学上主要借助于估计理论、控制论、优化方法和误差估计理论（Daley，1993；Talagrand，1997）。其核心思想是在陆面过程模型的动力框架内，融合不同来源和不同分辨率的直接与间接观测，将陆面过程模型和各种观测算子（如辐射传输模型）集成为不断地依靠观测而自动调整模型轨迹，并且减小误差的预报系统（李新 等，2007）。将数据同化方法应用于陆表参量估算，可以把时间序列观测数据（地面测量、遥感观测）作为观测量，通过陆表过程模型描述状态变量的时间演进过程，然后利用观测数据修正模型的运行轨迹，即调整与目标参量密切相关的、其他方法难以准确获得的模型初始条件或参数值来缩小观测值与相应模型模拟值之间的差距，从而达到估计这些初始值或参数值的目的，最终得到时空连续的陆表参量最优估计值（Qin et al.，2007；Yang et al.，2009）。在利用遥感数据进行同化时不仅可以同化遥感反演值（Dente et al.，2008）或数据产品（Fang et al.，2011），也可以直接同化光谱反射率（Quaife et al.，2008；Xiao et al.，2011；靳华安等，2011）、植被指数（Jarlan et al.，2008）、后向散射系数（Mangiarotti et al.，2008）等遥感数据。而在同化光谱反射率、植被指数或后向散射系数时，大气/植被/土壤的遥感物理模型需要与陆表过程模型相结合（Liang，2005；Verhoef and Bach，2003）。

按同化比较对象的差别，又可将同化法细分为如下两种具体的做法。

1. 使用遥感反演的状态变量对模型进行初始化或参数化

与驱动法不同，遥感反演值（如 LAI、蒸散、土壤湿度）不是用来建立状态参量的变化曲线，而是以此为依据调整模型本身的相关参数和初始值，使调整后的模型模拟的参量值与同时间的遥感反演值相差最小，这样就可以将调整后的初始值和参数值作为模型最优的参数取值（李存军等，2008）（图 8.1）。其中最小化遥感反演值和模型模拟值之间差异的过程是重复迭代的过程。

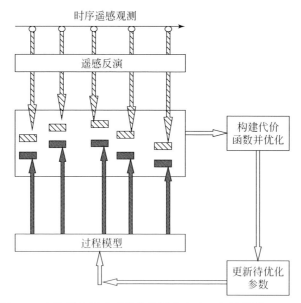

图 8.1　直接同化遥感反演值的同化方法（赵艳霞等，2005）

2. 直接使用遥感数据对模型进行初始化和参数化

遥感数据不再用于反演地表参量，而是以其辐射观测值（如冠层反射率、后向散射系数）去校准模型的某些关键过程或重新初始化、参数化陆表过程模型，达到优化模型的目的（Jin et al.，2016）。将辐射传输模型与陆表过程模型进行耦合，通过比较辐射传输模型模拟的信号和卫星遥感探测到的辐射数据，调整那些控制陆表参量变化的关键参数或初始值，以求得到较好的模拟效果（图8.2）。

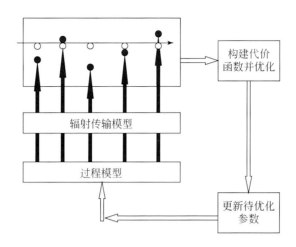

○ 遥感观测反射率　　● 模拟反射率

图 8.2　直接同化遥感反射率的同化方法（赵艳霞等，2005）

8.1.3　数据同化方法的优缺点

通过数据同化方法的研究，能够解决观测数据时空不连续问题，不仅可以改善模型的动态演化轨迹，提高模型预报能力，而且还可获取高质量的、有模型和观测数据双层约束的、时间和空间连续的陆表参量数据集。在数据同化过程中如果同化遥感反演值，与驱动法类似，同样对遥感反演的状态变量的准确性有较高要求。如果直接同化遥感反射率或后向散射系数，则没有状态变量反演环节带来的误差，从理论上讲是最好的（Dorigo et al.，2007）。但是由于辐射传输模型对土壤和植被特性比较敏感，如果缺乏这方面的相关信息，该方法的准确性也难以保证。另外，最小化遥感观测值和模拟值之间的差异，是一种重复迭代的过程，计算相对复杂且比较耗时。

数据同化过程中的误差问题一直被认为是制约提高数据同化性能的瓶颈问题之一（梁顺林等，2013），不恰当的误差估计或参数设定将使同化结果偏离"真实状态"。陆面数据同化系统的误差来源包括模型误差、观测误差和同化算法误差。其中，模型误差包括模型结构误差、参数误差、驱动数据带来的误差和模型计算误差等多种来源。模型计算误差是指空间、时间差分、截断误差以及其他计算过程中表现出来的误差。观测误差由观测算子误差、仪器误差和代表性误差组成。不同的数据同化方法会带来同化算法误差，比如蒙特卡洛方法中的有限样本数产生的采样误差等（摆玉龙等，2011）。如何正确地估计误差并探讨误差对同化结果的影响，前人已做了大量研究，结合国内外的研究现状，目前误差研究的主要方向包括：

（1）模型误差的正确给定。模型误差包括模型结构误差、参数误差、驱动数据带来的误差和模型计算误差等多种来源。综合已有的研究结果，在具体研究中需要从陆面过程模型本身物理过程的认识出发，针对不同的应用背景确定感兴趣的状态变量，深入研究误差协方差矩阵的构造。

（2）观测误差中的代表性误差。代表性误差是源自尺度匹配的陆面数据同化特有问题之一。该问题的研究是目前需要攻克的难点问题，主要表现在观测算子的物理特性及观测空间和状态空间的转换方面，地统计学的方法或许会提供一个新的思路。

（3）误差累计的整体性。由于所有误差在同化进程中都共同作用在研究对象上，因此可以从整体上加以考虑和处理。在大气数据同化领域，发展了一些值得借鉴的方法（Houtekamer et al., 2009；Trémolet, 2007；Zupanski and Zupanski, 2006），然而，这些方法在陆面数据同化系统中的应用与探索还有待进一步展开（摆玉龙等，2011）。

8.2　遥感中常用的数据同化算法

由于陆面数据同化研究起步较晚，最新的数据同化算法进展大多来自于海洋、大气数据同化的相关研究。Daley（1993）详尽描述了大气数据同化技术的研究进展，并将其发展趋势概括为两大特征：一是由单纯对观测数据本身进行的静态客观分析迈向观测数据结合动力约束的动态分析；二是由空间分布分析（三维）迈向空间与时间分布分析（四维）。参考黄春林（2007）和梁顺林等（2013）有关数据同化算法的分类，已有同化算法如图8.3所示。

数据同化算法发展到今天，从最初的线性插值或多项式插值以及逐步订正法等发展到今天的最优插值、三维变分（3DVAR）、四维变分（4DVAR）、粒子滤波（PF）以及众多的 Kalman 滤波方法，已经走过了几十年的历程（黄春林和李新，2004；马建文和秦思娴，2012）。随着科学工作者的不断探索以及数据同化方法的不断发展，目前以最优控制理论为基础的四维变分数据同化方法与以统计估计理论和集合论为基础的基于集合的序贯数据同化方法（如 Kalman 滤波、PF 滤波）逐渐占据了主导地位。变分同化是在同化窗口内利用所有可用的观测值从全局角度调整模型解，并且所有的观测值均影响状态变量调整的整个过程［图8.4（a）］。而在序贯同化中，当新的观测数据出现时，由模型预测的系统状态就成为背景信息，然后利用观测数据进行更新或纠正，从而继续对模型积分，直到所有观测值被用完［图8.4（b）］（梁顺林，2009）。

8.2.1　变分算法

变分方法是17世纪末逐渐形成并发展起来的一门独立的数学分支，作为研究积分型泛函极值的经典方法，被广泛应用于自然科学的诸多领域。20世纪50年代，Sasaki（1958，1970）最早指出变分方法具有解决气象问题的潜在应用价值，并将变分方法引入气象领域的客观分析中，用于提供经模型模拟值与观测值协调后的状态变量最优估计值。从20上世纪80年代中期开始，基于变分理论的多种方法发展起来。常见的变分算法有三维变分和四维变分算法（Courtier et al., 1998；Courtier et al., 1994）。

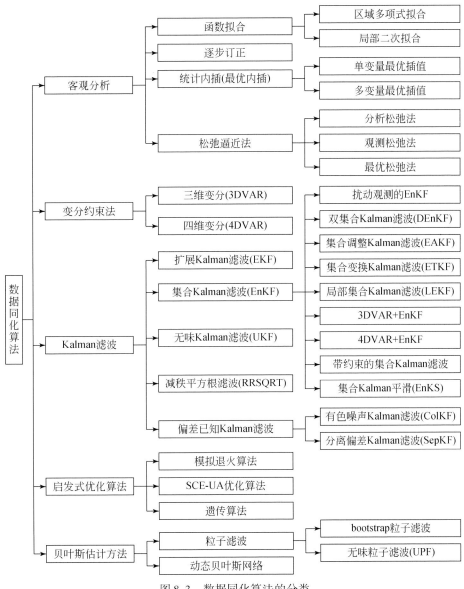

图 8.3　数据同化算法的分类

1. 三维变分

三维变分算法（3DVAR）试图最小化观测数据与模型模拟数据之间构造的代价函数。该代价函数 $J(x)$ 可表示为如下形式：

$$J(x) = \frac{1}{2}\left(x - x_b\right)^{\mathrm{T}} B^{-1}\left(x - x_b\right) + \frac{1}{2}\left(y - H(x)\right)^{\mathrm{T}} R^{-1}\left(y - H(x)\right) \tag{8.1}$$

式中，x 表示模型状态变量；x_b 表示背景场；y 表示观测数据；H 表示观测算子；B 表示背景场误差协方差矩阵；R 表示观测场误差协方差矩阵。

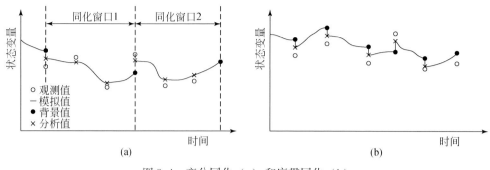

图 8.4　变分同化（a）和序贯同化（b）

当 $J(x)$ 达到最小值时的状态变量取值即为该变量的最优估计值，最小化 $J(x)$ 能够转化为求解 $J(x)$ 一阶导数为 0 的状态变量 x 取值。

对 $J(x)$ 求一阶导数得到关于 x 的梯度方程：

$$\nabla J(x) = B^{-1}(x - x_b) - H^T R^{-1}(y - H(x)) \tag{8.2}$$

求解上述方程可以使用牛顿法、梯度下降法、松弛逼近法等方法。

3DVAR 以模型的预测值作为状态变量的背景场，且代价函数中能够包含物理过程，其同化后的结果具有动力协调性和物理一致性。在实际应用中受状态变量维数多以及模型非线性化的限制，通常很难直接对上述梯度方程进行求解，需要借助切线性算子和伴随方程，不过复杂模型和观测算子的伴随方程代码编写比较困难，其运行也比较耗时（马建文，2013）。

2. 四维变分

四维变分算法（4DVAR）是在三维变分算法的基础上发展起来的，它是对在时间上分布的 3DVAR 的简单推广（Talagrand and Courtier，1987）。4DVAR 的代价函数为

$$J(x) = \frac{1}{2}(x - x_b)^T B^{-1}(x - x_b)$$
$$+ \frac{1}{2}\sum_{i=1}^{n}(y_i - H_i(M_i(M_{i-1}(\cdots(M_1(x))))))^T R^{-1}(y_i - H_i(M_i(M_{i-1}(\cdots(M_1(x))))))$$

$$\tag{8.3}$$

式中，x 表示模型状态变量；x_b 表示背景场；y_i 表示第 i 时刻的观测数据；H_i 表示观测算子；B 表示背景场误差协方差矩阵；R 表示观测场误差协方差矩阵；M_i 表示状态变量随时间的变化关系（即模型算子）；n 为总的观测时刻数。对上述公式求一阶导数得到梯度方程：

$$\nabla J(x) = B^{-1}(x - x_b) - \sum_{i=1}^{n}\left[M_1^T \cdots M_{i-1}^T M_i^T H_i^T R^{-1}(y_i - H_i(M_i(M_{i-1}(\cdots(M_1(x)))))) \right]$$

$$\tag{8.4}$$

与三维变分同化算法相比，四维变分同化考虑了状态变量背景场随时间的变化，更能

体现复杂的非线性约束关系（梁顺林，2009），使原来"定时"的三维分析和预报变成了"每时"的四维分析和预报，任何时刻不仅能够根据新的观测资料通过预报模式作分析，还可以在分析的基础上作预报。另外，四维变分方法采用了伴随算子，不过由于 M 的引入增加了伴随模式编写的难度，算法运行也比较耗时。

8.2.2　序贯同化

20 世纪 60 年代初期，Kalman（1960）把随机过程状态空间模型引入滤波理论，并导出了一套递推估计算法，首次提出了一个最优化自回归数据处理算法，称为卡尔曼滤波（Kalman Filter，KF）。该算法是序贯同化算法的最早形式，也是序贯同化算法的理论基础之一。KF 算法包括时间更新和观测更新两个步骤，其中时间更新是指根据前一时刻模式的状态通过模型预测得到当前时刻模式的状态估计值；观测更新是指引入观测数据，利用最小方差估计方法对模式状态进行再分析，更新当前时刻的模式状态，使其达到最优估计值。随着模式状态预报随时间演化以及新的观测数据持续加入，这个过程不断向前推进。在高斯分布假设和状态变量线性变化条件下 KF 算法能够获得最优解，但在数据同化过程中状态变量通常是非线性变化，而且高斯假设也很难满足，极大限制了 KF 算法的使用。

随着 KF 技术在各个领域的应用和改进，现已发展了扩展卡尔曼滤波（Entended Kalman Filter，EKF）、集合卡尔曼滤波（Ensemble Kalman Filter，EnKF）等算法。EKF 算法采用雅可比矩阵对非线性过程方程和观测算子进行线性化，然后借助 KF 算法对系统状态进行估计。EKF 虽然可以应用于非线性模型，但是 EKF 要求模型的每个变量对于其他状态变量连续可微，因此，该方法适用于参数较少且模型比较简单的情况，而对于参数较多、基于物理机制的过程模型不太适合（王文和寇小华，2009）。EnKF 算法是 Evensen（1994）在 KF 算法的基础上提出的采用蒙特卡洛（Monte-Carlo）方法实现集合预报、集合滤波以及误差矩阵计算的顺序同化方法，现已成为序贯同化领域应用非常广泛的滤波算法。EnKF 算法克服了 KF 算法要求线性化的模型算子和观测算子的缺点（周剑等，2008），不需要对原模型进行线性化处理，也不需要发展模型的切线性算子，可以保持模型中的所有动力学特征（晋锐和李新，2009）。同时，EnKF 算法也不需要像 EKF 算法那样在每次迭代计算中对误差协方差进行一次切线性处理，大大提高了计算效率，为并行计算提供了可能性。下面主要介绍 EnKF 的基本步骤和公式（黄春林，2007）。

（1）初始化背景场：

给定 N 个状态变量 X_i（$i=1,\cdots,N$），假定 X 符合高斯分布，计算 X_i 在第 $k+1$ 时刻的预测值 $X^f_{i,k+1}$：

$$X^f_{i,k+1} = M_k(X^a_{i,k}) + w_{i,k} \qquad w_{i,k} \sim N(0,W_k) \tag{8.5}$$

式中，$X^a_{i,k}$ 为 X_i 在 k 时刻的分析值；$M_k(\cdot)$ 为非线性的模型算子；W_k 为模型误差协方差矩阵；$w_{i,k}$ 为数学期望为 0 且方差为 W_k 的高斯白噪声。

（2）计算 $K+1$ 时刻的 Kalman 增益矩阵 K_{k+1}：

$$K_{k+1} = P^f_{k+1}H^T(HP^f_{k+1}H^T + R)^{-1} \tag{8.6}$$

$$P^f_{k+1} = \frac{1}{N-1} \sum_{i=1}^{N} (X^f_{i,\,k+1} - \overline{X^f_{k+1}})(X^f_{i,\,k+1} - \overline{X^f_{k+1}})^{\mathrm{T}} \qquad (8.7)$$

$$P^f_{k+1} H^{\mathrm{T}} = \frac{1}{N-1} \sum_{i=1}^{N} (X^f_{i,\,k+1} - \overline{X^f_{k+1}})(H(X^f_{i,\,k+1}) - H(\overline{X^f_{k+1}}))^{\mathrm{T}} \qquad (8.8)$$

$$HP^f_{k+1} H^{\mathrm{T}} = \frac{1}{N-1} \sum_{i=1}^{N} (H(X^f_{i,\,k+1}) - H(\overline{X^f_{k+1}}))(H(X^f_{i,\,k+1}) - H(\overline{X^f_{k+1}}))^{\mathrm{T}} \qquad (8.9)$$

$$\overline{X^f_{k+1}} = \frac{1}{N} \sum_{i=1}^{N} X^f_{i,\,k+1} \qquad (8.10)$$

式中，$X^f_{i,\,k+1}$ 为状态变量 X_i 在 $k+1$ 时刻的预报值；$\overline{X^f_{k+1}}$ 为 $k+1$ 时刻状态变量预报值的平均值；R 为观测误差协方差矩阵；$H(\cdot)$ 为观测算子。

（3）计算 $k+1$ 时刻的状态变量分析值的平均值 $\overline{X^a_{k+1}}$ 和背景误差协方差矩阵 P^a_{k+1}：

$$X^a_{i,\,k+1} = X^f_{i,\,k+1} + K_{k+1}((Y_{k+1} + v_{i,\,k+1}) - H(x^f_{i,\,k+1})) \qquad v_{i,\,k} \sim N(0,\,R) \qquad (8.11)$$

$$\overline{X^a_{k+1}} = \frac{1}{N} \sum_{i=1}^{N} X^a_{i,\,k+1} \qquad (8.12)$$

$$P^a_{k+1} = \frac{1}{N-1} \sum_{i=1}^{N} (X^a_{i,\,k+1} - \overline{X^a_{k+1}})(X^a_{i,\,k+1} - \overline{X^a_{k+1}})^{\mathrm{T}} \qquad (8.13)$$

式中，$X^a_{i,\,k+1}$ 为 X_i 在 $k+1$ 时刻的分析值；Y_{k+1} 为 $k+1$ 时刻的观测值；$v_{i,\,k}$ 表示数学期望为 0 且方差为 R 的高斯白噪声。

（4）进入下一时刻，返回步骤（2），直至全部时刻运行完毕。

在实际应用过程中，为了增强算法稳定性以及提高运算效率，通常需要对上述分析方案进行相应的变换和简化，具体可参见 Evensen（2004）。近年来，以粒子滤波（Arulampalam et al.，2002）为代表的非高斯、非线性滤波方法也吸引了数据同化领域专家们的高度关注（Han and Li，2008；Nakano et al.，2007），其同样利用预测和更新两个步骤完成状态变量随时间的递推和演化，以求取状态变量的最优估计值。

8.3　典型过程模型

8.3.1　陆面过程模型

陆面过程模型是指通过一定的参数化方案设计，定量描述地–气系统间水分、热量和动量交换作用过程的模型，涉及地表水文过程、植被动力学过程、生物化学过程、边界层湍流输送过程、地–气间辐射传输过程和土壤水分与热量传导过程。在陆面过程模型的发展历程中，陆面过程模型一直随着人们对陆地生态系统物理化学过程认识的不断深入和计算机技术水平的提高而不断改进和完善。综合来讲，目前陆面过程模型的发展主要分为三个阶段。

第一阶段即对应的最早陆面过程模型——"水桶模型"（Manabe，1969）。这一类模型是最简单的陆面过程模型，也称为第一代陆面过程模型。此类模型简单地采用能量平衡方程对地表水热过程进行模拟。其中，全球土壤被认为质地相同、深度相同且具有相同的储水能力，土壤内部的热传导过程也被忽略。此外，地表蒸散发过程和地表径流的产生与地表土壤水分的含量直接相关，在土壤水分超过土壤饱和临界点且降雨持续进行时，地表径流才会形成。而地表蒸散发只涵盖了地表蒸发过程，对植被蒸散作用并未考虑。整个模型的能量平衡和水量平衡可以写成以下形式：

$$\begin{cases} R_n = LE + H + (G) \\ dS/dt = P - E - R_s - (R_g) \end{cases} \tag{8.14}$$

式中，R_n 为净辐射，LE 为潜热通量，H 为显热通量，dS/dt 为土壤水分随时间的变化，P 为降水，E 为蒸散发，R_s 为地表径流。其中，土壤热通量 (G) 和地下水径流 (R_g) 均被忽略。

　　Pitman（2003）总结指出，第一代陆面过程模型的简化方式正是其最大的弱点和限制因素。例如，其在地表通量估算中，地表蒸发采用以下公式估算得到：

$$LE = \beta \left(\frac{e_s - e_a}{r_a} \right) \frac{\rho c_p}{\gamma} \tag{8.15}$$

式中，c_p 为定压比热；r_a 为空气动力学阻抗；γ 为干湿球常数；e_s 和 e_a 分别为地表水汽压和大气水汽压。式中只考虑了空气动力学阻抗，而忽略地表阻抗的作用。蒸发过程也简单地通过一个特殊变量 (β) 来控制。这个变量的取值范围为 0 ~ 1（干燥土壤至饱和土壤），可以表示为土壤水分的函数。总体而言，第一代的陆面过程模型仅考虑了单纯的物理过程，几乎没有考虑植被的影响。没有考虑植被对太阳辐射的吸收与裸土的差异、植被对湍流的增强作用和植被的蒸腾过程。此外，土壤没有分层，不考虑水分在土壤中的运动。因此，第一代陆面过程模型计算出的能量分配和水分循环过程并不真实，使模拟的陆面过程对天气与气候的影响失真。

　　为了解决第一阶段水桶模型存在的问题，Deardorff（1978）采用 Bhumralkar（1975）和 Blackadar（1976）强迫-恢复方法（"Force-restore" Method）实现对地表温度变化的有效模拟，同时考虑表层土壤和深层土壤的温度变化以实现对土壤内部热传导过程的模拟；此外，植被也作为一个单独的层首次被考虑进去。这类模型的发展也代表了陆面模型发展的第二阶段，被视为第二代陆面过程模型。在将土壤内部热过程、植被等因素纳入模型的模拟范畴之后，模型还在模式组成、数据输入、陆面参数化以及数值计算方法等方面有了很大的提高。在 Deardorff（1978）模型的带动下，先后发展出一系列的模型，其中最具代表性的模型为生物圈-大气圈传输模式（Biosphere- Atmosphere Transfer Scheme，BATS）（Dickinson et al.，1993）和简单生物圈模型（Simple Biosphere Model，SiB）（Sellers et al.，1986）。

　　在这一代模型中，植被和土壤系统之间的相互作用得到很好的描述。植被和土壤属性差异以及冠层结构导致主要陆面过程存在很大的差异，如辐射吸收过程、动量传递、地表蒸散发、降水截留和土壤水分可利用率等（Sellers et al.，1997）。因此，对比第一代陆面过程模型，第二代模型能够较为准确地模拟陆地表面与大气的相互作用。

　　不难看出，以上两代陆面过程模型主要集中于地表与大气之间水热交换的模拟。在 20 世纪 80 年代以来，全球变化成为全球关注的焦点，科学家们也意识到地表与大气之间的碳循环过程在地球系统动态过程中发挥重要作用。碳平衡研究的进步加快了对全球变暖的探究。但是，已有的陆面过程模型很难满足对陆面碳循环过程研究的需求。因此，在第二代模型的基础上，第三代模型增加了生物化学模块，考虑了植被的生理生化甚至是各类化学元素（如 C、N 等）的循环过程。这也便是陆面过程模型发展的第三阶段。

下面介绍几种典型的陆面过程模型。

1. 公用陆面模式（Community Land Model，CLM）

公用陆面模式是公用地球系统模式（GESM）和公用大气模式的一个重要分量模式。它是由美国气象研究中心和公用地球系统模式工作组共同开发完成的。它是全球主要陆面模式之一，同时也作为公用大气系统模式（CCSM）的陆面模式组成（Collins et al.，2006；Dickinson et al.，2006）。

公用陆面模式包括生物地球物理、水循环、生物地球化学和植被动态等多个关键组分。在其发展过程中，科学家不断更新对陆地过程的认识并促使这些新的研究进展能够不断地引入模式当中，进而推动模式的不断发展。目前，公用陆面模式已发展到版本 4.5（Oleson，2013）。

在模型和数据的组织结构上，陆地表面被描述为一个多层次相互嵌套的网格。在最顶层网格中，陆地表面由 5 种主要的陆地类型（冰川、湖泊、湿地、城市和植被）的子网格单元构成，各类型比例由其实际所占面积决定。对植被类型来说，模型根据植物功能型（Plant Functional Type，PFT）差异将其划分成不同植被类型的斑块，每种植物功能型具有其独特的叶面积/茎面积指数和冠层高度等。模型运行过程中，网格内各陆地类型、植物功能型在共有网格大气强迫数据的驱动下，其陆表生物地球物理过程模拟是独立运行的，彼此不相关，并最终通过面积加权聚合的方式获取网格尺度的陆面参数和通量的模拟结果。在最新的公用陆面模式中，生物地球化学模块也被引入，其主要包括植被土壤系统之间的碳氮循环以及碳氮循环之间的相互作用。

2. NOAH 陆面模型

NOAH 陆面模型是一个一维、独立的陆面模式，可用于单点和区域模拟。NOAH 模型通过地面大气强迫驱动，可以用来模拟土壤湿度、土壤温度、地表温度、雪深、雪水当量、植被冠层含水量以及地球表面能量和水分通量（Chen and Dudhia，2001；Chen et al.，1996；Ek et al.，2003；Koren et al.，1999）。该模式的前身发展于 20 世纪 80 年代中期的 OSU（Oregon State University）陆面过程模型，并于 20 世纪 90 年代被美国国家环境预报中心（NCEP）的环境模拟中心（EMC），以及美国国家气象局水文办公室（OH-NWS）及 NESDIS 的研究和应用办公室等机构选用为中尺度气象和气候预报模式的陆面模型，在 2000 年被重新命名为 NOAH 模型。此外，它还被 NCAR 的 MM5 V 3.6 和 WRF 模式，NCEP/MRF 模式，美国海军研究试验室及 ARPS 模式作为试验模型之一。北美陆面数据同化系统（NLDAS）和全球数据同化系统（GLDAS）也将 NOAH 陆面过程模型作为主要陆面模式之一（Mitchell et al. ，2004）。

NOAH 陆面过程模型包括一层植被和深度为 2m 的四层土壤（0.1m，0.3m，0.6m 和 1.0m），其中底层 1m 为储水层，上层 1m 为根部层（图 8.5）。该模型采用有限元差分的空间离散方法和 Crank-Nicolson 方法完成土壤–植被–雪被之间物质能量转移的数值模拟。其主要输入参数包括土地覆盖类型、土壤质地类型和坡度等，其中土地覆盖类型和土壤质地类型直接决定地表植被参数和土壤参数。作为一个较为简单的陆面模式，NOAH 模型在地表能量平衡、地表温度、土壤水分模拟以及与大气模型耦合研究工作中得到广泛应用，结果证明 NOAH 模型能够得到较高的模拟精度（Chen et al. ，1996；Ek et al. ，2003；Hong et al. ，2009；Patil et al. ，2011）。

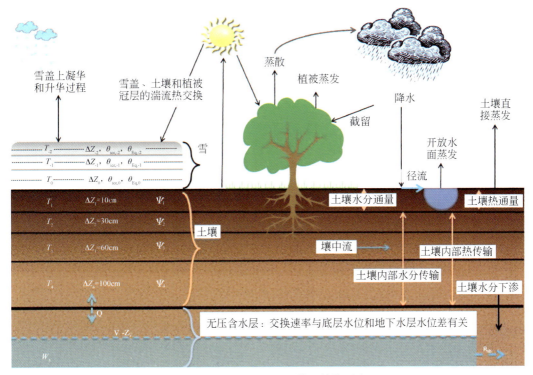

图 8.5　NOAH 陆面过程模型结构示意

3. 简单生物圈模型（Simple Biosphere Model，SiB）

为了提高大气环流模式的预报精度，Sellers 等（1986）建立了第一代简单生物圈模型（即 SiB1）。通过一些物理性公式的合成，SiB1 把地表辐射通量、动量通量和热通量的相互作用过程联系在一起，进而完成对下垫面的植被特性以及下垫面与大气之间相互作用过程的模拟。模型包括三个土壤层和两个植被层。在 SiB1 模型的基础上，Xue 等（1991）为了减少模型模拟的计算时间，在保留 SiB1 主题框架的前提下，对 SiB1 中某些参数化进行了简化，主要包括植被中辐射传输、空气动力学阻抗和植被气孔阻抗等的计算，并将植被由两层结构变为一层，提出了简化的简单生物圈模型（SSiB）。

1996 年，Sellers 等（1996）在 SiB1 的基础上提出了 SiB2 模型。针对植被冠层引入光合–水传导子模块，使其能够真实地描述水汽和 CO_2 等在植被内部和外部大气之间的传输过程。SiB1 中的双层植被处理方案在 SiB2 中简化为单层植被冠层。同时，SiB2 提出了引入卫星遥感观测数据提取的植被指数估算模式计算中所需要的叶面积指数、光合有效辐射吸收比例和绿色冠层比。在土壤水文参数化方面，SiB2 调整了模式中的水文子模块，提出了更为可靠的计算方法描述土壤廓线内部各层之间的水分交换过程（图 8.6）。

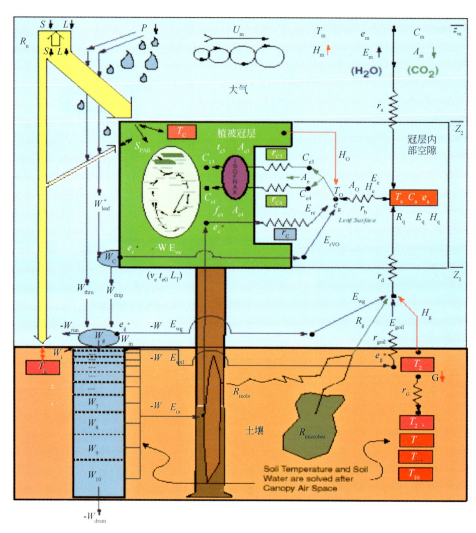

图 8.6　SiB 模型结构示意

目前，在局地、区域乃至全球尺度的地表能量、动量和物质传递模拟中，SiB2 模型都得到了广泛的应用（Gao et al.，2004；Lei et al.，2011；高志球等，2002）。对比以上模型，SiB2 模型的主要优势是其植被模拟过程中引入遥感观测数据来处理植被叶面积指数等参数的动态变化。

当前，Baker 等（2010，2008）在 SiB2 和 SiB2.5 的基础上发展出了 SiB3。其主要改进体现在：①引入冠层空隙层（Canopy Air Space，CAS）预报变量（温度、湿度）；②采用 Dai 等（2003）在 CoLM 模型中的土壤廓线参数化方案；③对冠层中光照和阴影部分（Dai et al.，2004；Pury and Farquhar，1997）进行区分并分别计算其光合作用和能量传递；④能够进行 C3 和 C4 植被的混合模拟，并且每个月 C3 和 C4 植被的比例在模式里可以进行改变。蒋玲梅等（2011）和张庚军等（2013）分别对 SiB3 的模拟能力进行了初步评价，指出 SiB3 通过引入通用陆面模式的土壤描述并增加对冠层空间层温度、湿度和痕量气体的预报，使其能够改善潜热通量和土壤热通量的模拟，但对复杂下垫面的感热和净辐射通量模拟能力改善不明显。

8.3.2　水文模型

水文模型是对自然界中复杂水循环过程的近似描述，是水文科学研究的一种手段和方法，也是对水循环规律研究和认识的必然结果。目前，水文模型已被广泛应用于水利工程规划、洪水预报、水资源开发利用、流域管理、城乡规划、生态环境评估、土地利用等多个领域，可为流域水资源管理及防灾减灾提供理论和决策支持。

回顾水文模型的发展历程，最早可以追溯到 1850 年 Mulvany 所建立的推理公式。1932 年 Sherman 的单位线概念、1933 年 Horton 的入渗方程、1948 年 Penman 的蒸发公式等的提出，则标志着水文模型由萌芽阶段向发展阶段过渡。

20 世纪 60 年代以来，水文学家结合室内外实验等手段，不断探索水文循环的成因及变化规律，并在此基础上，通过一些假设和概化，确定模型的基本结构、参数以及算法，开始了水文模型的快速发展阶段，并形成了国际上第一代水文模型。该类模型包括美国的斯坦福流域水文模型（SWM）、SCS 模型、欧洲的 HBV 模型、日本水箱模型以及我国的新安江模型等。第一代水文模型较为合理地描述了流域降水产流的基本规律，但是这类模型通常不考虑水循环过程中的物理机制，忽略了地形、植被等因素的空间变化对流域产汇流过程的影响。

1969 年，Freeze 和 Harlan（1969）首次提出了分布式水文模型的概念。该类模型考虑了流域的空间变异性，通常利用数理方程计算坡面产流及河道汇流，较完整地描述了流域水文过程。但由于计算手段的限制，直到 20 世纪 80 年代后期，随着计算机技术的快速发展，分布式水文模型才得到了快速发展。随着 3S 技术在水文学中应用的深入，考虑水文变量空间变异性的分布式水文模型日益受到重视，并涌现出一批分布式水文模型，这便是国际上第二代水文模型。该类模型包括欧洲的 SHE 模型（Abbott et al.，1986）、TOPMODEL 模型（Beven and Kirkby，1979）、美国的 SWAT 模型（Arnold et al.，1998）、VIC 模型（Liang et al.，1994）等，并在实际问题中得到了广泛应用。分布式水文模型能够考虑水文参数和过程的空间异质性，同时考虑水分在各个离散单元之间的运动和交换，更真实地模拟了实际水循环过程，已成为水文模型发展的趋势。尽管第二代水文模型相比第一代"集总式"模型其精度没有实质性提高，但模型的物理基础越来越坚实，离现实情况也越来越接近。

下面介绍几个较为常用的水文模型。

1. 新安江模型

新安江模型是由原华东水利学院（现河海大学）赵人俊教授等提出来的（赵人俊，1984），是中国少有的一个具有世界影响力的水文模型。该模型是在长期实践和充分认识水文规律基础上建立起来的一个概念性水文模型。模型大多数参数具有明确的物理意义，它们在一定程度上反映了流域的基本水文特征和降雨径流形成的物理过程。

新安江模型可分为二水源新安江模型和三水源新安江模型。二水源新安江模型包括直接径流和地下径流，产流计算用蓄满产流方法，流域蒸发采用二层或三层蒸发，水源划分用的是稳定下渗法，直接径流坡面汇流用单位线法，地下径流坡面汇流用线性水库，河道汇流采用马斯京根分河段演算法（徐宗学，2009）。针对二水源新安江模型在应用中常遇到降雨空间分布不均匀和稳定下渗率参数随洪水而变化的问题，新安江模型进一步发展并提出了三水源划分方法和以雨量站划分产流计算单元，构成了三水源新安江模型。模型结构如图 8.7 所示。

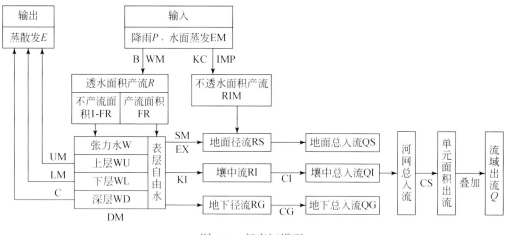

图 8.7　新安江模型

三水源新安江模型的特点包括：①产流采用蓄满产流概念；②蒸散发分为三层：上层、下层和深层；③水源分为地表、壤中和地下径流三种；④汇流分为坡地、河网汇流两个阶段。模型对地表、壤中和地下径流分别采用不同的线性调蓄水库模拟其汇流过程。模型参数可分为如下 4 类：第一类：蒸散发计算；第二类：产流量计算；第三类：分水源计算；第四类：汇流计算。

2. TOPMODEL-Topography based hydrological Model

由 Beven 和 Kirkby（1979）提出的 TOPMODEL 是一个以地形为基础的半分布式流域水文模型，其主要特征是数字地形模型的广泛适用性以及水文模型与地理信息系统的结合。

该模型结构简单，优选参数少，充分利用了容易获取的地形资料，而且与观测的物理水文过程有密切联系。

地形是降雨–径流动态物理过程中的重要影响因素。TOPMODEL 以地形空间变化为主要结构，用地形信息或土壤–地形指数来描述水流趋势和由于重力排水作用径流沿坡向的运动，模拟了径流产生的变动产流面积概念。

变动产流面积概念是 TOPMODEL 的理论基础。根据这个概念，流域上坡面流的产生并不均匀。降水下渗进入土壤非饱和层，储存在这层土壤中并以一定的速度蒸散发，只有一部分水分通过大空隙直接进入饱和地下水带，所以入渗没有马上引起地下水位抬升至地表面。由于垂直排水及流域内的侧向水分运动，一部分面积地下水位抬升至地表面成为饱和面。坡面流主要形成于这种饱和地表面积或者叫作源面积。流域源面积的位置受流域地形和土壤水力特性两个因素的影响。当地下水向坡底运动时，将会在地形平坦的辐合面上汇集，而地形辐合的程度决定给定面积上坡面汇水面积的大小，平坦面积的坡度影响汇水继续坡向运动的能力。土壤水力特性、水力传导度和土壤厚度决定了某一地点的导水率，从而影响水分继续坡向运动的能力。源面积一般位于河道附近，随着下渗的持续饱和面积向河道两边的坡面延伸，这种延伸同时受到来自山坡上部的非饱和壤中流的影响。

TOPMODEL 模型结构明晰，主要分为植被层和土壤层，其中土壤层分为根系层、不饱和含水层以及饱和含水层（图 8.8）。主要的模块包括土壤层水量平衡模块（用于径流估算）和径流路线计算模块（描述径流传输过程）。TOPMODEL 模型参数较少且具有明确的物理意义，不但适合于坡地集水区，还能用于无资料流域的产汇流估算。此外，该模型非常适用于二次开发，已被应用到多个研究方面（Beven et al.，1984；Campling et al.，2002；Furusho et al.，2013；Shaman et al.，2002），均显示了很好的模拟效果及可信的变源产流贡献模拟。

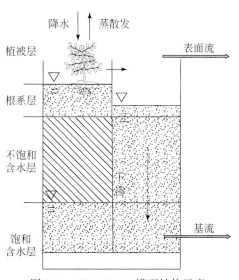

图 8.8　TOPMODEL 模型结构示意

3. VIC 模型

VIC（Variable Infiltration Capacity）模型是由 Liang 等（1994）提出的一个用于大尺度陆面过程模拟的综合模型，可同时进行陆–气间能量平衡和水量平衡的模拟，也可只进行水量平衡计算。VIC 模型包括地表热力过程（辐射及热交换过程）、动量交换过程（如摩擦及植被的阻抗等）、水文过程（降水、蒸散发及径流等）以及地表以下的热量和水分输送过程（图 8.9）。

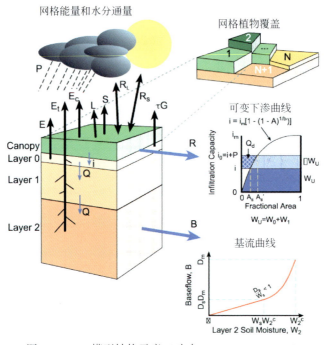

图 8.9　VIC 模型结构示意（改自 Liang et al.，1994）

VIC 模型在一个计算网格内分别考虑裸土及不同的植被覆盖类型，同时考虑陆–气水分收支和能量收支过程。VIC 模型将土壤分为 3 层，陆地表面以 $N+1$ 种地表覆盖类型表示，$(n=1，2，\cdots，N)$ 表示 N 种植被覆盖类型，$n=N+1$ 代表裸土。模型以矩形网格为计算单位，依据不同的植被类型分别计算网格内土层间的水分交换、蒸散发量及产流。采用新安江模型蓄水容量曲线的概念，并同时考虑了蓄满产流和超渗产流机制以及土壤性质的次网格空间变异性。坡面汇流采用单位线法，河网汇流采用线性圣维南方程。VIC 模型作为大尺度水文模型，在土壤水分模拟、径流预报、水资源分析等方面都有广泛的应用（Guo et al.，2009；Nijssen et al.，2001a；Nijssen et al.，2001b；Wang et al.，2012）。

8.3.3　生态模型

生态模型能够模拟植被生物物理参数的时间序列动态变化信息。植被生物物理参数主要包括净初级生产力（NPP）、生物量、叶面积指数（LAI）等。该类模型主要包括经验性动态模型和生态机理模型两大类。经验性动态模型具有很强的区域适用性，难以把其直接移植到其他地区。生态机理模型定量描述了植被、土壤、大气、生物、水文乃至人文等因素之间的相互作用，从植被生长过程能量积累的角度出发，建立一系列微分方程来表达植被主要器官的动态生长过程，现已成为植被生态系统研究最有力的工具之一，如 DSSAT（Decision Support System for Agro-technology Transfer）（Jones et al.，2003）、BEPS（Boreal Ecosystem Productivity Simulator）（Liu et al.，1997）、Biome-BGC（Biome-BioGeochemical Cycles）（Running and Hunt，1993）等。需要指出的是，当生态机理模型从单点研究发展到区域应用时，由于空间尺度增大引起的地表、近地表环境非均匀性问题，导致输入参数难以区域化，以及模型中一些宏观资料的获取存在诸多困难，模拟结果也会存在较大的不确定性。

以下主要介绍几种比较典型的生态机理模型。

1. DNDC 模型

DNDC 是由美国 New Hampshire 大学陆地海洋空间研究中心开发的过程模型，用于模拟陆地生态系统中碳和氮的生物地球化学循环。最初，该模型主要用于农业生态系统碳固定和氮气体排放等研究（Aber and Federer，1992），后来整合了 PnET（Photosynthesis-Evapotranspiration，光合作用–蒸腾作用）模型和硝化模型，并考虑地下水动态、苔藓和草本植物的生长以及厌氧条件下土壤的生物地球化学过程，用于森林、草地和湿地生态系统的模拟（Li et al.，2000；Zhang et al.，2002）。到目前为止，该模型已被广泛应用于世界多个地区的森林、草地、农田、湿地等生态系统碳循环的模拟（Zhang et al. 2012；Wang et al.，2016）。

DNDC 模型由两个部分，共 6 个子模型组成，分别模拟土壤气候、植被生长、有机质分解、硝化、反硝化和发酵过程（图 8.10）。该模型驱动参数包括气象、土壤、植被、管理以及土地利用和坡度数据，其中，气象数据包括逐日气象数据（温度、降水、风速），降水中 N 含量，大气背景值 NH_3 含量，大气背景值 CO_2 含量；土壤参数包括土壤类型、土壤有机质、土壤 pH、土壤黏粒、土壤孔隙度、土壤导水率等；植被参数包括植被 N 需求、积温、水需求、最优温度、植被 CN 比等；管理数据包括耕作、灌溉、施肥、洪水、塑料大棚、放牧等。该模型输出参数较多，包括气象，土壤 C、N，植被生长，田间管理，生态系统碳收支相关参数等。

2. BIOME-BGC 模型

BIOME-BGC（BIOME-BioGeoChemica Clycles）生态过程模型是美国 Montana 大学 NTSG（Numeric Terra Dynamic Simulation Grop）研究组编写的。最初，该模型源于一种小时蒸腾作用模型 $H_2OTRANS$（Waring and Running，1976），后来，$H_2OTRANS$ 模型被修改成为日蒸腾作用模型——DAYTRANS（Running，1984a），并最终发展为一种碳循环和水

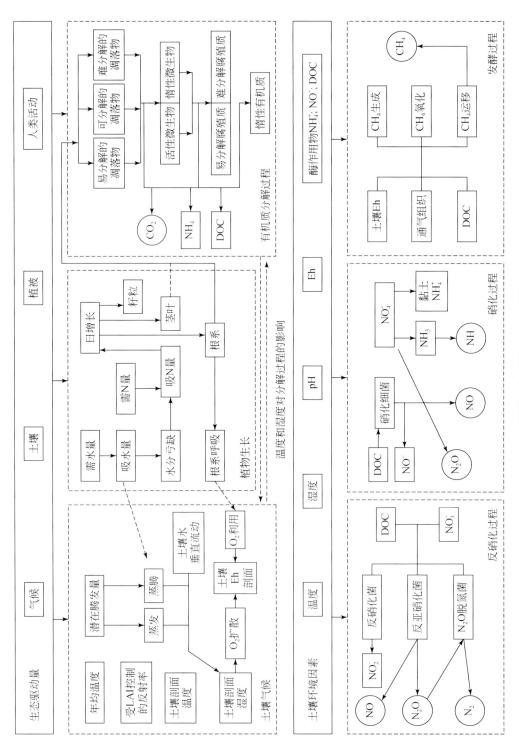

图 8.10 DNDC模型结构(巴特尔·巴克等, 2007)

循环相结合的模型——DAYTRANS/PSN（Running，1984b）。1988 年，DAYTRANS/PSN 模型被修改成为 FOREST-BGC 模型，这种模型被认为是一种更为全面的生态系统模拟模型，它能模拟更大范围内的碳、水及养分循环（Running and Coughlan，1988）。1991 年 FOREST-BGC 模型被修改成为一种能够控制碳分配的模型（Running and Gower，1991），FOREST-BGC 得到进一步完善，但是它仅适用于森林群落。为了使该模型应用于更多的生物群区，FOREST-BGC 被发展成 BIOME-BGC（Hunt et al.，1996；Running and Hunt，1993）。随后，BIOME-BGC 模型再次被大幅度地改进（Thornton，1998）。

BIOME-BGC 模型是模拟全球生态系统不同尺度（局地生态系统、区域生态系统、全球生态系统）植被、凋落物、土壤中水、碳、氮储量和通量的生物地球化学模型。该模型通过 GPP 减去生长呼吸和维持呼吸得到碳的生物量累积。陆地生态系统碳吸收（GPP）是通过 Farquhar 光合作用模型和 Leuning 导度模型模拟；自养呼吸和异养呼吸（Ra 和 Rh）是基于碳、氮库及温度进行模拟。该模型模拟的水循环过程包括降雨、降雪、雪的升华、冠层蒸腾、土壤蒸发、蒸散、地表径流、土壤水分的变化及植被对水分的利用；在土壤过程的模拟中考虑了凋落物分解进入土壤有机碳库的过程、土壤有机物矿化过程和基于木桶模型的水在土壤层间的输送关系；

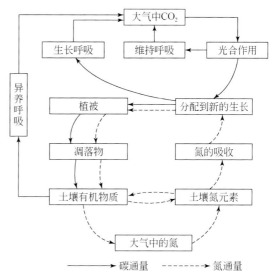

图 8.11　简化的 BIOME-BGC 模型物质、能量流通图

对能量过程主要考虑了净辐射、感热通量和潜热通量（基于 Penman-Monteith 方程）。另外，该模型还考虑了雪的融化和干扰。BIOME-BGC 模型构建机理如图 8.11 所示。

目前，BIOME-BGC 模型已经被广泛应用于碳循环估算及其对气候变化响应的研究中（Kang et al.，2006）。需要指出的是，由于 BIOME-BGC 模型使用的参数是基于生理机能在模拟时段内保持不变的假设，这种参数化方法会存在一定的误差，加上要求的参数较多，其中一些参数需要进行实验和实地测量才能获得。

3. DSSAT 模型

美国作物生长模型（DSSAT）是 20 世纪 80 年代在借鉴荷兰等国家已有作物生长模型研究基础上发展起来的（图 8.12）。DSSAT 模型充分考虑了美国的农业特点，研制了玉米、小麦等系列模型 CERES 和其他作物生长模型，并在世界范围内进行推广、验证和应用。与荷兰的作物生长模型相比，DSSAT 的特点是在保证模型机理性的同时，模型相对简化。但即便如此，作为一个过程模型，一般仍需要几类输入变量或参数，如天气变量、土壤变量、作物参数、管理参数等，众多的变量和参数增加了模型的应用难度（靳华安等，

2012；Wang et al.，2010）。针对这一问题，美国农业部实施了 IBSNAT（International Benchmark Sites for Agro-technology Transfer）项目，开发了农业技术推广决策支持系统 DSSAT（Decision Support System for Agro-technology Transfer），其目的一是将各种作物生长模型汇总，二是将模型输入和输出变量格式标准化，以便模型的普及应用。DSSAT 的开发标志着美国作物生长模型进入模型应用的可操作阶段。DSSAT 是在 IBSNAT 计划资助下开发的，主要目标之一就是以系统分析的方法提高发展中国家的农业生产水平，并为小型农户的经济持续性、自然资源的有效利用以及环境保护做出贡献。它的核心是美国众多的作物生长模型，最主要的是 CERES 模型和 CROPGRO 模型。CERES 不是通用模型，它针对不同作物开发了不同的模型，包括小麦、玉米、水稻、高粱、大麦、谷子等，但主要的模拟过程相似，包括土壤水分平衡、发育时段、作物生长等。用积温模拟发育时段，根据叶片数、叶面积增长、光的截获及其利用、干物质在各个器官中的分配等模拟作物生长（Jones et al.，2003）。该系列模型已被世界许多国家广泛应用于不同条件下的作物栽培、作物估产、作物品种培育、干旱评价等。CROPGRO 模型是一个通用模型，只需要修改作物特征参数文件就能够模拟大豆、花生、菜豆、鹰嘴豆、西红柿等不同作物。CROPGRO 模型最初是由 SOYGRO 大豆模型、PNUTGRO 花生模型以及 BEANGRO 菜豆模型合并而成。因此，该模型强调氮素循环和平衡过程，叶片和豆荚的凋落与氮素供给状况的关系等（图 8.12）。

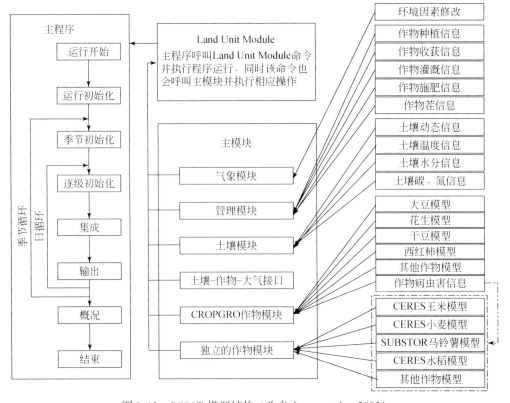

图 8.12　DSSAT 模型结构（改自 Jones et al.，2003）

8.4　典型数据同化系统介绍

目前国际上较为典型的数据同化系统有北美陆面数据同化系统、全球陆面数据同化系统、欧洲陆面数据同化系统以及中国西部陆面数据同化系统等。表 8.1 列出了不同陆面数据同化系统的特点比较。

表 8.1　国际主要陆面数据同化系统特点比较（马建文，2013）

系统名称	开发目标	开发者	时空分辨率	陆面过程模型	数据同化算法
北美陆面数据同化系统（NLDAS）	提供北美洲大陆的陆面同化数据集，包括土壤水分、能量通量以及其他辅助参量	NASA；GSFC；NOAA；NCEP；普林斯顿大学；华盛顿大学等	1h，1/8°	MOSAIC VIC NOAH Sacramento	四维变分算法；卡尔曼滤波算法；集合卡尔曼滤波算法
全球陆面数据同化系统（GLDAS）	提供全球范围的陆面同化数据集，包括土壤水分、能量通量以及其他辅助参量	NASA；GSFC；NOAA；NCEP；普林斯顿大学；华盛顿大学等	3h，1/4°	MOSAIC VIC NOAH SAC	四维变分算法；卡尔曼滤波算法；集合卡尔曼滤波算法
欧洲陆面数据同化系统（ELDAS）	设计和实现数值天气预报环境下的土壤水分数据同化系统，评价 ELDAS 对于水文预报（洪水、季节性干旱）的改进效果	法国气候研究中心；德国水发展部；欧洲中期天气预报中心等	每日，1/5°	ISBA Tessel SWAPS	最优插值算法；变分算法；卡尔曼滤波算法；变分算法和卡尔曼滤波结合的算法
中国西部陆面数据同化系统（CL-DAS）	获得 1991 年以来中国西北干旱区和青藏高原土壤水分、土壤湿度、积雪和冻土的同化资料	中国科学院寒区旱区环境与工程研究所；北京师范大学；兰州大学等	6h，1/4°	CoLM VIC DHSVM	扩展卡尔曼滤波算法；集合卡尔曼滤波算法；无迹卡尔曼滤波算法；粒子滤波算法；无迹粒子滤波算法

8.4.1　北美陆面数据同化系统和全球陆面数据同化系统

北美陆面数据同化系统（NLDAS）和全球陆面数据同化系统（GLDAS）项目于 1998年启动，由美国国家航空与航天局哥达德空间飞行中心（NASA、GSFC）、美国国家海洋大气局的国家环境预报中心（NOAA、NCEP）和水文科学部、普林斯顿大学、华盛顿大学联合开发，主要以北美洲大陆（包括美国全境、墨西哥和加拿大部分地区）和全球两个不同尺度的陆面状态和通量的建模为目标，强调利用陆面数据同化系统提供区域和全球性的陆面同化数据集。GLDAS 和 NLDAS 包括驱动数据、陆面模型（Sacramento、MOSIC、NOAH、VIC）、陆面参数集（植被分类图、LAI、土壤、高程数据集等）、观测数据（地面站点和遥感数据）、数据同化算法（四维变分、卡尔曼滤波、集合卡尔曼滤波）以及输出数据集（土壤水分、蒸散发、能量通量、径流、积雪等）。其中，GLDAS 的时间分辨率为 3h，空间分辨率为 1/4°×1/4°；NLDAS 时间分辨率为 1h，空间分辨率为 1/8°×1/8°（http：//ldas. gsfc. nasa. gov）。

8.4.2　欧洲陆面数据同化系统

2001 年 12 月 1 日欧盟资助项目 "欧洲陆面数据同化系统（European Land Data Assimilation System to Predict Floods and Droughts，ELDAS）" 正式启动，由 ECMWF、DWD 和 CNRM/Meteo France 联合开发。该项目的目标是设计和实现数值天气预报环境下的土壤水分数据同化系统，评价 ELDAS 对水文预报（洪水、季节性干旱）的改进效果。ELDAS 包括驱动数据（短波辐射、长波辐射、降水等）、陆面模型（土壤物理模型 SWAPS、气候模型 ISBA、数值天气预报模型 Tessel）、遥感反演及地面观测数据、数据同化算法（四维变分、优化内插、卡尔曼滤波算法）以及输出数据集（土壤水分、蒸发、径流数据）。ELDAS 输出结果的时间分辨率为 24h，空间分辨率为 1/5°×1/5°（Seuffert et al.，2003）。

8.4.3　中国西部陆面数据同化系统

中国西部陆面数据同化系统（West China Land Data Assimilation System，WCLDAS）是在国家自然科学基金委员会资助的 "中国西部环境和生态科学重大研究计划" 项目中完成的，由中国科学院寒区旱区环境与工程研究所和兰州大学资源环境学院大气科学系联合开发，于 2003 年 1 月正式启动。WCLDAS 包括驱动数据、陆面模型（分布式水文模型、改进的 CLM 模型）、陆面参数集、观测数据（SSM/I、TMI 和 AMSR 被动微波观测资料）、数据同化算法，最终通过同化遥感和地表观测数据，输出 1991 年以来时间分辨率为 6h、空间分辨率为 1/4°×1/4°的中国西北干旱区和青藏高原区土壤水分、土壤湿度、积雪和冻土的同化结果。WCLDAS 为研究西部地区大尺度和流域尺度的水循环提供了具有时空和物理一致性的数据，促进了陆面过程、微波遥感以及同化算法基础研究的发展（黄春林和李新 2004）。

8.5　山地陆表参量同化反演的特殊性

8.5.1　山地陆面过程模型模拟面临的问题

在复杂地形区域，地表特征（地形、土壤和植被）以及地表关键水热参数（地表温度、土壤温度和湿度等）在空间上呈现出相当大的差异。与此同时，外部大气强迫数据具有显著的空间异质性，不同的坡度和坡向所接收的外在能量差异显著。这些内在和外在因素直接影响到山地地表的径流过程和能量平衡过程。山地复杂地形条件下陆面过程模拟主要存在以下问题。

1. 陆表参量的水平差异

在山地复杂地形条件下，空间水平方向最为突出的变化是土地覆被类型的空间差异。土地覆被类型的变化将直接影响到地球表面的生物物理、生物化学以及生物地理过程，并同时影响到大气环境。由于山地地形起伏的影响，地表覆被状况相比平坦地表更为破碎，这也为陆面过程模型的模拟增添了很大的难度。山地陆面过程模拟需要精细的土地覆被数据支撑。虽然遥感技术的发展促使全球以及区域不同空间尺度的土地覆盖数据获取成为可能（Friedl et al.，2010；Hansen et al.，2000），但在将其应用于陆面过程模拟中不难发现，受限于模型网格尺度的影响，陆面过程模型很难有效且精细地刻画陆面特征，这为山地陆面过程模拟带来了很大的困难。此外，山地陆面过程模拟中空间网格之间的海拔、坡度和坡向等地形条件差异也将直接影响到地表土壤发育和土壤类型分布状况（Zech，1994），其与土地覆被空间变化相互耦合，共同影响着山地陆面过程的准确模拟。

2. 陆表参量的垂直差异

在垂直方向，地形起伏是外部大气环境的一个重要影响因素。其中，空气温度作为陆面过程模型的一个重要驱动力因子，与地形条件，尤其是海拔的关系十分紧密。但是，对当前陆面过程而言，外部大气强迫数据在同一网格内被认为是相同的，未能有效考虑地形条件的影响。因此，在开展复杂地形区域陆面过程模拟的工作中，这种简单的处理给最终的模拟结果带来很大的不确定性。除了空气温度的影响外，太阳辐射、风速以及湿度等均面临同样的地形效应问题。在之前的山区陆面过程模拟工作中，大部分模拟工作主要是在站点观测的外部强迫数据驱动下完成的（Kang et al.，2005；Konzelmann et al.，1997）。但是，通常情况下，在复杂地形区域很难拥有足够多的气象站点以满足整个区域模拟研究的需求。

3. 陆面参数化的尺度问题

陆面参数化过程是运行陆面过程模型的重要前提，有效和精确的参数化方案将保证模拟的精度。对大尺度应用来讲，陆表参数往往具有较粗的空间分辨率。例如，在 CLM 模型中（见 8.3.1 节），陆表参数提供的冰川比例、湖泊比例、湿地比例、城镇比例、土壤沙壤比、土壤有机质密度、土壤颜色以及植物功能型等都是在空间分辨率 5° ~ 1° 之间。虽然这些陆面参数能够满足全球尺度与大气环流模式的耦合应用，但是对于局地尺度土壤-植被-大气之间的相互作用模拟则很难准确描述。其模拟结果也不能从根本上描述地形起伏对地表参数空间分布差异的影响，不能监测复杂地形区域土壤水分、地表径流、地表通量等参数的时空动态过程。

4. 二维模拟问题

当前大多数陆面过程模型对土壤–植被–大气连续体中垂直方向的物质和能量传输进行了较详细的描述，但是不能描述或者很难准确描述相应参量在水平方向的变化特征。以土壤水分为例，在复杂地形条件下土壤水分的分布受水平和垂直方向水分的分散与富集、入渗补给以及蒸散发等多种作用的影响。地形条件在水资源形成和径流产生方面发挥着关键作用。通常情况下，低洼地区往往是水流的汇聚区（地表水和地下水），因此具有较高的土壤水分。相反，高地的土壤水分相对来说则较低（Stieglitz et al.，1997）。当前典型的陆面过程模型普遍采用基于达西定理的一维质量守恒方程来求解陆面过程中的水文参量（土壤水分和地表径流），其水分运动也局限在垂直方向，而相邻网格之间的水文过程关系通常被忽略。由于这一缺陷，其结果必然对下垫面的能量分配、降水在径流和蒸散发之间的分配以及地表径流和地下径流在总径流中所占比例的正确计算产生明显影响。

8.5.2　山地陆面过程模型模拟改进

对复杂山地而言，由于目前多数过程模型往往是在平坦立地条件下构建的，并未表征水热能量等因素受地形影响在地表进行再次分配的过程。因此将此类模型直接应用到复杂地形区时，可能会引入一定的偏差，同时降低了模拟结果的精度。针对这些问题，采用过程模型系统开展山地过程模拟需从以下几个方面进行改进。

1. 引入地形因子

外部的大气强迫数据是很多过程模型模拟的关键输入参数，而大气强迫数据受地形的影响十分显著。以辐射为例，地形变化主要通过阴影效应来影响入射短波辐射的大小（Helbig and Löwe，2012），而环境地形特征将影响到入射长波辐射能量的大小（Plüss and Ohmura，1997）。因此，地形条件对地表入射辐射的影响机制必须融入到陆面过程模型中以反映地表入射辐射的空间变化特征。Chen 等（2007）分析了山区景观尺度地形对 BEPS 模型模拟 NPP 的影响，结果表明不考虑地形效应时，模拟结果会产生 5% 的高估现象。Huang 等（2010）利用光能利用率模型模拟 NPP，通过评估主要输入数据（如 NDVI、气象数据）的地形效应，进而分析地形对 NPP 模拟结果的影响，结果表明考虑地形效应后模拟的 NPP 更加接近地面实测结果。

2. 通过模型耦合解决水分的二维运动

在复杂地形区域，地形起伏造成地表水、土壤水和地下水在重力作用下总体上沿高坡顶向低坡底汇集，从而引起土壤水分的非均匀分布，并造成径流和蒸散发的空间非均匀分布。目前比较通用的陆面过程模型和生态模型往往忽视这种内部运动，给山地地表径流、土壤水分以及地表蒸散发的模拟带来较大误差。相较于以上两类模型，水文模型对土壤水分的二维运动模拟具有先天的优势。因此，采用模型耦合的方式是解决山区水分二维运动的一个重要途径（Zhao and Li，2015）。

在山地陆面过程模拟领域，广泛采用的方式是将陆面过程模型与水文模型相结合（Deng and Sun，2012；Liang et al.，1994；Wigmosta et al.，1994；Wood et al.，1992；邓慧平和孙菽芬，2012；刘惠民等，2013）。这种耦合方式既具有陆面过程模型注重刻画水分、能量垂直交换的优势，又考虑了水分侧向运动影响，能够更为真实地模拟陆面水文过程以及入射辐射在感热与潜热之间的分配。在生态过程模拟方面，Govind 等（2009）将 TerrainLab 模型耦合进入 BEPS 模型，成功模拟了地形对土壤水分迁移的影响，提高了 BEPS 模型的模拟能力。

3. 耦合遥感观测

近年来，遥感技术的飞速发展加快了定量遥感方法与技术的进步，越来越多的陆表参量可以通过遥感反演的方式得到，这为提高山地陆表参量估算精度提供了契机（Zhao and Li，2015）。

1）耦合遥感动态信息

陆表参量的初始化是开展陆面过程模拟的前提条件。在复杂地形区域，遥感技术能够提供满足陆面过程模型模拟尺度的数据。Yuan 等（2004）采用 AVHRR 的植被信息结合 VIC-3L 水文模型模拟汉江流域流量。Choi（2013）采用 1km 分辨率的 MODIS 和 SPOT-VGT 观测数据作为边界层信息与 CoLM 模型相结合模拟小流域的陆面过程。Ghilain 等（2012）提出了耦合 LSA-SAF 的 MSG-SEVIRI 叶面积指数和植被覆盖度产品与 H-TESSEL 陆面过程模型进行模拟的方法。研究表明，对比采用半经验静态数据集的方法，耦合遥感数据的方法能更加准确地监测地表蒸散发量。遥感观测由于能监测地表动态变化，现已成为过程模型初始化和标定的一个重要数据源。

2）模型验证

模型验证是耦合遥感观测信息的另一个重要方面。目前，对流量估算的验证，大多通过将整个流域的观测值和模拟值相比较（Flerchinger et al.，2010）。对于水热通量，在假设通量分布水平均一的前提下，台站通量观测通常用于验证模型模拟结果（Chen et al.，1996）。然而，通过单点数据难以准确评估陆面过程模型的地表水热通量和其他参数空间变化的模拟能力。此外，这种验证方式受制于站点数量，同时站点观测的空间代表性也将影响到验证结果。

遥感观测为模型验证提供了一个重要的数据源。地表温度（Li et al.，2013）、地表蒸散发（Li et al.，2009；Su，2002）、土壤水分（Jackson et al.，2010）和净初级生产力（Bandaru et al.，2013）等参数的遥感估算技术都有了很大的进步，其反演结果被很多研究人员用于验证模型模拟结果。Rhoads 等（2001）将 VIC 模型模拟的地表温度与 TOVS 和 GOES 遥感反演地表温度相比较，结果表明两种数据在时间和空间上具有较好的一致性。Wei 等（2013）将遥感反演地表亮温数据用于验证改进的 NOAH 模型的模拟精度，发现模拟结果在潜热、地表径流等方面的偏差有了明显的降低。这些研究工作都为复杂地形区开展陆面过程模拟及其验证工作提供了范例，并且采用遥感数据验证，能够克服复杂地形区真实数据较难获取的困难，促进陆面过程在复杂地形区的发展和应用。

3）数据同化

开展耦合遥感观测数据与陆面过程模型的数据同化工作是耦合遥感观测信息进行山地陆面过程模型改进的第三方面。陆面过程模型模拟过程中不可忽视的模型误差、初始条件以及运行过程中的不确定性都将导致模拟结果存在一定的不确定性。即使被相同的大气强迫数据驱动，不同的模型模拟的地表参数结果也将不尽相同（Entin et al.，1999）。采用数据同化方法将模型模拟与遥感观测数据相耦合，生成具有观测和模型双重约束的地表参数估算结果，现已成为当前较为通用的一种方式。

8.6　应 用 实 例

8.6.1　时间序列土壤湿度同化反演

土壤湿度是陆表水循环模拟中的重要参量，与水文–气象过程、生物化学循环等密切相关。在山区地形以及重力梯度影响下，土壤湿度表现出强烈的时空异质性，成为引起山区生态系统复杂性的重要因素之一。微波遥感是反演土壤湿度的重要技术手段，但目前基于微波遥感反演的土壤湿度产品仍不能满足应用需求。本节以 Zhao 等（2014）的研究为例，介绍数据同化方法在提高山区土壤湿度估算精度中的应用。该研究首先使用地面实测数据验证 SMOS 土壤湿度产品在山区的精度，进而与陆面过程模型同化，以提高产品的精度和时间连续性。

SMOS（Soil Moisture and Ocean Salinity）卫星是欧空局发射的一颗以探测土壤湿度以及海表盐度为目标的卫星。该卫星提供了陆地表层（约5cm）在 L–波段的微波亮温，并且可以在地方时上午6点（升轨）和下午6点（降轨）两个时相对地表成像。借助数据同化算法使L-MEB模型（L-band Microwave Emission of the Biosphere Model）（Wigneron et al.，2007）模拟的微波亮温和 SMOS 卫星观测间差异最小的土壤湿度值即为反演结果，本节主要介绍 L2 级土壤湿度产品的验证和同化工作。

为验证产品精度，Zhao 等使用了中国科学院青藏高原研究所 2010 年 8 月在青藏高原中部地区布设的数据采集观测网络 CTP-SMTMN（Central Tibetan Plateau Soil Moisture and Temperature Monitoring Network）（Yang et al.，2013）。该网络观测了四个不同深度（0 ~ 5cm，10cm，20cm，40cm）土壤层的温湿度，研究共使用了 56 个站点（图 8.13）的观测数据。研究区内地形特征以宽谷缓丘为主，主要植被类型为高寒草甸。

为进一步提高遥感产品的精度，研究使用 LDASUT（Dual-pass Land Data Assimilation Scheme of University of Tokyo）方法（Yang et al.，2007）将 SMOS 土壤湿度产品与 SiB2 模

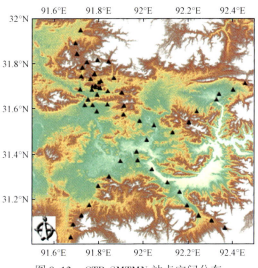

图 8.13　CTP-SMTMN 站点空间分布

型（Simple Biosphere scheme version 2）进行了同化。同时，研究中使用的 SiB2 模型针对青藏高原的环境特征重新进行了率定，模型中土壤层的厚度设为 5cm，从而匹配 SMOS 数据的穿透深度。在模型模拟过程中没有考虑表层土壤对底层土壤的影响。

　　LDASUT 方法的主要思想是考虑到模型参数的时间稳定性和状态变量的时间多变性，对其分别使用较长时间窗口（Pass 1）和较短时间窗口（Pass 2）进行迭代更新（图8.14）。两种时间窗口内所用代价函数分别为

$$\text{Pass1}\quad F = \sum_{t=0}^{t_{\text{pass1}}} (\omega_{\text{smos}} - \omega_{\text{lsm}})^2 \tag{8.16}$$

$$\text{Pass2}\quad F = \alpha \sum_{t=0}^{t_{\text{pass2}}} (\omega_{\text{smos}} - \omega_{\text{lsm}})^2 + (1 - \alpha)(\omega_{\text{bg}} - \omega_0)^2 \tag{8.17}$$

式中，ω_{smos}、ω_{lsm} 分别为 SMOS 反演的土壤湿度和 SiB2 模型模拟的土壤湿度，ω_{bg} 为 Pass2 内土壤湿度的初始值，ω_0 为其对应的同化后的更新值。式（8.17）中第一项为观测误差项，第二项为背景误差项，两者在最终同化结果中的贡献由权重 α 调节。研究中将权重设为 0.5，即两者在最终结果中的贡献相同。

　　研究分三种情况对 SMOS 数据进行了同化，即仅同化升轨数据［图 8.15（a）］、仅同化降轨数据［图 8.15（b）］和同时同化升轨和降轨数据［图 8.15（c）］。图 8.15 为三种情况下纯遥感数据的反演结果、模型模拟结果和同化结果与实测数据的对比情况。可见，单纯使用遥感数据或模型模拟所估算的地表含水量与实测数据偏离较大；通过数据同化方法耦合两者信息可以得到更加准确的估算结果，这在升轨数据情况下更为明显，数据同化方法估算结果与地面实测数据的时间序列曲线基本重合。模型模拟结果、遥感反演结果和数据同化结果与实测数据间的相关系数分别为：0.82、0.73 和 0.90，均方根误差分别为：0.084、0.071 和 0.027（m³/m³），数据同化后产品精度得到了明显提高。

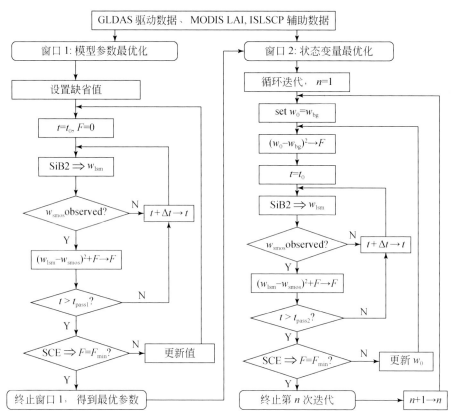

图 8.14 LDASUT 数据同化框架（改自 Yang et al.，2007）

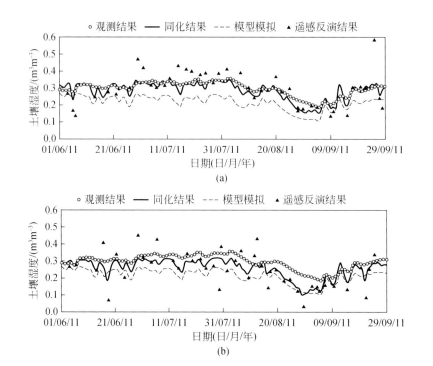

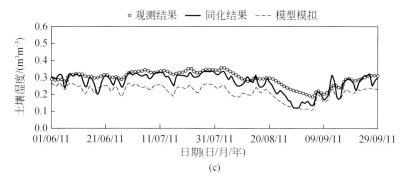

图 8.15　模型模拟结果、遥感反演结果及数据同化结果与地面实测数据的比较（改自 Zhao et al.，2014）

（a）、（b）、（c）分别为升轨数据、降轨数据和全部数据的情况

由本研究结果可见，虽然 SMOS 土壤水分产品算法和 SiB2 模型均未针对地形做相应的处理，可能造成两者估算的山区土壤水分与地面观测结果间存在较大的偏差，但通过数据同化方法耦合遥感观测和地表模型信息，仍然可以得到精度较高且时间连续的估算结果。因此，数据同化方法是目前遥感观测和陆表过程模型发展阶段中解决山区问题的有效手段之一。

8.6.2　时间序列叶面积指数同化反演

LAI 是陆表过程模型的重要驱动数据。然而，受云雾等天气状况以及反演算法的限制，目前已有的 LAI 时间序列遥感产品往往存在较多的无效值和较大波动，该现象在山区尤为显著（Jin et al.，2017）。LAI 时间序列的波动为后续碳水循环模拟、物候监测等研究带来了较大的不确定性。数据同化方法的出现为获得连续平滑的 LAI 时间序列提供了可能，本节以 Liu 等（2008）的研究为例，介绍数据同化方法在山地 LAI 时间序列构建中的应用潜力。

仅使用遥感数据反演 LAI 时，通常假设不同时相的遥感观测彼此独立，由于各时相受云雾等的影响不同，各时相单独反演再构建 LAI 时间序列时不可避免会产生抖动现象。实际情况下临近时间的 LAI 彼此关联，且它们之间的连续演化受气温、土壤湿度等气象因素的控制。因此 Liu 等（2008）将描述 LAI 演化的动态叶片模型（Dynamical Leaf Model，DLM）（Dickinson et al.，2008）借助数据同化框架耦合进入 LAI 反演过程。该过程的基本策略为（图 8.16）：使用 DLM 生成 LAI 时间序列，将其输入辐射传输模型中得到可见光、近红外波段的模拟反照率，并与 MODIS 的反照率产品比较。通过最小化反照率的模拟值和观测值之间的差异来优化 DLM 模型中的参数，最终使用优化后的参数生成 LAI 时间序列。

DLM 模型假设 LAI 的变化只受气温和土壤湿度的影响，可以表示为

$$\frac{\mathrm{d}L}{\mathrm{d}t} = -\lambda(L, \alpha, T) \cdot L \tag{8.18}$$

式中，L 为 LAI，λ 为 LAI 随时间的变化率，α 为模型参数集，T 为气温。

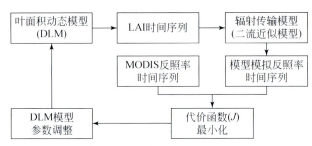

图 8.16　时间序列 LAI 同化反演流程（Liu et al.，2008）

　　数据同化中所用辐射传输模型为 Pinty 等（Pinty et al.，2006）发展的二流近似模型，该模型使用上、下半球两个散射通量近似模拟冠层辐射场，模型输入包括 LAI、叶片反射率、叶片透过率和土壤反射率。模型模拟时还考虑了叶片反射率随时间的变化，以减小模拟反照率和 MODIS 观测的反照率之间的差异。

　　数据同化过程中用来度量模型模拟反照率和 MODIS 观测的反照率之间差异的代价函数采用以下形式：

$$J(\alpha) = \frac{1}{2} \left[(M(\alpha) - O)^{\mathrm{T}} C_o^{-1} (M(\alpha) - O) \right] \tag{8.19}$$

式中，α 为待优化的参数（LAI、叶片反射率、叶片透过率和土壤反射率），M 代表二流近似模型，O 为 MODIS 观测的反照率，C_o 为观测的误差协方差矩阵。研究使用梯度下降法实现式（8.19）的最小化。

　　为检验数据同化算法的效果，研究比较了 MODIS LAI 产品、仅使用 MODIS 反照率产品反演的 LAI 以及同化结果的时间序列。图 8.17 为三种时间序列及地面实测结果，可见 MODIS LAI 产品和基于 MODIS 反照率产品反演的时间序列 LAI 存在较多的抖动，尤其是 MODIS 反照率反演结果在 180 天左右存在一个异常值，第 200 天至 260 天严重高估了真值。与之相反，LAI 同化结果比较准确地刻画了 LAI 的时间序列变化特征，且与地面实测值最为接近。考虑到山区植被对全球变化的敏感性及其多云雾的特点，数据同化方法将在山区 LAI 反演及时间序列构建中发挥重要作用。在动态模型［式（8.18）］中引入山地植被生长的地学规律，有望进一步提高该方法在山区的适用性和精度。

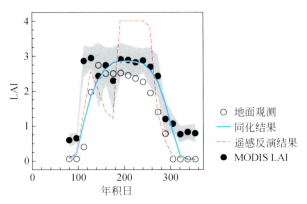

图 8.17　不同 LAI 时间序列与地面真值的比较（Liu et al.，2008）

8.7　小　　结

　　为获取具有物理一致性和时空一致性的地表参量数据集，观测和模型模拟是两种不可或缺的基本手段，而数据同化是集成两种手段很实用的方法论。大气和海洋领域数据同化方面的研究进展及同化算法的快速发展为解决陆面过程的同化问题提供了很好的思路和方法。目前国内外研究学者在陆表过程同化方面也取得了重要研究进展和成果，这也为山地陆表参量多源数据同化反演研究起到了至关重要的作用。在复杂山区受地形起伏及高空间异质性的影响，不仅山地遥感光谱信号严重失真，过程模型（如陆面过程模型、水文模型、生态模型等）和遥感辐射传输模型在山区的模拟结果往往存在很大不确定性，山地陆表参量同化反演极具挑战性。在当前山地光学遥感数据处理及相关模型应用水平情况下，山地陆表参量同化反演仅依靠遥感数据很难实现，不妨考虑地形效应，改进相关模型的参数化方案，充分利用多种先验知识（如植被垂直地带性分布特征等山区地学知识、遥感数据产品、地表观测等），根据山区实际情况制定合理的同化策略，发展山区多源遥感观测、知识与模型以及地表观测协同反演与同化方法，从而使发展的遥感理论和方法能够真正满足山地陆表参量遥感同化反演的需要。

参 考 文 献

巴特尔·巴克，彭镇华，张旭东，周金星，李冬雪，王昭艳. 2007. 生物地球化学循环模型 DNDC 及其应用. 土壤通报，38（6）：1208～1212.

撒玉龙，李新，韩旭军. 2011. 陆面数据同化系统误差问题研究综述. 地球科学进展，26（8）：795～804.

邓慧平，孙菽芬. 2012. 地形指数模型 TOPMODEL 与陆面模式 SSiB 的耦合及在流域尺度上的数值模拟. 中国科学（地球科学），42（7）：1083～1093.

高志球，卞林根，程彦杰. 2002. 利用生物圈模型（SiB2）模拟青藏高原那曲草原近地面层能量收支. 应用气象学报，13（2）：129～141.

黄春林. 2007. 土壤湿度和温度的数据同化及中国陆面数据同化系统的集成. 北京：中国科学院研究生院博士学位论文.

黄春林，李新. 2004. 陆面数据同化系统的研究综述. 遥感技术与应用，19（5）：424～430.

蒋玲梅，卢立新，邢伟坡，张立新，张庚军，左菁颖. 2011. SiB3 对不同下垫面的模拟试验与验证. 气象科学，31（4）：493～500.

晋锐，李新. 2009. 同化站点观测和 SSM/I 亮温改善冻土活动层状态变量的模拟精度. 中国科学（地球科学），39（9）：1220～1231.

靳华安，王锦地，柏延臣，陈桂芬，薛华柱. 2012. 基于作物生长模型和遥感数据同化的区域玉米产量估算与分析. 农业工程学报，28（6）：162～173.

靳华安，王锦地，肖志强，李喜佳. 2011. 遥感反演时间序列叶面积指数的集合卡尔曼平滑算法. 光谱学与光谱分析，31（9）：2485～2490.

李存军，王纪华，王娴，刘峰，黎锐. 2008. 遥感数据和作物模型集成方法与应用前景. 农业工程学报，24（11）：295～301.

李新，黄春林，车涛，晋锐，王书功，王介民，高峰，张述文，邱崇践，王澄海. 2007. 中国陆面数据同化系统研究的进展与前瞻. 自然科学进展, 17 (2): 163~173.

梁顺林. 2009. 定量遥感. 北京: 科学出版社.

梁顺林, 李新, 谢先红. 2013. 陆面观测、模拟与数据同化. 北京: 高等教育出版社.

刘惠民, 邓慧平, 孙菽芬, 肖燕. 2013. 陆面模式 SSiB 耦合 TOPMODEL 对流域水文模拟影响的数值试验. 高原气象, 32 (3): 021.

马建文. 2013. 数据同化算法研发与实验. 北京: 科学出版社.

马建文, 秦思娴. 2012. 数据同化算法研究现状综述. 地球科学进展, 27 (7): 747~757.

王文, 寇小华. 2009. 水文数据同化方法及遥感数据在水文数据同化中的应用进展. 河海大学学报 (自然科学版), 37 (5): 556~562.

徐宗学. 2009. 水文模型. 北京: 科学出版社.

张庚军, 卢立新, 蒋玲梅, 蒋磊. 2013. SiB2 和 SiB3 对高寒草甸和茶树地表能量通量模拟的比较. 气象学报, 71 (4): 692~708.

赵人俊. 1984. 流域水文模拟: 新安江模型与陕北模型. 北京: 中国水利电力出版社.

赵艳霞, 周秀骥, 梁顺林. 2005. 遥感信息与作物生长模式的结合方法和应用——研究进展. 自然灾害学报, 14 (1): 103~109.

周剑, 王根绪, 李新, 杨永民, 潘小多. 2008. 数据同化算法在青藏高原高寒生态系统能量—水分平衡分析中的应用. 地球科学进展, 23 (9): 965~973.

Abbott M B, Bathurst J C, Cunge J A, O'Connell P E, Rasmussen J. 1986. An introduction to the european hydrological system—Systeme Hydrologique Europeen, "SHE", 1: history and philosophy of a physically-based, distributed modelling system. Journal of Hydrology, 87 (11): 45~59.

Aber J D, Federer C A. 1992. A generalized, lumped-parameter model of photosynthesis, evapotranspiration and net primary production in temperate and boreal forest ecosystems. Oecologia, 92 (4): 463~474.

Arnold J G, Srinivasan R, Muttiah, R S, Williams J R. 1998. Large area hydrologic modeling and assessment part I: model development. Journal of the American Water Resources Association, 34 (1): 73~89.

Arulampalam M S, Maskell S, Gordon N, Clapp T. 2002. A tutorial on particle filters for online nonlinear/non-Gaussian Bayesian tracking. IEEE Transactions on Signal Processing, 50 (2): 174~188.

Asner G P, Braswell B, Schimel D S, Wessman C A. 1998. Ecological research needs from multiangle remote sensing data. Remote Sensing of Environment, 63 (2): 155~165.

Baker I T, Denning A S, StÖCkli R. 2010. North American gross primary productivity: regional characterization and interannual variability. Tellus B, 62 (5): 533~549.

Baker I T, Prihodko L, Denning A S, Goulden M, Miller S, da Rocha H R. 2008. Seasonal drought stress in the Amazon: reconciling models and observations. Journal of Geophysical Research-Biogeosciences, 113 (G00B01): 1~10.

Bandaru V, West T O, Ricciuto D M, César Izaurralde R. 2013. Estimating crop net primary production using national inventory data and MODIS-derived parameters. ISPRS Journal of Photogrammetry and Remote Sensing, 80: 61~71.

Beven K, Kirkby M. 1979. A physically based, variable contributing area model of basin hydrology. Hydrological Sciences Bulletin, 24 (1): 43~69.

Beven K, Kirkby M, Schofield N, Tagg A. 1984. Testing a physically-based flood forecasting model (TOPMODEL) for three UK catchments. Journal of Hydrology, 69 (1-4): 119~143.

Bhumralkar C M. 1975. Numerical experiments on the computation of ground surface temperature in an atmospheric general circulation model. Journal of Applied Meteorology, 14 (7): 1246~1258.

Blackadar A K. 1976. Modeling the nocturnal boundary layer. Proceedings of the Third Symposium on Atmospheric Turbulence, Diffusion and Air Quality, 21: 46~49.

Campling P, Gobin A, Beven K, Feyen J. 2002. Rainfall-runoff modelling of a humid tropical catchment: the TOPMODEL approach. Hydrological Processes, 16 (2): 231~253.

Chen F, Dudhia J. 2001. Coupling an advanced land surface-hydrology model with the penn state-NCAR MM5 modeling system. Part I: model implementation and sensitivity. Monthly Weather Review, 129 (4): 569~585.

Chen F, Mitchell K, Schaake J, Xue Y, Pan H L, Koren V, Duan Q Y, Ek M, Betts A. 1996. Modeling of land surface evaporation by four schemes and comparison with FIFE observations. Journal of Geophysical Research, 101 (D3): 7251~7268.

Chen X, Chen J, An S, Ju W. 2007. Effects of topography on simulated net primary productivity at landscape scale. Journal of Environmental Management, 85 (3): 585~596.

Choi H. 2013. Application of a land surface model using remote sensing data for high resolution simulations of terrestrial processes. Remote Sensing, 5 (12): 6838~6856.

Collins W D, Bitz C M, Blackmon M L, Bonan G B, Bretherton C S, Carton J A, Chang P, Doney S C, Hack J J, Henderson T B. 2006. The community climate system model version 3 (CCSM3). Journal of Climate, 19 (11): 2122~2143.

Courtier P, Andersson E, Heckley W, Vasiljevic D, Hamrud M, Hollingsworth A, Rabier F, Fisher M, Pailleux J. 1998. The ECMWF implementation of three-dimensional variational assimilation (3D-Var). I: Formulation. Quarterly Journal of the Royal Meteorological Society, 124 (550): 1783~1807.

Courtier P, Thépaut J N, Hollingsworth A. 1994. A strategy for operational implementation of 4D-Var, using an incremental approach. Quarterly Journal of the Royal Meteorological Society, 120 (519): 1367~1387.

Dai Y J, Dickinson R E, Wang, Y P. 2004. A two-big-leaf model for canopy temperature, photosynthesis, and stomatal conductance. Journal of Climate, 17 (12): 2281~2299.

Dai Y, Zeng X, Dickinson R E, Baker I, Bonan G B, Bosilovich M G, Denning A S, Dirmeyer P A, Houser P R, Niu G, Oleson K W, Schlosser C A, Yang Z L. 2003. The common land model. Bulletin of the American Meteorological Society, 84 (8): 1013~1023.

Daley R. 1993. Atmospheric data analysis. Cambridge, United Kingdom: Cambridge University Press.

Deardorff J W. 1978. Efficient prediction of ground surface temperature and moisture, with inclusion of a layer of vegetation. Journal of Geophysical Research, 83 (c4): 1889~1903.

Deng H, Sun S. 2012. Incorporation of TOPMODEL into land surface model SSiB and numerically testing the effects of the corporation at basin scale. Science China-Earth Sciences, 55 (10): 1731~1741.

Dente L, Satalino G, Mattia F, Rinaldi M. 2008. Assimilation of leaf area index derived from ASAR and MERIS data into CERES-Wheat model to map wheat yield. Remote Sensing of Environment, 112 (4): 1395~1407.

Dickinson R E, Henderson-Sellers A, Kennedy P J, Wilson MF. 1993. Biosphere-Atmosphere Transfer Scheme (BATS) version 1e as coupled to Community Climate Model. National Center for Atmospheric Research Technical Note. NCAR/TN-387+STR, 72.

Dickinson R E, Oleson K W, Bonan G, Hoffman F, Thornton P, Vertenstein M, Yang Z L, Zeng X. 2006. The community land model and its climate statistics as a component of the community climate system model. Journal of Climate, 19 (11): 2302~2324.

Dickinson R E, Tian Y H, Liu Q, Zhou L M. 2008. Dynamics of leaf area for climate and weather models. Journal of Geophysical Research-Atmospheres, 113 (D16115): 1~10.

Dorigo W A, Zurita-Milla R, de Wit A J W, Brazile J, Singh R, Schaepman M E. 2007. A review on reflective remote sensing and data assimilation techniques for enhanced agroecosystem modeling. International Journal of Applied Earth Observation and Geoinformation, 9 (2): 165 ~ 193.

Ek M B, Mitchell K E, Lin Y, Rogers E, Grunmann P, Koren V, Gayno G, Tarpley J D. 2003. Implementation of Noah land surface model advances in the National Centers for environmental prediction operational mesoscale Eta model. Journal of Geophysical Research, 108 (D22): 8851.

Entin J, Robock A, Vinnikov K Y, Zabelin V, Liu S, Namkhai A, Adyasuren T. 1999. Evaluation of global soil wetness project soil moisture simulations. Journal of the Meteorological Society of Japan, 77 (5): 183 ~ 198.

Evensen G. 1994. Sequential data assimilation with a nonlinear quasi-geostrophic model using Monte Carlo methods to forecast error statistics. Journal of Geophysical Research-Oceans, 99 (5): 10143 ~ 10162.

Evensen G. 2004. Sampling strategies and square root analysis schemes for the EnKF. Ocean Dynamics, 54 (6): 539 ~ 560.

Fang H, Liang S, Hoogenboom G. 2011. Integration of MODIS LAI and vegetation index products with the CSM-CERES-Maize model for corn yield estimation. International Journal of Remote Sensing, 32 (4): 1039 ~ 1065.

Flerchinger G N, Marks D, Reba, M L, Yu Q, Seyfried M S. 2010. Surface fluxes and water balance of spatially varying vegetation within a small mountainous headwater catchment. Hydrology and Earth System Sciences, 14 (6): 965 ~ 978.

Freeze R A, Harlan R. 1969. Blueprint for a physically-based, digitally-simulated hydrologic response model. Journal of Hydrology, 9 (3): 237 ~ 258.

Friedl M A, Sulla-Menashe D, Tan B, Schneider A, Ramankutty N, Sibley A, Huang X. 2010. MODIS Collection 5 global land cover: algorithm refinements and characterization of new datasets. Remote Sensing of Environment, 114 (1): 168 ~ 182.

Furusho C, Chancibault K, Andrieu H. 2013. Adapting the coupled hydrological model ISBA-TOPMODEL to the long-term hydrological cycles of suburban rivers: evaluation and sensitivity analysis. Journal of Hydrology, 485 (2): 139 ~ 147.

Gao Z, Chae N, Kim J, Hong J, Choi T, Lee H. 2004. Modeling of surface energy partitioning, surface temperature, and soil wetness in the Tibetan prairie using the Simple Biosphere Model 2 (SiB2). Journal of Geophysical Research-Atmospheres, 109 (D06102): 1 ~ 11.

Ghilain N, Arboleda A, Sepulcre-Cantò G, Batelaan O, Ardö J, Gellens-Meulenberghs F. 2012. Improving evapotranspiration in a land surface model using biophysical variables derived from MSG/SEVIRI satellite. Hydrology and Earth System Sciences, 16 (8): 2567 ~ 2583.

Govind A, Chen J M, Margolis H, Ju W, Sonnentag O, Giasson M A. 2009. A spatially explicit hydro-ecological modeling framework (BEPS-TerrainLab V2. 0): model description and test in a boreal ecosystem in Eastern North America. Journal of Hydrology, 367 (3): 200 ~ 216.

Guo S, Guo J, Zhang J, Chen H. 2009. VIC distributed hydrological model to predict climate change impact in the Hanjiang Basin. Science China-Technological Sciences, 52 (11): 3234 ~ 3239.

Hansen M C, Defries R S, Townshend J R G, Sohlberg R. 2000. Global land cover classification at 1 km spatial resolution using a classification tree approach. International Journal of Remote Sensing, 21 (6-7): 1331 ~ 1364.

Han X, Li X. 2008. An evaluation of the nonlinear/non-Gaussian filters for the sequential data assimilation. Remote Sensing of Environment, 112 (4): 1434 ~ 1449.

Helbig N, Löwe, H. 2012. Shortwave radiation parameterization scheme for subgrid topography. Journal of Geophysical Research, 117 (D03112): 1 ~ 10.

Hong S, Lakshmi V, Small E E, Chen F, Tewari M, Manning K W. 2009. Effects of vegetation and soil moisture on the simulated land surface processes from the coupled WRF/Noah model. Journal of Geophysical Research, 114 (D18): D18118.

Houtekamer P, Mitchell H L, Deng X. 2009. Model error representation in an operational ensemble Kalman filter. Monthly Weather Review, 137 (7): 2126~2143.

Huang W, Zhang L, Furumi S, Muramatsu K, Daigo M, Li P. 2010. Topographic effects on estimating net primary productivity of green coniferous forest in complex terrain using Landsat data: a case study of Yoshino Mountain, Japan. International Journal of Remote Sensing, 31 (11): 2941~2957.

Hunt E R, Piper S C, Nemani R, Keeling C D, Otto R D, Running S W. 1996. Global net carbon exchange and intra-annual atmospheric CO_2 concentrations predicted by an ecosystem process model and three-dimensional atmospheric transport model. Global Biogeochemical Cycles, 10 (3): 431~456.

Jackson T J, Cosh M H, Bindlish R, Starks P J, Bosch D D, Seyfried M, Goodrich D C, Moran M S, Du J. 2010. Validation of advanced microwave scanning radiometer soil moisture products. IEEE Transactions on Geoscience and Remote Sensing, 48 (12): 4256~4272.

Jarlan L, Mangiarotti S, Mougin, E, Mazzega P, Hiernaux P, Le Dantec V. 2008. Assimilation of SPOT/VEGETATION NDVI data into a sahelian vegetation dynamics model. Remote Sensing of Environment, 112 (4): 1381~1394.

Jin H A, Li A N, Wang J D, Bo Y C. 2016. Improvement of spatially and temporally continuous crop leaf area index by integration of CERES-Maize model and MODIS data. European Journal of Agronomy, 78: 1~12.

Jin H A, Li A N, Bian J H, Nan X, Zhao W, Zhang Z J, Yin G F. 2017. Intercomparison and validation of MODIS and GLASS leaf area index (LAI) products over mountain areas: a case study in southwestern China. International Journal of Applied Earth Observation and Geoinformation, 55: 52~67.

Jones J W, Hoogenboom G, Porter C H, Boote K J, Batchelor W D, Hunt L A, Wilkens P W, Singh U, Gijsman A J, Ritchie J T. 2003. The DSSAT cropping system model. European Journal of Agronomy, 18 (3): 235~265.

Kalman R E. 1960. A new approach to linear filtering and prediction problems. Journal of Basic Engineering, 82 (1): 35~45.

Kang E, Cheng G, Song K, Jin B, Liu X, Wang J. 2005. Simulation of energy and water balance in Soil-Vegetation-Atmosphere Transfer system in the mountain area of Heihe River Basin at Hexi Corridor of northwest China. Science China-Earth Sciences, 48 (4): 538~548.

Kang S, Kimball J S, Running S W. 2006. Simulating effects of fire disturbance and climate change on boreal forest productivity and evapotranspiration. Science of the Total Environment, 362 (1): 85~102.

Konzelmann T, Calanca P, Müller G, Menzel L, Lang H. 1997. Energy balance and evapotranspiration in a high mountain area during summer. Journal of Applied Meteorology, 36 (7): 966~973.

Koren V, Schaake J, Mitchell K, Duan Q Y, Chen F, Baker J M. 1999. A parameterization of snowpack and frozen ground intended for NCEP weather and climate models. Journal of Geophysical Research, 104 (D16): 19569~19585.

Lei H, Yang D, Shen Y, Liu Y, Zhang Y. 2011. Simulation of evapotranspiration and carbon dioxide flux in the wheat-maize rotation croplands of the North China Plain using the Simple Biosphere Model. Hydrological Processes, 25 (20): 3107~3120.

Li C, Aber J, Stange F, Butterbach-Bahl K, Papen H. 2000. A process-oriented model of N_2O and NO emissions from forest soils: 1. Model development. Journal of Geophysical Research, 105 (D4): 4369~4384.

Liang S. 2004. Quantitative remote sensing of land surfaces. New York, VSA: John Wiley & Sons.

Liang X, Lettenmaier D P, Wood E F, Burges S J. 1994a. A simple hydrologically based model of land surface water and energy fluxes for general circulation models. Journal of Geophysical Research-Atmospheres, 99 (D7): 14415 ~ 14428.

Liu J, Chen J, Cihlar J, Park W. 1997. A process-based boreal ecosystem productivity simulator using remote sensing inputs. Remote Sensing of Environment, 62 (2): 158 ~ 175.

Liu Q, Gu L, Dickinson R E, Tian Y, Zhou L, Post W M. 2008. Assimilation of satellite reflectance data into a dynamical leaf model to infer seasonally varying leaf areas for climate and carbon models. Journal of Geophysical Research-Atmospheres, 113 (D19).

Li Z L, Tang B H, Wu H, Ren H, Yan G, Wan Z, Trigo I F, Sobrino J A. 2013. Satellite-derived land surface temperature: current status and perspectives. Remote Sensing of Environment, 131: 14 ~ 37.

Li Z L, Tang R, Wan Z, Bi Y, Zhou C, Tang B, Yan G, Zhang X. 2009. A review of current methodologies for regional evapotranspiration estimation from remotely sensed data. Sensors, 9 (5): 3801 ~ 3853.

Manabe S. 1969. Climate and the ocean circulation. Monthly Weather Review, 97 (11): 739 ~ 774.

Mangiarotti S, Mazzega P, Jarlan L, Mougin E, Baup F, Demarty J. 2008. Evolutionary bi-objective optimization of a semi-arid vegetation dynamics model with NDVI and $\sigma°$ satellite data. Remote Sensing of Environment, 112 (4): 1365 ~ 1380.

McLaughlin D. 1995. Recent developments in hydrologic data assimilation. Reviews of Geophysics, 33 (s2): 977 ~ 984.

Mitchell K E, Lohmann D, Houser P R, Wood E F, Schaake J C, Robock A, Cosgrove B A, Sheffield J, Duan Q, Luo L, Higgins R W, Pinker R T, Tarpley J D, Lettenmaier D P, Marshall C H, Entin J K, Pan M, Shi W, Koren V, Meng J, Ramsay B H, Bailey A A. 2004. The multi-institution North American Land Data Assimilation System (NLDAS): utilizing multiple GCIP products and partners in a continental distributed hydrological modeling system. Journal of Geophysical Research-Atmospheres, 109 (D07S90): 1 ~ 32.

Mo X, Liu S, Lin Z, Xu Y, Xiang Y, McVicar T. 2005. Prediction of crop yield, water consumption and water use efficiency with a SVAT-crop growth model using remotely sensed data on the North China Plain. Ecological Modelling, 183 (2), 301 ~ 322.

Nakano S, Ueno G, Higuchi T. 2007. Merging particle filter for sequential data assimilation. Nonlinear Processes in Geophysics, 14 (4): 395 ~ 408.

Nijssen B, O'Donnell G M, Lettenmaier D P, Lohmann D, Wood E F. 2001a. Predicting the discharge of global rivers. Journal of Climate, 14 (15): 3307 ~ 3323.

Nijssen B, Schnur R, Lettenmaier D P. 2001b. Global retrospective estimation of soil moisture using the variable infiltration capacity land surface model, 1980-93. Journal of Climate, 14 (8): 1790 ~ 1808.

Oleson K, Lawrence D M, Bonan G B, Drewniak B, Huang M, Koven C D, Levis S, Li F, Riley W J, Subin Z M, Swenson S, Thornton P E, Bozbiyik A, Fisher R, Heald C L, Kluzek E, Lamarque J F, Lawrence P J, Leung L R, Lipscomb W, Muszala S P, Ricciuto D M, Sacks W J, Sun Y, Tang J, Yang Z L. 2013. Technical description of version 4.5 of the Community Land Model (CLM). NCAR Technical Note NCAR/TN-503+STR, 420.

Patil M N, Waghmare R T, Halder S, Dharmaraj T. 2011. Performance of Noah land surface model over the tropical semi-arid conditions in western India. Atmospheric Research, 99 (1): 85 ~ 96.

Pinty B, Lavergne T, Dickinson R E, Widlowski J L, Gobron N, Verstraete, MM. 2006. Simplifying the interaction of land surfaces with radiation for relating remote sensing products to climate models. Journal of Geophysical Research-Atmospheres, 111 (D02116): 1 ~ 20.

Pitman AJ. 2003. The evolution of, and revolution in, land surface schemes designed for climate models. International Journal of Climatology, 23 (5): 479 ~ 510.

Plüss C, Ohmura A. 1997. Longwave radiation on snow- covered mountainous surfaces. Journal of Applied Meteorology, 36 (6): 818 ~ 824.

Pury D d, Farquhar G. 1997. Simple scaling of photosynthesis from leaves to canopies without the errors of big-leaf models. Plant, Cell & Environment, 20 (5): 537 ~ 557.

Qin J, Liang S L, Liu R G, Zhang H, Hu B. 2007. A weak – constraint based data assimilation scheme for estimating land surface turbulent fluxes. IEEE Geoscience and Remote Sensing Letters, 4 (4): 649 ~ 653.

Quaife T, Lewis P, De Kauwe M, Williams M, Law B E, Disney M, Bowyer P. 2008. Assimilating canopy reflectance data into an ecosystem model with an ensemble Kalman filter. Remote Sensing of Environment, 112 (4): 1347 ~ 1364.

Rhoads J, Dubayah R, Lettenmaier D, O'Donnell G, Lakshmi V. 2001. Validation of land surface models using satellite- derived surface temperature. Journal of Geophysical Research- Atmospheres, 106 (D17): 20085 ~ 20099.

Running S W. 1984a. Documentation and preliminary validation of H2OTRANS and DAYTRANS, two models for-predicting transpiration and water stress in western coniferous forests. Research Paper, RM-252. Fort Collins, CO: United States Department of Agriculture Forest Service, Rocky Mountain Forest and Range Experiment Station, 45p.

Running S W. 1984b. Microclimate control of forest productivity: analysis by computer simulation of annual photosynthesis/transpiration balance in different environments. Agricultural and Forest Meteorology, 32 (3): 267 ~ 288.

Running S W, Coughlan J C. 1988. A general model of forest ecosystem processes for regional applications I. Hydrologic balance, canopy gas exchange and primary production processes. Ecological Modelling, 42 (2): 125 ~ 154.

Running S W, Gower S T. 1991. FOREST- BGC, a general model of forest ecosystem processes for regional applications. II. Dynamic carbon allocation and nitrogen budgets. Tree Physiology, 9 (1-2): 147 ~ 160.

Running S W, Hunt E R. 1993. Generalization of a forest ecosystem process model for other biomes, BIOME-BGC, and an application for global- scale models. Pages 141- 158 in J. K. Ehleringer and C. B. Field, editors. Scaling Physiological Processes leaf to globe. San Diego, California, USA. Academic Press.

Sasaki Y. 1958. An objective analysis based on the variational method. Journal of the Meteorological Society of Japan, 36 (3): 77 ~ 88.

Sasaki Y. 1970. Some basic formalisms in numerical variational analysis. Monthly Weather Review, 98: 875 ~ 883.

Sellers P J, Dickinson R E, Randall D A, Betts A K, Hall F G, Berry J A, Collatz G J, Denning A S, Mooney H A, Nobre C A, Sato N, Field C B, Henderson-Sellers A. 1997. Modeling the exchanges of energy, water, and carbon between continents and the atmosphere. Science, 275 (5299): 502 ~ 509.

Sellers P J, Randall D A, Collatz G J, Berry J A, Field C B, Dazlich D A, Zhang C, Collelo G D, Bounoua L. 1996. A revised land surface parameterization (SiB2) for atmospheric GCMS. Part I: model formulation. Journal of Climate, 9 (4): 676 ~ 705.

Sellers P, Mintz Y, Sud Yea, Dalcher A. 1986. A simple biosphere model (SiB) for use within general circulation models. Journal of the Atmospheric Sciences, 43 (6): 505 ~ 531.

Seuffert G, Wilker H, Viterbo P, Mahfouf J F, Drusch M, Calvet J C. 2003. Soil moisture analysis combining screen-level parameters and microwave brightness temperature: a test with field data. Geophysical Research

Letters, 30 (10): 67~80.

Shaman J, Stieglitz M, Engel V, Koster R, Stark C. 2002. Representation of subsurface storm flow and a more responsive water table in a TOPMODEL-based hydrology model. Water Resources Research, 38 (8): 31~16.

Stieglitz M, Rind D, Famiglietti J, Rosenzweig C. 1997. An efficient approach to modeling the topographic control of surface hydrology for regional and global climate modeling. Journal of Climate, 10 (1): 118~137.

Su Z. 2002. The Surface Energy Balance System (SEBS) for estimation of turbulent heat fluxes. Hydrology and Earth System Sciences, 6 (1): 85~100.

Talagrand O. 1997. Assimilation of observations, an introduction. Journal-Metorological Society of Japan Series 2, 75: 81~99.

Talagrand O, Courtier P. 1987. Variational assimilation of meteorological observations with the adjoint vorticity equation. I: Theory. Quarterly Journal of the Royal Meteorological Society, 113 (478): 1311~1328.

Thornton P E. 1998. Regional ecosystem simulation: combining surface- and satellite-based observations to study linkages between terrestrial energy and mass budgets. Ph. D. dissertation, University of Montana.

Trémolet Y. 2007. Model-error estimation in 4D-Var. Quarterly Journal of the Royal Meteorological Society, 133 (626): 1267~1280.

Verhoef W, Bach H. 2003. Remote sensing data assimilation using coupled radiative transfer models. Physics and Chemistry of the Earth, Parts A/B/C, 28 (1), 3~13.

Wang D W, Wang J D, Liang S L. 2010. Retrieving crop leaf area index by assimilation of MODIS data into a crop growth model. Science China-Earth Sciences, 53 (5): 721~730.

Wang G, Zhang J, Jin J, Pagano T, Calow R, Bao Z, Liu C, Liu Y, Yan X. (2012. Assessing water resources in China using PRECIS projections and a VIC model. Hydrology and Earth System Sciences, 16 (1): 231~240.

Wang J Y, Li A N, Bian J H. 2016. Simulation of the grazing effects on grassland aboveground net primary production using DNDC model combined with time−series remote sensing data−A Case Study in Zoige Plateau, China. Remote Sensing, 8 (168): 1~20.

Waring R, Running S. 1976. Water uptake, storage and transpiration by conifers: a physiological model. Ecological Studies, 19: 189~202.

Wei H, Xia Y, Mitchell K E, Ek M B. 2013. Improvement of the Noah land surface model for warm season processes: evaluation of water and energy flux simulation. Hydrological Processes, 27 (2): 297~303.

Wigmosta M S, Vail L W, Lettenmaier D P. 1994. A distributed hydrology-vegetation model for complex terrain. Water Resources Research, 30 (6): 1665~1679.

Wigneron J P, Kerr Y, Waldteufel P, Saleh K, Escorihuela M J, Richaume P, Ferrazzoli P, de Rosnay P Gurney R, Calvet J C, Grant J P, Guglielmetti M, Hornbuckle B, Matzler C, Pellarin T, Schwank M. 2007. L-band Microwave Emission of the Biosphere (L-MEB) model: description and calibration against experimental data sets over crop fields. Remote Sensing of Environment, 107 (4): 639~655.

Wood E F, Lettenmaier D P, Zartarian V G. 1992. A land-surface hydrology parameterization with subgrid variability for general circulation models. Journal of Geophysical Research-Atmospheres, 97 (D3): 2717~2728.

Xiao Z, Liang S, Wang J, Jiang B, Li X. 2011. Real-time retrieval of Leaf Area Index from MODIS time series data. Remote Sensing of Environment, 115 (1): 97~106.

Xue Y, Sellers P, Kinter J, Shukla J. 1991. A simplified biosphere model for global climate studies. Journal of Climate, 4 (3): 345~364.

Yang K, Koike T, Kaihotsu I, Qin J. 2009. Validation of a dual-pass microwave land data assimilation system for estimating surface soil moisture in semi-arid regions. Journal of Hydrometeorology, 10 (3): 780~794.

Yang K, Qin J, Zhao L, Chen Y Y, Tang W J, Han M L, Lazhu Chen Z Q, Lv N, Ding B H, Wu H, Lin C G. 2013. A multiscale soil moisture and freeze-thaw monitoring network on the third pole. Bulletin of the American Meteorological Society, 94 (12): 1907~1916.

Yang K, Watanabe T, Koike T, Li X, Fuji H, Tamagawa K, Ma Y M, Ishikawa H. 2007. Auto-calibration system developed to assimilate AMSR-E data into a land surface model for estimating soil moisture and the surface energy budget. Journal of the Meteorological Society of Japan, 85A (11): 229~242.

Yuan F, Xie Z, Liu Q, Yang H, Su F, Liang X, Ren L. 2004. An application of the VIC-3L land surface model and remote sensing data in simulating streamflow for the Hanjiang River basin. Canadian Journal of Remote Sensing, 30 (5): 680~690.

Zech W. 1994. Soils of the high mountain region of Eastern Nepal: classification, distribution and soil forming processes. Catena, 22 (2): 85~103.

Zhang Y, Li C S, Trettin C C, Li H, Sun G. 2002. An integrated model of soil, hydrology, and vegetation for carbon dynamics in wetland ecosystems. Global Biogeochemical Cycles, 16 (4), 1061: 9-1~9-17.

Zhang Y, Sachs T, Li C, Boike J. 2012. Upscaling methane fluxes from closed chambers to eddy covariance based on a permafrost biogeochemistry integrated model. Global Change Biology, 18 (4): 1428~1440.

Zhao L, Yang K, Qin J, Chen Y Y, Tang W J, Lu H, Yang Z L. 2014. The scale-dependence of SMOS soil moisture accuracy and its improvement through land data assimilation in the central Tibetan Plateau. Remote Sensing of Environment, 152: 345~355.

Zhao W, Li A N. 2015. A review of land surface processes modelling over complex terrain. Advances in Meteorology, (3): 1~17.

Zupanski D, Zupanski M. 2006. Model error estimation employing an ensemble data assimilation approach. Monthly Weather Review, 134 (5): 1337~1354.

第9章　山地遥感产品地面验证

遥感对地观测技术与研究过程中一个不可或缺的部分便是遥感产品的地面精度验证工作。本章从遥感产品地面验证的研究内容出发，对遥感产品验证的概念及技术体系、当前遥感产品验证发展现状以及山地环境遥感产品验证的重要性、难点及相关研究实例进行介绍和分析。具体而言，本章9.1节简单介绍了遥感产品验证的基本概念及研究现状；9.2节就山地遥感产品验证面临的问题和技术途径进行了探讨；9.3节着重对遥感产品验证中起关键作用的地面测量采样技术进行了介绍；9.4节则对目前主要地面参数的地面测量技术与方法进行了介绍；9.5节详细介绍了遥感产品验证过程中的关键环节——空间尺度效应及尺度转换方法；最后，9.6节提供了面向山地遥感产品验证的实例分析。

9.1　遥感产品验证及研究现状

9.1.1　基本概念

近年来，随着遥感技术的不断发展，各种新型传感器陆续升空，为资源、环境和生态等领域的监测、管理和预警提供了种类齐全、内容丰富、数据量庞大、实时性强的遥感信息源。发展有效的遥感产品地面验证理论和方法，开展遥感地面验证工作是促进现代遥感进一步发展的重要手段。然而，由于遥感产品精度的定量验证工作相对滞后，系统性的地面验证理论、方法和手段比较缺乏，特别是对非均匀地表的尺度转换研究滞后，区域尺度的遥感信息与田间尺度的地表观测信息脱节，制约了遥感数据及其产品的推广应用（张仁华等，2010），也影响了遥感科学相关理论的进一步发展。

从成像过程来看，遥感数据获取是一个复杂的过程，受到大气辐射传输特性、传感器运行环境、传感器工作状态、被观测目标状态等多种因素和环节的影响。遥感产品能否准确、真实地反映地表实际情况，必须进行地面精度验证。遥感产品验证是指将遥感反演或估算的产品与能够代表地面目标"真值"及趋势变化的参考数据（如地面实测数据、机载数据和高分辨率遥感数据）进行对比分析，评价遥感产品对相关参量精度及其变化趋势表征能力的重要工作，是定量遥感的关键环节。广义上，遥感产品包括连续性变量如LAI、FPAR、覆盖度等，也包括类型变量如土地利用/土地覆盖等。对这些产品精度和时间序列表征能力的验证均属于遥感产品验证的范畴。

总体而言，遥感产品验证的研究内容主要包括：①根据整个对地观测地面系统的需求，建立遥感产品验证的总体框架；②地面验证场的条件、要求和标准的研究，根据要检验的遥感产品类型，制定地面验证场的选择条件、标准、原则；③建立产品验证的理论体系和技术方法，以及产品验证的规范和标准；④像元尺度上遥感产品相对"真值"的获取方法研究。在这些研究内容的基础上，逐步建立并不断完善验证系统，用于对各种遥感产品进行检验与评价。

9.1.2　遥感产品验证基本技术流程

广义上，遥感产品验证系统由同步数据获取模块、同步数据处理模块、数据存储与管理模块、尺度转换模块、遥感数据产品验证模块、遥感反演产品验证模块和遥感应用产品验证模块 7 个模块组成（姜小光等，2008），涵盖了数据获取—遥感产品反演—遥感产品应用的各个环节，目的是为遥感数据、产品的质量分析、控制以及改进提供定量化的科学依据。根据系统构成，遥感产品验证系统的一般技术流程可表示为图 9.1。

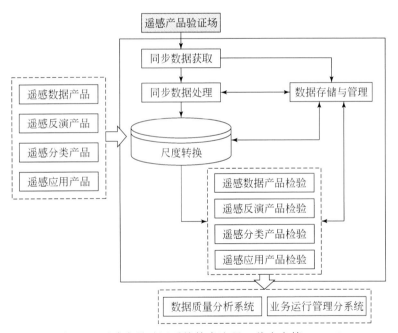

图 9.1　遥感产品验证系统技术流程（姜小光等，2008）

在遥感产品验证系统的一般技术流程中，地面测量和遥感观测的时空尺度差异是需要重点考虑的问题，尤其是对于中低分辨率的遥感产品验证工作而言，尺度差异是不可回避的问题。因此，在验证过程中，根据验证数据的空间和波谱分辨率特征，选择合适的过渡验证数据是当前遥感产品验证中的一种通用途径，包括以下两种方式：

（1）开展卫星–航空–地面同步观测的遥感实验。图 9.2 展示的是张仁华等（2010）提出的遥感产品验证"一检两恰"流程。其基本构成为：以地表参数实测值直接验证待检验产品的反演模型（一检），并分别采用地面和航空的同面积同模型开展一致性检验以及采用航空和卫星的同面积同模型开展一致性检验（两恰，其中"恰"为一致性的简称）。

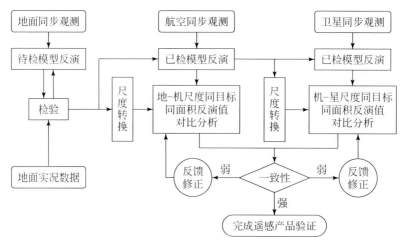

图 9.2　遥感产品验证的一检两恰流程（张仁华等，2010）

（2）以高空间分辨率遥感数据为中间单元。以叶面积指数（LAI）的验证为例，图 9.3 展示了由国际卫星对地观测委员会（CEOS）的定标与遥感产品验证工作组（WGCV）下属陆地产品验证（LPV）子工作组制定的全球叶面积指数遥感产品验证一般框架（Morisette et al.，2002）。该验证框架提出了基于单点测量和基本采样单元（Elementary Sampling Unit，ESU）的二级采样策略。其基本构成是根据不同的植被类型或生物群落的全球分布，在全球范围内设置一定数量的地面验证样地，每个样地内有若干个 ESU，每个 ESU 内进行一定数量的单点测量。其验证步骤为：首先，在每个 ESU 内，用破坏性测量法或叶面积仪开展一定数量的单点测量，通过一定的转换关系（如取算术平均）将单点测量值转换到 ESU 尺度，从而与高分辨率影像的空间尺度一致。然后，建立高分辨率影像与 ESU 之间的转换函数，生成高空间分辨率 LAI 图；并将高空间分辨率 LAI 图聚合到中低空间分辨率尺度，得到样地水平上的 LAI 参考值。最后，通过对全球不同植被类型多个样地与 LAI 产品进行比较与相关性分析，评价全球中低空间分辨率 LAI 遥感产品的精度水平。

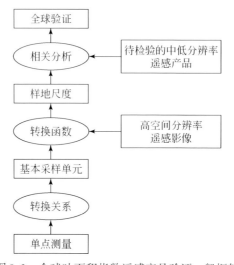

图 9.3　全球叶面积指数遥感产品验证一般框架

9.1.3　国际重要遥感产品地面验证网络

遥感产品地面验证是定量遥感研究与发展的基础和关键。早在遥感技术发展的初期，遥感产品验证就受到国际上相关机构的密切关注和重视，并在这方面积累了几十年的工作经验。在以往研究中，欧美主要空间大国对遥感产品验证的重视程度逐渐加强，投入了大量的人力、物力和财力对不同空间尺度的遥感反演产品和应用产品进行检验。我国同样也开展了大量的遥感产品地面验证工作。目前，国内外已建立了一些遥感产品地面验证网络，包括各国相互配合在全球范围内建立的气溶胶地面观测网（AERONET）、全球通量观测网（FLUXNET）、BigFoot 地面观测网络、黑河流域水文气象观测网络（HiWater）和中国陆地生态系统通量观测研究网络（ChinaFLUX）等。下面主要对这些重要的验证网络进行介绍。

1. AERONET

AERONET（Aerosol Robotic Network，http：//aeronet. gsfc. nasa. gov/）是美国国家宇航局（NASA）和法国国家科学研究中心（CNRS）共同组建的全球气溶胶自动观测网（Holben et al.，1998）。目前，AERONET 已经在全球建立 400 多个台站（图9.4）。其气溶胶观测仪器主要采用法国 Cimel 公司的标准太阳光度计（CE318-1）和极化太阳光度计（CE318-11）两种，其中前者包括 5 个波段，后者包括 8 个波段。观测波段中心波长分别为 380nm、440nm、675nm、870nm 和 1020nm，所有通道的波段宽度为 10nm。

AERONET 反演算法（Dubovik and King，2000）根据太阳光度计测量得到的太阳直接辐射和天空散射辐射，可以提供大气柱中的气溶胶光学和微物理参数特征。利用太阳光度计测得的直接辐射数据，可以计算各波段的气溶胶光学厚度（AOD）和 Ångström 波长指数（α）。利用 440nm、675nm、870nm 和 1020nm 波段的等高度角天空扫描辐射数据，结合相应波段的 AOD 数据，可以得到气溶胶粒子尺度分布和复折射指数。在此基础上，AERONET 还提供其他一些参数，如体积浓度、细粒子体积比、有效半径、单次散射反照率和不对称因子等。总体而言，AERONET 观测数据精度高，气溶胶光学厚度观测误差为 0.01 ~ 0.02（Holben et al.，1998）。目前该数据主要包括三级：1.0 级数据是没有做云处理的原始数据，1.5 级数据是做过云处理的数据，2.0 级数据是经过云处理和人工检查的高质量数据。通过该观测网可以得到全球不同区域的气溶胶光学厚度，已被用于 MODIS、Landsat、HJ-1A/B、Sentinel-2 等卫星局地或全球尺度气溶胶产品、地表反射率产品的验证（Grosso and Paronis，2012；Hagolle et al.，2015）。

2. FLUXNET 全球通量观测网络

在全球碳、水循环研究中，需要大尺度、长期和连续的生物圈-大气之间的 CO_2、H_2O 和能量通量观测数据作为支撑。全球通量观测网络（FLUXNET，http：//fluxnet. ornl. gov/）

图 9.4　AERONET 全球站点分布

作为获取生态系统与大气之间的 CO_2、H_2O 和能量交换信息的有效手段，为分析地圈–生物圈–大气圈之间的相互作用，评价陆地生态系统在全球碳、水循环中的作用提供了重要的数据基础（Baldocchi et al.，2001）。目前，FLUXNET 主要由 AmeriFlux（美洲）、CarboEurope（欧洲）、OzFlux（澳洲）、Fluxnet-Canada（加拿大）、AsiaFlux（日本）、KoFlux（韩国）和 ChinaFLUX（中国）等 7 个地区性研究网络和一些独立的站点组成，共有 650 多个观测站点，主要分布在五大洲北纬 70°至南纬 30°之间（图 9.5）。整个网络已开展了地区尺度或大洲尺度长时间序列连续的通量观测研究。观测站点涵盖的植被类型包括温带针叶林和阔叶林、热带和极地森林、农田、草地、湿地、灌丛和苔原等。各通量网络都强调采用多种手段和多种方法，对土壤、植被和大气的各种要素，以及生态系统碳循环与水循环的多种关键过程进行综合观测，为开展陆地生态系统碳、水循环和能量传输过程的综合研究提供有效数据集和实验研究平台。

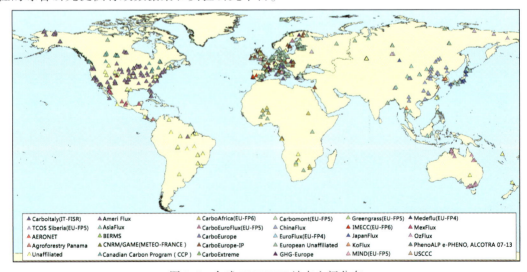

图 9.5　全球 FLUXNET 站点空间分布

作为一个全球性的观测网络，FLUXNET 是美国 NASA 的美国橡树岭国家实验室（ORNL）分布式主动归档中心（DAAC）的一个组成部分。其主要功能除了提供站点的基础背景信息数据和通量观测数据外，另一个主要功能就是为遥感数据产品（如初级生产力、蒸散发、反照率和地表能量吸收）的精度验证提供地面观测数据支持（Plummer，2006；Fisher et al.，2008；Cescatti et al.，2012）。

3. BigFoot 项目

BigFoot 项目（http：//www.fsl.orst.edu/larse/bigfoot）是 1999 年至 2003 年由 NASA 的陆地生态计划（Terrestrial Ecology Program，TEP）资助，针对陆地表面与碳相关生态参量而开展的地面测量及多尺度遥感产品验证工作。其主要目标是对 MODIS 陆地系列产品（如地表覆被类型、叶面积指数、有效光合辐射吸收比和净初级生产力等）进行验证（Turner et al.，2003；Cohen et al.，2006）。BigFoot 项目共在 9 个站点上进行地面观测（图9.6），站点主要分布在美国和加拿大。该项目借助 Landsat ETM+为中间尺度，选择各站点涡度通量塔附近 5km×5km 范围为研究区域开展相应工作。其总体研究目标包括：

（1）完成各站点多年与碳相关参量（土地覆被、LAI、（光合有效辐射比）f_{APAR} 和（植被净初级生产力）NPP）地面测量；

（2）生成各站点多年土地覆被和叶面积指数图；

（3）实现各站点 5km×5km 范围内多年 NPP 的模拟；

（4）完成 MODIS 土地覆被、LAI、f_{APAR} 和 NPP 遥感反演产品的验证；

（5）构建全球长期 NPP 监测网络，促进全球陆地观测网络持续发展。

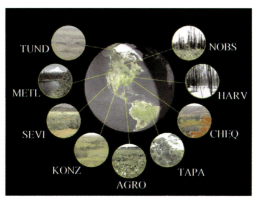

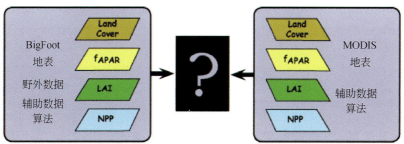

图 9.6　BigFoot 站点位置分布及项目主要目标

4. 黑河流域水文气象观测网络

黑河流域水文气象观测网络以黑河流域水循环为研究对象，一方面为黑河流域生态-水文-大气模型提供高精度的大气驱动数据、模型参数与验证数据；另一方面也为流域水文-生态过程研究提供基础数据，同时还为地表水文生态参量遥感反演方法验证工作提供了有力的保障。网络的建立经历了两个建设期，即2007年至2009年在中国科学院西部行动计划（二期）项目"黑河流域遥感-地面观测同步试验与综合模拟平台建设"和国家重点基础研究发展计划（973计划）项目"陆表生态环境要素主被动遥感协同反演理论与方法"的共同支持下设计实施的"黑河综合遥感联合试验"（Watershed Allied Telemetry Experimental Research，WATER）（李新等，2008b；马明国等，2009a；王建等，2009），以及2012年至2015年在国家自然科学基金委员会重大研究计划"黑河流域生态-水文过程集成研究"和中国科学院"西部行动计划"项目支持下联合发起组织的"黑河流域生态-水文过程综合遥感观测联合试验"（Heihe Watershed Allied Telemetry Experimental Research）（李新等，2012b）。该网络通过试验获取了黑河流域一套多尺度的航空、卫星遥感和地面同步观测数据集，包括大量航空遥感、卫星遥感、地基遥感（微波辐射计、微波散射计、光谱仪）观测、多普勒雷达降水观测、微气象和大气廓线（探空与分光光度计）观测数据、地面同步观测的积雪属性、土壤水分、地表温度和植被生化物理参数等数据，而且构建了连接整个黑河流域的上、中、下游（涉及青海祁连县、甘肃张掖市和内蒙古额济纳旗）的水文气象观测网，共包括3个超级站、15个普通站（图9.7）。

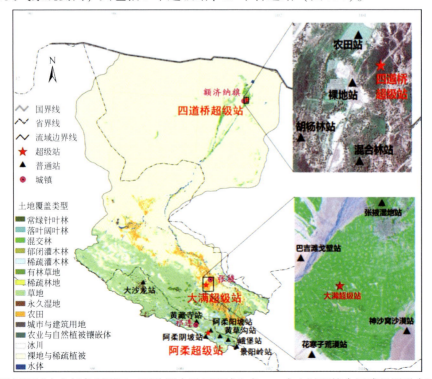

图 9.7　黑河流域水文气象观测网（图片源自黑河流域生态——水文过程综合遥感观测联合试验网站）

　　该观测网络的上游区域包括阿柔超级站和大沙龙、黄藏寺、阿柔阳坡、阿柔阴坡、黄草沟、峨堡、景阳岭7个普通站，覆盖整个上游八宝河流域，包括高寒草甸、高寒草地和农田下垫面。中游区域涉及大满超级站和巴吉滩戈壁、花寨子荒漠、神沙窝沙漠、张掖湿地4个普通站，涵盖了中游典型农田、湿地、戈壁、沙漠、荒漠下垫面。下游区域有四道桥超级站和混合林、胡杨林、农田与裸地4个普通站，涵盖了下游典型胡杨林、柽柳、农田和裸地下垫面。其中超级站的仪器配置包括气象要素梯度观测系统、涡动相关仪、大孔径闪烁仪、蒸渗仪以及土壤温湿度传感器网络等，普通站则为自动气象站、涡动相关仪等。

5. 中国陆地生态系统通量观测研究网络（ChinaFLUX）

　　中国陆地生态系统通量观测研究网络（Yu et al.，2006；于贵瑞等，2006；于贵瑞等，2014）是以中国科学院生态系统研究网络为依托，以微气象学的涡度相关技术和箱式/气相色谱法为主要技术手段，对中国典型陆地生态系统与大气间 CO_2、水汽、能量通量的日、季节、年际变化进行长期观测研究的网络。在中国科学院知识创新工程重要方向项目"中国陆地生态系统碳通量特征及其环境控制作用研究"、国家重点基础研究发展计划项目（973项目）"中国陆地生态系统碳循环及其驱动机制研究（2002CB412500）"等多个重大项目的支持下，该网络现已有超过22个森林、草地和农田站，结合野外植被、土壤生理生态学实验对碳、水及能量通量进行观测（图9.8）。

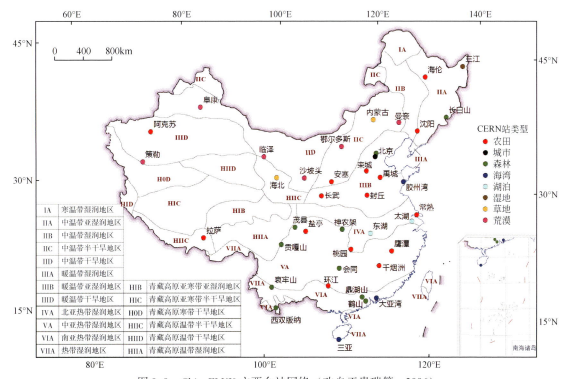

图9.8　ChinaFLUX 主要台站网络（改自于贵瑞等，2006）

ChinaFLUX 积累了我国不同陆地生态系统陆面过程和生态参量数据，对于了解我国的水热及碳通量的空间分布特征，促进碳通量遥感模型发展和定量估算，进而快速及时地获取区域乃至全国范围的陆表碳储量和碳循环信息，实现碳储量和碳循环研究成果由点向面的推演和扩展，形成以面状信息为基础的完整的成果表达，准确、及时地得到监测范围内多时空尺度的碳储量和碳循环的时空分布特征，具有重要意义。

9.1.4　遥感产品验证研究进展

早在 1984 年，国际卫星对地观测委员会（CEOS）就成立了遥感定标和验证工作组（Working Group on Calibration & Validation，WGCV），在全球范围开展遥感卫星数据定标和验证的相关研究。但是，由于遥感产品特别是反演产品和应用产品验证所涉及的范围广、难度大，既费力耗时又耗资，因此以往的主要工作集中在传感器的场外定标及其验证上，重点是对遥感数据本身的检验，而很少涉及陆面遥感反演产品和应用产品的检验工作。

近些年来，欧美空间大国逐步开始尝试对遥感反演产品和应用产品进行验证。验证内容涉及所有计划开发的定量遥感产品，包括定标后的遥感数据、地表反射率、地表温度、归一化植被指数（NDVI）、LAI、地表潜热通量、气溶胶光学厚度等。其中，美国国家航空航天局（NASA）特别成立了 MODIS 陆地产品（MODLAND）验证小组，对基于 MODIS 开发的各种全球陆地数据产品进行系统性的验证。欧洲太空局（ESA）也启动了欧洲陆地遥感仪器验证计划（VALERI），对 MODIS、VEGETATION、AVHRR、POLDER、MERIS 等传感器数据反演的多种陆地遥感数据产品进行全球范围内的验证。2000 年，在上述两大验证计划的基础上，WGCV 专门成立了陆地产品验证（LPV）子工作组，负责协调国际陆地遥感产品验证，制定陆地遥感数据产品验证的标准指南与规范，促进陆地遥感产品验证数据的共享与交换。

在这些机构的推动下，遥感产品的验证理论、方法与技术取得了一定的进展。以叶面积指数遥感反演产品验证为例，为了满足气象与环境研究对全球、长时间序列以及有效叶面积指数产品的需求，同时满足全球气候观测系统对叶面积指数精度水平的要求，国际上开展了大量的叶面积指数产品验证工作（Morisette et al.，2006；Fang et al.，2012）。地表温度的遥感产品验证工作也在均匀平坦的陆面如湖面、沙漠或者高植被覆盖的同质地表展开，并取得了大量研究成果（Wan，2002；Wan，2008；Coll et al.，2009；Hulley et al.，2009）。在地表蒸散发遥感反演方面，国内外学者应用不同的蒸散发反演方法获取地表蒸散发信息，并与地面观测通量信息进行比较和分析（van der Kwast et al.，2009；Tang et al.，2010；Ma et al.，2012），推动了地表通量遥感估算方法及验证技术的进步。在 2006 年 7 月，针对 MODIS 土地利用、叶面积指数和植被指数等反演产品验证的代表性研究成果，以专刊的形式发表在 *IEEE Transactions on Geoscience and Remote Sensing* 上，这也是国际上有关遥感验证研究成果的首次结集发行。

国内方面，我国遥感界也开展了部分有关遥感产品地面验证的研究和试验工作。在

20 世纪 80 年代，我国实施了"黑河地区地气相互作用野外观测实验研究"。该项目以河西走廊中段的张掖至高台一带为实验区，研究干旱气候的形成和变化的陆面物理过程，为气候模式的中纬度干旱和半干旱地带水分和能量收支的参数化方案以及遥感反演产品的验证提供观测依据（陈家宜，1992；胡隐樵等，1994；王介民和马耀明，1995）。2001 年 3 月至 5 月，在国家 973 项目"地球表面时空多变要素的定量遥感理论及应用"的支持下，以定量遥感在农业生态中的应用为目的，以华北平原为研究对象，选择北京顺义为重点试验区，开展了星–机–地遥感综合实验，获取了一系列不同尺度的遥感数据及配套的地面参数，为农业生态遥感产品验证提供了科学数据（焦子锑等，2005；李小文，2006）。2007～2009 年，中国科学院西部行动计划二期项目"黑河流域遥感–地面观测同步试验与综合模拟平台建设"联合国家重点基础研究发展计划项目"陆表生态环境要素主被动遥感协同反演理论与方法"，开展了"黑河综合遥感联合试验"，获取了一套多尺度的卫星遥感航空遥感和地面同步观测数据集。在积雪参数提取、地表冻融微波遥感、森林结构参数的观测和遥感反演、蒸散发观测与遥感估算、土壤水分反演、生物物理参数和生物化学参数反演、水文气象观测、流域水文模拟和同化等方面取得了丰硕的成果，为遥感数据产品验证工作积累了宝贵的数据和经验（李新等，2008b；马明国等，2009b；王建等，2009；李新等，2012a）。

9.2　山地遥感产品验证的特殊性和可行途径

在认识遥感产品验证总体问题的基础上，总结以往研究工作不难发现，无论是国际上还是国内，大部分的验证工作主要是针对平坦均匀地表展开的。虽然研究成果在一定程度上能够反映遥感观测数据以及遥感反演方法在平坦均匀地表的适用性，提高了平坦地表地面参数遥感反演的定量化水平，但考虑到山地复杂地形对遥感接收电磁波信号的影响，平坦均匀地表下获取的验证理论、方法和技术并不能完全适用于山地复杂地形环境。因此，要提高遥感数据产品在我国各行业中的利用程度，就必然无法回避山地地形效应对遥感数据产品精度的影响。如何在已有验证方法和技术的基础上，发展面向山地环境的遥感产品验证理论、方法与技术，建立结构合理且涵盖各种山地环境的山地遥感产品检验场，是目前国内外遥感产品验证研究领域面临的一项重要任务。

目前，亟待解决的是加强山地遥感产品验证的基础理论和系统技术研究，并逐步开展与之密切相关的基础设施建设，从而为山地遥感产品验证的业务化运行以及遥感数据产品在山区的应用奠定坚实的基础。

在总结 9.1.2 节遥感产品验证一般技术流程的基础上，山地复杂地形条件下的遥感产品验证技术研究途径可从以下三个方面开展。

1. 构建不同地形梯度的山地遥感产品验证检验场

不同地形条件的山地环境，具有不同的气候条件和植被覆被条件，对卫星遥感观测信号的影响也存在差异。因此，开展山地遥感产品验证工作，需要考虑针对不同的山地环境。首先需要构建不同地形梯度的山地遥感产品验证场，主要涵盖低山、中山、高山以及高原等多种的山地地貌类型，并考虑不同的地表土地覆被特征，进而满足不同山地环境遥感产品的验证需求。

2. 优化山地地面采样体系

山地环境最为突出的特点是由地形效应带来的土地覆盖景观格局的高空间异质性。为满足山地遥感产品验证需求，必须构建满足其需求的地面采样体系，针对不同空间尺度的遥感观测数据，设计山地遥感产品验证样区–样方–样点的多级嵌套布设方案。其中，在样区布设过程中，针对不同的山地环境，应分别选择山地的不同区域（如山谷、山脚、山腰和山顶），并结合不同的过渡区域，设立不同的样区。样方布设首先需考虑待验证遥感数据、产品的空间尺度问题，根据遥感像元空间分辨率确定样方大小；针对不同的样区类型，结合地面土地覆被类型，设立空间尺度和位置各异的样方。在样点布设过程中，主要依据样方大小确定不同的样点布设方案。考虑到山地地表的高空间异质性，样点布设要求能够包含样方内不同地表类型，具备空间代表性，进而确定样点的数量和分布状况。总体而言，不同的采样体系对山地区域空间变化的代表性也有很大的差异。建立合理的山地地面采样体系，是有效完成山地遥感产品验证的重要保障。

3. 发展面向山地遥感产品验证的空间尺度转换方法

由于山地地表景观格局的高空间异质性，地面测量的空间代表性与遥感像元的空间代表性差异更为剧烈，空间尺度转换是山地遥感产品验证必不可少的一项内容。地面测量的空间代表性取决于不同的空间采样策略，由于山地地表高空间异质性的影响，不同的采样方法会给山地区域测量值带来不同程度的误差。以往基于平坦均匀地表的研究，较为常用的像元尺度地面真值获取方法是由地面样点测量值，通过数学平均或基于不同地物类型面积加权升尺度到遥感像元尺度。针对山地复杂地形环境，该方法的适用性亟需得到检验。山地空间尺度转换方法可以借鉴已有平坦地表产品验证过程中所采用的尺度转换方法，即采用高分辨率遥感影像作为地面点测量向卫星遥感像元面信息扩展的过渡媒介，这也是克服山区地面测量点稀疏，降低"点"测量空间代表性差对遥感数据和产品验证精度影响的重要途径。

根据以上三方面内容，山地遥感产品验证的技术途径可总结归纳如图9.9所示。

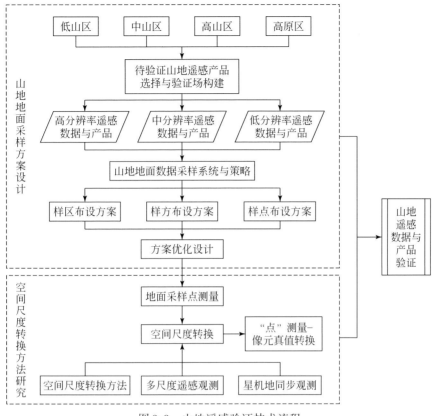

图 9.9　山地遥感验证技术流程

9.3　地面测量采样技术

　　地面测量采样基于单点测量的地面参数信息，通常采用一定的空间采样方法获取一定空间大小的地面参量"真值"，进而满足遥感数据和产品的验证需求。地面测量的采样技术与方法，直接关系到遥感反演产品的精度评价和反演模型的完善。

　　从理论上来讲，采样是从研究对象的全体中抽取一部分样本，通过对所抽取的样本进行分析，从而获得总体目标的信息。国内外对地理要素采样方法的研究由来已久，在农业、林业、土壤、土地利用等领域的研究早已开展，并得到了广泛的应用。对山地遥感产品验证而言，山地复杂地形条件下难以像平坦地表一样获取足够的地面测量点进而获取遥感像元信息，其地面采样点数量的稀少和代表性较差对地面样点的采样方法和技术有更高的要求。在探讨山地地面采样技术之前，本节将重点介绍目前较为通用的地面采样方法和技术。

9.3.1　地面采样方法介绍

从采样技术广泛普及以来，经典的采样方法已基本形成了以简单随机采样、分层随机采样、系统采样、整群采样为核心的采样技术体系。

1. 简单随机采样（Simple Random Sampling）

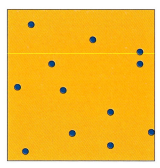

图 9.10　简单随机采样示意

简单随机采样是从采样框内的所有 N 个单元中随机地抽取 n 个单元作为样本，每个待选单元入选的概率是相等的，那么这 n 个被抽中的单元就构成了简单随机样本。简单随机采样是一种最基本的采样方法，也是其他采样方法的基础。图 9.10 展示了样方内空间随机采样的示意图。简单随机采样简单直观，对目标量的估计及计算采样误差都比较方便，但是这种方法使得被抽中的单元比较分散，给调查带来了困难而且精度较低。它最简单的估计是利用样本均值作为总体均值的估计，即总体均值的简单估计量为：

$$\bar{y} = \frac{1}{n} \sum_{i=1}^{n} y_i \tag{9.1}$$

式中，$\bar{y}$ 为总体均值；n 为样本量；y_i 为第 i 个样本值。

2. 分层随机采样（Stratified Random Sampling）

分层随机采样是将总体 N 个单元划分成 L 个互不重复的层，然后在每个层中独立、随机地进行采样，分别计算各层的估计值，最后计算总体目标值。分层随机采样方法由于采用某一辅助变量作为分层指标，通常使得层内单元的属性值相近，而层间差异尽可能的大，因此采样的效率和估计精度较高。分层采样不仅能对总体指标进行推算，而且能对层内指标进行推算，也便于采样工作的组织，在实际工作中有着非常广泛的应用。图 9.11 中，地面样方首先根据地表覆被类型被分成两种不同的类别（1 和 2），然后再在各类别中分别采用简单随机采样方法获取一定数量的样本。

分层随机采样方法中，各层的权重 W_h 可以根据每层 h 的样本量 N_h 和总样本量 N 计算得到：

$$W_h = \frac{N_h}{N} \tag{9.2}$$

样本均值便可通过各层样本 i 的均值 $\overline{y_{hi}}$ 加权得到：

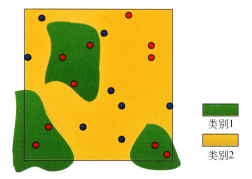

类别1
类别2

图 9.11　分层随机采样示意图

$$\overline{y} = \sum_{i=1}^{L} W_i \overline{y_{hi}} \qquad (9.3)$$

3. 系统采样（Systematic Sampling）

系统采样是将总体单元按一定的顺序排列，先随机抽取一个单元作为样本的第一个单元即起始单元，然后按照某种确定的规则抽取其他样本单元的一种采样方法。最简单也是最常用的规则是等间隔抽取，这种系统采样又称等距采样。系统采样有着广泛的实际应用，例如对农作物产量进行实测调查，对一大片农田每隔一定距离抽取一小块进行测量等。系统采样的最大优点是简便易行，容易确定样本单元。当采样总体很多时，系统采样所需的只是总体单元的顺序排列，只要随机确定一个或少数几个起始单元，整个样本就可以确定，在某些场合下甚至可以不需要采样框。这种采样方法使得样本单元在总体中分布比较均匀，有利于提高估计精度。但是其局限性也比较突出，主要表现在：如果单元的排列存在周期性变化而采样者对此缺乏处理经验，抽取的样本代表性就可能很差；此外，系统采样的方差估计也较为复杂。图 9.12 展示的是系统采样结果，图中采样点规则的分布在样方内。

4. 整群采样（Cluster Sampling）

整群采样是将总体划分成若干群，然后以群为采样单元，从总体中随机抽取一部分群，对被选群中的所有基本单元进行调查的一种采样技术。例如，对某校学生进行调查，可以随机抽取若干间学生宿舍，然后对住在该宿舍的所有学生进行调查，这种方法就是整群采样。与其他采样方法不同，在整群采样中，采样单元与接受调查的基本单元是不同的，若干个基本单元所组成的集合称为群，调查时以群为采样单元抽取样本，然后对样本中所包含的所有基本单元进行调查。这种采样方法在调查时调查单元分布相对集中，实施便利，节省费用。在资料不完整的情况下还可以使采样框的编制得以简化，但其主要的弱点是采样误差较大。

针对空间采样而言，整群采样首先从空间上选取一定数量和一定大小的区域作为一级采样区，然后再在各一级采样区内采用简单随机采样的方法随机获取一定的采样点。其结构如图 9.13 所示，在研究区内选择三个一级采样区（虚线圆圈），然后再在一级采样区内简单随机采集 4 个样点信息。

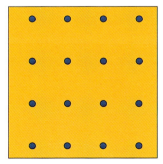　　　　

图 9.12　系统采样示意图　　　　　　图 9.13　整群采样示意图

　　基于以上经典采样理论，简单随机采样法、分层采样法、系统采样法均已用于针对具有地理空间分布规律的地表参量信息采样，以通过获取尽可能少的样点代表整个研究区样方内地表参量的空间分布。

　　以叶面积指数为例，国内开展的顺义遥感实验和黑河综合遥感实验的部分叶面积指数测量中便采用简单随机采样方法。1999～2001 年开展的非洲南部地表–大气–人类活动系统国际合作项目（SAFARI 2000）（Swap et al.，2002）则采用系统采样方法，通过构建一定规则形状的格网（正方形、矩形、六边形等）进行取样。以上采样方法均是基于采样前对采样区域没有基本认识为前提，对于均一地表能在一定程度上满足精度要求，但在非均质地表条件下难以保证样本的精度。

　　此外，国内外学者还提出了循环采样法、基于先验知识的采样法等。循环采样法首先由 Clinger 和 Van Ness（1976）提出，通过重复采用一定的采样规则获取时间序列信息。循环采样法是一种较为有效的采样方法，在每一个循环长度上，基于地表参量的空间自相关特征，选定最优的采样位置，从而以最少的取样数目，提供足够数量、不同距离的采样点对数获取地表参量的空间分布信息。Burrows 等（2002）采用循环采样法获取了美国北部 Wisconsin 地区的森林 LAI 样本。王猛等（2011）同样采用这种方法对我国锡林浩特国家气候观象台野外站涡度塔通量贡献区的 LAI 进行采样并分析其时空变异特征。另外，国外 BigFoot 项目中 LAI 的测量也采取这种采样方法。

　　基于先验知识的采样法是利用先验知识采取相应的分层策略进行样点的布设。在 VALERI 项目中，地面基本采样单元通常是基于地面植被分布特征有选择地布设，即以实验区的植被分类图作为先验知识设计采样方案。基于先验知识的采样法是目前比较高效且广泛使用的采样方法，但在先验知识的选择上也有所不同。由于采样点布设的原则是尽可能地描述采样区参数的变化特征，目前基于植被分类的采样点布设方法能够借助分类图描述区域变化特征。但分类图仅描述了植被类型，而对植被的长势则缺少描述。在植被类型单一但长势差异明显的区域，如草地、森林地区，分类图能提供的先验知识是有限的，需要尝试其他的先验知识表达方式以实现更加高效且高精度的采样方案。考虑到植被指数与植被生长状况密切相关，曾也鲁等（2013）提出了基于 NDVI 先验知识的 ESU 布设方法，该方法能相对准确地划分植被的不同生长状况，有效降低层内方差。在草地和森林地区的试验中，精度与稳定性均优于传统的随机采样、均匀采样和基于分类图的 3 种采样方法。

　　根据以上各种采样方法的应用效果，各采样方法的优缺点可以归纳如表 9.1 所示。

9.3.2　地面样方布设技术示例分析

　　目前针对地表参量的地面采样工作已开展了很多，下面就几个典型项目的地面采样样方布设方案和采样技术做简单介绍。

1.　"应对气候变化的碳收支认证及相关问题专项"地面观测样方布设示例

　　为加强对我国森林、草地、农田、湿地及典型重大生态工程固碳参量的动态监测，中国科学院实施了战略性先导科技专项课题"陆地生态系统固碳参量遥感监测及估算技术研究"。该项目设立了针对我国不同陆地生态系统固碳参量地面样方布设的技术标准和规范。其样区布设原则与方法主要包括：

表 9.1　各类叶面积指数地面采样方法优缺点比较（曾也鲁等，2012）

采样方法	优点	缺点
简单随机采样法	简单直接，所有的采样点被选择的概率都相等	容易产生样本重叠和空白区域，在同等代价下通常误差较大
分层采样法	能在一定程度上使采样点的空间分布更加离散，减少样本信息的重叠	当使用了不恰当的分区策略时，可能反而使效率降低
系统采样法	能对总体进行规则的空间取样，在空间上的分布也更离散	每个样点的选中机会并不同，某些类别仍可能采样不足
循环采样法	在降低采样频率的条件下，仍能在不同距离上保持采样密度	对低覆盖类别容易采样不足
基于先验知识的采样法	能减少样本信息的重叠，降低样本点信息的不确定性，提高样本对总体的代表性	效率取决于空间相关性特征与先验知识的丰富程度

（1）依据《IPCC 优良做法指南》，采用分区、分层随机抽样；

（2）构建样区、样地、样方三级体系，将全国按照 50km×50km 网格分区，按 1% 抽样；

（3）样区要求覆盖中国生态系统研究网络（CERN）的大部分台站；

（4）样地的物种组成、群落结构和生境相对均匀，群落面积足够大，一般选择平（台）地或缓坡上相对均一的坡面；

（5）森林生态系统样地的布设，要尽量靠近 ICESAT GLAS 的脚点位置，最好能够重合；

（6）遥感监测抽样与森林、草地、农田、灌丛的地面调查抽样相结合。

其中，普通样区的大小为 50km×50km，典型综合样区要开展基于多源遥感数据的监测，面积大小确定为 10000km² 左右。样地统一设为 100m×100m 大小，以便更好地服务于遥感监测反演的验证分析。样地内样方设计能够反映各个生态系统随地形、土壤和人为环境等的变化，每个样地至少保证有重复样方。对于不同的生态系统，要求的样方大小和重复程度各不相同（图 9.14）：

（1）森林样方布设技术：森林生态系统样地内要求样方大小为 30m×30m，包含 2 次重复采样，样方分布在样地的对角线两角。

（2）灌丛样方布设技术：灌丛生态系统样地内要求样方大小为 10m×10m，包含 3 次重复采样，样方分布在样地的对角线上。

（3）草地/农田样方布设技术：草地/农田生态系统样地内要求样方大小为 1m×1m，包含 9 次重复采样，样方均匀分布在样地四周。

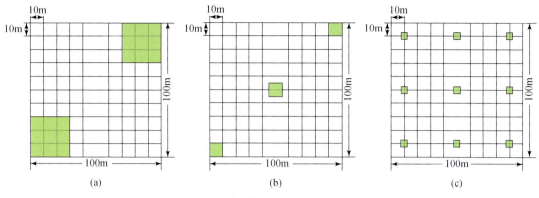

图 9.14　不同生态系统地面样方布设方案
（a）森林；（b）灌丛；（c）草地、农田

2. BigFoot 项目地面样方布设示例

BigFoot 项目的地面样方布设方案主要是：以涡度相关通量观测塔为基准点，选择周围 5km×5km 的范围为研究区，并在此区域内布设 100 个土地覆被、LAI、f_{APAR} 和 NPP 地面测量样方（图 9.15）。样方大小设定为 25m×25m，与 Landsat ETM+卫星多光谱数据空间分辨率相当，并且通过空间尺度转换能够直接上升到 1km 尺度。在这 100 个地面样方中，有 60～80 个样方集中分布在 5km×5km 研究区中心包含涡度通量站 1km×1km 网格（涡度通量站 footprint）以内。在涡度通量站 footprint 内采用这种高密度的观测方式，一方面确保能够有效且合理地描述 footprint 内植被的属性特征，另外一方面有利于对 footprint 空间尺度基于生物地球化学模型碳水通量估算的评估和分析。剩余 20～40 个样方则主要分布在中心网格外的其他 24 个网格内，分布规则主要是根据这些网格的基本土地覆被类型进行分配，从而确保整个 BigFoot 范围内地表产品的独立验证。

整个 BigFoot 范围内地面样方采样将分三个不同层次展开：一级样方主要针对地下净初级生产力（NPP_B）测量；二级样方主要针对地上净初级生产力（NPP_A）测量；三级样方主要针对植被组成、地上生物量、LAI 和 f_{APAR} 测量。具体采样方案可参考图 9.15。

3. SAFARI 2000 项目地面样方布设示例

SAFARI 2000 项目（http：//daac. ornl. gov/S2K/）（Otter et al. , 2002；Swap et al. , 2002）的主要研究目的是认识和了解非洲南部生物地球物理系统中的物理、化学、生物过程以及和人类活动之间的联系。项目在非洲南部设立了一系列的野外站点和观测样带（图 9.16），开展生物量、BRDF、冠层结构、f_{PAR} 和 LAI 等地表参量的野外测量。

在这些野外站点地面测量过程中，为了使采样区域的空间范围能够代表 MODIS 1km 像元大小，针对森林样地和草原样地设立了不同的地面采样方案。下面分别以 Mongu，Zambia 森林站点和 Sua Pan，Botswana 草原站点为例。

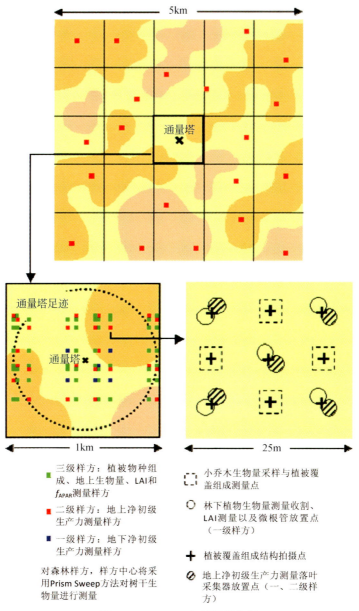

图 9.15　BigFoot 空间采样方案

（1）Mongu，Zambia 森林站点

SAFARI 2000 项目在 Mongu 森林站点的采样策略是系统采样方法，在 1km×1km 范围内设立三条 750m 长、彼此相距 250m 的采样带。每条采样带同时按照 25m 的距离分成 30 段，针对每个节点分别测量节点的叶面积指数。具体布设方案见图 9.17（a）。

（2）Sua Pan，Botswana 草原站点

SAFARI 2000 项目在 Sua Pan 草原站点同样采用系统采样的采样策略（Buermann and Helmlinger，2005）。LAI 测量分两个尺度展开：1km×1km 像元尺度和 300m×250m 像元尺

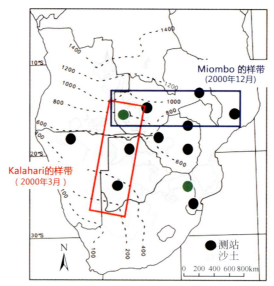

图 9.16 SAFARI 2000 项目主要野外站点和样带 (http://daac.ornl.gov/S2K/, 稍作改动)

度。其中 1km×1km 尺度上 LAI 的测量与 Mongu 森林站点采样方法类似。而 300m×250m 尺度上 LAI 的测量将 300m×250m 像元按 50m×50m 子网格大小对角点进行测量,见图 9.17 (b) 小方框测量点分布。

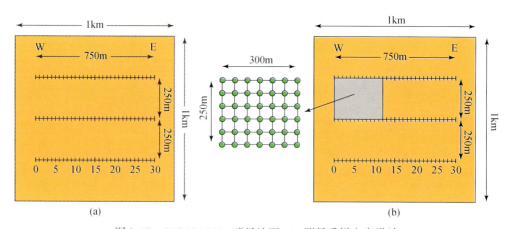

图 9.17 SAFARI 2000 项目地面 LAI 测量采样方案设计

(a) Mongu, Zambia 森林站点;(b) Sua Pan, Botswana 草原站点

9.3.3 山地样方布设难点与解决途径

山地地表参数测量是检验山地遥感对地观测和遥感定量反演精度的关键过程,测量精度水平直接影响到检验结果。因此,在山地遥感产品验证过程中需开展切实可行的山地地表参数的地面测量工作,设计合理的地面样方布设方案,采取有效的地面样点测量技术。

　　山地地理环境的特殊性主要体现在：地形起伏引起的地表高空间异质性和变化快速性。山地地表样方布设的难点主要为：

　　（1）山地地形复杂，地表破碎，而且地表覆被类型差异很大，海拔和坡向是关键影响因素。以山地植被为例，山地植被不仅有地带分异，还普遍存在着坡向分异，包括迎风坡与背风坡、阴坡（北坡）与阳坡（南坡）等的分异，这些分异改变了光照、温度、水分和土壤养分等生态因子，从而导致山地阴坡与阳坡在环境上存在很大差异。这种环境梯度的变化影响植物群落的很多特征，如物种的组成、物种丰富度、植物类型、生态系统结构和生物多样性等。如刘旻霞和王刚（2013）通过分析高寒草甸植物群落多样性及土壤因子对坡向的响应，揭示了阳坡至阴坡的生境梯度上，土壤水分、土壤温度、光照度、土壤养分、植物群落物种等地表参量的变化特征。对海拔影响而言，海拔梯度的变化影响着地表水热因子的空间分布，进而控制土壤养分等因子的变化，而土壤养分的高低直接影响着植被群落生产力。马维玲等（2010）分析了青藏高原高寒草甸植株性状和生物量分配的海拔梯度变异特征，通过选择亚高山带（3700m）、高山带（4300m）和亚冰雪带（5000m以上）3个海拔常见的双子叶草本、禾草和莎草3种功能型植物，高山植物生物量分配随海拔的变化主要表现在地上繁殖器官的降低和地下细根增加。以上均反映了山地环境地表参量的高度空间异质性，同样指出在进行山地样方布设过程中，样方的布设要尽可能地代表样方内的空间变异特征，这是山地地面样方布设的第一难点。

　　（2）山地地面样方布设和采样的另外一个难点是山地相对不便的交通状况。由于山地环境复杂，特别是我国西南高山峡谷地区，山坡陡峭，河谷众多，中低分辨率遥感观测像元内很可能出现地形起伏，加上植被生长状况对地面工作的影响，因此在开展山地地面样方测量时，山地险恶的自然环境是阻碍地面样方测量的一个重要因素。加之山地地表的高空间异质性对地面样方测量采样点数量的要求，更增大了山地地面样方布设与采样的难度。

　　针对以上问题，山地地面样方布设的可能解决途径为：①在样方布设前，结合高空间分辨率遥感影像或者无人机航空影像，通过解译地表覆被信息增强对山地地表破碎化和复杂性的认识，为样方布设工作提供地面先验知识；②从地面测量工作所处环境的自然地理条件出发，主要是针对地形条件，按照地面测量所需样方尺寸和地理状况，选择合适的空间作为样方位置；③根据样方内的地表覆被特征，为减轻地面样点采集工作的难度，适量采用分层采样、基于先验知识采样以及循环采样等多种采样方法，减少地面同质样点获取数量，尽量使地面样点涵盖样方内不同地面条件（植被、土壤和地形等），具有一定的代表性，进而提高样点采集的工作效率。

9.4　地表关键参数测量方法

9.4.1　地表反射率光谱测量

　　地物光谱反射率的野外测定原理主要是利用电磁辐射和各地物光谱特征进行测定。其

测量计算公式为:

$$\rho(\lambda) = \frac{V(\lambda)}{V_s(\lambda)} \cdot \rho_s(\lambda) \tag{9.4}$$

式中, $\rho(\lambda)$ 为被测物体在波长为 λ 处的反射率; $\rho_s(\lambda)$ 为参考板的反射率; $V(\lambda)$、$V_s(\lambda)$ 分别为测量物体和参考板的仪器测量值。

　　光谱辐射计是用来测量地物不同波长范围反射率光谱的常用仪器, 根据波长范围的差异, 可以分为可见光—近红外光谱辐射计, 波长范围 0.4 ~ 1.1μm; 全波段光谱辐射计, 波长范围为 0.3 ~ 2.5μm。目前常用的光谱辐射计 (光谱仪) 如表9.2所示。

表 9.2　目前常用的光谱辐射计

型号	生产地	波长范围/μm
WDY-850 地面光谱辐射计	中国	0.385 ~ 0.85
DG-1 野外光谱辐射计	中国	0.4 ~ 1.1
SRM-1200 野外光谱辐射计	日本	0.38 ~ 1.2
SE-590 便携式光谱辐射计	美国	0.38 ~ 1.1
ASD-FieldSpec 便携式光谱辐射计	美国	0.35 ~ 2.5 / 0.4 ~ 1.1
AvaField 便携式地物光谱仪	荷兰	0.2 ~ 2.5
SVC HR-1024 便携式地物光谱仪	美国	0.35 ~ 2.5

　　在自然条件下, 用一个参考板将特定观察方向上的分光辐射计的读数转换成光谱反射率, 这个参考板通常为白色, 光谱稳定且反射率高。标准参考板通常用硫酸钡或氧化镁制成, 在反射天顶角 $\theta_r \leqslant 45°$ 时, 接近朗伯体, 并且经过计量部分标定, 其反射率为已知值。

　　考虑到外界气象条件和太阳角度对地物光谱测量的影响, 一般情况下地物光谱测量要求无严重大气污染、光照稳定、无卷积云或浓云、避开阴影和强反射体的影响 (测量者不穿白色服装) 且风力小于5级。同时, 测量时间也要求在地方时 9：30 ~ 14：30 之间。另外, 野外光谱测量还需注意以下事项:

　　(1) 仪器的位置。

　　仪器向下正对着被测物体, 至少保持与水平面的法线夹角在 ±10° 之内, 保持一定的距离, 探头距离地面高度通常在 1.3m 左右, 以便获取平均光谱。视域范围可以根据相对高度和视场角计算。如果有多个探头可选, 则在野外尽量选择宽视域探头。测量植物冠层光谱时, 注意测量最具代表性的物种。

　　(2) 传感器探头的选择。

　　当野外地物范围比较大、物种纯度比较高、观测距离比较近时, 选用较大视场角的探头; 当地物分布面积较小时, 或者物种在近距离内比较混杂, 或需要测量远处地物时, 则选用小视场角的探头。

　　(3) 避免阴影。

　　探头定位时必须避免阴影, 人应该面向阳光, 这样可以得到一致的测量结果。野外大范围测量光谱数据时, 需要沿着阴影的反方向布置测点。

（4）白板反射校正。

天气较好时每隔几分钟就要用白板校正 1 次，防止传感器响应系统的漂移和太阳入射角的变化影响，如果天气较差，校正应更频繁。校正时白板应水平放置。

（5）防止光污染。

除了不要穿戴浅色、特色衣帽外，还要注意避免自身阴影落在目标物上。当使用翻斗卡车或其他平台从高处测量地物目标时，要注意避免金属反光，如果有，则需要用黑布包住反光部位。

（6）观测频度。

尽量多测一些光谱。每个测点测量 5 个数据，以求平均值，降低噪声和随机性。

（7）采集辅助数据。

在所有的测试地点必须采集 GPS 数据，详细记录测点的位置、植被覆盖度、植被类型以及异常条件、探头的高度，并配以野外照相记录，便于后续的解译分析。

野外地物光谱测量是一个需要综合考虑各种光谱影响因素的复杂过程。测量获得的光谱数据是太阳高度角、太阳方位角、云、风、相对湿度、入射角、探测角、仪器扫描速度、仪器视场角、仪器的采样间隔、光谱分辨率、坡向、坡度及目标本身光谱特性等各种因素共同作用的结果。光谱测定前要根据测定的目标与任务制定相应的测量方案，排除各种干扰因素对测量结果的影响，使所得的光谱数据客观反映目标本身的光谱特性。此外，测量时需详细记录环境参数、仪器参数以及观测目标（如土壤、植被、人工目标）的辅助信息。只有这样，所测结果才是可靠的并具有可比性，为以后的图像解译和光谱重建等研究提供依据。

在测量野外地物光谱过程中，可以采用垂直测量和非垂直测量等多种方式。其中，垂直测量的目的主要是为了所测量数据能与航空、航天传感器所获取的地面光谱数据进行比较。而非垂直测量则主要是为了在野外更精确地得到地物不同角度的方向反射比因子，测得地物的方向反射率。地表方向反射率特征测量方法主要有两种：第一种是通过移动平台不断地改变观测天顶角和方位角来观测同一地物（图9.18）；第二种是将传感器固定在中心点上，通过传感器的摆动来进行不同角度的方向测量。

图 9.18　地表多角度方向反射率观测仪

该方法要求在不同方向上，瞬时视场角内的目标都假定具有相同的性质。

9.4.2　叶面积指数测量

叶面积指数的地面测量分为直接测量法与间接测量法两种。直接测量法是根据 LAI 的定义进行的一种测量方法，即直接测量叶片面积或通过形状因子建立叶子尺寸与面积的关系，从而进行 LAI 的测量。直接测量法是一种传统的、相对精确的方法，通常作为间接测量法的有效验证。间接测量法是用光学仪器间接估算得到叶面积指数，观测方法对植被与环境的破坏降到最低，是大尺度的地面观测试验中广泛使用的一种观测方法。

1. 直接测量法

直接测量法主要包括收获测量法（Harvesting）、落叶收集法（Litter Collection）和异速生长测定法（Allometry）三种。

（1）收获测量法是指在一定区域内收获叶片并测量所有叶片的面积。这种方法被广泛应用于农作物与草地的 LAI 测量，适合于冠层结构较小的作物。但这种方法是破坏性的，且工作量大，不太适用于大面积的区域或个体很大的树。在测量叶片面积时，通常使用的方法包括照相法、比叶面积法（SLA）等。

（2）落叶收集法主要是针对落叶林的非破坏性方法。该方法首先在样地内随机设置一定面积的凋落物收集网，将收集到的凋落物烘干，分离出叶片来称重，得到落叶量。再用十字分割法从落叶中取出一定重量的叶片测出总叶面积，计算出比叶面积，结合落叶收集得到的单位时间单位面积落叶的重量以及生物量研究中得出的单位时间落叶量所占样地总叶量的百分比，即可计算出 LAI。在落叶林的测量中该方法结果较准确，但是测量周期长，在常绿林中应用时会产生较大的误差。

（3）异速生长测定法是利用不同生长周期器官的几何尺寸，根据其生物量与植物器官的异速生长规则，建立异速生长函数，用基本的森林清查数据作为输入，来预测地面 LAI 的方法。它的优点在于测量参数容易获取，对植物破坏性小，效率较高。然而可信赖的简单的异速生长模型很少，受到气候差异以及季节、林密度、树龄、树冠大小等影响，经验系数受到地域和物种的影响，故需要不断地重新拟合，主要是由于异速生长方程中的经验系数是不断变化的，而不是一个固定的值，具有种类特定性，并不适合于所有树种，因而该方法的应用具有一定的局限性。

2. 间接测量法

间接测量法是用光学仪器测量得到叶面积指数。这种方法减少了对植被与环境的破坏，测量相对快捷，但仍需要用直接方法对测量结果进行校正。光学仪器法按测量原理分为基于辐射测量的方法和基于图像测量的方法。

（1）基于辐射测量的方法。该方法通过测量辐射透过率来计算叶面积指数，主要仪器有 LAI-2000、SunScan 和 TRAC 等（图 9.19）。仪器测量叶面积指数的优点是简便快速，缺点则是容易受天气影响。

（2）基于图像测量的方法。该方法通过获取和分析植物冠层的半球数字图像来计算叶面积指数，仪器主要有 CI-100、WINSCANOPY、HemiView、DHP（Digital Hemi-spherical Photography）等，这些图像分析系统通常由鱼眼镜头、数码相机、冠层图像分析软件和数据处理器组成。基于图像测量的仪器和方法测量精度较高，速度则慢于基于辐射测量的仪器，且通常需要对图像进行后期处理。此外，测量时需要均一的光环境，如黎明、黄昏、

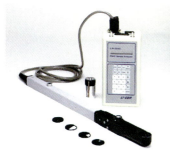

图 9.19 叶面积指数地面测量主要仪器

从左至右分别为：LAI-2000、SunScan 和 TRAC

阴天等，晴天会使鱼眼镜头低估或者高估太阳辐射或散射。

9.4.3 森林结构参数测量

森林结构参数主要包括树高、胸径和枝下高等，下面对这些参数的测量方法做简单的介绍。

1. 树高地面观测

树高的实测方法可采用激光测高仪（图 9.20 为常用的激光测高仪图帕斯 200（TruPulse200））进行。

激光测高仪主要特点是可直接读出所测量的高度值，不必换算及查表。另一特点是体积小、重量轻、便于携带、操作简单、测量准确，如果只测量与高度相关的数据时，可不必架设经纬仪等仪器。激光测高仪测量树高的原理是利用内置的电子倾斜传感器，可以对倾斜角度进行测量（精度达 0.1°），进而可以得出目标物体的高度值。测量树高时，眼睛通过单筒目镜，观测筒中的目镜与十字光丝构成了一条观测线，把激光测高仪对准至测量目标，使目镜内部十字光丝直接对准被测物，瞄准被测物中部，先测 HD 水平距离，按下 FIRE 键并保持，直到显示距离，放开 FIRE 键。然后瞄准被测物体的顶部，按 FIRE 键；再瞄准被测物体的底部，按 FIRE 键，利用测量的高度差或高度和，最后得到所测量树木的绝对高度，方法示意图见图 9.21。在乔木样方内，选择胸径 5cm（6 径阶）以上的树进行测量，将所测树高值记录到野外调查表中。

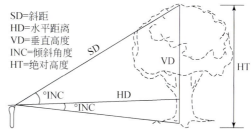

SD=斜距
HD=水平距离
VD=垂直高度
INC=倾斜角度
HT=绝对高度

图 9.20 图帕斯 200 激光测距仪　　图 9.21 激光测高仪使用方法

2. 胸径地面观测

胸径指乔木主干离地面胸高处的直径。我国和大多数国家胸高位置定为地面以上 1.3m 高处。测量胸径的一般方法：直接测量方法（胸径尺、激光胸径测量仪如 Criterion RD 1000 等）。胸径测量的注意事项包括以下几个方面：

（1）必须测定距地面 1.3m 处的直径，在坡地测量需测坡上 1.3m 处直径；

（2）胸径尺必须与树干垂直且与树干四面紧贴，测定胸径并记录后，再取下轮尺；

（3）针对干形不规整的树木，应垂直测定两个方向的直径，取其平均值。在 1.3m 以下分叉者应视为两株树，分别检尺；

（4）测定位于标准地边界上的树木时，本着北要南不要，取东舍西的原则；

（5）每测一株树，测量人员应及时报出该树种名、胸径大小，记录者应复诵。凡测过的树木，应用粉笔在树上向前进的方向作出记号，以免重测或漏测；

（6）对于可复查样地，调查时每棵树应挂牌编号，并在 1.3m 处做标记，便于复查；

（7）对于冠折和干折的枯立木，需要测定其基径、胸径和实际高度，记录其腐烂等级。

3. 枝下高地面观测

乔木一般可明显地分为树冠和枝下高两部分，枝下高（冠下高）是指树干上第一个一级干枝以下的高度。由于各树种的遗传特性的差异，其枝下高各不相同。即便是相同树种，也因生长环境的不同，其枝下高差异也非常大。枝下高的测量方法可利用激光测高仪进行测量，也可采用标杆直接进行测量，具体操作步骤可参考树高测量方法。

9.4.4 生物量测量

植被生物量不仅是研究生态系统结构和功能的基础，也是研究生态系统固碳能力，探索碳源汇转换关系，进而研究全球变化的基本资料。广义上的生物量包括地上生物量和地下生物量，及地上生长的树木、灌木、藤木、根茎，以及土壤中相关的粗细废弃物与腐殖质。本小节将主要针对不同生态系统的生物量测量进行介绍。

1. 森林生态系统生物量地面观测

在陆地生态系统各植被类型中，森林不仅控制着地上碳蓄积的 80% 和地下碳蓄积的 40%，而且在地圈、生物圈的地球化学循环中起着重要的"缓冲器"和"阀"的作用。

森林生态系统的生物量地面观测方法可参考巨文珍等（2011）针对长白落叶松的测量方法。巨文珍等（2011）采用标准样地调查数据，测算林分的平均树高和胸径，以此为标准选取平均标准木测定生物量。生物量测量过程包括以下几项。

（1）树干及树皮生物量的测定

对清除了树枝的树干从基部到梢头按 1m 分段，分别测得每一段树干的带皮鲜重。在每段树干的下面截取圆盘作为树干的生物量样品，在树干每个区分段的中部剥下 10cm 宽的树皮称鲜重，通过伐倒木材积的数值计算出树皮率进而得到全段的树皮鲜重，并将其作为树皮生物量的样本。

将各区分段树干及树皮生物量的样品放入 85℃ 恒温烘箱中，烘干至恒重后用电子秤称其干重，计算得到含水率。按各区分段的干、皮含水率及鲜重换算各区分段树干及树皮的干重，进而计算林木树干及树皮生物量。

（2）树枝及树叶生物量的测定

将每段树干上的活枝、死枝全部称重后，按活枝基径和长度选取 3 ~ 5 个标准枝称鲜重，并在标准枝上取少量树叶和树枝作为样品。对于死枝则按照每一区分段称全重，再取一定量作为样本。

将各区分段活枝、死枝及树叶样本放入 85℃ 恒温烘箱中烘干至恒重，并用电子秤分别称其干重，计算得到其含水率。按各区分段的活枝、死枝及树叶的含水率及鲜重换算各区分段活枝、死枝及针叶的干重，进而计算活枝、死枝及针叶生物量。

（3）根系生物量测定

同地上生物量测定一样，地下生物量的测量主要采用全收获法，但要比地上部分的测定困难得多。不过，这种方法测得的结果比较精确，所需的工具也很简单。根系可分细根（直径<2mm）、中根（2 ~ 5mm）、粗根（6 ~ 20mm）和大根（>20mm）依次以 10cm 为间隔取 5 个土层进行分层分级称鲜重，取样烘干测定其生物量。

2. 草地生态系统生物量地面观测

草地是全球分布最广的生态系统类型之一，在全球碳循环和气候调节中起重要作用。天然草地的净初级生产力约占总陆地植被生产力的 20%，准确估算草地生物量的时空变化有助于准确评估其 CO_2 源汇功能。

草地生态系统地上生物量的地面测量，包括活体生物量和凋落物生物量的测量两部分。其中，活体生物量测量是将样方内地面以上的所有绿色植物部分用剪刀齐地面剪下，不分物种按样方分别装进样品袋，做好标记。称量鲜重后，在 65℃ 的恒温烘箱中烘干后称量干重，并将测得的干重数据记录下来。凋落物生物量测量则是用手将地表上植被当年的凋落物和立枯捡起，小心去掉凋落物上附着的细土粒，按样方装入样品袋并编号。称量鲜重后，在 65℃ 恒温烘箱中烘干后称量干重，并记录所测得的干重数据。

草地生态系统地下生物量的地面测量过程为：针对采样点将地上部分齐地刈割后，用根钻分层采集地下样品，分层的方法一般为 0 ~ 10cm、10 ~ 20cm、20 ~ 40cm、40 ~ 60cm、60cm 以下（分层方法可根据实际情况进行调整），取样深度视根系的分布情况而定，取到无根系分布为止。每一层取 2 到 3 钻带根的土样，同层次的土样相互混合、编号装入样品袋中带回实验室。在实验室中将分离出来的根用水冲洗漂净，烘干至恒重。

一般情况下，野外测量应选择植物生长高峰期时进行，测定时间以当地草地群落进入产草量高峰期为宜。在测量过程中，需要注意：

（1）如果样品数量较多而烘干箱的容量有限时，先称量总鲜重，然后取部分鲜样品，称量鲜重后进行烘干、测定和记录，所得值除以其取样比率，即可获得整体干重值；

（2）样品在野外收集时尽量放置在阴凉处，因为太阳暴晒易导致失水或霉烂；

（3）在野外收集样品时需要将样品按样方分别装入样品袋，编上样品样方号和日期，需要清点每个样方样品，不要有遗漏；

（4）带回的样品，应立即处理，如不能及时置于烘箱，需放置于网袋悬挂于阴凉通风处阴干，并尽快置于烘箱 65℃ 烘干至恒重；

（5）烘箱不能过载，样品层上方以及容器间要有足够的空间；

（6）样品不能堆积过厚，确保烘干均匀且安全。

3. 农田生态系统生物量地面观测

农田样地的选择要远离树木、田间肥堆坑和建筑物，样方的选择至少离路边、田埂、沟边等 3m 以上。在作物成熟后收获前的晴天实施野外调查，采集作物地上部分全部植株体。将样方内植物地面以上的所有部分用剪刀齐地面剪下，按样方分别装进样品袋，做好标记。返回实验室后，将作物植株分为叶、茎、籽粒三部分分别称量鲜重。然后，分为风干生物量和烘干生物量两步测定：

（1）风干生物量：每个样方采集的作物地上部分样品分别进行晾晒，脱粒后，用电子天平分别称叶、茎、籽粒的重量，记录为风干重；

（2）烘干生物量：晾干的作物叶、茎等用剪刀或锯刀加工成 5cm 左右的小段，分别混合均匀之后，取约 1kg，籽粒也取约 1kg，称重后摊放在瓷盘或铝盒中，在 80℃ 烘箱中烘干至恒重（前后两次称量，其质量变化不超过总质量损失的 0.2%），冷却至室温，用电子天平称量干重，并将测得的干重数据记录下来。

需要注意的是：

（1）样品在野外收集时尽量放置在阴凉处，因为太阳暴晒易导致失水或霉烂；

（2）在野外收集样品时需要将样品按样方分别装入样品袋，编上样品样方号和日期，需要清点每个样方样品，不要有遗漏；

（3）样品带回实验室后，要及时晾晒，避免堆积霉烂；

（4）烘箱不能过载，样品层上方以及容器间要有足够的空间；

（5）样品不能堆积过厚，确保烘干均匀且安全；

（6）烘干时间取决于样品数量、粗细程度、瓷盘深度等，但一般不超过 24h；

（7）烘干样品的冷却尽量在干燥器中进行并及时称量；

（8）如果样品量较多而烘干箱的容量有限时，先称量总鲜重，然后取部分鲜样品，称量鲜重后进行烘干、测定和记录，所得值除以其取样比率，即可获得整体干重值。

9.4.5 植被覆盖度测量

植被覆盖度（Fraction of Vegetation Cover，FVC）指观测区域内植被（包括叶、茎、

枝）垂直投影面积占地表面积的百分比，是描述陆地表面植被生长状况的一个重要量化指标，也是指示生态环境变化的一个重要参数。

植被覆盖度的地面测量方法很多，按其原理可分为以下几种。

1. 目估法

目估法是常用的植被覆盖度测量方法，其优点是简单易行，但主观随意性大，目估精度与测量者的经验密切相关。如果在植物生长季节内进行植被覆盖动态监测，目估植被覆盖度的人为差异甚至可能大于植被覆盖度本身的变化，给植被覆盖变化的动态分析带来很大困难。根据目估法的具体操作方法，又分为以下几种：

（1）直接目估法：野外调查时选定一定数量和面积的样方，凭借经验直接估计样方内的植被覆盖度大小，可一人也可多人同时进行；

（2）相片目估法：野外调查时相机主光轴垂直于地面照相，对同一相片采用软件或多人据经验判断植被覆盖度，取平均值；

（3）椭圆目估法：在植被稀疏的草地，地表植被的形状近似椭圆时，对样地内的每个植物，使用椭圆估算其植被覆盖面积，样地内植被覆盖面积的总和占样地总面积的百分比为植被覆盖度。由于该方法要求对样本（样地）内所有植物的覆盖面积进行估算，故工作量较大，通常只适用于植被稀疏且植被形状近似椭圆的草地。

（4）网格目估法：该方法将样地划分为大小相等的若干小样方，样方大小据群落类型和研究目的而定，分别对每个样方目估植被覆盖度，然后对所有样方的植被覆盖度求均值。

（5）对角线测量法：该方法是直接目估法的改进，即在样方内以对角线上的植物作为调查对象，分别估测两条对角线上植被的覆盖度（重叠部分只算 1 次），按算术平均计算样地的总覆盖度。

目测估算法简单易行，我国过去许多历史资料中的植被覆盖度均是用该方法获得的。但目测估算法主观随意性大，精度与测量者的经验密切相关。

2. 概率计算法

概率计算法通过各种测量方法计算样地内植被出现的概率，并将其视为植被覆盖度。概率计算法操作复杂，测量时间长，受条件限制多，效率低但精度较高，主要包括以下几种方法：

（1）样带法：该方法是在植被研究区内选定两个垂直交叉的矩形样带，将植株接触样带的长度占样带总长的百分比作为样带所在区域的植被覆盖度。当用于森林郁闭度测算时，该方法以样地两条对角线上的林木作为调查对象，采用一步一抬头的办法，将能看见林冠的抬头次数占抬头总次数的百分比作为林地郁闭度。

（2）点测法：该方法是在样方内使用一定数量的尖锐长针由植被（草冠）上层垂直放下，记录接触到植物枝叶的针数，并重复进行多次，求取平均值作为样本（样地）内的植被覆盖度。由于测量工具的限制，此法只适用于草地的植被覆盖度测算。

（3）阴影法：又称尺测法，把一根标有刻度的尺子放置在地表面，平行于作物行距方向，每隔一定距离向前移动，分别读取尺子上阴影长度，总阴影长度占尺子总长度的百分比即为植被覆盖度。由于测量工具的限制，此法仅适用于行栽的植被类型，此外受测量时天气情况限制，还需在正午太阳直射时测量。

（4）正方形视点框架法：早期的正方形视点框架由两根上下对齐、并等距钻十个小孔的水平杆构成。观测者从上端水平杆的小孔向下看，以观察到植被的小孔数占总孔数的百分比作为植被覆盖度。该方法观测的误差可达10%。在植被覆盖均一的条件下，若要达到2%的精度，需1000个视点（小孔）；在植被覆盖变化的情况下，要到达5%的精度，需要300个视点（小孔）。现在对正方形视点框架进行了改进，不仅排除一些光偏移和潜在的误差，还可以测量玉米等高秆植物类型。

3. 仪器法

仪器法主要是利用传感器测量光通过植被层的状况计算植被覆盖度，主要包括如下几种方法：

（1）空间光量计法SQS（Spatial Quantum Sensor）与移动光量计法TQS（Traversing Quantum Sell）：SQS和TQS均为利用传感器测量光通过植被层的状况计算覆盖度，都要求有专用的传感器设备，对设备要求较高，在野外操作起来也不是很方便。

（2）近景摄影测量法：相机主光轴垂直于地面照相后，根据相片估算植被覆盖度。此方法克服了其他常用地表测量植被覆盖度方法的主观性，测量精度高，稳定性好，野外用时少。但使用此方法时，需要注意的是照片边缘区域的形变较大，为保证植被覆盖度测量的精度，测量时应去掉边缘部分，只使用相片的中心区域。

传统的照相法是解译出植被类型，在照片上叠上透明方格纸，植被覆盖所占方格数占总方格数的百分比即为植被覆盖度。此方法处理工作较为繁琐。使用数码相机照相后可以使用图像处理软件对植被像元进行解译，符合技术发展的需要而且经济、高效，最重要的是它是地面测量法中最客观、精度最高的测量方法。使用数码相机照相法进行植被覆盖度的地面测量，已经成为目前的一种必然趋势。

目前常用的是采用"鱼眼镜头"观测法获得植被覆盖度（图9.22）。"鱼眼镜头"是一种焦距约在6~16mm之间的短焦距超广角摄影镜头。这种摄影镜头的前镜片直径呈抛物状向镜头前部凸出，与鱼的眼睛颇为相似，因此而得名。它最大的特点是视角范围大，视角一般可达到220°或230°，可以拍摄大范围景物，为很好拍摄林冠提供了条件。考虑到鱼眼镜头是一种具有大量桶形畸变的反摄远型光学系统，所拍摄的相片是在球体表面上的中心投影。因此，我们可以通过分析这种中心投影的相片来计算植被覆盖度。在野外采样中，为了不与邻近像元光谱混合，尽量选取大面积同质植被的中心位置作为采样点，用鱼眼相机垂直向下拍摄，对鱼眼照片进行分析，从照片中计算绿色像素的比例获得实测植被覆盖度。每个植被样方内布设2~5个采样点，同一个采样点需要至少两次的重复拍摄，样方的植被覆盖度取多个采样点的平均值。

图 9.22　利用鱼眼镜头观测植被覆盖度

　　为了对地表植被进行向下的垂直照相，必须使相机上升到距离地表的一定高度。特别是对于一些较高的植被如玉米、灌木等，手持相机高度不够，而通过手持长竿挑起照相机垂直拍摄费力且不稳定。章文波等（2009）设计了一种稳定可靠，操作方便的仪器装置进行垂直照相。该装置为便携型植被覆盖度摄影仪，长竿由 4~6 根 1m 长的铝合金材质的圆杆通过螺母连接而成，长杆末端悬挂一个皮质的方盒，带遥控器的数码相机置于盒中，镜头水平朝下。三角支架的 3 个支腿下端都装有锲钉和小踏板，方便在地表固定，有效增强支架的稳定性。设计一根牵拉线，一端固定在长杆末端的卡环上，另一端固定在插入三角支架的立柱上，使得长竿不波动，保持相机的稳定性。相机距地表高度可通过长杆采用的圆杆根数，三角支架的支腿长度与角度，以及立柱长度等三个方面进行调节，最大高度可达 6~7m。其具体结构如图 9.23 所示。

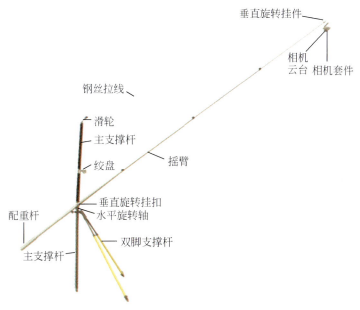

图 9.23　便携型植被覆盖度摄影仪

9.4.6　土地覆被类型测量

遥感定量产品除了包括连续性变量如 LAI、f_{PAR}、NPP 等参量外，还包括离散的类型变量如土地利用/土地覆盖产品。土地覆被类型的野外测量对于土地覆被分类算法的发展、土地覆被产品精度验证与精度提高同样具有十分重要的意义。本书已在第 5 章简要介绍了土地覆被野外样点采集的基本内容，本节将重点介绍野外土地覆被类型测量时的基本原则和技术方法。

土地覆被采样地点和样本数量取决于遥感影像的解析力、区域的大小、通达性和复杂程度。一般而言，遥感解析力决定了各土地覆被类型的样本数，而区域大小则决定了采样的方式。样点选择需要反映区域的土地覆被特征，选择时主要取决于区域的环境分层、影像的解译能力。为保证每类环境层、对象层的类别有样点的分布，需要基于环境要素的复杂性和分散性制定每种地表类型的采样数目，且复杂的环境需要更多的样点。

土地覆盖采样时一般在内业首先采用层次分析方法，利用不同层次、不同变量确定采样地区与数量，以反映环境不同层次的土地覆被类型的特征。根据土地覆被本底遥感的主要技术路线和分析研究的需要，外业调查线路分布选取主要依据以下原则：

（1）环境梯度：根据生态环境的地域分异特征，样点应能代表研究区不同地貌、气候、植被分异以及不同人类活动强度类型。

（2）采样密度：每一土地覆被类型的采样点不低于一定阈值。其中 2/3 的点用于解译标志库建设，另外 1/3 的样点用于精度验证。考虑到各类型的面积大小，大类的样点数量一般应按权重方式增加。

（3）采样可达性：由于野外验证受经费、人力条件等诸多因素的限制，遥感解译数据野外验证应综合考虑经济、人力条件，样点一般选在主要公路经过地区，以保证验证工作能达到预期目的。

（4）采样成本：考察线路选择尽可能短且不重复，以便在有限的经费条件下，能够实现对研究区所有土地覆被进行全面调查。

（5）遥感解析力：不同的地类的解译能力不同，可分为直接解译、间接解译、无法确定三种类型，针对不同类型进行野外调查。

（6）土地覆被比例：根据历史的资料，分析各土地覆被类型的面积比例，按一定比例分配样本数。

（7）土地覆被的重要性：有些地类的重要性和精度要高于其他类型，这样，其采样的数量要有所提高，如城市用地、耕地等。

土地覆盖野外采样主要指利用地理信息系统软件中（如 ArcGIS）的 GPS 模块获取样点的坐标信息，同时利用相机获取样点周围的土地覆被实景，将照片的编号和样点的编号在 Excel 中关联起来，并记录样点的其他属性信息（样点编号、土地覆被类型、土地覆被类型编号、照片编号、高度、盖度、植被类型、植被功能等）。为了使结果更加规范，野外采样一般需要注意数据准备、仪器准备、样点选择、照片拍摄、属性记录等五个方面的内容。

1. 数据准备

野外采样前，一般需要准备野外调查路线图、调查区域的遥感影像（TM 和 HJ 影像均需准备）、调查路线 20km 范围内的土地覆被数据（历史数据，若调查路线准确，范围可以减小，为了防止路线改变，历史土地覆被数据全图也需准备）、调查区域的大比例尺道路图等（导航用，若无，则需车载 GPS 导航）。

2. 仪器准备

野外调查需要的仪器主要包括 GPS 接收器、车载充电器、数码相机、便携式电脑、激光测距/测高仪等。

3. 样点选择

野外样点选择首先需要遵循以下原则：

（1）样点之间的最大距离不超过 3km，大范围的同质区域可以适当扩大该限制。

（2）样点之间的最小距离不少于 1km，小于此距离，将两点进行合并。对于异质区域可以适当缩小该限制。

（3）样点选择需是该区域最具代表性的土地覆被类型，该土地覆被类型在面积上应占区域总面积的 50% 以上。对于多种覆被类型混合的区域，若符合混交类型（如针阔混交林、针灌混交林、灌阔混交林等）则以混交类型记录，若为多种类型的复合区域，对于有占优势的类型，则以该优势类型记录，若无，则以区域的基质类型记录。

（4）对于明显的土地覆被类型过渡区域，需记录该样点。

（5）居住地应有成规模的居住房，对于零散的居住房，不予记录。河流原则上宽度需在一个像元以上才予以记录，对于干旱区的小河流应予以记录。

（6）对于大范围同质区域中突然出现的一些特殊类型，需采点予以记录。

4. 照片拍摄

照片拍摄时，对于一个样点，在野外拍摄时尽量多拍，后期再筛选。最终的每一个样点以 1 ~ 2 张照片为宜，照片应能直观反映该样地所在区域的土地覆被类型，2 张照片应尽量 1 张全景 1 张细部，对于一些特殊的土地覆被类型，尽量有多张。

5. 属性记录

野外属性记录尽量保证准确和翔实，对于每一个样点，需要记录土地覆被类型、照片编号。若分类系统中有该土地覆被类型，最好将土地覆被类型填入。对于植被隔一段距离应该填一下植被的高度和盖度，这样可以减少后期数据处理的误差，有条件的情况下可用激光测距仪测一下树的高度。对于两边拍照的情况，应在同一张表中两边分别记录。对于表格中未包含，但对于土地覆被比较重要的信息，应填写在备注栏中。

样点属性信息采用 Excel 表格的形式，样点的属性信息也可包含在样点分布图中。样点属性信息包括土地覆被类型、土地覆被 ID、样点编号、植被类型、植被功能、高度、覆盖度、植被分层、照片 ID 和备注字段。

9.5　尺度效应与尺度转换方法

9.5.1　尺度效应

不同学科领域对于尺度的理解和定义并不完全相同，其学科名词和术语也呈多样化。在地图学中，尺度通常表述为比例尺；在遥感科学和图像处理中，尺度是指像元、分辨率；在生态学中，尺度是指粒度、幅度、范围、细节、采样大小、研究层次和等级等；在水文学中，尺度不仅仅包括粒度、幅度的涵义，通常还与时间周期相关；在气象学中，尺度往往表述为经纬度、网格分辨率等术语。

尺度一般是指空间范围的大小或时间的长短，即空间尺度和时间尺度。本质上，用于遥感产品验证的观测数据（地面、航空）是在不同时空尺度上对地表过程的抽样过程。观测数据在空间尺度上包含植被的叶片、冠层、遥感像元尺度，在时间尺度上又包括连续观测（如涡动、气象观测等）和离散观测（如地面采样观测）。因此，研究遥感产品的精度水平及其表征能力，需要开展地面观测向遥感像元的时空尺度转换。

自 20 世纪 50 年代以来，尺度问题得到生态学界和地理学界的关注，尺度和尺度转换被认为是地学研究的重要理论问题和关键技术。在 20 世纪 90 年代，Quattrochi 和 Goodchild（1997）提出建立"尺度科学"，美国国家地理信息与分析中心（National Center for Geographic Information and Analysis，NCGIA）和美国大学地理信息协会（UCGIS）也将尺度问题列入了地理研究的重点领域。我国的李小文院士认为尺度理论、尺度转换方法与尺度效应问题是定量遥感四大研究方向之一（李小文，2005）。

由于所有的遥感数据记录单元均为依赖于探元、IFOV 及轨道高度的像元空间分辨率，不同遥感数据产品，只要遥感观测分辨率存在差异，其观测结果必然存在差异，而这种差异的根源主要来自遥感模型非线性和地表空间异质性的普遍存在。由于遥感影像数据分辨率的不同，其所反映的地表信息也有所区别，一般来说高分辨率的遥感影像能够较为真实地反映地表信息，但是在某些特定的情况下，反而会失去地表宏观信息，而中低分辨率的遥感数据虽然可以反映地表的宏观信息，不过由于空间分辨率较低，不利于反映地表的细节特征。

正是因为遥感普遍存在的空间尺度差异问题，李小文（2005）指出当前在定量遥感面向国家需求、面向全球问题研究上存在几个主要问题：①不同分辨率、不同遥感数据所生成出来的定量遥感产品，相互之间不一致，又多与传统的点观测不一致；②遥感应用面越来越广，但很难满足不同遥感产品用户对不同时空分辨率和跨度的要求。

　　不同分辨率遥感图像之间不是简单平均的关系，而是与地表状况和目标（地学）参数的性质相关。因此要解决遥感的尺度效应问题，需要回答两个重要问题：第一，在像元尺度上的基本物理定律是否仍然适用，适用的条件及如何修正？第二，不同分辨率尺度上目标（地学）要素存在何种规律及联系，如何进行尺度转换？

　　综合来讲，由于地学规律的研究通常需要区域尺度的地学信息，因此不可避免地产生了常规测量方法同实际需要在尺度上的矛盾。虽然遥感技术能够解决区域数据的获取问题，但由于反演模型通常建立在小尺度之上，因此将这些模型直接运用在大尺度的遥感数据，还是会造成一定的误差。同时，基于不同遥感数据源获取的多尺度地学信息之间，会因为尺度的不同而影响它们之间的可比性。此外，观测尺度、模型尺度与地表过程尺度之间的差异，可能会对事物发生、发展过程的监测、预报得出截然不同的结论（吴骅等，2009）。由此可见，尺度转换意义重大，它是有效利用多源遥感信息的前提和基础，尺度效应、尺度转换问题的解决能更好地推动定量遥感的发展，为资源调查、环境灾害监测等各相关领域的应用提供真实可靠的多尺度遥感数据支持。

9.5.2　空间尺度转换

　　尺度研究涉及多个方面：尺度概念、尺度覆盖、尺度标准化、尺度效应、尺度域与尺度阈值甄别、尺度转换、尺度分析与多尺度建模等。地理空间数据的空间尺度转换是将空间数据从一个空间尺度转换到另一个空间尺度。按照转换的方向，可分为尺度上推与尺度下推。对遥感数据而言，从高分辨率到低分辨率的尺度转换称为尺度扩展或尺度上推，反之则称为尺度压缩或尺度下推。不同分辨率遥感数据的存在，使得研究尺度转换成为必然。图 9.24 展示了不同分辨率的遥感卫星获取像元测量值的示意图。

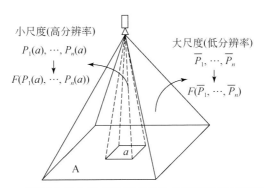

图 9.24　不同空间分辨率的遥感对地观测获取像元值示意图

　　图 9.24 中，a 代表小尺度（高空间分辨率）卫星单个像元所对应的观测区域，$P_1(a)$，$\cdots$，$P_n(a)$ 为该像元各波段对应的观测数据值；A 代表大尺度（低空间分辨率）卫星单个像元所对应的观测区域，$\overline{p_1}$，$\cdots$，$\overline{p_n}$ 为该像元各波段对应的观测数据值。F 为地

表参数遥感定量反演模型或函数，$F(P_1(a)$，$\cdots$，$P_n(a))$ 为基于小尺度遥感观测数据反演获取的地表参数值，$F(\overline{p_1}$，$\cdots$，$\overline{p_n})$ 为基于大尺度遥感观测数据反演获取的地表参数值，是对小尺度区域 a 像元内所有大尺度区域 A 像元地表参数值的综合反映，可用以下公式表达：

$$F(\overline{p_1}, \cdots, \overline{p_n}) = F\left[\frac{1}{|A|}\iint(P_1(a), \cdots, P_n(a))\,\mathrm{d}a\right] \tag{9.5}$$

由于遥感反演函数 F 通常建立在小尺度地表均一的情况下，因此直接利用大尺度的测量数据反演估算区域地表参数可能造成一定的误差。理论上，区域的地表参数值是区域范围内各均一下垫面地表参数值的面积加权值，即：

$$\overline{F} = \frac{1}{|A|}\iint F(P_1(a), \cdots, P_n(a))\,\mathrm{d}a \tag{9.6}$$

如果大面积地表参数的直接反演值 $F(\overline{p_1}, \cdots, \overline{p_n})$ 与理论面积加权值 $\overline{F}$ 相同，那么不同尺度之间的数据具有可比性，地表参数能够直接从一个尺度转换到另一个尺度。然而，实际情况并非如此，由于尺度的不同，两者有可能存在较大的差异，即尺度效应，定量分析两者之间的关系是研究尺度转换的关键。地表参数在不同尺度遥感数据反演过程中的尺度效应 δ_{scale} 便可表示为：

$$\delta_{\text{scale}} = \overline{F} - F(\overline{p_1}, \cdots, \overline{p_n}) \tag{9.7}$$

根据空间尺度转换的内容，下面分别对升尺度方法和降尺度方法进行简单的介绍。

1. 升尺度方法

由于地球表面的高空间异质性，在验证低空间分辨率遥感数据和产品的工作中，以 1 km 尺度中低分辨率 MODIS 产品、$3 \sim 5$km 尺度静止气象卫星数据产品以及几十千米尺度微波数据产品为例，要在自然界找到一块至少 $2 \sim 3$ 个像元尺度的均质地表难度较大。因此，在此类遥感数据和产品验证过程中往往需要借助高分辨率的遥感影像数据和产品来间接验证，这也不可避免的需要考虑由高分辨率遥感数据产品到中低分辨率遥感数据产品的空间尺度转换问题，即升尺度问题。

在开展高分辨率到中低分辨率升尺度的过程中，通常会有两种选择，即：第一种是先从高分辨率遥感数据提取地表参量然后再将其融合到中低分辨率尺度；第二种是先将高分辨影像数据融合到低分辨率遥感影像数据空间尺度，然后再提取地表参量。其过程如图 9.25 所示。

在探索遥感反演地表参量的空间尺度转换定量描述的关系研究过程中，目前主要通过两方面来完成小尺度变化到大尺度的内在关系。

一方面，利用统计方法建立遥感反演地表参量尺度转换的线性或非线性关系。如 Aman 等（1992）运用数量统计方法，发现高空间分辨率上 NDVI 的平均值与低空间分辨率上相应位置的 NDVI 值基本呈线性关系。Liang 等（2002）研究了从 30m 至 1km 的 BRDF、反照率和 LAI 的升尺度变化规律，发现 BRDF、反照率基本随空间尺度的改变而线性变化，而 LAI 则表现出非线性的变化规律。田庆久和金震宇（2006）在陆面覆被类型遥

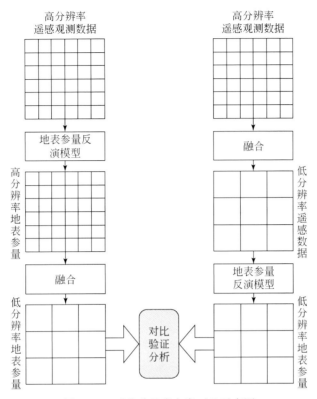

图 9.25　两种升尺度方案对比示意图

感分类的基础上，发展了针叶林、混交林和空旷地 3 种地表类型 LAI 的空间尺度转换算法，对 MODIS 的 LAI 产品进行尺度转换与校正。统计方法需要大量样本数据，最重要的是参数的物理意义不够明确，故适用性受到限制。

　　另一方面，从产生尺度效应的生物物理机制出发，基于遥感反演地表参量物理模型推演其尺度转换规律，或者基于反演模型研究地表参量尺度效应影响因子，尝试建立融合影响因子尺度校正的"尺不变"（或者近似"尺不变"）的反演量计算模型。Chen（1999）以 LAI 为例，从理论上和实验中证实了尺度问题是由反演模型中反演参数的非线性以及混合像元引起的。徐希孺等（2009）在作物冠层反射率模型基础上，建立可表达 LAI 尺度效应产生机制的方程并分析了尺度效应产生的物理机制，获得了 LAI 的尺度转换公式。Zhang 等（2006）基于 NDVI 的空间尺度校正模型提出一种"尺不变"的植被覆盖度模型，研究表明该模型在实际应用中反演精度更高。以下介绍几种常见的升尺度模型。

1）分形模型

　　以 NDVI 空间尺度转换为例，栾海军等（2013）基于高分辨率遥感数据，以 NDVI 为研究对象就分形模型构建合理 NDVI 连续空间尺度转换关系进行了探讨。该分形模型构建的具体流程主要为：选择空间分辨率为 2m 的 GEOEYE-1 多光谱遥感数据，由最小尺度的地表辐亮度通过面积加权和的方式获取大尺度下的地表辐亮度，进而计算相应尺度下的 NDVI 值，最终可以得到各大尺度下的 NDVI 数组。以 GEOEYE-1 影像 2m 尺度（scale_ 2）

为基数，上推尺度为（scale_ up），定义两个尺度的比值（scale_ up/scale_ 2）为尺度因子 scale。对尺度的倒数（1/scale）和 NDVI 数据分别以 2 为底取对数，并对处理结果进行直线拟合，计算分维数和评价参数，获取 NDVI 空间尺度转换的分形模型。模型具体构建流程如图 9.26 所示。

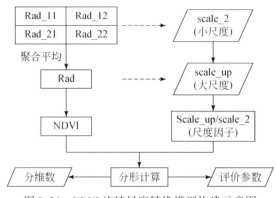

图 9.26　NDVI 连续尺度转换模型构建示意图

该 NDVI 空间升尺度方法，同样适用于地表辐亮度、土壤水分、叶绿素 a 等符合面积加和规律的参量。基于高分辨率的遥感反演参量数据，通过尺度上推获取其各上推尺度的"真实"反演参量影像，采用分形方法建立各尺度下的参量空间尺度转换分形模型，便可用于中低分辨率遥感影像反演产品的验证。

2）泰勒级数展开模型

泰勒级数展开模型是一种有效、简洁的计算和表达尺度效应的方法（刘艳等，2010），该模型依据空间尺度转换概念介绍中对小尺度和大尺度观测数据和模型的定义，以一维参量尺度变化为例，假设反演函数 F 至少两阶连续可导，那么将函数值 $F(P(x, y))$ 在测量均值 $\bar{p}$ 处用泰勒级数展开，忽略三阶及更高阶以上各项并结合中值定理，有：

$$\bar{F} = \frac{1}{A}\int F(p(x, y))\mathrm{d}A = \frac{1}{A}\int \left[\begin{array}{l} F(\bar{P}) + (p(x, y) - \bar{P}) \cdot \left.\frac{\partial F}{\partial P}\right|_{\bar{p}} \\ + \frac{1}{2}(p(x, y) - \bar{P})^2 \cdot \left.\frac{\partial^2 F}{\partial P^2}\right|_{p*} \end{array} \right]\mathrm{d}A \tag{9.8}$$

以上公式右边第二项积分后为零，公式最终简化为：

$$\bar{F} - F(\bar{P}) = \frac{1}{2}kV \tag{9.9}$$

式中，$k = \left.\frac{\partial^2 F}{\partial P^2}\right|_{p*}$ ；$V = \frac{1}{A}\int \frac{1}{2}(p(x, y) - \bar{P})^2\mathrm{d}A$ ；$p*$ 为空间域 A 中的某个特定值，近似可取值为 $\bar{p}$。

根据以上泰勒级数展开式，便可建立如下尺度转换模型：

$$R(\bar{P}) = F(\bar{P}) + \frac{1}{2}kV \tag{9.10}$$

此处，k 表征反演函数的非线性程度；V 是衡量地表非均一程度的指标，如果数据测量值

为一维标量 $p_1(x, y)$，那么 k 就是反演函数的二阶导数，V 就是地表数据测量值的方差；如果数据测量值为多维矢量 $p(x, y) = [p_1(x, y), p_2(x, y), \cdots, p_n(x, y)]$，那么 k 就是反演函数的二阶导数和二阶偏导数的综合反映，V 就是地表数据测量值的方差和协方差共同作用的结果。

从泰勒级数展开模型发现：当反演函数 F 为线性时，其二阶导数 $k = 0$，在这种情况下，$\overline{F} = F(\overline{P})$；当区域 A 内数据测量值 $p(x, y)$ 均一时，其方差和协方差都为 0，即 $V = 0$，在这种情况下，$\overline{F} = F(\overline{P})$。故而，当反演函数为线性或者地表数据测量值均一时，地表参数的反演不存在尺度效应。

2. 降尺度方法

在采用升尺度方法将高空间分辨率遥感数据产品上升到低空间分辨率尺度以验证低空间分辨率遥感数据产品精度时，空间尺度转换的另外一个重要方面便是低空间分辨率遥感数据产品的降尺度方法研究。尤其是近年来一系列中低空间分辨率遥感卫星的陆续升空，越来越多的中低空间分辨率地表参量产品不断涌现，如空间分辨率几十千米级的微波土壤水分产品和 1～5 公里地表温度产品，虽然这些产品在开展大区域以及全球尺度的研究中能够满足空间尺度要求，但是对于小区域及局地尺度的研究很难胜任。为此，发展面向这些产品的降尺度方法，已成为当前遥感研究领域的主要方向之一。下面以目前研究较为频繁的土壤水分、地表温度和降水等遥感产品的降尺度方法研究为例，对降尺度方法进行简单地介绍。

1) 土壤水分降尺度方法

卫星遥感观测是高效率地获取地表土壤水分空间分布的重要手段之一，目前已结合不同的遥感平台和传感器发展出多种土壤水分定量反演方法。主要包括微波遥感反演方法和光学遥感反演方法。其中，微波遥感反演方法可以捕捉到土壤水分的时间变化信息，但是空间分辨率较低（24～40km），一般仅适用于大尺度研究。而光学遥感反演的土壤水分空间分辨率较高，但是容易受天气条件限制，且其信号与地表土壤水分无直接的关联。为提高微波土壤水分的使用效率，克服光学遥感反演方法的缺点，发展微波土壤水分的降尺度方法成为当前研究热点之一。土壤水分降尺度方法的主要原理是建立微波土壤水分与光学遥感反演地表参量之间的关系。

该方法主要分为两类：纯经验模型和半物理模型。

（1）纯经验模型

纯经验模型的理论基础主要是：在一定空间范围内，由于不同植被覆盖条件下地表温度随地表土壤水分变化特征差异，构成了地表温度与植被指数三角特征空间。纯经验模型便是根据特征空间内地表土壤水分与地表温度/植被指数的相关关系，采用多项式或者水分指数的方法建立低分辨率土壤水分与高分辨率土壤水分之间的经验转换关系。该类降尺度方法主要是基于 Chauhan 等（2003）提出的多元二次回归的降尺度方法。其中多元多次回归关系主要是依据 Carlson 等（1994）提出的关系表达式：

$$\text{SSM} = \sum_{i=0}^{2} \sum_{j=0}^{2} \sum_{k=0}^{2} a_{i,j,k} \text{LST}^{*(i)} \text{NDVI}^{*(j)} A^{*(k)} \tag{9.11}$$

式中，SSM 为地表土壤水分；LST 为地表温度；NDVI 为归一化植被指数；A 为地表反照率。降尺度过程主要分为两步：第一步，将中高分辨率地表温度、植被指数和反照率数据采用聚合方法升尺度到低空间分辨率微波土壤水分尺度，采用以上关系式进行多元多次拟合获取拟合系数；第二步是将拟合系数应用于中高分辨率卫星数据，最终获取中高分辨率的地表土壤水分，实现土壤水分的降尺度。

　　许多学者基于以上降尺度方法流程，通过增加回归参量、改变关系模型形式等方式，发展出不同版本的降尺度方法（Choi and Hur，2012；Kim and Hogue，2012；Zhao and Li，2013；王安琪等，2013；Piles et al.，2014）。这些方法流程基本可参考图 9.27。

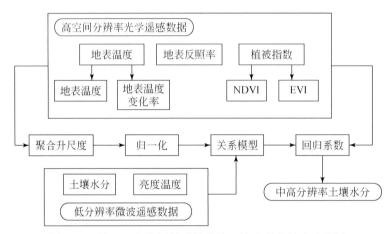

图 9.27　基于三角特征关系的微波土壤水分降尺度流程图

（2）半物理模型

　　半物理模型具有代表性的主要是 Merlin 等（2008）提出的基于土壤蒸发的降尺度方法。在该方法中，主要用到了土壤蒸发有效率指数 β。选择该指数主要是由于其与地表土壤水分较好的相关性以及在晴天条件下数值较为稳定，根据 Nishida 等（2003）定义，以MODIS 数据为例，β 可通过 MODIS 的地表温度和 NDVI 估算获得：

$$\beta = \frac{T_{\max} - T_{\text{modis}}}{T_{\max} - T_{\min}} \tag{9.12}$$

式中，$T_{\max}$ 为土壤水分最大时的土壤温度；$T_{\min}$ 为土壤水分最小时的土壤温度；T_{modis} 为MODIS 卫星像元土壤温度，具体数值可根据 MODIS 像元温度（$T_{\text{surf, modis}}$）和植被覆盖度（f_{veg}）求得：

$$T_{\text{modis}} = \frac{T_{\text{surf, modis}} - f_{\text{veg}} T_{\text{veg}}}{1 - f_{\text{veg}}} \tag{9.13}$$

　　另外，基于 MODIS 估算的土壤蒸发有效率指数 β 可另写为：

$$\beta = 1 - \exp(-\theta/\theta_c) \tag{9.14}$$

式中，θ 为地表土壤水分；θ_c 为地表土壤饱和含水量，可通过研究区域的土壤类型图计算获得。根据上式，土壤水分与 β 的关系式可表示为：

$$\theta = -\theta_c \ln(1 - \beta) \tag{9.15}$$

基于上述关系表达式，采用泰勒级数展开的方式，针对每个 MODIS 像元在该像元所在微波土壤水分产品（以 SMOS 为例）像元的土壤蒸发有效率指数（β_{SMOS}）处进行一阶和二阶展开，便可建立 SMOS 土壤水分产品的降尺度模型：

$$\begin{cases} \theta = \theta_{SMOS} + \left(\dfrac{\partial \theta}{\partial \beta}\right) \Delta\beta_{MODIS} \\ \theta = \theta_{SMOS} + \left(\dfrac{\partial \theta}{\partial \beta}\right) \Delta\beta_{MODIS} + \dfrac{1}{2}\left(\dfrac{\partial^2 \theta}{\partial \beta^2}\right) \Delta\beta_{MODIS}^2 \end{cases} \tag{9.16}$$

式中，θ_{SMOS} 可通过 SMOS 像元内 MODIS 像元的 β_{MODIS} 聚合生成；$\Delta\beta_{MODIS} = \beta_{MODIS} - \beta_{SMOS}$。

2）地表温度降尺度方法

目前地表温度的降尺度方法，为保持降尺度前后地表的热辐射信息的一致性，降尺度过程中考虑影响地表温度变化的物理因素，主要发展出 3 类降尺度方法。

（1）基于统计回归的方法

该类方法类似于土壤水分的纯经验方法，在假设"关系尺度不变"的前提下，将低分辨率的地表温度（T_{LR}）与回归变量（植被指数、反照率和植被覆盖度等）的统计回归模型直接应用到高分辨率数据上，获取高分辨率的地表温度（T_{HR}）数据。具体模型可表达为：

$$T_{HR} = f(NDVI_{HR}) + \Delta T_{LR} \tag{9.17}$$

$$\Delta T_{LR} = T_{LR} - f(NDVI_{LR}) \tag{9.18}$$

式中，f 为 $NDVI_{LR}$ 与 T_{LR} 间的回归函数；ΔT_{LR} 为回归误差。常用的统计回归函数有（Agam et al.，2007）：

$$f(NDVI) = \begin{cases} a_0 + a_1 NDVI \\ a_0 + a_1 NDVI + a_2 NDVI^2 \\ a_0 + a_1\left(1 - \left(\dfrac{NDVI_{max} - NDVI}{NDVI_{max} - NDVI_{min}}\right)^{0.625}\right) \\ a_0 + a_1(1 - NDVI)^{0.625} \end{cases} \tag{9.19}$$

式中，a_0、a_1 和 a_2 为回归系数；$NDVI_{max}$ 和 $NDVI_{min}$ 分别为区域内 NDVI 最大值和最小值。

（2）基于调制分配的方法

该方法是将低分辨率地表温度按一定比例分配给各子像元，分配因子包括全色波段、发射率、同季节其他高分辨率传感器获得的 LST、高分辨率 LST 初始估计值以及发射率与 LST 的组合。其中，以发射率为分配因子的方法（Nichol，2009）对影像空间分辨率的要求较高，且发射率的计算精度难以保证，从而限制了该方法的应用。Pixel Block Intensity Modulation（PBIM）（Guo and Moore，1998）方法的理论背景更加成熟，与全色波段辐亮度或者 DN 值相比发射率获取精度更佳，便于用于低分辨率地表温度降尺度研究，其公式表达为：

$$T_{HR} = (PAN_{HR}/PAN_{LR}) \times T_{LR} \tag{9.20}$$

式中，PAN_{HR} 和 PAN_{LR} 分别为高分辨率和低分辨率全色波段 DN 值；当低分辨率像元内高分辨像元的全色波段辐亮度异质性较强时，采用低分辨率像元内 PAN_{HR} 的方差 PANs 表示，（采用 Cr 作为判断阈值，即 PANs>Cr 时），PAN_{HR} 大于 PAN_{LR} 的像元被认为是亮面，PAN_{HR}

小于 PAN_{LR} 的像元被认为是阴面。并以此分别计算亮面和阴面的低分辨率像元内全色波段辐亮度均值 PAN_{B_m} 和 PAN_{D_m}。基于此,便可计算异质性较强时,高分辨率地表温度:

$$\begin{cases} T_{B\_HR} = (PAN_{HR}/PAN_{B\_m}) \times T_{LR} & (亮面) \\ T_{D\_HR} = (PAN_{HR}/PAN_{D\_m}) \times T_{LR} & (阴面) \end{cases} \tag{9.21}$$

(3)基于光谱混合模型的方法

该方法是根据线性光谱混合模型,直接关联高、低分辨率 LST,进而回归求解高分辨率 LST。其中,Linear Spectral Mixture Model(LSMM)(Zhukov et al.,1999)方法应用较为广泛。LSMM 方法是以分类图作为尺度因子的线性光谱混合模型方法。假定低分辨率地表温度 T_{LR} 是各类别高分辨地表温度 T_{LR} 的线性加权组合,则高、低空间分辨率地表温度之间可用以下公式关联:

$$T_{LR} = \sum_{k=1}^{K} \omega(k) T_{HR}(k) + \Delta T \tag{9.22}$$

式中,ΔT 为模型误差;$\omega(k)$ 为高分辨率数据中类别 k 在低分辨率像元中的权重,可基于低分辨率像元的点扩散函数 PSF 计算得到:

$$\omega(k) = \sum_{c(i,j)=k} PSF(i,j) \tag{9.23}$$

式中,$c(i,j)$ 为高分辨率地表温度数据中像元 (i,j) 的类别;$PSF(i,j)$ 为高分辨率地表温度数据中像元 (i,j) 对应低分辨率像元的点扩散函数。

该方法的具体运行步骤为:首先针对低分辨率地表温度数据确定一个滑动运算窗口,窗口内的每个低分辨率像元地表温度都可表示为各种类别的线性加权组合形式。然后,在假设窗口内各类别地表温度一致的前提下,利用最小二乘法求解窗口内各方程组,获取各类别的地表温度。最后,将求解各类别的地表温度赋值给滑动窗口内中心像元中高分辨率像元所对应的各类别。

3)降水产品降尺度方法

遥感反演降水产品以 TRMM 数据为例,其承担了覆盖热带雨林和海洋的全球降水探测任务(60S~60N),其降水数据产品已经广泛地应用于全球各个地方,空间分辨率为 $0.25°\times0.25°$。TRMM 数据较低的空间分辨率常常无法满足区域水文、气象研究的需要,降水产品的降尺度方法显得尤为必要。常用的降水降尺度方法是统计降尺度法。统计降尺度也称为经验降尺度,是解决由气象模式输出的大尺度、低分辨率气候信息到流域尺度、高分辨率资料转换的手段之一,已成为一个重要的研究方向。该方法的基本原理为:采用统计经验方法建立大尺度气象变量与区域气象变量之间的线性或非线性联系,通过在不同尺度影像之间建立基于某一特征量(如 NDVI)的函数关系,从而针对栅格影像进行尺度转换分析。

马金辉等(2013)基于上述统计降尺度原理,选择 TRMM 3B43 月降水量产品,将其空间尺度降到 1km。主要步骤如下:①将研究区的 DEM 数据和 TRMM 3B43 数据进行坐标系和投影转换;②分别提取 TRMM 3B43 每个像元的降水量值(P),以及对应点位置的经纬度、高程信息(X,Y,Z);③在 1km 分辨率上,将 $0.25°$ 分辨率的 TRMM 3B43 数据与经度、纬度、高程、坡度和坡向建立多元线性回归模型;④用 TRMM 3B43 减去线性回归结果预测值，得到线性回归模型的残差数据，使用样条函数插值方法，结合 Thiessen（泰森多边形）原理对残差数据空间插值，分辨率为 1km；⑤利用多元线性回归模型，计算得到 1km 的预测降水量，加上残差插值结果，得到最终的降尺度年降水量数据，空间分辨率为 1km×1km。

9.5.3　时间尺度转换

除了空间尺度转换外，遥感产品验证过程中还需将时间维上的连续观测和离散观测进行时间尺度转换，用以研究不同遥感产品对各项参量不同时间尺度（日、月、季、年乃至年际）的表征能力。例如，涡动相关的碳通量观测为时间序列的连续观测，而地面样地碳收支参量测量、土壤碳通量、无人机观测以及卫星对地观测为时间维上不同程度的离散化观测。如何将时间尺度上有限但空间范围分布较广的离散化观测和时间尺度上连续但多为单点观测的连续性观测应用于时间序列遥感产品表征能力验证是重要的研究内容之一。

观测数据的时间尺度转换一般依赖于生态系统过程模型以及数据同化方法（李新等，2010）。然而，模型的尺度适用性问题以及选择适合的数据同化策略是时空尺度转换中应特别注意的问题。在植物器官、个体尺度的生理生态学过程模型中，叶片尺度的过程模型发展得最为完善。许多较大尺度的模型多在叶片模型的基础上扩展而成（王培娟等，2005）。叶片到冠层尺度的模型扩展需要的参数是叶片尺度的，易于开展控制和观测试验；而冠层到像元水平的模型尺度扩展需要提供冠层尺度，甚至像元尺度的参数，其观测难度更大（李新等，2010）。当前，模型与数据同化的结合不仅是模型领域的热点，更是观测领域的焦点（李新等，2010）。结合模型和观测的数据同化技术是提高遥感产品估算精度，实现观测数据时空尺度转换的重要途径。在数据同化过程中，借助数学的估计理论、控制论、优化方法和误差估计理论，融合多源、多尺度的直接观测和间接观测数据，根据观测数据不断地自动调整模型模拟轨迹，从而准确一致地估计模拟参数（夏浩铭等，2015）。有关此部分内容可参阅本书第 7 章的相关内容。

9.5.4　星–空–地多尺度同步观测

在遥感产品验证过程中，星–空–地综合定量遥感试验是充分发挥卫星、航空、地面协同对地观测能力，提高遥感数据定量化获取与遥感产品精度验证的重要方式，也是促进遥感基础理论研究和发展的重要手段。当前，星–空–地综合定量遥感已在矿产、森林、水、粮食等资源和环境监测中的高精度信息提取和高效发挥了重要的推动作用。近年来，随着航空遥感技术尤其是无人机航空遥感的发展，星–空–地同步观测更为广泛地应用于全球植被、生态、水文、环境遥感研究的各个方面。陆表星–空–地多尺度观测试验及其网络建设已成为对地观测领域的科学前沿（李德仁，2012）。

从 20 世纪 80 年代开始，全球在具有代表性的主要气候或生态区相继开展了一系列陆表星–空–地综合试验研究，如图 9.28 显示了国际卫星陆表气候观测计划（ISLSCP）第一次野外试验（FIFE）的星–空–地一体化观测设计。目前，全球已开展了具有代表性的

FIFE（Sellers et al.，1988）、LBA（Avissar et al.，2002）、EFEDA（Bolle et al.，1993）、
BOREAS（Sellers et al.，1996）、NOPEX（Halldin et al.，1998）、SMOSREX（de Rosnay et
al.，2006）、DABEX（Johnson et al.，2009）、CLPX（Cline et al.，2009）、BEAREX08
（Evett et al.，2012）等观测计划，试验区域几乎遍布全球各大洲。这些实验多以航空遥感
为桥梁，将地基观测和遥感观测有机综合起来，项目的实施把地球科学相关的基础理论研
究提高到一个新的层次，地球科学的研究也转向从各圈层的相互作用来系统理解全球气候
的变化。美国、中国和欧盟等 50 多个国家于 2003 年发起了一体化的全球对地观测集成系
统，旨在建立一个分布式的一体化全球对地观测的多系统综合系统，形成星–空–地传感器
一体化组网，联合应对全球变化等重大科学问题（Lautenbacher，2006）。

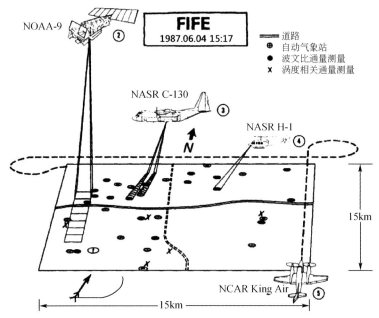

图 9.28　国际卫星陆表气候观测计划（ISLSCP）第一次野外试验（FIFE）的星–空–地一体化观测设计
图中的 1987 年 6 月 4 日 15 点 17 分为 NOAA-9 卫星的过境时间。卫星过境同时地表的通量测量与自动气象站
的监测同时进行。同时进行的还有 NASA C-130 飞机、H-1 直升机和 NCAR "空中之王" 飞机的航空对地观测

　　在国内方面，我国自 20 世纪 80 年代末开展 HEIFE 试验开始，也相继在一些区域开展
了比较重要且具有代表性的陆面综合观测实验研究。近 30 多年来，在一些国家级重大项
目的支持下，我国先后在青藏高原区（TIPEX，GAME-Tibet）（王介民，1999）、黄土高原
（LOPEX）（张强等，2009）、内蒙古草原（IMGRASS）（吕达仁等，2002）、黑河流域
（HEIFE、Water、HiWater）（李新等，2008a；Li et al.，2013）、西南山区（李爱农等，
2016）等重点区域开展了十多个较有影响的综合观测实验研究，组建了一批遥感数据产品
的地面验证观测网络，取得了一批有影响的成果。一些基础观测网络及地面观测试验工作
为获取地面测量提供了系统、覆盖范围广泛、科学的数据来源，有力地推动了陆面遥感产
品数据的精度评估，奠定了我国综合观测实验的理论和实践基础。

　　星–空–地同步观测实验包括多源卫星观测系统、航空遥感观测系统和地面同步观测系

统三大部分。该试验对遥感产品验证的重要性在于：获取集卫星遥感数据和航空遥感数据于一体的多尺度遥感综合数据集；依托地面观测网络或者地面同步观测等，获取地面观测数据集；在多个高精度地面控制点和实测大气数据的辅助下，实现航空遥感数据与卫星遥感数据的空间匹配与大气校正，完成多空间尺度下地表参量的遥感定量反演工作，并与地面实测数据进行比较分析，实现遥感产品验证。

本节以若尔盖高原区域碳收支参量星–机–地多尺度遥感综合观测试验为例，简要介绍星–空–地一体化试验中不同尺度下的试验设计方法。

1. 试验简介

若尔盖高原区域碳收支参量多尺度遥感综合观测试验面向湿地–草地生态系统碳收支参量的不确定性问题开展多尺度观测研究。该试验由地面多尺度嵌套观测试验、典型湿地退化样带无人机航空同步观测试验以及卫星同步观测试验组成；同时，根据不同观测空间范围，地面观测试验包括样地尺度、样带尺度和区域尺度三个尺度的嵌套观测。各试验之间优势互补，联合观测，形成若尔盖高原湿地碳收支的多尺度观测能力。

2. 地面观测试验

地面观测试验采用样地尺度–典型湿地退化样带–研究区区域尺度的三级嵌套式多尺度观测试验方案。包括样地尺度生态系统碳通量观测试验、典型退化样带碳收支参量同步观测试验和区域尺度固碳参量野外测量试验。

1）样地尺度生态系统碳通量观测试验

样地尺度生态系统碳通量观测试验目的，是为了全面掌握湿地生态系统与大气之间水热通量、CO_2通量交换，获取包括常规气象和辐射观测数据、植被以及土壤碳收支相关参量。试验结果用于分析生态系统尺度的碳收支机制，揭示不同生态系统类型的固碳能力及碳在土壤和植被不同组分中的分配、积累、周转机制。同时该数据集还可用于生态系统尺度及区域尺度碳收支过程模拟的模型发展以及精度评价，试验站仪器设备配置如图 9.29所示。

2）典型湿地退化样带碳收支参量同步观测试验

典型湿地退化样带布设的目的，是为在湿地退化样带内，根据不同水分梯度条件布设观测样地，观测不同水分梯度条件下的湿地碳收支变化过程，以“空间换时间”的方式揭示湿地排水状态下向“草原化”方向转移的碳源/汇转换趋势（图 9.30）。同时，在各观测样地上分别布设禁牧围栏，观测围栏内外植被、土壤碳收支参量，对比分析放牧强度对湿地–草地生态系统碳收支的影响。如图 9.30 所示，根据水位梯度和植被覆盖类型不同，试验在该退化样带内根据草甸、湿草甸和沼泽化草甸变化梯度，分别布设三个观测样地；在三个观测样地上均含 1 套自动气象观测设备。此外，试验还布设了两个加强观测样地。

图 9.29　生态系统碳通量观测设施

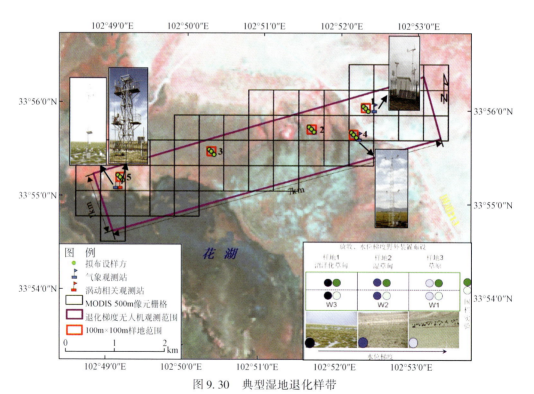

图 9.30　典型湿地退化样带

样地 1、3、5 为湿地退化观测样地；样地 2、4 为加强观测样地

3）区域尺度固碳参量野外观测试验

区域尺度固碳参量野外观测试验的目的，是通过空间抽样，获取整个区域范围内的碳收支相关参量观测数据集，为发展区域尺度碳收支模型提供训练与验证数据。区域尺度的固碳参量野外观测根据生长季开展，每年在生长季初期、旺盛期和末期各开展一次固碳参量测量。为了使得野外采样样点能够在空间上与卫星遥感像元匹配，试验设计的野外采样策略如图 9.31 所示。该策略设计同时考虑了卫星遥感像元的空间分辨率和草地生态系统地上生物量的采样需求，在 100m×100m 的样地内，分别采集 9 个 1m×1m 的样方。

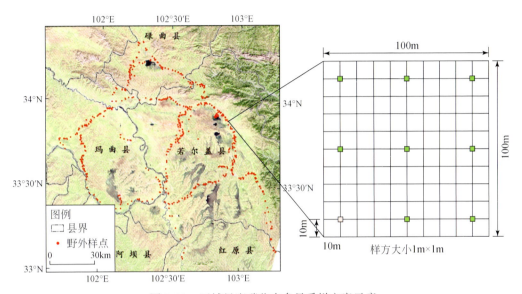

图 9.31　区域尺度碳收支参量采样方案示意

3. 典型样区无人机航空同步观测试验

无人机航空遥感具有高空间分辨率和灵活的机动性能，是卫星遥感的重要补充，也是碳收支过程监测中的重要试验手段。尽管目前卫星对地观测时空分辨率均在不断提高，但相对航空遥感来说，卫星遥感像元内的地表异质性仍然较强，采用地面观测数据直接开展卫星遥感反演获取的碳收支参量验证仍相对较为困难，无人机航空遥感可以缩小星载传感器像元测量和地面点测量之间空间尺度的差异。本试验在典型退化样带开展无人机同步观测试验目的是，以无人机航空遥感为桥梁，链接卫星遥感观测与地面样方观测，为解决碳收支关键参量尺度转换中的不确定性问题提供多尺度同步观测数据。试验内容包括典型退化样带内的可见光、多光谱同步观测试验、多航高对地观测试验。无人机航空同步观测试验每年开展两次，分别在生长季旺盛期和生长季末期开展。

无人机遥感系统主要包括无人飞行器、遥感传感器、指挥与控制系统、导航与定位系统、通信数据链、发射与回收装置等。考虑到若尔盖高原近地表层空气稀薄、风速较快，试验选用具有较高飞行速度和稳定性能的固定翼无人机为主要的飞行平台。针对不同的观测区域、天气条件和观测需求，试验使用了油动和电动两种类型的固定翼无人机。电动无人机的优势是发射、回收方便，同时电动发动机受气压的影响较小，适合高海拔地区飞行，但其载荷重量有限、续航时间也较短；油动无人机的优点是续航时间长、载荷重量大，但需要一定距离的平直轨道供其起飞和回收。试验采用的电动、油动无人飞行平台的相关参数见表9.3。其中油动飞机的有效载荷最高达5kg，续航里程300km，能够满足携带较重质量的传感器，开展长时间观测的需求。

表9.3　无人飞行平台参数

类型	起飞重量 /kg	有效载荷 /kg	巡航速度 / (km/h)	续航时间 /h	航程 /km	最大起飞高度 /m	最高升限 /m	机长 /m	翼展 /m
油动飞机	5	5	100	3	300	4000	5000	1.8	2.80
电动飞机	3	1	80	1.5	100	4500	6000	1.4	1.68

试验采用的遥感传感器包括可见光相机和多光谱相机，其中可见光相机主要用于获取高分辨率的空间结构信息，多光谱相机主要用于获取植被冠层在不同波段的反射率特征，以便与卫星遥感记录的植被信息相匹配。可见光相机为SONY RX1相机，其最高分辨率为2430万。多光谱相机为美国ADC数字多光谱植被冠层相机，拥有绿、红、近红外三个波段，各波段的波长范围分别与Landsat TM的2、3、4波段类似，两相机参数对比见表9.4。以上两种相机的重量分别为0.45kg和0.50kg，电动和油动飞机均可搭载开展各项观测任务。

表9.4　可见光与多光谱相机参数对比

指标	规格/性能	
	SONY 可见光相机	ADC 多光谱相机
相机大小/mm	113.3×65.4×69.6	122×78×41
成像方式	框幅式	框幅式
传感器类型	CMOS	CMOS
传感器尺寸/mm	35.8×23.9	6.55×4.92
最高分辨率	6000×4000	2048×1536
有效像素	2430 万	320 万
焦距/mm	35	4.5~12 变焦
重量/kg	0.5	0.5
曝光时间/s	1/2000~30	1/2~16
续拍能力/h	2	2
变焦倍数	9 倍	—
工作波段/nm	可见光	绿：520~600 红：630~690 近红外：760~900

4. 卫星遥感同步观测与模拟试验

该试验兼顾碳收支参量的不同时空尺度，设计卫星–航空–地面配合的多尺度嵌套同步观测方案（图 9.32）。地面观测试验结合卫星过境时间同步开展。试验将在无人机航空试验和地面观测试验开展的同时，订购或免费获取研究区多空间分辨率、多源遥感卫星的同步观测影像。结合地面观测结果，试验将以碳收支生态过程模型为骨架，探索地表样方观测结果、无人机多光谱影像、2m、4m、8m、16m、30m、250m 等不同空间分辨率遥感反演结果的时空尺度转换关系，揭示多尺度碳收支模拟结果的不确定性来源及其传播机制。

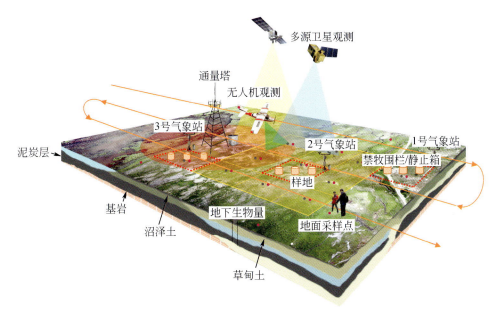

图 9.32　星–机–地一体化同步多尺度观测实验设计示意（李爱农等，2016）

9.5.5　山地空间尺度效应探讨

在分析当前遥感尺度效应研究进展中，我们对空间尺度效应的特征及其转换规律有了初步的认识。空间尺度转换作为遥感产品验证的关键过程，其转换精度直接影响到检验精度和遥感定量反演模型的改进和完善。从一定程度上来说，地表参量的空间尺度转换关系与其遥感反演模型是相互耦合的一个整体。

然而，由山地地形的垂直起伏引起的地表海拔、坡度、坡向等地形因子变化，直接导致了山地地表的能量流和物质流在空间上有明显的再分配过程，地表的空间异质性显著，且存在较为特殊的时间变化特征。不同空间分辨率的遥感器对地观测，由于观测角度、时间等因素的差异，针对同一地区的观测结果，由高空间分辨率数据聚合到低空间分辨率数据很难实现数值统一或一致。在评价外界地形条件引起的尺度效应特征外，地表参量遥感反演模型的非线性结构同样增加了不同空间分辨率数据引起的不确定性。因此，山地空间尺度效应特征相比平坦地表更为特殊和复杂。

为加强山地地表参量空间尺度效应研究，需在以下几个方面进行突破和创新：

（1）设立面向多种山地环境的典型山地环境遥感产品验证场，并准确获取背景场的地形和地貌信息，为地表参量空间尺度研究提供研究对象；

（2）优化山地空间不同像元尺度地表参量地面观测的样点采样空间布局和设计，基于不同样方尺度的地面测量数据开展山地地表参量空间尺度效应研究；

（3）以航空遥感对地观测高空间分辨率数据为基准，结合高-中-低不同空间尺度的遥感观测数据，建立加密的山地环境地表参量多尺度观测体系，进而为山地地表参量空间尺度效应及转换规律研究提供数据支持。

9.6　应 用 实 例

9.6.1　山区 GLASS 下行短波辐射产品验证

本节选取中国生态系统服务网络（CERN）中的贡嘎山高山生态系统观测试验站所在区域为研究区，以 GLASS 的下行短波辐射（DSR）产品在山地的精度验证工作为例说明山地遥感产品验证的相关进展。

DSR 是地表接受太阳辐射的重要组成部分，是代表能量平衡和地气相互作用的重要驱动因素，同时 DSR 的变化也影响着天气过程与气候变化。遥感手段获取的 DSR 产品已成为陆面过程与气候变化研究的重要参数，对 DSR 数据的验证与评估能够为相关研究提供必要的数据精度和可靠信息，同时反馈于相关数据产品的改进工作。本节选用的 GLASS 产品是国家高技术研究发展计划（863 计划）地球观测与导航技术领域"全球陆表特征参量产品生产与应用研究"重点项目生产发布的新一代全球定量遥感数据产品（Liang et al.，2010）。该套产品综合了多种卫星平台，可生产高时空分辨率均一化 DSR 数据。

1. 验证台站简介

贡嘎山高山生态系统观测试验站于 1987 年建站，位于青藏高原东缘贡嘎山东坡海螺沟内（图 9.33）。该站主要由磨西基地站（1600m）和亚高山观测站（3000m）两个野外观测台站组成。观测站所在山区贡嘎山是横断山最高峰，垂直高差 6000m，存在巨大的气候、生物和环境分异特征，具有从干热河谷-农业区-阔叶林-混交林-针叶林-高山灌丛-高寒草甸-永冻荒漠带完整的生态景观。贡嘎山具有完整的垂直自然带谱，在 16km 的水平距离以内，高度浓缩了从亚热带到极地的生物气候水平分带和植被与土壤的水平带谱，是山地遥感产品验证的理想试验场。

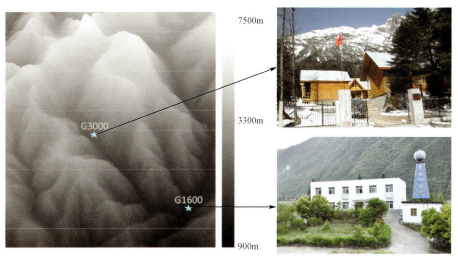

图 9.33　贡嘎山生态系统观测站示意

2. 验证数据源

验证获取的观测站辐射实测数据的获取时间从 2008 年至 2010 年，时间分辨率为 1h 和 3h。数据经过中国生态系统服务网络的严格质量控制，观测精度满足要求。图 9.34 分别在 1h、3h、1 天和 1 月时间尺度上对比分析了贡嘎山两个不同站点位置的地面实测辐射值。从图 9.34 可以发现，尽管两个站点之间的水平距离仅有 13km，理论上平原两个站点在此水平距离上观测获得的太阳辐射之间应该具有较好的线性关系，然而，山区在不同时间尺度上，两个站点之间的相关性差异很大，随着时间分辨率的降低，站点之间的相关性越来越高，R^2 由 1h 分辨率时的 0.52 增至 1 月分辨率时的 0.90。造成这种现象的主要原因是山区的地形剧烈起伏和遮蔽导致了山地环境太阳辐射的多变性。

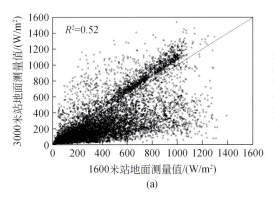

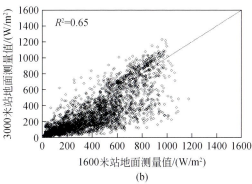

(a)　　　　　　　　　　　　(b)

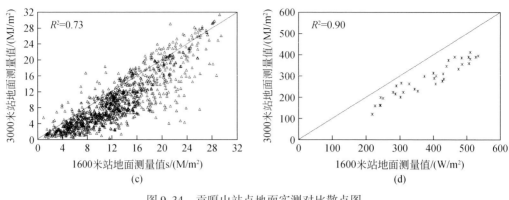

图 9.34 贡嘎山站点地面实测对比散点图

(a) 1h; (b) 3h; (c) 1 天; (d) 1 月

研究分别获取了 1600m 基地站和 3000m 亚高山站所在区域的多期 Landsat TM 影像,用于由点观测向粗空间分辨率产品过渡的中间桥梁。两个站点获取的相应 Landsat TM 数据集如表 9.5 所示。

表 9.5 采用的 Landsat TM 影像

样点	行列号 (行/列)	成像时间 (日/月/年)
G1600 (基地站)	130/39	18/07/2008
	131/39	13/10/2008
	130/40	22/10/2008
	131/39-40	16/12/2008
	131/39-40	18/02/2009
	130/40	16/04/2009
	130/39-41	03/06/2009
	130/39-40	26/11/2009
	130/39-40	12/12/2009
G3000 (亚高山站)	130/40	22/10/2008
	131/39	13/10/2008
	131/39-40	16/12/2008
	130/40	16/04/2009
	130/39-41	03/06/2009
	130/39-40	26/11/2009
	130/39-40	12/12/2009
	131/39	17/01/2009
	131/39-40	18/02/2009

3. 验证方法

1）直接验证

直接验证指直接提取出两个观测站点对应的 GLASS DSR 产品值，并分别计算观测站点数据与 GLASS DSR 产品间的复相关系数（R^2）、均方根误差、偏差等评价指标。

2）间接验证

与直接验证不同，考虑到太阳辐射受地形影响较为严重，本节还采用了一种间接验证的方法，即利用中分辨率的遥感影像作为媒介，首先生成高精度的中分辨率 DSR 空间分布图，然后采用对该空间分布图进行聚合以生成与 GLASS 产品空间分辨率对应的验证数据集。中分辨率影像生成间接验证短波辐射数据集的生成方法可参考 Jin 等（2013）的研究。本节在此不做赘述。

4. 遥感产品精度验证结果

1）野外观测站直接验证结果

图 9.35 显示了应用 1h 和 3h 的贡嘎山 1600m、3000m 站的观测值对 GLASS DSR 产品的直接验证结果。可以看出，GLASS 产品在 3000m 站的 RMSE 分别为 194.36W/m² 和 141.04W/m²，均低于 1600m 站的 RMSE。其中，太阳辐射低值区域的误差尤为明显。造成这种现象的原因来自于多个方面。首先，下行短波辐射是太阳直接辐射和散射辐射的综合。然而，山区还需要考虑来自于邻近地形的遮蔽和反射贡献。在晴朗天空下，太阳直接辐射理论上应该随着太阳高度角的增加而逐渐增加，当达到正午最大值时随着太阳高度角的下降而逐渐下降。图 9.35 中的低值部分一般出现在早晨或下午，或有云及地形遮蔽条件下测量获得的。这个时段太阳高度角较低，而当太阳高度角低时地形遮蔽效应则较为明显。此外，高山地区的云雾干扰也是造成低值部分误差较大的原因之一。由于 GLASS DSR 产品算法基于地表的朗伯体假设，同时没有考虑到地形效应的影响，因此可能导致 GLASS 产品在低值部分的高估现象。

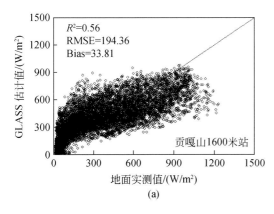

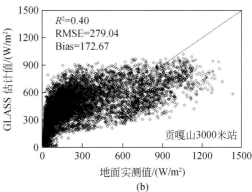

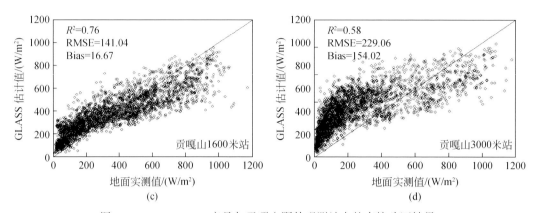

图 9.35　GLASS DSR 产品与贡嘎山野外观测站点的直接验证结果

（a）1h 产品的 1600m 站验证结果；（b）1h 产品 3000m 站验证结果；（c）3h 产品 1600m 站验证结果；
（d）3h 产品 3000m 站验证结果

2）Landsat TM 影像间接验证结果

图 9.36 分别给出了 30m Landsat TM 估算结果与贡嘎山站野外观测，以及 Landsat TM 估算结果聚合到 5km 后的 DSR 与 GLASS DSR 产品对比情况。可以看出，30m 空间分辨率的 DSR 结果与野外观测站的观测数据一致性较高。GLASS DSR 产品与 Landsat TM 聚合结果的一致性较好，然而仍存在一定程度的高估现象。一个可能的原因为 GLASS DSR 算法没有考虑到山区地形效应，因此山区阴阳坡接受到的太阳短波辐射差异在产品中没能予以反映。另外，聚合产品聚合方法的不确定性也可能对验证结果引入误差。

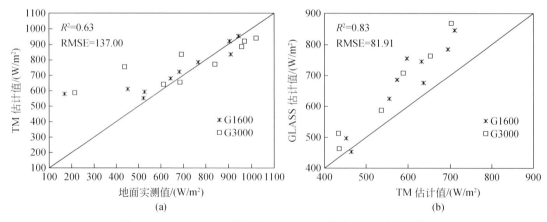

图 9.36　GLASS DSR 产品与 Landsat TM 聚合 DSR 对比结果

（a）TM 影像与野外观测站的对比情况；（b）TM 聚合结果与 GLASS 产品的验证情况

9.6.2　山区典型 LAI 产品验证

本节以 MODIS LAI、GEOV1 LAI 和 GLASS LAI 三种典型全球性 LAI 产品为研究对象，

选择我国西南山区为特定研究区，开展 LAI 遥感产品在山区的验证分析工作。三种产品的主要特征如表 9.6 所示。验证工作主要从时空连续性、空间表征能力和与地面实测数据对比三个角度展开。

表 9.6　典型 LAI 产品主要特征

产品名称	空间分辨率	时间分辨率/天	时间段	主要算法	区域	真实/有效	参考文献
MODIS	1km	8	2000 年至今	三维辐射传输模型构建查找表	全球	真实	(Knyazikhin et al.，1999)
GEOV1	1/112°	10	1999 年至今	神经网络	全球	真实	(Camacho et al.，2013)
GLASS	0.05°/1km	8	1981~2013 年	广义回归神经网络	全球	真实	(Xiao et al.，2014)

1. 时空连续性分析

通过分析 LAI 产品缺失值的空间分布特征来评估 LAI 产品在研究区的时空连续性。LAI 产品缺失值的判定标准为：对于 GEOV1 LAI 产品，如果像元的质量控制信息标记为 LAI 状态不可用，则认为该像元为缺失值；对于 GLASSLAI 产品，如果像元的质量控制信息未被标记为产品质量优或良，则认为该像元为缺失值；对于 MODIS LAI 产品，如果像元的质量控制信息标记为备份算法反演或填充值，则认为该像元为缺失值。本文首先利用地表覆盖数据将非植被剔除，只考虑植被区的 LAI 缺失值比例。定义各像元 2001~2013 年时间序列上被判定为缺失值的日期数量占总日期数量的比例为缺失值比例，逐像元计算得到整个样区的 LAI 产品缺失值比例。

图 9.37 为三种 LAI 产品缺失值比例在贡嘎山地区的空间分布图，灰色部分代表被掩膜的非植被区。由图 9.37 可见，GEOV1 LAI、GLASS LAI 和 MODIS LAI 产品的时空连续性表现出明显差异。GLASS LAI 产品表现出最好的时空连续性，主要原因是 GLASS LAI 产品反演算法对数据源进行了时空滤波预处理，使用插值技术减少了云和雪等对反射率数据的影响（Xiao et al.，2014）。MODIS LAI 产品相对 GLASS LAI 产品表现出更大的缺失值比例，由于 MODIS LAI 产品算法将稀疏植被如苔原、稀疏草地标记为填充值（Yang et al.，2006），导致 MODIS LAI 产品在雪线附近出现了 100% 缺失的情况。GEOV1 LAI 产品表现出最大的缺失值比例，特别是在高海拔区域，缺失值比例一般大于 50%。

在我国西南地区根据地形特点选择 6 个南北长 150km、东西宽 50km 的样区，如青藏高原西南部和南部、喜马拉雅山东端、横断山区、若尔盖高原和川中丘陵区，由 DEM 数据提取样区的地形起伏度。地形起伏度定义为 LAI 遥感像元内海拔最高点和最低点间的差值，通过对比 LAI 产品缺失值比例和地形起伏度的相关关系，探讨山区地形特征对 LAI 时空连续性的影响，结果如图 9.38 所示。在地形起伏度较低的区域，缺失值比例相对较低；当地形起伏度超过 200m 时，各产品缺失值比例明显增加；而当地形起伏度超过 600m 后，缺失值比例增加缓慢而趋于稳定。LAI 产品在山区的时空连续性受亚像元复杂地形特征影响显著。地形条件复杂的地区，受局部小气候的影响，容易导致云和水汽的形成，导致获取的遥感数据质量差，进而造成 LAI 产品缺失值比例增加。

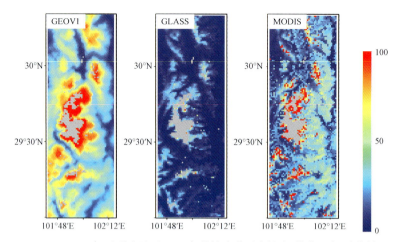

图 9.37　2001～2013 年贡嘎山地区 LAI 产品缺失值比例空间分布（杨勇帅等，2016）

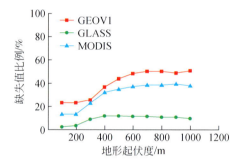

图 9.38　LAI 反演结果缺失值比例与地形起伏度间的关系（杨勇帅等，2016）

2. 空间表征能力分析

　　由于地形对水热过程的局部调制作用，山地生态系统的结构和功能异质性强、复杂度高。因此，评估遥感反演结果的空间分布和时间演化特征与山地生态系统实际状况间的一致性，是对山地遥感产品验证提出的新要求，不妨称之为遥感产品的时空表征能力。

　　图 9.39 为各 LAI 产品对贡嘎山地区植被垂直带谱的表征能力对比分析。GLASS LAI 在落叶阔叶林带谱中表现出了峰值，并在常绿针叶林带和草地带出现了 LAI 下降的趋势。GEOV1 LAI 在常绿针叶林带表现出了峰值，在该剖面内表现为常绿针叶林 LAI 大于落叶阔叶林 LAI 的趋势。MODIS LAI 在落叶阔叶林带出现了峰值，随后表现出 LAI 下降的趋势。

　　三种 LAI 产品仅能反映 LAI 在植被垂直带谱上的变化趋势，难以准确表征植被在带谱内集中分布、带谱过渡区域混合分布的自然状态。可能的原因是，山区植被垂直带谱是山区特有的地域分异现象，在较小的水平距离内就表现出复杂的植被空间结构，地表异质性更加强烈，而 LAI 产品的空间分辨率为 1km，难以准确反映山区复杂植被结构的空间特征。因此，需要更高空间分辨率的 LAI 数据来准确表征山区垂直带谱。

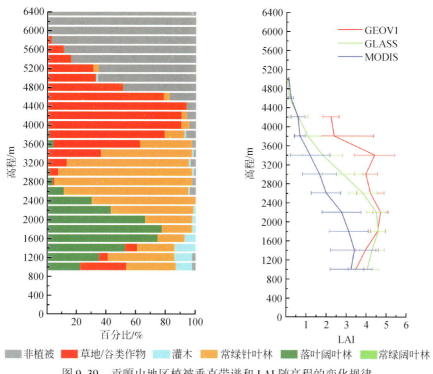

图 9.39　贡嘎山地区植被垂直带谱和 LAI 随高程的变化规律

3. 与实测数据的比较

为验证三种产品在山区的精度水平，本研究在我国西南山区选择了具有不同地形梯度的 10 个样区，分别分布在西藏那曲、拉萨和林芝，四川若尔盖、茂县、盐亭和贡嘎山，云南哀牢山和西双版纳，以及贵州普定。每个样区大小为 50km×50km。样区内 LAI 的测量采用 LAI-2000 获取地面"真值"。基于实地测量结果，依据图 9.3 所示流程图，借助高分辨率遥感影像将地面实测值升尺度到中低分辨率 LAI 产品对应尺度，并与其进行比较分析。图 9.40 所示为 MODIS 和 GLASS 产品与实测值的散点图，两产品的相关系数 r 与 RMSE 分别为（0.49，1.75）和（0.35，1.72）（表 9.7），产品在山区的表现明显弱于平地的情况（Jin et al.，2017）。

表 9.7　西南山区 MODIS、GLASS LAI 产品精度评价

	MODIS LAI 与高分辨率 LAI	GLASS LAI 与高分辨率 LAI
拟合方程	$y=0.54x+1.05$	$y=0.28x+2.02$
相关系数	0.49	0.35
均方根误差	1.75	1.72
偏差	−0.67	−0.71

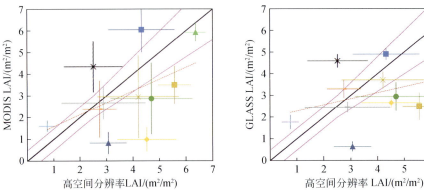

图 9.40　西南山区 MODIS、GLASS LAI 产品与高分辨率 LAI 对比散点图

　　分析结果表明，亚像元尺度的地形特征会显著影响 LAI 产品的时空连续性；中低分辨率 LAI 产品刻画山地的垂直带谱特性的能力较差；已有 LAI 产品在山区的精度弱于平地。开展山地 LAI 验证工作，定量评估 LAI 产品在山地的精度和时空表征能力，是提高产品应用水平，促进算法改进的重要一环。山地 LAI 反演必须考虑协同使用多源、多尺度遥感数据，发展适用的时空融合算法，以描述山地高度的时空异质性。

9.7　小　　　结

　　卫星遥感对地观测技术的应用、推广与进步离不开遥感产品验证工作，尤其是在山地复杂地形条件下，地形起伏影响着山地遥感成像过程，给山地地表参量的定量反演工作带来了很大的不确定性，如何有效评价山地地表参量遥感反演结果的精度水平，提高反演效率是山地遥感发展所面临的非常紧迫的问题。本章从遥感产品验证的研究内容出发，就验证过程涉及的地面采样技术、关键地表参量地面测量方法、地表参量的空间尺度效应特征及其转换规律等进行了介绍和分析。并针对山地遥感产品验证的问题及技术途径、山地地表参量采样方案和山地空间尺度效应研究进行了初步的探讨。

　　回顾遥感产品验证的发展过程，我们不难发现专门针对山地遥感数据及产品的验证工作还较少，其理论体系还不够完善，存在较大的研究和发展空间，有待遥感科学研究者们在将来的研究中更多地关注山地遥感产品验证工作，进一步夯实其理论基础。

参 考 文 献

陈家宜.1992. 黑河地区地气相互作用观测实验研究. 地球科学进展，7（4）：90～91.

胡隐樵，高由禧，王介民，季国良，沈志宝，程麟生，陈家宜，李守谦.1994. 黑河实验（HEIFE）的一些研究成果. 高原气象，13（3）：2～13.

姜小光，李召良，李显彬，李子扬.2008. 遥感真实性检验系统框架初步构想. 干旱区地理，31（4）：567～571.

焦子锑，王锦地，谢里欧，张颖，阎广建，何立明，李小文 . 2005. 地面和机载多角度观测数据的反照率反演及对 MODIS 反照率产品的初步验证 . 遥感学报，9（1）：64～72.

巨文珍，王新杰，孙玉军 . 2011. 长白落叶松林龄序列上的生物量及碳储量分配规律 . 生态学报，31（4）：1139～1148.

李爱农，边金虎，张正健，赵伟，南希，孙志宇，唐明坤，俄尕 . 2016. 若尔盖高原区域碳收支参量多尺度遥感综合观测试验：科学目标与试验设计 . 遥感技术与应用，31（3）：1～11.

李新，程国栋，马明国，肖青，晋锐，冉有华，赵文智，冯起，陈仁升，胡泽勇 . 2010. 数字黑河的思考与实践 4：流域观测系统 . 地球科学进展，25（8）：866～876.

李新，李小文，李增元，王建，马明国，刘强，肖青，胡泽勇，车涛，王介民，柳钦火，陈尔学，阎广建，刘绍民，王维真，张立新，王锦地，牛铮，晋锐，冉有华，王亮绪 . 2012a. 黑河综合遥感联合试验研究进展：概述 . 遥感技术与应用，27（5）：637～649.

李新，刘绍民，马明国，肖青，柳钦火，晋锐，车涛，王维真，祁元，李弘毅，朱高峰，郭建文，冉有华，闻建光，王树果 . 2012b. 黑河流域生态—水文过程综合遥感观测联合试验总体设计 . 地球科学进展，27（5）：481-498.

李新，马明国，王建，刘强，车涛，胡泽勇，肖青，柳钦火，苏培玺，楚荣忠，晋锐，王维真，冉有华 . 2008b. 黑河流域遥感—地面观测同步试验：科学目标与试验方案 . 地球科学进展，23（9）：897～914.

李德仁 . 2012. 论空天地一体化对地观测网络 . 地球信息科学学报，14（4）：419～425.

李小文 . 2005. 定量遥感的发展与创新 . 河南大学学报（自然科学版），35（4）：49～56.

李小文 . 2006. 地球表面时空多变要素的定量遥感项目综述 . 地球科学进展，21（8）：771～780.

刘艳，王锦地，周红敏，薛华柱 . 2010. 黑河中游实验区不同分辨率 LAI 数据处理、分析和尺度转换 . 遥感技术与应用，25（6）：805～813.

刘旻霞，王刚 . 2013. 高寒草甸植物群落多样性及土壤因子对坡向的响应 . 生态学杂志，32（2）：259～265.

吕达仁，陈佐忠，陈家宜，王庚辰，季劲钧，陈洪滨，刘钟龄，张仁华，乔劲松，陈有君 . 2002. 内蒙古半干旱草原土壤-植被-大气相互作用（IM GRASS）综合研究 . 地学前缘，9（2）：295～306.

栾海军，田庆久，顾行发，余涛，胡新礼 . 2013. 基于分形理论与 GEOEYE-1 影像的 NDVI 连续空间尺度转换模型构建及应用 . 红外与毫米波学报，32（6）：538～544+549.

马金辉，屈创，张海筱，夏燕秋 . 2013. 2001-2010 年石羊河流域上游 TRMM 降水资料的降尺度研究 . 地理科学进展，32（9）：1423～1432.

马明国，刘强，阎广建，陈尔学，肖青，苏培玺，胡泽勇，李新，牛铮，王维真 . 2009a. 黑河流域遥感-地面观测同步试验：森林水文和中游干旱区水文试验 . 地球科学进展，24（7）：681～696.

马明国，刘强，阎广建，陈尔学，肖青，苏培玺，胡泽勇，李新，牛铮，王维真，钱金波，宋怡，丁松爽，辛晓洲，任华忠，黄春林，晋锐，车涛，楚荣忠 . 2009b. 黑河流域遥感-地面观测同步试验：森林水文和中游干旱区水文试验 . 地球科学进展，24（7）：681～695.

马维玲，石培礼，李文华，何永涛，张宪洲，沈振西 . 2010. 青藏高原高寒草甸植株性状和生物量分配的海拔梯度变异 . 中国科学（生命科学），40（6）：533～543.

田庆久，金震宇 . 2006. 森林叶面积指数遥感反演与空间尺度转换研究 . 遥感信息，21（4）：5～11，插页 11.

王安琪，解超，施建成，宫辉力 . 2013. MODIS 温度变化率与 AMSR-E 土壤水分的关系的提出与降尺度算法推广 . 光谱学与光谱分析，33（3）：623～627.

王建，车涛，张立新，晋锐，王维真，李新，梁继，郝小华，李弘毅，吴月茹，胡泽勇 . 2009. 黑河流域上游寒区水文遥感-地面同步观测试验 . 冰川冻土，31（2）：189～197.

王介民 . 1999. 陆面过程实验和地气相互作用研究：从 HEIFE 到 IMGRASS 和 GAME—Tibet/TIPEX. 高原气象，18（3）：280～294.

王介民，马耀明 . 1995. 卫星遥感在 HEIFE 非均匀陆面过程研究中的应用 . 遥感技术与应用，10（3）：19～26.

王猛，李贵才，王军邦 . 2011. 典型草原通量塔通量贡献区地上生物量和叶面积指数的时空变异 . 应用生态学报，22（3）：637～643.

王培娟，孙睿，朱启疆 . 2005. 陆地植被二氧化碳通量尺度扩展研究进展 . 遥感学报，9（6）：751～759.

吴骅，姜小光，习晓环，李传荣，李召良 . 2009. 两种普适性尺度转换方法比较与分析研究 . 遥感学报，13（2）：183～189.

夏浩铭，李爱农，赵伟，边金虎 . 2015. 遥感反演蒸散发时间尺度拓展方法研究进展 . 农业工程学报，31（24）：162～173.

徐希孺，范闻捷，陶欣 . 2009. 遥感反演连续植被叶面积指数的空间尺度效应 . 中国科学（地球科学），39（1）：79～87.

杨勇帅，李爱农，靳华安，尹高飞，赵伟，雷光斌，边金虎 . 2016. 中国西南山区 GEOV1、GLASS 和 MODIS LAI 产品的对比分析 . 遥感技术与应用，31（3）：438～450.

于贵瑞，伏玉玲，孙晓敏，温学发，张雷明 . 2006. 中国陆地生态系统通量观测研究网络（ChinaFLUX）的研究进展及其发展思路 . 中国科学（地球科学），36（S1）：1～21.

于贵瑞，张雷明，孙晓敏 . 2014. 中国陆地生态系统通量观测研究网络（ChinaFLUX）的主要进展及发展展望 . 地理科学进展，33（7）：903～917.

曾也鲁，李静，柳钦火 . 2012. 全球 LAI 地面验证方法及验证数据综述 . 地球科学进展，27（2）：165～174.

曾也鲁，李静，柳钦火，柏军华 . 2013. 基于 NDVI 先验知识的 LAI 地面采样方法 . 遥感学报，17（1）：107～121.

张强，胡向军，王胜，刘宏谊，张杰，王润元 . 2009. 黄土高原陆面过程试验研究（LOPEX）有关科学问题 . 地球科学进展，24（4）：363～372.

张仁华，田静，李召良，苏红波，陈少辉 . 2010. 定量遥感产品真实性检验的基础与方法 . 中国科学（地球科学），40（2）：211～222.

章文波，路炳军，石伟 . 2009. 植被覆盖度的照相测量及其自动计算 . 水土保持通报，29（2）：39～42.

Agam N，Kustas W P，Anderson M C，Li F，Neale C M. 2007. A vegetation index based technique for spatial sharpening of thermal imagery. Remote Sensing of Environment，107（4）：545～558.

Aman A，Randriamanantena H P，Podaire A，Frouin R. 1992. Upscale integration of normalized difference vegetation index：the problem of spatial heterogeneity. IEEE Transactions on Geoscience and Remote Sensing，30（2）：326-338.

Avissar R，Silva Dias P L，Silva Dias M A，Nobre C. 2002. The Large-Scale Biosphere-Atmosphere Experiment in Amazonia（LBA）：Insights and future research needs. Journal of Geophysical Research：Atmospheres，107（D20）：321～334.

Baldocchi D，Falge E，Gu L，Olson R，Hollinger D，Running S，Anthoni P，Bernhofer C，Davis K，Evans R. 2001. FLUXNET：a new tool to study the temporal and spatial variability of ecosystem-scale carbon dioxide，water vapor，and energy flux densities. Bulletin of the American Meteorological Society，82（11）：2415～2434.

Bolle H J，Andre J C，Arrue J L，Barth H K，Bessemoulin P，Brasa A，Debruin H A R，Cruces J，Dugdale G，Engman E T，Evans D L，Fantechi R，Fiedler F，Vandegriend A，Imeson A C，Jochum A，Kabat P，Kratzsch

T, Lagouarde J P, Langer I, Llamas R, Lopezbaeza E, Miralles J M, Muniosguren L S, Nerry F, Noilhan J, Oliver H R, Roth R, Saatchi S S, Diaz J S, Olalla M D, Shuttleworth W J, Sogaard H, Stricker H, Thornes J, Vauclin M, Wickland D. 1993. Efeda-european Field Experiment in a Desertification-threatened Area. Annales Geophysicae, 11 (2-3): 173~189.

Buermann W, Helmlinger M. 2005. SAFARI 2000 LAI and FPAR Measurements at Sua Pan, Botswana, Dry Season 2000. Data set. Available on-line [http://daac.ornl.gov/] from Oak Ridge National Laboratory Distributed Active Archive Center, Oak Ridge, Tennessee, USA.

Burrows S, Gower S, Clayton M, Mackay D, Ahl D, Norman J M, Diak G. 2002. Application of geostatistics to characterize leaf area index (LAI) from flux tower to landscape scales using a cyclic sampling design. Ecosystems, 5 (7): 667~679.

Camacho F, Cernicharo J, Lacaze R, Baret F, Weiss M. 2013. GEOV1: LAI, FAPAR essential climate variables and FCOVER global time series capitalizing over existing products. Part 2: Validation and intercomparison with reference products. Remote Sensing of Environment, 137: 310~329.

Carlson T N, Gillies R R, Perry E M. 1994. A method to make use of thermal infrared temperature and NDVI measurements to infer surface soil water content and fractional vegetation cover. Remote Sensing Reviews, 9 (1-2): 161~173.

Cescatti A, Marcolla B, Santhana Vannan S K, Pan J Y, Román M O, Yang X, Ciais P, Cook R B, Law B E, Matteucci G. 2012. Intercomparison of MODIS albedo retrievals and in situ measurements across the global FLUXNET network. Remote Sensing of Environment, 121: 323~334.

Chauhan N, Miller S, Ardanuy P. 2003. Spaceborne soil moisture estimation at high resolution: a microwave-optical/IR synergistic approach. International Journal of Remote Sensing, 24 (22): 4599~4622.

Chen J M. 1999. Spatial scaling of a remotely sensed surface parameter by contexture. Remote Sensing of Environment, 69 (1): 30~42.

Choi M, Hur Y. 2012. A microwave-optical/infrared disaggregation for improving spatial representation of soil moisture using AMSR-E and MODIS products. Remote Sensing of Environment, 124: 259~269.

Cline D, Yueh S, Chapman B, Stankov B, Gasiewski A, Masters D, Elder K, Kelly R, Painter T H, Miller S, Katzberg S, Mahrt L. 2009. NASA Cold Land Processes Experiment (CLPX 2002/03): airborne remote sensing. Journal of Hydrometeorology, 10 (1): 338~346.

Clinger W, Van Ness J W. 1976. On unequally spaced time points in time series. The Annals of Statistics, 4 (4): 736~745.

Cohen W B, Maiersperger T K, Turner D P, Ritts W D, Pflugmacher D, Kennedy R E, Kirschbaum A, Running S W, Costa M, Gower S T. 2006. MODIS land cover and LAI collection 4 product quality across nine sites in the western hemisphere. IEEE Transactions on Geoscience and Remote Sensing, 44 (7): 1843~1857.

Coll C, Wan Z, Galve J M. 2009. Temperature-based and radiance-based validations of the V5 MODIS land surface temperature product. Journal of Geophysical Research: Atmospheres, 114 (D20/02): 1~15.

de Rosnay P, Calvet J C, Kerr Y, Wigneron J P, Lemaître F, Escorihuela M J, Sabater J M, Saleh K, Barrié J, Bouhours G, Coret L, Cherel G, Dedieu G, Durbe R, Fritz N E D, Froissard F, Hoedjes J, Kruszewski A, Lavenu F, Suquia D, Waldteufel P. 2006. SMOSREX: a long term field campaign experiment for soil moisture and land surface processes remote sensing. Remote Sensing of Environment, 102 (3-4): 377~389.

Dubovik O, King M D. 2000. A flexible inversion algorithm for retrieval of aerosol optical properties from Sun and sky radiance measurements. Journal of Geophysical Research: Atmospheres (1984-2012), 105 (D16): 20673~20696.

Evett S R, Kustas W P, Gowda P H, Anderson M C, Prueger J H, Howell T A. 2012. Overview of the Bushland Evapotranspiration and Agricultural Remote sensing Experiment 2008 (BEAREX08): a field experiment evaluating methods for quantifying ET at multiple scales. Advances in Water Resources, 50: 4 ~ 19.

Fang H L, Wei S S, Liang S L. 2012. Validation of MODIS and CYCLOPES LAI products using global field measurement data. Remote Sensing of Environment, 119: 43 ~ 54.

Fisher J B, Tu K P, Baldocchi D D. 2008. Global estimates of the land-atmosphere water flux based on monthly AVHRR and ISLSCP-II data, validated at 16 FLUXNET sites. Remote Sensing of Environment, 112 (3): 901 ~ 919.

Grosso N, Paronis D. 2012. Comparison of contrast reduction based MODIS AOT estimates with AERONET measurements. Atmospheric Research, 116: 13.

Guo L J, Moore J M. 1998. Pixel block intensity modulation: adding spatial detail to TM band 6 thermal imagery. International Journal of Remote Sensing, 19 (13): 2477 ~ 2491.

Hagolle O, Huc M, Pascual D V, Dedieu G. 2015. A multi-temporal and multi-spectral method to estimate aerosol optical thickness over Land, for the atmospheric correction of FormoSat-2, LandSat, VEN mu S and Sentinel-2 Images. Remote Sensing, 7 (3): 2668 ~ 2691.

Halldin S, Gottschalk L, van de Griend A A, Gryning S E, Heikinheimo M, Hogstrom U, Jochum A, Lundin L C. 1998. NOPEX - a northern hemisphere climate processes land surface experiment. Journal of Hydrology, 212 (1-4): 172 ~ 187.

Holben B, Eck T, Slutsker I, Tanre D, Buis J, Setzer A, Vermote E, Reagan J, Kaufman Y, Nakajima T. 1998. AERONET—a federated instrument network and data archive for aerosol characterization. Remote Sensing of Environment, 66 (1): 1 ~ 16.

Hulley G C, Hook S J, Manning E, Lee S Y, Fetzer E. 2009. Validation of the Atmospheric Infrared Sounder (AIRS) version 5 land surface emissivity product over the Namib and Kalahari deserts. Journal of Geophysical Research: Atmospheres, 114 (D19): 5577 ~ 5594.

Jin H A, Li A N, Bian J H, Nan X, Zhao W, Zhang Z J, Yin G F. 2017. Intercomparison and validation of MODIS and GLASS leaf area index (LAI) products over mountain areas: A case study in southwestern China. International Journal of Applied Earth Observation and Geoinformation, 55: 52 ~ 67.

Jin H A, Li A N, Bian J H, Zhang Z J, Huang C Q, Meng X L. 2013. Validation of Global Land Surface Satellite (GLASS) Downward Shortwave Radiation Product in the Rugged Surface. Journal of Mountain Science, 10 (5): 812 ~ 823.

Johnson B T, Christopher S, Haywood J M, Osborne S R, McFarlane S, Hsu C, Salustro C, Kahn R. 2009. Measurements of aerosol properties from aircraft, satellite and ground-based remote sensing: a case-study from the Dust and Biomass-burning Experiment (DABEX). Quarterly Journal of the Royal Meteorological Society, 135 (641): 922 ~ 934.

Kim J, Hogue T S. 2012. Improving spatial soil moisture representation through integration of AMSR-E and MODIS Products. IEEE Transactions on Geoscience and Remote Sensing, 50 (2): 446 ~ 460.

Knyazikhin Y, Glassy J, Privette J L, Tian Y, Lotsch A, Zhang Y, Wang Y, Morisette J T, Votava P, Myneni R B, Nemani R R, Running S W. 1999. MODIS Leaf Area Index (LAI) and Fraction of Photosynthetically Active Radiation Absorbed by Vegetation (FPAR) Product (MOD15) Algorithm, Theoretical Basis Document, NASA Goddard Space Flight Center, Greenbelt, MD 20771, USA.

Lautenbacher C C. 2006. The global earth observation system of systems: science serving society. Space Policy, 22 (1): 8 ~ 11.

Liang S, Fang H, Chen M, Shuey C J, Walthall C, Daughtry C, Morisette J, Schaaf C, Strahler A. 2002. Validating MODIS land surface reflectance and albedo products: methods and preliminary results. Remote Sensing of Environment, 83 (1): 149~162.

Liang S L, Wang K C, Zhang X T, Wild M. 2010. Review on estimation of land surface radiation and energy budgets from ground measurement, remote sensing and model simulations. IEEE Journal of Selected Topics in Applied Earth Observations and Remote Sensing, 3 (3): 225~240.

Li X, Cheng G D, Liu S M, Xiao Q, Ma M G, Jin R, Che T, Liu Q H, Wang W Z, Qi Y, Wen J G, Li H Y, Zhu G F, Guo J W, Ran Y H, Wang S G, Zhu Z L, Zhou J, Hu X L, Xu Z W. 2013. Heihe Watershed Allied Telemetry Experimental Research (HiWATER): scientific objectives and experimental Design. Bulletin of the American Meteorological Society, 94 (8): 1145~1160.

Ma W, Hafeez M, Rabbani U, Ishikawa H, Ma Y. 2012. Retrieved actual ET using SEBS model from Landsat-5 TM data for irrigation area of Australia. Atmospheric Environment, 59 (0): 408~414.

Merlin O, Walker J P, Chehbouni A, Kerr Y. 2008. Towards deterministic downscaling of SMOS soil moisture using MODIS derived soil evaporative efficiency. Remote Sensing of Environment, 112 (10): 3935~3946.

Morisette J T, Baret F, Privette J L, Myneni R B, Nickeson J E, Garrigues S, Shabanov N V, Weiss M, Fernandes R A, Leblanc S G, Kalacska M, Sanchez-Azofeifa G A, Chubey M, Rivard B, Stenberg P, Rautiainen M, Voipio P, Manninen T, Pilant A N, Lewis T E, Iiames J S, Colombo R, Meroni M, Busetto L, Cohen W B, Turner D P, Warner E D, Petersen G W, Seufert G, Cook R. 2006. Validation of global moderate-resolution LAI products: a framework proposed within the CEOS land product validation subgroup. IEEE Transactions on Geoscience and Remote Sensing, 44 (7): 1804~1817.

Morisette J T, Privette J L, Justice C O. 2002. A framework for the validation of MODIS land products. Remote sensing of environment, 83 (1): 77~96.

Myneni R B, Knyazikhin Y, Privette J L. 1999. MODIS leaf area index (LAI) and fraction of photosynthetically active radiation absorbed by vegetation (FPAR) product (Algorithm Theoretical Basis Document).

Nichol J. 2009. An emissivity modulation method for spatial enhancement of thermal satellite images in urban heat island analysis. Photogrammetric Engineering & Remote Sensing, 75 (5): 547~556.

Nishida K, Nemani R R, Glassy J M, Running S W. 2003. Development of an evapotranspiration index from Aqua/MODIS for monitoring surface moisture status. IEEE Transactions on Geoscience and Remote Sensing, 41 (2): 493~501.

Otter L, Scholes R, Dowty P, Privette J, Caylor K, Ringrose S, Mukelabai M, Frost P, Hanan N, Totolo O. 2002. The Southern African regional science initiative (SAFARI 2000): wet season campaigns. South African Journal of Science, 98 (3 & 4): 131~137.

Piles M, Sanchez N, Vall-llossera M, Camps A, Martinez-Fernandez J, Martinez J, Gonzalez-Gambau V. 2014. A downscaling approach for SMOS land observations: evaluation of high-resolution soil moisture maps over the Iberian Peninsula. IEEE Journal of, Selected Topics in Applied Earth Observations and Remote Sensing, 7 (9): 3845~3857.

Plummer S. 2006. On validation of the MODIS gross primary production product. IEEE Transactions on Geoscience and Remote Sensing, 44 (7): 1936~1938.

Quattrochi D A, Goodchild M F. 1997. Scale in Remote Sensing and GIS. Boca Raton, Florida: CRC Press.

Sellers P, Hall F, Asrar G, Strebel D, Murphy R. 1988. The first ISLSCP field experiment (FIFE). Bulletin of the American Meteorological Society, 69 (1): 22~27.

Sellers P, Hall F, Margolis H, Kelly B, Baldocchi D, denHartog G, Cihlar J, Ryan M G, Goodison B, Crill P,

Ranson K J, Lettenmaier D, Wickland D E. 1996. The Boreal Ecosystem-Atmosphere Study (BOREAS): an o-verview and early results. 22nd Conference on Agricultural & Forest Meteorology with Symposium on Fire & Forest Meteorology/12th Conference on Biometeorology & Aerobiology: 1 ~ 4.

Swap R, Annegarn H J, Otter L. 2002 . Southern African Regional Science Initiative (SAFARI 2000) : summary of science plan. South African Journal of Science, 98: 119 ~ 124.

Swap R, Annegarn H J, Suttles J, Haywood J, Helmlinger M, Hely C, Hobbs P V, Holben B, Ji J, King M. 2002. The Southern African Regional Science Initiative (SAFARI 2000): overview of the dry season field campaign. South African Journal of Science, 98 (3 & 4): 125 ~ 130.

Tang R, Li Z L, Tang B. 2010. An application of the Ts-VI triangle method with enhanced edges determination for evapotranspiration estimation from MODIS data in arid and semi- arid regions: implementation and validation. Remote Sensing of Environment, 114 (3): 540 ~ 551.

Turner D P, Ritts W D, Cohen W B, Gower S T, Zhao M, Running S W, Wofsy S C, Urbanski S, Dunn A L, Munger J. 2003. Scaling gross primary production (GPP) over boreal and deciduous forest landscapes in support of MODIS GPP product validation. Remote Sensing of Environment, 88 (3): 256 ~ 270.

van der Kwast J, Timmermans W, Gieske A, Su Z, Olioso A, Jia L, Elbers J, Karssenberg D, de Jong S. 2009. Evaluation of the Surface Energy Balance System (SEBS) applied to ASTER imagery with flux-measurements at the SPARC 2004 site (Barrax, Spain) . Hydrol. Earth Syst. Sci. Discuss, 6 (1): 1165 ~ 1196.

Wan Z. 2002. Estimate of noise and systematic error in early thermal infrared data of the Moderate Resolution Imaging Spectroradiometer (MODIS) . Remote Sensing of Environment, 80 (1): 47 ~ 54.

Wan Z. 2008. New refinements and validation of the MODIS Land- Surface Temperature/Emissivity products. Remote Sensing of Environment, 112 (1): 59 ~ 74.

Xiao Z, Liang S, Wang J, Chen P, Yin X, Zhang L, Song J. 2014. Use of general regression neural networks for generating the GLASS leaf area index product from time-series MODIS surface reflectance. IEEE Transactions on Geoscience and Remote Sensing, 52 (1): 209 ~ 223.

Yang W, Tan B, Huang D, Rautiainen M, Shabanov N V, Wang Y, Privette J L, Huemmrich K F, Fensholt R, Sandholt I, Weiss M, Ahl D E, Gower S T, Nemani R R, Knyazikhin Y, Myneni R B. 2006. MODIS leaf area index products: from validation to algorithm improvement. IEEE Transactions on Geoscience and Remote Sensing, 44 (7): 1885 ~ 1898.

Yu G R, Wen X F, Sun X M, Tanner B D, Lee X, Chen J Y. 2006. Overview of ChinaFLUX and evaluation of its eddy covariance measurement. Agricultural and Forest Meteorology, 137 (3): 125 ~ 137.

Zhang X, Yan G, Li Q, Li Z L, Wan H, Guo Z. 2006. Evaluating the fraction of vegetation cover based on NDVI spatial scale correction model. International Journal of Remote Sensing, 27 (24): 5359 ~ 5372.

Zhao W, Li A N. 2013. A downscaling method for improving the spatial resolution of AMSR-E derived soil moisture product based on MSG- SEVIRI data. Remote Sensing, 5 (12): 6790 ~ 6811.

Zhukov B, Oertel D, Lanzl F, Reinhackel G. 1999. Unmixing- based multisensor multiresolution image fusion. IEEE Transactions on Geoscience and Remote Sensing, 37 (3): 1212 ~ 1226.

第 10 章　山地灾害遥感应急调查

极端气象条件、突发的强烈地震、人类对山地大力度开发等内外动力因素，使山地灾害频发态势难以在短期内得到抑制，愈发引起国内外相关研究机构、职能部门以及公众的关注。联合国国际减灾战略署（UN/ISDR）对近 5 年全球重大自然灾害作了统计，其中，造成重大伤亡的崩塌、滑坡、泥石流灾害占三大自然灾害（气象、地质和生物灾害）的比例超过 10%。中国地跨喜马拉雅构造带和环太平洋构造带，地质环境复杂且脆弱，决定了山地灾害高易发特征。据全国地质灾害通报，近 5 年（2011~2015），全国累计发生地质灾害 64520 起，造成两千多人死亡或失踪、直接经济损失超过 273.4 亿元（中国地质环境信息网，2015）。截至 2016 年，全国已查明地质灾害隐患点近 28 万处，威胁 1800 万人和 4858 亿元财产安全（国土资源部，2016）。山地灾害严重制约山区生态、社会、经济的可持续发展，使资源富集的山区成为"中国地形上的隆起区和经济上的低谷区"（陈国阶等，2010）。

鉴于崩塌、滑坡、泥石流等灾害的重大危害和对山区社会的重要影响，对其进行快速、准确的调查是抗灾减灾的关键，也是深入研究的基础（崔鹏等，2014；黄润秋，2008；殷跃平等，2014）。特别是地震次生山地灾害的随机性、突发性和广泛性对监测手段提出了更高的要求（崔鹏等，2013）。遥感以其快速、机动、从宏观到微观全面观测等优势条件，对及时了解和掌握灾区情况和正确实施抢险救灾十分重要（郭华东等，2011），并能够有效减少野外工作量和成本（Aksoy et al.，2012）。本章 10.1 节主要介绍我国山地灾害的主要类型、危害性及其分布特征，山地灾害遥感应急调查的一般流程；其次重点介绍崩塌滑坡（10.2 节）、泥石流（10.3 节）、堰塞湖（10.4 节）等典型山地灾害的影像特征、遥感调查方法及应用实例；最后 10.5 节对遥感技术在山地灾害调查中的应用进行了总结。

10.1　山地灾害与遥感应急调查

山地灾害是山地特殊的自然环境在自然演化过程中伴生的，或在其演化过程中与人类活动共同作用引起的，对人类的生产、生活和居住环境，甚至对人类自身的生存发展有不利影响的各种灾害事件的总称（钟敦伦等，2013）。遥感能够为崩塌、滑坡、泥石流等灾害解译和灾情信息提取提供直观的依据，特别是星-机联合的应急调查，近实时提供灾后地表影像，能够获得灾害分布、房屋倒塌、道路损毁等信息，在应急工作中发挥重要作用（荆凤等，2008；Guo et al.，2010），并为危险性区划、减灾决策、综合预警、风险管理等研究提供数据支持（南希等，2015；崔鹏和邹强，2016）。本节 10.1.1 介绍我国主要的

山地灾害类型、危害与分布特征，10.1.2 介绍遥感技术在山地灾害调查中的优势，10.1.3
介绍山地灾害遥感调查的一般流程，10.1.4 介绍政府间国际组织《空间与重大灾害国际
宪章》及其在国际间灾害应急调查中发挥的数据共享与技术支持作用。

10.1.1　山地灾害的类型、危害与分布

全球广泛分布的山地发育了大量的山地灾害，严重阻碍了山地生态、社会与经济的可
持续发展。山地灾害的分布一般随地形特征具有明显的地带性和地区性规律。山地灾害的
常见类型、危害性及空间分布规律总结如下。

1. 山地灾害常见类型

常见的山地灾害包括滑坡、崩塌、泥石流、堰塞湖、山洪、水土流失等，各类灾害的
定义和典型特征如下。

1）滑坡

滑坡是指构成斜坡的岩土体在重力作用下失稳，沿着一个或几个滑动面（带）发生剪
切而整体下滑的现象（乔建平，1997）。滑坡是岩土体的一种块体运动形态，以沿着自身
下部的滑动面作整体运动为主要特征。

2）崩塌

崩塌包含滑塌、撒落和落（滚）石等，是高陡斜坡上的岩土体在重力作用下发生断
裂，被裂缝分离而脱离母体的岩土体发生坠落、倾倒或滑塌，沿途发生跳跃、滚动，最终
堆积在坡脚（沟谷）的地质事件（王士革等，2005）。崩塌以坠落、滑塌，或以自身下部
的压碎带为轴线发生倾倒等为主要特征。

3）泥石流

泥石流是由水、土、岩石等多相物质在坡地上或沟道内相互作用发展而形成的一种自
然灾害，可以视为介于崩塌、滑坡等块体运动与山洪之间的一种物理过程。泥石流暴发突
然、运动快速、历时短暂、危害严重，既具有水体的性质，又具有土体的性质，是一种特
殊的流体（周必凡等，1991）。其中，沿坡面运动的泥石流，称为坡面泥石流或山坡泥石
流；沿沟谷运动的泥石流，称为沟谷泥石流。

4）堰塞湖

堰塞湖是大规模的崩塌、滑坡、泥石流进入河道或沟谷后，形成堆积体堵塞河流而成
（聂高众等，2004）。堰塞湖不仅淹没河流上游沿岸低洼处，而且当堰塞体溃决时，其上游
因退水迅速，岸坡应力快速调整，往往在两岸诱发数量众多的崩塌和滑坡。同时，在其下
游形成规模巨大的山洪，甚至形成泥石流，对两岸造成强烈冲刷，并在河底造成严重淤
积，危害巨大。

5）山洪

山洪是发生在山地的流动快速、规模巨大、暴涨暴落的沟谷或河川径流（国家防汛抗
旱总指挥部办公室和中国科学院水利部成都山地灾害与环境研究所，1994）。山洪灾害具

有突发性、水量集中、破坏力大等特点，往往含有大量泥沙，且经常诱发泥石流和滑坡，毁坏房屋、农田、道路和桥梁等，甚至可能导致水坝、山塘溃决，对山区经济和人民生命财产造成严重威胁。

6）土壤侵蚀

土壤侵蚀是指地球表面的土壤及其母质受水力、风力、冻融、重力等外力的作用，在自然或人为因素的影响下发生的各种破坏、分离、搬运和沉积的现象（王占礼，2000）。根据外力性质可以将土壤侵蚀划分为水力侵蚀、重力侵蚀、冻融侵蚀和风力侵蚀等。广泛使用的"水土流失"一词是指在水力作用下，土壤表层及其母质被剥蚀、冲刷搬运而流失的过程。

2. 山地灾害的危害分析

山地灾害首先对山区人民生命财产造成严重危害。据国土资源部门统计，我国每年发生灾害数千起，约7400万人不同程度地受到山地灾害的影响。仅2001～2010年间，全国滑坡、泥石流等突发性山地灾害共造成9941人死亡和失踪（不包含2008年汶川地震期间由滑坡、崩塌和泥石流造成的遇难人数），平均每年约1000人（图10.1），年平均直接经济损失达数十亿元（崔鹏，2014）。2008年，震惊全球的汶川5·12特大地震，共造成69229人死亡，17923人失踪，直接经济损失高达8451亿元。这其中由于地震诱发的崩塌、滑坡、泥石流等山地灾害造成的死亡和失踪人数约为25000人。2010年8月8日，甘肃省舟曲山洪泥石流共造成1765人死亡和失踪。

据民政部统计，2012年中国共发生山洪灾害169起，受灾人数6686万，死亡和失踪446人，直接经济损失685亿元。另据《全国地质灾害通报》统计，2012年1～9月全国共发生滑坡10738起、崩塌2015起、泥石流905起，造成348人死亡和失踪。2013年1月11日，云南省镇雄县果珠乡赵家沟村发生滑坡灾害，造成46人遇难。

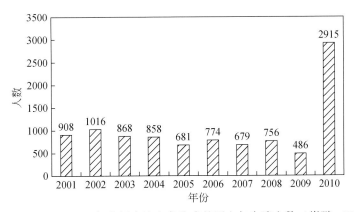

图 10.1　2001～2010年中国山地灾害造成的死亡与失踪人数（崔鹏，2014）

除了生命财产损失，山地灾害还对山地生态环境造成严重破坏。山地灾害既是生态环境恶化的重要标志，其发生后又进一步加速生态环境的恶化（乔建平，2000）。山地森林、草地等植被对于防风固沙、水分涵养、资源供给等生态系统服务功能具有重要作用，而崩塌、滑坡、泥石流、堰塞湖等山地灾害会对山地表层植被造成严重破坏，进而影响生态环境。据统计，在汶川地震中，崩塌、滑坡、泥石流等山地灾害共损毁森林 86.97km^2，草地 77.99km^2；形成堰塞湖 34 处，淹没大量耕地、草地和林地资源（徐新良等，2008）。不仅如此，由于山地生态系统具有脆弱性，其受到破坏以后的恢复过程长达数十年。

山地灾害对山区交通、水利等基础设施同样有不可忽视的损毁作用。据统计，我国西南山区宝成、成昆、宝兰等多条铁路沿线分布着泥石流沟 1400 余条，铁路建成以来共发生中断行车事件 1200 余次；发生较大的泥石流 300 余起，淤埋车站 41 次，致列车出轨和颠覆事件 10 余起。西南公路网中，川藏、川滇、川陕和川甘等线路山地灾害最为严重，其中仅川藏公路建成后沿线分布泥石流沟 1000 余条，发生较大山地灾害 400 余起，每年因泥石流等灾害阻断交通达 1 ~ 5 个月，成为该线交通安全的最大威胁（唐邦兴等，1996）。在 2008 年汶川地震中，山地灾害共造成道路阻断 3389 处，总长约 213km；国道 G213 线和 G317 线共有 87 座桥梁、11 座隧道受到不同程度的损坏，全线交通中断（韩用顺等，2009）。此外，在汶川地震发生后的 10 天内，震区内共形成大小不一的堰塞湖 256 处，其中距离北川县城 3.2km 处的唐家山堰塞湖滑坡体积达 $2.04×10^7 m^3$，最大蓄水量 $3.15×10^8 m^3$，淹没主河道长超过 23km。2014 年云南鲁甸 6.3 级地震诱发牛栏江红石崖附近发生大型滑坡，阻断河流形成堰塞湖，将正在建设中的红石崖水电站淹没，造成严重的经济损失。

3. 我国山地灾害分布特征

我国山地灾害的发育、发生主要受地貌和气候因素的影响，具有明显的地带性和地区性规律（胡海涛，1993；盛海洋和王付全，2007）。总体而言，若以秦岭—淮河一线为界，则南方多于北方；以大兴安岭—太行山—云贵高原东缘一线为界，则西部多于东部。我国西部山区尤其是西南诸省市地处第一级阶梯和第二级阶梯的分界区域，长期处于地壳上升过程之中，地壳活动强烈，地形切割陡峭，地质构造复杂，岩土体支离破碎，再加之西南地区降水量大、降水时间集中；而西北地区植被覆盖状况较差，为山地灾害的孕育和发生创造了条件。以上地区主要包括云南、四川、重庆、贵州、陕西、青海、甘肃、宁夏等省市。其他地区新构造运动一般相对较弱，其中华北、东北地区的降水量相对较小，中南、华东大部分地区植被发育较好。因此，这些地区的崩塌、滑坡、泥石流等山地灾害发育强度一般低于西部山区。在地域上，可划分出 15 个山地灾害多发区，分别是：①横断山区；②黄土高原地区；③川北陕南地区；④川西北龙门山地区；⑤金沙江中下游地区；⑥川滇交界地区；⑦汉江安康-白河地区；⑧川东大巴山地区；⑨三峡地区；⑩黔西六盘水地区；⑪湘西地区；⑫赣西北地区；⑬赣东北上饶地区；⑭北京北部怀柔-密云地区；⑮辽东岫岩-凤城地区。以上地区根据各省地质灾害区域统计面积占全国总面积的 18.1%。

10.1.2　遥感技术在山地灾害应急调查中的优势

山地灾害多具有突发性、广泛性的特点，地面调查经常难以及时且全面获取受灾现场信息，在响应速度和全局把握方面存在局限性（郭华东等，2011）。将遥感技术用于山地灾害应急调查，能够对灾情做出快速反应，对灾害进行精准识别，并开展区域尺度、长时序的跟踪监测。

1. 时效性强

山地灾害的应急响应和防灾减灾需要准实时的灾情信息，而灾害链的防治与避让，也需要调查工作尽可能迅速的开展。如堰塞湖形成以后，其水位迅速上升，淹没区范围急剧增大，并随时有发生溃坝的危险，因此需要对其发生、发展的整个过程作出快速而准确的监测。同时，山地灾害通常伴随着对道路、桥梁等交通设施的毁坏，常规地面调查往往难以快速、全面地了解灾情。相比之下，遥感技术具有响应快、机动性强等优点，能够在第一时间开展调查与评估。

汶川特大地震发生后，第二天（5 月 13 日）即获取了都江堰地区的 COSMO-SkyMed 雷达卫星影像，分辨率为 1m；5 月 14 日上午获取了重灾区北川县城及周边的福卫 2 号光学卫星影像，全色分辨率 2m，多光谱 8m；以上卫星遥感数据在堰塞湖、泥石流等山地灾害调查中发挥了积极作用（Li et al.，2009；Liou et al.，2010）。2010 年 8 月 7 日 22 时左右，甘肃藏南自治州舟曲县东北部因局部暴雨引发特大山洪泥石流。灾害发生后，我国 HJ-1/B 星于 8 月 8 日 12 时获取了灾区的光学遥感影像，分辨率为 30m；美国 QuickBird 卫星于 8 月 9 日获取了灾区的高分辨率遥感影像，全色分辨率 0.61m，多光谱 2.44m；日本 ALOS 卫星于 8 月 10 日获取了灾区的遥感数据，全色分辨率 2.5m，多光谱 10m。2014 年 8 月 3 日 16 时 30 分，云南省昭通市鲁甸县境内发生 Ms 6.5 级地震，我国 ZY-3 卫星在 8 月 4 日 12 时获取了灾区的高分辨率遥感影像（最高分辨率 2.1m），此时距离地震发生仅 20h。以上卫星遥感数据在各次山地灾害应急调查中发挥了关键的"排头兵"作用。除了卫星遥感，低空无人机遥感具有更快的响应效率，通常在灾害发生后几小时内即可作出反应。

2. 高空间分辨率

一般而言，崩塌、滑坡等山地灾害的平面尺度大小从几米到数千米不等，对于小规模的山地灾害调查以及精细化研究而言，卫星遥感影像需达到一定的空间分辨率。目前，全球范围内使用最为广泛的 Landsat 卫星影像的分辨率为 15～30m，能够满足规模较大的滑坡、堰塞湖等山地灾害的常规监测要求。此外，中高空间分辨率的卫星还包括法国 SPOT-5 卫星，分辨率 2.5～10m；日本 ALOS 卫星，分辨率 2.5～10m；中国 ZY-1/02C 卫星，分辨率 2.36～10m；ZY-3 卫星，分辨率 2.1～5.8m。更有分辨率达到亚米级的高分辨率遥感卫星，如美国 GeoEye-1 卫星，分辨率 0.41～1.65m；WorldView 卫星，分辨率 0.5m；QuickBird 卫星，分辨率 0.61～2.44m；中国 GF-2 卫星，最高分辨率优于 1m。该类高分辨率卫星影像不仅可以识别规模较小的山地灾害，也能为山地灾害提供丰富的细部信息，便于山地灾害的精细化、定量化调查。

3. 覆盖范围广

山地灾害具有分布范围广的特点，尤其是地震诱发的各类山地灾害。以汶川地震为例，烈度大于Ⅵ度的区域面积高达 31.5 万 km²，烈度大于Ⅶ度的区域面积为 8.4 万 km²，常规调查手段难以在短时间内开展如此大范围的调查工作。而卫星遥感观测具有覆盖范围广的优点，如 Landsat-8/OLI 的扫描宽度为 180km×170km，单景影像覆盖面积约 3 万 km²。因而只需 10 余景 Landsat 影像就能覆盖烈度大于Ⅵ度的整个区域，3~4 景影像即可覆盖烈度大于Ⅶ度的受灾区域。除了 Landsat 以外，常见高分辨率卫星如 SPOT-5 的扫描宽度为 60km，ALOS 扫描宽度 70km，ZY-3 扫描宽度 50km，GF-2 扫描宽度 45km，以上卫星影像在空间上都是连续的，可以为灾害调查提供整个区域的无缝影像。

10.1.3　山地灾害遥感应急调查一般流程

山地灾害遥感调查的目的在于快速获取灾害体的空间分布、危害程度及其时间变化规律等，为开展灾情评估以及救援决策提供科学的数据支撑。山地灾害遥感调查一般分为数据准备、数据处理、灾害专题信息提取、空间（定量）分析及服务等阶段。

（1）数据准备阶段。根据调查目的，选择并收集多源遥感影像及相关辅助数据，形成灾害调查数据库。

（2）数据处理阶段。对多源遥感数据开展大气校正、几何校正、地形校正、云雪检测、数据融合等预处理工作，同时对相关辅助数据进行空间配准、栅格化、重采样等处理。

（3）灾害专题信息提取阶段。根据专家经验或高分辨率遥感影像建立灾害解译标志，采用计算机自动提取、变化检测、目视判读等手段，开展灾害专题信息提取及验证工作。

（4）空间（定量）分析与服务阶段。利用灾害专题信息结合辅助数据开展多种空间分析和定量研究，以及生命财产、生态环境损失评估，编制调查报告。同时，调查数据还可为相关决策、预警模型提供数据支撑。山地灾害遥感应急调查的一般流程见图 10.2。

1. 灾害调查背景数据库

山地灾害遥感调查的首要任务是获取多源遥感影像及相关辅助数据。根据灾害的类型、剧烈程度和影响范围、气象条件等选择合适的遥感数据源，如针对地震诱发的大范围山地灾害调查可以采用 SPOT、Landsat 等中高分辨率遥感影像；针对精细化灾害调查可以选择 QuickBird、WorldView 等分辨率达亚米级的遥感影像；针对个别典型灾害的细部调查及定量研究则需要更高分辨率的无人机遥感影像。除了影像数据，山地灾害调查一般还需要收集受灾区内的地形数据、地质数据、水文数据、社会经济数据等辅助数据，构成山地灾害遥感调查的多源数据库。

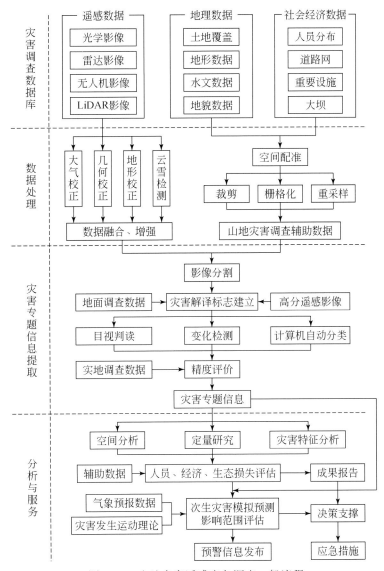

图 10.2　山地灾害遥感应急调查一般流程

2. 数据预处理

受地形、云雾等因素的影响，山地遥感影像通常存在较为严重的几何畸变和辐射畸变。数据预处理的主要目的在于消除影像的几何、辐射畸变，以及不同来源数据之间的几何偏差，增强影像对比度，提高计算机自动识别和人工判读的精度。数据预处理通常包括大气校正、地形校正、几何配准、云雪检测、数据融合、重采样、栅格化、裁剪等。（相关内容可参阅第 3 章）。

3. 灾害专题信息提取

山地灾害专题信息提取是指利用各种方法获取灾害体的空间分布。在早期的遥感调查中，目视解译是灾害信息提取的主要手段。随着影像空间分辨率的提高和计算机自动识别方法的发展，灾害信息计算机自动提取具有越来越高的精度和效率，并受到广泛重视和应用。常规的计算机分类提取方法包括最大似然法、最小距离法、ISODATA 法等，智能分类提取方法包括神经网络、支持向量机、决策树等（相关方法详见本书第 5 章）。由于滑坡、泥石流、堰塞湖等山地灾害具有明显的光谱和形状特征，因此还可以利用植被指数、水体指数、形状指数等对灾害信息进行提取。同时，山地灾害往往导致地表形态发生变化，还可利用多期地形数据对灾害信息进行提取。对于连续发展变化的山地灾害如堰塞湖、山洪等还需要对多期遥感影像进行灾害信息提取，以获取时间序列的山地灾害信息。

4. 分析与服务

该阶段的主要任务是综合运用各种数学方法获取灾害的空间分布规律以及各种定量化信息。空间分布规律分析如利用灾害专题信息与地形数据相结合可以得到灾害与坡度、坡向、海拔等地形因子的关系；利用灾害专题信息结合河流、道路开展缓冲区分析，可以定量评价各级缓冲区内的损失。定量分析如滑坡、泥石流方量估算，堰塞湖水位和蓄水量估算等；利用灾害专题信息与居民点、社会经济数据相结合可以对房屋损毁、经济损失等进行定量评价。分析结果可以向决策和救援部门提供数据支撑，为科技救灾服务。

10.1.4 空间和重大灾害国际宪章

为了有效利用世界各国的卫星观测资源与空间信息技术，欧洲航天局（ESA）与法国国家空间研究中心（CNES）在 1999 年 7 月联合发起了"重大自然或技术灾害中协调利用空间设施的合作宪章"，简称"空间与重大灾害国际宪章"。该宪章是目前世界范围内唯一运行的为重大灾害提供实质性空间技术和数据支撑的政府间国际组织（Ito, 2005；王秀梅, 2009）。国际宪章旨在提供一套空间数据接收与交付的标准化系统，并通过授权用户向受到自然或人为灾害影响的地区提供数据和技术服务。每一个成员机构都提供了各自相应的资源来支持宪章以减缓灾害对人类生命和财产的影响，宪章于 2000 年 11 月 1 日正式宣布实施。2007 年 5 月 24 日，中国航天局相关代表在欧洲航天局总部签署了"空间与重大灾害国际宪章"，这标志着中国国家航天局成为这一国际减灾合作机制的正式成员（孙青, 2007）。

目前加入"空间与重大灾害国际宪章"的成员机构主要有欧洲航天局（ESA, 2000）、法国国家空间研究中心（CNES, 2000）、加拿大航天局（CSA, 2000）、美国国家海洋与大气管理局（NOAA, 2001）、印度空间研究组织（ISRO, 2001）、阿根廷空间委员会（CONAE, 2003）、美国地质调查局（USGS, 2005）、英国国家航天局（UKSA, 2005）、日本宇宙航空研究开发机构（JAXA, 2005）、中国国家航天局（CNSA, 2007）、德国航空航天中心（DLR，2010）、韩国航空宇宙研究院（KARI，2010）、巴西国家太空研究院（INPE，2010）、俄罗斯联邦航天局（ROSCOSMOS，2010）、欧洲气象卫星组织（EUMETSAT）、灾害监测国际图像公司等。已加入该宪章并为世界范围内重大自然灾害提供数据共享服务的天基卫星主要包括欧空局 ERS、ENVISAT 卫星，法国 SPOT 卫星，加拿大 RadarSAT 卫星，印度 IRS 卫星，美国 QuickBird、GeoEye-1、Landsat 卫星，日本 ALOS 卫星等。2014 年 4 月，第 31 届空间与重大灾害国际宪章理事及执行秘书会议在北京召开，中国的高分一号卫星和风云三号 C 星正式被列为中方宪章值班卫星，至此中方的值班卫星包括风云卫星、中巴地球资源卫星、高分卫星和实践卫星等（靳颖，2014）。

自 2000 年投入运行以来，该宪章"Charter"机制已经启动近百次，向有关受灾国提供了针对滑坡、地震、洪水、林火和飓风等灾害的数据支持。2007 年 7 月，我国淮河流域和重庆涪江流域发生了严重的洪水灾害，给当地造成了巨大损失。灾害发生后，民政部国家减灾中心充分利用我国现有的卫星资源，对灾情严重地区进行了持续监测与灾情评估工作。随着灾情的发展，受灾范围不断扩大，国内卫星资源已不能完全满足救灾应急的需要，因此国家减灾委、民政部决定启动宪章合作机制。民政部国家减灾中心根据授权，于 7 月 14 日 18 时获取了 7 月 13 日淮河流域蒙洼蓄洪区和重庆涪江灾区的日本陆地观测卫星（ALOS）和欧洲空间局环境卫星（ENVISAT）影像，并分别完成了安徽蒙洼蓄洪区和重庆涪江灾区淹没范围应急监测和灾情紧急评估工作，为我国利用国际卫星资源开展减灾救灾工作开辟了一条新的道路（王秀梅，2009）。2008 年 5 月 12 日，我国汶川发生 Ms 8.0 级特大地震，震中位于四川山区，灾后道路损毁严重，人工调查和大型机械难以在短期内进入地震中心区域。因此，5 月 12 日 17 时，国家减灾委办公室作为"宪章"组织的正式授权用户，紧急启动"Charter"机制，先后向美国、加拿大、法国、日本、印度、欧盟等国家和地区的 11 个主要航天机构的 20 颗卫星提出数据观测申请，为地震灾区提供遥感影像 409 景，其中震前 195 景，震后 214 景，为灾情遥感监测提供了强有力的数据支撑。此外，在青海玉树地震、甘肃舟曲泥石流、四川雅安地震等重大自然灾害发生后，我国也多次启动宪章合作机制，获取大量遥感影像与产品。

作为空间对地观测大国，中国也多次在第一时间响应宪章请求，为世界范围内的减灾工作提供空间数据与技术支持，先后为澳大利亚森林火灾、巴基斯坦洪水、日本地震海啸等提供了大量卫星遥感数据，履行了我国作为航天大国的责任和义务。

10.2 崩塌、滑坡遥感应急调查

滑坡的分类依据有很多，刘广润等（2002）总结了目前国内外学者关于滑坡的分类体系如下：①按照物质组成可以分为岩质滑坡与土质滑坡；②按照滑动面深度可以分为浅层滑坡、中层滑坡、厚层滑坡和巨厚层滑坡；③按照滑坡体积可以分为小型、中型、大型和巨型滑坡；④按照动力成因可以分为天然型（地震型、降雨型、汇水型、冲蚀型、剥蚀型）和人为型（水库蓄水型、爆破型、地面切挖型、堆土型、地下洞掘型）滑坡；⑤按照变形机制可以分为蠕滑型、滑移型、弯曲型、塑流型等；⑥按照运动特征可以分为崩塌、倾倒、滑动、侧向扩展、流动和复合移动；⑦按照滑坡时代可以分为现代滑坡、老滑坡、古滑坡和埋藏滑坡；⑧按照滑坡历史可以分为首次滑坡（新生性滑坡）和再次滑坡（复活性滑坡）；⑨按照边坡变形破坏模式可以分为倾倒变形破坏、水平剪切变形、顺层高速滑动、追踪平移滑动和张裂顺层追踪破坏滑坡。由分类体系可知，崩塌可以看作是滑坡的一种特例。由于任何遥感影像具有一定的分辨率，因此不可能对所有类型的滑坡进行精确的调查。如蠕动型滑坡和滑移型滑坡，其发生过程缓慢、移动距离小，且表层仍有植被覆盖。在目前的技术水平下，对该类滑坡的遥感调查仍存在一定难度，尤其是采用中、高分辨率的卫星遥感影像。为此，本节主要讨论具有一定发生规模、表层植被受到破坏、具有明显光谱和形状特征的各种突发崩滑灾害的遥感调查方法与应用实例。

　　我国的滑坡遥感调查始于 20 世纪 80 年代，在西南山区雅砻江流域二滩大型水电工程的开发前期论证研究中，采用航空遥感对坝址及库区的滑坡分布、规模及其发育环境进行调查，在此基础上评估坝址及库岸的稳定性，为二滩水电工程建设提供基础资料（王治华，2007）。从 20 世纪 80 年代中期开始，在山地铁路、公路选线和可行性研究中广泛应用航空遥感对沿线的滑坡灾害进行调查，早期的滑坡解译主要以目视判读为主，编制的滑坡分布图以中等比例尺为主，且覆盖范围较小。卫星遥感技术的发展为滑坡监测提供了更加丰富的数据源。目前应用较为广泛的卫星遥感数据主要包括 Landsat、SPOT、ALOS、IKONOS、QuickBird、GF、ZY 等。其中 Landsat、SPOT 影像多用于大范围的滑坡调查，而分辨率达到亚米级的遥感影像则主要用于重大滑坡灾害的精细化调查。这些遥感数据的共同点是光谱信息丰富、空间分辨率高，能够有效提高滑坡识别和应用分析的精度。

　　本节 10.2.1 主要介绍崩塌、滑坡灾害在常规资源环境卫星影像中的特征，10.2.2 以汶川地震滑坡堰塞体快速调查与提取为例介绍遥感技术在滑坡调查中的应用，10.2.3 介绍以芦山地震滑坡崩塌快速调查与评估为例介绍航空遥感在滑坡崩塌快速调查与评估中的应用。

10.2.1　崩塌、滑坡影像特征

　　本节主要介绍各种典型的突发崩塌、滑坡灾害在 Landsat、SPOT、HJ、CBERS、ZY、GF 和 ASTER 等中高分辨率遥感影像中的光谱特征、形状特征和纹理特征，为利用遥感影像开展崩塌、滑坡监测提供理论与方法支撑。

1. 光谱特征

　　典型滑坡一般由物源区、滑动区和堆积区组成。通常情况下，崩滑体的物源区、滑动区及堆积区破坏了地表覆盖，表现出与裸露岩石、土壤类似的光谱特征，在遥感影像中可与周围地物进行有效区分。本节以 2000 年西藏易贡大滑坡的 Landsat TM 影像（图 10.3）为例，分析滑坡的影像特征。

　　从图 10.3 可以看出，裸露滑坡的各个组成部分在不同的 TM 彩色合成影像中都表现为亮色调，其亮度仅次于高反射率的积雪。在图 10.3 中选择滑坡、森林、水体和积雪四类典型类型的样本若干，分别统计各典型样本在 TM 不同波段中 DN 值（0~255）均值、标

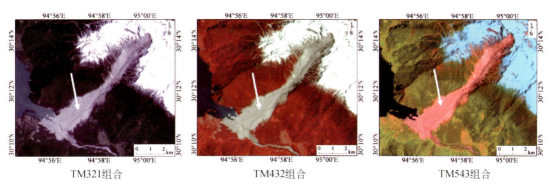

图 10.3　典型滑坡 TM 影像光谱特征

准差、最大值和最小值见表 10.1，绘制出各典型地物样本的 DN 均值曲线见图 10.4。

表 10.1　典型滑坡 TM 影像像元值统计特征

统计项目	类别	Band1	Band2	Band3	Band4	Band5	Band7
最大值	滑坡	221	121	153	136	255	191
	水体	88	42	30	28	19	9
	森林	76	39	45	114	116	59
	积雪	255	255	255	255	59	32
最小值	滑坡	68	30	31	27	35	24
	水体	76	35	24	11	4	2
	森林	50	21	18	34	29	11
	积雪	255	154	194	136	11	5
均值	滑坡	142	76	92	80	145	104
	水体	83	39	26	13	8	5
	森林	57	25	22	61	51	19
	积雪	255	248	254	220	17	9
标准差	滑坡	21	12	16	14	29	22
	水体	2	1	1	2	2	1
	森林	2	2	2	13	13	6
	积雪	0	14	5	26	5	2

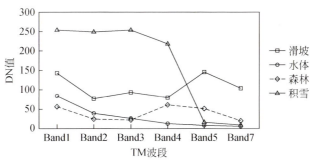

图 10.4　典型滑坡 TM 影像 DN 值曲线

　　结合表 10.1 和图 10.4 可以看出，TM 影像中滑坡体的光谱特征与积雪、水体、森林等覆盖类型具有较高的可区分性。光谱差异主要体现在：①在 TM 影像的各个波段，滑坡的 DN 值均高于水体和森林，滑坡在 TM 影像前四个波段的 DN 值小于积雪，但在第 5 和第 7 波段的 DN 值高于积雪，具有明显的光谱可分性；②滑坡在各个波段的 DN 值总体差异不大，其中在第 1 和第 5 波段的 DN 值高于其他几个波段；③相比之下，滑坡体在各个波段均具有较大的标准差。

　　需要注意的是，大部分地区的滑坡随着时间的增长，其裸露基岩、滑动面及前缘堆积体都会向草地和林地转变，其光谱特征也会向后者趋同。因此，若仅采用光谱特征则只能识别发生年限较短、表层尚未生长植被的滑坡。对于表层覆盖特征发生变化的历史滑坡而言，则需结合地面调查、地形数据等开展。

　　除了 TM 影像，典型滑坡在其他中高分辨率遥感影像（以及航空遥感影像）中的光谱特征见图 10.5。可见看出，滑坡在不同来源、不同分辨率的遥感影像中都具有较高的亮度，具有明显的可区分性。

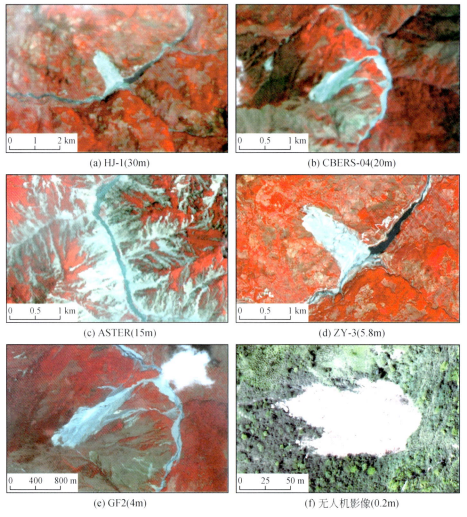

(a) HJ-1(30m)

(b) CBERS-04(20m)

(c) ASTER(15m)

(d) ZY-3(5.8m)

(e) GF2(4m)

(f) 无人机影像(0.2m)

图 10.5　不同遥感影像中的滑坡特征

2. 形状特征

由前述内容可知，滑坡的种类繁多，本节主要对崩塌、滑坡以及滑坡碎屑流三种类型在遥感影像中的形状特征作适当总结与分析。

1）崩塌

2013 年 4 月 20 日，四川芦山发生 $Ms\,7.0$ 级地震，诱发大量小型崩塌群，其无人机遥感影像见图 10.6，空间分辨率为 0.5m。崩塌从形态上可以分为崩塌母体及下缘堆积两部分，其中发生崩塌的区域坡度一般较大，甚至可以达到 90°，相比之下崩塌下缘堆积的地形则相对平缓。由于航空遥感影像采用空中垂直观测，对于坡度越大的崩塌，投影面积越小，但其滑动痕迹和下缘堆积仍可以在影像中清晰地辨识。图 10.6 中地震诱发的崩塌群以滑落为主，形态以长条形、扇形为主，其中图 10.6（a）中植被以林地为主，滑落岩土部分被植被遮挡致其下缘形态不清晰；图 10.6（b）中崩塌下缘为道路，其堆积在影像中可以清晰看出（崔鹏等，2013；杨宗佶，2013；Cui et al.，2014）。

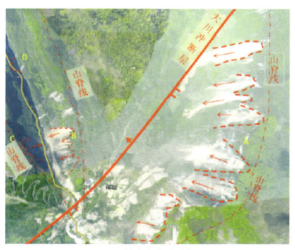

(a) 双石镇南大岩腔崩塌群　　　　　　　　　(b) 灵关镇小关子崩塌群

图 10.6　四川芦山地震典型崩塌无人机影像特征（崔鹏等，2013）

2）滑坡

典型滑坡在航空影像或高分辨率卫星影像中的形状特征（图 10.7）为：滑坡边界清晰，一般呈簸箕形、舌形、梨形、勺形等；滑坡体呈马蹄形、长条形或舌形等平面形态，与周围地物色调差异明显；滑坡壁在平面上则多呈圈椅状或其他形状，陡峭的滑坡壁及其形成的围谷，在影像上表现为弯曲的弧形（赵福军，2010）。

3）滑坡-碎屑流

滑坡-碎屑流是指崩塌、滑坡发生后的岩土混合体沿着山谷滑动距离较远的地质活动。滑动速度快、滑动距离远是碎屑流的典型特征，其空间结构可以分为滑坡物源区、滑动区和堆积区。滑坡-碎屑流的形状特征明显，即沿沟谷呈长条形分布，宽度相对较窄。2013

(a) SPOT   (b) 无人机

(c) 福卫-2   (d) GeoEye-1

图 10.7 典型滑坡影像特征 (赵福军, 2010)

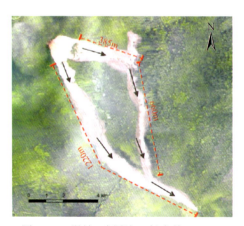

图 10.8 滑坡-碎屑流 (杨宗佶, 2013)

年 4 月, 四川芦山 Ms 7.0 级地震在天全县老场乡汤家沟诱发一处高速远程滑坡-碎屑流, 其无人机影像如图 10.8 所示, 分辨率 0.2m。该滑坡-碎屑流物源区高程 1535m, 滑坡破坏后受到地形影响, 分解为左右两支顺沟道向下运动, 滑体在运动中解体形成碎屑流。右支顺沟道沿 160°方向运动约 700m 后, 转向 120°运动 500m 并沿途堆积, 左支沿滑坡主滑方向 120°运动约 380m 后与另一崩滑体汇合, 转向沿 175°继续向下运动 660m 与右支汇合。该滑坡-碎屑流物源区长约 80m, 宽约 110m, 滑坡在运动过程中沿途铲刮, 规模有一定放大效应 (杨宗佶, 2013)。

3. 纹理特征

崩塌、滑坡的纹理特征与裸露岩石的岩性和遥感影像的分辨率有着密切关系 (赵福军，2010）。在 SPOT 影像 ［图 10.7（a）］ 中多数新发育的滑坡体表面呈鱼鳞状，滑坡由于坡体内存在滑坡台阶及微地貌，纹理较粗糙；在高分辨率航空影像 ［图 10.7（b）］ 中可见明显的滑坡主滑线，并且主滑线与新岩体的色差明显；在福卫-2 影像 ［图 10.7（c）］ 中滑坡体纹理较周围植被粗糙；在 GeoEye-1 影像 ［图 10.7（d）］ 中滑坡体多有沿坡面向下的竖条状纹理。

10.2.2　汶川地震滑坡遥感调查

汶川地震的震中位于龙门山断裂带上，最高烈度达 XI 级。震区地质构造复杂，断裂与峡谷广泛发育，生态环境脆弱，地震诱发了大量滑坡灾害。尤其是在都江堰—映秀—汶川公路沿线，滑坡灾害遍布，掩埋房屋和道路，冲毁桥梁，毁坏森林与农田，造成严重的生命和财产损失。汶川特大地震发生后，"空间与重大灾害国际宪章"的国外成员机构以及国内众多数据平台在短时间内向灾区免费提供了丰富的高分辨率遥感影像，为地震诱发的山地灾害遥感快速调查提供了数据基础。

也正是在这次地震中，国内外众多研究机构、政府部门充分利用遥感技术的调查优势，积极开展各类震后山地灾害遥感快速调查，并取得一系列丰硕的调查成果，及时、有效支撑了灾情评估、道路抢险、堰塞湖疏通、决策制定等。在滑坡灾害遥感调查方面，所开展的工作总结起来包括：①利用地震前后的多时相遥感数据，基于滑坡灾害的光谱、形状等解译标志，快速获取滑坡灾害的空间分布特征（苏凤环等，2008）；②基于遥感数据和地面调查数据，建立滑坡体方量、面积与滑坡体坡高、滑动距离等因子（可以由 DEM 提取）的经验关系，获取滑坡灾害的定量化信息（范建容等，2012）；③基于多源遥感数据、地形地貌数据、土地覆盖数据，开展震区滑坡灾害的危险性评估（Tang et al.，2011；Zhang et al.，2011）；④基于滑坡灾害专题信息，开展房屋、森林、农田、道路以及生态系统服务功能损失评估（王文杰等，2008）。

相比之下，当滑坡进入河道阻断河流形成堰塞湖后，其潜在威胁更大。本节主要以范建容等（2008）在汶川地震滑坡堰塞体遥感调查中的工作为例，介绍如何利用多源多时相遥感影像和 DEM 等地形数据，对地震诱发的滑坡堰塞体进行快速提取，并对堰塞体的空间分布规律进行分析。

1. 滑坡堰塞体遥感调查多源数据收集

滑坡堰塞体遥感调查所需的多源数据主要包括遥感影像和地形数据。汶川地震的极重灾区包括汶川县、北川县、绵竹市、什邡市、青川县、茂县、安县、都江堰市、平武县和彭州市等县市。由于卫星绕地球运动具有周期性以及卫星成像幅宽的限制，同一卫星的遥感数据无法在短时间内覆盖整个调查区域，难以满足灾害应急调查快速监测的需求。此外，地震发生后灾区以多云雾的气象条件为主，光学卫星的观测能力受到一定限制，包括雷达、光学和航空影像在内的多源遥感数据综合应用成为灾后大范围调查的最佳途径。汶川地震滑坡堰塞体调查收集的多源多时相遥感影像见表 10.2，获取的数据覆盖了整个汶川地震极重灾区。

表 10.2 滑坡堰塞体调查遥感影像列表 (范建容等, 2008)

卫星	空间分辨率/m	获取时间/月－日	覆盖范围
FORMOSAT-2	2.0	5-14, 5-16, 5-19	北川、都江堰、茂县、汶川等
SPOT-5	2.5	5-15, 5-16	茂县、汶川、青川等
TerraSAR	1.0	5-15, 5-17	安县、北川等
COSMO	3.0	5-13	都江堰
Landsat-5	30	5-13	北川、都江堰、茂县、汶川等
RadarSAT	6.25	5-14, 5-17	成都、德阳、广元、绵阳等
ENVISAT	12.5	5-22	平武、德阳等
ALOS	2.5	5-15, 5-16, 5-18	平武、北川、安县、绵竹等
QuickBird	0.61	5-14	德阳
WorldView	0.5	5-15, 5-16	汶川、绵阳、江油、德阳

地形数据主要采用 1 : 25 万地形图, 部分地区采用 1 : 10 万和 1 : 5 万地形图。在调查中的主要作用包括: ①以地形图为地理坐标基准, 对遥感数据进行几何精校正; ②通过地形图定位堰塞体的经纬度位置和所在的河流; ③坡度等其他地形信息的获取。高程数据主要采用 1 : 25 万 DEM, 部分地区采用 1 : 5 万 DEM。DEM 是数字正射遥感影像制作过程中微分纠正的数字地形支撑。在调查中的主要作用包括: ①高程分析及有关的地貌形态分析; ②遥感影像的正射校正。

2. 滑坡堰塞体快速调查方法

滑坡堰塞体堵塞河道形成堰塞湖, 严重威胁灾区人民生命财产安全, 因此对遥感监测提出了快速和高精度解译的要求。为了提高解译效率, 在初步绘制堰塞体分布图和研究堰塞体分布规律的基础上, 结合震前调查的滑坡、泥石流分布图和有效的遥感影像数据对堰塞体可能分布的地区 (如地震带范围内、中小型河道等) 进行了拉网式调查, 解译方式以人机交互目视判读为主。堰塞体多源遥感调查一般流程见图 10.9。

3. 滑坡堰塞体空间分布规律分析

滑坡堰塞体提取结果表明, 截至 2008 年 5 月 19 日, 汶川地震在调查区内诱发的滑坡或泥石流形成的堰塞体共 37 个, 其中北川县 11 个、安县 9 个、什邡市 5 个、青川县 4 个、绵竹市 3 个、茂县 2 个、彭州市 1 个、平武县 1 个、汶川县 1 个, 滑坡堰塞体的空间分布见图 10.10。通过对堰塞体分布与截至 2008 年 5 月 25 下午 Ms 4.0 级以上地震分布以及龙门山断裂和龙门山地震带叠加分析 (图 10.11), 堰塞体的分布规律与地震带的分布规律基本一致。这对灾害应急救援有重要意义, 当地震发生时, 可依据这种规律快速判断可能出现堰塞湖的地点, 及时做好准备, 预防和减少堰塞湖溃决可能带来的重大损失。

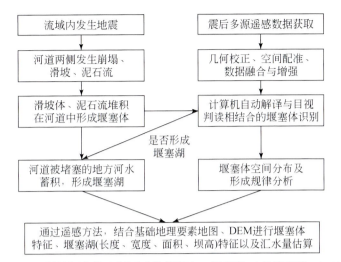

图 10.9　滑坡堰塞体多源遥感数据调查一般流程（范建容等，2008）

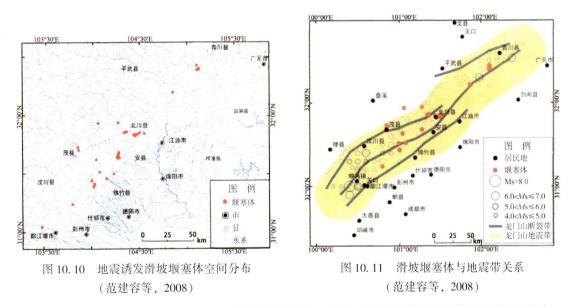

图 10.10　地震诱发滑坡堰塞体空间分布　　　　图 10.11　滑坡堰塞体与地震带关系
　　　　　　（范建容等，2008）　　　　　　　　　　　（范建容等，2008）

　　分析发现，岷江干流出现了三处滑坡堰塞体，但由于山区河流的比降和径流量较大，这些堰塞体并未完全阻断河道而形成堰塞湖。相反，形成堰塞湖的区域均出现在次级支流，其中汇水面积最大的为唐家山堰塞湖（图 10.12）。堰塞湖的空间分布与地震带较为一致，主要分布于岷江、沱江、涪江、嘉陵江 4 个流域，其中涪江流域堰塞体最多，占总数的 57%。山区中分布的河道主要为弯曲型河道，由于地质构造和岩性的变异，山区河流常发展成峡谷段和宽谷段相间的藕节状外形。堰塞体多分布于河流急转弯的区域，该区域的堰塞体占总数的 80%，且多呈串珠状分布，串珠状分布的堰塞体占总数的 73%。

10.2.3　芦山地震崩滑灾害遥感快速调查与评估

　　2013 年 4 月 20 日，四川省芦山县境内发生 Ms 7.0 级强烈地震，震源深度 13km，震

图 10.12　唐家山堰塞湖遥感影像镶嵌图

中烈度为Ⅸ度，其中烈度大于Ⅵ度的受灾面积约 $1.8 \times 10^4 \mathrm{km}^2$，受灾人数达 200 万人以上。地震诱发大量崩塌、滑坡灾害，造成道路阻断，给伤员救援、物资运输等应急救灾工作带来诸多不利影响。本节主要介绍如何利用地震后快速获取的无人机航空遥感影像，对地震核心区的崩塌、滑坡等次生山地灾害展开快速、准确的调查与评估，为灾情分析、应急救灾、次生灾害防治及预警提供数据支撑（李爱农等，2013）。

1. 芦山地震灾情回顾

芦山 4·20 强烈地震的震中位于 103.0°E、30.3°N 附近，其中烈度大于Ⅶ度的受灾区包括雅安市芦山县、宝兴县、天全县、雨城区、名山区和成都邛崃市的部分地区；而最高烈度达到Ⅸ度的震中核心区包括芦山县龙门乡、宝盛乡、太平镇、双石镇和清仁乡等乡镇，地震核心区及烈度分布见图 10.13（中国地震局，2013）。此次地震的等震线长轴呈北东走向分布，且震中西南方向烈度明显高于东北方向，Ⅵ度区及以上总面积约为 $18682 \mathrm{km}^2$。其中Ⅸ度区东北自芦山县太平镇、宝盛乡以北，西南至芦阳镇向阳村，长半轴为 11.5km，短半轴为 5.5km，面积约 $208 \mathrm{km}^2$。

2. 遥感影像获取及灾情初判

崩滑灾害遥感快速调查的多源数据包括震前 SPOT-5 卫星遥感影像，震后航空遥感影像以及地形图。震前遥感影像的作用在于对比分析，降低裸土地、休耕地等干扰因素对解译的影响，高精度地形图（1:5 万）用作崩滑灾害提取规则制定的辅助数据。

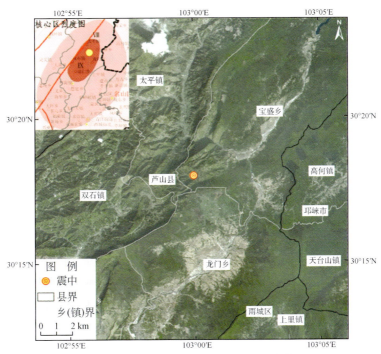

图 10.13　芦山地震核心区及烈度图（李爱农等，2013）

在芦山地震发生后的数小时内，四川省测绘地理信息局即组织无人机应急小组对地震核心区进行航飞拍摄，覆盖范围包括龙门乡、宝盛乡、太平镇的所有乡镇（场）以及主要的农村人口聚集区。中国科学院水利部成都山地灾害与环境研究所也在最短的时间内组织无人机飞行小组深入地震灾区，获取了芦山县双石镇及宝兴县、天全县等地区的震后无人机影像，空间分辨率为 0.2~0.5m。

此次遥感快速调查的范围包括震中核心区龙门乡、宝盛乡、太平镇的部分区域，其中龙门乡境内的影像分辨率为 0.5m，宝盛乡和太平镇境内的影像分辨率为 0.2m。从图 10.13 可以看出，三个乡镇均位于震中核心区内，龙门乡、宝盛乡、太平镇的乡镇所在地离震中的距离分别为 5.6km、4.5km、3.5km。经计算，龙门乡、宝盛乡、太平镇境内的无人机影像面积分别为 42.11km²、24.35km²、19.24km²，总面积约 85.70km²。对影像的快速判读可以发现，调查区内崩塌、滑坡等地震诱发山地灾害广泛分布，部分崩滑灾害的无人机影像如图 10.14 所示。

3. 崩滑灾害调查方法

高分辨率无人机影像的灾害专题信息提取方法包括计算机自动解译和人工目视判读两种。计算机自动提取的优点是解译速度快，但精度较差，需要对结果进行后处理才能满足应用需求；目视判读的优点是精度高，但需解译人员手工勾绘感兴趣斑块，时间成本较高且具有一定的主观性。无人机崩滑灾害遥感解译具有分辨率高、数据量大、关注

图 10.14　崩塌滑坡无人机影像特征

类型少、光谱信息有限等特点。为了提高遥感调查的效率和准确性，本次调查首先对像元层进行多尺度分割而得到对象层，避免人工勾画的随意性；借助震前 SPOT 影像和规则构建确定靶区，剔除裸土地等光谱特征与崩滑体类似的斑块，减少工作量；目视判读则重点关注崩塌和滑坡两种类型，提高解译效率。芦山地震崩滑灾害遥感调查与评估的路线见图 10.15。

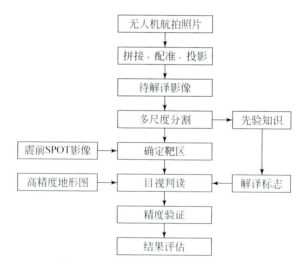

图 10.15　遥感快速调查评估技术路线

通过判读发现，芦山地震诱发的山地灾害以中小型的崩塌、滑落为主，主要分布在峡谷或其他地形起伏较大的区域。形状以条带状、罗圈椅状为主，有明显的滑痕，下方有堆积物。颜色以白色和灰色为主，影像纹理特征不均一（图 10.14）。调查区内有部分休耕地以及森林砍伐后形成的裸露地表，其光谱特征与崩塌滑坡类似。除了利用高精度的地形图对地形相对平缓的休耕地加以剔除外，调查还利用震前的 SPOT 影像（获取时间为 2009年 6 月 3 日，多光谱通道的空间分辨率为 10m，全色通道为 2.5m）进一步缩小解译范围。

部分震前 SPOT 影像及对应位置的震后无人机影像见图 10.16。可以看出区域 A 在震前 ［图 10.16（a）］ 及震后影像 ［图 10.16（b）］ 中均为耕地，区域 B 和 C 在震前影像中为植被覆盖区，在震后影像中则为裸露土壤，表明该处可能在地震时发生了崩塌或滑坡。对比不难发现：发生崩塌滑坡的区域多是由植被覆盖区域（高 NDVI）变为裸露土壤（高亮度、低 NDVI），因此反映植被特征的 NDVI 可以作为重要的特征参与灾害信息提取规则构建。在 eCognition 平台中建立如下规则：（R>T1）and（NDVI > T2），其中 R 为斑块在无人机影像中红光波段的反射率，NDVI 为斑块在 SPOT 影像中的归一化植被指数，T1 和 T2 为阈值。若某一对象同时满足以上两个条件，则将其确立为发生崩塌滑坡的“靶区”。在此基础上，利用人工判读对整个调查区的崩滑灾害进行提取。

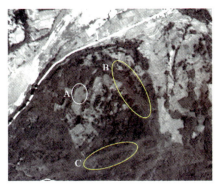

(a) 震前SPOT影像　　　　　　　　　　　　(b) 震后无人机影像

图 10.16　利用多时相遥感数据确立“靶区”

4. 崩滑灾害分布特征分析

调查结果表明，龙门乡、宝盛乡、太平镇三个核心乡镇调查区内共新增崩滑斑块 1113 个，面积（包括崩塌、滑坡及其下缘堆积物的投影面积）总计 0.97km^2，占整个调查区的面积比例为 1.13%，发生密度约为 13 个/km^2。本次地震诱发的崩塌滑坡具有发生尺度小、数量大、分布广泛等特点。从发生类型和区域来看，崩塌占据主导位置，且多发生在峡谷两侧及其他地形起伏较大的区域，形状以条带状为主。从发生剧烈程度来看，以中、小规模的崩塌滑坡为主。以受灾严重的龙门乡调查区为例，区内共解译出崩塌、滑坡斑块 351 个，其中面积小于 500m^2 的崩滑斑块为 217 个（61.82%），面积介于 500m^2 到 5000m^2 的崩滑斑块为 119 个（33.90%），大于 5000m^2 的崩滑斑块仅为 15 个（4.28%），其崩滑斑块的面积分级空间分布如图 10.17 所示。扩展到整个调查区也表现出类似的规律，三个受灾乡镇调查区内崩滑体数量及总面积的分级柱状图见图 10.18。可以看出，按照崩滑体数量，面积为 50～500m^2 的崩滑斑块最多，约占崩滑斑块总数的 48.79%；按照总面积，范围为 500～5000m^2、5000～50000m^2 的崩滑总面积占据主导地位，约占崩滑斑块总面积的比例分别为 43.08% 和 39.72%。整个调查区内面积最大的崩滑点位于宝盛乡（图 10.19），投影面积约为 56151m^2。

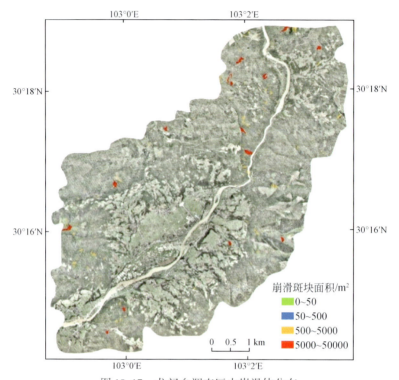

图 10.17　龙门乡调查区内崩滑体分布

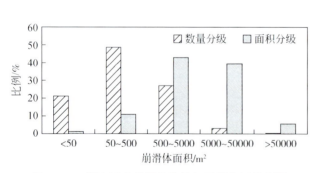

图 10.18　调查区内崩滑体数量与面积分级柱状图

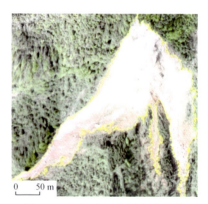

图 10.19　调查区内最大崩滑体

　　此次芦山地震诱发崩塌滑坡与 2008 年汶川地震诱发崩塌滑坡造成重大人员伤亡及财产损失的不同之处在于，虽然崩塌滑坡数量大且分布广泛，但因其发生规模小且主要分布于峡谷等地形起伏较大的无人区域，除了对道路、通信等基础设施以及生态环境造成一定的破坏外，其造成的人员伤亡较少。

10.3　泥石流遥感应急调查

　　泥石流是山区一种常见的突发性自然灾害，我国约有 2/3 的山区都曾发生过泥石流，尤以青藏高原周边地区、秦岭山脉、太行山区、燕山山脉等最为严重。我国政府十分重视泥石流的调查与减灾防灾，投入了大量的人力、物力，取得了一定的效果。在卫星遥感技术大范围应用以前，泥石流监测多以航空遥感为主。我国的泥石流卫星遥感调查始于 20 世纪 80 年代，尤其是在山区水利设施建设、铁路隐患点排查、铁路及公路选线及防灾工程等方面，卫星遥感技术均得到了广泛的应用。泥石流遥感调查方式以目视判读为主，通过现场验证并结合其他非遥感资料进行综合分析。

　　本节 10.3.1 主要介绍典型泥石流在影像中的光谱、形状和纹理特征，10.3.2 以舟曲泥石流快速调查与评估为例介绍多源遥感数据在泥石流中的应用，10.3.3 以汶川地震泥石流调查为例介绍多时相遥感数据在泥石流调查中的应用，10.3.4 以映秀红椿沟泥石流调查为例介绍航空遥感在泥石流调查中应用。

10.3.1　泥石流影像特征

　　泥石流可以分为沟谷型泥石流和坡面型泥石流。其中沟谷型泥石流的运动和堆积均在一条较为完整的沟谷中进行，其固体物质主要来源于沟谷中的松散堆积物及其两侧支沟。典型沟谷型泥石流通常由物源区、流通区和堆积区组成。坡面型泥石流是发育在斜坡上的小型泥石流沟，形成区和堆积区相贯连，无明显的流通区，沟坡和山坡坡度几乎一致（倪化勇，2015）。沟谷型和坡面型泥石流的典型影像特征如下。

1. 沟谷型泥石流影像特征

云南省东川地区典型沟谷泥石流的 SPOT 影像如图 10.20 所示。

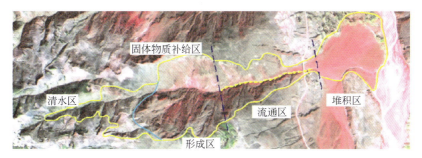

图 10.20　东川地区典型沟谷泥石流 SPOT 影像特征（杨迎冬等，2010）

1）形成区
沟谷型泥石流的形成区一般位于流域的中上游，流域多呈勺状、漏斗状、椭圆状三面环山之围谷，大部分泥石流沟的形成区又可分为清水区和固体物质补给区。清水区通常位于固体物质补给区上方，植被覆盖率相对较高，有森林灌丛和坡耕种植；影像具羽状冲沟影纹特征，在 SPOT 影像中呈绿色、浅绿色、绿灰色等。固体物质补给区植被覆盖率低，坡耕地少，坡体总体不稳，岩土体结构松散，松散固体物质丰富，坡面及细沟侵蚀严重，沟两侧滑坡和坍塌以及小泥石流支沟普遍发育；影像具树枝状、擦痕状冲沟、溪沟影纹特征，在 SPOT 影像上为浅紫红色、红色、暗红色和亮白色。

2）流通区

流通区的沟谷宽窄曲直不一，规模大的一般有分支，形态呈舌状、线状或树枝状。沟床纵坡较形成区地段缓，但比堆积区地段陡，沟谷一般较窄，靠近流域下游地段由于泥沙沉积沟谷较宽；沟谷断面形态呈 "V" 形或 "U" 形。小型泥石流沟的流通区基本无堆积物，规模较大的泥石流沟流通区地段堆积物明显，影像结构粗糙的是粗砾堆积物，细腻的是细粒堆积物。部分泥石流沟的流通区见拦渣坝或导流槽防护工程。在 SPOT 影像上流通区一般为粉红色。

3）堆积区

堆积区通常位于沟谷出口处，常形成扇形堆积，扇形大小不一。堆积扇上水流不固定，多呈漫流或叉流，影像结构粗细间杂，整体色调呈浅粉红色–紫红色。部分堆积扇上可见导流槽工程，部分堆积扇两侧部位已辟为耕地，并形成季节性小路。泥石流堆积区的形态在遥感图像上轮廓比较清晰，容易辨别，成为泥石流遥感识别的主要标志。

泥石流堆积区在 SPOT 影像上呈偏亮的色调，其光谱特性与堆积物的形成时间有关。新堆积物有较高的反射率，老堆积物有较低的反射率。泥石流堆积物的光谱特性与固体物质和含水量有关。固体物质以糜棱岩为主的堆积物的光谱反射率最高，固体物质以变质岩为主的堆积物的反射率最低。含水量较高的泥石流堆积物的反射光谱曲线有明显的波形分布，含水量较低的泥石流堆积物的反射曲线比较平直。在观测波段范围内泥石流堆积物的平均反射率随水分含量的增加呈从减到增的关系。

2. 坡面型泥石流影像特征

坡面型泥石流通常分布于河流两岸和较大的泥石流沟两侧山坡，坡面泥石流有的直接冲入江河，有的则为沟谷型泥石流提供物源。坡面泥石流的遥感影像特征表现为：色调为亮白色，坡面泥石流流程较短，泥石流沟切割较浅，坡面处理少且平缓，与周围地物的灰度、颜色、纹理等特征均有明显区别，如同一块补斑，顺山坡线性影像纵向、树枝状排列。典型坡面型泥石流在不同影像中的特征如图 10.21 所示。

10.3.2　舟曲泥石流遥感调查

2010 年 8 月 7 日 22 时左右，甘肃省甘南藏族自治州舟曲县城东北部突降特大暴雨，诱发三眼峪、罗家峪等四条沟发生特大山洪泥石流灾害。截至 2010 年 9 月 7 日，舟曲 8·7 特大泥石流灾害共造成 1481 人遇难，284 人失踪，为我国近年来最为严重的泥石流灾害之

(a) SPOT影像　　　　　　　　　　　(b) ASTER影像

(c) IKONOS影像　　　　　　　　　　(d) 航空影像

图 10.21　坡面型泥石流在不同影像中的表现（赵福军，2010）

一。本节以李珊珊等（2011）在舟曲泥石流遥感调查中的工作为例，介绍航空影像在典型泥石流山地灾害调查中的应用。

1. 舟曲泥石流调查遥感数据获取

舟曲特大泥石流发生后，获取的可用遥感数据包括：①航空遥感数据。国家测绘地理信息局和总参测绘地理信息局于 2010 年 8 月 8 日获取了灾区的航空遥感影像，分辨率为 0.2～1m。②卫星遥感数据。泥石流发生后，国家减灾委和民政部国家减灾中心通过"空间与重大灾害国际宪章""Charter"机制，先后获得 5 个国家提供的舟曲县城及周边地区的卫星遥感影像，包括 WorldView、QuickBird、SPOT、RadarSAT 等。对比泥石流发生前后的无人机影像（图 10.22）可以看出，泥石流冲毁、掩埋了大量农田、林地和城镇居民点，损失严重。

2. 泥石流遥感调查与评估方法

调查与评估工作以距 2010 年 8 月 8 日泥石流发生最近的灾前、灾后遥感影像为基础，

图 10.22　舟曲泥石流发生前后无人机影像对比

将遥感监测与实地核查相结合，以地方上报灾害损失和国土资源、测绘等部门的资料为参考，开展灾害范围和实物损失评估。舟曲泥石流遥感调查与评估的技术路线见图 10.23。

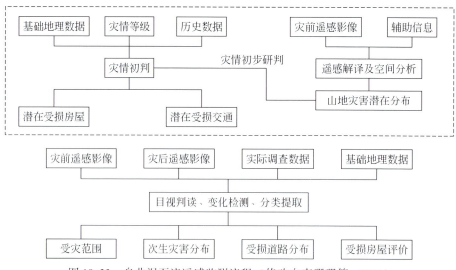

图 10.23　舟曲泥石流遥感监测流程（修改自李珊珊等，2011）

舟曲泥石流遥感调查的主要内容如下。

1）灾害范围调查

分别对国家测绘地理信息局和总参测绘地理信息局提供的航空遥感影像进行正射纠正等预处理，得到灾害调查本底影像图，成像时间为 2010 年 8 月 8 日，分辨率为 0.2m 和 1m。以此为基础，将受灾较为严重的城关乡、大串乡、江盘乡等乡镇作为重点调查与评估对象，并将灾区划分为冲毁区和水淹/淤积区两类。通过与 2010 年 3 月 5 日 WorldView 卫星 0.5m 分辨率全色影像以及 2008 年 1m 分辨率航空影像进行对比分析，根据泥石流、洪水等在高分辨率遥感影像上的色调、形态和纹理特征，提取冲毁和水淹/淤积区域范围。调查结果显示，冲毁区面积约为 $1.23 \times 10^6 \mathrm{m}^2$，水淹区面积约为 $2.24 \times 10^5 \mathrm{m}^2$。

2）房屋损毁调查与评估

根据房屋用途可将受灾范围内的房屋分为住宅、商用、办公、学校、寺庙和在建房屋 6 类。针对以上 6 类房屋，调查将受灾等级划分为倒塌、严重受损、一般受损、基本完好 4 类，其中水淹区的房屋不区分受损等级。根据遥感解译和地面实地核查，确定每栋房屋的受损情况、楼层数、受损房屋占地面积和总单体建筑数。通过实地调查，将以下原则作为计算受灾房屋总建筑面积、间数和户数的依据：农村住房以 2 层为主，城镇住房以楼房为主；农村住房按 $15 \mathrm{m}^2$/间估算房屋间数，城镇住房及非住宅用房按 $12 \mathrm{m}^2$/间估算房屋间数；农村住房按照每套住房住 1 户来估算户数，城镇住房按照 $100 \mathrm{m}^2$/户标准估算户数；建筑面积为占地面积与建筑层数的乘积。依据以上原则计算住宅和非住宅房屋的单体建筑数、占地面积、总建筑面积、间数和户数。

3）道路、桥梁损毁调查与评估

将受灾范围内的道路划分为省道、城区道路和乡村道路；道路的受灾等级划分为水淹和冲毁两种，以遥感目视判读和空间量测为主要手段，计算水淹和冲毁道路的长度。将灾区桥梁的受灾等级划分为水淹和冲毁两种，同样以遥感目视判读和空间量测为主要手段，计算水淹和冲毁桥梁的数量和长度。

4）基础设施受损调查

根据实际调查结果，将灾区土地资源划分为耕地、林地、采矿用地和滩涂 4 类。通过遥感目视判读和空间量测计算各类土地受损面积和占受损面积总量的百分比。将灾区水利设施划分为防洪堤、防护坝和挡土墙 3 类，通过影像量测手段分别计算各类水利设施长度。从高分辨率遥感影像上提取树木、路灯和街亭的空间分布位置以及城市绿地面积。

3. 遥感调查与评估结果

基于多源遥感影像和地面调查数据，并采用上述调查与评估方法得到舟曲泥石流的总体受灾情况如下：调查区中三眼峪的泥石流规模最大（图 10.22），罗家峪次之，二者共同对舟曲县城房屋造成了严重的损毁。其中泥石流冲毁区面积为 $1.09 \times 10^6 \mathrm{m}^2$，水淹/淤积区面积为 $2.24 \times 10^5 \mathrm{m}^2$，影响区面积为 $1.47 \times 10^5 \mathrm{m}^2$。通过遥感调查以及现场核查，倒损房屋总占地面积 $2.44 \times 10^5 \mathrm{m}^2$，总建筑面积 $8.91 \times 10^5 \mathrm{m}^2$。其中，水淹/淤积区倒损住宅房屋占地面积 $8.40 \times 10^4 \mathrm{m}^2$，建筑面积 $4.20 \times 10^4 \mathrm{m}^2$，倒损住宅 34809 间、3293 户，单体建筑数 352 栋。冲毁区和水淹/淤积区倒损住宅房屋占地面积 $2.12 \times 10^5 \mathrm{m}^2$，建筑面积 $7.94 \times 10^5 \mathrm{m}^2$，倒损住宅 63502 间、6025 户，单体建筑数 1056 栋。冲毁区和水淹/淤积区倒损非住宅房屋占地面积 $3.30 \times 10^4 \mathrm{m}^2$，建筑面积 $9.70 \times 10^4 \mathrm{m}^2$，倒损非住宅 7889 间，单体建筑数 94 栋。损毁省道公路 2 条，长 2km；损毁城区道路 25 条，长 7.5km；损毁乡村道路 5 条，长 4.8km；损毁桥梁 3 座，长 242m。耕地损失面积 $4.30 \times 10^5 \mathrm{m}^2$，防洪设施损毁 8km，树木损失 226 棵，路灯 26 个，街亭 5 个。

在舟曲泥石流灾害调查与损失评估中，无人机航空遥感充分发挥了响应快速、分辨率高的优势。首先，灾后第二天即获取了主要影响区域的无人机航空影像，为及时了解受灾情况奠定坚实数据基础。其次，此次泥石流灾害的损失评估达到非常高的精度，体现在对各种对象受损情况精细化的准确估算。相比常规的调查手段，提高了调查的时效性和调查结果的客观性。

10.3.3　汶川地震泥石流、崩滑灾害遥感快速提取

汶川 5·12 地震在波及范围、诱发次生山地灾害数量、危害性、救灾难度等方面均为历史罕见（崔鹏等，2008a，崔鹏等，2008b）。由于地震重灾区位于四川西部山区，山高谷深，地质构造复杂，断裂发育，地震直接引发大量崩塌、滑坡、泥石流和堰塞湖等山地灾害，对山区城镇村庄、道路交通、水利水电工程和通信设施等造成严重破坏，也给灾情调查和救援带来巨大困难。迫切需要采取切实有效的方法了解次生山地灾害的空间分布及其强度，为灾民安置点设置、灾区重建选址等提供依据。此次地震中，遥感技术在泥石流滑坡调查中得到广泛应用，相关调查工作多采用信息增强、信息融合和目视解译相结合的方法获取灾害体信息。

本节主要以汶川地震发生后苏凤环等（2008）的工作为例，介绍如何利用地震前后的 Landsat TM/ETM+影像开展泥石流、崩塌滑坡等山地灾害的快速提取与空间分布规律分析。该项工作主要根据泥石流和崩滑灾害与其他地物类型在湿度和绿度特征上的差异，建立灾害体提取模型，从而对山地灾害进行快速提取。

1. 汶川地震灾情快速预判及数据收集

利用遥感技术开展山地灾害调查，首先要了解受灾的大致范围和强度，从而确定影像收集范围，最大限度节省时间和经费。根据国家发展与改革委员会公布的数据，重灾区涉及四川、甘肃、陕西三省的 41 个县（市、区），总面积 73568km²，地理位置处于四川省西北部、甘肃省南端和陕西省西南角的汉中西部，在川西高原向四川盆地的过渡地带。汶川地震的烈度分布、历史灾害点等空间信息见图 10.24。

根据地震诱发的泥石流、崩塌、滑坡灾害分布广泛的特点，选用幅宽较宽、分辨率适中的 Landsat TM/ETM＋影像为主要的数据源，包含多光谱影像（30m）和全色影像（15m）。其中震前影像的获取时间为 2007 年 4 月 19 日，震后影像获取时间为 2008 年 5 月 15 日。受山区云雾天气的影响，震后影像上有部分云层及云阴影分布，但整体质量较好。其他辅助资料包括震区的烈度图、1∶5 万 DEM 数据、1∶5 万地形图、1∶20 万地质图和历史山地灾害调查资料等。

2. 泥石流、崩滑灾害快速提取方法

基于地震前后多时相遥感影像的泥石流、崩滑灾害快速提取方法如下：
1）数据预处理
数据预处理包括几何校正、数据融合、影像增强等。首先在 1∶5 万地形图中选取地

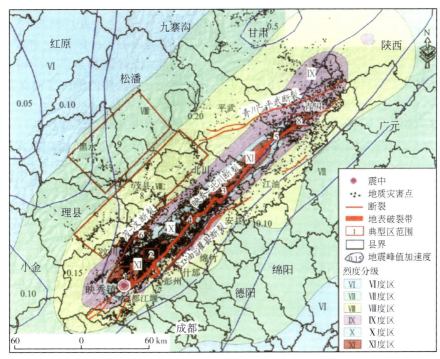

图 10.24　汶川地震烈度图、历史灾害点等空间信息（黄润秋和李为乐，2009）

面控制点，采用多项式校正分别对遥感影像、地质图等进行几何精校正与配准，校正及配准误差小于 1 个像元。此外，山区影像中地形阴影较为明显，利用比值法对影像中的山体阴影进行提取。

2）光谱差异性分析

泥石流、崩滑灾害的物质组成与运动方式具有特殊性，因而在影像中的光谱、形状和纹理等特征与其他地物类型有较大的差异。泥石流和崩塌滑坡最显著的特征为：松散物质含水量高与植被破坏严重。因而他们在遥感影像上反映出高土壤湿度和低植被覆盖度的特征，土壤湿度可以用湿度指数反映，植被覆盖度则可以用绿度指数反映。通过湿度指数和绿度指数可以对灾害体进行快速有效的提取。

3）泥石流、崩滑灾害遥感提取模型构建

利用缨帽变换分别对地震前后的遥感影像进行变换，得到不同时期的亮度指数、湿度指数和绿度指数。由前述分析可知，泥石流和崩滑体在影像中具有较高的湿度和较低的覆盖度，因此可以通过湿度指数与绿度指数的差值对山地灾害进行有效的提取，阈值通过多次对比研究确定。图 10.25 为采用湿度指数、绿度指数差值法提取的泥石流沟。

3. 汶川地震诱发泥石流崩滑灾害空间分布特征

利用上述山地灾害快速提取模型得到调查区的山地灾害空间分布，见图 10.26，调查区内共解译出泥石流、崩塌、滑坡等次生山地灾害 5700 多处。从图 10.26 可以看出，调

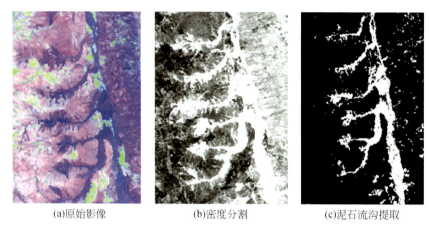

| (a)原始影像 | (b)密度分割 | (c)泥石流沟提取 |

图 10.25　泥石流沟谷提取效果（苏凤环等，2008）

查区内山地灾害的空间特征具有分布范围广但又相对集中的特点，大多数山地灾害沿龙门山地震断裂带集中分布，且主要集中在河流两侧。

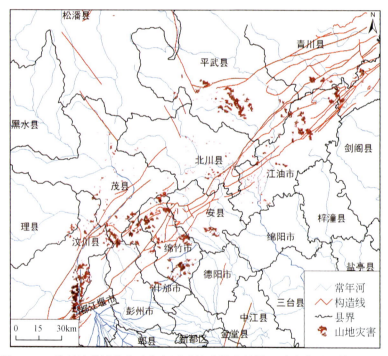

图 10.26　汶川地震诱发山地灾害遥感快速提取结果（改自苏凤环等，2008）

将调查结果与烈度图进行叠加分析，统计Ⅵ度及以上烈度区内泥石流、崩滑灾害的发生数量、面积等特征（表 10.3）。分析可知，汶川地震诱发的山地灾害主要分布在烈度大于Ⅷ度的区域，其数量和面积分别占调查区内山地灾害总量、总面积的 98.47%、99.41%。在Ⅺ度烈度区内，崩塌滑坡主要分布在北川、汶川及国道 G213 都江堰—映秀—汶川一线。还可以看出，山地灾害的总面积随着的烈度区等级的降低而递减。

表 10.3   汶川地震各级烈度区内山地灾害数量和面积特征（苏凤环等，2008）

烈度区/度	烈度区面积/km²	泥石流、崩滑灾害			
		灾害数量/个	数量比例/%	灾害面积/km²	面积比例/%
XI	2158.72	1040	18.22	93.175	35.33
X	3446.85	1261	22.09	74.025	28.07
IX	7221.31	2009	35.20	57.370	21.75
VIII	27660.86	1311	22.97	37.590	14.25
VII	83557.11	75	1.31	1.500	0.57
VI	311830.67	12	0.21	0.050	0.02

利用山地灾害专题信息与地形数据相结合可以分析山地灾害在不同海拔、坡度带内的分布情况。方法如下：将 DEM 以 500m 为间隔划分为不同的海拔带，将坡度以 10° 为间隔划分为不同的坡度带，分别统计不同海拔带和坡度带内的山地灾害面积比例，见图 10.27 和图 10.28。分析得知，山地灾害主要分布在 1000～2000m 的海拔带内，其面积比例占总面积的 55.51%，随着海拔的升高，山地灾害所占面积逐渐减少。山地灾害与坡度的关系为：30°～40° 区间所占面积最多（占 34.0%），其次为 20°～30°（占 25.90%），40°～50° 占 20%，而坡度大于 60° 的区域山地灾害分布较少。实际情况是，地震诱发的崩塌滑坡等山地灾害大多发生在 20°～50° 的边坡上，调查分析结果与实际情况相符。

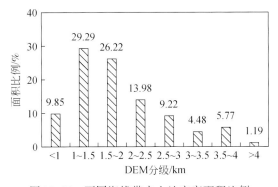

图 10.27   不同海拔带内山地灾害面积比例

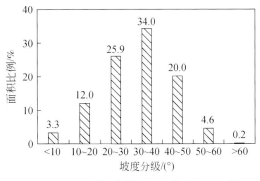

图 10.28   不同坡度带内山地灾害面积比例

面对山高谷深的山地复杂环境，常规地面调查难以准确获取整个区域的灾害分布情况，况且山地灾害往往伴随着对道路、桥梁等交通设施的损毁。在本实例中，充分发挥了遥感技术覆盖范围广的优势，获取了大面积受灾区域内山地灾害的数量、面积和空间分布特征，并开展了分布规律分析。

10.3.4   映秀镇红椿沟泥石流遥感调查

2010 年 8 月 14 日，汶川映秀地区突发强降水，导致映秀镇红椿沟发生特大泥石流。泥石流前缘堆积体堵断岷江主河道，导致河水改道冲入映秀新镇，引发洪水灾害，造成映秀镇 13 人死亡、59 人失踪，8000 余名受灾群众被迫避险转移。本节以唐川等（2011）对红椿沟泥石流灾害的成因、发生过程及影响进行遥感调查与分析为例，介绍如何利用航空遥感影像、地形图和地面调查数据对泥石流开展调查与分析。

1. 红椿沟流域特征

红椿沟位于汶川县映秀镇东北侧，岷江左岸，沟口坐标为 31°04′01″N，103°29′33″E，历史上曾发生过多次不同规模的泥石流，其中 20 世纪 30 年代和 60 年代各发生过一次泥石流，并对岷江河道造成一定影响。红椿沟流域的灾前航空遥感影像见图 10.29，获取时间为 2008 年 5 月 18 日，空间分辨率为 0.5m。可以看出沟口堆积扇正好为映秀镇场镇灾后恢复重建规划区，同时都汶高速以及国道 G213 也从堆积区上穿过。

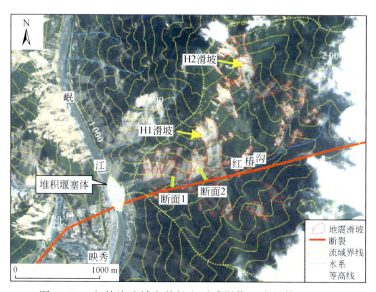

图 10.29　红椿沟流域灾前航空遥感影像（唐川等，2011）

结合航空遥感影像和地形图可知，红椿沟流域地形总体上属深切割构造侵蚀低山和中山地形，具有岸坡陡峻、切割深度较大的特点。中上游呈深切割"V"型谷，下游沟口段沟床较宽缓，呈"U"型谷。沟域面积 5.35km²，主沟纵长 3.6km，最高点望乡石海拔 2168.4m，沟口与岷江交汇处海拔 880m，相对高差 1288.4m，主沟平均纵坡降约 358‰，其中上游新店子沟段纵坡降较大，达 538‰，以下沟段总体上纵坡略缓，且呈现陡缓相间的空间变化特征。红椿沟气候属于亚热带湿润季风类型，是川西多雨中心区，也是暴雨常出现的地区之一，多年平均降水量为 1253.1mm，其中 6 ~ 9 月降水量占全年的 60% ~ 70%，日最大降水量 269.8mm。

2. 泥石流灾害成因分析

映秀镇红椿沟泥石流灾害的形成主要受地形地貌、地层岩性、地质构造以及地震活动的控制，尤其是在强烈地震作用的基础上又叠加暴雨作用，导致了这场灾害性泥石流的发生。

1) 降水条件

根据映秀镇气象台的实测数据，2010 年 8 月 12 日 17：00 时映秀镇范围内开始降水，当日累计降水量为 19.9mm；13 日降水时段较长，累计降水量为 126.8mm，最大小时雨强为 32.3mm；2010 年 8 月 14 日泥石流暴发（3：00 时）前的累计降水量为 23.4mm，即红椿沟泥石流发生前期降水量总计达 170.1mm。在强降水作用下，引起红椿沟上游多处滑坡强烈活动，在中游沟道两侧松散残坡积堆积层发生大面积滑塌，在局部较狭窄的沟段造成严重堵塞，流域上游洪水迅速汇流后，猛烈冲刷沟谷和斜坡松散固体堆积物，特别是导致了沟道中上游地震滑坡堵塞体突然溃决，导致大规模泥石流的暴发。

2) 物源条件

汶川地震的发震断裂映秀–北川主断裂起始于映秀，并沿红椿沟沟谷主方向穿越整个流域，震后在沟口位置可见明显的地表破裂，最大垂直位移量达 2.3m，并右行位错 0.8m。汶川地震诱发了大量的崩塌、滑坡，为泥石流的形成提供了物源基础。红椿沟西侧斜坡岩性以寒武系花岗岩、闪长岩为主，在地震作用下，坡体大面积失稳，形成规模较大的滑坡体。这些滑坡堆积物胶结和固结很差，在流水冲刷下，极易产生底蚀和侧蚀，使泥沙迅速发生输移流动。

对本次泥石流发生前的航空影像（图 10.29）进行解译和分析可知，红椿沟流域内共发育有大小不一的滑坡 70 处，集中分布于沟谷的右岸坡面，滑坡投影总面积为 $7.61 \times 10^5 \mathrm{m}^2$，厚度变化较大，从 1m 至 18m 不等，据此估算红椿沟流域内滑坡总体积可达 $3.84 \times 10^6 \mathrm{m}^3$。从图 10.29 中可以发现在海拔 1080m 和 1500m 处分别形成一定规模的滑坡堰塞体，对红椿沟特大泥石流灾害流量有瞬时放大的效应。此外，在泥石流物源区 70% 以上的沟道都堆积了大量松散堆积物，这些松散固体物质是泥石流强烈活动的重要补给源。

3) 地形条件

红椿沟沟谷呈 V 型谷，坡降比大，显示出新构造运动期间山体强烈抬升的特征。特别是汶川地震后，沟谷地形发生了明显变化，部分山坡由凸形坡转为凹形坡，沟道堆积和堵塞现象严重，物源区扩大。此外，该流域的形成区与流通区的沟道比较顺直，有利于雨水的快速汇流，使得松散物质容易起动，并在运动过程中流速快、能量消耗少，有利于泥石流物质的流通。整条流域支沟不发育，仅发育 2 条支沟，沟域内两侧山高坡陡，坡度在 35° 和 50° 之间，由于地形陡峻，表层土体结构松散及岩石节理裂隙发育，多被切割成块状，为崩塌、滑坡等地质现象的发育提供了有利条件。此外，红椿沟较大的地形高差，使高势能松散堆积物容易随洪水运移，从而形成高速泥石流。

3. 堆积特征及影响评估

2010 年 8 月 14 日凌晨红椿沟特大山洪泥石流暴发后，泥石流沿途强烈侵蚀两岸滑坡堆积物，掏蚀沟床松散物质，沿下游沟道直倾岷江，不仅冲毁淤埋在建的都汶高速公路以及 G213 国道，更是阻断岷江干流河道形成堰塞体。图 10.30 为 2010 年 8 月 15 日泥石流爆发后拍摄的航空遥感影像,可以看出红椿沟泥石流堆积物阻断 150m 宽的岷江河道,导致河水水位迅速上涨,并改道右岸形成 20~30m 宽的溢洪道冲入映秀新镇,造成映秀新镇的洪水泛滥(图 10.31),造成重大人员和财产损失。

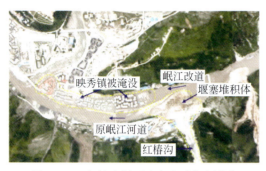

图 10.30　红椿沟泥石流发生后航空影像　　　　　图 10.31　被洪水冲蚀的映秀新镇
(四川省地质环境监测总站供图)

　　红椿沟泥石流发生前后的沟口堆积特征实地拍摄照片见图 10.32,可以看出泥石流形成的堆积体完全掩埋了都汶高速公路。据调查,新堆积扇的总长为 470m,最大宽度 350m,总面积 $9.65×10^4 m^2$,体积约为 $7.11×10^5 m^3$,属特大泥石流灾害。本实例借助于无人机航空遥感影像和空间分析技术,对红椿沟泥石流发生的成因进行了详细的分析,并完整重现了整个泥石流的发生和发展过程,凸显了无人机遥感开展山地灾害精细化调查的优势和潜力。

(a)　　　　　　　　　　　　　　　(b)
图 10.32　红椿沟泥石流发生前后堆积扇对比(唐川等,2011)
(a) 新堆积扇;(b) 老堆积扇

10.4　堰塞湖遥感应急调查

　　堰塞湖是大规模的崩塌、滑坡、泥石流进入河道,形成堆积体堵塞河流而成。堰塞湖具有扩张迅速、威胁巨大等特点,快速、准确掌握其发生、变化过程对于灾情评估、人员疏散和泄洪方案设计等具有重要意义。本节 10.4.1 主要介绍典型堰塞湖的遥感影像特征,

10.4.2 节介绍西藏易贡特大滑坡堰塞湖的遥感应急调查实例，包括多源遥感数据及相关辅助数据的收集，基于多源多时相遥感数据的易贡堰塞湖动态过程监测，以及基于遥感观测与地面实测数据的堰塞湖变化过程模拟与预测，为制定救灾决策等提供理论依据。

10.4.1　堰塞湖影像特征

堰塞湖具有明显的光谱特征和形状特征。其颜色特征与水体类似，在普通真彩色影像中呈蓝色或者绿色，且纹理十分均一。其形状通常为不规则且具有一定宽度的长条形，沿河流上游溯源扩张。在堰塞湖的坝体两侧有明显的滑坡、泥石流发生也是识别堰塞湖的重要依据之一。图 10.33 展示了典型堰塞湖的遥感影像特征。

(a) 易贡堰塞湖　　　　　　　　　　(b) 绵竹天池乡堰塞湖

(c) 北川唐家山堰塞湖　　　　　　　(d) 鲁甸牛栏江堰塞湖

图 10.33　典型堰塞湖遥感影像特征

图 10.33（a）为 2000 年西藏易贡特大滑坡形成的堰塞湖，数据源为 Landsat TM，影像合成方式为 TM543 组合，在该种组合中堰塞湖呈深色调，在堰塞湖末端处，从雪山一直延伸到河道的滑坡体清晰可见。图 10.33（b）为 2008 年汶川地震在绵竹市天池乡附近诱发堰塞湖的航空遥感影像，获取时间为 2008 年 5 月 16 日（源自中国科学院遥感与数字地球研究所），从图中可以清晰看出堰塞湖的末端东侧有泥石流灾害发生，而西侧有滑坡灾害发生，同时堰塞湖的宽度从下游至上游逐渐变窄。图 10.33（c）为 2008 年汶川地震在北川县城上游诱发的唐家山堰塞湖的航空遥感影像，可以看出在河流南侧的唐家山发生了大规模的山体滑坡，形成了此次特大滑坡堰塞湖，堰塞湖的形状与河流一致成 S 型。图

10.33（d）为 2014 年云南鲁甸地震牛栏江堰塞湖的无人机影像 3D 视图，可以看出堰塞湖的水体特征十分明显，滑坡的方量巨大，坝体宽度厚，给堰塞湖疏通带来不小难度。

10.4.2　易贡堰塞湖遥感调查

2000 年 4 月 9 日 20 时左右，西藏波密县境内易贡藏布河（雅鲁藏布江二级支流，帕隆藏布河一级支流）扎木弄沟北岸发生特大山体滑坡，滑坡体截断易贡藏布河，形成长约 2500m，宽约 2500m，平均高约 60m，最厚处达 100m，面积约 5km^2，体积约 $2.8\times10^8m^3$ ～ $3.0\times10^8m^3$ 的滑坡堰塞体（殷跃平，2000）。这是近百年来国内最大的山体滑坡，在世界上也属罕见（周刚炎等，2000；周昭强和李宏国，2000）。易贡滑坡的直接影响是掩埋数千米长的省道公路和易贡藏布河道，两乡（易贡乡、八盖乡）三厂（茶厂、木板厂、石材厂）与外界交通中断，4000 余人被困。滑坡阻塞河道形成了特大堰塞湖，其潜在威胁远超人们预料。在堰塞湖形成的最初几天，湖面水位以接近 1m/d 的速度增长，不仅危及堰塞湖周边近 4000 人的生命安全，而且随着水位的不断上升，堰塞湖随时有溃坝的可能，对下游约 450km 长的沿河地区带来严重威胁（Tang et al.，2003）。

易贡特大滑坡堰塞湖严峻的发展形势迫切需要及时、准确的监测数据为救援决策提供支撑，但其发生在山高谷深、丛林茂密的山区，交通十分不便（仅 G318 国道可以通行），大型机械进入缓慢，延缓救援效率。堰塞湖在遥感影像中具有十分明显的光谱和形状特征，便于遥感技术开展各项调查和研究。为此，国内众多救灾、科研单位采用遥感技术对易贡滑坡堰塞湖的发生和发展过程进行了实时的监测，及时、准确掌握堰塞湖的发展动态，为疏通堰塞湖以及下游居民疏散提供可靠的数据支撑，是遥感技术在堰塞湖应急监测中的一次经典案例。

1. 多源遥感影像及辅助数据

堰塞湖遥感动态监测及变化趋势模拟预测需要的数据包括多源多时相遥感影像、DEM、水文数据、气象数据、道路和居民点、地面实测数据等。其中多源多时相遥感影像用于堰塞湖动态监测，DEM 用于湖面高程提取及入湖水量估算，水文数据和气象数据用于堰塞湖变化过程模拟预测，地面实测数据用于验证遥感估算结果以及构建模拟预测模型。

1）多源多时相遥感数据

从文献和国内外众多遥感数据共享平台收集的用于易贡滑坡堰塞湖调查（数据要求为滑坡及堰塞湖大部分可见）的遥感影像见表 10.4。

表 10.4　易贡堰塞湖调查的多源多时相遥感数据

成像时间	DOY（Day of Year）	距离滑坡发生天数	卫星/传感器	光谱特性	分辨率/m
1999-10-25	298		Landsat7/ETM+	多光谱、全色	15、30
2000-02-22	53		Landsat5/TM	多光谱	30
2000-04-13	104	4	CBERS/CCD	多光谱	20

续表

成像时间	DOY（Day of Year）	距离滑坡发生天数	卫星/传感器	光谱特性	分辨率/m
2000-05-04	125	25	SPOT4/HRV	多光谱	20
2000-05-04	125	25	Landsat7/ETM+	多光谱、全色	15、30
2000-05-09	130	30	CBERS/CCD	多光谱	20
2000-05-09	130	30	IKONOS	多光谱	4
2000-05-12	133	33	Landsat5/TM	多光谱	30
2000-05-20	141	41	Landsat7/ETM+	多光谱、全色	15、30
2000-06-15	167	67	SPOT4/HRV	多光谱	20
2000-06-17	168	68	SPOT2/HRV	多光谱	20
2000-07-15	197	97	Landsat5/TM	多光谱	30
2000-08-08	221	121	Landsat7/ETM+	多光谱、全色	15、30
2000-09-20	264	164	IKONOS	多光谱	4
2000-10-20	294	194	IKONOS	多光谱	4
2000-11-04	309	209	Landsat5/TM	多光谱	30
2000-12-30	365	265	Landsat7/ETM+	多光谱、全色	15、30
2013-11-23			Landsat8/OLI	多光谱、全色	15、30

　　表 10.4 主要包括各种中高分辨率的资源环境卫星影像，如美国 Landsat、IKONOS，法国 SPOT，中巴地球资源卫星（CBERS）等，分辨率介于 4m 和 30m 之间，能够满足堰塞湖遥感调查的精度要求。时间跨度从堰塞湖形成之前持续到 2000 年年底，此时堰塞湖几乎恢复至原状。此外，还包含一景 2013 年的 Landsat8/OLI 影像，用于分析滑坡体表层植被的恢复情况。对收集到的多源遥感影像进行空间配准、影像增强等预处理工作，便于后期调查工作的开展，部分遥感影像见图 10.34。

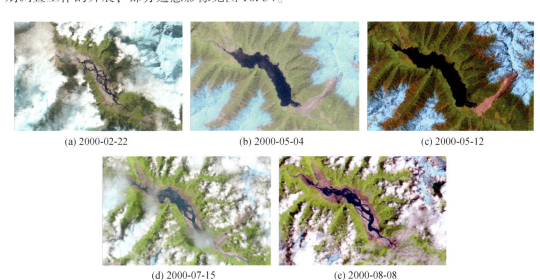

(a) 2000-02-22　　　　　　　　(b) 2000-05-04　　　　　　　　(c) 2000-05-12

(d) 2000-07-15　　　　　　　　(e) 2000-08-08

(f) 2000-11-04　　　　　　　　　　　　　(g) 2013-11-23

图 10.34　易贡滑坡堰塞湖不同时期遥感影像

2）地形等辅助数据

辅助数据主要包括滑坡发生前后的地形数据（包括地形图和 DEM）、气象数据、道路和居民点等。其中滑坡前的 DEM 主要通过大比例尺的地形图获取，而滑坡后的 DEM 可以通过地面实测，或者从 SPOT、ASTER 等卫星产品中获取。气象数据从当地气象预报部门获取，居民点、道路信息由遥感影像解译获得。

3）水文及堰塞湖参数实测数据

实测数据包括水文站观测数据和基于测量仪器的堰塞湖水位、水量等实测数据。易贡滑坡堰塞湖形成后不久，西藏水文局即在易贡藏布河流域组建了水文观测站网络，包括贡德水文站（堰塞体上游 23km）、嘎布通水文站（堰塞体上游 20km）、坝前水文站（堰塞体上游 2km）和通麦水文站（堰塞体下游 17km），同时建立了通麦水文情报预测站，对入湖流量、出湖流量、湖面水位（高程）和入湖水量等水文参数进行观测与预报，为抢险救灾和制定堰塞湖疏通方案提供数据支撑。同时，调查还收集了易贡滑坡发生前贡德水文站 4～8 月的多年月平均流量（表 10.5）。

表 10.5　易贡藏布贡德水文站多年月平均流量（周刚炎等，2000）

月份	平均流量/（m³/s）	径流量/×10⁸m³
4	88	2.3
5	261	7.0
6	761	19.7
7	1160	31.1
8	900	24.1
4～8 月径流量		84.2

为进一步提高堰塞湖水文参数的测量精度，2000 年 5 月 17 日，长江水利委员会水文局组织成立了水文科技抢险组，携带声学多光谱流速剖面仪（ADCP）从武汉出发，并于当月 22 日达到易贡堰塞湖测区，开展水位、入湖水量等参数的测量和分析工作，为抢险救灾总指挥部提供可靠的决策依据（周刚炎等，2000）。

2. 易贡滑坡堰塞湖动态遥感监测

易贡堰塞湖于 2000 年 4 月 9 日形成后，水位不断上升，当年 6 月 8 日人工开凿的导流渠开始泄流，泄流初期入湖水量仍大于出湖水量，2000 年 6 月 10 日堰塞湖水位到达最大值，2000 年 6 月 11 日后，堰塞湖基本恢复至原状。本节主要介绍堰塞湖相关参数的遥感提取方法以及基于多时相遥感影像的堰塞湖变化过程动态监测及模拟预测。

1）堰塞湖水文参数遥感提取方法

滑坡堰塞湖的水文参数包括堰塞湖的面积、湖面高程、蓄水量等，通过遥感影像提取相关参数的方法如下。

（1）堰塞湖面积提取

堰塞湖在多光谱影像中具有明显区别于其他地物的光谱、形状和纹理特征，便于堰塞湖水面信息的提取。通常情况下，水体像元在影像绿光波段具有较高的反射率，而在中红外波段具有较低的反射率，因此可以采用改进型归一化水体指数 MNDWI ［式（10.1）］（Xu，2005）对湖面像元进行提取：

$$MNDWI = \frac{\rho_G - \rho_{MIR}}{\rho_G + \rho_{MIR}} \tag{10.1}$$

式中，ρ_G 为绿光波段反射率（对应 TM 影像第 2 波段）；ρ_{MIR} 为中红外波段反射率（对应 TM 影像第 5 波段）。当 MNDWI 大于某一设定的阈值即可判别为水体像元。

也可以采用面向对象的方法，先对影像进行分割获得对象层后用式（10.1）对湖面信息进行提取，研究表明面向对象的提取方法对于色彩均一的地物具有更高的精度。利用式（10.1）提取出各个监测时段堰塞湖的面积后，生成堰塞湖边界的矢量图层。

（2）湖面高程提取

将获取的堰塞湖边界矢量图层与同等分辨率的 DEM（或地形图）相叠加，得到堰塞湖边界像元的高程值，取边界像元高程的平均值作为湖面高程值。

（3）入湖水量估算

在确定湖面高程后，可以通过式（10.2）计算各个时刻的入湖水量：

$$V_t = \sum_{i=1}^{N_t} (H - H_i) \cdot A \tag{10.2}$$

式中，V_t 为 t 时刻的入湖水量；N_t 为 t 时刻的湖面像元数；H 为 t 时刻的湖面高程；H_i 为淹没区像元 i 的原始高程（滑坡发生前）；A 为单个像元面积。

2）滑坡前易贡湖水文参数提取

易贡湖在滑坡发生之前是一个天然湖泊［图 10.34（a）］，为 100 多年前滑坡堵塞河道而成，湖盆内多条水流呈网状分布且随季节变化明显。易贡湖在 1966 年科学考察（殷跃平，2000）时的湖面面积为 21km²，蓄水量为 2.0×10⁸m³，最大水深 25m。从上游和支流带来的泥沙促进了洪积扇、湖滩地的发育，导致湖心滩出现。随着湖盆的淤高，出口处跌水加剧，溯源侵蚀已引起湖水位有下降趋势，表明易贡湖又逐渐趋于退缩，甚至消亡的演变过程。利用 1999 年 11 月的 Landsat/TM 影像（王治华和吕杰堂，2001）解译出滑坡前易贡湖的湖盆面积为 26km²，湖水面积为 9.8km²。调查得出易贡湖在滑坡前的面积为 10.728km²，蓄水量为 7.0×10⁷m³（吕杰堂等，2002）。通过解译 1999 年 10 月 25 日和 2000 年 2 月 22 日的 TM 遥感影像可知，易贡湖在 1999 年 10 月和 2000 年 2 月的湖面面积（包括河流中间的湖心滩）分别为 13.2km² 和 8.2km²。假设湖面面积随时间的变化是均匀的，那么在 2000 年 4 月 9 日时易贡湖的面积应为 9.2km²，因此可以认为以上文献测定易贡湖在 2000 年 4 月初的面积都是合理的。易贡湖水面初始高程取入水口和出水口高程的均值，即 2210m。

3) 堰塞湖动态变化遥感监测

利用多时相遥感影像以及上述水文参数计算方式，并整理已有文献中相关调查资料，统计得出易贡堰塞湖的面积、湖面高程、入湖水量以及变化率的时间变化特征，见表 10.6。其中，入湖水量为从 2000 年 4 月 9 日滑坡发生以后流入堰塞湖的水量。由于 2000 年 6 月 10 日溃坝当天未获取到理想的遥感数据，当天堰塞湖的最大面积和最高水位等参数是通过 2000 年 6 月 17 日 SPOT 影像中的最大淹没范围确定的。

变化率指堰塞湖相关水文参数在相邻监测时段内的平均变化率，计算公式如下：

$$R_t = \frac{P_t - P_{t-1}}{D_t - D_{t-1}} \tag{10.3}$$

式中，R_t 为堰塞湖水文参数（水位、面积、入湖水量）从 $t-1$ 时刻到 t 时刻的变化率；P_t 为堰塞湖在 t 时刻的参数值；D_t 为 t 时刻的 DOY 值。

表 10.6 易贡滑坡堰塞湖动态变化遥感监测

时间	DOY	距离滑坡发生天数	面积/(km²)	面积变化率/(km²/d)	湖面高程/m	水位变化率/(m/d)	入湖水量/×10⁸m³	水量变化率/(×10⁸m³/d)	数据来源
2000-02-22	53		8.200						Landsat5
2000-04-09	100	0	9.155		2210		0		Landsat5
2000-04-13	104	4	18.909	2.439	2214	1.000	0.854	0.214	CBERS1
2000-05-04	125	25	33.659	0.590	2225	0.524	5.143	0.204	SPOT4
2000-05-09	130	30	36.320	0.089	2228	0.600	7.062	0.384	CBERS1
2000-05-12	133	33	37.979	0.050	2229	0.333	7.707	0.215	Landsat5
2000-05-20	141	41	43.121	0.125	2234	0.625	12.345	0.580	Landsat7
2000-06-10	162	62	52.855	0.157	2244	0.476	22.590	0.488	Landsat5
2000-06-17	169	69	9.280		2210			0.354	SPOT2
2000-11-04	309	209							Landsat5

基于多时相遥感数据的易贡堰塞湖变化过程总结如下：

2000 年 4 月 13 日，滑坡发生第 4 天，CBERS1 卫星影像显示，易贡藏布扎木龙沟附近出现了流体形态的大滑坡，新鲜裸露土壤的光谱特征十分明显，滑动痕迹一直延伸到东侧山脉的最顶端，滑体出露总面积约 12.9km²，其中跨越易贡湖口的天然坝约 2.8km²。由于滑坡将易贡河堵塞，湖水上涨，滑坡前水流呈网状分布的易贡湖盆地在滑坡发生后的第 4 天已充满半盆湖水，湖面高程涨至 2214m，水位增长速率为 1.000m/d；而湖水面积在最初的 4 天里增长最为迅速，增长率高达 2.439km²/d，到 4 月 13 日堰塞湖面积约为 18.909km²。入湖水量为 8.54×10⁷m³，平均变化率为 2.14×10⁷m³/d。

2000 年 5 月 4 日，滑坡发生第 25 天，SPOT4 卫星影像显示 [图 10.34（b）]，此时的湖面高程上升至 2225m，比上一时刻（4 月 13 日）升高了 11m，该时段内的水位变化率为

0.524m/d；而易贡湖盆已完全充满，湖水面积增至33.659km^2，但增长速率相对前一时段明显放缓，为0.590km^2/d。入湖水量为5.143×10^{8}m^3，平均变化率为2.04×10^{7}m^3/d。

2000年5月9日，滑坡发生第30天，CBERS1卫星影像显示，堰塞湖边界轮廓清晰，其中东岸有部分未被湖水完全淹没的森林在影像中也清晰可见。滑坡坝下游的易贡河水呈与滑坡体相似的色调，说明易贡湖水通过坝体向下游渗漏，将泥沙带入易贡河下游。此外，从5月9日的IKONOS影像中发现，该日滑坡下游50~70km处（雅鲁藏布江大拐弯）的河道基本正常，但河水位较1998年12月高许多（王治华和吕杰堂，2001）。此时湖水上涨的速度依然迅速，湖面高程2228m，增长率为0.600m/d；湖面面积已增至36.320km^2，5天之内湖面扩大约2.660km^2，5月4日以来堰塞湖面积的增长率为0.089km^2/d。入湖水量达7.062×10^{8}m^3，平均变化率为3.84×10^{7}m^3/d。

2000年5月12日，滑坡发生第33天，Landsat5卫星影像显示［图10.34（c）］，5月4日中滑坡体北段的积雪也已经融化，坝体下游河水依然浑浊。堰塞湖相比5月9日而言南端总体变化不大，湖面主要向上游方向继续扩张。此时湖面高程比三天前升高1m上升为2229m，平均增长率为0.333m/d。面积进一步扩大为37.979km^2，增长率为0.050km^2/d。入湖水量相比三天前增加了6.45×10^{7}m^3。

2000年5月20日，滑坡发生第41天，Landsat7/ETM+卫星影像显示，由于积雪溶化，上游来水增多，易贡堰塞湖湖面高程进一步升高至2234m，比5月12日又升高了5m，部分区域甚至已经没过滑坡坝，坝体有一触即溃之势。湖面面积扩大至43.121km^2，相比5月12日增加5.142km^2，变化率又升高为0.125km^2/d。据水文资料分析，由于温度升高冰川融雪加剧，每年的4~8月易贡河流量呈逐步增高的趋势，因此该时段内入湖水量显著增加，达1.23×10^{9}m^3，平均变化率由上一时刻的2.15×10^{7}m^3/d提高至5.8×10^{7}m^3/d。在滑坡坝下游，虽局部有新鲜的泥沙堆积，易贡河水基本呈蓝色正常水流，在下游河口及帕隆藏布、雅鲁藏布江河道仍然基本正常。

堰塞湖的水位日益上升给上、下游人民群众生命财产安全、道路桥梁等造成严重威胁。人工开凿的导流渠（殷跃平，2000）（导流渠上部宽150m，底部宽30m，深度30m，长度1000m）在2000年6月8日（此时距堰塞湖形成约60天）开始泄流，泄流初期堰塞湖的流入量大于泄流量，堰塞湖的水位仍然在持续上升。到6月10日（滑坡发生第62天）堰塞湖的水位达到最大值，当日20时左右堰塞湖水位开始下降，并且随着决口的增大下降明显，到6月11日19时，堰塞湖基本恢复至原状。通过查阅相关文献和数据共享网站，均未找到溃坝前后的遥感影像，但其在溃坝前的相关水文参数可以通过后续影像中的最大淹没范围［图10.34（e）］估算得出。此时，堰塞湖的最高湖面高程为2244m，相比滑坡前上升了34m，平均每天上升0.548m。最大湖面积为52.855km^2，比滑坡前扩大了43.700km^2，平均每天增加0.705km^2，最大入湖水量2.26×10^{9}m^3（不包括滑坡之前的易贡湖水量7.00×10^{7}m^3），平均每天增加入湖水量3.64×10^{7}m^3。

从表10.6可以看出，易贡滑坡堰塞湖的水位在各个监测时段内变化相对平缓，除最初4天的变化率为1.000m/d外，其余时段内变化率均在0.333~0.625m/d内变化。堰塞湖面积在最初的25天中增长最快，2000年4月13和5月4日两个时刻统计的区间变化率分别为2.438km^2/d和0.590km^2/d。由于湖泊底部窄，上部宽，在5月9日和5月12日的两个监测时刻中湖面面积的增长率出现明显的下降，分别为 0.089km²/d 和 0.050km²/d。5 月 20 日和 6 月 10 日的监测结果表明 2 个时间段内的面积变化率再次出现小幅上升，估计和上游积雪融水增多有关。从表 10.6 中监测结果可以看出堰塞湖形成之初入湖流量并不是最高的，相反在溃坝前（5 月底和 6 月初）入湖流量最高。这与易贡藏布多年的水文变化特征是相符的，也更加证明了在此时引流泄洪十分迫切。

2000 年 6 月 17 日 SPOT 影像显示，易贡湖已基本恢复至原状，湖水面积 9.280km²。从 2000 年 7 月 15 日的 Landsat5/TM 和 8 月 8 日的 Landsat7/ETM+影像［图 10.34（f）］显示，堰塞湖淹没地区留下明显痕迹，湖中仍有大量水体存在，可能跟上游来水增多和出水口排水不畅有关。通过判读还发现堰塞湖下游流量明显高于往年，经过溃坝洪水的冲刷，局部河道过水宽度达 700m 以上（图 10.35）。

　　　　1999-10-25　　　　　　　　　　　　　　　2000-07-15
图 10.35　溃坝前后易贡藏布河道对比

此外，溃决洪水汇入干流帕隆藏布后引起两侧山体崩塌、滑落等也在遥感影像中得到清晰体现（图 10.36）。

　　　　1999-10-25　　　　　　　　　　　　　　　2000-07-15
图 10.36　溃坝洪水渗发下游河道山体滑坡

经过解译部分遥感影像，得到易贡滑坡堰塞湖面积的时间变化特征见图 10.37，可以看出，在 2000 年 4 月 13 日堰塞湖充满湖盆后，湖面主要向易贡河上游以及河谷两侧扩张。而从 2013 年的 Landsat OLI 遥感影像［图 10.34（h）］可以看出，经过十余年的恢复发展，易贡滑坡的表层已恢复植被覆盖。

3. 基于遥感观测的堰塞湖动态变化模拟预测

基于多时相遥感观测数据不仅能实时监测堰塞湖动态变化过程，还能对其变化过程

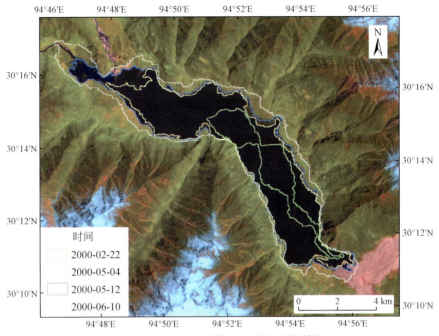

图 10.37　易贡堰塞湖面积时间变化特征

进行合理有效的预测，为制定堰塞湖疏通方案和下游居民做好应急准备提供科学的数据支撑。本节在多时相遥感数据以及地面观测数据的支撑下（部分数据引用自文献吕杰堂等，2002），总结如何利用多源遥感数据开展堰塞湖面积、水位及蓄水量的模拟和预测。

　　堰塞湖水位、水量通过由搭载 ADCP 的测量船实测得出。测量船沿水文断面横渡即可得到断面流量、断面水深和流速场等信息，并通过多次测量取平均值来进一步提高精度，对于 ADCP 无法测量的盲区则通过数学模型或经验算法加以估算。入湖流量的测量只需应用 ADCP 在易贡湖末端施测即可。为测得湖面积和入湖水量，长江水利委员会水文局科技抢险组在堰塞湖中共布设了 14 个断面，相邻断面间隔 1～3km，其中坝前和湖尾各设有一个断面。通过 5 月 23～24 日的连续测量，易贡堰塞湖在 2000 年 5 月 24 日的水位涨幅为 29.02m，总面积为 44.4km^2，入湖水量为 $1.07 \times 10^9 \mathrm{m}^3$。表 10.7 为易贡堰塞湖水文参数在各个时刻的遥感估算值和 ADCP 实测值，其中水量为易贡湖初始水量（$7.00 \times 10^7 \mathrm{m}^3$）与遥感估算入湖水量之和。

表 10.7　易贡堰塞湖水文数据遥感估算与实际测量结果

时间	DOY	滑坡发生天数	面积/km^2	水位涨幅/m	水量/$\times 10^8 \mathrm{m}^3$	观测途径
2000-04-09	100	0	9.155	0	0.7	遥感估算
2000-04-13	104	4	18.909	4	1.554	遥感估算
2000-04-14	105	5	15.000	3.6	0.700	测量值
2000-05-04	125	25	33.659	15	5.843	遥感估算
2000-05-09	130	30	36.320	18	7.762	遥感估算

时间	DOY	滑坡发生天数	面积/km²	水位涨幅/m	水量/×10⁸ m³	观测途径
2000-05-12	133	33	37.979	19	8.407	遥感估算
2000-05-20	141	41	43.121	24	13.045	遥感估算
2000-05-24	145	45	44.400	29	10.700	测量值
2000-06-10	162	62	52.855	34	23.290	遥感估算

由于实际观测的时间（分别为 2000 年 4 月 14 日和 5 月 24 日）与遥感影像获取的时间不一致，无法直接验证遥感估算结果的可靠性，但可以采用趋势线拟合并得到相关时刻遥感估算的湖泊面积、水位和入湖水量，并与 ADCP 实测值相比较。基于遥感影像估算的湖泊面积、水位涨幅和水量与时间的多项式拟合见图 10.38，图中横轴为监测时刻距离滑坡发生的天数。

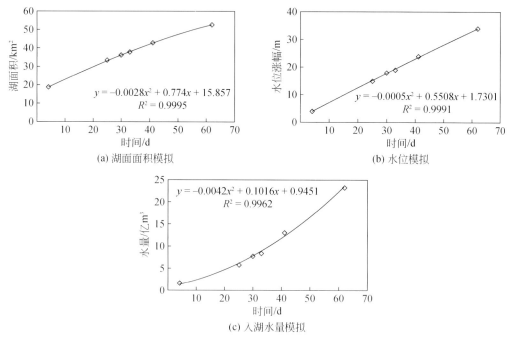

图 10.38　湖泊水文参数多项式拟合结果

从图 10.37 可以看出，基于遥感影像估算的堰塞湖水文参数与时间的拟合效果较好，方程决定系数 R^2 均大于 0.99。从图 10.38 曲线斜率还可以看出随着时间 t 的增长，湖面面积的增长率在缓慢降低，水位升高与时间增长大致呈线性关系，而随着时间的增长，上游来水流量增大，入湖流量的增长率也在不断增大。

将 2000 年 4 月 14 日和 5 月 24 日距离滑坡发生的天数值代入所建立的多项式拟合方程中，得到两个时刻堰塞湖水文参数的遥感估算值，与 ADCP 实测值的结果对比如表 10.8。

表 10.8　遥感估算参数与实测参数对比

时间	DOY	滑坡发生天数	面积/km²		水位涨幅/m		总水量/×10⁸m³	
			估算值	测量值	估算值	测量值	估算值	测量值
2000-04-14	105	5	19.657	15.0	4.472	3.6	1.558	0.7
2000-05-24	145	45	45.017	44.4	25.504	29.2	14.022	10.7

　　为了模拟在不泄流情况下堰塞湖的发展趋势，采用图 10.37 中拟合的多项式方程对 6 月 8 日以后 1 个月内不同时刻的堰塞湖面积、水位和入湖水量进行了预测（表 10.9），表 10.9 中的增加值是相对于 2000 年 6 月 10 日的相关水文参数而言。

表 10.9　易贡湖变化趋势预测

时间	DOY	滑坡发生天数	面积/km²		水位涨幅/m		入湖水量/×10⁸m³	
			预测值	增加值	预测值	增加值	预测值	增加值
2000-06-18	170	70	56.317	3.462	37.836	3.836	28.637	5.347
2000-06-28	180	80	59.857	7.002	42.594	8.594	35.953	12.663
2000-07-08	190	90	62.837	9.982	47.252	13.252	44.109	20.819

　　从表 10.9 可以看出，若不及时采取泄流手段，根据预测结果在 2000 年 7 月 8 日，即滑坡发生 3 个月后，堰塞湖的水位涨幅将达到 47.252m，比溃坝前最高水位再升高 13.252m。水量也将达到 $4.411 \times 10^9 \mathrm{m}^3$，是泄流前最大水量的 2 倍左右。湖面积将到达 62.837km²，相比泄流前的最大湖面积再扩张 10km² 左右。且以上预测值是基于 2000 年 4~6 月的卫星观测数据计算得出，由于 6、7 月份为雨季，实际情况应该比表 10.9 中的预测值更加严重。易贡滑坡堆积体以砂壤土含碎石、块石、大块石为主；加之滑坡体为快速堆积，碎块石含量不均匀，土体较松散，中间多呈架空状态，抗冲刷能力差，坝体本身强度低，在水量逐渐积累的情况下，滑坡坝溃决是不可避免的。这说明抢险救灾工程措施"滑坡体内开渠引流"是正确的，虽然泄水渠在过水后不久即产生了溃坝，但这一工程有效降低了坝体过水水位，减轻了溃坝洪水对下游造成的损失。在堰塞湖变化监测和预测研究中，多源遥感影像发挥了关键的数据支撑作用。

10.5　小　　结

　　山地灾害具有爆发迅速、范围广泛、危害严重等特点。尤其是近年来，我国西部山区地震频发，诱发大量山地次生灾害，给山区人民生命财产安全和社会经济发展带来严重威胁。遥感技术具有响应快速、覆盖范围广、信息量大等优点，是突发山地灾害应急调查最有效的手段之一。本章从大量调查实例出发，系统总结了典型突发山地灾害在中、高分辨率遥感影像中的解译标志，以及山地灾害遥感调查方法与应用领域。针对崩塌、滑坡灾害，遥感技术可用于灾害点的快速提取及其空间分布规律分析；针对泥石流灾害，遥感技术可开展淹没区估算、损失评估等；针对堰塞湖灾害，遥感技术可用于湖面面积、蓄水量的快速估算，为救援决策提供数据支撑。

为进一步提高调查的效率与精度，山地灾害遥感应急调查的发展趋势可能包括：提高卫星遥感及航空遥感的响应效率；提高数据处理效率及多源观测的综合应用能力；提高山地灾害专题信息的自动化提取能力；建立统一的山地灾害空间信息应急服务机制等。

参 考 文 献

陈国阶，方一平，高延军. 2010. 中国山区发展报告：中国山区发展新动态与新探索. 北京：商务印书馆.

崔鹏. 2014. 中国山地灾害研究进展与未来应关注的科学问题. 地理科学进展，33（2）：145～152.

崔鹏，陈晓情，张建强，杨宗佶，游勇，范建容，苏风环，孔应德，朱兴华. 2013. "4·20"芦山 7. 0 级地震次生山地灾害活动特征与趋势. 山地学报，31（3）：257～265.

崔鹏，韦方强，陈晓清，何思明，游勇，党超，李战鲁. 2008a. 汶川地震次生山地灾害及其减灾对策. 中国科学院院刊，23（4）：317～323.

崔鹏，韦方强，何思明，游勇，陈晓清，李战鲁，党超，杨成林. 2008b. 5·12 汶川地震诱发的山地灾害及减灾措施. 山地学报，26（3）：280～282.

崔鹏，邹强. 2016. 山洪泥石流风险评估与风险管理理论与方法. 地理科学进展，35（2）：137～147.

范建容，李秀珍，张怀珍，郭芬芬，郭祥. 2012. 汶川地震灾区崩塌滑坡体几何特征信息遥感定量提取与分析. 水土保持通报，32（2）：118～121.

范建容，田兵伟，程根伟，陶和平，张建强，严冬，苏风环，刘斌涛. 2008. 基于多源遥感数据的 5·12 汶川地震诱发堰塞体信息提取. 山地学报，26（3）：257～262.

郭华东，刘良云，范湘涛，李新武. 2011. 对地观测技术用于汶川和玉树地震灾害的研究. 高校地质学报，17（1）：1～12.

国家防汛抗旱总指挥部办公室，中国科学院水利部成都山地灾害与环境研究所. 1994. 山洪泥石流滑坡灾害及防治. 北京：科学出版社.

国土资源部. 2016. 做实"生命工程"—我国地质灾害综合防治体系建设扫描. http：//www. mlr. gov. cn/tdzt/dzgz/dzzk/yw/201605/t20160527_ 1406973. htm.

韩用顺，崔鹏，朱颖彦，苏风环，张勇，杨应常. 2009. 汶川地震危害道路交通及其遥感监测评估——以都汶公路为例. 四川大学学报（工程科学版），41（3）：273～283.

胡海涛. 1993. 中国地质灾害类型、分布及防治建议. 水文地质工程地质，（2）：1～7.

黄润秋. 2008. 地质环境评价与地质灾害管理. 北京：科学出版社.

黄润秋，李为乐. 2009. 汶川地震触发崩塌滑坡数量及其密度特征分析. 地质灾害与环境保护，20（3）：1～7.

靳颖. 2014. 第 31 届空间与重大灾害国际宪章会议在北京召开. 卫星应用，（5）：57～58.

荆凤，申旭辉，洪顺英，欧阳新艳. 2008. 遥感技术在地震科学研究中的应用. 国土资源遥感，20（2）：5～8.

李爱农，张正健，雷光斌，南希，刘倩楠，赵伟. 2013. 四川芦山"4·20"强烈地震核心区灾损遥感快速调查与评估. 自然灾害学报，22（6）：8～18.

李珊珊，宫辉力，范一大，陈世荣，温奇，胡卓伟. 2011. 舟曲特大山洪泥石流灾害遥感应急监测评估方法研究. 农业灾害研究，1（1）：67～72.

刘广润，晏鄂川，练操. 2002. 论滑坡分类. 工程地质学报，10（4）：339～342.

吕杰堂，王治华，周成虎. 2002. 西藏易贡滑坡堰塞湖的卫星遥感监测方法初探. 地球学报，23（4）：

363 ~ 368.

南希, 严冬, 李爱农, 雷光斌, 曹小敏. 2015. 岷江上游流域山地灾害危险性分区. 灾害学, 30 (4): 113 ~ 120.

倪化勇. 2015. 基于地貌特征的泥石流类型划分. 南水北调与水利科技, 13 (1): 9 ~ 13.

聂高众, 高建国, 邓砚. 2004. 地震诱发的堰塞湖初步研究. 第四纪研究, 24 (3): 293 ~ 301.

乔建平. 1997. 滑坡减灾理论与实践. 北京: 科学出版社.

乔建平. 2000. 西部生态建设中的山地灾害问题. 山地学报, 18 (5): 99.

盛海洋, 王付全. 2007. 我国的山地灾害及其防治. 水土保持研究, 14 (1): 129 ~ 131.

苏凤环, 刘洪江, 韩用顺. 2008. 汶川地震山地灾害遥感快速提取及其分布特点分析. 遥感学报, 12 (6): 956 ~ 963.

孙青. 2007. 中国加入"空间和重大灾害国际宪章". 中国航天, (7): 10.

唐邦兴, 柳素清, 刘世建. 1996. 我国山地灾害及其防治. 山地研究, 14 (2): 103 ~ 109.

唐川, 李为乐, 丁军, 黄翔超. 2011. 汶川震区映秀镇"8·14"特大泥石流灾害调查. 地球科学 (中国地质大学学报), 36 (1): 172 ~ 180.

土土革, 钟敦伦, 张小刚, 谢洪. 2005. 山地灾害及防灾减灾基础知识. 成都: 四川大学出版社.

王文杰, 潘英姿, 徐卫华, 王晶晶, 白雪. 2008. 四川汶川地震对生态系统破坏及其生态影响分析. 环境科学研究, 21 (5): 110 ~ 116.

王秀梅. 2009. 从"空间与重大灾害国际宪章看空间技术与国际减灾合作". 南京航空航天大学学报 (社会科学版), 11 (2): 56 ~ 59, 65.

王占礼. 2000. 中国土壤侵蚀影响因素及其危害分析. 农业工程学报, 16 (4): 32 ~ 36.

王治华. 2007. 中国滑坡遥感及新进展. 国土资源遥感, 19 (4): 7 ~ 11.

王治华, 吕杰堂. 2001. 从卫星图像上认识西藏易贡滑坡. 遥感学报, 5 (4): 312 ~ 316.

徐新良, 江东, 庄大方, 邱冬生. 2008. 汶川地震灾害核心区生态环境影响评估. 生态学报, 28 (12): 5899 ~ 5908.

杨迎冬, 晏祥省, 张红兵. 2010. 云南省东川区泥石流灾害 SPOT5 遥感影像特征. 灾害学, 25 (4): 59 ~ 67.

杨宗佶. 2013. "4·20"芦山 Ms7.0 级地震次生山地灾害特征. 四川大学学报 (工程科学版), 45 (4): 76 ~ 83.

殷跃平. 2000. 西藏波密易贡高速巨型滑坡特征及减灾研究. 水文地质工程地质, 27 (4): 8 ~ 11.

殷跃平, 张永双, 伍法权, 成余粮. 2014. 汶川地震地质灾害调查成果与展望. 中国地质调查, 1 (1): 1 ~ 9.

赵福军. 2010. 遥感影像震害信息提取技术研究. 中国地震局工程力学研究所博士学位论文.

中国地震局. 2013. 四川省芦山 7.0 级强烈地震烈度图. http://www.cea.gov.cn/publish/dizhenj/468/553/100342/100343/20130426185439708116314/index.html.

钟敦伦, 谢洪, 韦方强, 刘江, 汤家法. 2013. 论山地灾害链. 山地学报, 31 (3): 314 ~ 326.

周必凡, 李德基, 罗德富. 1991. 泥石流防治指南. 北京: 科学出版社.

周刚炎, 李云中, 李平. 2000. 西藏易贡巨型滑坡水文抢险监测. 人民长江, 31 (9): 30 ~ 33.

周昭强, 李宏国. 2000. 西藏易贡巨型山体滑坡及防灾减灾措施. 水利水电技术, 31 (12): 44 ~ 47.

Aksoy B, Ercanoglu M. 2012. Landslide identification and classification by object-based image analysis and fuzzy logic: An example from the Azdavay region (Kastamonu, Turkey). Computers & Geosciences, 38 (1): 87 ~ 98.

Cui P, Zhang J Q, Yang Z J, Chen X Q, You Y, Li Y. 2014. Activity and distribution of geohazards induced by the Lushan earthquake, April 20, 2013. Natural Hazards, 73 (2): 711 ~ 726.

Guo H D, Liu L Y, Lei L P, Wu Y H, Li L W, Zhang B, Zuo Z L, Li Z. 2010. Dynamic analysis of the Wenchuan Earthquake disaster and reconstruction with 3 - year remote sensing data. International Journal of Digital Earth, 3 (4): 355 ~ 364.

Ito A. 2005. Issues in the implementation of the International Charter on Space and Major Disasters. Space Policy, 21 (2): 141 ~ 149.

Liou Y A, Kar S K, Chang L. 2010. Use of high-resolution FORMOSAT-2 satellite images for post-earthquake disaster assessment: a study following the 12 May 2008 Wenchuan Earthquake. International Journal of Remote Sensing, 31 (13): 3355 ~ 3368.

Li Z, Chen Q, Zhou J M, Tian B S. 2009. Analysis of synthetic aperture radar image characteristics for seismic disasters in the Wenchuan earthquake. Journal of Applied Remote Sensing, 3 (1): 031685.

Tang C, Zhu J, Qi X. 2011. Landslide hazard assessment of the 2008 Wenchuan earthquake: a case study in Beichuan area. Canadian Geotechnical Journal, 48 (1): 128 ~ 145 (118).

Tang L J, Hua W Z, Hu Z C. 2003. Discussion on the Occurrence of Yigong Landslide in Tibet. Earth Science-Journal of China University of Geosciences, 28 (1): 107 ~ 110.

Xu H Q. 2005. A study on information extraction of water body with the modified normalized difference water index (MNDWI). Journal of Remote Sensing, 9 (5): 589 ~ 595.

Zhang X F, He Z W, Xue D J, Zhang D H, Yang Y L. 2011. Remote sensing investigation and risk assessment of large scale individual landslide triggered by the Wenchuan Earthquake. Remote Sensing Information, 19 (3): 50 ~ 54.

第11章　无人机遥感及其山地应用

由本书前述章节可知，尽管卫星遥感已在山地生态、资源、灾害等山地研究中得到广泛应用，但目前仍难以完全满足山地研究对空间信息的需求。无人机（Unmanned Aerial Vehicle，UAV）是一种有持续动力、能自主飞行、可控制、能携带多种设备、执行多种任务并能重复利用的无人驾驶飞行器。无人机遥感是无人机技术与遥感技术的结合，包括无人驾驶飞行器、传感器、遥测遥控、定位导航、网络通信和遥感应用分析等多种先进技术。无人机遥感能够对地表信息进行快速化、自动化、智能化、专业化地获取，并进行实时地处理、建模、分析和应用。在山地研究中，无人机遥感因其具有响应快速、分辨率高、云下观测等卫星遥感不具备的优势而受到越来越广泛的重视与应用。

本章详细介绍了无人机遥感及其在山地研究中的应用，各小节内容安排如下：11.1节介绍无人机遥感系统的组成、常见无人机遥感平台及其在山地研究中的应用优势，11.2节介绍无人机影像的处理流程，包括影像匹配、质量评价、几何校正、空中三角测量、影像拼接等，11.3节介绍无人机遥感在山地灾害和生态环境研究中的应用实例，11.4节对本章内容进行总结与展望。

11.1　无人机遥感概述

无人机遥感是综合多种先进技术的地表信息获取手段，与卫星遥感相比既存在相似之处，也有其特殊性。11.1.1节介绍无人机遥感系统的组成，11.1.2节介绍当前主要的无人机遥感平台，11.1.3节回顾无人机遥感的发展历程，11.1.4节总结无人机遥感在山地研究中的应用优势。

11.1.1　无人机遥感系统构成

完整的无人机遥感系统包括以下几个子系统：无人驾驶飞行器、飞行控制系统、地面控制基站、定位与导航系统、遥感数据获取系统、数据处理及分析系统等（孙杰，2003；Barnhart et al.，2012；李德仁和李明，2014）。各子系统的介绍如下。

1. 无人驾驶飞行器

无人驾驶飞行器的主要功能是携带各种遥感传感器到达指定地点，持续航行以获取地表观测数据，同时也搭载飞行所需的各类子系统，如通信设备、定位与导航设备、增稳与控制设备、发动机、燃油/电池以及发射、回收等装置。气动布局合理、性能稳定的无人飞行器是无人机遥感系统的基本保障。无人飞行器结构设计考虑的主要因素包括有效载荷重量、飞行速度和续航时间等。载荷重量从根本上决定采用哪种机型，如小型无人机、中大型无人机等；飞行速度决定采用固定翼无人机还是多旋翼无人机；续航时间决定采用油动飞机还是电动飞机，以及携带油量（电池）的多少。在山地复杂条件下，具有更轻质量、发射回收更为容易的电动无人机以及多旋翼无人机越来越受到重视。

2. 飞行控制系统

飞行控制系统用于无人机的飞行控制与任务设备管理，包括传感器、执行机构和飞行控制器三个部分。该系统一般由姿态陀螺、气压高度计、航向传感器、定位导航装置、飞行控制器、执行机构和电源管理等子系统组成。可实现对飞机姿态、高度、速度、航向、航线的精确控制，具有人工控制和自主飞行两种模式。就目前的技术水平而言，几乎所有的无人机都能按照既定的路线和姿态进行自主飞行，人工控制一般用于发射、回收以及各种突发情况。

3. 地面控制基站

控制基站通常指位于地面的，或者车载的无人机飞行控制中心，实现人机交互，通常也是无人机任务的规划设计和执行中心。通过控制基站，控制人员利用上行网络通信给无人机发送指令，控制无人机飞行起降，操控无人机所携带的各种传感器。同时，通过下行网络通信，无人机回传信息到达操控人员面前。这些信息包括无人机的飞行姿态信息、载荷工作状态以及空间位置信息等。地面控制基站不仅具有和无人机相互通信的功能，通常还具有与外界相联系的作用，如实时获取天气状态信息、系统间数据传输、接受上级指挥机构传递任务等。

4. 定位与导航系统

地面控制人员需要实时了解无人机的位置及飞行状态，确保飞行按计划实施。而对于飞机自主飞行来说也需要在任何时刻知道自己所处的位置及状态，这是无人机系统性能恶化或者突发意外情况下飞机紧急返回的基础。对于自主飞行模式，即使无需进行无人机与地面控制基站之间的通信，飞机上也必须搭载准确、可靠性高的定位导航设备。在卫星定位导航系统出现之前，无人机主要依靠惯性导航系统提供其位置和状态信息。现在，以中国的北斗导航系统，美国的 GPS，欧洲的伽利略以及俄罗斯的 GLONASS 等为代表的卫星定位导航系统极大减轻了系统的复杂性、体积和重量，提高了无人机定位导航的精度。

5. 遥感数据获取系统

遥感数据获取系统是指无人机携带的、能够获取各种地表信息的传感器，包括可见光相机、多光谱相机、成像光谱仪、雷达等，部分功能较强的中、大型无人机可以同时携带多种传感器开展工作。

可见光相机通常指各种 CCD（或 CMOS）数码相机，具有较高的空间分辨率，工作波段集中在可见光范围内，如佳能 EOS 5D mark Ⅱ、索尼 DSC RX1［图 11.1（a）］等。多光谱相机将工作波段扩展至红外的多个通道，可以提供更加丰富的地物光谱信息，常用的多光谱相机如美国 ADC 相机［图 11.1（b）］，工作波长 520~920nm。高光谱相机是指能用很窄而连续的光谱通道对地物进行成像的传感器，工作波段从可见光到近红外不等，光谱分辨率达到 nm 级，通道数在几十个甚至上百个以上。图 11.1（c）为常见的高光谱相机 HySpex，其光谱分辨率最高达 3nm，通道数大于 200 个。雷达是指通过发射波长较长的电磁脉冲，并接受地物回波信号而对地物进行探测的一种主动式传感器。此外，激光雷达（LiDAR）目前也被广泛用于地形信息和植被空间结构信息的获取。

(a) SONY RX1 可见光相机　　　　(b) ADC 多光谱相机　　　　(c) HySpex 高光谱相机

图 11.1　无人机遥感常用传感器

6. 数据处理及分析系统

通常情况下，受风速、平台自身稳定性、气象条件等因素的影响，无人机影像不可避免地存在几何与辐射畸变。在开展各种应用之前需要对无人机影像进行预处理，包括几何校正、辐射校正、匀色、拼接、正射影像制作等。目前，国内外常用的无人机影像处理及分析的商业软件包括中国测绘科学研究院开发的 MAP-AT、瑞士 Pix4D 公司开发的 Pix4UAV 等。

7. 其他辅助系统

除了以上各子系统，无人机遥感系统通常还包括发射设备、回收设备、通信设备等辅助系统。发射设备在不能垂直起降、也没有合适跑道供无人机使用的情况下是必要的。通常是将无人机固定在倾斜滑道上，通过推力使无人机加速直至获取飞行所需的速度。除此之外，还可将无人机置于车顶，通过车载加速使其获得起飞所需的速度。对于不具备垂直起降功能和利用轮式或滑橇进行滑降着陆的无人机也需要回收设备。回收设备通常采用回收伞形式，该伞安置在无人机上，并在着陆区域上空的指定高度打开。为了回收安全需要有效的着陆缓冲手段，通常采用气囊、泡沫等可更换的易碎材料，此外还可利用回收网等装置。通信设备主要由无线电发射及接收装置构成，其主要任务是提供控制基站与无人机之间的指令和数据传输，传播媒介通常是无线电波。

11.1.2　无人机遥感平台

无人机遥感平台的分类体系有多种，按照飞行高度可以分为低空、中空和高空无人机；按照续航时间长短可以分为长航时、中航时和短航时无人机；按照自身大小和载荷重量可以分为大型、中型和小型无人机；按照起降方式和机身布局可以分为水平起降、垂直起降和混合式无人机。本节以无人机起降方式为依据对当前主要的无人机遥感平台进行划分（Austin，2011；Barnhart et al.，2012）。

1. 固定翼无人机

固定翼无人机又称水平起降（Horizontal TakeOff & Landing，HTOL）无人机，沿水平方向加速获得起飞速度是固定翼飞机最大的特点。固定翼无人机的机身布局可以分为鸭式布局，飞翼布局，三角翼布局等。目前在固定翼无人机中应用最广泛的机型为主翼在前，控制面在后的布局。飞机的质心在机翼升力中心前面，由水平安定面上的向下载荷平衡，保证了水平方向上空气动力学速度和姿态的稳定。垂直尾翼保证航向方向的稳定，机翼上反角保证了横滚方向的稳定。

固定翼无人机的特点是续航能力一般较长，飞行速度较快，航高较高；缺点是发射和回收需要较高的后勤保障。部分固定翼无人机需要较为平整的跑道进行起降，而有的则需要弹射器达到起飞速度，然后利用降落伞、回收网或拦阻索进行回收。目前，在各项研究中 HTOL 无人机应用较为广泛。

2. 垂直起降无人机

垂直起降（Vertical TakeOff & Landing，VTOL）无人机是指能够垂直起飞和降落的无人飞行器，直升机、可以悬停的固定翼飞机、倾斜翼飞机都可用作垂直起降平台。垂直起降飞机从机体结构上可以分为单主旋翼、纵列式双旋翼、共轴双旋翼、三旋翼、四旋翼等布局。VTOL 飞机的优点是起降对外部的要求较低，意味着大多数无人机系统都不需要跑道或公路便可进行起降，发射和回收也不需要使用弹射器或拦阻网等。VTOL 可以在固定的位置悬停，并执行监测任务，只需很小的活动空间即可。

以 VTOL 无人机中结构相对简单的单主旋翼飞机为例，该飞机通过主旋翼的旋转使机体发生相反方向的转动，通常用一个较小的、产生侧向推力的尾旋翼进行平衡。该机型的缺点是飞机所有面上都是极不对称的，增加了控制的耦合性和飞行控制系统算法的复杂性。

3. 混合式无人机

如果有长跑道供轮式起降飞机使用，固定翼飞机在所有无人机中具有最快的飞行速度，最高的飞行高度和最长的续航时间；若没有合适的跑道可供起降，则可以使用具有垂直起降功能的飞机。为了兼顾二者优点，国内外无人机生产厂商和科研团队一直在进行这方面的尝试，设计既可水平起降也可垂直起降的混合式无人机。目前已有的混合式无人机型包括可旋转式旋翼飞机、倾转机翼机体飞机、涵道风扇式飞机和喷气-升力式飞机等。

11.1.3　无人机遥感发展历程

无人机最早出现在 1917 年，美国人 Cooper 和 Sperry 发明了第一台自动陀螺稳定器，这种装置能够使飞机保持平衡向前的飞行，无人飞行器自此诞生。早期无人飞行器的研制和应用主要用作军用靶机（范承啸等，2009；Barnhart et al.，2012），尤其是在二战和后来的多次局部战争中极大地促进了无人机技术的发展，应用范围也逐渐扩展到作战、侦察及民用和研究领域。中国自主研制的第一架军用无人机长空一号于 1971 年试飞成功（吕庆风，1986）。

20 世纪 80 年代以来，随着无人飞行控制技术、计算机技术、通信技术、传感器技术等的迅速发展，无人机系统的性能不断提高。目前，世界范围内各种用途、各种性能的无人机已达数百种之多。无人机结构从早期的固定翼发展到现在的多旋翼无人机，具有更好的空中机动性能。续航时间从一小时延长到几十个小时，任务载荷从几千克到几百千克。这为长时间、大范围的无人机遥感监测提供了保障，也为搭载多种传感器和执行多种任务创造了有利条件。作为无人机遥感系统的重要组成部分，遥感传感器也由早期的胶片相机向各种高精度、数字化、多用途的传感器发展。目前无人机可携带的遥感传感器包括各种可见光、多光谱、高光谱相机以及 LiDAR、摄像机等。应用领域方面，无人机遥感已成功应用到国土资源、测绘制图、环境监测、灾害调查等领域，常见的无人机遥感应用领域见表 11.1。

表 11.1　无人机遥感主要应用领域

应用领域	具体任务
灾害监测	堰塞湖、崩塌、滑坡等快速监测
农业	农作物估产、精准农业
环境保护	污染物扩散监测
森林防护	火情监测、病虫害监测
城市管理	城市扩张监测、城市规划设计
测绘制图	高精度地形图、大比例尺地图生产
动物保护	栖息地监测、迁徙路线监测
其他	突发事件监测、影视拍摄、气象探测

山地研究中，无人机早期主要用于测绘制图，以及各种突发山地灾害的应急调查，尤其是汶川特大地震发生以后极大促进了山地无人机硬件及其应用的发展。目前在山地研究中无人机的应用领域包括山地灾害调查、生态环境监测、动物栖息地保护、道路选线规划及灾害隐患点排查、重大工程设施建设、生物量估算等（Immerzeel et al.，2014；Lin et al.，2012；陆博迪等，2011；王志良等，2015）。

11.1.4 无人机遥感在山地的应用优势

除了成本低廉、重复利用、易于携带和操作等，无人机遥感在山地复杂条件下的应用优势主要包括机动灵活、响应快速、分辨率高、云下观测等，能够满足山地复杂、高动态条件下对地表观测信息的需求。

1. 机动灵活、快速响应

中、小型无人机体积小、重量轻，便于通过地面运输载体快速到达目标区域；发射、回收方便，不需要专用跑道，可以通过车载、手抛等方式从公路、田间、空地、山坡等多种地域直接发射，并通过滑行或伞降的方式回收。尤其是应对各种突发山地灾害，卫星遥感往往不能在第一时间获取地表观测数据；同时，山地灾害阻断道路延缓地面实地调查的开展，更有部分地区人力根本无法进入，在这些特殊情况下无人机遥感能够充分发挥机动灵活、快速响应的优势。在2013年芦山4·20地震中，四川省测绘地理信息局在地震发生后的几个小时内就利用无人机获取了地震核心区的航空遥感影像，分辨率0.2 ~ 0.5m，覆盖范围85.7km^2，为抗震救灾及灾情评估提供数据支撑（李爱农等，2013）。2014年鲁甸8·3地震发生后，云南省测绘地理信息局、中国科学院水利部成都山地灾害与环境研究所等单位在灾后1 ~ 2天内即获取了牛栏江红石岩堰塞湖的无人机影像，为疏散居民、制定疏通方案等提供关键数据支撑。

2. 高空间分辨率

对于低空飞行的无人机而言，获取各种类型的高空间分辨率遥感数据是其优势之一。无人机搭载的高精度数字成像设备，具备大面积覆盖、垂直或倾斜成像的技术能力，获取影像的空间分辨率达到分米甚至厘米级，满足1∶10000或更大比例尺测绘和制图的需求。以索尼DSC RX1相机为例，其CCD面阵大小为6000×4000像素，有效像素2400万，当飞行高度为800m时，获取影像的空间分辨率约为15cm，能够满足高精度地形信息获取、滑坡方量估算等多种精细化研究的需求。此外，目前国内已有数字相机的最高像素达8000万（金伟等，2009）。而对于面阵大小为2048×1536像素的ADC多光谱相机而言，当飞行高度为600m时，获取影像的空间分辨率约为20cm，满足生物量、覆盖度等生态参量高精度监测的要求。

3. 云下观测

山区河流众多，植被茂密，地表蒸散发强烈，为云雾天气的形成创造了有利条件，并给卫星光学遥感影像的获取与应用带来了极大的挑战。一般情况下，无人机航空遥感平台的飞行高度在 2000m 以下，并且可以根据实际情况对飞行高度进行调整，能够最大程度避免云雾天气对光学遥感影像获取的影响，提高获取影像的可利用程度。

11.2　无人机遥感影像处理

低空无人机遥感平台的飞行姿态不如卫星平台稳定。和卫星遥感相比，无人机遥感影像畸变的特殊性在于：①飞行姿态不易控制，影像的旋转、倾斜、平移、缩放等变形更为严重；②平台的不稳定性导致重叠度的不一致，给正射影像生产及拼接带来一定影响；③遥感传感器的非专业性，给影像几何、辐射特性带来影响；④飞行高度较低，地形对影像几何畸变的影响更为明显。此外，在山地相关应用中，无人机遥感还必须应对气候条件多变等因素的影响。以上原因导致在利用无人机影像开展各种调查和研究之前必须开展相应的预处理工作。

本节内容安排如下：11.2.1 节介绍无人机影像的相关背景知识，11.2.2 节介绍无人机影像匹配的常用方法，11.2.3 节介绍无人机影像质量评价的常用指标及方法，11.2.4 节介绍无人机影像的几何误差来源以及常用的几何校正方法，11.2.5 节介绍无人机影像的空中三角测量方法，11.2.6 介绍无人机影像的拼接方法。

11.2.1　无人机影像背景知识

1. 空间分辨率

以 CCD 或 CMOS 面阵的可见光/多光谱相机为例，其获取单张像片对应的地面实际长度（或宽度）与 CCD 面阵大小、平台高度、相机焦距的关系如下：

$$D = \frac{h \times l}{f} \tag{11.1}$$

式中，D 为单张像片对应地面长度（或宽度），m；h 为平台相对于地面的高度，m；l 为 CCD（CMOS）面阵的长度（或宽度），mm；f 为相机焦距，mm。

则无人机影像的空间分辨率可由下式计算得出：

$$d = \frac{D}{n} = \frac{h \times l}{n \times f} \tag{11.2}$$

式中，d 为影像空间分辨率，m；n 为 CCD 面阵在长度（或宽度）方向的像素数。

2. 无人机遥感常用坐标系

无人机遥感常用的坐标系包括两类：用于描述像平面中像点位置的像方空间坐标系和用于描述地球表面上物点位置的物方空间坐标系。其中像方空间坐标系包括像平面坐标系、像空间坐标系和像空间辅助坐标系；物方空间坐标系包括摄影测量坐标系和物空间坐标系。

1）像平面坐标系 *O–xy*

像平面坐标系是影像平面内的右手直角坐标系（图 11.2），用来表示像点在像平面上的位置（程远航，2009）。像平面坐标系的原点位于像主点 *O*，与无人机飞行方向平行的为 *x* 轴，并按照右手坐标系规则确定 *y* 轴。

2）像空间坐标系 *S–xyz*

像空间坐标系是表示像点在像空间位置的右手空间直角坐标系（图 11.3），其坐标系原点定义为投影中心 *S*，其 *x*，*y* 轴分别与像平面坐标系的 *x*，*y* 轴平行，*z* 轴与投影方向线 *SO* 重合，正方向按右手规则确定，向上为正。

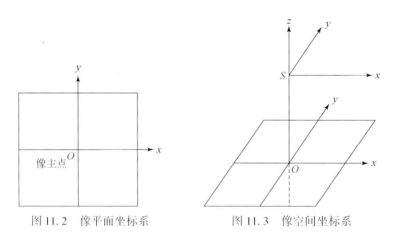

图 11.2　像平面坐标系　　　　　　　图 11.3　像空间坐标系

3）像空间辅助坐标系 *S–XYZ*

像空间辅助坐标系是一种过渡坐标系，它以投影中心 *S* 为坐标原点，在航空摄影中通常以铅垂方向（或设定的某一竖直方向）为 *Z* 轴，取航线方向为 *X* 轴，这样有利于改正航线方向积累的系统误差。

4）摄影测量坐标系 *A–X_pY_pZ_p*

摄影测量坐标系是一种过渡坐标系，用来描述解析摄影测量过程中模型点的坐标。在航空摄影测量中通常以地面上某一点 *A* 为坐标原点，坐标轴与像空间辅助坐标系的坐标轴平行。

5）物空间坐标系 *O–X_tY_tZ_t*

物空间坐标系是一种表示拍摄物体所在的空间直角坐标系。测绘中所用的是地面测量坐标系（大地坐标系）。前面介绍的 4 种坐标系均为右手直角坐标系，而地面测量坐标系为左手坐标系，它的正轴指向正北方向，高程则以我国黄海高程系统为基准。在地球上一个小范围内讨论问题时，把 $O\text{–}X_tY_tZ_t$ 视为左手直角坐标系是允许的，但当测区范围较大时需考虑地球曲率的影响。

3. 影像内外方位元素

1）内方位元素

影像内方位元素是指相机镜头中心相对于影像中心的位置关系参数，包括以下 3 个参数：像主点（主光轴在影像面上的垂足）相对于影像中心的位置 x_0、y_0 以及镜头中心到影像面的垂距 f（也称主距），如图 11.4 所示。对于无人机影像，x_0、y_0 即像主点在像方坐标系中的坐标。内方位元素值一般通过相机校验确定。

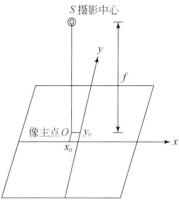

图 11.4　无人机影像内方位元素

2）外方位元素

外方位元素是指传感器成像瞬间飞行平台（相机）的空间位置和姿态参数。影像的外方位元素包括 6 个参数，其中 3 个为空间位置参数，用于描述摄影中心 S 相对于成像坐标系的位置 (X_S, Y_S, Z_S)；另外 3 个参数为传感器状态参数，用于描述影像面在成像瞬间的空间姿态，包括传感器的俯仰、翻滚和偏航。

4. 空间直角坐标系的旋转变换

像点空间直角坐标的旋转变换是指像空间坐标与像空间辅助坐标之间的变换。空间直角坐标的变换是正交变换，一个坐标系按某种顺序依次旋转三个角度即可变换为另一个同原点的坐标系（程远航，2009）。设像点 a 在像空间坐标系中的坐标为 $(x, y, -f)$，而在像空间辅助坐标系中的坐标为 (X, Y, Z)，两者之间的正交变换关系可用下式表示：

$$\begin{bmatrix} X \\ Y \\ Z \end{bmatrix} = R \begin{bmatrix} x \\ y \\ -f \end{bmatrix} = \begin{bmatrix} a_1 & a_2 & a_3 \\ b_1 & b_2 & b_3 \\ c_1 & c_2 & c_3 \end{bmatrix} \begin{bmatrix} x \\ y \\ -f \end{bmatrix} \tag{11.3}$$

或

$$\begin{bmatrix} x \\ y \\ -f \end{bmatrix} = R^{\mathrm{T}} \begin{bmatrix} X \\ Y \\ Z \end{bmatrix} = \begin{bmatrix} a_1 & b_1 & c_1 \\ a_2 & b_2 & c_2 \\ a_3 & b_3 & c_3 \end{bmatrix} \begin{bmatrix} X \\ Y \\ Z \end{bmatrix} \tag{11.4}$$

式中，R 为一个 3×3 阶的正交矩阵，由 9 个方向余弦组成。以影像外方位元素 $(\varphi, \omega, \kappa)$ 系统为例，对于上述两个坐标系之间的转换关系可以理解为：像空间坐标系是像空间辅助坐标系（相当于摄影光束的起始位置）依次绕相应的坐标轴旋转 φ、ω、κ 三个角度以后的位置。此时 R 可表示为：

$$R = R_\varphi R_\omega R_\kappa = \begin{bmatrix} \cos\varphi & 0 & -\sin\varphi \\ 0 & 1 & 0 \\ \sin\varphi & 0 & \cos\varphi \end{bmatrix} \begin{bmatrix} 1 & 0 & 0 \\ 0 & \cos\omega & -\sin\omega \\ 0 & \sin\omega & \cos\omega \end{bmatrix} \begin{bmatrix} \cos\kappa & -\sin\kappa & 0 \\ \sin\kappa & \cos\kappa & 0 \\ 0 & 0 & 1 \end{bmatrix} = \begin{bmatrix} a_1 & a_2 & a_3 \\ b_1 & b_2 & b_3 \\ c_1 & c_2 & c_3 \end{bmatrix}$$

$$(11.5)$$

将上式乘积结果列出后，可得：

$$\begin{cases} a_1 = \cos\varphi\cos\kappa - \sin\varphi\sin\omega\sin\kappa \\ a_2 = -\cos\varphi\sin\kappa - \sin\varphi\sin\omega\cos\kappa \\ a_3 = -\sin\varphi\cos\omega \\ b_1 = \cos\omega\sin\kappa \\ b_2 = \cos\omega\cos\kappa \\ b_3 = -\sin\omega \\ c_1 = \sin\varphi\cos\kappa + \cos\varphi\sin\omega\sin\kappa \\ c_2 = -\sin\varphi\sin\kappa + \cos\varphi\sin\omega\cos\kappa \\ c_3 = \cos\varphi\cos\omega \end{cases} \qquad (11.6)$$

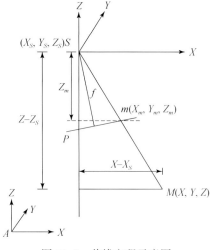

图 11.5　共线方程示意图

5. 无人机影像共线方程

影像共线方程示意图见图 11.5，假设 S 为投影中心，在某一规定的物方空间坐标系中的坐标为 (X_S, Y_S, Z_S)。M 为任一物方空间点，它在物方空间中的坐标为 (X, Y, Z)。m 为 M 在影像中的像点，对应的像空间坐标和像空间辅助坐标分别为 $(x, y, -f)$ 和 (X_m, Y_m, Z_m)。根据传感器成像原理构建地面点的物方坐标 (X, Y, Z) 与其影像坐标 (x, y) 之间的数学关系式即共线方程，这一关系式是遥感影像几何变形分析和几何校正的依据（李德仁等，2001）。

成像时 $S(X_S, Y_S, Z_S)$、$m(X_m, Y_m, Z_m)$、$M(X, Y, Z)$ 三点位于同一直线上，像点的像空间辅助坐标与物方点物方空间坐标之间的关系式如下：

$$\frac{X_m}{X - X_S} = \frac{Y_m}{Y - Y_S} = \frac{Z_m}{Z - Z_S} = k \qquad (11.7)$$

则有

$$X_m = k(X - X_S), \ Y_m = k(Y - Y_S), \ Z_m = k(Z - Z_S) \qquad (11.8)$$

由式（11.4）可知，像空间坐标与像空间辅助坐标有如下关系：

$$\begin{bmatrix} x \\ y \\ -f \end{bmatrix} = \begin{bmatrix} a_1 & b_1 & c_1 \\ a_2 & b_2 & c_2 \\ a_3 & b_3 & c_3 \end{bmatrix} \begin{bmatrix} X_m \\ Y_m \\ Z_m \end{bmatrix} \tag{11.9}$$

将式（11.9）展开为：

$$\begin{cases} \dfrac{x}{-f} = \dfrac{a_1 X_m + b_1 Y_m + c_1 Z_m}{a_3 X_m + b_3 Y_m + c_3 Z_m} \\[4mm] \dfrac{y}{-f} = \dfrac{a_2 X_m + b_2 Y_m + c_2 Z_m}{a_3 X_m + b_3 Y_m + c_3 Z_m} \end{cases} \tag{11.10}$$

再将式（11.8）代入上式中，并考虑像主点的坐标 x_0、y_0，得：

$$\begin{cases} x - x_0 = -f \dfrac{a_1(X - X_S) + b_1(Y - Y_S) + c_1(Z - Z_S)}{a_3(X - X_S) + b_3(Y - Y_S) + c_3(Z - Z_S)} \\[4mm] y - y_0 = -f \dfrac{a_2(X - X_S) + b_2(Y - Y_S) + c_2(Z - Z_S)}{a_3(X - X_S) + b_3(Y - Y_S) + c_3(Z - Z_S)} \end{cases} \tag{11.11}$$

式（11.11）即为常见的共线条件方程式。式中，(x, y) 为像点的像平面坐标；(x_0, y_0, f) 为影像的内方位元素；(X_S, Y_S, Z_S) 为投影中心的物方空间坐标；(X, Y, Z) 为物方点的物方空间坐标；a_i、b_i、c_i（$i=1,2,3$）为影像的 3 个外方位元素构成的 9 个方向余弦，见式（11.6）。

由式（11.3）和式（11.7）可以推导出共线方程的另一种形式：

$$\begin{bmatrix} X - X_S \\ Y - Y_S \\ Z - Z_S \end{bmatrix} = \frac{1}{k} \begin{bmatrix} X_m \\ Y_m \\ Z_m \end{bmatrix} = \frac{1}{k} R \begin{bmatrix} x \\ y \\ -f \end{bmatrix} \tag{11.12}$$

令 $\lambda_m = 1/k$，并完整地写出旋转矩阵，则有：

$$\begin{bmatrix} X \\ Y \\ Z \end{bmatrix} = \lambda_m \begin{bmatrix} a_1 & a_2 & a_3 \\ b_1 & b_2 & b_3 \\ c_1 & c_2 & c_3 \end{bmatrix} \begin{bmatrix} x \\ y \\ -f \end{bmatrix} + \begin{bmatrix} X_S \\ Y_S \\ Z_S \end{bmatrix} \tag{11.13}$$

11.2.2　无人机影像匹配

影像匹配是指通过一定的算法在两幅或多幅影像之间识别同名点的过程，包括特征识别和特征匹配两个过程。根据处理对象的不同可以将影像匹配分为基于灰度的匹配和基于特征的匹配。特征可以是点、线、面等几何形体，本书在第 3 章已详细介绍卫星影像灰度匹配与特征匹配的相关内容。由于无人机影像具有较高的空间分辨率，纹理特征清晰，基于特征的匹配算法在无人机遥感影像自动匹配中应用较为广泛。本节简要介绍在无人机遥感影像匹配中应用较为广泛的 Harris 角点和 SIFT 特征匹配算法。

1. Harris 角点检测及匹配算法

角点是影像中目标轮廓上曲率的局部极大值点，是影像的一种重要的局部特征。角点决定了目标的轮廓特征，一旦找到了目标的轮廓特征点也就大致知道了目标的形状，因而角点检测在影像匹配、目标识别等领域得到了广泛的应用（王斌，2009）。角点检测方法可以分为基于影像边缘和基于影像灰度两大类。目前，应用较为广泛的是基于影像灰度的角点检测方法，代表性算子包括 Moravec 算子、Harris 算子和 Susan 算子等。以下内容将简要介绍如何利用 Harris 算子对影像进行角点检测和匹配。

1) Harris 角点检测

Harris 角点检测算法是 Harris 和 Stephens 等人在 Moravec 算子基础上发展起来的角点检测算法（Harris and Stephens，1988）。Moravec 算子通过灰度方差提取点特征，Harris 角点检测算法则通过自相关矩阵对 Moravec 算子进行改进，对窗口内每一像元进行一阶差分运算，并利用高斯滤波对窗口进行平滑。自相关矩阵的特征值和自相关函数的主曲率成正比，如果某一个像点处的两个特征值都很大，则判定该点是角点。

Harris 角点检测算法步骤如下：

（1）给定一个 $n \times n$ 大小的窗口和平移向量 (u, v)，像元 (x, y) 的灰度 I 的变化 $\Delta I(x, y)$ 为：

$$\Delta I(x, y) = \sum_{u, v} w(u, v) \left[I(x + u, y + v) - I(x, y) \right]^2 = (x, y) M (x, y)^{\mathrm{T}}$$

$$(11.14)$$

式中，$w(u, v)$ 为高斯函数。

（2）计算像元 (x, y) 的自相关矩阵 M：

$$M = \begin{bmatrix} I_x^2 & I_x I_y \\ I_x I_y & I_y^2 \end{bmatrix}$$

$$(11.15)$$

（3）计算像元 (x, y) 的角点响应函数值 C：

$$M' = \sum w(x, y) M$$

$$(11.16)$$

$$C = \det(M') - k \cdot \mathrm{tr}^2(M)$$

$$(11.17)$$

式中，det 为矩阵行列式；tr 为矩阵的迹；k 为常数一般取 0.04。

（4）像元 (x, y) 的角点响应函数值 C 为局部区域中的最大值或大于设定的阈值，则判定该点为角点。

Harris 角点检测算法适用于角点数量较多且光源复杂的情况。在没有尺度变化的条件下，Harris 角点检测算法对影像的视角变化、影像噪声以及旋转变化具有比同类检测算法更好的稳定性。Harris 角点检测算法不仅能对单幅影像进行角点检测，对影像序列的角点检测也能取得较好的效果。由于 Harris 角点检测算法中使用高斯滤波进行平滑，因此对噪声不太敏感且具有较强的鲁棒性。

2) Harris 角点匹配

灰度相关系数是实现 Harris 角点匹配的手段之一，如式（11.18）、式（11.19）。实现过程为：计算基准影像上的每个角点与匹配影像上所有角点的灰度相关系数，并设定灰度相关系数的阈值 T，若基准影像的角点 p_i 与匹配影像上的角点 p'_i 之间的灰度相关系数 ρ 大于角点 p_i 与匹配影像上其余所有角点之间的灰度相关系数，同时 ρ 还是匹配影像上的角点 p'_i 与基准影像上所有角点之间的灰度相关系数中的最大值，且大于灰度相关系数的阈值

T，则角点 p_i 与 p_i' 被确定为同名点。

$$\rho(r, c) = \frac{\sum\limits_{i=1}^{m} \sum\limits_{j=1}^{n} (w_{i,j} - \overline{w})(w_{i+r, j+c}' - \overline{w_{r, c}'})}{\sqrt{\sum\limits_{i=1}^{m} \sum\limits_{j=1}^{n} (w_{i,j} - \overline{w})^2 \sum\limits_{i=1}^{m} \sum\limits_{i=1}^{n} (w_{i+r, j+c}' - \overline{w_{r, c}'})^2}} \tag{11.18}$$

$$\overline{w} = \frac{1}{mn} \sum_{i=1}^{m} \sum_{j=1}^{n} w_{i,j} \qquad \overline{w_{r, c}'} = \frac{1}{mn} \sum_{i=1}^{m} \sum_{j=1}^{n} w_{i+r, j+c}' \tag{11.19}$$

式中，m，n 为匹配窗口的大小；$w_{i,j}$ 为基准影像上角点 p_i 在 (i, j) 处的灰度；$w_{i+r, j+c}'$ 为匹配影像中角点 p_i' 在 $(i+r, j+c)$ 处的灰度；$\overline{w}$，$\overline{w_{r,c}'}$ 分别表示基准区域和匹配区域的灰度平均值；$\rho(r, c)$ 为角点 p_i 与 p_i' 的相关系数。

2. SIFT 特征检测与匹配算法

尺度不变特征匹配（Scale-Invariant Feature Transform，SIFT）特征检测算法是一种基于尺度空间的，对影像缩放、平移、旋转甚至仿射变换保持不变性的影像局部特征描述算法（Lowe 1999）。该算法具有较好的独特性，适用于在海量特征数据库中进行快速、准确地匹配，产生的特征点在影像中的密度很大，速度可以达到实时要求。由于 SIFT 的特征描述算子是向量的形式，因此可以与其他形式的特征向量进行联合，具有较好的可扩展性。SIFT 特征检测算法在物体识别、机器人定位与导航、三维建模、影像拼接、手势识别和视频跟踪等领域应用广泛。SIFT 特征检测及匹配的主要步骤如下：①尺度空间极值检测；②关键点定位；③关键点方向确定；④关键点描述；⑤SIFT 特征点匹配。详细的算法原理可参阅文献（Lowe，2004）。

针对无人机样例数据，采用特征匹配算法自动检测的影像同名点如图 11.6 所示。

图 11.6　影像同名点匹配

11.2.3　无人机影像质量评价方法

无人机遥感平台尤其是低空无人机遥感平台质量较轻且主要作业于对流层，受风速的影响较大，其飞行姿态不如卫星平台稳定。同时，无人机遥感平台搭载的传感器、记录仪、稳定平台等并非专业设备，导致其获取像片的稳定性时常发生变化。如在拍摄时间间隔固定的情况下，航速的变化会导致像片重叠度的改变；而风速则会引起平台发生偏航、翻滚、俯仰等。因此，对无人机遥感平台的可靠性进行评价是后期拼接处理以及飞行方案改进的必要环节。国家测绘地理信息局于 2010 年 8 月正式发布了《低空数字航空摄影规范》（CH/Z 3005—2010）（国家测绘地理信息局，2010），以下简称《规范》，为作业高度在 2000m 以下的低空无人机遥感平台的可靠性分析提供了参照。常用的无人机影像质量评价指标包括像片倾角、像片旋角、像片重叠度、航带弯曲度、航高差及飞行航迹等。图 11.7 显示了无人机影像质量评价的一般流程。

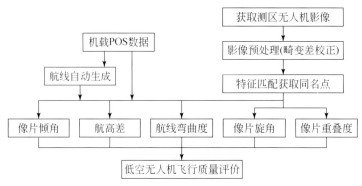

图 11.7　无人机影像质量评价流程

1. 像片倾角

像片倾角指相机主光轴与铅垂线的夹角，如图 11.8 所示。由倾角的定义可知，无人机平台的翻滚和俯仰均会导致相机主光轴发生偏转而产生倾角。《规范》中规定，在有倾角记录装置的情况下，取像片翻滚角和俯仰角中的较大者作为对应像片的倾角。

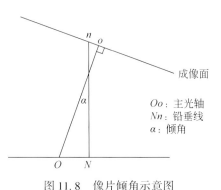

Oo：主光轴
Nn：铅垂线
α：倾角

图 11.8　像片倾角示意图

像片倾角计算过程如下：

（1）获取 POS 数据中每张像片的翻滚角 θ_r 和俯仰角 θ_c；

（2）像片倾角为 Max（θ_r, θ_c），Max（　）为取最大值函数。

2. 像片旋角

像片旋角指相邻像片 A、B 的像主点连线与像幅沿航带飞行方向的两框标连线之间的夹角（张剑清等，2009），分为航线内和航线间旋角，如图 11.9 中的角度 θ。

像片旋角计算过程如下：

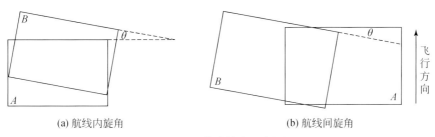

(a) 航线内旋角　　　　　　　(b) 航线间旋角

图 11.9　像片旋角示意图

利用 SIFT 等特征匹配算法在相邻像片 A、B 中选取同名点对，如在像片 A 中选取两点 a_1（x_{a1}，y_{a1}）、a_2（x_{a2}，y_{a2}），在像片 B 中选取与 a_1、a_2 相对应的同名点 b_1（x_{b1}，y_{b1}）、b_2（x_{b2}，y_{b2}），按式（11.20）计算旋角 θ，其中 θ_a、θ_b 分别为直线 a_1a_2、b_1b_2 形成的方位角。

$$\theta_a = \arctan\left(\frac{y_{a1} - y_{a2}}{x_{a1} - x_{a2}}\right)$$

$$\theta_b = \arctan\left(\frac{y_{b1} - y_{b2}}{x_{b1} - x_{b2}}\right) \tag{11.20}$$

$$\theta = \theta_a - \theta_b$$

若影像 A、B 有 $2N$ 个同名点对，则按式（11.21）计算像片 A、B 的旋角 θ_{AB}。

$$\theta_{AB} = \frac{1}{N}\sum_{i=1}^{N}\theta_i \quad i = 1,\ 2,\ \cdots,\ N \tag{11.21}$$

3. 像片重叠度

无人机成像时，相邻像片需要有一定范围的重叠区域，这是影像匹配、拼接以及生成立体像对和制作正射影像的必要条件。像片重叠度由航向重叠度和旁向重叠度构成。航向重叠度指同一条航线内相邻像片之间的影像重叠，旁向重叠度指两相邻航带像片之间的影像重叠（图 11.10）。

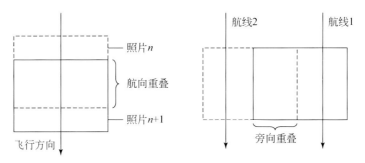

图 11.10　像片重叠示意图

1）航向重叠度的计算

通常情况下由于无人机平台的不稳定性，像片存在不同程度的偏转。在计算重叠度之前，首先要利用旋角对像片进行校正。方法如下：利用同名点匹配算法从同一航线相邻像片 A、B 中选取同名点对 P_a（x_a，y_a）、P_{b0}（x_{b0}，y_{b0}），根据像片 A、B 的旋角 θ，将像片 B 中的点 P_{b0}（x_{b0}，y_{b0}）旋转变换为 P_b（x_b，y_b），变换公式如下（张正健等，2016a）。

$$\begin{bmatrix} x_b \\ y_b \end{bmatrix} = \begin{bmatrix} \cos\theta & -\sin\theta \\ \sin\theta & \cos\theta \end{bmatrix} \begin{bmatrix} x_{b0} \\ y_{b0} \end{bmatrix} \tag{11.22}$$

由式（11.23）计算该同名点对确定的航向重叠度 k_x：

$$k_x = 1 - \frac{|x_a - x_b|}{W_x} \tag{11.23}$$

式中，W_x 为传感器在 x 方向的长度。

若像片 A、B 有 N 个同名点对，则按式（11.24）计算所有同名点对的重叠度均值作为像片 A、B 的航向重叠度 K_x：

$$K_x = \frac{1}{N} \sum_{i=1}^{N} k_{x,i} \quad i = 1，2，\cdots，N \tag{11.24}$$

2）旁向重叠度

同样利用同名点匹配算法在像片 A 及其旁向相邻像片 B 中选取同名点对，由像片 A、B 的旋角将像片 B 的同名点按式（11.22）进行旋转变换，并按式（11.25）计算该同名点对确定的旁向重叠度 k_y：

$$k_y = 1 - \frac{|y_a - y_b|}{W_y} \tag{11.25}$$

式中，W_y 为传感器在 y 方向的长度。若影像 A、B 有多个同名点对，则用上述公式对影像 A、B 的同名点对逐一计算旁向重叠度，取多个重叠度的均值为影像 A、B 的旁向重叠度。

4. 航带弯曲度

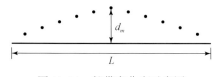

图 11.11　航带弯曲度示意图

航带弯曲度 δ 指航带两端像片主点之间的直线距离 L 与偏离该直线最远的像主点到该直线垂距 d_m 之比的倒数（图 11.11），一般用百分比表示（张剑清等，2009）。

则航带弯曲度可由下式计算得出：

$$\delta = \frac{d_m}{L} \times 100\% \tag{11.26}$$

5. 最大航高差

航高差是反映无人机飞行姿态是否稳定的重要指标，其定义为相邻像片 GPS 高程的差值，条带内最大航高差指某个飞行条带内航高的最大值与最小值的差。若航高差变化过大，则说明无人机在空中的姿态不稳定，可能的原因包括风速、无人机硬件等。

6. 飞行航迹绘制

为了评价无人机飞行质量，还可以利用无人机遥感系统提供的飞行控制辅助信息进行航迹误差分析。利用 POS 数据中每一个拍摄点的经纬度数据在 GIS 软件中画出实际飞行航迹，同时画出预设航迹并进行比较分析。

11.2.4　无人机影像几何校正

1. 无人机影像几何误差来源分析

由于无人机遥感系统的特征，所获取的影像中通常包含较为严重的几何变形，主要包含有规律、可预测的系统性误差和无规律可循的非系统性误差。系统性误差的特点是对每景影像都相同，可以采用数学模型加以模拟并进行统一的校正。对采用面阵 CCD 数码相机的无人机遥感影像而言，不存在像主点位移、压片不平等问题，其系统误差可能由 CCD 阵列的排列误差和摄影镜头的非线性畸变引起。非系统性误差没有规律可循，其主要来源包括无人机平台高度的变化、飞行高度及姿态的不稳定、地形起伏、地球曲率和大气折射等，相关内容本书第 3 章已有详细介绍，读者可自行参阅。本节主要分析普通光学数码 CCD 相机的影像几何畸变原因。

1) CCD 阵列误差

数码相机所使用的 CCD 或 CMOS 器件，在制造过程中可能存在感光像元器件的排列偏差，从而在影像中引入几何变形，如图 11.12 所示（王斌，2009）。

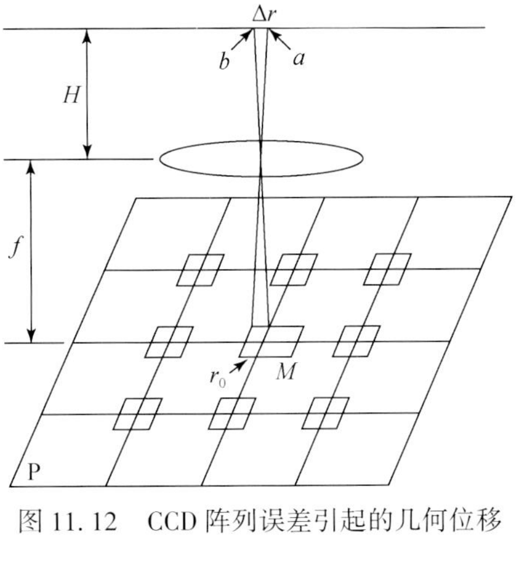

图中，P 为 CCD 阵列平面，由于感光像元 M 的位置偏移了 r_0，在最终影像中 b 将占据 a 的位置成像，从而导致了距离为 Δr 的几何位置误差。值得注意的是：这一偏差 Δr 的大小不仅与感光像元的排列误差 r_0 有关，同时也受到镜头焦距 f 的影响，根据三角形相似原理，它们之间有如下关系式：

图 11.12　CCD 阵列误差引起的几何位移

$$\Delta r = \frac{H}{f} r_0 \qquad (11.27)$$

式中，H 为平台高度。

2) 镜头畸变

镜头畸变又称为光学畸变差，是指由相机物镜系统设计、制作和装配误差引起的像点位移，如图 11.13 所示。

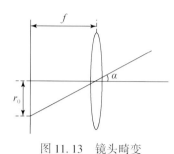

图 11.13　镜头畸变

设某物点入射光线与主光轴的夹角为 α，其像点到像主点的距离为 r_0，当 $r_0 = f \times \tan\alpha$ 时，镜头无畸变。若

$$\Delta r = r_0 - f \cdot \tan\alpha \qquad (11.28)$$

则像点的偏移量 Δr 为镜头的畸变差，由上式可知镜头的畸变差与其焦距有关，由相机焦距非线性变化引起的误差分析可参阅相关文献（王斌，2009）。

3）外方位元素

外方位元素对几何精度的影响主要由传感器摄影中心 (X_S, Y_S, Z_S) 及传感器姿态 $(\varphi, \omega, \kappa)$ 的不稳定引起。由式（11.29）可知，在垂直摄影条件下，影像中像点坐标 (x, y) 与地面相应点坐标 (X, Y) 成比例关系：

$$\frac{x}{X - X_S} = \frac{y}{Y - Y_S} = \frac{f}{H} \qquad (11.29)$$

若以相机的姿态参数 φ、ω、κ 为自变量，对式（11.11）求微分并将式（11.29）代入，得到由外方位元素变化（dX_S，dY_S，dZ_S，$d\varphi$，$d\omega$，$d\kappa$）引起的像点位移误差公式：

$$\begin{cases} dx = \dfrac{f}{H} dX_S - \dfrac{x}{H} dZ_S - y d\kappa - \dfrac{xy}{f} d\omega - \left(1 + \dfrac{x^2}{f^2}\right) f d\varphi \\[2mm] dy = \dfrac{f}{H} dY_S - \dfrac{y}{H} dZ_S - x d\kappa - \dfrac{xy}{f} d\varphi - \left(1 + \dfrac{y^2}{f^2}\right) f d\omega \end{cases} \qquad (11.30)$$

由上式可知，dX_S、dY_S、dZ_S 和 $d\kappa$ 会引起影像的平移、缩放、旋转等线性变化，而 $d\varphi$ 和 $d\omega$ 则会在影像中引入非线性像点位移，如图 11.14 所示。

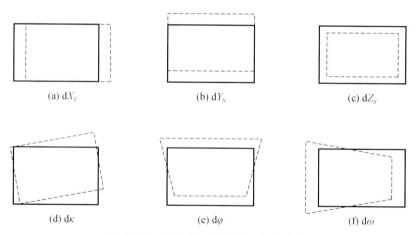

(a) dX_S　　　　　　(b) dY_S　　　　　　(c) dZ_S

(d) $d\kappa$　　　　　　(e) $d\varphi$　　　　　　(f) $d\omega$

图 11.14　外方位元素引起的几何畸变

2. 影像灰度重采样

像元的几何位置发生偏移后需要对像元的灰度值进行重新赋值，即重采样。常用的影像灰度重采样方法包括最邻近像元法、双线性插值法和三次卷积内插法。设校正影像中像

元 P（x，y）的重采样灰度值为 g（x，y），原始影像中像元 $p_{i,j}$ 的灰度值为 $g_{i,j}$，则不同灰度重采样方法的实现过程如下。

1）最邻近像元法（Nearest Neighbor）

最邻近像元采样直接将与 P（x，y）距离最近的原始影像 N（x_N，y_N）的灰度值作为重采样值（图 11.15），式中，$x_N = \mathrm{Int}$（$x+0.5$），$y_N = \mathrm{Int}$（$y+0.5$），Int（ ）为取整函数。该方法的优点是原理简单、处理速度快，且不会改变原始灰度值，但该种方法最大会产生半个像元大小的位移，且可能使灰度值不连续。

2）双线性插值（Bilinear Interpolation）

双线性插值法利用插值点周围 4 个像元的灰度值，通过两次线性插值来获取插值点的灰度值。双线性插值法的卷积核是一个三角函数，表达为：

$$W(x) = 1 - |x|, \quad 0 \leqslant |x| \leqslant 1 \tag{11.31}$$

校正影像中任意像点 P（x，y）位于 4 个像元 $p_{i,j}$，$p_{i,j+1}$，$p_{i+1,j}$，$p_{i+1,j+1}$ 之间，则由双线性插值法得到 P（x，y）的灰度值为：

$$g(x，y) = (1 - \mathrm{d}x)(1 - \mathrm{d}y)g_{i,j} + \mathrm{d}x(1 - \mathrm{d}y)g_{i,j+1} + (1 - \mathrm{d}x)\mathrm{d}yg_{i+1,j} + \mathrm{d}x\mathrm{d}yg_{i+1,j+1}$$

$$\tag{11.32}$$

式中，$\mathrm{d}x = x - \mathrm{Int}$（$x$），$\mathrm{d}y = y - \mathrm{Int}$（$y$）。双线性插值法产生的影像较为平滑，但其改变了原始影像的灰度值，对后续的定量分析会带来一定的误差，双线性插值法的示意图见图 11.16。

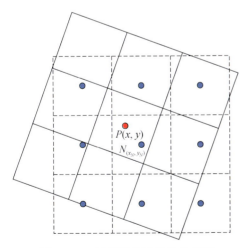
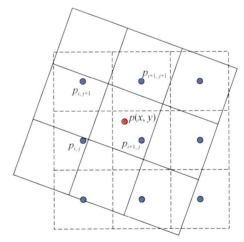

图 11.15　最邻近像元采样示意图　　　　　　图 11.16　双线性插值采样示意图

3）三次卷积内插（Cubic Convolution）

该方法利用三次样条函数根据像元 P（x，y）周围 16 个原始像元值计算其灰度值，卷积核为：

$$\begin{cases} \omega_1(x) = 1 - 2x^2 + |x|^3 & 0 \leqslant |x| \leqslant 1 \\ \omega_2(x) = 4 - 8|x| + 5x^2 - |x|^3 & 1 < |x| \leqslant 2 \\ \omega_3(x) = 0 & |x| > 2 \end{cases} \tag{11.33}$$

此时有

$$g(x, y) = \sum_{i=1}^{4} \sum_{j=1}^{4} \omega_{i,j} g_{i,j} \tag{11.34}$$

式中，$\omega_{i,j} = \omega(x_j) \omega(y_i)$。

$$\begin{cases} \omega(x_1) = -dx + 2dx^2 - dx^3 \\ \omega(x_2) = 1 - 2dx^2 + dx^3 \\ \omega(x_3) = dx + dx^2 + dx^3 \\ \omega(x_4) = -dx^2 + dx^3 \\ \omega(y_1) = -dy + 2dy^2 - dy^3 \\ \omega(y_2) = 1 - 2dy^2 + dy^3 \\ \omega(y_3) = dy + dy^2 + dy^3 \\ \omega(y_4) = -dy^2 - dy^3 \end{cases} \tag{11.35}$$

$$dx = x - \text{Int}(x), \quad dy = y - \text{Int}(y), \quad g_{i,j} = g(x_j, y_i)$$

三次卷积内插是一种精度较高的方法，中误差约为双线性插值的 1/3，但计算量大，同时也改变了原始影像的灰度值。

3. 无人机影像几何校正

根据前述分析，针对 CCD 面阵数字相机及类似相机而言，无人机遥感影像的几何校正主要包括两个方面：CCD 相机镜头非线性畸变差的校正，以及无人机平台位置、姿态变化引起的传感器外方位元素误差的校正。

CCD 相机镜头畸变引起的误差校正思路为：在焦距 f 确定后，相机镜头的畸变差只与物点入射光线的入射角有关，即只与光线通过镜头的位置有关，而与成像时的物距等其他因素无关（姜大志等，2001）。因此在焦距固定的条件下，镜头畸变差对每幅遥感影像的影响都是相同的。如果是 CCD 阵列存在排列误差，由于 CCD 器件的固定性，其对每幅影像的影响也是相同的，可以与镜头畸变差一并作为系统性误差用数学模型加以模拟、预测，并统一校正。

而对于无人机成像时外方位元素变化引起的误差，从理论上可采取以下几种方法进行校正（王斌，2009）：

（1）利用足够数量的地面控制点，进行像片的空间后方交会，求解外方位元素；结合地面高程插值数据进行投影差的校正。这种方法校正精度高，但由于无人机影像的重叠度难以保证，故需对每幅影像单独做空间后方交会，这需要大量的地面控制点。特别是在无人机单张影像覆盖范围小的情况下，其野外工作量较大。而且在没有大比例尺地面高程数据的地区，其应用也将受到限制。

（2）在目标区有大比例尺地形图的情况下，利用地形图获取控制点的坐标和高程，然后按照摄影测量的方法进行几何校正。这种方法校正精度较高，但当地形图成图时间与无人机遥感影像成图时间差异较大时，地面控制点的识别和地面高程的准确性都难以保证。

（3）在目标区有正射影像的情况下，以正射影像为基准，将无人机遥感影像与其进行匹配校正。

无人机遥感影像几何校正的一般流程见图 11.17。

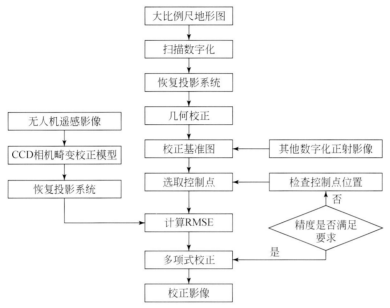

图 11.17　无人机影像几何校正流程（王斌，2009）

4. 无人机正射影像制作

数字正射影像（Digital Orthophoto Map，DOM）是对航空或卫星遥感影像进行数字微分校正后，具有正射投影性质的影像。数字正射影像兼顾地图（几何精度高）和遥感影像（信息含量丰富）的优点，可直接应用于土地利用制图、城市/区域规划，以及测绘、林业、考古、水资源等众多领域（杨泽运等，2005；熊汉江等，2001；Schenk，2009）。无人机正射影像的制作流程如图 11.18 所示。

一般情况下，无人机低空摄影系统采用非量测数码相机作为传感器，其畸变差较大，无法直接用于后续的空中三角测量（简称空三）与测图处理。在进行控制点加密之前，必须先进行畸变差改正。通常，可以从相机鉴定报告中提取像主点的坐标、焦距、径向畸变系数、偏心畸变系数和 CCD 非正方形比例系数等参数，然后利用影像处理系统对影像进行畸变改正。无人机空三加密过程主要通过相对定向的方法，通常采用纯地面控制点进行加密，经过影像的相对定向与模型连接、自由网平差处理后，添加野外控制点来进行解算。建立金字塔匹配策略，通过提取特征点算法，如 Moravec 算子，Forstner 算子，Harris 算子等方法提取特征点，采用金字塔分级匹配策略，根据金字塔顶层影像位置初相关，找出匹配位置，并把该层的匹配结果传递到下一层，一般对于特征点的匹配采用 SIFT 算法。根据空三加密成果以及自动生成的数字高程模型 DEM，采用双线性插值、三次卷积内插

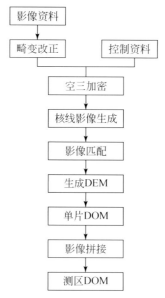

图 11.18　无人机正射影像制作流程

等重采样方法，对无人机影像进行自动正射校正，生成单片的数字正射影像 DOM，并经过匀色、镶嵌、裁切，最终得到标准图幅的 DOM 成果。

11.2.5　无人机影像空中三角测量

空中三角测量是摄影测量中，根据少量的地面控制点，在室内进行控制点加密，并求得加密点的高程和平面位置的测量方法。其主要目的是为缺少地面控制点的地区测图提供绝对定向的控制点。空中三角测量总体上可以分为模拟法和解析法两大类。模拟法产生于 20 世纪 30 年代初期，是指用光学方法模拟影像的摄影过程，将传感器恢复到成像时的位置和姿态，形成一个缩小的几何模型，并以此为基础对地面控制点进行加密。该方法在室内作业即可完成，节省了大量的野外控制测量工作，很快得到应用和推广。当时虽然也提出过有关解析法的基本理论，但由于计算工具和计算方法不够完善，所以只限于理论研究。直到 20 世纪 40 年代末，随着电子计算机应用范围的不断扩大，解析法才得到快速发展，并逐渐取代了模拟法。20 世纪 60 年代以来，解析法摆脱了模拟法的传统概念，发展出航带法、独立模型法和光线束法等典型方法。各种解析方法的原理简要介绍如下。

1. 航带法区域网空中三角测量

航带法基本上模仿模拟法空中三角测量建立单航带的过程，通过计算相对定向元素和模型点坐标建立单个模型，利用相邻模型间公共连接点进行模型连接运算，以建立比例尺统一的航带立体模型。这样由各单条航线独立地建立各自的航带模型，每个航带模型单元要各自概略置平并统一在共同的坐标系中，最后进行整体平差运算。为此要对各航带列出各自的非线性改正公式（使用二次、三次多项式或二次正形变换公式），按最小二乘法准则统一平差计算，求解出各条航带的非线性改正参数。计算过程中既要考虑使相邻航带间同名连接点的地面坐标相等，控制点的内业坐标同外业实测坐标相等，又要使各模型点坐标（此时作为观测值看待）改正数的平方和为最小，从而最后获得全区域网加密点的地面坐标。

2. 独立模型法区域网空中三角测量

首先将由航带内各相邻的无人机像片构成的单模型（或双模型或模型组）视为刚体单元，即在单元内不加任何改正的独立模型，各独立模型可以用解析法或用立体测图仪来建立。独立模型法区域网空中三角测量就是把这些独立模型全部纳入到整体平差运算中。此时每个独立模型只作平移、旋转和缩放，把各个加密点和控制点的模型坐标作为观测值，使相邻独立模型的同名点的坐标相等，控制点的坐标同外业的实测坐标相等。在实践中通常把加密点的平面位置和高程分开解算，以减少计算机的存储和计算工作量。

3. 光线束法区域网空中三角测量

光线束法区域网空中三角测量以投影中心点、像点和相应的地面点三点共线为条件，以单张像片为解算单元，借助像片之间的同名点和地面控制点，把各张像片的光束连成一个区域进行整体平差，并解算出加密点坐标。其基本理论公式为中心投影的共线条件方程式。由每个像点的坐标观测值可以列出两个相应的误差方程式，按最小二乘准则平差，求出每张像片外方位元素的 6 个待定参数，即摄影站点的 3 个空间坐标和光线束旋转矩阵中 3 个独立的定向参数，从而得出各加密点的坐标。

各方法的优缺点如下：航带法求解的未知数少，计算方便快速，但不如光线束法和独立模型法严密，主要用于为光线束法提供初始值和低精度的坐标加密；独立模型法理论较严密，精度较高，未知参数、计算量和计算速度也是位于航带法和光线束法之间；光线束法理论最为严密，加密成果的精度较高，但需要解求的未知参数多，计算量大，计算速度较慢。对于当前高精度空中三角测量的加密普遍都是采用光线束法区域网平差（李德仁和郑肇葆，1992；李德仁等，2001；王聪华，2006）。

随着空中三角测量理论与技术的发展，空中三角测量的范围也由单条航线扩展到几条航线连接的区域，形成区域网空中三角测量。它在运算中不仅可以处理偶然误差，而且也可以处理系统误差，有的程序还包括自动剔除部分粗差的功能，以及进行摄影测量观测值和大地测量观测值及其他辅助数据的联合平差等。无人机空中三角测量的流程见图 11.19。

11.2.6　无人机影像拼接

无人机影像拼接是指利用计算机技术，将一组在内容上存在相关的影像进行空间匹配与对准，拼接生成一幅无明显色差、无明显拼接线的广角度影像的过程。无人机影像拼接的主要步骤包括：①对待拼接影像进行特征提取与特征匹配；②计算待拼接影像之间的几

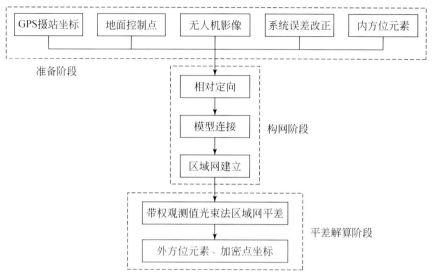

图 11.19 无人机空中三角测量流程 (王聪华, 2006)

何变换参数; ③拼接并生成广角度影像。关于影像匹配的相关内容在本书 11.2.2 节已有详细介绍, 本节主要介绍常用的无人机影像拼接模型和拼接融合算法。

1. 无人机影像拼接模型

无人机影像的拼接模型主要包括平移旋转缩放变换, 仿射变换, 透视变换和非线性变换等, 以下对各种拼接模型作简要介绍。

1) 平移旋转缩放变换

平移旋转缩放变换模型可以消除两幅影像由于拍摄时间、拍摄高度和航偏角所引起的误差, 其变换公式如下:

$$\begin{bmatrix} x' \\ y' \end{bmatrix} = \begin{bmatrix} \Delta x \\ \Delta y \end{bmatrix} + k \begin{bmatrix} \cos\theta & -\sin\theta \\ \sin\theta & \cos\theta \end{bmatrix} \begin{bmatrix} x \\ y \end{bmatrix} \qquad (11.36)$$

式中, (x, y) 为变换前的位置; (x', y') 为变换后的位置; Δx 和 Δy 分别为 x, y 方向的平移量; k 为缩放系数; θ 为旋转角度。

2) 仿射变换

仿射变换模型与平移旋转缩放变换模型相似, 也是改正平移、旋转、缩放造成的变形。所不同的是仿射变换模型中包含 6 个未知参数, 解算该模型需要 3 对匹配点; 而平移旋转缩放变换模型中只包含 4 个未知参数, 解算模型时, 只需要两对匹配点, 同时仿射变换 x 和 y 方向的缩放系数可以不一致, 而平移旋转缩放变换中 x 和 y 方向的缩放系数是一致的。仿射变换模型具有线性不变性, 即原影像中的直线经过仿射变换后依然是直线, 但是其长度和角度可能会发生变化, 其模型表达式如下:

$$\begin{bmatrix} x' \\ y' \end{bmatrix} = \begin{bmatrix} a_0 & a_1 & a_2 \\ b_0 & b_1 & b_2 \end{bmatrix} \begin{bmatrix} 1 \\ x \\ y \end{bmatrix} \qquad (11.37)$$

3）透视变换

根据摄影测量原理可知地面坐标和像平面坐标存在如下关系（冯文灏，1985）：

$$\begin{bmatrix} x' \\ y' \\ -f \end{bmatrix} = \begin{bmatrix} a_0 & a_1 & a_2 \\ b_0 & b_1 & b_2 \\ c_0 & c_1 & c_2 \end{bmatrix} \begin{bmatrix} X - X_s \\ Y - Y_s \\ Z - Z_s \end{bmatrix} \tag{11.38}$$

如果影像之间的内方位元素的误差已经改正，则可以得到下式：

$$x' = \frac{q_{11}X + q_{12}Y + q_{13}Z + q_{14}}{q_{31}X + q_{32}Y + q_{33}Z + 1}$$

$$y' = \frac{q_{21}X + q_{22}Y + q_{23}Z + q_{24}}{q_{31}X + q_{32}Y + q_{33}Z + 1} \tag{11.39}$$

式中，

$$q_{11} = -\frac{a_0}{m}f, \quad q_{12} = -\frac{b_0}{m}f, \quad q_{13} = -\frac{c_0}{m}f, \quad q_{14} = \frac{a_0X_s + b_0Y_s + c_0Z_s}{m}f$$

$$q_{21} = -\frac{a_1}{m}f, \quad q_{22} = -\frac{b_1}{m}f, \quad q_{23} = -\frac{c_1}{m}f, \quad q_{24} = \frac{a_1X_s + b_1Y_s + c_1Z_s}{m}f \tag{11.40}$$

$$q_{31} = \frac{a_2}{m}, \quad q_{32} = \frac{b_2}{m}, \quad q_{33} = \frac{c_2}{m}, \quad q_{34} = 1 \quad m = -(a_2X_s + b_2Y_s + c_2Z_s)$$

如果限制所有的物点都在同一个平面内，那么对于指定的投影面 $Z = AX + BY + C$，则式（11.39）可变换为：

$$x' = \frac{(q_{11} + Aq_{13})X + (q_{12} + Bq_{13})Y + q_{13}C + q_{14}}{(q_{31} + Aq_{33})X + (q_{32} + Bq_{33})Y + q_{33}C + 1}$$

$$y' = \frac{(q_{21} + Aq_{23})X + (q_{22} + Bq_{23})Y + q_{23}C + q_{24}}{(q_{31} + Aq_{33})X + (q_{32} + Bq_{33})Y + q_{33}C + 1} \tag{11.41}$$

式中，令

$$p_{11} = \frac{q_{11} + Aq_{13}}{n}, \quad p_{12} = \frac{q_{12} + Bq_{13}}{n}, \quad p_{13} = \frac{q_{13}C + q_{14}}{n}$$

$$p_{21} = \frac{q_{21} + Aq_{23}}{n}, \quad p_{22} = \frac{q_{22} + Bq_{23}}{n}, \quad p_{23} = \frac{q_{23}C + q_{24}}{n}$$

$$p_{31} = \frac{q_{31} + Aq_{33}}{n}, \quad p_{32} = \frac{q_{32} + Bq_{33}}{n}, \quad p_{33} = 1, \quad n = q_{33}C + 1 \tag{11.42}$$

则有：

$$x' = \frac{p_{11}X + p_{12}Y + p_{13}}{p_{31}X + p_{32}Y + 1}$$

$$y' = \frac{p_{21}X + p_{22}Y + p_{23}}{p_{31}X + p_{32}Y + 1} \tag{11.43}$$

最终得到简化的仿射变换公式如下：

$$\begin{bmatrix} x' \\ y' \\ 1 \end{bmatrix} = \begin{bmatrix} r_1 & r_2 & r_3 \\ r_4 & r_5 & r_6 \\ r_7 & r_8 & 1 \end{bmatrix} \begin{bmatrix} x \\ y \\ 1 \end{bmatrix} \tag{11.44}$$

4）非线性变换

非线性变换模型的一般形式如下：

$$\begin{cases} x' = a_0 + a_1x + a_2y + a_3x^2 + a_4y^2 + a_5xy + \cdots \\ y' = b_0 + b_1x + b_2y + b_3x^2 + b_4y^2 + b_5xy + \cdots \end{cases} \tag{11.45}$$

其中最常用的是双线性变换，它采用二次多项式来拟合影像的变形，其模型表达式如下：

$$\begin{bmatrix} x' \\ y' \end{bmatrix} = \begin{bmatrix} a_0 & a_1 & a_2 & a_3 \\ b_0 & b_1 & b_2 & b_3 \end{bmatrix} \begin{bmatrix} 1 \\ x \\ y \\ xy \end{bmatrix} \tag{11.46}$$

2. 拼接融合算法

根据影像匹配结果得到影像间最优变换矩阵后，需通过影像融合，将两幅待拼接影像合并为一幅影像。由于照度不均匀等而引起的两幅影像重叠区有较大的亮度不一致或由于镜头畸变引起的影像几何畸形时，直接进行重叠区域拼接会出现明显的拼接接缝。为达到视觉上的一致性，需要消除此接缝。影像拼接缝合线处理的方法有很多种，如加权平滑算法（Szeliski，1996）、多分辨率样条技术（Burt and Adelson，1997）等。加权平滑适用于简单快速拼接，多分辨率样条技术计算量大，但视觉效果较好。多分辨率样条融合方法的实现过程如下。

Step1：构建影像高斯金字塔，得到每一幅影像低通层 G_0，G_1，$\cdots$，G_N。

$$G_l(x, y) = \sum_{m=-2}^{2} \sum_{n=-2}^{2} \left[w(m, n) G_{l-1}(2x + m, 2y + n) \right] \tag{11.47}$$

式中，G_0 为原始影像，G_l 为第 l 层低通影像，$w(m, n) = w(m) \cdot w(n)$ 为 5×5 窗口的加权函数。

Step2：对影像各低通层分解，得到带通层 L_0，L_1，$\cdots$，L_{N-1}。

$$L_l(x, y) = G_l(x, y) - 4 \sum_{m=-2}^{2} \sum_{n=-2}^{2} \left[G_{l-1}\left(\frac{2x + m}{2}, \frac{2y + n}{2} \right) \right] \tag{11.48}$$

Step3：在各带通层中分别进行影像融合操作。使用加权法平均实现，针对当前的 L_k 层，有：

$$L_{kout}(x, y) = \frac{\sum_{i=0}^{n-1} \left[L_{kii}(x', y') \cdot w_i(x') \cdot w_i(y') \right]}{\sum_{i=0}^{n-1} \left[w_i(x') \cdot w_i(y') \right]} \tag{11.49}$$

经过该步操作，得到输出影像所对应带通空间层：L_{0out}，L_{1out}，$\cdots$，$L_{(N-1)out}$。

Step4：将各带通层组合，得到最终拼接影像：

$$G_{out} = \sum_{k=0}^{n-1} L_{kout} \tag{11.50}$$

多分辨率样条融合法拼接影像清晰、光滑无缝，能避免缝隙问题与叠影现象。在实际应用中，如果两幅影像色调差别较大时，需要对影像进行匀光匀色预处理，使影像色调接近一致。

11.3　应 用 实 例

如 11.1.3 节所言，无人机遥感在山地研究中已经得到了广泛应用，包括山地灾害调查、道路选线、生态环境监测等，并取得较好的应用效果。本节主要介绍无人机遥感在山地研究中的两个应用实例：基于无人机遥感的泥石流灾害信息提取及三维模拟（11.3.1 节），基于无人机影像的草地生物量估算（11.3.2 节）。

11.3.1　基于无人机遥感的泥石流灾害信息提取及三维模拟

2010 年 8 月 13 日，四川省绵竹市普降大雨并在境内诱发多处崩塌、滑坡和泥石流灾害。其中位于清平乡场镇附近的文家沟泥石流的规模和影响最大，泥石流将清平乡老场镇的大部分区域淤埋，损毁房屋 500 余间，造成了严重的经济损失（游勇等，2011）。泥石流发生后，中国科学院水利部成都山地灾害与环境研究所迅速出动了无人机应急监测小组，获取了泥石流发生区域及清平乡场镇的高分辨率航空遥感影像。本节以臧文乾（2013）利用多源遥感数据和泥石流运动方程对泥石流灾害的发生、运动过程的模拟为例，说明无人机遥感在山地灾害研究中的应用潜力。

调查和模拟评估的总体思路为：首先，基于无人机等多源遥感数据提取灾害专题信息，包括泥石流、道路、河流和居民点等；其次，利用泥石流运动方程对灾害的发生、发展过程进行模拟，最后结合居民点等专题信息对损失进行评估。基于无人机遥感的泥石流灾害三维模拟及损失评估的技术路线如下（图 11.20）。

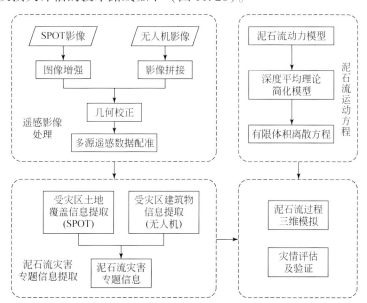

图 11.20　基于多源遥感数据的泥石流灾害模拟技术路线（臧文乾，2013）

1. 灾害背景介绍与数据获取

　　文家沟位于绵竹市绵远河左岸，距离清平乡场镇约 500m，属于构造侵蚀中切割陡峻低—中山地地貌，海拔为 883～2402m，相对高差约 1519m。主沟长约 3.25km，流域面积 7.8km²。主沟沟谷平面形态呈横卧的 S 状，沟床纵比降一般为 150‰～180‰，沟谷上游坡降大于 300‰，沟谷两岸岸边坡度为 35°～55°。陡峭的斜坡和上游沟床对汇流以及相对平直的下游沟床为洪水下切侵蚀创造了有利条件。文家沟泥石流的形成区主要位于海拔 1300m 的平台及以下范围，流通区不明显（倪化勇等，2011）。

　　文家沟在汶川"5·12"地震发生前没有泥石流发生的记载。地震的发生触发了特大型高速远程滑坡–碎屑流，为泥石流的发生提供了物源基础。文家沟泥石流首次发生时间为 2008 年 8 月 24 日，在 2010 年 8 月 13 日的降水过程中文家沟爆发了大型泥石流，冲出方量达到 310×10⁴m³，造成 5 人死亡、1 人失踪，冲毁房屋数百间，直接经济损失数亿元。

　　遥感调查数据包括文家沟特大泥石流发生后的无人机航空影像和 SPOT–5 卫星影像，其中无人机影像的分辨率为 0.2m，拼接结果见图 11.21；SPOT–5 卫星影像的分辨率为 2.5m、10m，采用融合技术对 SPOT 全色和多光谱影像进行融合得到 2.5m 分辨率的多光谱卫星遥感影像（图 11.22）。

　　　　图 11.21　无人机影像　　　　　　　　　　　图 11.22　SPOT 影像

　　　图 11.23　无人机影像和 SPOT 影像配准

　　综合利用多源遥感数据之前需对不同来源的遥感数据作几何配准，配准结果见图 11.23。

　　从影像中可以看出，文家沟泥石流的形状特征总体呈漏斗型，即物源区的面积较大，造成大量植被的损失，流通区相对较窄，堆积区沿河谷两侧平原分布。

2. 基于多源遥感数据的专题信息提取

　　泥石流灾害三维模拟需要的专题信息包括物源区、流通区、堆积区等主要泥石流运动区域以及城镇、道路、河流等主要承灾体。城镇建筑物等主要承灾体通过无人机影像解释得到，首先对影像进行多尺度分割得到对象层，其次选择一定数量的建筑物样本，根据其光谱、纹理、形状等特征建立规则对整景影像中的建筑物信息进行提取，结果见图 11.24。植被、泥石流的各组成部分主要基于 SPOT 影像，采用支持向量机（SVM）分类得到。由于泥石流物源区和流通区具有相近的光谱特征，仅通过影像光谱很难将二者区分，为此将研究区 30m 分辨率的 DEM 作为输入数据之一参与 SVM 分类。在 SPOT 影像中选择植被、泥石流物源区、流通区和堆积区的训练样本若干，得到的分类结果及三维空间分布见图 11.25。

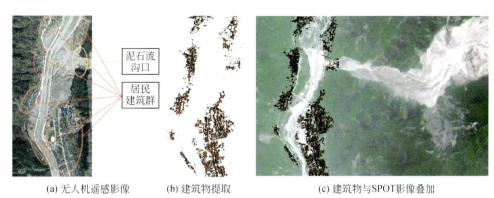

(a) 无人机遥感影像　　　　　(b) 建筑物提取　　　　　(c) 建筑物与SPOT影像叠加

图 11.24　基于无人机影像的建筑物提取（臧文乾，2013）

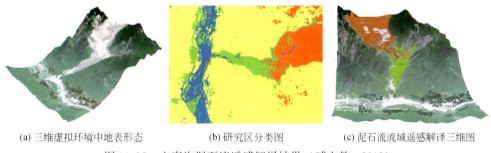

(a) 三维虚拟环境中地表形态　　　(b) 研究区分类图　　　(c) 泥石流流域遥感解译三维图

图 11.25　文家沟泥石流遥感解译结果（臧文乾，2013）

3. 基于无人机遥感的泥石流运动过程三维模拟

泥石流运动模型是泥石流三维模拟再现的基础，可以由连续流体的质量和动量守恒方程出发，应用深度平均理论推导得到泥石流运动模型的统一形式，并利用二阶有限体积离散方法求模型的近似解。在模型和离散方程推导的过程中，为了提高模型的计算效率，需要通过理论分析对模型进行合理简化，最终得到能够满足泥石流三维虚拟再现计算精度的运动模型，其主要推导过程在此不再赘述，详见相关文献（臧文乾，2013）。

结合实际情况，将泥石流运动过程模拟的相关参数设置为：动力学参数内摩擦角 40°，底面摩擦角 35°（底阻条件显著影响泥石流运动过程）。模拟对象包括运动速度和堆积厚度，模拟过程首先在物源区内添加堆积物进行初始化，堆积物在启动条件下，沿物源区和流通区流动，最终在堆积区内减速到停滞，形成堆积扇，泥石流运动过程模拟结果见图11.26和图11.27。从图11.26、图11.27中可知，泥石流在运动过程中，对边坡进行冲刷，尤其在沟道拐角处，冲刷位移较平直沟道高，与遥感影像中呈现的沟道边坡为裸地的现象吻合。流通区内，地形平缓或凹陷的区域堆积体汇流，形成堆积峰值，当堆积填充到一定程度，流体开始继续前进，最终在堆积区减速至停止。流通区内停滞的堆积物，将会成为下一次泥石流发生的物源。在三维虚拟环境中，进行堆积扇范围和居民建筑物叠加分析，即可对泥石流灾害造成的损失进行定量评估。

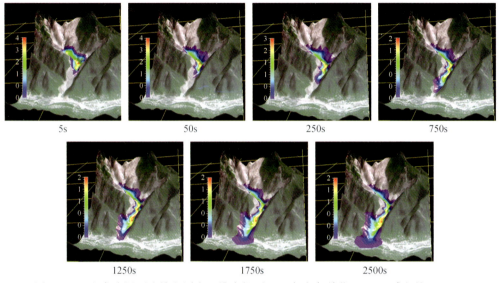

图11.26　文家沟泥石流堆积厚度三维虚拟再现（色度条单位：m）（臧文乾，2013）

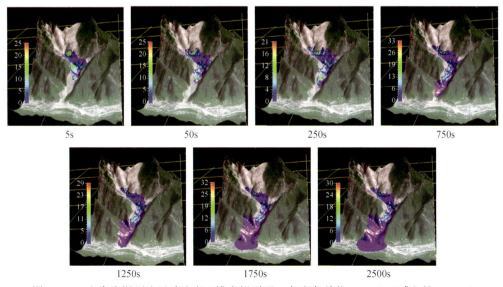

图11.27　文家沟泥石流运动速度三维虚拟再现（色度条单位：m/s）（臧文乾，2013）

4. 模拟结果验证

对模拟的泥石流运动范围进行矢量化，得到泥石流的致灾范围，然后将致灾范围与图11.24 中的居民建筑物分布图进行叠加分析，最后得到受损居民建筑物面积。经分析，模拟得到的泥石流堆积扇长约 1272.6m，最大宽度约 495m，受损居民建筑约为 7373.32m²，按平均每间房屋面积 80m² 计算，损毁房屋约 90 余间，与实地调查结果较为一致（表11.2）（马煜和吴雨夫，2011）。

表 11.2　灾损评价精度评价

比较项目		模拟结果	调查数据	模拟精度
堆积扇	长	1273m	1600m	79.6%
	宽	495m	500m	99.0%
掩埋房屋		90 余间	100 余间	90.0%

11.3.2　基于无人机遥感的草地生物量估算

草地地上生物量是衡量草地长势及其生态系统服务功能的重要参数，采用卫星遥感影像结合各类植被指数估算草地生物量是常用的手段之一。相比卫星遥感，无人机遥感影像具有更高的空间分辨率，可以获取更高精度的草地生物量，为卫星遥感产品真实性检验、尺度效应等研究提供数据支撑。本节基于若尔盖高原的无人机可见光影像和地面采样数据，建立生物量与可见光植被指数的回归模型，并对研究区的草地生物量进行估算（张正健等，2016b），主要内容如下。

1) 研究区及星-机-地同步观测试验

研究区位于若尔盖花湖附近，为一条长约 8km，宽约 2km 的矩形样带，国道 G213 从样带东部经过（图 11.28）。样带内海拔 3430～3570m，包含草地、草甸、湿草甸、沼泽化草甸、泥炭地、水体等，覆盖类型丰富。星-机-地同步观测试验的目的在于同时获取研究区的卫星遥感影像、无人机遥感影像和地面采样数据，形成多源多尺度同步观测数据集，支撑生态参量反演、尺度效应、产品精度验证等科学研究。具体实施方案为：根据卫星过境时间和草地生长阶段，选择晴空无云天气开展同步观测试验。本实例中星-机-地同步观测试验的开展时间为 2014 年 7 月 25 日～2014 年 7 月 26 日。其中无人机影像的获取时间为 7 月 25 日，卫星影像的获取时间为 7 月 26 日，地面采样时间为 7 月 25 日～7 月 26 日，多源数据的获取时间较为一致。卫星观测数据为 Landsat 8/OLI 遥感影像，分辨率为 15m和 30m；无人飞行器选择型电动固定翼无人机，相对飞行高度 850m，搭载传感器为 SONYRX1 可见光相机，所获取影像的空间分辨率约 15cm；地面采样参量包括草地生物量、光谱、通量等。其中生物量通过收割法获取，采样的样方大小为 20×20cm，共采集生物量样本 65 个，在样带内的空间分布见图 11.28。为便于建模分析，将无人机影像的空间分辨率重采样至 20cm，与生物量采样大小一致。本实例主要利用多源同步观测数据集中的无人机影像和地面采样数据开展研究。

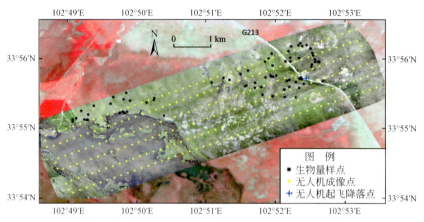

图 11.28 观测样带的无人机影像及生物量样点分布

2）可见光植被指数构建

无人机可见光影像设有近红外信息，不能构建归一化植被指数 NDVI。但草地等绿色植被在可见光波段内的反射特征仍具有明显的差异，便于构建各种可见光植被指数。若尔盖典型覆盖类型的反射光谱特征见图 11.29，可知草地在可见光波段内同样具有谷–峰–谷反射特征，即在绿光波段的反射率高于红光和蓝光。利用草地在绿光和红光波段的光谱差异构建的归一化绿红植被指数（Normalized Green-Red Difference Index，NGRDI）如下（Gitelson，2002）：

$$NGRDI = \frac{\rho_{green} - \rho_{red}}{\rho_{green} + \rho_{red}} \tag{11.51}$$

式中，ρ_{green}、ρ_{red} 分别为绿光、红光波段的相对反射率，相对反射率通过布设于地面的白板计算得到。

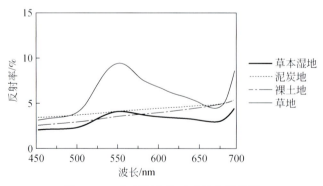

图 11.29 典型覆盖类型反射光谱曲线

3）生物量–植被指数估算模型

图 11.30 为生物量与 NGRDI 的散点图，可知二者的指数函数关系较为明显。因此建立实测草地生物量与植被指数 NGRDI 的指数回归模型，并对整个样带的草地生物量进行估算。建模及验证过程为：首先，将实测样本分为建模样本（40 个，70%）和验证样本

（25 个，30%）两部分，其次利用建模样本建立草地生物量与 NGRDI 的指数回归模型，模型的复相关系数（R^2）为 0.856，最后利用验证样本对模型的预测能力进行验证（生物量实测值–预测值散点图见图 11.31），均方根误差 RMSE = 124g/m²。

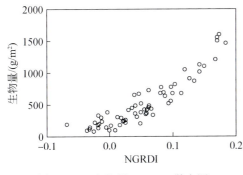

图 11.30　生物量–NGRDI 散点图

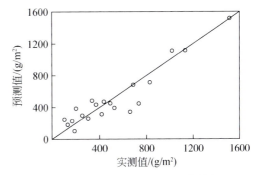

图 11.31　生物量实测值–预测值散点图

利用 NGRDI 指数模型估算得到整个样带 2014 年 7 月 25 日的地上生物量分布见图 11.32。

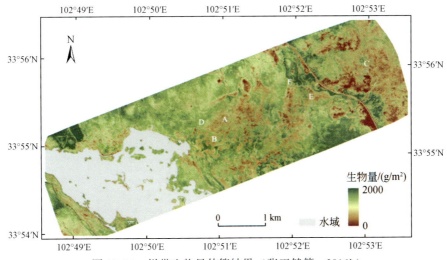

图 11.32　样带生物量估算结果（张正健等，2016b）

　　代表性区域生物量估算结果的细节特征见图 11.33。可以看出，针对不同覆盖类型，生物量估算结果的空间格局与实际情况较为一致。A 主要包含长势较差的草地、草本湿地和裸土地，估算结果显示沟渠的生物量几乎为零且轮廓非常清晰，生物量较高的区域集中在影像右侧的草地区域。B 主要包含草地和裸土地，结果显示生物量较高的区域集中于影像左上角，与实际情况较为一致。C 主要包含粗茎类草地、低覆盖度草地和裸土地，结果显示粗茎类草地的生物量较高，与实际情况吻合。D 主要包含草地和泥炭地，结果显示泥炭地的轮廓清晰，不同长势的草地生物量估算结果也与实际情况一致。E 主要为草本湿地，受季节性水淹的影响，地势相对高处生物量较高，相对低处生物量较低，估算结果与实际情况也较为一致。F 主要为草地和草本湿地，其中处于沟渠中央的草地水分条件较好，长势茂盛，其生物量估算结果较高。

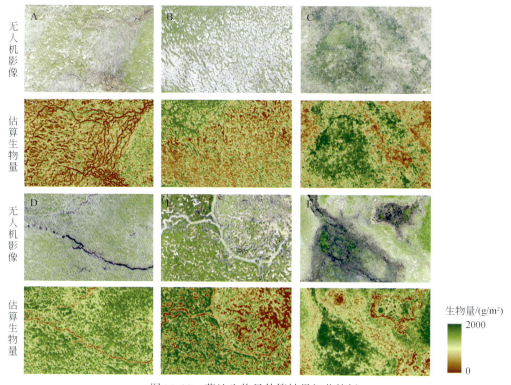

图 11.33　草地生物量估算结果细节特征

　　利用无人机遥感结合地面采样获取了若尔盖高原典型观测样带的生物量空间分布，其最大的优势在于空间分布分辨率高，通过该产品可以得到不同尺度的生物量数据，为山地遥感产品真实性验证、尺度效应等研究提供验证数据。

11.4　小　　结

　　山地地表景观格局具有较强的空间异质性和破碎程度，同时山地物质、能量循环过程具有突发性和快速性，致使山地景观格局变化更加迅速。无人机航空遥感为山地地表空间信息获取提供了一种时效性强、分辨率高的全新观测手段。本节首先介绍了低空无人机遥感平台的构成，以及无人机在山地研究中的应用优势。其次系统介绍了无人机遥感影像的处理技术，包括无人机影像匹配、质量评价、几何校正、空中三角测量和影像拼接等内容。在此基础上展示了无人机在山地研究中的应用实例，包括泥石流三维模拟及损失评估、草地生物量估算，得到较好的应用效果，有效支撑了山地科学研究。

　　山地无人机遥感在实际应用中依然面临着诸多挑战，如受起飞条件、有效载荷重量等限制，目前大多低空无人机遥感平台只能搭载质量较轻的传感仪器，如 CCD 数码相机，其续航能力也相对受到限制。随着新能源技术、材料科学以及传感器技术的发展，无人机遥感系统将向长航时、多种地表信息综合获取等方向发展，也必将发挥更加重要的应用价值。

参 考 文 献

程远航. 2009. 无人机航空遥感图像动态拼接技术的研究. 东北大学博士学位论文.

范承啸, 韩俊, 熊志军, 赵毅. 2009. 无人机遥感技术现状与应用. 测绘科学, 34 (5): 214~215.

冯文灏. 1985. 非地形摄影测量. 北京: 测绘出版社.

国家测绘地理信息局. 2010. CH/Z 3005-2010, 低空数字航空摄影规范. 北京.

姜大志, 孙俊兰, 郁倩, 丁秋林. 2001. 标准图形法求解相机镜头非线性畸变的研究. 东南大学学报 (自然科学版), 31 (4): 111~116.

金伟, 葛宏立, 杜华强, 徐小军. 2009. 无人机遥感发展与应用概况. 遥感信息, 24 (1): 88~92.

李爱农, 张正健, 雷光斌, 南希, 刘倩楠, 赵伟. 2013. 四川芦山 "4·20" 强烈地震核心区灾损遥感快速调查与评估. 自然灾害学报, 22 (6): 8~18.

李德仁, 李明. 2014. 无人机遥感系统的研究进展与应用前景. 武汉大学学报 (信息科学版), 39 (5): 505~513.

李德仁, 郑肇葆. 1992. 解析摄影测量学. 北京: 测绘出版社.

李德仁, 周月琴, 金为铣. 2001. 摄影测量与遥感概论. 北京: 测绘出版社.

陆博迪, 孟迪文, 陆鸣, 赵京轶, 谢周敏, 杨建军. 2011. 无人机在重大自然灾害中的应用与探讨. 灾害学, 26 (4): 122~126.

吕庆风. 1986. "长空一号" 无人机系列的研制与发展. 南京航空学院学报, 18 (S1): 1~18.

马煜, 吴雨夫. 2011. 四川绵竹清平乡 "8·13" 文家沟特大泥石流灾害. 中国地质灾害与防治学报, 22 (4): 21.

倪化勇, 郑万模, 唐业旗, 徐如阁, 王德伟, 陈绪钰, 宋志. 2011. 汶川震区文家沟泥石流成灾机理与特征. 工程地质学报, 19 (2): 262~270.

孙杰, 林宗坚, 崔红霞. 2003. 无人机低空遥感监测系统. 遥感信息, 18 (1): 49~50.

王斌. 2009. 基于无人机采集图像的土壤湿度预测模型研究. 中国石油大学博士学位论文.

王聪华. 2006. 无人飞行器低空遥感影像数据处理方法. 山东科技大学博士学位论文.

王志良, 付贵增, 韦立伟, 齐建怀, 陈宇. 2015. 无人机低空遥感技术在线状工程水土保持监测中的应用探讨——以新建重庆至万州铁路为例. 中国水土保持科学, 13 (4): 109~113.

熊汉江, 龚健雅, 朱庆. 2001. 数码城市空间数据模型与可视化研究. 武汉大学学报 (信息科学版), 26 (5): 393~398.

杨泽运, 康家银, 赵广东. 2005. 利用 QuickBird 全色遥感影像更新城市大比例尺地形图. 测绘工程, 14 (2): 29~31.

游勇, 陈兴长, 柳金峰. 2011. 四川绵竹清平乡文家沟 "8·13" 特大泥石流灾害. 灾害学, 26 (4): 68~72.

臧文乾. 2013. 基于遥感数据的泥石流三维虚拟再现关键技术研究. 中国科学院大学博士学位论文.

张剑清, 潘励, 王树根. 2009. 摄影测量学 (第二版). 武汉: 武汉大学出版社.

张正健, 李爱农, 边金虎, 赵伟, 南希, 雷光斌, 谭剑波, 夏浩铭, 汪阳春, 杜小林, 林家元. 2016a. 基于无人机的山地遥感观测平台及可靠性分析——以若尔盖试验为例. 遥感技术与应用, 31 (3): 417~429.

张正健, 李爱农, 边金虎, 赵伟, 南希, 靳华安, 谭剑波, 雷光斌, 夏浩铭, 杨勇帅, 孙明江. 2016b. 基于无人机影像可见光植被指数的若尔盖草地地上生物量估算研究. 遥感技术与应用, 31 (1): 51~62.

Austin R. 2011. Unmanned Aircraft Systems: UAV Design, Development and Deployment. New Jersey: John Wiley & Sons.

Barnhart R K, Hottman S B, Marshall D M, Shappee E. 2012. Introduction to Unmanned Aircraft Systems. Boca Raton, Florida, CRC Press.

Burt P J, Adelson E H. 1997. A multiresolution spline with application to image mosaics. Acm Transactionson on Graphics, 2 (4): 217~236.

Gitelson A A, Kaufman Y J, Stark R, Rundquist D. 2002. Novel algorithms for remote estimation of vegetation fraction. Remote Sensing of Environment, 80 (1): 76~87.

Harris C, Stephens M J. 1988. A Combined Corner and Edge Detector. 4th Alevy Vision Conference Symposium. Manchester, UK, 147~152.

Immerzeel W W, Kraaijenbrink P D A, Shea J M, Shresthab A B, Pellicciottib F, Bierkensa M F P, de Jong S M. 2014. High-resolution monitoring of Himalayan glacier dynamics using unmanned aerial vehicles. Remote Sensing of Environment, 150 (7): 93~103.

Lin J Y, Li S, Zuo H, Zhang B S. 2012. Experimental observation and assessment of ice conditions with a fixed-wing unmanned aerial vehicle over Yellow River, China. Journal of Applied Remote Sensing, 6 (1): 1077~1078.

Lowe D G. 1999. Object recognition from local scale-invariant features. The Proceedings of the Seventh IEEE International Conference on Computer Vision, 2: 1150~1157.

Lowe D G. 2004. Distinctive image features from scale-invarient keypoints. International Journal of Computer Vision, 60 (2): 91~110.

Schenk T. 2009. 数字摄影测量学——背景，基础，自动定向过程. 武汉：武汉大学出版社.

Szeliski R. 1996. Video mosaics for virtual environments. IEEE Computer Graphics & Applications, 16 (2): 22~30.

第 12 章　数字山地大数据框架

地球表层系统研究建立在地表要素和地理过程的复杂数据之上，需要持续和大量的地理信息支持。这种由数据驱动的模式，表明相关研究正进入一个全新的范式——数据密集型科学范式（郭华东等，2014）。在山地研究中，山地遥感信息的时空尺度最为丰富，逐渐形成山地科学大数据的基础，但目前相关数据的集成应用表现出碎片化，这不仅是数据处理与分析的问题，还是复杂系统设计与数据协同建模的瓶颈所在。本章讨论了数字山地的基本概念、数据层次和平台框架，反映出数字山地大数据的一些特点；并以数据共享和山地流域管理举例，介绍数字山地大数据研究的初步应用。

12.1　数字山地

12.1.1　基本概念

1998 年，美国前副总统戈尔（Albert Arnold Gore Jr.）在加利福尼亚科学中心发表"数字地球：认识 21 世纪我们这颗星球"演讲（Gore，1998），标志着"数字地球"概念的正式提出。自提出至今，数字地球的概念已经从功能组成、应用价值、政策导向等多个角度得到诠释，在众多行业与领域引发了"数字浪潮"，并随着科学技术的发展不断推进。特别是大数据时代的到来，数字地球的内涵得到进一步丰富（郭华东等，2014）。数字山地作为数字地球的组成部分和一种特例，在山地科学背景下发展了具体内涵。

1. 数字山地研究背景

21 世纪初，我国山地遥感和地理信息系统科研工作者首先提出"数字山地"的概念（周万村和江晓波，2006），其内涵主要受"数字地球"的启发。从研究背景来看，则反映出遥感–GIS 与山地科学深度耦合的趋势，也包含了地学领域内数据驱动模式从隐性到凸显的过程。

（1）数字地球提供了基础引导。按照早期构想，数字地球有助于人类认识和改造世界，并使相关研究进入一个全面且系统化的时代。在我国，政府和学界都充分重视数字地球的战略意义，开展了积极探索。1999 年 5 月，中国科学院把"国土环境遥感时空信息分析与数字地球相关理论技术预研究"列为一期知识创新重大项目。1999 年 11 月，由我国发起并在北京召开了首届国际数字地球会议，迄今，国际数字地球会议已分别在不同的国家举办了九届。山地是地球的有机组成和重要地理单元，在数字地球的宏观框架下开展数字山地研究势在必行。2006 年，首个由我国科学家发起的国际科学组织"国际数字地球学会"成立；2014 年，该学会正式成立数字山地专业委员会，旨在推动空间信息科学在山地环境保护、灾害治理、山区国民经济和社会可持续发展等方面发挥更重要的作用。

（2）山地遥感与 GIS 发展了数字山地的主要数据基础。半个世纪以来，空间对地观测技术和信息科学技术的突飞猛进开阔了人类的眼界，大大提高了人类认识地球的能力。特别在描述山地特有的地理现象和问题时，遥感既能快速更新微观地物的状态信息，又能反演宏观区域特定参量，体现出长时间序列、多空间尺度的独特优势。经过多年研究，目前已积累了大量有价值的影像、图件、模型、方法和数据产品，这些内容得到持续扩展和丰富，逐步形成了"山区影像—地理信息—山地知识—决策模型"的递进过程。正如分布式对地观测系统支持数字地球的研究一样，山地遥感与 GIS 形成了山地科学数据的关键信息源，在山地信息获取、管理、共享、深度分析等方面提供了有效支持。为充分解决山地科学数据的组织、加工与应用问题，将所需的技术方法集成后，数字山地逐渐成为山地表层空间信息研究的主要集成单元和数据成果出口。

（3）大数据的相关研究。20 多年前，科学家普遍认识到必须把地球作为一个由相互作用着的子系统——如土壤-岩石圈、大气圈、水圈和生物圈（包括人类社会）组成的统一整体，即地球系统来研究，这样才能真正深化对地球的研究并更好地回答人类所面临的一系列环境问题。这种转变也带来数据方法的重大变革，一是，传统的局部观测和非系统化模型难以支持相关研究；二是，对地理信息的依赖愈发明显，对数据质、量、度的要求不断提高。由此促成科学大数据驱动地球科学发现与知识创新基本认识，目前，科学大数据基础理论研究和具体应用研究都起步不久，亟需解决多源、多变量、异构、多尺度、具有高度时空属性的海量空间数据的汇聚、表征与分析问题，并面向复杂地学过程进行模型构建与定量分析。这是数字山地研究的另一重要背景。

2. 基本概念

数字山地的一种描述性定义是：应用"3S"技术、计算机技术、物联网技术、海量存储和互操作技术、网络技术、多尺度观测技术以及专业模型等，将山地和与山区相关的海量信息以空间数据和属性数据的形式进行科学存储，并结合可视化、虚拟表达和三维仿真等技术手段，实现山地信息的系统管理、智能化分析，从而为山地资源的开发、山地环境的保护、山地灾害的防治、山区安全和发展提供决策支持。

此外，从抽象一些的角度，数字山地通过集成遥感、GIS、地图学、计算机与网络技术方法，把现实世界中的山地映射到计算机世界中，通过重构多维的山地表层空间后形成信息实体，其作用是为山地研究与地理环境管理提供科学的解决方案和模拟实验环境。

3. 类似概念

（1）数字地球。数字地球是利用海量、多分辨率、多时相、多类型对地观测数据和社会经济数据及其分析算法和模型构建的虚拟地球（Guo，2012）。其指导思想是用数字化手段将分散在各处的有用信息按地理坐标组织起来，建立信息要素间内在的有机联系，且能够按地理位置进行检索和使用，从而最大限度地发挥信息效益，为不同粒度的地球问题提供整体的信息方案。数字地球作为一个开放的巨系统，最显著的特点是空间性、数字性、整体性以及大数据特性（孙枢和史培军，2000；郭华东等，2014）。数字地球目前已初步形成自己的理论体系、技术体系、应用方案、工程设计。在数字地球框架下，世界各国率先建立了分布式全球对地观测系统（Globe Earth Observation System of Systems，GEOSS），并提出十年行动计划，旨在从以下 9 个方面支持社会可持续发展（李德仁，2016）：①减少自然或人为灾害所造成的生命财产损失；②了解环境因素对人类健康和生命的影响；③改善对能源资源的管理；④了解、评价、预测以及适应气候变异与变化；⑤了解水循环，改善水资源的管理；⑥改善气象信息、天气预报与预警；⑦提高对陆地、海岸、海洋生态系统的保护与管理；⑧支持可持续农业，减少全球荒漠化；⑨了解、监测和保护生物多样性。

（2）数字流域。数字流域是对流域过去、现在和未来信息的多维描述（刘家宏等，2006）。如果将流域系统视为地球巨系统的自相似单元，数字流域自然就成为了数字地球的重要区域尺度的实践（李新等，2010）。数字流域用数字化的手段刻画整个流域，以覆盖全流域的整体模型作为基础，模拟流域运动变化的现象和过程，处理大量的流域信息，揭示河流运动变化规律，预测河流某些特定行为，服务于流域管理实践。其方法体系为研究和解决江河水利与水害问题提供了高科技手段，是传统水利水电和流域综合研究走向信息化的必由之路。2000 年以来，发达国家在河流与流域管理中，采用了大量先进的数字化技术，如美国密西西比河流域（Mississippi River Basin）、科罗拉多河流域建立了完善的水情自动测报网络系统、防洪自动预警系统及实时监测系统，可以发布分钟级洪水预警；澳大利亚建立墨累—达令河数字流域系统，围绕水权、水价及水市场进行水资源分配管理，推动了流域管理和配水的现代化；日本自 1975 年建立第一个河流信息系统至今，已经建立了三代数字流域体系，在水质监控、水资源的实时调配等方面实现了自动化。我国也先后实施了"数字黑河"、"数字黄河"、"数字长江"等研究，为流域全局水资源优化配置、合理利用和关键问题治理奠定了技术方法基础。

（3）数字城市。数字城市将城市地理信息和其他城市信息相结合，并存储在计算机网络上，向用户提供信息服务的虚拟空间，是数字地球中人类主要活动区的重要组成部分（李德仁等，2010）。由于和日常生活有诸多交集，数字城市已成为数字地球框架下受众最广、实用性和成熟度较高的技术体系之一。目前在城市规划设计、市政管理、公众信息服务等方面发挥着重要作用。随着物联网的兴起，"智慧城市"成为可能，这是信息科学进步带来的必然方向（李德仁等，2010）。然而，当前局部的简单物联只能视为数字城市的升级版本，距离"智慧化"设想还有较大差距。数字城市较为成熟的管理体系和一些物联网案例可以为数字山地研究提供借鉴。

（4）数字滑坡。数字滑坡是以滑坡灾害为主要研究对象的信息集成技术，在遥感和空间定位基础上，结合高精度数字地形，获取滑坡详细特征和危害情况，并使用 GIS 技术进行存贮、管理、模拟和再现（Chen et al.，2015），类似的技术体系还有泥石流模拟与数字减灾系统。滑坡、泥石流是常见的山地灾害，其数字化处理技术可规划为数字山地研究的实例。结合山地灾害遥感调查技术，数字滑坡体系使我们能更准确地定性、定位、定量地开展研究，有效存贮和管理调查数据，方便、快捷地再现不稳定斜坡和滑坡体特征，从而为滑坡危险预警、灾情评估、防灾减灾等提供支持。

12.1.2　数字山地内涵与学科关系

1. 基本内涵

山地遥感极大地推动了数字山地相关研究与应用，但目前数字山地面临的科学问题与具体应用需求仍处于不断探讨和扩展的阶段。从概念与学科关系入手，其基本内涵可概括为以下几方面：

（1）概念上，数字山地的范畴主要落在山地地理信息研究与管理的框架内，以山地遥感和 GIS 为核心，与多学科交叉后形成。

（2）从学科关系来看，不同学科对数字山地发展的影响程度不同，其中，遥感提供了多时空尺度的数据核心（本章 12.2 节"山地科学大数据的层次"作了具体介绍），GIS 完成信息的组织和空间分析，各类专业模型构成数字山地高级应用的基础，通过地图及计算机虚拟现实（VR）实现了面向人的交互接口。数字山地是山地空间信息研究的重要载体，将多源数据应用到山地研究与管理中，并为响应的分析、管理、决策提供专门的方法与工具。

（3）从模型的角度，数字山地反映山地表层的各种自然或人文属性及其变化特征，是山地系统的总信息模型和大数据平台，可进一步丰富山地研究的信息手段和应用视角。

（4）数字山地作为具体地学领域的研究战略布局，实现数字地球在特殊地理单元的具体实践，与"数字城市"、"数字流域"等技术相似，数字山地立足山地科学，有独特的学科问题和研究使命。

2. 数字山地相关学科

作为山地地理研究与空间信息技术、计算机技术等学科交叉形成的前沿，数字山地现阶段的讨论主要反映了山地地理研究从以往定性认识、以点代面半定量的描述，向多学科协作、定量和综合研究的发展趋势。

地球信息科学的主干学科是数字山地的核心，它包括地球系统理论和信息科学理论。

其中，信息理论是基础，地球系统理论是关键。地球信息科学贯穿了现实山地、意识山地和数字山地，构建了包括数字山地抽象模型、地表过程信息化模型和分析理论3个方面组成的理论框架。

　　遥感、地理信息系统、全球定位系统、计算机、数据库、地图学、数据挖掘、VR 与互操作等一系列具体的学科或技术，组成了数字山地有形的支撑，分别对应着数字山地的信息获取、处理、集成、分析、表达、共享等环节。而山地研究所涉及的学科，如山地环境、山地灾害、山区社会与可持续发展等对数字山地的定位与重点应用产生了导向性作用，学科间的关系如图 12.1 所示。

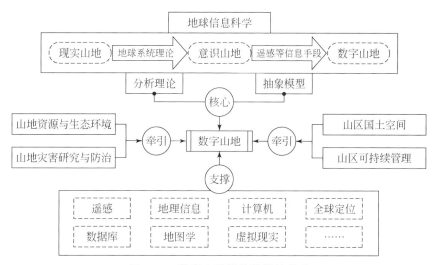

图 12.1　数字山地相关学科的关系

3. 数字山地的主要特点

　　（1）强空间性。数字山地全部的地理要素和大部分描述信息都能通过地理坐标直接或间接关联到地球椭球体之上，具有显著的空间性。借助数字山地的信息模型，我们可以在全数字化环境下进行地理要素的获取、描述、存储和应用，从而根据地理区位快速、完整、直观地掌握山地不同尺度的地理特征。

　　（2）多学科交叉。从学科关系的分析可以看出，数字山地的学科交叉特征非常明显，不仅致力于山地科学大数据的组织管理，还通过分析、模拟与可视化，反演山地要素的过去、展现目前状况和预测未来的动态变化及趋势，为山地研究与管理提供定量和直观的支持。按照技术复杂程度，数字山地的学术特性分别体现在山地信息处理、数据分析和模拟、决策支持这 3 类过程中。

　　（3）具备山地科学大数据属性。数字山地的大数据特征较为明显，由于涉及的学科点多，且具有开放的研究区域，加上数据更新快、多空间尺度信息并存，随着时间积累，数据增量和信息潜力十分可观。学界对山地表层开展系统观测，距今已数十年，期间积累了海量数据。不过从地质历史的时间尺度来看，这些数据只不过记录了山地表层系统的一个瞬间，数字山地大数据特征在时间维度上变得十分突出。从科学大数据的角度，可以认为数字山地就是山地科学大数据，或者说数字山地是基于山地科学大数据发展的学科方向。

（4）多任务性。从平台建设的角度，数字山地还具有多任务的特点。当前阶段，数字山地平台建设的主要任务包括：①建立山地空间数据生产、管理和更新的组织体系、管理机制、数据规范和技术质量标准，研究基础网络和平台的集成和应用方案；②建立多源、多尺度的山地空间数据库，为相关研究提供山地信息服务平台，满足信息化建设的需要；③建立山地科学数据基础设施集成和分发服务中心，发展数据组织与操作规范，依托数据传输网络，形成山地科学数据的管理和共享应用。

12.1.3　数字山地的研究内容

数字山地学科体系解决海量山地科学数据的有效集成问题，同时，开展山地系统要素与过程的可视化与定量描述方面的探索，涉及大数据方法、信息平台、山地系统建模与应用等多方面研究。

1. 山地科学大数据方法

地理科学大数据方法为数字山地研究指出了重要方向，主要集中在"量"、"质"、"用"三个方面。"量"即重点突破大数据体量所带来的科学与技术难题，研究分布式多源数据的汇聚机制和模型、分布式数据仓库以及虚拟数据聚合和更新模型，来提高数据获取、组织和使用的效率；"质"即针对数据多变量、超高维度、高度时空属性的特点，研究基于解析字典（如小波变换）与非解析字典（如过完备字典）的稀疏表征方法与模型、数字地球中的数据流模型、信息流模型以及信息场理论，从而在海量空间数据中获得高精度的本质信息，并形成大数据的空间协同表达和可靠性评价方法（周成虎，2015）；"用"即为驱动复杂地理计算提供直接的数据，如山地科学数据抽取、转换、加载、结合专家知识的信息挖掘技术等。此外，还包括研究高性能、大规模并行的海量空间数据处理的算法模型与处理平台来提高海量空间数据的处理性能。

2. 山地科学信息平台

山地科学信息平台研究涉及多方面技术，如山地信息的存储和网络共享技术、山地信息的系统安全、分布式数据库、数据仓库技术、山地信息优化管理、更新和可持续复用、基于 GIS 的互操作技术、山地信息的虚拟和三维仿真（空间信息的虚拟现实、非空间信息的可视化）。

3. 山地系统建模与计算

山地系统建模与计算，重点关注山地地表覆被、水热、山区社会经济要素的过程模拟、山地地表物质运动过程监测与模拟仿真（如耦合山地地理空间信息与遥感参数的山地水土流失过程模拟），揭示山地系统的结构、功能、过程和机理。

4. 数字山地综合应用

目前数字山地的常见应用领域包括：山地水土资源、生态环境、山地灾害开展综合评估研究，面向山区国土空间开展功能模拟与情景预测，基于山地典型流域进行数字山地原型开发等。应用研究主要以系统集成的方式推进数字山地应用能力建设，侧重于关键资源环境要素空间信息服务平台研究、山地灾害应急响应系统与空间数据支撑平台研究、我国山地资源环境科学数据共享与服务平台研究等。

12.2 山地科学大数据的层次

在山地系统研究中，欠缺有效数据意味着新的模型无法建立、已有假设无法验证、现有成果难以有效更新和推广，研究受到阻碍。因此，当代地理科学将大数据视为宝藏，特别注重数据获取。山地研究的数据获取途径有多种，信息量大、应用广、覆盖范围广的是从遥感影像解译或反演得到的各种数据产品；其次为各个研究单元及野外台站通过定点监测、外业调查、实验模拟或测绘得到的实测数据；此外，信息网络中相关部门的公报、各类机构的报告与新闻、领域内相关学术论文，甚至公众发布的有关信息，借助互联网搜索引擎都可以提供一定的有用数据。根据数据获取手段的差异以及其中有效信息的重要性，可以将山地科学数据分为遥感产品、物联网信息、外围辅助数据这 3 个层次，数字山地大数据链条由此产生，通过融合各种有用的地理信息及不同主题的数据挖掘结果，经转换、整合、集成等再生产过程，能够形成结构相对稳定的山地科学数据实体。

12.2.1 核心数据——遥感信息

建立数字地球所需的全球尺度、多源多类无缝数据基础，需要遥感支持（Xu et al.，2016）。遥感信息已逐渐成为山地科学的核心数据组分，构成山地科学大数据的第一个层次。

山地遥感结合山地特征与遥感机理，深入探讨如何获取质量更高、可靠性更好的山地遥感影像信息，另一方面结合多种山地陆表变量反演模型与数据同化算法，准确获取反映山地生态环境特征的参量并开展验证。山地遥感研究产生大量数据成果的同时，也提出一些新的需求和待解决的问题，如大量原始影像和产品数据如何有效地组织，怎样充分利用现有数据存量，如何与对外围研究无缝对接，形成更加有力的支撑等。这些问题的出现，标志着山地遥感的一部分研究焦点从数据个体、数据形成过程向数据总体、数据深入应用的方向转变，这也是相关研究从山地遥感向数字山地推进的实质。

12.2.2　重要补充——物联网与模型数据

地理数据的自动获取和自主处理具有特定的研究需要和明确的技术可行性。这种自主的地理数据过程，类似于一组神经元结构，有两个关键部分，第一部分是通过物联网将传感器、信息终端、研究人员关联起来，并自动传递信息；第二部分是计算机内部的专业模型结合传入信息和其他相关数据在监督或非监督状态下进行分析处理与模拟运算。在山地研究中，自动采集的原始信号和经过模拟的结果信息，结合外业调查、台站观测、室内实验获取的数据，共同构成数字山地大数据的第二个层次。

1. 物联网数据

物联网在山地信息获取方面潜力巨大，是继遥感调查之后，数字山地重要的信息组成部分。山地监测信息的物联化可以与山地遥感信息形成很好的互补及验证，也可以为数字山地的各类模型建立与参数率定提供依据。

物联网技术对传统的实地调查形成了补充。首先，在山区开展实地调查成本往往较高，大范围内地面同步观测较为困难，全天时监测难度非常大。其次，一些监测对象（如失稳的边坡）本身具有危险性，一些调查对象（如降水后沟道中水体的泥沙含量）则不断发生变化，人工高频次监测难以实现。第三，实地调查的时间往往与遥感观测的时相不匹配，难以形成同步观测。第四，调查数据的时效性较差，且后期数据录入与处理的工作量大。相比之下，山地要素物联化监测信息获取具有较高的应用价值。借助 Internet、移动终端通信网络等信道的互联互通优势，以及传感设备实时感应的特点，物联网的前端可以实时、全面地掌握监测对象的信息，很好地弥补了人工实测的不足。

2. 地理模型数据

常见的地理模型可概括为空间变量的数学模型和基于知识的判别模型（冯学智和都金康，2004）。应用空间变量模型可以从已有的地形、遥感和测绘观测资料出发，获取未知的数据和变量。经常用到的空间插值、遥感物理反演、系统动力学模型都属于这一类，其建模方法和求解过程与一般的数学建模相同，只是模型的输入变量是以空间离散点、面或栅格形式存在的。在山地研究中常见的有生态参量遥感反演模型、地表温度和蒸散发反演模型、土壤侵蚀方程、经济-环境的系统动力学模型、泥石流运动方程等。知识判别模型与空间变量数学模型相近，同样使用空间变量进行建模，区别在于，所建模式是知识和经验混合的逻辑数学模型，主要依靠很多约束性条件和经验型权重系数，此类模型在山地资源环境承载力评价、山地灾害危险性/易损性分区等研究中使用较多。

在山地研究中，相关模型通过生成静态或动态数据（表 12.1）实现山地表层要素现状、发展、演化的再现或预测，在对山地复杂的系统性问题求解过程中体现出数字山地大数据的应用价值。

表 12.1 常见的模型数据类型

大类	类型	释义	典型例子/应用
静态	山地对象数据	描述山地对象特征的数据	地物波谱库
	山地要素分类数据	对特定山地要素聚类的数据	山地分级数据、土地覆被数据
	关键指标数据	山地对象特征定量化数据	山地灾害密度、土壤可蚀性指数
动态	差异数据	反演要素历史变化的数据	土地利用变化监测
	实时数据	输入要素状态监测信息，获得实时状态和临界判断	滑坡形变监测与短临预警
	模拟数据	根据已知规律建立规则，输入状态信息得到的预测信息	元胞自动机、CLUE 模型等

12.2.3 外围数据——大数据带来的机遇

大数据时代的到来，极大降低了数据获取和传播的成本，给地理研究带来深远影响。近期美国政府发布大数据研究倡议后，美国国家科学基金会（NSF）、国家卫生研究院（NIH）、能源部（DOE）等多个联邦部门和机构承诺，将投入超过 2 亿美元资金用于研发"从海量数据信息中获取知识所必需的工具和技能"，并披露了多项正在进行中的研究计划。如，美国地质调查局拟发展高水平的计算能力和理解大数据集的协作工具，催化地理系统科学的创新思维。

这一趋势给数字山地的数据框架带来促进，目前看来，山地科学的大数据机遇包括多个方面：

（1）山区人文-经济地理研究。大数据给地理学带来的直接影响首先反映在人文与经济地理的数据获取方式方面，在传统的统计年鉴、社会调查问卷、走访等基础上，增加了网络信息（特别是社交平台）的抓取，并结合基于位置的服务（LBS）直接转变为地理数据。

（2）山地灾害管理和预警研究。近年来随着星-机-地多层次灾害监测网络、群测群防网络的完善，已经形成稳定的观测数据流，结合散布在政府机构与社交网络中的信息，给相关研究提供了新的数据获取渠道。

（3）资源环境异常变化地区及热点问题的发现。随着大数据技术手段的发展，研究人员将有能力获取不同地理区间中各种人群或机构关注的地理事件，并从这种集体意识中找到主流研究没有及时发现的或被忽视的资源环境问题，从而优化研究方案。

12.3　数字山地应用平台框架

数字山地应用平台是针对不同的山地应用需求，在系统工程设计的基础上，实现数字山地技术与方法的载体。平台逻辑框架一般由数字山地的数据体系、应用平台的参考标准、系统架构和关键技术等部分构成。

12.3.1　数字山地应用平台数据体系

面对复杂的山地表层系统要素，提供稳定的大数据结构体系，是平台建设的基本前提。数字山地关联的学科体系是其大数据框架的主要支点，每一个具体学科点涉及的地理对象及其属性都可作为数字山地的信息要素。这种对应关系，明确了数据内容的边界，有利于数字山地科学数据集成和确保应用平台的综合性与整体性。

数字山地大数据的内容主要来自具体学科，如山地遥感与 GIS 研究、山地表生过程研究、山地灾害研究、山区规划与可持续管理研究等多个方面（图 12.2）。

山地遥感与 GIS 研究涉及的山地要素非常广泛，特别是面向山区复杂地表的信息获取与应用探索，对应的数据涵盖山地表层土地覆盖、关键生态参量、水热陆面过程、突发灾害事件、基础地理信息、基础地质信息等方面，在时空尺度上具有极强的灵活性。

山地环境数据：研究涉及的数据主要与水分–土壤–养分迁移过程中的地理要素对应，适用于多因子作用下的土壤侵蚀及水土保持机理分析、坡耕地的生物地球化学循环过程分析、典型山地森林自然演替过程与生态水文效应分析。此类数据的空间尺度从微观向中宏观延伸，具体包括点、坡面、流域三种尺度。山地水文及生态系统的演化是一个缓慢渐进的过程，数据以长时序为主，其动态监测数据的时效性不一致，从以小时为单位到以月为单位的都有。常见数据的主题词有：地貌、土壤、河流、湖泊、冰川、消融量、气候、气象、河流径流、土地利用类型、土壤退化、土壤侵蚀、蒸散发、植被覆盖度、元素迁移等。

山地灾害数据：研究面向山区建设与重大工程及其环境安全的需求。针对突发的泥石流、滑坡、山洪等灾害和缓慢发生的土壤侵蚀等开展探讨，因此其对应的数据以山地表层岩土物质稳定与迁移为核心，包括灾害基本特征信息、形成灾害的地理与地质背景信息、受灾害影响或威胁的承灾体信息等。一般来说灾害的调查监测数据、模拟试验数据、单体预警数据集中在局部坡地尺度，背景数据以区域尺度为主。常见的数据主题词有：地形、地貌、水系、公路/铁路、居民地、重大工程、降水、水文、地层、岩性、植被覆盖度、历史灾害点、灾害密度、易发性、危险性等。

山区社会与人文数据：研究面向国家山区科学发展的战略需求，以山区可持续发展为目标，围绕山区人地关系及国土空间格局与规划开展战略研究，相关数据以山地水土资源、产业、人口、经济、山区城镇与聚落等信息为主。山区聚落、景观、资源利用的数据属于较大空间尺度，山区人口、产业相关的数据则是宏微观相结合。常见的数据主题词

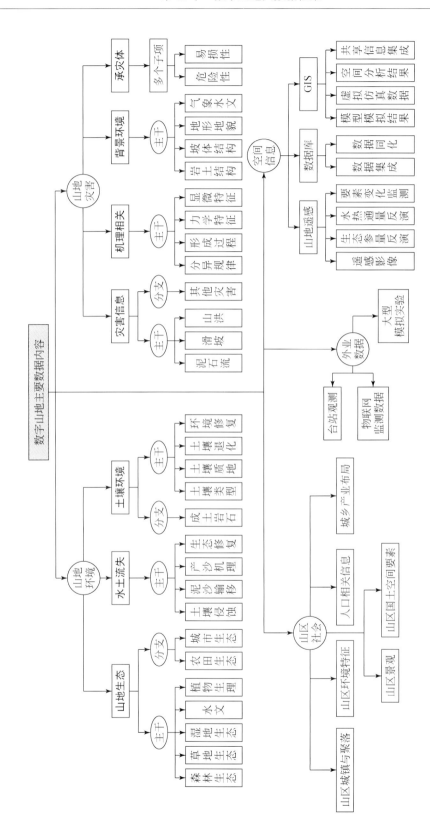

图12.2　数字山地数据构成

有：地形、人口、聚落、城镇、GDP、矿产、交通、土地利用、水资源、土地资源、景观、规划等。

12.3.2　应用平台的参考标准

信息标准化的本质是信息管理，通过对不断重复出现的数据内容或操作进行统一的规定，使数据生产、管理、应用和共享更加高效和便捷。数字山地显著特征之一是空间性，其应用平台的标准体系主要由 GIS 相关规范构成。

目前，国际标准化组织地理信息技术委员会（ISO/TC211）、美国联邦地理数据委员会（FGDC）、开放式地理信息系统协会（OGC）以及我国测绘地理信息部门在地理信息标准化方面做了大量工作，形成的标准体系主要由参考系统标准、数据字典与元数据标准、信息发布标准、数据质量标准、数据分发标准、数据交换标准等构成。

1）参考系统标准

参考系统标准是指地理参考或大地坐标等标准，是数字山地空间数据的定位基础。全球定位系统的应用，提供了精确的地心坐标数据。应当将参考系统数据集存储在一个精确的国家参考系统中，并建立不同参考系之间的转换关系。

2）数据字典与元数据标准

数据字典标准是以概念数据模型为基础，提供基础数据集的空间与层次要素的标准定义，数据字典的定义必须完全一致，才能进行准确解释，并在 GIS 应用中对数据进行有效的集成。

元数据描述数据集的内容、质量、表示方式、空间参考、管理方式以及其他特征，可以用于数据集的归档、发布和查询。元数据标准是建立一套描述数据集、数据集系列和实体属性的符号元素、元素的定义、元素的值域及相关关系的规范。

3）信息发布标准

信息发布标准包括空间基础信息平台的资源目录编制标准、数据分布式存储规范、信息网络传输标准、硬件网络建设规范、信息安全规范等。制订信息发布标准可参考的已有标准见表 12.2。

表 12.2　信息发布的主要参考标准

序号	标准名称	标准编号
1	地理信息 服务	ISO 19119：2005
2	地理信息实用标准	ISO/TR 19120：2001
3	地理信息 网络地图服务器接口	ISO 19128：2005
4	信息处理系统 开放系统互连 基本参考模型	ISO 7498—2：1989
5	地理信息 目录服务规范	GB/Z 25598—2010
6	地理信息公共平台基本规定	GB/T 30318—2013
7	计算机信息系统安全保护等级划分准则	GB17895—1999
8	导航电子地图图形符号	GB/T 28443—2012

4）数据质量标准

山地科学数据质量标准可以是描述性的，也可以是指示性的或混合使用。描述性标准以"真实标记"为基础，要求数据生产者报告对数据质量的已知部分，一般要求生产者提供以下信息：分层说明、位置转换、层转换、逻辑一致性及完整性。指示性标准将规定每一特征的质量参考，从而使数据使用者确定数据的适用性。

5）数据分发标准

数据分发标准包括分发数据的内容规定、分发权限设定、分发方式规定等。数据分发标准的制定，首先要对各类空间数据共享服务平台的服务对象进行分类、分级，并兼顾数据所有者的权益，制定出合理的数据分发标准。数据分发标准制订可参考的已有标准，如表 12.3 所示。

表 12.3　数据分发的主要参考标准

序号	标准名称	标准编号
1	地理信息 服务	ISO 19119：2005
2	地理信息实用标准	ISO/TR 19120：2001
3	地理信息应用模式规则	ISO 19109：2005
4	地理信息 网络地图服务器接口	ISO 19128：2005
5	地理信息–数据产品规范	ISO 19131：2007
6	地理信息 基于网络的数据分发规范	GB/Z 28586—2012

6）数据交换标准

数据交换标准使不同地方使用不同计算机、不同软件的授权人员能够读取他人数据并进行各种操作运算和分析。

空间数据交换标准是异构分布式空间数据库共享的基础。标准内容包括：带有空间参考系信息文件结构的基本组成元素的数据的交换约定、寻址格式、结构和内容，标准中还包括概念模型、质量报告、传输组件说明和对空间要素和属性的定义，目前已有一些成熟的数据交换标准供参考（表 12.4）。

表 12.4　数据交换的主要参考标准

序号	标准名称	标准编号
1	地理信息–编码	ISO 19118：2005
2	地理信息–地理标记语言	ISO 19136：2007
3	地理信息–元数据-XML 执行模式	ISO/TS 19139：2007
4	地理信息–元数据–影像与格网数据的扩展	ISO 19115–2：2009
5	地球空间数据交换格式	GB/T 17798—1999
6	导航地理数据模型与交换格式	GB/T 19711— 2005/ISO 14825：2004
7	地理空间数据库访问接口	GB/T 30320—2013

12.3.3 应用平台的总体结构

数字山地应用平台自下而上一般由 5 个层次组成,即数据获取层、网络层、平台层、机理与模型层以及应用层(图 12.3)。

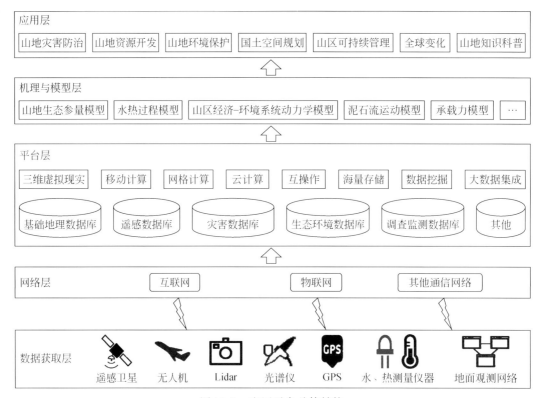

图 12.3 应用平台总体结构

1. 数据获取层

该层主要部署或接入各类传感器,构成山地要素信息观测网络,以获取山地生态、环境、气象、水文、人文及社会相关数据。该层重点接入的传感器是空地一体化遥感器,常规地面部署的测量器件主要包括温度计、湿度计、水位计、流量计、倾斜仪、压力计、位移计、光谱仪、相机与摄影机等,由此获取的数据类型较为多样,包括光谱、视频、图片、时间序列点状数据、表格数据以及非格式化文字记录数据。当前,空地一体化的遥感技术已经为大多数地理研究设计出相应的观测解决方案,这些多分辨率、多时相、高光谱的遥感数据成为数字山地定量化、动态化、网络化、实用化和产业化的重要基础。在数据获取层中,地面传感器网络与遥感观测形成协同,是现代信息技术的基础之一。可以预见,在不久的将来,山地将附上一层电子皮肤,这层电子皮肤嵌入数以百万计的电子测量器件，感知山地表层系统的各类状态与变化，并构成山地全面物联化的硬件基础。

2. 网络层

网络层包括三张网络，即用于手机等的通信网，用于信息传输与共享的互联网以及物联网络。前两张网络经过多年发展已逐步进入到数字山地研究基础中，物联网将成为下一代网络发展的新热点。网络层靠近用户端的部分可以是相对封闭的本地网络，也可以是开放的互联网，该层是实现信息管理、信息流通的关键功能模块。

3. 平台层

平台层是数字山地应用平台的核心部分与数据集成中心，包括山地科学各个数据库（基础地理库、遥感库、灾害库、环境库、监测库等）。通过相关标准与技术，该层能够实现山地信息集成、互操作、海量存储、大数据处理、山地信息挖掘等功能，并在云计算、移动计算技术、三维虚拟现实等支撑下完成山地信息的浏览、查询、统计、共享、分析、制图等。该层中的 Web 服务、云计算、移动计算等技术将发挥重要作用。Web 服务是当今信息领域应用最广泛的一种信息服务技术，可以将分布在任意地理区间的地学数据和应用工具按照一定的流程聚合起来。数字山地作为大数据平台，需要借此整合来自网络环境的各种与山地研究相关的信息，然后再次通过 Web 服务向研究人员和社会提供专门的数据服务。云计算利用商业计算模型，将山地科学相关计算任务分布在大量计算机构成的资源池上，使各种应用系统（用户）能够根据需要获取计算能力、存储山地信息和信息服务。移动计算平台通过智能手机、平板电脑、车载系统等便携式通信设备将数字山地信息服务扩展到无线移动环境，极大增强了山地信息的可访问性。

4. 应用层

数字山地着眼于山地信息集成、共享、大数据计算等构建目标，并最终实现服务于山地环境、山地灾害和山区发展等应用目标。因此，在数字山地基础之上构建各种应用系统，可充分实践数字山地的内涵与外延。数字山地应用层主要包括山地灾害防治、山地资源开发、山地环境保护、山区安全与可持续发展、全球变化及山地科学科普等。

12.3.4　应用平台的关键技术

数字山地是有形的实体，信息基础设施是其最主要的有形部分。数字山地信息基础设施以互联网为基础，以空间数据为依托，以二、三维专题图表结合文本注释为主要可视化载体，是具有多种访问接口和多种尺度信息的大型系统（图 12.4）。

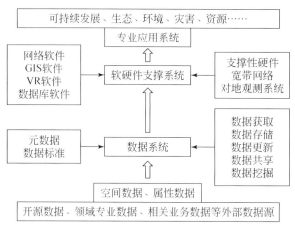

图 12.4 　数字山地的信息基础设施

1. 数据相关的关键技术

数字山地的数据主要由空间数据和属性数据两部分构成，属性数据可以是文本或多媒体数据。其中空间数据是指一切与山地有关的，可以在地球三维曲面上由平面坐标及高程表示的所有信息。数字山地的数据具有无边无缝的分布式数据层结构，包括多源、多比例尺、多分辨率、多时相的矢量与栅格数据。这些数据以不同的数据格式包含了山地的特征与知识。这些关于山地的数据构成了数字山地的核心。

数字山地信息基础设施中的数据系统由数据获取、存储、更新、共享和数据挖掘 5 部分构成。数据获取包括资源、环境、生态、灾害以及人类经济社会相关的广泛数据内容。建立数字山地的第一层要求就是把这些相关的信息都收集起来，按照空间坐标和时间序列建立一个完整的山地信息模型，方便我们快速、完整、多尺度地了解山地特征。这些信息通过时序增量、空间精度增量、地区增量实现量的增长，通过数据挖掘与分析实现质的增长。

1) 元数据技术

通过元数据可以掌握数据实体的名称、内容、质量、版本等信息，从而减少用户寻找数据的时间，因此元数据库的建设非常必要。同时，由于人们对空间现象的理解和对空间对象的定义有差别，使得空间数据的模型和结构有较大差异，容易造成空间信息的冲突和数据不兼容等问题，因此必须制定严格的空间数据交换标准，以确保不同的数据都符合有关标准。

2) 数据采集技术

山地科学数据的采集技术主要包括地面测量技术、遥感技术、数字化技术等。

地面测量是获取高精度、大比例尺山地基础数据的一种主要方式。具体是指采用测距仪、全站仪、GPS 等测量设备到实地进行测量，获取地物位置，描述地表特征、状况、结构、功能等信息。

卫星遥感技术是快速获取大范围地表数据的重要方式之一。由于卫星遥感影像的覆盖范围大，数据处理方便，各国都在研制分辨率更高的卫星传感器，积极发射新卫星。目前已经获取能够满足不同需要的高、中、低分辨率的卫星遥感影像，其光谱分辨率、时间分辨率和空间分辨率在不断提高。其中，基于遥感影像的地表要素信息智能化获取是研究的重点之一（承继成等，2004）。

数字化技术采用数字化板或扫描屏幕跟踪的方法将传统绘制在纸质的地图信息转换为数字化信息。数字化技术发展比较成熟，应用比较广泛，是山地科学数据集成建库最常用的方法。但如何提高自动识别和分类的准确性，提高数字化的自动化程度，还存在许多难题需要解决。

3）数据传输技术

计算机网络、Internet 为地理信息的快速实时、动态传输提供了技术保证。WWW 技术的出现，使早期只能提供远程登录（Telnet）服务、文件传输服务和电子邮件服务等面向字符服务的互联网，成为一个包含各种信息，面向各种用户的互联网。WWW 以其开放性、廉价性、操作简单、支持多媒体、超级链接能力和友好的界面等优势，得到了越来越广泛的应用，成为数据传输的重要手段。而 GIS 向网络方向的发展，使得 GIS 支持网络通信协议（TCP/IP）和超文本传输协议（HTTP），可以通过网络进行矢量或栅格格式的地理空间数据的传输。

从网络连接的形式上，互联网可以分为有线互联网和无线互联网。有线互联网又称为固定互联网，就是光纤-光缆网技术。目前已经成熟且商用的光纤通信技术指标已经达到 10GB/s，再加上密集波分复用技术，最终传输率可达 40~400GB/s。无线移动网络（或移动互联网）是指无线通信的或微波通信的计算机网络，是移动通信两种技术在信息服务方面相结合的技术，同时宽带卫星通信网络也在建设之中。网络技术的迅速发展为山地信息的传输奠定基础。

4）大数据集成技术

山地科学数据中的结构化数据存储在数据库中，但在大数据模式下，有一定比例的有效数据是非结构化的，无法直接存入数据库，需要大数据集成时对此充分考虑。目前，主要通过数据虚拟化技术提供解决方案。所谓数据虚拟化并非取代了数据仓库，而是基于映射技术将数据仓库抽象为虚拟视图，这种视图屏蔽了数据结构的细节，使数据访问者或应用程序只看到一个所需要的格式。

2. 应用方面的关键技术

数字山地针对相关的领域应用，得到定性的结果数据或定量模型模拟数据，是意识山地与数字山地之间的桥梁，为山地相关研究工作提供了时空拓展的方法和应用。

1）数据仓库技术

数据仓库定义为"面向主题的、随时间变化的、永久的数据集合，用于决策制定过程"。其基本思想是把需要的数据从数据量大的数据库中抽取出来，转换成统一的格式，以提高数据的直接使用率。

分布式数据库系统在系统结构上的真正含义是指物理上分布、逻辑上集中的异构数据库结构。由于逻辑上的集中，其物理上的分布对用户来说是透明的，分布式数据库具有有利于改善性能、可扩充性好、可用性好及自治性等优点。

2）山地科学数据挖掘技术

山地科学数据挖掘是指从山地科学数据库中提取用户感兴趣的山地模式与特征、空间与非空间数据的普遍关系及其他一些隐含在数据中的普遍特征。该项研究多与具体的学科应用结合，目前，相关探讨主要围绕 3 个方面开展。①山地灾害敏感性挖掘，通过灾害各内在因子之间定性和定量关系的统计，确定影响灾害发生的主要因素。②山地要素的聚类、关联、聚合分析，如，不同子流域聚类分析、山地土壤侵蚀影响因子关联分析、国土功能空间聚合分析等。③遥感数据挖掘，通过时序集成、不同地域联合、不同观测尺度同化，进行地物信息增量分析、差异分析，通过发现"特征值"、"异常值"，分析蕴藏其中的新的规律和知识，主要适用于宏观尺度的地表覆被、生态参量和陆面蒸散分析。

3）表面建模技术

目前，常见的山地表面建模技术有两种，分别是基于遥感影像和基于激光扫描的建模。随着遥感影像空间分辨率提高和计算机图形图像处理能力的突破，航空数字摄影测量成为获取大范围高精度三维地表模型的主要手段，该技术进一步发展的关键问题在于，如何从影像中自动识别和提取地物，这也是计算机视觉与图像识别研究的重点之一。激光扫描测量通过激光扫描器和距离传感器来获取被测目标的表面形态，可供量算和建立复杂的三维模型。激光扫描系统作为一种主动的非接触测量手段，在生成山地表层复杂覆被的计算机三维模型方面得到了越来越广泛的应用。可以预见，表面建模技术在山地表层的多维重构、虚拟分析以及增强现实等研究中具有重要性，是数字山地可视化研究的基础。

12.4　数字山地建设与应用实例

12.4.1　山地科学数据共享平台

地学信息共享历来备受重视，国际上相关的共享计划可追溯至 20 世纪五六十年代。如国际科学联合委员会（ICSU）于 1957 年建立了世界数据中心（WDC），促进全球科学数据共享，以增强对地圈、生物圈研究的支持。1966 年国际科技数据委员会（CODATA）正式成立并致力于促进全球各学科的数据共建共享。1994 年美国提出"国家空间数据基础设施"计划，为"数字地球"的提出做了铺垫，其关键目标之一是促进全球性的地理数据的采集与共享（冯学智和都金康，2004）。我国对地学数据的关注与参与始于 20 世纪 80 年代，随着对数字地球战略重要性的认识加深和自主对地观测技术的完善，相关研究得到快速发展。数字山地自提出起就将山地科学数据的共享与价值发挥作为重点内容，在十多年前就建立了中国山地灾害与环境数据库并加入地球系统科学数据共享网。随着空间信息科学的发展，领域内的共享数据与技术手段都出现了质的突破，由学科主导和重视大数据方法成为数字山地开展山地科学数据共享平台建设的基本思路。

1. 共享平台设计

当前，山地科学的相关数据以"小聚集大分散"的形式散布在各个学科中，缺乏有效的数据访问手段，也没有对应的分布式数据管理工具，长期以来数据难以全面维护，数据资源平均使用率偏低，存在数据库重复建设情况并且数据成本居高不下，这些问题既是山地研究的一种损失，也成为数字山地深入开展的制约因素。因此在数字山地平台建设规划的多个信息设施中，山地科学数据共享平台（下称共享平台）被列为最基础的应用系统之一，且享有建设的优先等级。

共享平台提供开放的山地科学数据共享服务，特别服务于大型山地科研计划与项目；此外应用分布式数据技术，对数据产出汇总管理、形成永久科学数据存档。共享平台在展示山地科学研究数据成果的同时，有助于提高相关领域及社会对山地灾害、山地环境和山区发展问题的认识，并扩大山地研究的综合影响力。

共享平台是数字山地应用系统基础性、支撑性的设施，包括硬件与网络支撑环境、统一认证与安全的支撑服务、山地科学数据库门户网站、元数据管理系统、数据共享与分发系统等内容（图 12.5）。通过共享平台建设，为数字山地分布式数据管理、山地模拟实验环境、数据成果集成等研发工作提供基础。

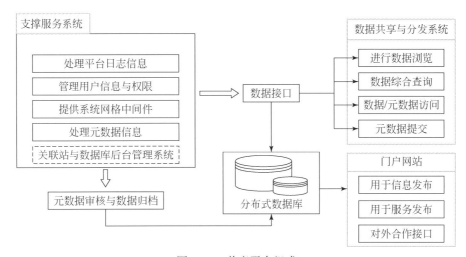

图 12.5　共享平台组成

1）支撑服务模块

支撑服务模块为平台提供基础服务（图 12.6），其中通用部分包括用户角色的分级管理（增删改查）与服务、资源访问权限的统一管理（增删改查及授权等）与服务、平台日志管理及服务、应用系统网格代理中间件等功能，其他子系统通过调用通用服务和中间件，实现与平台的有机统一。专用服务模块面向模型开发，针对地质灾害、山地环境与流域管理等研究中专业模型，进行参数配置、因子数据配置、模型元信息管理等。

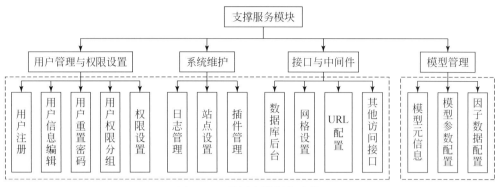

图 12.6　通用支撑服务功能

2）元数据管理模块

元数据作为描述数据的数据，是信息系统开展高效管理的基础，也是用于共享的重要手段和内容。元数据管理模块实现各类山地科学元数据的浏览、查询、维护和编辑等功能（图 12.7）。

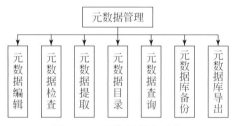

图 12.7　元数据管理功能

3）门户网站系统

门户网站对外提供山地科学数据产品目录、数据介绍、元数据检索、数据与信息服务资讯、数据共享服务流程、平台与团队介绍等功能，门户网站整体定位于对外宣传与合作交流（图 12.8）。

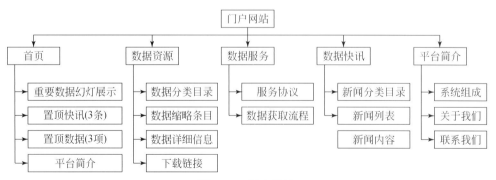

图 12.8　门户网站

4）共享与分发系统

共享与分发系统以数字山地局域网和因特网为依托，通过部署在服务区的服务器接收提交的数据，同时向各类数据使用者共享数据并收集数据需求。系统按照规程提供统一的山地科学数据库访问接口，进行专题产品的分发和信息发布业务，具备持续、稳定、快速的产品分发能力。系统通过多种形式的用户界面，支持高级多条件数据检索、多级快视图浏览（图 12.9）。

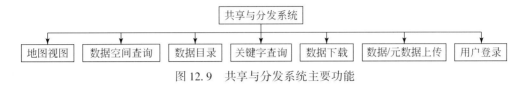

图 12.9　共享与分发系统主要功能

2. 共享平台开发

1）开发方法与架构

共享服务模型选用符合面向服务的体系架构（SOA）的 Web 服务。SOA 带来了"松散耦合"的应用程序组件，在此类组件中，代码不一定绑定到某个特定的数据库，从而实现按需求封装服务的能力，即平台根据需要将这些服务组装为相互连接的应用程序，使用户感觉这些服务如同安装在本地计算机上。具体的 Web 服务结构分为运行支撑层、数据层、服务层、应用层，与数字山地应用平台的总体结构保持一致。

架构方面，平台不同的应用分别采用 Browser/Server 和 Client/Server 体系开发。随着浏览器技术的发展和成熟，Browser/Server 构架已成为软件产品的主流，B/S 下用户可以通过浏览器在广域网和局域网内执行应用程序，实现数据访问与获取。平台针对内部用户和复杂操作的需求提供 Client/Server 下的应用程序，用于数据对象的编辑、更新和维护工作，此类工具提供各种数据交互工具，图形数据变更操作、空间分析工具以及各种灵活的专业定制功能。

2）开发环境

平台涉及的软件环境主要包括以下 4 个方面：① 服务器端操作系统为 Windows 2008 Server x64，客户端各系列 Windows 操作系统（xp/7/8/10/Server）均可，如需安装平台 C/S 架构的 Winform 应用程序，需要预装 .NET Framwork3.5 及以上版本；②数据库管理软件采用 SQL Server 2008，为了对接前期形成的一些应用程序，保留 PostreSQL；③地理信息平台相关软件与插件有多种选择，包括 ArcGIS、PostGIS、GeoServer，浏览器端使用 ArcGIS API for silverlight；④系统开发环境采用 MS Visual Studio .NET 2012，开发语言为 C#。

3. 功能实现

1）门户网站系统

平台门户网站（dbportal. imde. ac. cn）将系统新发布的数据、重要的数据及数据资讯置顶，并在首页的幻灯片中滚动显示（图 12.10）。该门户网站完成了数据信息、服务事项、新闻资讯和平台简介方面预设的信息功能，可看作数据库的目录和数据访问工具的调用接口。

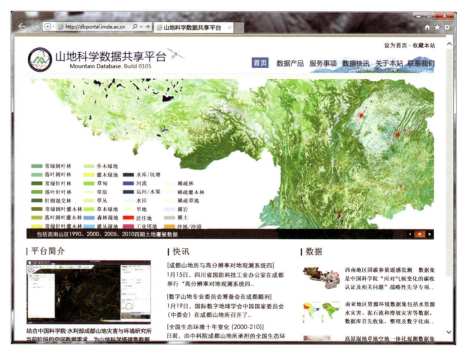

图 12.10　平台门户网站首页

2）站点后台管理系统

站点后台管理系统（图 12.11、图 12.12）完成页面配置、内容管理、用户及日志管理，并在"站点设置"选项卡中设置了站点信息与组件管理的功能。

图 12.11　后台管理登录

图 12.12 页面信息维护

3）共享与分发系统

空间性是数字山地的主要特征，数据共享与分发系统建立在 WebGIS 之上（图 12.13）。在系统中，可以点击左侧数据目录中的项，在右侧进行预览。系统允许用户在指定的地理范围内对已发布数据的覆盖范围作空间查询。用户登录后，可以下载查询得到的数据项（涉密数据和需要申请的数据除外）。此外提供了按照元数据和属性数据关键字进行查询的接口，查询结果以列表的形式返回。

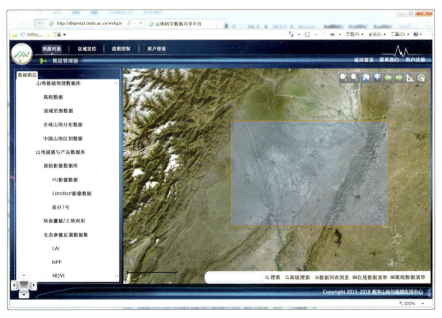

图 12.13 数据共享与分发系统界面

考虑到一些山地科学数据是事件驱动的,在时间轴上分布的密度不均匀,如地震诱发大量山地灾害,并围绕这次灾害事件形成应急调查、灾情评估、生态环境评价等一系列专题数据,山地科学数据共享平台针对这种情况开发以事件为索引的数据视图,提高使用效率。

目前平台收集和集成的数据包括从全球尺度到流域尺度的山地基础地理数据(背景数据)、山地遥感数据产品、野外实测数据、各学科成熟的模型数据。

4. 存在问题

今后研发过程需要特别注意:

(1) 平台功能有待进一步扩展,特别是对模型数据的集成程度还不够,下一步需要从技术上实现模型数据的全面集成和动态更新。

(2) 数据知识产权管理需要规范。数据平台在设计初期主要以不同学科方向为数据索引,如山地灾害、山地环境、山地遥感、山区社会经济,忽视了多学科数据的知识产权保护等级不同的问题,在今后应加强数据产品来源说明,增加数据引用条目,进一步完善数据获取权限及规则。

(3) 数据服务需要进一步规范。

12.4.2　岷江上游流域可持续管理系统

本小节以岷江上游山地流域可持续发展与综合决策模型构建为例,介绍数字山地建设与应用实例。岷江上游是一个生态环境脆弱、山地灾害多发、人地矛盾突出的典型山区(李爱农等,2005)。特别是 2008 年汶川地震后,流域内山地表层松散堆积物积聚,在强降水等因素的作用下容易发生大规模的山地灾害,给居民生命财产、流域生态环境、社会经济发展带来巨大的安全隐患。当前迫切需要破解制约岷江上游流域可持续发展的关键症结,促进该区域社会经济与生态环境的协调发展。在中国科学院水利部成都山地灾害与环境研究所特色研究所建设"一三五"重要方向部署项目中,专门部署了流域可持续发展综合决策模型课题,并以岷江上游山地流域为原型,对数字山地建设与应用进行了有益的探索。

按照本章前述小节中数字山地框架,岷江上游数字山地建设包括流域信息化数据平台建设、可持续管理单项与综合决策模型库构造以及流域可持续情景模拟和空间表达等步骤,以实现服务于典型山地流域可持续发展的多源数据获取–多情景模型模拟–空间综合表达的一体化综合决策支持。该流域数字山地建设与应用包括以下内容:

(1) 山区流域关键信息采集、信息挖掘与信息化数据平台建设。

开展岷江上游流域众多学科信息的搜集、综合与集成(包括自然资源、社会环境、经济发展、人口资源、生物物理、自然灾害等众多要素信息),建立数据集规范化机制,充分发挥遥感、GIS 技术在数据获取、信息集成等方面的优势,形成岷江上游可持续发展综合管理的地理空间数据库平台。

（2）岷江上游可持续管理与综合决策模型库构造。

在流域信息化数据库平台建设的基础上，研究岷江流域突出的人地关系矛盾和敏感可控因子，明确岷江上游流域尺度典型人地关系压力、生态环境压力、致灾–防灾–避灾规律中的关键因子群，确定区域可持续发展的衡量指标，给出流域发展的综合度量。以山地环境、山地灾害与山区发展区域模型为主，借鉴国内外先进单项模型，形成岷江上游流域健康–灾害风险–区域发展评估等单项模型库。从压力–状态–响应、产业–经济–生态、水文–生态等方面出发，发展与集成综合模型，基于系统动力学思想构建综合评估模型库，达到区域多时空尺度、多情景模拟预测功能。

（3）情景分析、预测与决策支持。

借助遥感、GIS 技术、虚拟现实技术等关键技术实现不同场景、不同尺度下的流域动态监测、实时三维仿真模拟与分布式显示，并从各个侧面、各个层面设定岷江上游流域可持续发展情景，形成综合的管理对策。

1. 岷江流域信息化数据库集成

本实例结合岷江上游数字山地建设需求，将其数据内容分解为 3 个一级信息节点（社会经济、自然环境、重点研究区）、2 个二级数据集节点、49 个三级数据项节点。其中数据项节点明确对应一个图层或一个属性数据集（图 12.14），具体有多要素数字化图、DEM、地质构造、植被分布、土壤类型、山地灾害、水利工程分布、水文气象观测站点分布等数字图层，以及全流域遥感数据集、重点地区高空间分辨率遥感影像、流域时间序列气象、水文、水资源、工程运行管理等方面的观测和调查数据、统计年鉴、历史文献、野外观测、人口数据、社会经济等数据。

数据采集与处理工作概括为以下五方面：

（1）已有空间数据的整理与集成。

多源地理信息在比例尺、精度、格式、数学基准上不统一。如当前地矿部门生产的地质数据多以 MapGIS 格式存在，在数据集成前就需要使用 GIS 的转换工具对其进行处理及修编，只有坐标系统一致、投影信息正确、格式一致、精度接近的数据方可有效集成。

（2）遥感影像预处理与解译。

遥感影像在进入数据库之前必须进行相应的预处理，包括几何校正、辐射校正、地形校正、镶嵌、裁剪、增强处理等操作。此外，还可以针对专题要素信息建立解译标志，实现专题数据图层的获取。

（3）空间要素的属性入库。

数据库中收集的数据中一部分空间要素与属性数据是分开存储的，如部分山地灾害点图层往往只记录灾害的统一编号，其余属性项存储在电子表格中，这就需要人工介入处理，通过外键将两者有效、正确地联系在一起，形成完整的数据集。

（4）带坐标的属性记录转空间数据。

收集的非空间数据记录中有一部分是包含坐标信息的，将属性记录转换存储到空间要素图层，由 GIS 调用处理。

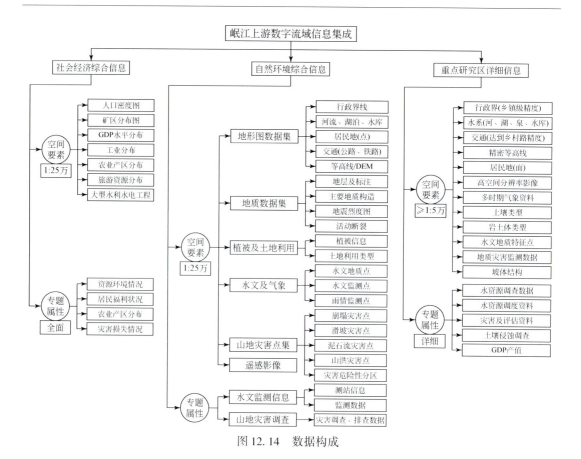

图 12.14　数据构成

（5）非空间数据整理入库。

将正式发表的文献资料、公报、年鉴、图片、视频等录入数据库的过程。这部分数据将视实际需要直接调用或通过外键关联到 GIS 数据库统一调用。

在上述信息集群的基础上，完成了流域基础数据库与综合管理系统的构建。在流域基础数据库方面，由于流域社会经济数据类型较多，需要构建逻辑严密的流域综合管理数据库。对采集获取的流域信息数据按照领域逻辑进行分类组织，通过对数据进行格式统一、数据说明、接口定义与质量控制标准，进行数据的生产与质量控制，最终使得各项数据能够为模型直接应用。选用 ArcGIS Engine、SQLserver 开发的具有空间信息可视化、数据综合查询和元数据管理功能的岷江上游流域基础数据库综合管理系统（图 12.15）。

图 12.15　岷江上游流域基础数据库综合管理系统

2. 岷江数字流域可持续发展系统动力学建模

综合决策模型总体的建模思想是以岷江上游关键环境与发展问题为导向，根据各关键问题的因果关系，将其分解成为众多变量、回路及正负反馈系统构成的综合模型库。由于决策模型是建立在不完备的知识基础上的，因此要求综合模型库能够提供可持续发展条件参量及各种模型的接口，实现多源信息的有效融合及模型更新，为政策制定人员提供界面友好、灵活可变的可持续发展综合决策系统框架。

1) 概念模型

模型的建立首先要构建概念与逻辑关系明确的概念模型（Born and Sonzogni，1995）。在系统分析了岷江上游的关键问题及各问题之间的逻辑关系后，进一步分析各个子系统之间的矛盾关系。这种矛盾包括：①各子系统内物质资源需求不断增长与有限的水土资源承载力之间的矛盾；②社会经济发展造成的环境压力与环境保护之间的矛盾、资源开发利用与生态环境保护之间的矛盾；③山地灾害与社会经济安全、资源安全之间的矛盾（图 12.16）。

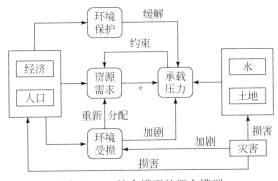

图 12.16 综合模型的概念模型

2) 实证模型

在以上概念模型的基础上，研究采用系统动力学模型构建综合决策模型框架。系统动力学（System Dynamics，SD）是由麻省理工大学的 Forrester 教授于 1956 年创立的一门以控制反馈理论为基础，以计算机仿真技术为手段的交叉、综合性学科。作为一种因果机理模型，SD 模型主要用于研究复杂系统结构、功能与动态行为之间的相互作用关系，并注重系统内部结构和反馈机制。众多研究表明，SD 模型能够从宏观上反映系统的复杂行为，是进行系统综合情景模拟的有效工具（Xu and Coors，2012）。

该模型（图 12.17）中，经济子系统的内容主要包括：①结合岷江上游流域的经济发展特征，选取 GDP、经济增长率、工业固定投资与产能、农业与旅游业产值、灾害与污染治理的环保投入、单位经济产值的用水用电量等作为经济子系统的关键变量；②围绕经济子系统，以污水排放量（工业与生活）、人口自然增长率、流域年均耗水量、环保投入作为重要的接口变量，分别与水环境、社会人口、水资源、土地资源、山地灾害等其他系统状态量发生相互作用；③经济子系统的因果回路总体为正反馈回路，即经济活动加强过程。在此基础上，给出各个因果关系之间的定量关系。

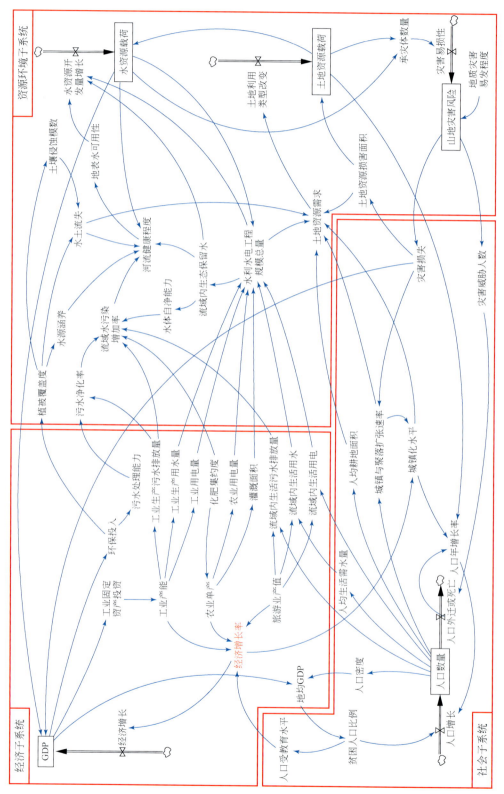

图 12.17　岷江上游流域SD流图

　　社会子系统方面，选择人口数量、人口自然增长率、贫困人口比例、城镇化率、生活用水、受灾人口等作为社会子系统的关键变量，建立社会子系统，以生活用水、人均耕地等作为重要的接口变量，分别将人口、人口自然增长率等因子与其他状态变量发生相互作用。主要内容包括：①结合岷江上游流域的主要问题，选取可用水资源量、耕地面积、灾害损毁程度、城镇化率、水土流失率等作为资源环境子系统的分析变量；②在资源环境子系统基础上，将人口、灾害风险、工农业产值作为重要的接口变量，分析其与各子系统的作用关系；③资源环境子系统的因果回路总体为负反馈回路，是一个寻求给定目标或寻求平衡状态的动态过程。

　　资源环境子系统将山地灾害视为资源环境问题，与水土资源作了整合。主要包括：①结合岷江上游流域的水土资源安全问题，选取灾害易损性与承灾体作为资源环境子系统的分析变量；②山地灾害子系统与社会及资源子系统直接相互作用，城镇、人口、土地资源、水资源具有不同的易损性特征，最终影响到经济子系统的发展；经济子系通过灾害防治投入与灾害子系统发生作用，并在一定程度上影响区域范围内的灾害危险性特征；③资源环境子系统的因果回路总体为负反馈回路，是一个寻求平衡状态的活动减弱过程。

　　各变量间所涉及的关系模型见表 12.5。

表 12.5　综合决策模型库单项模型汇总

	模型名称	模型设置与模拟区域	模拟量	主要输入	主要参数	参考文献
社会子系统	非参数自回归人口增长率模型	以县为单元，年步长，流域	人口增长率	1995～2010 统计年鉴人口统计量	模型阶数	（巩永丽等，2007）
	基于 LUCC 的人口密度模型	规则格网单元，1km 窗口，流域	人口密度	土地覆被、DEM、坡度、农业生态区划、气温、城镇/农村居民点、交通线	人口系数	（田永中等，2004）
	PSDM	规则格网单元，1km 窗口，流域	人口密度	人口总数、地势、城镇规模、城镇密度、交通密度、NPP	城镇中心点距离参数、城镇数量、多项经验参数	（刘纪远等，2003）
	异速生长模型	离散单元，流域内主要城镇	人口－地域关系	1990～2010 城镇人口数量、建成区面积	标度因子	（陈彦光，2002；鲁骏峰和李豫新，2013）
	异速生长模型	离散单元，流域内主要城镇	城镇扩张速率	2015～2020 人口数量模拟值	标度因子	（陈彦光，2002；鲁骏峰和李豫新，2013）
	Dyna-CLUE 模型	流域	城镇化水平	土地利用（1990/2000/2010）、DEM、劳动力、收入或 GDP、山地灾害	与城市的距离、与河流的距离、与道路的距离、人口密度、海拔、坡度、坡向	（Verburg et al.，2009）

续表

	模型名称	模型设置与模拟区域	模拟量	主要输入	主要参数	参考文献
经济子系统	Solow 模型	以流域为单位，年步长	人口增长率与经济增长率关系	人口增长率、从业人数、产业投入	劳动参与率、储蓄率、经济折旧率	（蔡东汉，2011）
	Cobb-Douglas	以流域为单位，年步长	教育与经济增长率关系	生产总值、教育投入、从业人数	劳动投入弹性，物质资本产出弹性	（刘林等，2009）
	C-D 生产函数	以流域为单位，年步长	农业投入与单产关系	农业资本投入、从业人数	农业转换效率系数、农业投入的弹性	（成邦文等，2001；房丽萍和孟军，2013）
	C-D 生产函数	以流域为单位，年步长	工业投入与产能关系	工业资本投入、从业人数、折旧率	技术水平系数	（李荣杰等，2016）
	多元线性回归	以流域为单位，年步长	工业用水	工业总产值、重工业比重、城市消费价格指数、水价、更新改造投资		（熊义杰，2005）
	环境库兹涅茨曲线	以县为单元，年步长，全流域	经济增长与污染关系	三废排放量、固废占地面积	GDP/人	（吴玉萍等，2002）
	边际机会成本（MOC）模型	以流域为单位，年步长	水资源价值	直接消耗成本、使用成本、外部环境成本		（傅平等，2004）
	影子价格模型	以流域为单位，年步长	水资源价值	生产消耗、生活消耗、可获取资源量		（何静和陈锡康，2005）
	VAR	以流域为单位，年步长	水资源利用与经济增长动态关系	总用水量、农业用水量、工业用水量、生活用水量、GDP	自回归滞后阶数	（邓朝晖等，2012）
资源环境子系统	InVEST	有限元，年步长，流域	森林水源涵养	DEM、土地覆被、蒸散发、气象	干燥指数、地形指数	（余新晓等，2005）
	SWAT	多个子流域，日步长，流域	植被水源涵养关系	DEM、土地覆被、土壤、气象	与土壤和土地覆盖类型相关的参数	（王军德等，2010）
	RUSLE	规则格网单元，1km	土壤侵蚀	降雨侵蚀力、土壤可蚀性、坡度坡向因子、植被覆盖因子、水土保持措施		（姜琳等，2014）

续表

	模型名称	模型设置与模拟区域	模拟量	主要输入	主要参数	参考文献
资源环境子系统	VIC	规则格网，500m，日步长	水资源总量、径流、土壤蒸发	DEM、土地覆盖、植被、土壤、气象	与土壤和植被类型相关的参数、汇流参数	（何思为等，2015）
	环境经济综合模型	以绿色 GDP 为核算指标，各县	水资源量、环境污染物排放、GDP 等指标	经济、人口、各部门耗水状况、人口用水定额	宏观经济参数、污染物排放系数等	（陈东景，2006）
	灰色聚类	规则格网，0.5km 窗口，流域	地质灾害危险性	地形、气象、岩土体、断裂、植被覆盖度、地震烈度区	高程、坡度、坡向、断裂密度	（张丽等，2009）
	信息量法	规则格网，1km 窗口，流域	地质灾害危险性	地形、地层岩性、断裂	高程、坡度、坡向、到河流距离	（高克昌等，2006）

3）模型调试

按照模型的抽象设计及上述因果回路的分析，依次定量描述状态变量、速率变量，并依据岷江上游各县统计年鉴值，确定状态变量的初始值及经济子系统与社会子系统常量的取值。在 SD 分析基础上，以 GIS 为支撑，开发基于空间数据库的岷江上游流域系统动力学分析系统。在前期数据库管理系统的基础上，建立数据库接口，构建综合决策模型应用系统（图 12.18）。

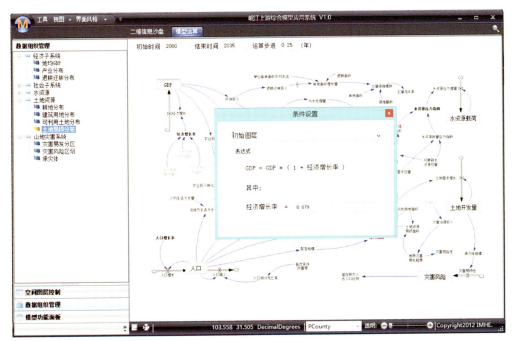

图 12.18　岷江上游综合模型应用系统

3. 模型预测

结合流域信息化数据库及社会经济数据，依次定量描述状态变量、速率变量，对各子系统与社会子系统常量进行赋值。本实例中根据岷江上游各县地区统计年鉴，将 GDP 变量的起始年设为 2000 年，初值共 38 亿元，人口平均净增长率设为 1.3‰，并对 2000 年至 2035 年的社会经济数据进行了预测。以人口增长率为控制变量，可以看出，当人口净增长率由 1.3‰ 增长到 2.2‰ 后，2000 年至 2035 年的 GDP、水资源压力模拟结果如图 12.19 所示。采用 2010 年的社会经济统计数据作为模型验证数据。根据模型模拟得出研究区在 2010 年 GDP 的模拟值约为 76 亿元，据四川统计年鉴该区域 2010 年的实际 GDP 为 74.7 亿元，模拟结果较为可靠。

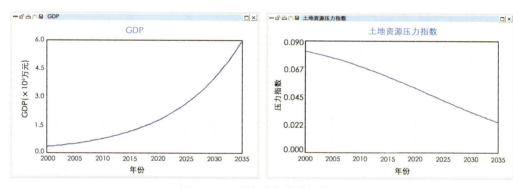

图 12.19　系统动力学模拟结果

基于上述的可持续发展综合决策模型，图 12.20 给出了在高速发展情景假设下的汶川县威州镇城镇用地扩张模拟结果（2010～2030 年）（严冬等，2016）。平原地区，假设在适宜城镇建设用地供应充足的情况下，城镇的扩张往往是在原有城镇的基础上向四周进行扩张。与平原区不同，山区城镇周边适宜建设的用地十分有限，在城镇发展过程中，城镇主体区域受地形条件制约不能无限向外扩张，当城镇主体区域达到地理限制区域的上限时，城镇用地只能向两端扩张。

由图 12.20 可知，在高速发展情景下，2026 年以前，威州镇城镇扩张的模式是先在原有城镇主体的基础上向外进行扩张；2026 年以后，才在威州镇的东北部出现大量新的城镇用地。原因在于，2026 年以前原有城镇主体周边有充足的适宜城镇建设的用地，在原有城镇主体的基础上向外扩张的成本小于在新的区域重新建设城镇的成本，因此城镇的扩张方式以前者为主。随着城镇的发展，周边可用于建设的土地越来越少。同时，结合土地利用数据可知，原有城镇主体周边的土地利用类型主要为灌木，威州镇东北部的土地利用类型主要为耕地。受到地理限制区域以及土地利用类型等因素的影响，城镇周边土地的开发成本也逐渐提高。当开发成本大于或等于在新的区域建设城镇时，城镇扩张的方式就会逐渐转变为在靠近城镇主体的区域新建大量城镇用地，这点在 2027 年到 2030 年的模拟结果中有比较清晰的体现。

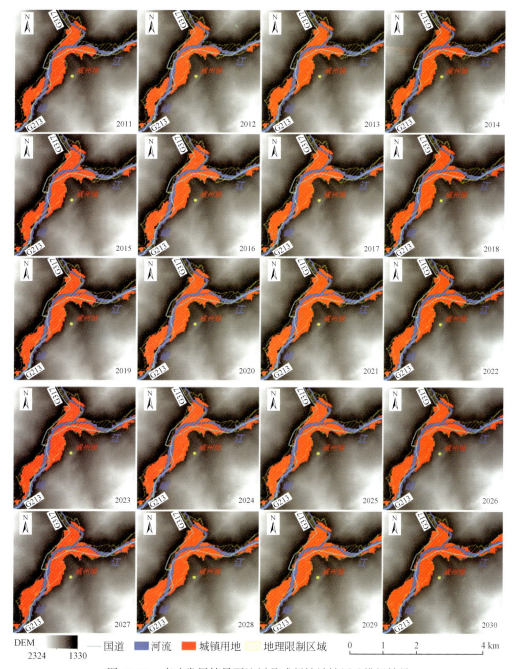

图 12.20 高速发展情景下汶川县威州镇城镇用地模拟结果

12.5 展　　望

"数字山地"是空间信息科学、地理科学、山地研究与应用交叉的产物，其发展得益于山地遥感、山地环境、山地灾害、山区发展等山地科学的发展与交叉，同时，数字山地的完善与突破也从方法上拓展和促进了上述各学科的发展和融合。

在山地科学领域，通过推进对地观测数据的应用，具有全球性、重复性、连续性和多样性的山地表面动态数据将被切实地注入跨学科的综合研究中。此外，应用建模与可视化技术，跨学科研究者也可以无差别且更准确地理解所观察到的数据，最终促进山地系统性研究的发展。数字山地的重大意义在于它可以提供山地系统的实验条件，使研究人员有一个能精确描述山地研究区的数字化空间实验室。过去，山地表层物质过程、能量过程的模拟与未来一定时段内地物状态的预测都难以通过实验进行模拟。今后，通过数字山地的虚拟现实技术设计实验，可以弥补这一缺憾。

"数字山地"应用潜力巨大，其长远的实用价值可能远远超出现在的设计和想象。目前可预见的方面有：

（1）山地生态环境动态监测。以数字山地为支撑的山地生态环境监测系统可以极大地增强对山地生态环境变化动向与规律的认知能力。不同监测样带（样区）的工作可以统一集成起来，通过对比分析不同时间段的变化情况，进行局部地段和宏观区域的统筹分析。

（2）山地资源环境保护。随着山地资源开发的增强，人类活动显著影响山地的各圈层（如水环境、生物圈、土壤环境等）的组成与结构。目前人类社会经济与资源环境的协调发展是可持续发展的基本问题之一，人类的经济活动和社会发展不能超越资源和环境的承载力。各种限制条件的组织与制定，需要通过数字山地等工具，模拟资源环境未来的可能变化，警示不良行为，指导正确合理的资源开发模式。

（3）山地灾害监测、应急与环境安全评价。对山区地质环境安全程度的判断，是数字山地的一项重要应用。近乎全部的崩塌滑坡及90%以上的泥石流发生在山区，在小范围的重点地区，可以布设仪器对每一处灾害隐患进行实时实地监控，但在面积广大的欠发达山区，灾害监测与应急仍处于"事后处理"阶段，借助数字山地的模型与平台可以在事前作出宏观的地质环境安全程度判断，也可以更快速和准确地作出事后响应。

（4）山地主体功能区模拟与可持续管理。人类的社会发展与经济活动在一定程度上打破了山地的封闭与制约，结合地区的资源环境特征进行融合与重组，形成多极化的主体功能区。这种自然与人文高度交叉的区域不是可用眼睛直接看见的，它的演变与管理，需要借助强大的地理语言与地理工具支持，数字山地是最佳选择之一。

在数字山地支持下，山区人地耦合、人与自然的关系以及分空间尺度讨论山区社会经济发展等方面的研究可能出现一个新的局面，通过探索以地球空间信息科学与技术为基础的山地环境、山地灾害、山区发展综合集成研究方法，逐步形成数字山地重点研究方向与核心技术，为山地科学研究和国家山区可持续发展战略提供更加全面的支持。

参 考 文 献

蔡东汉. 2011. 具有人口转变与人力资本的经济增长模型及仿真. 武汉大学学报（理学版），57（2）：127～130.

陈东景. 2006. 环境经济综合模型的构建及应用研究——以黑河流域张掖市为例. 兰州大学学报（自然科

学版），42（2）：6～11.

陈彦光．2002．城市人口-城区面积异速生长模型的理论基础、推广形式及其实证分析．华中师范大学学报，36（3）：375～380.

成邦文，刘树梅，吴晓梅．2001．C-D 生产函数的一个重要性质．数量经济技术经济研究，18（7）：78～80.

承继成，郭华东，史文中．2004．遥感数据的不确定性问题．北京：科学出版社.

邓朝晖，刘洋，薛惠锋．2012．基于 VAR 模型的水资源利用与经济增长动态关系研究．中国人口资源与环境，22（6）：128～135.

房丽萍，孟军．2013．化肥施用对中国粮食产量的贡献率分析——基于主成分回归 C-D 生产函数模型的实证研究．中国农学通报，29（17）：156～160.

冯学智，都金康．2004．数字地球导论．北京：商务印书馆.

傅平，郑俊峰，陈吉宁，张天柱．2004．可应用稀缺水资源边际机会成本模型．中国给水排水，20（2）：28～30.

高克昌，崔鹏，赵纯勇，韦方强．2006．基于地理信息系统和信息量模型的滑坡危险性评价——以重庆万州为例．岩石力学与工程学报，25（5）：991～996.

巩永丽，张德生，武新乾．2007．人口增长率的非参数自回归预测模型．数理统计与管理，26（5）：759～764.

郭华东，王力哲，陈方，梁栋．2014．科学大数据与数字地球．科学通报，59（12）：1047～1054.

何静，陈锡康．2005．水资源影子价格动态投入产出优化模型研究．系统工程理论与实践，25（5）：49～54.

何思为，南卓铜，张凌，余文君．2015．用 VIC 模型模拟黑河上游流域水分和能量通量的时空分布．冰川冻土，37（1）：211-225.

姜琳，边金虎，李爱农等．2014．岷江上游 2000-2010 年土壤侵蚀时空格局动态变化．水土保持学报，（01）：18～25+35.

李爱农，周万村，李发斌等．2005．基于空间技术的岷江上游土地利用空间分布现状分析．干旱区资源与环境，19（6）：53～57.

李德仁．2016．展望大数据时代的地球空间信息学．测绘学报，45（4）：379～384.

李德仁，龚健雅，邵振峰．2010．从数字地球到智慧地球．武汉大学学报（信息科学版），35（2）：127-132.

李荣杰，张磊，赵领娣．2016．中国清洁能源使用、要素配置结构与碳生产率增长基于引入能源和人力资本的生产函数．资源科学，38（4）：645-657.

李新，程国栋，吴立宗．2010．数字黑河的思考与实践 1：为流域科学服务的数字流域．地球科学进展，25（3）：297～305.

刘纪远，岳天祥，王英安等．2003．中国人口密度数字模拟．地理学报，58（1）：17～24.

刘家宏，王光谦，王开．2006．数字流域研究综述．水利学报，37（2）：240～246.

刘林，崔玉平，杜增吉．2009．利用数学模型研究高等教育对江苏经济增长率的贡献．数学的实践与认识，39（3）：54～62.

鲁骏峰，李豫新．2013．新疆城市经济发展中人口与用地关系研究——基于异速生长模型的分析．地域研究与开发，32（6）：121～126.

孙枢，史培军．2000．数字地球及其在全球变化研究中的应用前景．第四纪研究，20（3）：213.

田永中，陈述彭，岳天祥．2004．基于土地利用的中国人口密度模拟．地理学报，59（2）：283～292.

王军德，李元红，李赞堂等．基于 SWAT 模型的祁连山区最佳水源涵养植被模式研究——以石羊河上游杂木河流域为例. 生态学报, 30 (21): 5875～5885.

吴玉萍, 董锁成, 宋键峰. 2002. 北京市经济增长与环境污染水平计量模型研究. 地理研究, 21 (2): 239～246.

熊义杰. 2005. 陕西省工业用水需求预测模型研究. 水资源与水工程学报, 16 (4): 33～37.

严冬, 李爱农, 南希, 雷光斌, 曹小敏. 2016. 基于 dyna-clue 改进模型和 sd 模型耦合的山区城镇用地情景模拟研究——以岷江上游地区为例. 地球信息科学学报, 18 (4), 514～525.

余新晓, 鲁绍伟, 靳芳等. 2005. 中国森林生态系统服务功能价值评估. 生态学报, 25 (8): 2096～2102.

张丽, 李广杰, 周志广等. 2009. 基于灰色聚类的区域地质灾害危险性分区评价. 自然灾害学报, 18 (1): 164～168.

周成虎. 2015. 全空间地理信息系统展望. 地理科学进展, 34 (2): 129～131.

周万村, 江晓波. 2006. 地理信息系统的发展轨迹与数字山地构建. 山地学报, 24 (5): 620～627.

Born S M, Sonzogni W C. 1995. Integrated environmental-management-strengthening the conceptualization. Environmental Management, 19 (2): 167～181.

Chen H X, Zhang L M, Gao L, et al. 2015. Presenting regional shallow landslide movement on three-dimensional digital terrain. Engineering Geology, 195: 122～134.

Gore A. 1998. The Digital Earth: understanding our planet in the 21st Century. http://www.opengis.org/info/pubaffairs/AL GORE. htm, 1998, Given at the California Science Center, Los Angeles, California.

Guo H D. 2012. China's Earth observing satellites for building a Digital Earth. International Journal of Digital Earth, 5 (3): 185～188.

Verburg H, P, Overmars, et al. 2009. Combining top-down and bottom-up dynamics in land use modeling: exploring the future of abandoned farmlands in Europe with the Dyna-CLUE model. Landscape Ecology, 24 (9): 1167～1181.

Xu X H, Xie F, Zhou X Y. 2016. Research on spatial and temporal characteristics of drought based on GIS using Remote Sensing Big Data. Cluster Computing, 19 (2): 757～767.

Xu Z, Coors V. 2012. Combining system dynamics model, GIS and 3D visualization in sustainability assessment of urban residential development. Building and Environment, 47 (1): 272～287.

附录 I 常用遥感数据、产品及相关开源工具下载网址

卫星影像（国内）：

1. 中国资源卫星应用中心，http：//218.247.138.121/DSSPlatform/index.html
2. 中国科学院遥感与数字地球研究所，http：//eds.ceode.ac.cn/sjglb/dataservice.htm
3. 地理空间数据云，http：//www.gscloud.cn/
4. 北京师范大学全球变化数据处理与分析中心，http：//www.bnu-datacenter.com
5. 国家综合地球观测数据共享平台，http：//www.chinageoss.org/dsp/home/index.jsp
6. 中国科学院遥感与数字地球研究所对地观测数据共享计划，http：//ids.ceode.ac.cn/
7. 风云卫星遥感数据服务网，http：//fy3.satellite.cma.gov.cn/portalsite/default.aspx
8. 寒区旱区科学数据中心，基金委 国家地球系统科学数据平台，http：//westdc.westgis.ac.cn
9. 中国科学院中国遥感卫星地面站，http：//cs.rsgs.ac.cn/cs_cn/query/query_txt.asp

卫星影像（国外）：

10. GLCF，http：//www.landcover.org/
11. USGSEarthExplorer，http：//earthexplorer.usgs.gov/
12. MODIS，LP DAAC，https：//lpdaac.usgs.gov/products/modis_products_table
13. AERONET，NOAA/ESRL's Global Monitoring Division，http：//www.srrb.noaa.gov/surfrad/sitepage.html
14. Landsat WELD，USGS：http：//landsat.usgs.gov/WELD.php
15. ECOCLIMAP LAI，Groupe de Météorologie de Moyenne Echelle，http：//www.cnrm.meteo.fr/gmme/PROJETS/ECOCLIMAP/page_ecoclimap.htm
16. GEOV1 LAI/FAPAR，CYCLOPES，http：//postel.mediasfrance.org
17. GLOBCARBON LAI，PROBA-Vegetation，http：//geofront.vgt.vito.be/geosuccess
18. ESA Earth Online，https：//earth.esa.int/web/guest/data-access
19. Remote Sensing Technology Center of Japan，https：//www.restec.or.jp
20. GeoCommunity，http：//data.geocomm.com/catalog/index.html
21. ESA，Sentinels Scientific Data Hub，https：//scihub.copernicus.eu/
22. NOAA CLASS，http：//www.class.ngdc.noaa.gov/saa/products/welcome
23. NASA Reverb，http：//reverb.echo.nasa.gov/reverb/

24. ESA Earth Observation Link，https：//earth. esa. int/web/guest/eoli

25. Bhuvan Indian Geo-Platform of ISRO，http：//bhuvan. nrsc. gov. in/bhuvan_ links. php

26. JAXA's Global ALOS 3D World，http：//www. eorc. jaxa. jp/ALOS/en/aw3d30/

土地覆被产品：

1. GBP-DISCover：http：//edc2. usgs. gov/glcc/glcc. php

2. 马里兰土地覆被产品，GLCF，http：//glcf. umd. edu/data/landcover/data. shtml

3. GLC2000，European Commission Joint Research Centre，http：//forobs. jrc. ec. europa. eu/products/glc2000/products. php

4. MCD12Q1，LP DAAC，https：//lpdaac. usgs. gov/dataset_ discovery/modis/modis_ products_ table/mcd12q1

5. GlobCover，eesa due，http：//due. esrin. esa. int/page_ globcover. php

6. ESA CCI Land Cover，eesa UCL，http：//maps. elie. ucl. ac. be/CCI/viewer/index. php

7. GLCNMO，ISCGM，http：//www. iscgm. org/index. html

8. FROM-GLC，Finer Resolution Observation and Monitoring-Global Land Cover，http：//data. ess. tsinghua. edu. cn

9. GlobeLand30，Global Land Cover，http：//www. globallandcover. com

开源处理工具：

1. MODIS MRT，LP DAAC，https：//lpdaac. usgs. gov/tools/modis_ reprojection_ tool

2. 6S，MODIS Land Serface Reflectance Computing Facility，http：//6s. ltdri. org

3. LEDAPS，LEDAPS WEB，http：//ledaps. nascom. nasa. gov

4. GCTP，Goddard Space Flight Center，http：//gcmd. nasa. gov/records/USGS-GCTP. html

5. EOLISA，ESA Earth Online，https：//earth. esa. int/web/guest/eoli

6. RS 工具集，工具集在线超市，http：//www. geojie. net

7. GRASS GIS，http：//grass. osgeo. org/

8. Opticks，https：//opticks. org/

9. PolSARpro，https：//earth. esa. int/web/polsarpro/home

10. OSSIM，https：//trac. osgeo. org/ossim/

11. InterImage，http：//www. lvc. ele. puc-rio. br/projects/interimage/

12. ILWIS，http：//www. ilwis. org/

13. gvSIG，http：//www. gvsig. com/en

14. QGIS，http：//www. qgis. org/en/site/

15. GDAL，http：//www. gdal. org/

16. Google Earth Engine，https：//earthengine. google. com/

附录Ⅱ 缩 写 词

#

| 6S | Second Simulation of A Satellite Signal in the Solar Spectrum |

A

AATSR	Advanced Along-Track Scanning Radiometer
AEROS	Advanced Earth Resources Observation System
AIRS	Atmospheric Infrared Sounder
AMSR-E	Advanced Microwave Scanning Radiometer-EOS
AMSU-A	Advanced Microwave Sounding Unit-A
ANN	Artificial Neural Network
AOT	Aerosol Optical Thickness
ASTER	Advanced Spaceborn Thermal Emission and Reflection Radiometer
AS-AFAC	A Spatially-Adaptive Fast Atmospheric Correction
AVHRR	Advanced Very High Resolution Radiometer

B

BATS	Biosphere-Atmosphere Transfer Scheme
BELMANIP	Benchmark Land Multisite Analysis and Intercomparison of Products
BEPS	Boreal Ecosystem Productivity Simulator
BHR	Bi-Hemisphere Reflectance
Biome-BGC	Biome-BioGeochemical Cycles
BRDF	Bidirectional Reflectance Distribution Function

C

| CCD | Charge Coupled Device |
| CCDM | Comprehensive Change Detection Method |

CCI	Climate Change Initiative
CCRSDA	China Centre for Resources Satellite Data and Application
CEOS	Committee on Earth Observation Satellites
CERES	Clouds and the Earth's Radiant Energy System
CLM	Community Land Model
CMOS	Complementary Metal Oxide Semiconductor
CNES	Centre National d'Etudes Spatiales
CNSA	China National Space Administration
CONAE	La Comisión Nacional de Actividades Espaciales
CSA	Canadian Space Agency
CTP-SMTMN	Central Tibetan Plateau Soil Moisture and Temperature Monitoring Network
CV-MVC	Constrained View Angle-Maximum Value Composite
CWSI	Crop Water Shortage Index

D

DDV	Dark Dense Vegetation
DEM	Digital Elevation Model
DHR	Directional Hemisphere Reflectance
DLM	Dynamical Leaf Model
DLR	Deutsches Zentrum für Luft- und Raumfahrt
DN	Digital Number
DOM	Digital Orthophoto Map
DSSAT	Decision Support System for Agro-technology Transfer
DTD	Daily Temperature Difference

E

ECCS	Earth Cover Classification Standard
EKF	Entended Kalman Filter
ELDAS	European Land Data Assimilation System to Predict Floods and Droughts
EnKF	Ensemble Kalman Filter

EOS	Earth Observing System
ESA	European Space Agency
ESTARFM	Enhanced Spatio-Temporal Adaptive Reflectance Fusing Algorithm
ESTDFM	Enhanced Spatio-Temporal Adaptive Data Fusing Algorithm
ESV	Essential Climate Variable
ET	Evapor-transpiration
ETM+	Enhanced Thematic Mapper Plus
EUMETSA	European Organisation for the Exploitation of Meteorological Satellites
EVI	Enhanced Vegetation Index

F

FAO	Food and Agriculture Organization of the United Nations
FAPAR	Fraction of Absorbed Photosynthetically Active Radiation
FCOVER	Fraction of green Vegetation Cover
FFT	Fast Fourier Transform
FLAASH	Fast Line-of-sigh Atmospheric Analysis of Spectral Hypercubes

G

GCOS	Global Climate Observing System
GCTP	General Cartographic Transformation Package
GEOV1	GEOLAND2 Version 1
GF	Gao Fen
GLASS	Global Land Surface Satellite
GLCM	Gray Level Co-occurrence Matrix
GLCNMO	Global Land Cover by National Mapping Organizations
GLONASS	Global Navigation Satellite System
GLS	Global Land Survey
GO	Geometrical Optics
GPP	Gross Primary Production
GPS	Global Positioning System

GR　　　　　　　　Growth Respiration

H

HC-MMK　　　　　Hierarchical Classification based on Multi-source and Multi-temporal data and geo-Knowledge

HJ　　　　　　　　Huan Jing

HRG　　　　　　　High Resolution Geometric

HRS　　　　　　　High Resolution Stereoscopic

HRV　　　　　　　High Resolution Visible Sensor

HRVIR　　　　　　High Resolution Visible Infrared

HSB　　　　　　　Humidity Sounder for Brazil

HTOL　　　　　　Horizontal Takeoff & Landing

I

IBSNAT　　　　　International Benchmark Sites for Agro-technology Transfer

IGAC　　　　　　International Global Atmospheric Chemistry

IGBP　　　　　　International Geosphere-Biosphere Program

INPE　　　　　　National Institute for Space Research in Brazil

ISODATA　　　　Iterative Self Organizing Data Analysis Techniques Algorithm

ISRO　　　　　　Indian Space Research Organisation

J

JAXA　　　　　　Japan Aerospace Exploration Agency

K

KARI　　　　　　Korea Aerospace Research Institute

KF　　　　　　　Kalman Filter

L

LAI　　　　　　　Leaf Area Index

LAD　　　　　　　Leaf Angle Distribution

LCCS　　　　　　Land Cover Classification System

LDASUT　　　　Dual-pass Land Data Assimilation Scheme of University of Tokyo

LiDAR   Light Detection And Ranging

L-MEB   L-band Microwave Emission of the Biosphere model

LOS   Line of Sight

LOWTRAN   Low Resolution Atmospheric Transmittance and Radiance

LSM   Land Surface Model

LTSS   Landsat Time Series Stacks

LUCC   Land Use and Land Cover Change

LUT   Look Up Table

M

MI   Mutual Information

MISR   Multi-angle Imaging Spectro Radiometer

MMD   Maximum-Minimum Difference

MNDWI   Modify normal difference water index

MODIS   Moderate Resolution Imaging Spectroradiometer

MODTRAN   Moderate Resolution Atmospheric Transmittance and Radiance

MOPITT   Measurements of Pollution In The Troposphere

MR   Maintenance Respiration

MRLC   Multi-Resolution Land Characteristics

MRS   Mountain Remote Sensing

MRT   MODIS Reprojection Tool

MSS   Multispectral Scanner

MVC   Maximum Value Composite

N

NASA   National Aeronautics and Space Administration

NAOMI   New AstroSat Optical Modular Instrument

NCEP   National Centers for Environmental Prediction

NDVI   Normalized Difference Vegetation Index

NDSI   Normalized Difference Snow Index

NDWI	Normalized Difference Water Index
NGRDI	normalized green-red difference index
NLCD	National Land Cover Database
NOAA	national oceanic and atmospheric administration
NPP	Net Primary Productivity
NTSG	Numeric Terra Dynamic Simulation Group

O

OLI	Operational Land Imager

P

PAR	Photosynthetically Available Radiation
PCA	Principle Component Analysis
PFT	Plant Functional Type
PnET	Photosynthesis Evapotranspiration
POLDER	POLarization and Directionality of Earth Reflectance

R

RFSA	Russian Federal Space Agency

S

SAIL	Scattering by Arbitrarily Inclined Leaves
SAR	Synthetic Aperture Radar
SCS	Sun Canopy Sensor
SEBI	Surface Energy Balance Index
SiB	Simple Biosphere Model
SIFT	Scale-Invariant Feature Transform
SLC	Scan Line Corrector
SMAP	Soil Moisture Active and Passive
SMOS	Soil Moisture and Ocean Salinity
SR	Surface Reflectance
SSA	Single Scattering Albedo

STARFM	Spatio-Temporal Adaptive Reflectance Fusing Algorithm
STS	Sun Target Sensor
SVM	Support Vector Machine

T

TES	Temperature Emissivity Separation
TIRS	Thermal Infrared Remote Sensing
TISI	Temperature Independent Spectral Indices
TM	Thematic Mapper
TOA	Top of Atmosphere
TOPMODEL	Topography Based Hydrological Model

U

UAV	Unmanned Aerial Vehicle
UKSA	UK Sailing Academy
USGS	United States Geological Survey

V

VGT	VEGETATION
VIC	Variable Infiltration Capacity
VSD	Vector Similarity
VCT	Vegetation Change Tracker
VTOL	Vertical Take off & Landing

W

| WCLDAS | West China Land Data Assimilation System |

附图 I　中国数字山地图

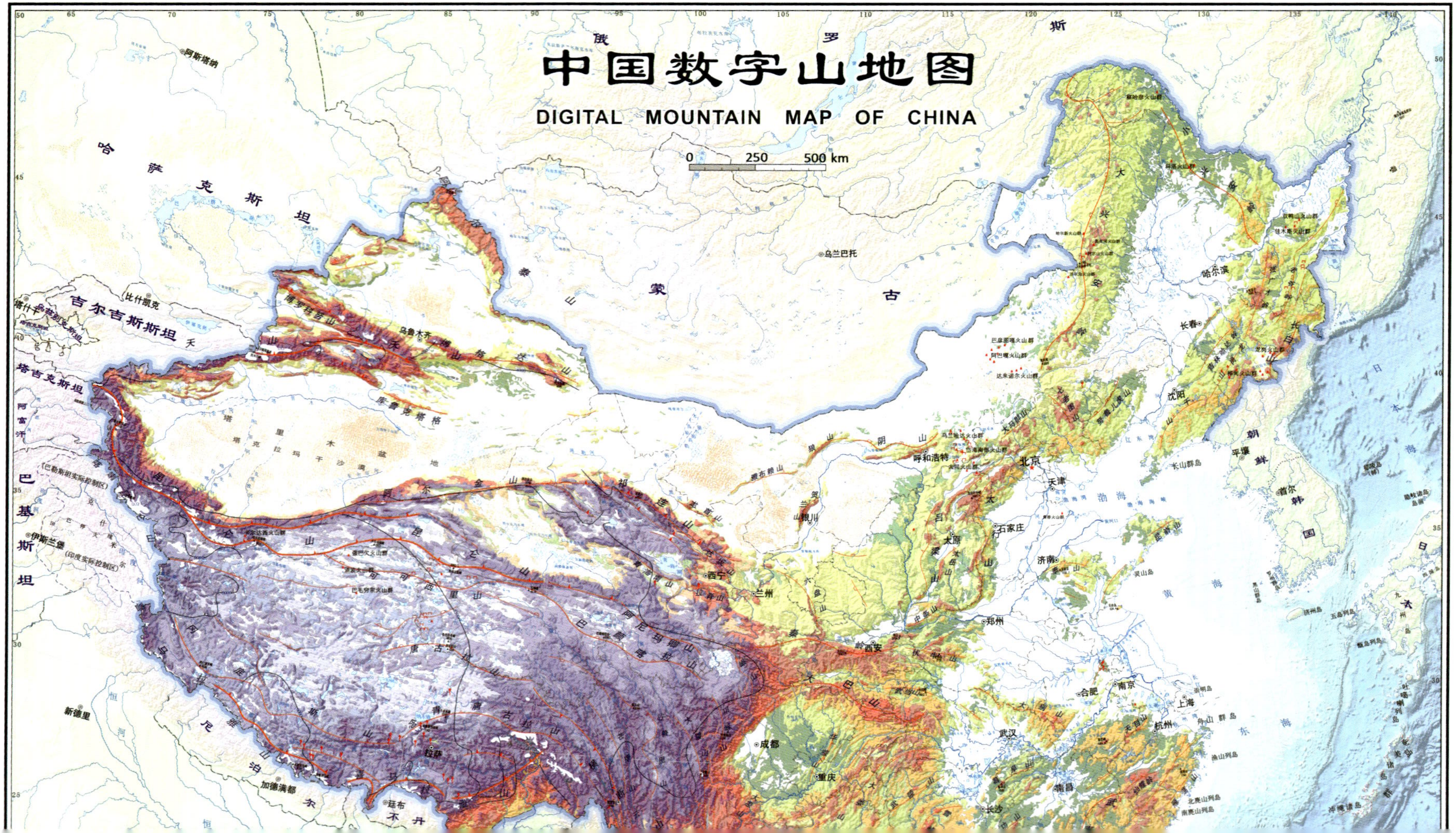

中国数字山地图
DIGITAL MOUNTAIN MAP OF CHINA
0 250 500 km
俄 罗 斯
哈 萨 克 斯 坦
蒙 古
吉尔吉斯斯坦
塔吉克斯坦
阿富汗
巴基斯坦
朝鲜
韩国
日本
乌兰巴托
哈尔滨
长春
沈阳
北京
天津
呼和浩特
石家庄
太原
济南
西宁
兰州
郑州
西安
合肥
南京
上海
杭州
武汉
成都
重庆
南昌
长沙
拉萨
乌鲁木齐
新德里
加德满都
平壤
首尔
渤海
黄海
东海
日本海

中国山地界定面积比例
Proportions of Mountain Area in China

- 非山地 35.11%
- 山地 64.89%
- 丘陵 9.03%
- 低山 16.87%
- 中山 11.32%
- 中高山 8.48%
- 高山 15.00%
- 极高山 4.19%

海拔 (m)：6000 / 3000 / 1000

图　例（Legend）

山地界定（Mountain Regions）

- 山地（mountain）
- 非山地（non-mountain）

山地分级（Mountain Classification）

海拔	低海拔 (lower, F) <1000	中海拔 (middle, F) 1000-2000	中高海拔 (middle-high, H) 2000-4000	高海拔 (high, F) 4000-6000	据据高海拔 (polar-high, I) >6000
地形起伏 relief form					
正常 (nil, A,) 200-500					
小起伏山地 (micromount, B) 200-500					
中起伏山地 (mesomount, C) 900-1000					
大起伏山地 (macromount, D) 1000-2500					
据大起伏山地 (polar-macromount, E) >2500					

坡度分级（slope classification）

<7°	7°~15°	15°~25°	25°~35°	>35°
1	2	3	4	5

山系形态分级（Cordillera Classification）

| 编号 | 高差<1500m | 高差<1000m | 高差<1000m | 高差<1000m | 高差>1000m |

山脊形态类型（Ridge Types）

- 锯脊（sawtooth ridge）
- 尖脊（precipitous ridge）
- 平顶脊（flattop ridge）
- 再顶（dometype ridge）

山地形态符号（Mountain Elements）

- 山峰（peak）
- 火山（volcano）
- 冰川（glacier）
- 山崖岩山（mesa）
- 温泉（hot spring）
- 沙漠（desert）
- 沼泽（marsh）
- 雪线（snow line height）

* 本图引自《中国数字山地图》。原图由本书作者等编制，中国地图出版社出版发行，审图号为GS (2015) 274号，书号ISBN 978-7-5031-7658-6/K·5210。本图在《山地遥感》一书中作为附图使用，征得了原图编制与出版单位的同意。

《中国数字山地图》对中国山地范围界定与分级做了较为系统的制图表达和统计，得到我国山地面积约622.39×10⁴km²，占陆地国土总面积（小于100km²岛屿除外）的65%。该图展现了中国山地—高原、丘陵—平原的复杂空间组合与统计特征，梳理了我国大型山脉走向，级别与外形，总体上实现了从定量分析到定性归纳山地基本属性的类型特征，便于了解山地遥感研究及综合应用的地理基础和广阔空间。

注：本图上中国国界线系统据中国地图出版社1989年出版的1：400万《中华人民共和国地形图》绘制